求索岩土之路

顾宝和　著

中国建筑工业出版社

图书在版编目（CIP）数据

求索岩土之路 / 顾宝和著 . —北京：中国建筑工业出版社，2018.5（2023.12 重印）
ISBN 978-7-112-21883-7

Ⅰ.①求… Ⅱ.①顾… Ⅲ.①岩土工程—技术发展—中国 Ⅳ.① TU4

中国版本图书馆 CIP 数据核字（2018）第 038304 号

本书记述了 1952 ~ 2016 年共 64 年岩土工程的发展、变化和思考。共分 7 篇 60 章。第 1 篇“成功之路”，简要介绍了作者的一生，强调庸人不要懒，才人不要傲，都可以成为成功者。第 2 篇“体制之索”，介绍了工程地质专业和岩土工程专业的引进，岩土工程专业体制发展的过程，岩土工程界的先驱们。认为岩土工程专业体制的改革尚未到位，尚须结合国情继续探索。第 3 篇“信息之新”，在阐述勘察事业发展的基础上，主张将勘探、测试、检测、监测等整合起来，推陈出新，跟上信息化新时代。第 4 篇“理念之思”，阐述了对岩土工程理论、经验、概念、分析方法、工程师思想品位的思考。主张概念高于一切，概念正确就有了稳定的框架，概念错了，再精密的计算也是南辕北辙。岩土工程师应将理论、经验和工程实践融会贯通，既有科学思想，又有工匠精神。第 5 篇“工程之善”，在阐述岩土工程实务发展的基础上，强调岩土工程要从数量转向质量，要走向世界，与国际融合，成为名副其实的岩土工程强国。第 6 篇“规范之尊”，在阐述岩土工程规范从无到有、逐步完善的基础上，讨论了过分依赖规范的问题。强调既要尊重规范，又不能过分依赖规范。第 7 篇“灾害与环境之治”，阐述了地震和地质灾害是最危险、最复杂的岩土工程，今后重点要转向环境岩土工程。强调要善待自然，不要伤害自然，与自然友好相处。

本书面向广大岩土工程师，也可作为研究和教学的参考。

责任编辑：石振华　王　梅　杨　允
责任校对：芦欣甜

求索岩土之路
顾宝和　著
*
中国建筑工业出版社出版、发行（北京海淀三里河路9号）
各地新华书店、建筑书店经销
北京点击世代文化传媒有限公司制版
建工社（河北）印刷有限公司印刷
*
开本：787×1092毫米　1/16　印张：34¼　字数：631千字
2018年7月第一版　2023年12月第五次印刷
定价：88.00元
ISBN 978-7-112-21883-7
（31800）

序

九月的一天晚上接顾总短信，要我为他的新书作序，着实吓了一跳。在我的认识中作序都是请领导或大家，作为学生为老师作序，岂不是有逆天之嫌？于是便上网以求答案，知请人作序动机大致有三：一是请名人进行推介，为其做宣传，助声威，添光彩，增价值，提档次，要的当然是表扬和赞美。二是请同行专家进行分析，找出其长处和短处，考察得失，体现了对自己和读者负责的精神。三是请一个和自己有特殊关系的人来作序留念。不在评论，不计褒贬，而是为在书中刻印下一份人情。这三种动机第一种可谅，第二种可敬，第三种可爱。顾总上一本书《岩土工程典型案例评述》请高大钊老师作序应该属于第二种，是可敬的。而要我为本书作序应该属于第三种，是可爱的。顾总在我心中就是这样一位可敬可爱的前辈，于是便答应顾总，为本书作序，以作留念。

早就知道顾总在写这本书，部分内容或听顾总讲过或在不同场合看到过，但拿到书稿后还是被这部作品沉甸甸的分量所震撼。全书共有 7 篇 60 章，记录了作者自 1952 年至 2016 年共 64 年的“求索岩土之路”。书中有“一个混迹岩土 64 年的老兵”的“平凡成功之路”；有对岩土工程体制发展历程的回顾和反思；有对岩土工程技术发展的思索和期望；有对岩土工程“器、形、道”的思考和探究；有“我的规范观”和对标准化工作改革的期待；有向中外岩土工程先驱们的致敬；更有对岩土工程强国的期盼。全书内容精彩纷呈，涉及面之广也是前所未有。书中对岩土工程概念设计的倡导、对工程地质和岩土工程关系的阐释以及对“岩土工程难于水”的论述等，堪称经典，为业界广泛采用。本书很值得我们岩土工程从业者特别是岩土工程新生代的朋友们学习，从中汲取营养，探寻初心。

本书的架构设计也颇具匠心。全书开篇通过“引子——致岩土工程新生代的朋友们”，向广大读者交心，阐明了写作本书的初衷“不是为了怀旧”，而是希望我们岩土工程新生代的朋友们“顾既往然后知未来，前事不忘后事之师，以便推陈出新，跃上新的境界”。书中每篇篇首均由“篇首箴言”和“核心提示”构成，每章开始均有“简介”。其中尤以取自名人名句的“篇首箴言”最为精彩，为每篇的点睛之笔。抄录于此，与广大读者共飨之。

成功之路——人皆可以为尧舜

体制之索——路漫漫其修远兮，吾将上下而求索

信息之新——苟日新，日日新，又日新

理念之思——形而上者谓之道，形而下者谓之器

工程之善——上善若水，厚德载物

规范之尊——不以规矩，不能成方圆

灾害与环境之治——天地与我并存，万物与我为一

顾总之于我可谓亦师亦友，1986 年我考取王锺琦先生的研究生，学位论文取材于顾总的研究课题。毕业工作后每每遇到重大工程或是技术难题向顾总求教时，他也从不推脱，总会倾力指导。记得有一次一项重点工程需顾总把关，他毅然放弃了去台湾进行学术交流的计划，至今未能踏上宝岛的土地，这在我心底也埋下了对顾总深深的歉疚。在和顾总交往的 30 年间，无论做人还是做事都从顾总那里汲取了丰富的营养，是他把我带上了规范编写之路，是他把我拉进了考试命题的那座“围城”……顾总一直是我的专业引路人，是我永远的榜样。

业内人士都知道，几十年来顾总都是在带病工作，身体状况一直不是太好，顾总对自己身体的管理也像做学问一样严谨，时至今日仍能保持不错的状态，我有时开玩笑地说，就身体状态而言在同辈大师中顾总是“后队变前队”了。正是顾总的这份严谨和坚持，使他在 80 高龄之后仍在笔耕不辍，连续有《岩土工程典型案例评述》和本书两部著作问世。尤其本书是在陪护老伴病后康复的过程中写就的，被顾总称之为“毕业论文”，更显弥足珍贵。感谢顾总为我们留下了这份宝贵的财富，也祝愿顾总和王绣姿阿姨幸福永伴。

在“求索岩土之路”上，顾总和前辈大师们一起，付出了艰辛的努力，完成了大量开创性的工作，使我国的岩土工程从无到有，从小到大，成为岩土工程大国，为实现岩土工程强国梦奠定了扎实的基础。在此，借用顾总向岩土工程先驱们致敬的一段话，向顾总及所有前辈大师们致敬！你们的学识，你们的辛劳，你们的智慧，你们的品德，你们的事业，我们要世世代代继承和发扬。也请你们相信，我们定将不忘初心，砥砺前行，为我国的岩土工程事业迈入新时代而努力！

武威

2017 年 12 月

引　子

——致岩土工程新生代的朋友们

新生代的朋友们：

岩土工程是一门非常古老的科学技术，我国李冰父子修建的都江堰，规模宏伟，设计巧妙，如果从那时的公元前 251 年算起，到现在 2016 年，已经 2267 年了。由于历史的原因，我国大规模工程建设，直到第一个五年计划的第一年(1953 年)才开始，我进入高等学校学习工程地质专业是 1952 年 10 月，时间大体相当。从那时起，开始与同伴们一起，走上了求索岩土之路，到今天写这本书，已经 64 年了。

我很幸运，一生的业务经历正好与国家的工业化同步，参与了许多重大工程的建设。我作为一个老兵，风雨兼程，紧紧跟着时代，阅尽许多事件的变迁。我作为一名见证者，亲历了这个专业的成长和发展，有着许多不应忘却的记忆，有收益，有思考，也有困惑。今天是我 82 岁生日，来日不多了，想写一本小册子，将这 64 年来的所见、所闻、所思，如实地告诉各位，到 2018 年出版，正好是我的本命年，从此告别江湖，将这本书作为最后的献礼。本书不是专著，只想用通俗的语言，阐述这些年岩土工程专业的经历、发展、问题和思考，向新生代朋友们交心。我写这本书，不是为了怀旧，更不是为了宣扬旧思想。新发展要有新思维，新技术要有新观念，决不能身体在新世纪，思想还停留在旧时代。但一切事物都有个演化过程，顾既往然后知未来。你们作为岩土工程界的新生代，大概也深知前事不忘，后事之师，以便推陈出新，跃上新的境界。

我作为混迹岩土 64 年的老兵，觉得岩土工程师要取得成功，一是要爱自己的专业，“知之者不如好之者，好之者不如乐之者”，乐业才能敬业；二是要熟悉基本概念，善于综合分析；三是要到现场去，经常触摸岩石和土，仅仅依靠试验数据是不够的，数字岩土永远不能完全替代真实岩土；四是要独立思考，遵守规范，但不能过分依赖。你们是新生代的工程师，工程师应当像科学家那样看到现象，想到本质；像工匠那样精雕细琢，力求完美；像医生那样在复杂情况面前，从容不迫，灵活应对。

我经历的这一代，岩土工程是从无到有，从小到大。到今天，我国工程建设的规模和难度，都是举世无双，已经成为一个岩土工程泱泱大国。但是，岩土科学技术的进步却十分有限。至今还是不严密、不完善、不成熟，仿佛依然处在太沙基时代。往事不可谏，来者犹可追。我这一代似乎“山重水复疑无路”，你们必将“杨柳暗花明又一村”。希望各位能在技术创新、理念创新、制度创新等方面取得突破，出几位世界闻名的大学者，大工程师，引领岩土工程国际新潮流。

顾宝和

2016 年 8 月 30 日初稿

2017 年 12 月 27 日修改

目　　录

第 3 篇　信息之新——勘察测试的过去、现在和将来

第 4 篇　理念之思——对理论、经验、概念、分析方法、思想品位的思考

第 5 篇　工程之善——从大国到强国的企盼

第 6 篇　规范之尊——从《规结 7-54》到深化标准化改革

第 7 篇　灾害与环境之治——最危险最复杂的岩土工程

篇首
箴言

人皆可以为尧舜。

——《孟子》

第 1 篇
成功之路

—— 一个混迹岩土 64 年的老兵

核心提示

孟子说："人皆可以为尧舜"，现今的意思就是，人人都有成功的机会。管仲辅佐齐桓公，九合诸侯，一匡天下，是成功者；陶渊明归田耕耘，为后人留下脍炙人口的诗文，也是成功者。牛顿、爱因斯坦、爱迪生是成功者；黄道婆一个农村妇女，目不识丁，引进、消化、改进纺纱织布，造福人民，也是成功者。

准确定位 + 认真 = 成功。

庸人不要懒，才人不要傲，人人都可以成为成功者。

第1章　童年和少年时代

为了说明怎么会走上岩土工程之路，本章叙述了父亲的爱国思想、笃信科学、实业救国、敬业精神对笔者的影响，叙述了童年和少年时代的经历。崇尚科学，仰慕地质学家，确信工业化是国家富强的必由之路，是思想基础；国家第一个五年计划的开始，党和政府的号召，是客观因素。进入南京大学学习工程地质专业，确定了献身岩土工程之路。

1　我的父亲

1903年，父亲顾兆昌生于现在的上海市嘉定区安亭镇华田村的一个农民家庭。1923年从江苏省立第二农校毕业后，任东南大学农学院教授过探先的试验助理。1928年任嘉定县农场场长，后改称嘉定县农业推广所，任主任，致力于先进农业技术和良种推广，七年经营，成绩斐然。1935年9月，在江苏大丰垦区为嘉丰纱厂采购棉花，后任大丰盐垦公司六区主任。1938年8月，在现在的大丰市新丰镇自立门庭，开创实业，创办力耕农场，垦荒植棉，创办立昌棉花行、立昌酿造厂、勤工榨油厂，形成农工商联合体。由于重信誉，善经营，热心公益（办免费小学），言行端正，在本地人的眼里，是一位品德高尚、知识渊博的儒商，被誉为“顾圣人”。抗战胜利后，他终结了大丰的事业，返回嘉定老家。他拒绝了嘉定县长请他出任县建设局局长和县农场场长的提议，而是和本村的农民一起组织农业生产合作社，为实现灌溉机械化、提高水稻产量和发展养猪、养鱼副业而不遗余力。新中国成立后，于1951年9月任宝山县第二中学（原罗溪中学）生物教师，兼管校办农场。作为科技界人士，于1954年至1958年任宝山县第一届、第二届人民代表和第二届人委委员。后因大丰“土改”时被划为地主，开除留用。1961年撤销处分，按原薪退职回乡务农。1964年8月“四清”运动时又被带上地主帽子，“文革”中历尽苦难，于1976年8月20日因癌症去世。

父亲对我的影响主要在下列几方面：

（1）爱国思想。抗战期间与新四军合作，任新丰镇商民抗日救国会会长，带头捐献财物。沦陷后坚决不在伪政府中担任新丰镇镇长和交通银行东台分行行长职务，为躲避纠缠，远离本镇，突出反映了他坚定的爱国气节。新中国成立前在本村组织生产合作社，帮助农民贷款，为改善民生做实事。新中国成立后，迅速跟上时代步伐，当了人民代表和人委委员。虽因历史原因，后期政治上受到压抑，但强烈的爱国思想从未减色。

（2）笃信科学。那个时代迷信盛行，父亲绝对不信不做。那时家家都有灶君老爷，唯我家从不供奉，并拒绝一切宗教思想。他立志依靠科技富民强国，在棉花优良品种引进、推广方面下了很多功夫。他的科学品格十分突出，表现在：一是做事精细，循规蹈矩，精雕细刻，一丝不苟。既能动脑，又能动手，思维和行为都十分严密。二是语言文字平实质朴，没有过多修饰，但简明、准确而严谨，条理清晰，句句有用，没有空话和套话。三是判断是非崇尚客观，崇尚理性，不受个人感情左右。四是注意观察，注重实验和实证，注意因果分析，追究事物发生的原因，追究现象背后的本质，严格尊重科学规律。

（3）实业救国。他最敬仰的是无锡的荣宗敬、荣德生，南通的张謇等实业救国先驱，希望自己也能在实业方面有一番成就。在农、工、商三方面，他认为“工”最为重要，是富民强国的根本。可惜由于时代的限制，他的理想未能实现。我幼年时，父亲在墙上贴着9个大字：“立大志，求大知，做大事”，勉励我们兄弟姐妹。我虽未做到，但留下了很深的印象。

（4）敬业精神。用他自己的话，就是“忠于事”，认认真真做事。他无论做公务员、做职员、做人民教师，还是自办实业、在家种田，都是兢兢业业，一丝不苟，精益求精。言必信，行必果，痛恨一切虚假欺诈。为了事业，他节衣缩食，不辞劳苦，不畏艰险，勇往直前。虽已受到开除留用处分，他还结合生物教学，带学生从事种植和养殖实践，亲自参加田间劳动，养蜂，栽培蘑菇，参与养猪、养兔，还一心想成为养蜂专家和栽培蘑菇专家。一位他的学生写的回忆文章中提及，他问父亲一个问题，父亲说容他查查资料后再回答。过了一学期，学生已经忘记了这件事，父亲找到他，向他详细讲解。“文革”期间，他戴了地主分子帽子，生活圈子极小，就认真学习针灸，在自己身上试，在母亲身上试，颇有成效，村里的农民有病，都纷纷请他针灸。我们兄弟姐妹6人，都深受父亲认真做事的影响。

2 我的童年

我 1934 年 8 月 30 日生于江苏省嘉定县（现上海市嘉定区）西门内。1937 年 8 月，日寇侵犯上海，淞沪抗战爆发。当时父亲在苏北大丰盐垦公司工作，火速赶回嘉定，携全家逃难到大丰。我当时三岁，对沿途逃难的情景尚无记忆，此后的童年生活，就在大丰度过，直到 1946 年 12 岁时，抗战胜利后才返回嘉定。

大丰在江苏中部海边，本来是盐场，南通实业家张謇先生兴办现代纺织业，将这里开辟为棉花种植基地,从此成了棉花之乡。这里的产业基本上是单一的棉花，一眼望不到边,全是棉花田。多数为自耕农式经营,我家是农场式经营。到摘棉季节，我也参加，同工同酬，按摘到棉花的斤两付给“工资”。我家没有给子女零花钱的习惯，摘棉工资是我唯一的收入，所以很乐意去。

除了种棉花外，父亲还开办了棉花行，替上海、南通、无锡一带的纺织厂收购棉花。棉农们挑着担，推着独轮车，在店前排着长长的队售棉，掌秤的师傅一面秤重，一面高声唱多少斤，棉农卖完后到账房处领款，非常热闹。籽棉入仓后，雇一二十台脚踏机械脱籽，成为皮棉。打包后堆放在场地上，像一座小山。收购棉花最忙的时候，点了汽灯“挑灯夜战”，亮得像白天一样。那时居家都用灯草或棉线点棉籽油照明，煤油灯那时叫“洋灯”，算是高档了，见到这么亮的大汽灯真是开心。那时一片繁荣快乐的景象，至今仍历历在目。

棉花之乡的家庭副业也离不开棉花，家家纺纱，户户织布。母亲也和邻居的妇女们结伴操作，我从小就看到了手工纺织的全过程。先是弹棉花，将皮棉弹松，除去杂物;接着是擀棉条，纺纱。一般直接用纱织布，我家常常将两三股纱摇成线，用线织成比较厚实的布。经纱上机前要浆纱，装上布机时一根上一根下间隔穿过，非常细致。织布梭子穿越的方式，江南一般用左右手轮换抛扔，大丰的海门人左手推，右手拉梭，似乎更快些，但需要专门训练。染色有先染纱再织布和织完布再染两种方式，我家主要用前一种方式，常常织成蓝白两色的“蚂蚁布”（即现在的劳动布）或条子布、格子布。我们全家大人孩子的衣服都是用土布自己缝制的。成年后我参观现代化的纺织厂，发现虽然全部机械化，但弹棉花、擀棉条，纺纱、浆纱、织布、染色等工序，和手工作业没有什么本质不同。

原想逃难到了大丰这样荒僻的地方,可以免做亡国奴之苦了。不料 1941 年夏天，日本兵打到了大丰，又得逃难了。但已经没有什么地方可逃，只得在日本兵到达前，全家到离镇稍远的地方避难。那时我 7 岁，觉得走得很累。为了生计，局势安定一些后又回到新丰镇。到家一看，一片狼藉，家里稍稍像样的衣物全被抢走。嘉丰棉织厂寄存的设备和棉纱，也几乎全被抢光。就这样一个贫穷的偏远小镇，日本兵用汽船将抢来的物资运了好几天。至于打人杀人，强奸妇女，更时有所闻。

沦陷期间，我们的读书成了大问题。新丰镇的中心小学已经成了日本的兵营，只有一所原是父亲创办的私立啬公小学，也是时断时续，惨淡维持，我的小学功课主要在家补习。父亲请了高也如先生作为家庭教师（在《影响一生的三位语文老师》中有详细记述），高先生因病离开后，由表兄家驹和姐姐玉英任教。抗战胜利后的1946年，我12岁时已经完成了全部小学学业，为后来到嘉定上中学打下了基础。

3 少年《言志》

回到嘉定后，报考启良中学时，语文考题是一篇作文。两个命题任选一个做。一个命题是文言文——“言志”，谈谈你的志向；另一个命题是白话文，即语体文，命题记不得了。我选了“言志”，作文大意是，欧美国家为什么富，为什么强？就是因为他们工业发达。有了发达的工业，才会有机器、汽车，才会有火车、轮船，才会有飞机、大炮，国家才能富足强盛。中国为什么又穷又弱，就是因为没有发达的工业，所以一百年来备受列强欺凌。现在抗战胜利了，我们一定要发展工业，尽快挤上世界强国之林，我自己也愿为我国的工业化贡献一生。其实，当时我只有12岁，工业知识等于零，不仅没有过任何接触，连工业有哪些门类，需要哪些知识准备，也都一无所知。选择工业作为自己的志向，一是受父亲平素言谈的影响，二是受到一些课外书报的启发。但有一点似乎是明白的，那就是要国富民强，非发展工业不可。

白话文是新中国成立以后才成为全国通用的文体，在我读小学时，用文言文还是用白话文，还处于激烈争论阶段，学术界两派人士各不相让。那时社会上文言文和白话文同时流行，官方文件如公示、布告等，都用文言。各种书刊、杂志、小报，文言白话都有，但各大报纸都是文言。家书和朋友之间的通信一般用文言，用白话的是些西派人士。小学课本有文言课本，也有白话课本。一年级文言课本第一课是“人”；第二课是“手、足”；第三课是“刀、尺”；第四课是“山、水、田”；第五课是“狗、牛、羊”等等。第二学期第一课是“我家在何处，我家在村间，村前临大河，村后有小山”；第二课是“弟弟吃菱角，地下有菱壳，母亲命扫去，恐刺行人脚”等。白话文课本小学一年级第一学期第一课是“看，看，看，看新书，新书好看”，其他记不清了。用什么课本，由学校或老师自定，我读小学时两种课本都用过。

启良中学在 1946 年以前是一所私立小学，因办得好，在嘉定颇得名气。沦陷期间停办，抗战胜利后，加设初中，全名为嘉定私立启良中小学，我成为第一批中学生。学校位于嘉定城内秋霞圃，是一所真正的花园学校。美丽清洁，景色宜人。有假山、荷花池、三曲桥、隧洞以及各种花木。教室虽是平房，但整洁明亮。大门口挂着一只大钟，敲钟时全城都能听到。校园管理得非常好，专有一位花匠阿大负责修理花木。每逢假日，常有上海来的游客参观。校长浦泳，字菊伶，毕业于上海美专。当小学校长时才二十几岁，我入学时他约四十岁。个子矮小，西装革履，留着日本式的小胡子，手里提着文明棍，一副绅士气派。他神情严肃，很少谈笑，治校很严，在嘉定很有名气，全城人都认识他。他交往很广，又善辞令，常参加社会活动。空余时间作画、写字、雕刻，从事美术创作。学校里每星期三下午是“精神讲座”，邀请嘉定和上海的名人演讲。记得有杨卫玉先生（民主建国会领导人之一）、葛成慧博士（美国医学博士、嘉定最有名的医生）等。

初中毕业后考入嘉定县立中学（现上海嘉定第一中学）读高中。当时嘉定只有这一所高中，算是全县的最高学府了。原任校长陈奉璋是位民主人士，后任校长兼党支部书记翟彦章新中国成立前是本校的地下党员，办学极为认真，初任校长时还是不满 30 岁的青年，在校长任上退休后还一直关注着嘉定的教育事业。

初入高中时正值解放，学校的政治气氛很浓，我也在高二上学期时参加了青年团，后任团支部组织委员。不少同学离校参加革命，最多一批是 1950 年年末参加军事干校运动，我所在的班级走了整整 10 位同学。1951 开始情况有了变化，国家准备大规模经济建设，急需建设人才，学校重点转向教学，鼓励学生好好学习，为参加建设祖国做准备。我初到嘉定中学时因不适应新校，学习成绩平平，以后逐渐上升，毕业时已名列前茅。

4 仰慕地质学家

我小学时代在大丰，那里经济文化都很落后，迷信盛行。譬如说，天旱久了，在路边立了一些神仙塑像，向他叩头祈雨；许多家长不让孩子种牛痘，学校强制种上后又偷偷用手挤出；不少学生生疥疮，说生了疥疮不得别的病等等，迷信思想很重。我受父亲影响，坚决不信鬼神，笃信科学。中学时代在嘉定，离上海近，文化比较发达，科学环境好得多，但迷信市场还是不小。由于从小视科学为神圣，所以科学家自然是我仰慕的人物。但那时，课外书刊太少，更没有现在多种多样的媒体，获取知识基本上就是听家长说，听老师讲。小学时似乎科学家中就知道一个牛顿，发明家中就知道一个爱迪生。

不知道什么原因，我从小喜欢地理，小学时家里有本中国地图集，包括图和文字说明，我反复读了不知多少遍。可以不看地图，画出全国各省、主要河流、主要城市、铁路的相对位置。邻居有本世界地图集，我借来反复阅读，那时正值第二次世界大战，我尤其关心东亚和欧洲。世界各洲、各大洋的分布，欧洲国家、东亚国家的位置都很清楚。上中学后对地理还是特别爱好，很注意世界各国和全国各省的经济发展情况，有时还自我谋划着从哪里到哪里该修铁路，哪里该修港口。读高中时，又对自然地理有了兴趣，包括山川、高原、盆地、气候带、洋流等形成和发展的规律，成为我后来选地质为高考志愿的思想基础。

那时中国地图集里有关矿产的数据，都是根据翁文灏的资料，所以我在初一、初二时就已熟知翁文灏的名字，也是我当时知道唯一的一位中国科学家。李四光当时在地质界很有名，但社会公众并不知道他。我那时仰慕翁文灏，当然不知他的政治取向，只因他是一位科学家、地质学家。地质界有三位先驱者：丁文江、翁文灏和李四光。丁文江最早，翁文灏的名气最大，他在地质教育、地质学理论、矿产调查开发、地震研究等多方面有杰出贡献。李四光在地质学理论研究方面贡献突出，如纺锤虫研究、地质力学研究、第四纪冰川研究等，是新中国第一任地质部部长，对大庆油田的发现起了重要指导作用，所以很多新中国成长的一代人，只知道李四光，不知道翁文灏。

5 参加第一届全国统一高考

1952 年读高三第二学期时，国家制订第一个五年计划，重点转向经济建设。中央做出了全国高等学校院系调整的决定，取消私立大学，所有院校全部公立，所有高校学生全部享受助学金，享受公费医疗，号召全体高中毕业生都要报考大学。那一年，全国高中毕业人数少于高校招生人数，中央号召有高中学历的机关干部和社会青年报考高校，并在暑期中免费开办补习班，帮助他们复习高中课程。

我读高中时家庭经济比较困难，靠奖学金补助，本无读大学的思想准备。在这样的形势下当然兴高采烈地准备高考了。报什么志愿呢？我立刻想到了地质。原因有二：第一、党中央号召，我国一定要加快工业建设，把贫穷落后的农业国建设成为繁荣昌盛的工业国，第一个五年计划的主要任务是为工业化打下基础。当时最大的困难是资源不清，地质科技人员奇缺，动员考生踊跃报考地质专业。我本来有志于工业，党的号召和个人志愿完全一致。第二、我从小喜欢地理，很关心矿产资源，愿意一辈子从事地质工作，梦想成为一名地质学家。后来知道，由于扩大地质类专业的招生，考生报考的三个志愿中只要有一个填地质，就录取地质。顺便提一句，第一届高考及其以前，还没有分得较细的专业，只有机械、电机、土木、地质等大的系科，1952 年以后才按苏联模式分专业，我们是到校后才分专业的。

从这一届开始，高校招生由国家组织，全国统一考试。之前都是各校分别招生，分别录取。当时嘉定县属于江苏省松江专区，但松江没有考点，我们是在苏州参加考试的，外地考生都带着行李，集体住在大学和中学的教室里，我们嘉定的考生住在三元坊的美术专科学校。我所在的嘉定中学毕业时只有 28 名学生，全县一共也只有这 28 名高中应届毕业生。此外，还有十几位没有读到毕业、中途参加工作的同学，也作为调干生或社会青年参加了高考。第一届全国统考的基本模式一直延续到现在，只是那时不分文理科，可以填报 3 个系科志愿，每个系科可报 5 所学校。考试科目是语文、数学、外语、政治、理化、史地 6 门，共 3 天。那时高校招生录取揭晓都要登报，我们都买了报纸，查自己和同学的录取情况，我被南京大学地质系录取，可惜那张报纸没能保存下来。

近日和青年们谈高考，他们都说第一届是 1977 年。其实第一届是 1952 年，1966 年开始，因“文革”中断，1977 年恢复全国统一高考。

第2章　影响一生的三位语文老师

本章记述了小学和中学时的高也如、周孝侯、汪济三位语文老师，记述了他们语文传授和人生观、价值观对笔者的影响。三位老师的教导提高了笔者的文字表达能力，提高了分析、概括和思维能力，为以后编写技术报告、撰写论文、编制规范打下了文字基础，为人生观、价值观留下了永久的基因。

我是一名普通工程师，需要专业知识，但编写技术报告、撰写论文、编制规范总需要文字表达，文字工作始终伴随着我。虽然专业知识是大学里学的，在实践中积累的，但中学是基础。中学时代值得纪念的事很多，而最使我难忘的是三位语文老师的教导，教我写文章，教我治学，教我做人，影响了我的一生。

第一位是高也如老师。

高也如先生名申第，也如是他的字（那时社会上多以字相称，以先生相称），嘉定东门外人，毕业于无锡国学专门学院，是我父亲的挚友。父亲十分重视对子女的教育，1942年时，我家客居江苏大丰，当地经济文化十分落后，又遭日寇沦陷，因此父亲专为我们兄弟姐妹请了高也如先生为家庭教师，当时我8岁，上小学三年级。

我们的教室是一间低矮的小平房，隔壁是先生（当时都称先生）的卧室。我的学习科目是国文和算术，以国文为主。初读小学课本，后改学古文。读过苏东坡、欧阳修、归有光等人的一些篇章。哥哥读《左传》时，其中的故事很生动，先生许我旁听。一年下来，受益匪浅。可惜时间太短，年纪太小，未能在古文方面打牢根基。1944的年夏，先生患肺病，不能继续任教，离大丰回嘉定。

先生为人忠厚，严于治学，举止端庄，神情严肃，一派学者风度。每天早晨起来练“八节功”，接着整天读书教书，极少外出。朗读时全神贯注，抑扬顿挫，十分感人，还写得一手颜体好字。本镇的人常请他题字，写对联，起字号。先生教古文，主张多读名篇，熟读名篇，注意文章的气势，引导读者领悟作者的思想和文章的风格。认为只有大量涉猎名篇，才能打好根基，写出好文章，因而花在讲解上的时间并不太多。

父亲常来书房，检查学业，与先生谈古论今，文学和时事是主要话题。那时正值反法西斯战争的关键时刻，常常听到他们提到“珍珠港”、“斯大林格勒”等等。日寇德寇猖獗，他们坚持必胜信念；盟军转入反攻，则欢欣鼓舞，喜溢言表。爱国之心，给我留下深刻印象。

1946年4月，我家南返嘉定，不久我进入启良中学。1948年春，高先生应聘到启良中学任教，又做了我的老师。那时，他肺病已好，身体健康，精力充沛，教国文，下半年又兼教导主任。父亲也常来校，与先生攀谈。先生教书和工作极为认真，常常深夜还在办公室伏案工作，深受学生爱戴。终因积劳成疾，得了伤寒，住进嘉定人民医院（当时叫普济医院）。后病情似有好转，一天早晨，突然一人慌慌张张骑自行车来到学校，我和先生次子鸿权等正在宿舍闲聊。他问：“谁叫高鸿权”？鸿权答应。那人说：“快去医院，你父亲心脏病突发，已经去世”。我和在场的同学大吃一惊，接着全校震动，为失去一位好老师悲恸万分。

先生精通国学，崇尚孔孟，在大丰时给人有老派人物的印象，到启良后才知道并非完全如此。有两次他的讲演使我十分惊奇：一次是辛亥革命纪念日，他讲了自己带头剪辫子、响应革命的故事。另一次他列举事实，讲了苏联的进步和强盛。他还主张男女平等，主张民主，反对专制，才知道他虽然受的是传统教育，思想是开放的，随时代潮流前进的。

第二位是周孝侯老师。

周孝侯老师名承忠，字孝侯，前清秀才，曾任东吴大学教授，创办秋霞诗社，擅长篆书、金文，我家住嘉定东门内时和他是邻居，与父亲熟识。当时启良初中的语文教学与一般学校不同，文言文（古文）和白话文（现代语文）分由两位老师任教，周老先生专教文言文。这样精通国学的学者教初中，现在看来似乎是杀鸡用牛刀了。但浦校长坚持聘任最好的老师任教，使我们在少年时代打下良好的语文基础。

周老先生对古文之精通大家都知道，不必多说，仅举一例：课文中有一篇“蹇叔哭师”，选自《左传》。周老先生讲完后觉得应当继续讲“淆之战”，以求完整。于是将后面的文字写在黑板上，让同学们抄写。板书和讲解时不拿一本书，不带一张纸，厚厚一大本《左传》都深刻地印在他头脑里，我们都十分佩服。

周老先生那时已经七十多岁，留着花白长须，精神抖擞。讲课时语言生动，深入浅出，我们都很容易接受。周老先生课余时间喜欢与同学和其他老师谈论文学、历史、时事，他观点明确，分析透彻，令人信服。全校他资格最老，最有学问，但从来都是平等讨论，决不倚老卖老。讲课和交谈时，总是面带笑容，三年之中从未见过他有什么不快，更不用说生气发火了，这也许是他健康长寿的重要原因。

那时不少同学喜欢刻图章，常请老先生在图章上写反字，老先生总是有求必应，或篆字或当时的繁体字。我的名字繁体字是“顧寶龢”，共62笔，老先生不戴眼镜，写在仅仅一厘米见方的图章上。我问他，“和”为什么写成“龢”？他给我详细讲解了这两个字的异同。

1949年暑期初中毕业时，周老先生为我们的毕业纪念册撰文，寄予师生的深情厚谊。开卷写道：“余年十八，即为私塾童子师，忽忽已更五十五寒暑矣。厥后时在政界，时在教育界，相间工作，以迄于今。而在中等学校服务之日较多，回忆各校同学，先后当以千计。但在一级之中，自始至终连续授课，未曾间断者，只有启良初中本届毕业之同学六十余人而已。余年逾七十，老病日增，下学期起，拟不复担任课务，故参加是级之毕业典礼，亦可算余生平最后之一次矣”。

周老先生对我们毕业后的去向做了调查之后写道：“可见当今之青年，涵濡化育，知识更新，崇尚实际，不骛虚荣，各抱擅长技术之决心，洗以往敷衍之陋习，注意为社会造福，而于个人之利益，视若浮云。自此分道扬镳，进程无限。岂若从前之求学者，仅求文字优良，资格高深而已哉！”这段文字上是赞扬我们同学的志向，实质是对我们的鼓励和教诲。

第三位是汪济老师。

汪济老师字鲁泉，号亦彭，江苏泰兴人。1949年初，我在启良中学读初三下学期时，汪老师应聘来到启良，执教语文和历史，兼教导主任。教语文时，除了教科书外，补充了一篇臧克家的文章，题目叫《知识与知识分子》。大意是说，现在中国已经到了历史的转折关头，知识分子面临抉择。号召知识分子抛弃“万般皆下品，唯有读书高”的思想，走与工农结合的道路。由于当时还是国民党统治，文笔比较隐晦，又有许多新名词，很难理解。汪老师耐心讲解，这一篇我们学了差不多一个月。

初三的历史是外国近代史。汪老师完全离开课本，讲了产业革命、资本主义兴起、俄国十月革命；讲了资本论、空想社会主义和科学社会主义，我们顿时感到耳目一新。使我们第一次听到欧文、圣西门、傅立叶、马克思、恩格斯和列宁；第一次知道了唯物史观、剩余价值、阶级斗争和社会主义革命，感到无比新鲜。那时我们是何等幼稚，汪老师向学生提问：“什么叫帝国主义？”起立回答的五六位学生，异口同声说：“有皇帝的国家是帝国主义。”汪老师说：“德国没有皇帝，是帝国主义；美国也没有皇帝，也是帝国主义。所以不是有皇帝的国家是帝国主义，帝国主义是资本主义的最高阶段，是垄断的、腐朽的、垂死的资本主义。”可以说这是对我最初的马克思主义启蒙教育。

1950年9月，我在嘉定县立中学（现嘉定一中）上高二。开学第一天，在饭厅里发现了汪老师，觉得很突然，他也一下子认出了我。谈话中知道他已转入嘉定县中，又做我的老师了，我欣喜万分。高一时的两学期，我们对两位语文老师都不满意，汪老师一来，情况大变，同学们对语文都有了兴趣。

汪老师的语文造诣很深，现代文、古文、翻译文学，样样精通。他博览群书，上课时总要配合教材，介绍很多文学方面的课外知识，有一次班主任盛克勤老师问我们:“汪先生搜集那么多参考资料给你们讲，你们能接受吗？”我们回答“能”。确实如此，汪老师讲课内容确实非常丰富，但是他深入浅出，特别注意教学方法，使我们很易消化吸收。

汪老师除了讲解课文外，还教授语法修辞，注意纠正我们读错和写错的字。譬如“坑”，我们误读成“炕”;“藉口”（现在简体字为“借口”）误读成“籍口”。还为自己辩护说，“这是嘉定方言”，汪老师坚决予以纠正。汪老师批改作文非常细致，改正写错的字，用得不当的词，理顺病句，还每篇都有具体的评语，有的还分段加眉批。汪老师一年半的教导，使我们在阅读能力、写作能力、文学知识等各方面，都有了显著进步。

汪老师当时近四十岁，四方脸，讲课时声音洪亮，操一口浓重的苏北口音。除了教语文外，后来又兼教导主任。他要求学生十分严格，我挨他的批评也不少。有一次办墙报，他是指导老师，我负责编辑，选完稿，布置好抄写就走开了。他把我叫来，责问我为什么不在现场。我本想辩解说编排不归我管，但没敢说，只得坐下来一起抄写校对。汪老师一篇一篇地认真修改，我们抄完贴到墙上后，他站在墙边，手里拿着笔，一边逐字逐句读，一边改正抄写中的错误。他这样认真的工作态度使我深受感动。

三位老师对我的影响

1952 年高中毕业时，正值我国准备开始第一个五年计划建设，那时的梦想就是实现工业化，使我国摆脱贫穷落后，成为国富民强的工业化国家。我响应党的号召，报考南京大学，学习工程地质专业，后来成了一名工程师，毕生服务于祖国建设事业。那时社会上流行一句话，“学好数理化，走遍天下都不怕”。六十多年的经验告诉我，要当好工程师，数理化当然是要学好的，但只懂数理化，语文基础不扎实也不行。我见过一些工程师，科技素质不差，但语文根基不牢，因而严重影响了他的发挥，未能做出应有的贡献。

我的一生中，编写的科技报告无法统计，发表过的论文一百几十篇，主持和参与编制技术标准、专业著作二十余部，一切工作成果都要形成文字。我工作的一生，实际上也是写作的一生。没有中学的语文基础，没有几位语文老师的教导，走出这条人生之路是不可想象的。

科技论文和报告，与艺术性文学当然有很大不同：文学作品重于情，科技作品重于理；文学作品的故事可以虚构，科技作品则不能有半点虚假；文学作品要求词语新鲜，切忌老套，科技作品则力求规范和标准化；文学作品要求避免概念化，科技作品则把明确的概念放在特别重要的位置；文学作品崇尚丰姿多彩，婉转曲折，科技作品崇尚质朴无华，平铺直叙；文学作品体裁有散文、诗歌、小说、剧本等，科学作品除了文字外，还有公式、模型、数据、图表等。但是，与文学作品一样，科技作品也要求选材合理，构思清晰，文句流畅，详略适当，用词用语准确而生动，能引起读者的共鸣。也要从大量的、朴实的素材中“去粗取精，去伪存真，由此及彼，由表及里”，通过一番深入的加工，才能得到提炼和凝聚，通过顿悟而获得升华。科技论文一般先点明问题和意义；再叙述观测数据或试验成果；然后上升到理论分析，概括出科学理念；最后是结论性意见和提出存在的问题。这套流程其实就是中学语文老师教我们的“起、承、转、合”，一脉相承。

由于长期从事科技，离文学越来越远，所以我现在写什么都只会平铺直叙，实话实说，注重逻辑，注重分析和概括，至于文采，那就谈不上了。

爱国敬业，与时俱进，严谨治学，诲人不倦，认认真真做事，老老实实做人，是这三位老师的共同品德，影响了我一辈子。譬如汪济老师的认真备课就是我的榜样，我退休后，有人还常请我去讲学，我根据要讲的题目，考虑听众的诉求和接受能力，搜集材料，确定内容，斟酌语言，绘制图表，计算时间，做幻灯片，花的总时间是讲课时间的十几倍。再譬如参加硕士生或博士生答辩，每位评审人提问和交流的时间可能就是一二十分钟，但阅读和消化论文，从中找出关键问题，可能要花三四天功夫。再譬如高也如老师告诉我们“良工不示人以朴”，意思是说好的工匠不会拿出尚未精雕细刻的毛坯给别人。所以我每写一篇科技论文，总是反复琢磨，几乎每篇都先征求同行意见，切磋讨论，觉得没有什么毛病了，再拿出去发表。我不刻意主动去交朋友，但朋友不少，有同龄朋友，也有忘年之交；有院士、名教授，也有初出茅庐的青年学生；有的性格与我相近，有的迥然不同。我们谈学术、谈工程、谈时事、谈人生，互相启发，至信至诚，继承了周孝侯老先生不分老幼、不分贵贱、一律以礼相待的精神。

快七十年过去了，老师们的音容笑貌犹在。回顾自己一生的求学之路，最不能忘记的就是“根”。与生物体的发育一样，人生的演绎也是源于“基因”。虽然仅仅继承了他们品德、学问之万一，但在我的工作成果、治学态度、人生观、价值观之中，深深隐含着三位老师教导的基因。

第 3 章　西园寒窗与板桥实习

1952 年 10 月，笔者进入南京大学学习专业，是笔者求索岩土之路的起点。学习期间课程极满，条件极差，没有教科书，没有讲义，全靠讲堂笔记。但学习热情很高，同学间相辅相助。毕业实习在治淮工程的板桥水库，学习地质测绘、钻探记录、渗水试验、压水试验、绘制地质图、编写报告。记述了实习期间经历了一场大洪水。由于专业初创，学制短暂，基础打得不好。由于工程建设尚未起步，老师没有多少经验可以传授。但我国这批第一代开拓者，积极参与专业的创建和探索，成为行业发展的见证人。

1952 年 10 月，我考入南京大学，学水文地质与工程地质专业。那年我国准备执行第一个五年计划，进行大规模经济建设，国家急需大量建设人才。中央下了很大决心，采取了全国院系大调整和大学生全部享受助学金的重大措施。并扩大招生名额，除应届毕业生外，招了大批调干生和社会青年。南京大学（新中国成立前为“国立中央大学”）地质系前几届每届仅几人，这一年扩招了 400 人，我就是在这样的背景下入校的。由于国家急需地质科技人员，400 名学生、两个专业全部为 2 年制专修科。新建的位于长春的东北地质学院也都是 2 年制专修科。只有北京地质学院是 4 年制本科，他们和我们同年进校，晚 2 年毕业。

院系调整后，南京大学迁入原金陵大学的校址。金陵大学本来是一所教会学校，校舍雄伟，校园优美。可新生太多了，我们学地质的两个专业被安排在西园。西园是一座远离本部的三层小楼，带地下室。除女生外，我们三百几十名男生全住在这里。我住的是大开间的地下室，上下铺，每间住二三十人，又暗又冷又挤又嘈杂。睡眠互相打扰，自修条件很差，上课要到东大楼阶梯教室，测量和机械制图还要去四牌楼南京工学院（今东南大学）上课。一年以后，学校建起了东南大楼，我们搬进了 8 ~ 10 人一间明亮的小房间，住宿和自修条件有了明显改善，西园改成了我们的教室。

专业课程都是在西园学习的。教我们工程地质的是郭令智教授，教水文地质的是萧楠森教授（时任讲师），教土力学与基础工程的是华东水利学院（现河海大学）的徐志英教授（时任助教）。

我们是2年制专科，但当时目标是将4年课程压在2年学完，所以课程排得非常紧，晚上都要上课，一些中学基础较差的同学更觉得不胜负担。初入学时，同学中有些思想波动。有嫌生活艰苦的，有不愿学地质专业的，有学习跟不上的。那时，党团组织发挥了很大作用，鼓励同学们热爱专业，艰苦奋斗，努力学习，准备做国家建设的尖兵。在淘汰了一些实在不愿学和实在有困难的同学后，很快就形成了紧张热烈的学习气氛。那时上课没有教材，基本上没有参考书，全靠课堂笔记，一边听，一边理解，一边记，还有公式和图，不少同学记不下来。再加上南方口音的老师多，他们的普通话普遍很差，很难听懂。教矿床学的胡受奚老师，讲得很认真，但一口宁波话，北方的同学根本听不懂。讲构造地质的是姚文光教授，进教室只带两支粉笔，黑板上写得也不多，内容又深奥，讲课像演讲，有些同学记不下笔记，只得在课后找别的同学核对。我在同学中的学习成绩也算是名列前茅的，但临毕业的一学期，得了虹膜睫状体炎，住了10天医院。同学们分工代抄笔记，辅导我跟上，继续学习。

当时没有教材，只靠课堂笔记是普遍现象，不仅专业课没有教材，高等数学、水力学、静力学、材料力学、分析化学等基础课也没有教材。大概是因为当初大学生太少，出版后没有销路，老师又不愿编讲义造成的。之后不多年，教材和参考书逐渐多起来，毕业后不久，就能买到多种翻译出版的苏联专业书:《地貌学》、《土力学》、《土质学》、《普通水文地质学》、《专门水文地质学》等。

放暑假时，其他系的同学回家休息了，我们学地质的还要顶着烈日，背着帆布包，拿着地质锤，翻山越岭，参加实习。我们想到的不是艰苦，而是为踏上工作岗位锻炼。最感人的当然是女同学了，她们丝毫不要任何照顾，和男同学混合编组，一起实习。出于今后职业的需要，同学们十分注意锻炼身体，每次校运动会，男子组的冠军总是金属与非金属矿床地质专业，亚军是水文地质与工程地质专业。学地质的女同学少，两个专业合在一起也就40来人，积分却遥遥领先，绝对冠军。和我一个小组的“老夫子”杨耀坤同学，原来劳卫制（即准备劳动与保卫祖国体育制度，由苏联部长会议体育运动委员会于1931年3月14日首次颁布，促进青少年积极参加体育运动，提高身体的体力、耐力、速度、灵巧等素质。）考核不及格，尤其是1500m长跑是弱项。他发奋图强，天天练习，学期终了时以优秀成绩跑完全程。

毕业以后，我们被分配到祖国四面八方，都不同程度地为地质事业做出了贡献。

回想起来，当时学习的内容似乎很初浅，由于学制短暂，专业初创，基础打得不好；由于工程建设尚未起步，老师没有多少经验可以传授。但我们是第一代本专业的开拓者，迫使参加工作后努力学习，补齐基础课程，积极参与专业领域的探索，成为行业发展的见证人。南大西园，是我们的根，枝叶都是从根生长出来的；是我获得专业知识的源头；是我进入地质事业的大门，值得我们永远怀念。

1954 年 6 月至 9 月，我在南京大学修完了全部课程，参加毕业实习。水文地质与工程地质专业的同学分为三批，一批到北京官厅水库，一批到黄河三门峡水库，一批到淮河南湾水库和板桥水库。我被分配到板桥水库，由萧楠森老师和叶尚夫老师带领，共有二十几人。从南京乘火车出发，经徐州、郑州到驻马店，再从驻马店乘马车到达板桥。那时交通条件很差，火车很慢。从驻马店到板桥 90 里，没有公共汽车，只能乘马车。

板桥水库位于淮河支流汝河上游的泌阳县，始建于 1951 年，是当年治淮的重要枢纽工程之一。土坝高 25m，库容 5 亿 m^3，是以防洪为主的大型水库。那时国力还弱，技术水平不高，建造时除了少量混凝土工程外，大坝是土坝，利用两年的枯水期，动员十万民工以工代赈，全部用铁锹和手推车建成。那时根本不知道设计前要做地质调查，建成两年后发现坝身裂缝才引起警觉，决定一面注浆加固，一面补做地质工作，我们就是在这样的背景下来到这里实习的。

来到板桥，我是第一次见到这样宏大的水利工程。据我看，水库的设计还是不错的，大坝、输水洞、输水渠、消能池、溢洪道，以及为防止渗透变形而设置的上游黏土铺盖、下游反滤层等，设计得都基本合理，经受了 1954 年大洪水的考验。1975 年垮坝的原因，一是由于千年一遇的超大洪水，远远超过了设计控制标准；二是由于正值“文革”时期，管理混乱造成的。

我们到达水库管理处后，住在简陋的临时工棚里。工棚是个四合院，北屋中间是会议室，东侧住三位老师，萧老师、叶老师和北京地质学院来的张倬元老师（后任成都地院院长、教授）；西侧住四位女同学；东屋、西屋和南屋住二十多位男同学。刚到目的地的头两天，学生休息，萧老师到坝址和邻近地带踏勘，调查地貌、地质条件，回来后向我们讲解。总体上说，板桥坝址和库区的地质条件比较简单，第四系下面就是前寒武纪的变质岩系。我们的野外实习是工程地质测绘、钻探编录、试坑渗水试验、钻孔注水和压水试验等；室内实习是清绘地质图，编写报告。报告的正式文本是萧老师撰写的，我们只是做做练习而已。毕业实习虽然只有短短三个月，但受益匪浅，使课堂学习得到巩固，实际操作得到初步锻炼，给我留下深刻印象，至今历历在目。

回想那时，我们这些初出校门的学生，一点实际工作能力也没有，全靠萧老师、叶老师、张老师手把手教。萧老师当时约 40 岁，刚升为副教授，他功底雄厚、经验丰富、体格强健、精力充沛，思路非常敏捷，处事非常果断。我们实习的内容也就是坝址工程地质调查的内容、要求和方法，都是萧老师制定的。萧老师说，为了查明坝址是否稳定，我们工作的重点在坝基和坝肩。因此，在坝址及其附近布置了工程地质测绘；在坝上布置了深孔，深入稳定岩层，并做注水和压水试验；在坝肩布置了竖井和钻孔，还做了试坑渗水试验；在坝址下游布置了浅孔，查明第四系土的分布和性质。并给我们详细讲解，为什么这样考虑，目的是解决什么问题。具体实施由叶老师、张老师指导，但萧老师还总是亲临现场，回答我们的疑难问题，纠正我们操作中的错误。从调查结果看，坝址没有重大的地质隐患，坝身裂缝原因可能还是施工方面的问题。

我们那时觉得最难的是识别断层，而断层对于工程地质又极为重要。有一次，我站在探槽中观察，萧老师正在向我们讲解这条断层的性质。可我怎么也找不到断层在哪里，萧老师说："就在你的脚下么！"我才恍然醒悟。

还有一次在一个开挖的陡崖下面，地质剖面在崖壁上暴露得非常清楚。我们二十几位同学面对崖壁，崖壁就像一块大"黑板"，萧老师指着崖壁上的各种构造现象，向我们讲解这些断层、褶皱、岩脉、蚀变的性质、形成时期、相互关系以及与区域地质构造的关系，讲得非常生动，给我们留下了非常深刻的印象。

这里远离城市，生活比较单调。虽然有豫剧团来这里搭起戏台，免费演出，但我们都看不懂，不爱看，只得自己组织歌咏活动，活跃生活。此外，萧老师还常和我们一起打桥牌。他是桥牌高手，我们不过初懂而已。他教我们叫牌的规则、出牌的技巧，记分的方法，成了我们桥牌的指导老师。虽然萧老师的年龄长我们二十岁左右，又是我们尊敬的老师，但他能和我们打成一片。萧老师很健谈，除了讲专业以外，还常和我们讲各地的风情趣事，如穿越横断山脉如何如何艰险，云南少数民族的风俗如何如何等。大坝下游建有防止渗透变形的反滤层，从反滤层渗出的水非常清澈，萧老师和我们一起，每天到反滤层排水渠边上漱口、洗脸、洗衣服，谈谈笑笑，别有情趣。

实习一个多月后进入雨季，连降暴雨，库水猛涨。因坝身有病害，不敢开闸放水，不敢蓄洪。库内水压力越来越大，输水洞口像万马奔腾，喷射出巨大的水流，经混凝土衬砌的输水渠向下奔泻，到尽头是十几米高的陡壁，飞流直下，形成瀑布，在下面的消能池内翻滚，气势非常壮观。这时，水库管理处和我们南大师生，最担心的是大坝安全，因为我们的住地、水库管理处、板桥镇都在大坝下游，一旦失事，后果不堪设想。我们实习的同学和管理处的职工都投入了防洪，三人或两人一组，冒着大雨，在大坝上下，坝面坝肩，昼夜值班巡视。那些天萧老师一再告诉我们，一旦有事，该如何应对，并叮嘱我们把地图、资料等保管好，幸有惊无险。

谁也没有料到，21 年以后板桥水库发生了一场大劫难。1975 年 8 月淮河流域普降特大暴雨，三天降雨 1800mm，6 小时降雨 860mm，创世界纪录，造成板桥、石漫滩两座大型水库和 58 座中小型水库漫顶溃坝，咆哮洪流横扫数百里，下游一片汪洋。新中国成立初期财力不足，靠“人海战术”建了不少土坝，问题不少，后来很少再用。20 世纪 80 年代末，板桥水库复建，于 1993 年 6 月通过国家验收。最大库容 6.75 亿 m^3，大坝全长 3720m，最高 50.5m，发电装机容量 3.2MW，与当年简陋的土坝相比，不可同日而语了。

和萧老师板桥分别后，我一直想念着他。我觉得，学术根基坚实是萧老师的第一大优势。工程地质和水文地质专业的重要基础是构造地质，地质构造的复杂性决定了工程地质条件的复杂性；水文地质最难搞的就是构造裂隙水。萧老师到一个地方，就能对这个地方的地质构造特别是隐伏断层做出准确判断，从而指出找水的方向和工程地质问题的要害所在，没有深厚的构造地质功底是不可能做到的。萧老师的第二大优势是野外经验特别丰富。他虽然是一位大学教授，但把主要精力放在野外，因而对地质问题的识别能力、判断能力、处置能力非常强，解决问题痛快而坚决。萧老师第三大优势是他数十年如一日的敬业精神，不畏艰险，不辞劳苦，将毕生献给了教育事业和水文地质、工程地质事业。

第4章　苏联实习和访问独联体三国

本章记述了笔者赴苏实习一年的经历，记述了苏联的工程地质条件、苏联的专业体制、苏联的规范和技术方法、苏联人民的生活、对苏联社会的印象。使笔者从源头上了解苏联的专业体制和专业技术对我国的影响，打上了深深的烙印。本章还记述了苏联解体后访问俄罗斯、白俄罗斯和乌克兰三国，包括技术交流和上述三国的社会情况。记述了实习和访问后的一些思考。

1957年4月初，我已经工作了两年半，突然接到人事处通知，去天津干校学习俄语，准备赴苏实习。苏联是当时我们最向往的地方，我自然喜出望外。俄语学习班同学共17人，用四个月时间学基础俄语，两个月时间学专业俄语，进步很快，但终究时间太短，没有打下良好基础。

1957年12月27日，我们从北京乘火车启程，经满洲里出关，过西伯利亚，于1958年1月4日到达莫斯科。我被分配到苏联俄罗斯建设部基础设计院，导师是总地质师斯米尔尼茨基（Андлей Иванович Смирницкий），对我指导很认真，也很关心和友好。我们住在离设计院很近的公寓里，三间卧室，有厨房、卫生间、成套家具和电视，有专人打扫卫生，条件很好。

初到苏联，一星期内一句俄语也不敢讲，以后渐渐放开。导师布置我先阅读技术规范、技术报告，每星期一次在翻译梁文慈的帮助下，或导师讲课，或回答问题。三个月后梁文慈回国，开始独立学习和工作。根据学习计划，还到苏联南部的克玛（KMA，Курская Магнитня Аномалия）、诺夫高拉特（Новгорад）化工厂工地实习。12月，由设计院总工程师主持的考核委员会对我一年的学习进行了考核，签署了文件，认定Хорошо（好）完成了学习任务。1958年12月底离开莫斯科，1959年1月2日回到北京。历时整整一年，两年的元旦都是在火车上过的。

在苏联学习一年，技术业务方面的收获并不显著。原因之一是语言基础没有打好，影响科技业务接受能力，不能自如地参加科技问题的讨论；原因之二是所在单位是勘察设计院，不是研究单位或高等院校，不注重理论。而实际工作我已做了两年多，也是按苏联模式和在苏联专家指导下进行的，而且中国的地质条件还比苏联复杂。但使我开阔了眼界，对后来的发展有不可替代的作用。

中国山地占了国土面积的大部分，不良地质作用强烈，地质灾害很多，还有多种多样的特殊岩土。苏联除了乌拉尔、外高加索是山地外，俄罗斯大平原、西伯利亚大平原占了大部分国土面积，除了分布广泛的多年冻土和黑海、波罗的海滨的软土外，其他地方的土质一般都不差。譬如在诺夫高拉特化工厂工地，整个场地都是超压密冰碛土，含漂石的硬黏土，厚度很大，非常单一，无论承载力还是变形，都不会有问题。

苏联实习一年使我对苏联岩土工程的技术方法和管理模式有了深入了解，对理解我国的岩土技术和体制问题很有帮助。苏联模式有两个重要特点：一是将岩土工程的勘察和设计截然分为两段，工程地质专业人员只提供资料和数据，结构专业人员进行设计，包括地基承载力均与勘察无关。在苏联，虽然多数情况勘察和设计在一个单位，但分工是十分明确的。二是勘察设计必须严格执行规范，所有规范都是强制性，规范就是法律，没有任何通融和变通。勘察设计人员只知按规范行事，一丝不苟，十分规矩，确保质量，但毫无主动性和创造性。“精英制订规范，基层如法炮制。”由于必须按规范行事，所以技术方法也相对单一，譬如只有触探，没有标准贯入试验；变形计算参数一律用变形模量，不用压缩模量；勘察只做直接剪切，只有高校和研究单位才做三轴试验。科技研究只在高校和专门研究单位进行，勘察设计单位只要熟悉规范就可以了。这两个特点在中国已经深深地打上了烙印，六十多年挥之不去。

1958年是中苏友好的鼎盛时期，在苏学习的中国人很多，苏联政府对我们照顾得很周到，苏联人民对我们非常友好，真是亲如一家。我们真心把苏联作为老大哥，学习都很刻苦。苏方领导和我的导师都十分赞赏中国人的勤劳、聪明和进取精神。

那时，中苏两国在经济方面的差距很大，苏联正是欣欣向荣的战后恢复时期。火车一进莫斯科，看到到处是塔式吊车（建设工地），各勘察设计单位的任务很饱满，老百姓的精神面貌很好，完全没有失业现象，和我心目中的社会主义差别不大。人民生活水平高出我国很多，譬如吃饭，他们以荤为主，离不开牛油和奶制品；我国以素为主，粮食还要定量。他们外出穿衣一定是毛料，不会穿布衣服上街；我国还是满街蓝卡其。莫斯科和列宁格勒都有漂亮舒适的地铁，满街小汽车；我国还是自行车、公共汽车当家。苏联人一年积蓄，到外地旅游度假；我们积攒一点钱买手表、收音机。我思想中还是"苏联的今天就是我们的明天"。虽然国内宣传有些过分，把苏联描绘成完美无缺的天堂，实际上缺点也不少，但总的说来，给我留下了美好的印象。

五十年代的青年，纪律性很强，领导要求也极严，稍有不轨，立即遣返。所以在苏学生都比较拘谨，而苏联青年则比较开朗，不把我们当外国人看待。我也多次参加过他们的联欢和野营，可惜我唱歌跳舞都是不在行，不能和他们一起尽兴。苏联的文化艺术发达，我参观了克里姆林宫、冬宫、彼得宫，欣赏了歌剧、芭蕾、木偶戏，叹为观止！在苏学习期间，有幸和苏联青年一起做野外地质工作，发现他们的工作态度一般都很好。不怕苦、不怕累、不怕脏，尤其是姑娘们，一点不娇气。下班时，他们总是穿得很漂亮，男的是西装、领带、礼帽，女的是连衣裙。上班时穿一身满是泥污的工作服（他们不洗工作服，太脏了就扔），在寒风中一个个灵活地爬上敞篷卡车出发。中午吃点自带干粮，傍晚再乘卡车回到基地，没有人叫苦。

1958年，苏联虽然还处在上升时期，但计划经济的一些缺陷已经显出，如官僚机构、品种单调、农业和轻工业发展迟缓，科技研究与生产脱节，技术进步缓慢等。这些缺陷当时好像不是主要的，但似乎就是后来苏联解体的重要因素。

1992年7月，苏联已经解体，我有幸故地重游，随团对俄罗斯、白俄罗斯、乌克兰三国进行学术性访问。我任团长，成员有姚雨凤（女，建设综合勘察研究设计院科技处长，苏联留学生）、黎克强（深圳市建设局总工程师兼国土局总工程师），一行三人。俄罗斯勘察研究院热情接待我们，先后参观了他们的科学实验室，了解他们正在进行的研究项目，举行了多次学术座谈，访问很成功。

此时正是叶利钦的"窒息疗法"时期，俄罗斯经济陷入低谷。计划经济已经抛弃，市场经济没有形成，工厂大都停产，工人大批失业，物价飞涨，生活水平一落千丈。和1958年经济和建设欣欣向荣的情景相比，反差太大。1958年时莫斯科到处是工地，勘察设计单位的办公室里，工程师们都是埋头画图，有时晚上还加班；可在1992年，无论莫斯科、圣彼得堡、明斯克还是基辅，很难看到一个工地。勘察设计研究单位的工程师和研究员们都无所事事，几乎一切工作都停了下来。经济很萧条，虽然没有抢购，也没有票证，但食品、衣着、日用品等品种很少，顾客也不多。1958年时列宁格勒非常漂亮，但这次一看，满目破旧衰败，大约多年不整修了。昔日金碧辉煌的教堂，现已失去了光彩。冬宫里的艺术品，似乎少了许多。彼得宫里的喷泉少了一半，游人也不多。只有克里姆林宫建筑，还依旧富丽堂皇。

还有一个印象，俄罗斯、白俄罗斯等国经济虽然滑坡，但还是有泱泱大国之风。

尽管居民生活水平下降，又无保障，但社会秩序井然，默默渡过难关。无论什么公众场合，都听不到喧闹和大声说话，更见不到打架斗殴。地铁站和马路口有时有志愿乐队免费演奏音乐；街头音乐，书摊上的图书，都是很严肃的，没有见过黄色的东西。

这次访问独联体三国，还有一个十分深刻的印象，就是土地辽阔，资源丰富，环境清洁。这些在1958年时也见到，但印象不深，大概是由于我国这些年来，人口猛增、环境污染等问题突出，强烈对比之下印象格外深刻。这次乘坐火车走了上万千米，所经之处，主要是森林和草原，农田都很少，房屋和工厂更是少之又少。沿途所见的河流湖泊，都是绿绿的、蓝蓝的，尤其是贝加尔湖和第聂伯河，太漂亮了，充满诗情画意。他们也的确非常重视环境的保护，国家经济这样困难，但严格限制木材出口，为的是保护森林。老百姓都自觉注意公共卫生，不乱扔废弃物。有一次白俄罗斯的朋友把我们拉到离明斯克一二百公里的郊外，渺无人烟，在草地上野餐，餐后把全部废物装在桶里拉回处理，一点废弃物也不留下，我深受感动。

第5章　援越和墨西哥考察

本章记述了笔者参与援越和墨西哥软土考察。援越第一年负责若干工业项目的勘察；第二年负责越南国会大厦和国际饭店勘察，并指导越南科技人员工作。记述了勘察工作中的泥炭质土、淤泥等软土问题，记述了周恩来总理与援越人员见面交谈。墨西哥考察记述了软土的性状、软土对工程的影响、土工试验室、基础工程、控制桩、大型现场试验、墨西哥自治大学、高等教育制度，以及墨西哥的经济、社会、文化、生态情况。墨西哥虽然不是发达国家，但土力学研究和岩土工程技术水平相当高，至今仍值得学习。

1　援越

1959年3月至1960年月12月，我参加了援越工作，任勘察组组长。先住河内还剑湖边上的民主招待所，一个多月后搬到都良招待所，直到回国。先后出差到过海防、越池、太原、南定等地。第一年我主要负责中国援越项目的勘察工作，有构件厂、肉类加工厂、兽医药制厂、鸭毛厂、灯泡厂等；第二年主要负责越南国会大厦、国际饭店的勘察，并指导越南技术人员工作。工作的技术难度不大，但那时很年轻，才25～26岁，能独立在国外作为外国专家工作，是很好的锻炼机会。院领导和驻越代表处对我的工作也很满意，方毅（党中央派往越南的经济代表，后任国务院副总理）在会上还对我进行了表扬。

当时，中、苏、英、法、美五国外长日内瓦会议签字已经5年，越南北方全面进行和平建设。中国援助的项目最多，在越中国科技人员经常有四五百人，方毅作为经济代表，全面负责援越工作。当时的越南几乎完全没有工业，援越项目中除太原钢铁厂、海防造船厂、某化工厂稍有规模外，大多是中小项目。越方技术人员奇缺，建设部门上下负责人几乎都是部队转业人员。他们的工作热情很高，虚心好学，对中国人十分友好，正处在“同志加兄弟”的时期。我们作为外国专家，每逢节日应邀参加他们的国宴、国庆观礼等活动，胡志明常常发表热情洋溢的讲话。

之后的援越人员就没有我们幸运了，南越打仗，北越轰炸，工作困难，生活艰苦，再加上中苏分歧，影响了中越友好。可以说，我们在越南的时期是最风和日丽的日子。

我在越南共一年零八个月，好像过了一年零八个月的“共产主义”生活。按中越协定，援越人员的工资在国内由原单位照发，在越期间由中国另发工资额的一半作为津贴；越方负责我们的住宿、饮食、汽车和翻译。因此，我们的吃、住、行，全不用自己操心，一律由越方安排，也不许我们提意见。伙食标准每月 150 盾，合人民币 80 元，那是很高的标准了，相当于我一个月的国内工资，出门有小汽车。只是天气热，那时只有电扇，没有空调，很多人不适应。我那时年轻，不怕热，虽然瘦，还不到 100 斤重，但精神很好，从未病过，有人说我像“钢筋”。在越期间，一切由驻越代表处统一领导，方毅管得很具体深入，办事认真果断，我多次向他汇报请示过。有一次，在河内肉类加工厂厂址勘察后，发现地质条件很差，越南主管领导有些怀疑，要求再打两个钻孔复查一下。我带着勘察报告向方毅汇报，方毅很生气，将报告一搁说：“不行！我们的报告绝对不容怀疑！可以由他们翻译成任何文字，请任何国家的专家审查”。后来越方没有坚持，我建议对总平面布置作了适当调整，解决了问题。

越南的工程地质条件一般不差，遇到的主要问题是软土。上面提到河内肉类加工厂，荷载很大的冷库就坐落在泥炭质土地基上。泥炭质土呈黑褐色，含大量未完全分解的植物纤维，体重很轻，可浮于水；与淤泥比，虽同样是软土，但外形和力学性质有显著差别；压缩性极高，因含多量纤维，有一定的抗拉强度，可直立不倒。我当时判断，是河流弯曲留下牛轭湖晚期的沼泽沉积，应该是局部分布。补了几个钻孔，圈定了泥炭质土的分布，调整了总平面布置，将冷库布置在好土上，解决了问题。此外，拟建国会大厦在河内西湖边上，淤泥很软，厚度不均，本来也是个难题，但后来未建。海防造船海相淤泥厚达二十多米，这个工程不是我负责的，上海第六设计院结构设计负责人特意邀请我去现场，指导钻探和取样，以便取得准确的设计参数。这个工程后来用桩基础，以淤泥下面的砂层为持力层。

还有一件最值得纪念的事，1960 年 6 月，周恩来总理和陈毅副总理访问越南，并专程到大使馆与援越人员见面交谈。总理直接走到我们中间，和我们谈话，询问各项目的进展情况，我和他也交谈了 5 分钟左右。应大使何伟邀请，总理又向全体人员讲了 40 分钟。最后举行了舞会，绣姿也参加了。那次接见的照片，我一直作为珍贵的纪念品珍藏。

我和绣姿 1954 年底在北京认识，1959 ~ 1960 年在越南恋爱，1960 年底回北京后结婚。在越南这段时期，是我一生中最美好、最幸福、最值得纪念的时期。

2 墨西哥软土考察

1981 年 1 月 28 日至 2 月 27 日，我参加了墨西哥软土考察。这是两国政府间的科技合作项目，由外经贸部和建工总局派遣，成员还有建工总局的周士鉴、西南勘察院的梁士灿、建材总局的西班牙语翻译刘宝山，我任代表团团长。

我们于北京乘中国民航班机飞纽约，在上海和旧金山短时停留，再换乘泛美航空公司班机从纽约经休斯顿到达墨西哥城。因梁士灿的姐姐等亲戚在纽约，故换机期间在纽约停留了一天，参观了唐人街。从 1 月 30 日到 2 月 20 日三周的时间内，我们访问了墨西哥科委外事局、公共工程部、水利资源部、墨西哥石油公司、墨西哥自治大学、墨西哥工程学院等约 10 个单位，参观了 5 个土工试验室和房屋建筑、油罐工程、大桥工程等 5 个现场，与墨西哥的岩土工程专家、教授举行了近 20 次座谈，还去了瓜萨瓜尔哥、明纳底特兰，对软土的性质、软土上的基础工程、抗震和液化以及岩土工程机构、市场、教育等情况进行了比较深入的考察。在墨西哥过的春节。完成计划后，因航班原因在大使馆住了几天，向使馆代办、商务参赞、使馆研究室和新华社做了汇报。2 月 25 日乘泛美航空公司航班经纽约，换乘中国民航飞机，于 2 月 27 日晚回到北京。

墨西哥的岩土工程主要有三大问题：一是洪水，二是地震，三是软土。墨西哥城的软土世界闻名，至今我尚未见到比墨西哥城软土更软的土。这种软土是火山灰在湖泊中沉积，蒙脱石化形成，小于 0.005mm 的颗粒占总量的 100%，片状结构，能吸附大量水分，含水量高达 400%。而在我国，含水量达到 60% 就算很软的土了，最高的深圳海相淤泥也只有 70% 左右。墨西哥城软土还有个特点，就是灵敏度非常高，原状土样可以直立，但在手中晃几下，立刻化成一摊泥浆。过去，墨西哥城大量抽取地下水，因而产生惊人的地面沉降，累计最大达 9m。打进砂层的水井，由于周边软土地面沉降，而使井管高出地面数米。桩基持力层如果选在硬层，由于地面沉降而使桩高出地面，成为“高桩承台”，严重影响了工程的抗震性能。由于大量的差异沉降，建造在天然地基上的低层建筑，东倒西歪，“耍龙”似的，比比皆是，墙体开裂到处可见，但很多建筑因结构较柔而尚能使用。上述现象主要发生在老建筑，他们很注意保护古老建筑，不像我们大拆大建。在墨西哥城，4 层以下的建筑一般用筏板基础，地基承载力取 40kPa，4 层到 8 层一般用补偿基础，8 层以上就只能用桩了。过去主要用端承桩，由于存在“高桩承台”问题，现在已经少用，改用摩擦桩，桩底与硬土层之间留一段距离，较大的沉降当然难以避免了。

典型的软土促进了墨西哥岩土工程的技术进步，他们有些专家在国际土力学界很有地位。我们参观过的土工试验室虽然规模大小不同，但各有特色，水平不低。最好的大概是墨西哥自治大学土工研究所的试验室了，除了常规仪器外，有振动单剪仪、振动扭转仪、大型真三轴仪、大型振动台、高压三轴仪等。大型振动台平面尺寸 4.7mx2.5m，模型重 15 吨，最大激振力 75 吨，位移 1 英寸。高压三轴仪侧压力达 1000kg/cm^2，用于研究堆石坝的压碎效应。这两种仪器的试验研究均由著名土力学家马萨尔（Marsal）负责。此外，该试验室还采用电子显微镜和全息摄影数据自动处理系统研究土的变形，在国际上处于领先水平。

基础工程方面以桩基最为突出，最独特的可能是“控制桩”了。这是一位私人公司老板发明的，已申请专利。我们拜访了他，他很热情地带我们去参观使用控制桩的工程。控制桩的桩底置于硬土层上，桩顶与基础底板之间不固定，用丝杠千斤顶连接，可根据需要旋转丝杠，任意控制基础底板的升降。当地面下沉时，可降低底板使其与地面沉降一致，地面沉降过大时还可以将桩锯掉一截。既可用于新建工程，也可用于倾斜工程的纠倾。有个 18 世纪的教堂，因地基不均匀，左端沉降 0.4m，右端沉降 3.4m，成为危房，又不许拆除重建，就是采用控制桩解决问题的。纠倾前先对旧基础进行加固，再用 119 根控制桩分别抬高，每次抬高不大于 3mm，先横向，再纵向，75 天圆满完成了纠倾任务。某总统旅馆因地面下沉使基础底板与地面脱离了 0.7m，也是用控制桩使底板与地面重新接触，恢复了抗震性能。但是，控制桩的用途似乎也有限，一是桩顶荷载不能太大，否则难以用千斤顶调节；二是控制桩只能布置在板下，但多数情况桩设置在柱下和墙下。似乎只能用于特殊场合。

我们参观了墨西哥新建的地震台网。墨西哥是个多地震国家，我们访问期间还遇到了几次有感地震。较大的一次晃动明显，并短时断电。据台网负责人介绍，这几次都是抽水诱发地震，震源深度仅 1 ~ 2km，最大震级仅 3.7 级。由于软土，卓越周期很长，一般 2 ~ 3s，最长达 5s，加速度虽不大但位移大，且持续时间长，震级不高的地震也会造成破坏。

我们参观了 Texcoco 工程，很有意思。这里本是一大片荒滩，要改造成大公园，建几个人工湖，并修建机场、高速公路、排水渠道、污水处理厂，还要植草。这里的土特别软，不排水强度不到 10kPa。为此，他们结合工程在现场做了大规模的研究工作，包括湖堤的堆方试验、渠道的稳定试验、桩基工程试验、机场跑道试验等，在现场埋设了大量传感器，工作做得很细，取得了大量系统而宝贵的数据。而最特别的要算人工湖的建造了，如此大的土方量，没有用一台挖土机，没有运出一方土。而是打了许多水井，井深达到软土下面的含水层，井距 160m，抽水深度 30m。通过抽水降低水位使软土压缩下沉，5 年后地面下沉 4m 而形成人工湖。还用深层标量测不同深度的下沉量，上层软土原厚 35m，压缩了 20%；下层软土原厚 12m 且双面排水，压缩了 80%。既经济，又环保，取得了成功。整个 Texcoco 工地，到处埋设着各种传感器和测试元件，墙上挂满了观测数据图表，像个大实验室。

墨西哥自治大学是一所与众不同的大学，其特点一是规模极大，全校 30 余万人，集中在一个大街区，系科十分齐全，设有很多研究机构，是名副其实的综合性大学；二是由于历史的原因，享有很高的自治权，政府管不了它，不仅是个小社会，简直是个小国家。当时我们已经感到专业分得过细的缺陷，考察时了解了墨西哥高等教育的专业设置情况。他们说，墨西哥的专业设置有个由宽到窄，再由窄到宽的过程。由宽到窄是由于社会分工越来越细，专业越来越深，不细一点难以适应工作；但后来发现，专业过细过窄，学校毕业后找不到工作，且很难转行，不适应市场需要，所以又恢复到较粗较宽的专业设置。由于专业宽，大学主要是打基础，而将专门性很强的技术课程放在毕业后的继续教育。墨西哥的继续教育很正规，也很有特色。我们访问了墨西哥工程学院进修中心，这是专为注册工程师继续教育的培训基地，注浆技术、锚固技术、预压加固、原位测试技术、监测技术、抽水试验、压水试验等具体的岩土工程技术，大学本科一般不学，或学得很少，主要在参加工作后根据需要到进修中心学习。

墨西哥当时已经是中等发达国家，墨西哥城是个国际大都会，当时的世界第一大城，发展水平和现在的北京差不多。我们考察时，超级市场、厢式货车、易拉罐等，我国还没有，我回国时还拿了几个空易拉罐，作为稀罕物带回家。墨西哥城当时拥有小汽车 300 余万辆。因停车场很少，满街马路边停的都是小汽车。但由于建筑容积率低，规划合理，又没有自行车，故城市交通很顺畅，车速很快，看不到什么堵车现象。我国当时小汽车很少，形成鲜明对比。但和墨西哥人谈起此事时，他们直摇头，“千万别跟我们学，小汽车已是我们的公害”。这里停车非常困难，有一次司机送我们到一个地方，我们下车办事，车子没有地方停，只能沿街不断行驶，绕圈子。

墨西哥人的肤色非常杂，白种人、黄种人、黑种人都不少，混血人最多，华侨也有一定数量。墨西哥地处低纬度高原，类似我国昆明，四季如春，气候宜人。农业相当发达，农产品价格很便宜。墨西哥城到处都是商店，有许多大型超级市场，晚饭我们一般不去餐馆，在超级市场买熟菜、水果、面包、饮料，又便宜，又好吃，一人提两大袋，在住处吃得很舒服。中午我们常到一家中国餐馆用餐，餐馆老板是第二代华侨，对我们很客气，常和我们一面吃饭，一面聊天。他很关心国内情况，还说："我这个餐馆后继无人，两个儿子大学毕业后都有自己的专业，当地人很懒，我舍不得把经营几十年的事业交给不能守业的人"。那时我国国门刚刚开放，国际商贸活动很少。使馆的主要力量也放在政治外交上，经贸方面很少关注。

哥伦布发现新大陆至今才五百多年，我国已有五千年文明史，相比之下，开发程度反差非常大。墨西哥的城市化水平当时已经很高，墨西哥城占了全国几乎四分之一的人口。乘车离开墨西哥城，基本上都是没有开发的处女地，保持着原生态。到处是原始的山川、森林、草原，很少见到工程、农田、人家。仙人掌是这里最具特色的植物，不仅很多，而且长得非常高大，像中国的乔木。由于农产品便宜，气候宜人，所以生活容易过，不存在温饱问题。偶尔也见到乞讨的人，墨西哥以施舍为时尚，依靠乞讨完全可以生存，只是社会地位低而已。墨西哥是玛雅文明的发祥地，我们参观了他们的考古发掘，参观了他们的金字塔（用于祭天）。他们十分重视文物保护，十分舍得在文化方面投入。墨西哥城街头的艺术雕塑和体育设施的档次相当高，建筑和艺术雕塑很有民族特色和时代风貌，居民参加体育活动尤其是足球运动非常方便。

这次考察，全过程由我主导，我全力以赴，认真负责，圆满完成了任务。但翻译刘宝山功不可没，他讲的话是我们三人加起来的两倍，后来嗓子都哑了，还翻译了不少书面文件。回国以后，我们向有关领导做了汇报，整理了笔记，做了《墨西哥软土考察》的学术报告，听众二百多人，效果很好。可惜报告的文稿现在找不到了，这篇回忆是参考当时的笔记写的。

这次考察和我同行的梁士灿同志，长我 3 岁，早年留学苏联，毕业回国后分配在综合勘察院西南分院工作。1962 年春天我出差成都时我们初次相识，这次考察成了好朋友。他的夫人廖林志，原是我院苏联专家翻译，非常聪明能干。夫妇二人后来定居美国，至今和我还每天微信联系。

第6章　从项目负责人到行业专家

本章记述了笔者学校毕业后业务工作的几个阶段及其思考。大体上是：第一个10年是基层锻炼，定位于当好项目负责人；接着是“文革”的10年蹉跎；之后约10年，重返工程项目第一线；再大约10年，担任本单位的技术领导，定位于做好甲级勘察设计单位的总工程师，主要精力仍放在工程项目和科技开发上；最后是退休后的20多年，定位于当好行业专家，大部分时间还是工程项目的评审。深入工地，解决问题在现场，经验要靠工程实例不断积累，是笔者毕生的信念。

1　项目负责人

我参加工作的头几年，除赴苏实习外，主要从事具体工程的勘察工作。从当钻探记录员做起，再当项目负责人。那几年接触了一些大型工业基地的勘察，如洛阳第一拖拉机厂、大型军事工业基地、大型原子能工业基地、大型航天工业基地等。接触到多种岩土和多种地质条件，如湿陷性黄土、泥炭质土、山麓堆积、风成沙丘、活动断裂等。那时，虽有一两种苏联规范，但远没有现在规范那么齐全和完备；开始几年虽有苏联专家指导，但苏联专家是顾问，不在文件上签字负责，况且他们的意见有时并不切合实际，还要靠自己拿主意。一旦失误，还得自己负责，可能成为政治问题，压力很大。但也锻炼了自己，迫使自己去学习，去思考，炼了多年的基本功，这些基本功受用了一辈子。如根据目力和手感，可以大致判定岩土的工程性质；根据基本物理性指标，可以大体判断岩土的力学参数；根据地质条件和上部结构，可以基本判定这项工程的主要岩土工程问题。后来当了技术领导，当了行业专家，离开了第一线，但还是尽量争取下到工地，观察现场实况，岩土工程问题的判断只靠抽象的数据是绝对不够的。工程项目就是“临床”，缺乏临床经验的医生不可能是好医生，缺乏现场经验的岩土工程师也成不了一名优秀工程师。

1965 年 7 月，我奉命离开技术工作，参加“四清”工作队，接着是“文革”，直到 1974 年底才恢复技术工作，蹉跎十年，不细说了。恢复技术工作后，仍致力于具体工程，名义上是“审核”，实际角色是“项目第一负责人”。因为审核人必须亲赴现场，关注从工作大纲到成果报告的全过程，比名义上的项目负责人负更大的责任。

基层工作的这些年里，有两点重要体会：

第一，要接触岩土，要有现场判断能力。我做过钻探记录员，当项目负责人后还跟班劳动（那时领导提倡，自己愿意，工人欢迎），同时指导记录。每个工程都要将野外记录与试验室成果对比，野外记得不准、试验数据有误、野外记录与试验数据不一致是常态。在不断校核中锻炼了识别岩土的能力，摸到土就可基本判定这种土的物理力学性质指标。一些与工程有关的地质现象，如结构面、裂隙带、阶地、滑坡、岩溶、断层等等，只有书本知识，没有多次现场观察，即使就在面前，也不一定能认识。20 世纪 60 年代那几年我参加“三线建设”，遇到过许许多多复杂的地质问题，见过不少土岩组合地基，进过好多大大小小、形态奇特的溶洞，调查过大型滑坡，调查过断层和破碎带，不去现场，哪来这些经验的积累？

第二，要接触多种工程、多种特殊岩土、多种复杂地质条件、多种疑难岩土工程问题，见多才能识广。这一方面是机会，另一方面也靠自己争取。我能接触较多的特殊岩土和复杂地质条件，原因之一是我所在的单位属于“中央大院”，早期在华东、中南、西北、西南还有分院，不仅面向全国，还面向国际。但接触过的行业较窄，局限于建筑工程的地基基础，这与我国行业分割的管理体制有关。外国的岩土工程师接触面要宽得多，建筑、道路、机场、水利、航道、港口、岩土环境、岩土修复等都做。虽然岩土工程的原理是相通的，但要求各有不同，侧重各有不同，接触工程类型越多，水平才能越高。

2 工程勘察到岩土工程的转折

20 世纪 80 年代之前，我一直从事工程勘察，介入设计极为有限。1978 年底，以我所在单位为主的建工总局赴加拿大考察团，带回了欧美国家通行的岩土工程专业体制，全国掀起了推行岩土工程的热潮。我也从那时开始，跨进了岩土工程勘察、设计、施工、检测、监测的全过程，北京彩色电视中心的扩底桩基础，就是从工程勘察到岩土工程的一个转折点。

中央彩色电视中心和扩底桩基础的具体情况，已在拙作《岩土工程典型案例述评》中做了详细介绍。简单地说，20 世纪 80 年代之前，至少在我国建筑行业没有大于 800mm 的大直径桩，更没有扩底桩，没有一柱一桩的设计。我国大直径扩底桩首先是郑州市设计院的丁家华工程师提出的，并在郑州做了若干工程试点。我得悉后觉得很有创意，很有发展前景，乃立项研究。设计制作了一台千吨级的静力载荷试验设备，在郑州做了不同桩长、不同扩底直径和侧阻力、端阻力的大型现场试验，研究了大直径扩底桩的承载性能和变形规律，总结了设计、施工和检验的全套技术方法。

中央彩色电视中心是第一个以大直径扩底桩为基础的国家重点工程，为全国大面积推广积累了经验。该工程初步设计时，制作区和播出区裙房均采用直径为 400mm 的钻孔灌注桩，以卵石为持力层。承载力和变形虽可满足要求，但质量控制和组织施工问题不小。施工图设计时，我向设计单位建议，改用扩底桩基础，一柱一桩。桩数从 8993 根，减至 953 根。有下列优点：一是采用桩帽，简化承台，大量节省钢筋混凝土工程量，节约了投资；二是人可以直接下孔检查，质量可控，避免钻孔灌注桩的沉渣问题；三是施工占地面积小，机器不能进入的狭窄地段也能施工；四是可以采用“人海战术”，多桩同时施工，较机械施工大大缩短工期。设计单位采纳了这个建议，并付诸实施。在实施过程中，由我院进行载荷试验、组织施工、派出专人逐桩下孔检验、进行沉降监测，做到了勘察、咨询、施工、检验、监测一条龙服务。在我的建议下，采用静力水准新技术监测基础沉降，效果很好。实测沉降最大为 5.2mm，最小为 4.8mm，平均为 5.0mm。均匀稳定，效果良好，取得了圆满成功，参观者络绎不绝。

该工程成功的一个重要性原因是勘察与设计的配合非常密切，负责结构设计的是广播电视设计院的汪祖培工程师，在勘察报告提交后，他就提出采用传统钻孔灌注桩的问题，我向他详细介绍了挖孔扩底桩的理念和方法后，他很有兴趣，希望我所在单位提供更具体的技术服务。我们做载荷试验、现场试挖试扩、下孔检验，他都亲临现场，一面向我详细介绍上部结构的特点、对地基基础的要求，一面提出对施工、检验等方面的意见。此后，我与汪祖培的私人友谊日深，又多次合作，解决了济南、南京等电视台工程的基础设计问题。通过这个工程体会到，岩土工程师必须与结构工程师密切合作，主动体谅结构工程师之所难，解结构之所困，而不是夺结构之所爱。

3 技术领导

我 1983 年开始走上技术领导岗位，担任岩土工程所所长、院副总工程师职务，后又代理院总工程师工作（从未担任院总工程师），直到退休年龄的1994年，大约又是10年。我虽然主观上想做好总工程师的工作，但实际上没有做好。总工程师本应筹划全院的技术发展方向、开拓技术新领域、引进相应技术人才，从事全院宏观的技术决策，我却还是把主要精力放在具体项目上，并结合工程需要从事科研、技术开发和标准规范的编制。这段时间的业务已向岩土工程更宽广的方向延伸，先后负责或参与了扩底桩的研究和应用，基坑工程的设计和实施，地基处理的设计和实施，围海造陆和软基处理的设计和实施，地震液化的研究等。

我没有做好总工程师工作的原因主要在于个人素质。总工程师要有很强的管理能力和指挥能力，要有很强的人事驾驶能力，有力排众议勇往直前的冲力。我虽然尚能精雕细刻，有条不紊地处理自己的工作，但不是个强势人物，当领导包括技术领导是不适宜的。

4 “作客”22年

1994年我已经到了退休年龄，院领导希望我延期服役，我要求不再坐班了，在家办公。从那时起至今（2016年）已经22年，自由自在地继续做些力所能及的技术工作，成为一名行业专家。2000年办了退休手续，不过也就手续而已，前后没有什么不同。

六十岁以后做什么？我认定了做“客人”。有人请，感兴趣就去，不感兴趣就辞。人家既然请，必有所求，必客客气气，不会有不礼貌的言语和举动。老年人最需要一个和谐的氛围，受尊重的环境，作客大概是最好的氛围和环境了。我就抱定这个宗旨，首先注意摆好自己的位置。要“客随主便”，对不该过问的事不要过于“关心”，不要自作多情，惹人厌烦。“顾问顾问，有问就顾，不问不顾”。我曾听到过一些老专家与本单位领导关系不融洽的事情，主要问题可能还是没把自己的位置摆好。

离开第一线后，初期几年本院工作投入较多的是规范。规范具有延续性，工作量很大，既要有深厚的专业功底和丰富的经验，还要有较强的协调能力和综合能力，需要腾出专门时间，反复听取意见，反复修改，又没有什么经济收益。在职科技人员困难较多，他们也希望我多投入。所以，国家标准《岩土工程勘察规范》的2001版仍由我任主编，2009版局部修订时武威任主编，具体工作主要我来做。2010年开始全面修订，我年事已高，就全部交给了武威，只挂了个顾问。此外，不同程度参与了其他规范的编制，如《建筑地基基础设计规范》、《岩土工程勘察术语标准》、《北京地区建筑地基基础勘察设计规范》、《核电厂岩土工程勘察规范》、

《岩土工程勘察报告编制标准》、《城市轨道交通岩土工程勘察规范》等。参与本院的工程不多，刚退下来时每年二三个而已，后来更少，也应该由中生代、新生代担当了。

建设部委托的事大概有以下几方面：一是注册岩土工程师考试命题；二是技术职称评审；三是建设部优秀工程和科技进步奖评审；四是技术标准体系编制，五是科技发展规划编制。其中最繁重的要算注册岩土工程师考试命题了，从 1998 年起我就参加了命题组的前期工作，包括考试科目的设置、第一批命题专家名单的建议等。命题难度大，责任大，好像“围城”，“外边的人想进去，里边的人想出来”，实在是一件“重脑力劳动”。2007 退出命题组后，受建设部注册中心教育处委托，与毛尚之、李镜培一起，编写注册岩土工程师继续教育必修教材《岩土工程设计安全度》，花费了不少精力和时间，于 2008 年完成。

社会上的事除了学术会议外，主要是鉴定、评审和讲学。由于经费不便和精力不够等原因，近 10 年已很少参加学术会议，个别有兴趣的借论文集阅读。鉴定和评审内容很杂，包括科研、工程、规范、研究生答辩等。这十几年参与较多的是核电厂勘察，核电厂安全要求很严，每个勘察阶段的勘察大纲要审，野外工作要验收，报告书要审，投入较多，近几年野外验收基本上不参加了。费精力最多的是讲学，20 世纪 90 年代时我可以连讲 3 天，现在讲一天也觉得累了。每次讲学，要花十倍到二十倍讲课的时间准备，包括拟提纲，找材料，制幻灯片等。讲学总要有新意，总要使听众有所收益。年纪大了，渐渐觉得力不从心，准备就此歇息。

退休后我没有了领导，没有了硬任务，谁找我都可以，上至院长，下至刚毕业的学生，以及社会上的业界同仁。我开玩笑说：“我的工作没有轻重缓急，只有先来后到，先约定者优先”。我的作息时间比较固定，这与我每天必须按时打 4 次胰岛素有关。上午和下午各工作 2 ～ 3 小时，不分星期几，不论节假日，只要不开会，不出差，基本天天如此。当然还是弹性的，工作多或精力好时多干些；工作少精力不济时少干些。随着年龄增大和视力降低，这几年逐渐减少。说实话，到了这个年龄，事业心的驱动力已渐减退，消遣的因素渐渐加大。有兴趣多干些，没有兴趣少干些，或干脆不干。天底下没有不散的宴席，现在已经到了辞别业界，退出江湖的时间了。图 6-1 ～图 6-3 为退休后的几张工作照片。

从 1954 年 10 月参加工作到今天 (2016 年 10 月)，整整 62 年了。62 年的积累靠什么？靠深入工地，靠现场经验，靠工程案例。我相信，一定要接触各种各样岩土，各种各样工程，既要读万卷书，更要行千里路。我国条块分割，有些同行的工作限于某一行业，某一地方。我很幸运，除建筑工程外，一定程度上参与了机械、冶金、电力、公路、铁路、航运、军工、核电等行业，走遍了全国绝大部分省（自治区）。除工程外，还参与了规范编制、科技开发、研究生答辩，使认识有所深化。现在，我已经是八十几的老人了，回想起来，的确快快乐乐地在岩土工程界混迹了一辈子。

图 6-1 参加高文生博士答辩（1997）

左起：张乃瑞、唐业清、李广信、顾宝和、刘金砺、高文生

图 6-2 湖南小墨山核电厂址勘察现场验收（2006.6.18）

图 6-3 学术交流会上做报告（2015.12，长沙）

第7章　事业的终结

本章记述了笔者80岁前后，编写《岩土工程典型案例述评》和《求索岩土之路》两本书的动机和经过，简要说明了两本书的特点。

1 《岩土工程典型案例述评》的写作

在各地做学术讲座时发现，典型的工程案例，最生动，最容易说明问题，最受听众欢迎，于是萌发了写一本工程案例小册子的愿望。2013年初，虚岁已经80，开始启动，想把手头的案例整理一下，留给后人，用一年多的时间完成，到2014年8月80岁生日时出版。但真正动手试写，发现没有这么简单，难度实在不小，但已骑虎难下。这是一本科技书，已有的资料要核实，不完整的数据要补齐，不可靠的事例要剔除，案例要典型，要能从概念角度说明成功在哪里，失败在哪里，每个案例都要有准确而全面的评议。觉得手头已有的资料不够了，只得找同行专家帮助。与中国建筑工业出版社签订合同时，将出版时间延至2015年6月。这本书的主旨是讲概念性问题，为了防止自己犯概念性错误，请了两位名教授高大钊、李广信主审。写作过程中还遇到一件难事，就是插图。我的电脑知识和操作水平都是十分肤浅和幼稚，汉字用汉王笔一字一字写进去，作图只会简单的word制图。但原图五花八门，有的从纸质文件上扫描，有的从电脑上截图，有的是CAD设计图，差不多张张都要修改。我没有助手，只得自己边学边干，有问题找儿子帮助。两年多时间实在相当辛苦，幸有本单位李端文女士帮助全文审校，出版社王梅、石振华两位责任编辑的辛勤把关，总算按时出版了。深深感到，唱阳春白雪固然很难，唱好下里巴人也不容易。出版时，中国建筑工业出版社和北京市岩土工程

图7-1　咸大庆、顾宝和《岩土工程典型案例述评》新书发布（2015.7.29）

学会主持了一个首发式，本市和上海的一些岩土界名流出席座谈，祝贺这本书的出版。

这是一本面向广大岩土工程师的普及性读物，既无高水平理论，也无先进技术，没有什么新意。编写本书的主要目的是想告诉读者，处理岩土工程问题时务必注意两点：一是概念一定要正确，概念错了要犯原则性错误，再精确的计算也只能是南辕北辙；二是一定要因地制宜，因工程制宜，每个工程都有自己的特色。概念是科学的共性，特色是艺术的个性，尽量做到科学性与艺术性的完美结合。

这是一本普及性专业读物，用通俗语言借助典型案例将问题提升到理论层面上评议。32 个典型案例，既有成功，也有失败。涉及的工程有天然地基、桩基、基坑支护、基坑降水、围海造陆、堆山造景、造湖、高填方、铁路、机场跑道、溢洪道、核电厂、放射性废物处置、地质灾害治理等；涉及的岩土有一般第四纪土、淤泥、泥炭质土、残积土、盐渍土、多年冻土、新近系软岩、风化岩等；涉及的问题有断层、液化、渗透破坏、岩溶塌陷、砂巷、高陡边坡与破碎岩体等；反映了岩土工程丰富多彩的个性；分析了土的孔隙水压力与有效应力原理、软土挤土效应、土的结构强度、盐胀性原理、地下水动态与均衡、潜水渗出面、水动力弥散、岩石力学基本准则、断层活动性、变刚度调平设计、地基基础与上部结构协同作用等问题。强调把握好概念，反对盲目相信计算，盲目套用规范。案例典型，语言生动，工程师们觉得既有用，又容易看懂，不像有的专著那样深奥。因此，反响有点出乎我的意料，原来担心印 3000 册能不能销出去，实际出版后仅 3 个月就第二次印刷，2016 年 7 月第三次印刷，2018 年 1 月又第四次印刷。我问了出版社王梅主任反响如何，她说“非常好”。

2 《述评》的再创作

我开玩笑说，这是我的“毕业论文”，是我一生事业的“终结”。但没料到，却是没有终结的“终结”。本书还没有正式出版，就有人邀我做讲座，从 2015 年 6 月开始，陆续在各地讲了几次。我本来不喜欢一个题目多次讲，但这件事情上被“套牢”了。每次讲的内容虽有不同，但大同小异而已。怎样讲法？按书本一个一个案例讲，太枯燥了，没有意思，听起来肯定乏味烦躁。为了尽力讲好，我在《述评》的基础上进行了“再创作”。将概念放在中心位置，作为主题，将案例作为主题的载体，讲座题目定为《岩土工程概念性问题的案例分析》，选了书中一些常遇的重要概念，分别用案例来说明，取得了较好效果。下面是讲座中提及的几个概念：

（1）有效应力原理

孔隙水压力和有效应力原理是太沙基建立的近代土力学最基本的概念，岩土工程师应当很熟悉。但在工程实践中经常出现忘记这个基本概念而发生的事故，特别是挤土效应。

（2）渗透破坏

流土、管涌等渗透破坏（或称渗透变形）是土体骨架由于渗透力作用而发生的破坏现象，岩土工程师也应当很熟悉。但有的工程发生了渗透破坏，岩土工程师还不认识，可见岩土工程概念仅仅从书本上认识是不够的，还需要在工程实践中不断加深认识。

（3）土的结构强度

几乎所有的土都有结构性，都有结构强度，尤其是原状土。传统土力学认为土的强度与压密固结有关，但结构强度并非压密固结形成。黏性土、残积土、黄土、红黏土、膨胀土、盐渍土、砂土等都有，具有普遍性。但结构强度的成因和表现又各不相同，具有多样性。如残积土的强度来自原岩的残余黏聚力，与沉积土的压密固结毫不相关；软黏土因胶体而产生触变，扰动强度降低，静止强度提高；红土在高温高湿氧化环境下形成，碱金属、碱土金属、硅离子迁移，铁、铝氧化物积聚而产生的红土化，形成水稳性好的结构，上硬下软，孔隙比高，液限高，黏粒含量高，强度也相对较高，强度形成不能用自重压密和固结状态解释；黄土在干旱或半干旱环境生成，粉土粒以点接触为主的架空结构，少量盐晶和黏粒胶结形成结构强度，水稳性差，易产生湿陷；盐渍土的结构强度取决于阳离子、阴离子组分和含量，有溶陷性、盐胀性；“硬壳层”是干缩形成的结构强度等。传统土力学是重塑土力学，饱和土力学，未考虑结构性，土的结构性难以用传统土力学理论说明，岩土工程师应用土力学时应注意其局限性。

（4）岩石地基承载力

岩体的破坏有剪切破坏、拉伸破坏、沿固定弱面（结构面）剪切破坏 3 种形式。软弱地基多数为剪切破坏，与土相似，适用莫尔 - 库仑（Mohr-Coulomb）准则。对于地基，最关心的是极软岩和极破碎岩。虽然剪切破坏采用莫尔 - 库仑准则，拉伸破坏采用格里非斯（Griffith）准则，但围压均有重要影响。单轴抗压试验时侧压力为 0，地基是三向应力条件下的竖向压缩，随着埋深增加，围压增大，地基承载力也会提高。

（5）地基基础与上部结构共同作用

地基基础与上部结构共同作用分析是将地基、基础、上部结构视为一个整体，共同工作，相互作用，相互制约，通过变形协调分析基础、结构的内力和基础沉降，是当今地基基础设计的热门话题，虽然计算方法不够成熟，但基本概念正确，岩土工程师应当理解。变刚度调平设计从改变地基、桩土刚度分布入手，改变反力分布和沉降分布模式，从而改善基础和结构受力性状，从根源上消除差异沉降和马鞍形反力分布，达到节约材耗，提高使用寿命的目的。

（6）裘布衣公式的滥用

忽视计算模式的适用条件，盲目相信计算，是概念不清的一种表现。裘布依稳定流理论的假设条件本来是很清楚的，但在实际工程中，有时实际条件与理论假设相差很远，仍盲目套用，以致计算结果完全不靠谱，甚至导致降水方案的失效。例如实际工程是非稳定流按稳定流算；裘布衣假定忽略了潜水流线的垂直分量，不宜用于水力梯度过大的情况，更不宜用于有不透水层阻隔情况，工程实践中却常被忽视。

（7）地震液化

地震液化是个非常复杂难以预测的课题，现在规范给出了一种简便的计算评价方法，对工程勘察设计很有利。但是，孔隙水压力的增长和消散，土强度的损失和恢复，液化现场的表现形式，都是相当复杂的，随场地的地形地质条件的不同而有很大差别。岩土工程师要用好规范，需要了解液化的机制和液化的多种表现形式，否则就会陷入概念不清，盲目套用规范，甚至用错规范。某岸边工程可能发生的问题是液化流滑或侧向扩展，却用平坦场地液化主要表现为喷水冒砂的方法进行分析评价，当然得不到正确的结论。

本来是邀请我讲《岩土工程典型案例述评》这本书的，经过一番再创作，突出了这些常遇的重要的基本概念，用案例来说明，取得了较好效果。

3《求索岩土之路》的写作

2015年7月29日上午，是拙作《岩土工程典型案例述评》的首发式，席间席后，几位朋友鼓励我再写一本书。我说，《岩土工程典型案例述评》是我一生事业的“终结”，不是“总结”，这本书一出版，我就“毕业”了。新书首发式后的一个月，为了迎接岩土工程体制改革30周年，孙宏伟主编一本《岩土工程进展与实践案例选编》（中国建筑工业出版社，2016.9），约我写一篇《岩土工程体制改革的发展历程》。我在遵嘱编写时，觉得现在的年轻一代，可能需要了解岩土工程的发展过程，我作为过来人，有责任将过去的事告诉新生代的同行专家。想起首发式时各位好友的期望，萌发了再写一本书的想法。

怎么写呢？用轻松些、自由些的文体，给年轻人讲些岩土工程的故事吧，作为饭后茶余的消遣。试写了几个月，觉得不行，越写越没有信心。年岁大了，前写后忘，难以前后连贯，体例和风格也不易统一。况且，我的文字功底本来差，老了，更是力不从心，没有文采，谁还拿来消遣？想就此搁笔。后来又想，是否可以分成若干独立的小板块，分类编排，不一定过多考虑前后照应，多一块少一块对全文影响不大，就写成了现在这本书的样子。

由于内容杂乱，又无主题，书名都很难起，文稿已经交到出版社了，书名还没有定。十分感谢出版社王梅主任，帮助确定为《求索岩土之路》。我觉得这个书名很贴切，完全符合这本书的内容。只是有个顾虑，别让读者误以为我一个人的求索，其实是一代人，几代人的求索，我只是其中的一员而已。

请哪位专家写序呢？我也费了一番思索。上一本书《岩土工程典型案例述评》请高大钊教授写的序，高教授前些年根据网上答疑，写了 4 部著作，都是邀我写的序，我们两人的交往太不一般了，所以首先又想到高教授。但又细细想，这本书是献给岩土工程新生代朋友们的，他们的年龄和经历比我和高教授相差整整半个世纪，为了更易沟通，最好有位中生代的二传手，于是想起了武威。武威是 2017 年入选的全国工程勘察设计大师，注册土木工程师（岩土）考试命题专家组组长，是当今岩土工程界的代表人物，必能起到承前启后的作用，于是请他作序。

这本书的内容包括两方面，一是叙事，二是思考。从一个普遍工程师的角度，观察这六十几年岩土工程的发展和变化，反思存在的问题和应当汲取的经验教训。为了说明各篇的主题思想，借用了中国古代圣人的名句作为篇首箴言；为了便于阅读，将重要观点概括为“核心提示”，列入各篇的前面。例如第 1 篇的篇首箴言是“人皆可以为尧舜”，中心意思是无论何人，本人的天赋如何，客观环境如何，只要准确定位，认真做事，都可以成为成功者，目的是提高每一位岩土工程师的信心。再如第 4 篇的篇首箴言是“形而上者谓之道，形而下者谓之器”，中心意思是事物都有道、形、器三个层次，科学家追求的是道，力求理论突破；工匠追求的是器，力求每件事做得完美；工程师应将道、形、器深度融合，将理论、经验、实践融会贯通，在理论和经验的指导下，处理好每一个工程问题。

和其他科技书比较，这本书有点另类，效果怎样，请读者检验吧。这本书写完，我的事业真正“终结”了，可以“毕业”了。

第8章　平凡的成功

本章记述了笔者有严重先天性缺陷，是智力平平、学历不高的平庸之人，但能扬长避短、准确定位、诚恳待人、认真做事、乐业敬业，事业上超过了青年时代的预期，取得了平凡的成功。因此，人人都有成功的机会，大智者有大智者的成功，平庸者有平凡的成功。

年轻时和同事们打桥牌，有一次拿到一副坏牌，自言自语说："这副牌没法打"。一起打牌的桥牌高手朱文极（退休后曾任全国桥牌协会秘书长）纠正说："没有不好打的牌！一副非常好的牌叫得不好，只是小赢，浪费了也是失败；坏牌打好了，输得少，也是成功"。我觉得这句话很有哲理，很有普遍意义。譬如建筑物的天然地基，承载能力高低是客观存在，设计得好，既安全可靠，又得到了充分发挥，就是成功。人生也需要设计，每个人的天赋各有不同，环境和机会千差万别，这就像无法改变的手中拿到的一副牌。能做轰轰烈烈大事业的大政治家、大企业家、大科学家毕竟是极少数，大多数人是做不出来的。但如能准确估计客观形势和个人能力，准确定位，平庸的人也可抓住机会，扬长避短，取得成功。我的天资一般，事业上平淡无奇，但尽了自己毕生的努力，已经超出了青年时代的预期，并不感到羞耻和悔恨，也算取得了成功。

我从小懦弱，又高度近视，父母亲对我未来的人生很担心。我小学主要在家补习，这个缺点对我学习的影响还不明显。到了初中，问题就突出了。父亲给我配了眼镜（因其他原因只能矫正到0.3左右），那时戴眼镜的学生极少，全班只我一个。我怕人耻笑，不愿带，黑板上的字一个也看不见，只能凭仔细听，细心记。上大学时，测量看不清经纬仪里的十字丝和标尺读数，矿物看不清显微镜里的光学现象，视力障碍影响了我的一生，但也因此养成了我强记苦想的习惯。我从小就喜欢"想"，喜欢深究。从幼年开始，除了睡眠，脑子几乎一分钟也没停过，坐着想，站着想，躺着想，走着想。大多是没有用的妄想，但也有分析问题、构思文章、萌生灵感等有用的内容。虽然随着年龄的增长而有所淡化，但爱想的习惯基本上伴随着我的一生。

我自幼体弱，又不注意健康。48 岁左右得了糖尿病，吃什么药也不能控制，不到 3 年就用上了胰岛素，到 2017 年，已经整整 33 个年头了。得了糖尿病，用上胰岛素，就好像穿了一件脱不掉的铅衣，沉重得很。但事物都有两面性，我得糖尿病后，一反过去不注意健康的习惯，开始用科学方法严格管理自己，定时起居，平衡饮食，经常监测，学习医学知识，将医生的指导与本人的个体特点结合，不断总结调整。三十几年过去了，还没有并发症。有人问我："你为什么这么大年纪了，身体还不差？"我开玩笑说："因为我得了糖尿病"。

我的动手能力很差，从小如此。母亲知道我有这个缺点，又怕影响我学习，从来不叫我做家务，我在邻居街坊中不会做家务是有名的。成年后也很想克服这个缺点，"扬长补短"，在钻机上参加劳动，我将此作为锻炼动手能力的机会，还得到工人和领导的好评。"五七干校"时很想通过劳动锻炼自己的动手能力，改革开放后常去工地，也想通过接触测试、施工等弥补自己的缺点，但动手能力差的问题始终未能根本改变。由于知道自己存在这个弱点，故在选择主攻方向时，力求避免选择与操作有关的项目，否则总要与动手能力强的同志共同协作。后期致力于标准和规范的编制，避开了操作层面上的问题，发挥了自己概念清楚、经验丰富的特长。

我是典型的内向性格，不善交往，不爱主动交友，还有记不住人的缺点。这个缺点在中学时就很突出，大半个学期过去了，班上的同学还认不全。参加工作后，过了好长时间本单位的同事有的还叫不上名字。退居二线后，接触不少社会上的专家、企业领导和政府官员，有的已多次见面，还是叫不上姓名，甚至一点印象也没有，弄得很尴尬。像我这样性格内向、实话实说、直来直去的人，如果当领导，搞商业，那是绝对不行的，这也是我下定决心，专攻技术的重要原因。1988 年时我曾当选为院党委副书记（代书记），这决非我之所长，而是我之所短，干了不到半年就决心辞去。那次我的快速折返无疑是正确的抉择，否则我后面的人生就要彻底改写了。我理解"上善若水，厚德载物"的意义，由于待人诚恳宽厚，不喜欢与人争斗，不上风口浪尖，所以朋友不少。既有同龄好友，也有忘年之交。我的朋友中，有的性格和我相近，有的迥然不同。朋友之间都要说心里话，水至清则无鱼，"句句是真理"的人是没有朋友的。这些年我远离官场和商界，常与学术界、工程界的人士为伍，人际关系很好，心情也很舒畅。专攻科技进一步强化了我的内向性格，进一步淡泊名利，甚至只知耕耘，淡忘了收获。

我的智力和勤奋程度大体是中上水平，在校学习时，班上成绩排名也就 3 ~ 5

名，7 ~ 8名左右。工作后与同行相比，很多人能力明显在我之上。他们功底深厚，思路敏捷，记忆力、理解力、号召力、自学能力、概括能力非常强。有的言必称欧美，能为外国专家讲学做同声传译；有的牢牢抓住基本概念和关键技术，一眼就能看出报告和图纸上的错漏。与他们相比我差得很远。我的教育程度在同行专家中偏低，他们基本上都是大本生、留学生，现在更是博士成群。我不过是大专学历，功底很浅。但这些高学历、高水平的专家们还是愿意与我为伍，在科研成果评审时，常推举我任专家组组长，博士生答辩时推举我任答辩委员会主席，受到他们的尊重，我总觉得担当不起。这可能与我能抓住要领，注意理论与经验结合，有较强的协调能力和概括能力有关。我的发言和文章，一般能抓住问题的要害，有新意，评审或答辩时能提出关键问题，有独立见解，教授们觉得理论上站得住，工程师们觉得有条有理，切合实际。

我是一个理性的人，尊重科学精神，注意科学方法。注意观察，注重数据，注意追究现象背后的本质。对事物的判断都要有根据，无论自己做的结论还是人家做的结论，对判据的可靠程度心里都有个评估，不做没有依据的主观臆断。对事情是非曲直的判断比较客观，很少带感情色彩。譬如有的人在印象中觉得不好，但他的优点，他做对的事情，我还是予以肯定，不会因人而异。我主张分析，不赞成好就一切都好，坏就一切都坏，这是一种简单化、片面性。智者千虑，必有一失；愚者千虑，必有一得。在讨论科技问题时，既十分注意倾听别人的意见，又总以自己的判断作为发言的出发点，不人云亦云。对自己不熟悉的问题不轻易表态，对根据不足的问题发言谨慎。我喜欢阅读各种书籍，包括专业书和专业以外的自然科学、人文科学、哲学等“杂书”，年轻时也看一些著名的文艺小说。毛泽东的《实践论》和《矛盾论》对我影响很深，在考虑科技问题时，常以“两论”作为哲学思考的理论基础。《逻辑学》对我影响也不小，使我在论证问题时注意逻辑上的严密性和合理性。岩土工程作为土木工程的一部分，地质学和力学是两大理论支柱，但这两门科学的思维方法很不相同，大体上力学是演绎推理，地质学是归纳推理。两方面的专家有时缺乏共同语言，其实，科学是统一的，原理是相容相通的，只是研究路线和侧重不同而已。我的地质学和力学功底都不深，但能注意这两方面的兼顾和互补，因而在讨论问题时看法比较全面。实践中有时力学问题较多，有时地质学问题较多，同行们都会想起邀请我。由于有较强的概括能力，多个重要的学术会议邀请我做学术总结。

个人的性格和特长一般比较稳定，但客观条件却在不断变化，所以人生设计需要不断修正完善，与时俱进，即所谓“滚动式设计”。我所学专业是工程地质，毕业后十几年一直做工程地质勘察。改革开放后行业向岩土工程转移，我及时对自己的目标做了调整，跟上了时代。有的同行由于没有及时跟进，因而未能做出较大的贡献。我工作的初期主要是工程勘察，练基本功，定位于当好能独立工作的项目负责人。中期做了些科研，使我对重要问题的认识有了深化，也有了些管理经验，定位于当好甲级勘察设计单位的总工程师（实际职务是副总工程师，代总工程师），但因缺少驾驶全局的能力，没有做好。到了后期，离开了第一线，具体的勘察设计和研究工作不做了，短线工作主要是讲学、评审、参与疑难工程的讨论，长线工作主要从事技术标准的编制，定位于当一个称职的行业专家。

我在一定程度上传承了优良的家风。父亲所处的时代和所做的事业和我完全不同，但他热爱祖国，忠于事业，高度的责任心，言必信，行必果，以及和谐的人际关系，对我有重要影响。我的家庭稳定、和谐、幸福，是我事业成功的重要保证。老伴绣姿承担了全部家务，承担教养子女的大部分责任，大力鼓励和支持我的工作，这些年为了我的安全，每次都陪我出差。

事业的成功离不开时代的大背景。参加工作时，正值我国工业化建设的初期，欣欣向荣，百废俱兴，使我得到了10年的基本功锻炼，奠定了较为扎实的基础。“文革”虽然荒废了宝贵的10年，但接着迎来了改革开放，全国大兴土木，项目多，规模大，难度高，条件复杂，举世无双。改革开放开始时我四十多岁，正是既有精力、又有经验的好时光。退休以后，虽然老了，但还能运用过去的积累做些力所能及的事情。岩土工程与日新月异的信息技术不同，技术进步较慢，很多问题仍需依赖经验，这也是老年人尚有用武之地的原因之一。

“人贵有自知之明”，像我这样有许多严重缺陷的平庸之人，尚能取得自己觉得满意的成功，除了时代的机遇，家风的传承，家庭的支持等客观因素外，做好人生设计，扬长避短、准确定位、认真做事、诚恳待人、乐业敬业，或许是重要原因。

我的上述看法可能不合时代潮流，现在的年轻人都有宏大的志向，争做参天大树，没有人甘做小草。这些想法只是我个人的一点人生经验，作为参考吧。

爱自己的专业是成功的前提，“知之者不如好之者，好之者不如乐之者”。

不论能力如何，准确定位 + 认真 = 成功。

孟子说：“人皆可以为尧舜”，现今的意思就是，人人都有成功的机会。管仲辅佐齐桓公，九合诸侯，一匡天下，是成功者；陶渊明归田耕耘，为后人留下脍炙人口的诗文，也是成功者。牛顿、爱因斯坦、爱迪生是成功者；黄道婆一个农村妇女，目不识丁，引进、消化、改进纺纱织布，造福人民，也是成功者。古人还说：“天下古今之庸人，皆以一惰字致败；天下古今之才人，皆以一个傲字致败”。也就是说，庸人不要懒，才人不要傲，都可以成为成功者。岩土工程宗师太沙基是成功者；20世纪50年代综合勘察院上海分院一位钻探工人，没有什么文化，改进螺旋钻头的螺距和角度（提土器），用于软土钻进，既预防掉土，又提高效率，得以全国推广，也是成功者。李嘉诚、马云是成功者，我的姐姐顾玉英做了一辈子乡村中学教师，认认真真，勤勤恳恳，钱门小镇上的男女老少，大半是她的学生，人人尊敬她，也是一位成功者。但有一些高学历、有才能的人，未能准确定位，或好高骛远，眼高手低，或不思进取，随波逐流，结果一事无成，遗憾终身。

篇首
箴言

路漫漫其修远兮，
吾将上下而求索。
——《离骚》

第 2 篇
体制之索
——专业的引进，发展和先驱们的开拓

核心提示

工程地质是地质学的一个分支，其本质是一门应用科学；岩土工程是土木工程的一个分支，其本质是一种工程技术。从事工程地质工作的是地质专家（地质师），侧重于地质现象、地质成因、地质演化、地质规律、地质与工程相互作用的研究；从事岩土工程的是工程师，关心的是如何根据工程目标和地质条件，建造满足使用要求和安全要求的工程或工程的一部分，解决工程建设中的岩土技术问题。20 世纪 50 年代初引进工程地质专业，很快在我国生根发展；20 世纪 80 年代初引进岩土工程专业体制，至今（2017 年）尚未到位，原因值得深思。

岩土工程专业体制改革得是否到位，关键在于勘察与（指勘察要求和数据分析）设计分离的“两段式”体制能否打破，以岩土工程师为中心的“一元化”体制能否建立。设计者不懂得勘察，永远只是个计算匠，成不了岩土工程内行；勘察者不深入设计，永远只能在外围徘徊，进不了岩土工程专业核心。

外国有效的体制模式，有外国的社会经济背景，拿到中国来简单复制，或者行不通，或者走了样。体制问题远比技术问题复杂，一定要与整个社会政治经济体制的改革协调，放在市场经济转型和依法治国的大背景中考察。要有生长的机制、生长的环境和动力。必须结合国情，探索专业体制发展之路。

解决岩土工程体制问题的前提，必先整顿市场，必先形成一个有序的、良性的，凭技术、凭质量、凭效率取胜的市场环境。混乱的市场只能摧残技术，摧残人才。

第9章　工程地质专业的引进

本章记述了工程地质专业的引进和发展：记述了从苏联引进前的工程地质工作；引进时工程地质先辈们的艰辛；引进时高等学校的专业教育；记述了水利水电、铁路与公路、城市与建筑等部门，工程地质勘察初期的情况；记述了如饥似渴的学习热情和后来的发展成就。

1949年以前我国没有工程地质专业，工程中遇到地质问题临时请地质学家到现场指导，提出意见和建议。地质学家们也只是将工程地质作为“业余爱好”，并不作为主攻方向。新中国成立前出版的《工程地质学》（孙鼐著），面向的读者是土木工程师，其中普通地质学占了相当大的篇幅。

我在南京大学学习时，曾听过孙鼐教授讲黄坛口水电站的故事。该工程位于浙江省衢州市境内，为钱塘江支流乌溪江流域两级开发的第二级电站，是新中国成立初期浙江省最早兴建的一座中型水电站。最大坝高44.00m，坝顶全长209.00m，其中混凝土重力坝长146.00m，土坝接头长63.00m。工程于1951年开工，因故两次停工，1956年复工续建，1958年4月蓄水，1959年11月4台机组全部投产运行。据孙先生说，调查时他发现坝址地质条件复杂，建议将坝址适当上移或下移，避开断层。但水电站建设负责人“综合考虑”后仍坚持在原址建设。坝肩施工开挖时发现，破碎带很深，怎么也挖不到完整岩体，请孙先生再去现场察看，发现是断层，再挖已无意义，被迫停工。这时部分坝体已经修筑，只得将剩余坝体转一个角度，与完整的岩体坝肩相接，非常被动和遗憾。这个案例使我第一次知道地质条件对工程的重要性。

1952年是第一个五年计划的前夕，正准备开始大规模经济建设，在极度缺乏经验的情况下学习苏联，进行全国范围高等院校的院系大调整，并按苏联体制设置专业，水文地质工程地质专业便应运而生。这一年我正好考取南京大学，学习工程地质，与我国这个专业同龄，至今已经64年。

那年，北京大学、清华大学、北洋大学、唐山铁道学院等校的地质系合并，组建北京地质学院（即现在的中国地质大学）；以东北大学、山东大学地质系为主，组建东北地质学院（后更名为长春地质学院，现并入吉林大学）；浙江大学等地质系并入南京大学。由于经济建设急需矿床地质勘探和水文地质工程地质两个专业，故除了北京地质学院外，东北地质学院和南京大学这两个专业一律为两年制专科。开设工程地质学课程的老师均从其他专业转来，他们是北京地质学院的张咸恭、东北地质学院的刘国昌、南京大学的郭令智等，在极为困难的条件下开课。现在回想郭令智教授讲的课程，还是相当充实的，主要讲各种不良地质作用对工程的影响，如地震、断层、喀斯特、海岸与湖岸的冲蚀和淤积、崩塌、滑坡、泥石流、流沙等，讲得最多的是滑坡。那时没有书，没有讲义，全靠老师课堂讲授，学生做课堂笔记。工程地质学、水文地质学、土力学是专业课，学校很重视，配备了最强的老师，除工程地质学为郭令智外，水文地质学为萧楠森，土力学为华东水利学院（今河海大学）的徐志英（钱家欢也讲过课）。相对说来，城市建设、道路建设、水利水电建设的勘察要求，以及技术方法方面学得不多，在校只学了钻探、地质测绘、土工试验、抽水试验、压水试验（生产实习时学）；而勘察要求、钻探记录、载荷试验等，参加工作后才从头学起。在校时基本上没有一本专业书，参加工作后才有波波夫的《工程地质学》、普里克朗斯基的《土质学》、崔托维奇的《土力学》，以及《地貌学》《普通水文地质学》《专门水文地质学》等书出版。

郭令智教授出生于 1915 年，早年毕业于国立中央大学，曾任南京大学副校长，中科院院士。对地貌学、矿产地质学、构造地质学、工程地质学等多领域有深入研究，尤其在大地构造、板块构造方面有突出贡献。1947 年，郭令智作为首批中国科学家赴南沙群岛考察，并发表了珊瑚礁成因方面的论文。1949 年赴英国伦敦大学皇家学院从事研究工作，1951 年回国，在南京大学任教授。当我的老师时，他三十几岁，刚回国不久，既彬彬有礼，有英国绅士风度，又谦逊和蔼，与同学打成一片，深受同学们尊敬。为了让我们接触实际，带我们去南京五台山，现场讲解滑坡的表现、机制和治理方法。这里原来有个斜坡，拟建体育场的看台，因坡度太缓，设计单位想通过下挖上填将坡度改陡，施工中产生了滑动。滑坡的规模虽然很小，但滑坡上方的陡坎、下方的挤出带、滑坡拉裂缝、滑坡切裂缝，都看得很清楚。在现场，工人们还在继续挖坡下的土，运到坡上填筑。几位天真的同学上去劝阻，工人们说“领导叫我们这样做，有意见找领导去”。

北京地质学院的张咸恭教授，在回忆当年准备讲授工程地质学时有一段很生动的记载（程国栋主编，山的呼唤，地震出版社，1999）：那时感到压力很大，非常着急。到铁路部门搜集资料，得到几个蓝皮封面的东北森林铁路训练班苏联专家的讲义，有因忽视工程地质而发生事故的案例，非常高兴，如获至宝！从这些讲义中知道了苏联的波波夫教授和他的《工程地质学》。后来得到了波波夫的《工程地质学》原著，便组织教研室和翻译人员边学习，边翻译，边讨论，对工程地质才有了整体的了解。那次启蒙式的学习，打下了理论基础，对教学影响巨大，终生难忘！

1963年和1964年，张咸恭教授主持编写的我国第一部《工程地质学》统编教材上下册相继出版，上册内容是物理地质现象，包括岩石风化、海岸和湖岸的冲蚀和淤积、流水作用、斜坡移动、喀斯特、多年冻土、新构造运动、地震等。下册分三篇：第一篇为城市建设工程地质勘察，分城市规划、工业与民用建筑、地下铁道三章；第二篇为道路工程地质勘察，分路基、大桥、隧道三章；第三篇为水利水电工程地质勘察，分流域规划、水库区、水坝区、运河渠道四章。从此形成了完整的工程地质学科体系教材。

新中国成立之初产业部门的工程地质工作，总体上非常薄弱。相比之下，铁道系统的基础好一些，已有一定的工作模式；水利系统稍有基础；城市和工业基地系统则基本上是一片空白，“一五计划”之初，才按苏联模式较快地建立起来。大规模经济建设以重工业为重点，从东北首先开始，故当时的重工业部（后来的冶金工业部）和东北地区最先学到苏联的经验。为了向全国普及，1953年2月，重工业部沈阳设计工业学校办了工程地质高级训练班和初级训练班各两班，高级班一班历时8个月，二班历时6个月。据李明清、张旷成回忆，学员为各部委具备大专以上学历的科技人员，学习工程地质学、土力学两门土建专业学得很少或完全没有学过的课程。土力学老师是徐正分（清华大学陈梁生教授的研究生），开始时以太沙基《实用土力学》为教材（周叔举翻译），不久得到了苏联崔托维奇《土力学》，在学习苏联思想的支配下，学员们先突击学习两周俄文，将这本书的原版拆开，学员们分头翻译汇总后作为教材。工程地质学老师是马名明，内容是普通地质学和专门工程地质学，马老师自编讲义。此外，重工业部勘察单位的周叔举、沈昌鲁、林卓斌、赵万丰等还做了专题报告，林卓斌讲土工试验，赵万丰讲地质学。所有讲课老师和专题报告人都是二十几岁刚出学校不久的青年。这两批学员是我国最早自己培养的工程地质科技人才，后来绝大多数成为学术带头人，汤不凡、李明清等走上了领导岗位，林在贯、张苏民、张旷成、林宗元、黄志仑、彭念祖、李国鑫后来被评为全国勘察大师，成为城建系统工程地质专业的一群奠基人。

那时学习气氛非常浓厚，以北京市土木建筑工程学会土工组为例：据张咸恭教授和袁炳麟大师回忆，1953～1954年，一般每2～3周在西单报子胡同举办一次学术报告会，各设计院从事结构设计和勘察工作的科技人员参加。工程地质方面报告内容有：矿物岩石、构造地质、沉积学、地貌和第四纪地质等；土工方面报告内容有：场地勘察、土工试验、土压力、地基计算、基础工程、路基工程等，报告人有茅以升、陈梁生、陈仲颐、卢肇钧、俞调梅（从上海过来）、黄强、陈志德、张国霞、卞维德等。当时土工组的召集人是清华大学的陈梁生教授，王锺琦任秘书，下设工程地质、土力学、地基基础等分组，地质背景和土建背景的科技人员互相学习，取长补短，非常融洽。那时没有经费，没有挂靠单位，但一切都很顺利，靠的就是如饥似渴的学习热情。有一次我听张咸恭教授说，那时上午在课堂讲课，下午听学术报告，晚上学习俄文，乘公共汽车时背俄文单词，忙得不亦乐乎！

从以上的介绍可知，新中国成立之前的"工程地质学"，只是为土木工程系学生教授的普通地质知识，真正作为一门学科的工程地质学是从苏联引进的。经六十几年的积累和发展，取得了巨大成就。如果说新中国成立初期只是一颗弱小的幼苗，那么现在已经长成参天大树，为水利水电、铁路、公路、城市、矿山、海洋等工程的建设提供了地质安全保障。在理论方面，提出了工程地质条件成因控制论、区域地壳稳定性理论、浅表生改造与时效变形、岩体结构对工程稳定的控制作用等，具有鲜明的中国特色（王思敬、黄鼎成，中国工程地质世纪成就，地质出版社，2004）。此外，对地震、断层、滑坡及其他各种不良地质作用和地质灾害，对软岩与软弱夹层、膨胀岩和膨胀土等各种特殊性岩土，进行了大量深入研究，取得了丰硕成果。近些年来，更从地质与工程相互作用，人与自然相互依存角度，致力于保护自然，善待自然、人与自然和谐发展，将工程地质的理论研究和工程实践推上新台阶。

第 10 章　工程地质与岩土工程

本章原为第七届全国工程地质大会上的特约报告（昆明，2004 年 10 月 21 日），录入本书时稍有修改。本章阐明了工程地质与岩土工程的区别、工程地质与岩土工程的关系和工程地质与岩土工程的发展，澄清了当时部分工程地质和岩土工程科技人员思想中存在的问题。

1 工程地质与岩土工程的区别

工程地质学（Engineering Geology）是研究与工程建设有关地质问题的科学（张咸恭等，中国工程地质学）。工程地质学的应用性很强，各种工程的规划、设计、施工和运行都要做工程地质研究，才能使工程与地质相互协调，既保证工程的安全可靠、经济合理、正常运行，又保证地质环境不因工程建设而恶化，包括对工程本身和地质环境的危害。工程地质学研究的内容有：土体工程地质研究、岩体工程地质研究、动力地质作用与地质灾害的研究、工程地质勘察理论与技术方法的研究、区域工程地质研究、环境工程地质研究等。

岩土工程（Geotechnical Engineering）以工程地质、水文地质、岩石力学、土力学等为理论基础，涉及岩石和土的利用、处理、灾害防治和环境保护的科学技术，属于土木工程的一个分支学科（《岩土工程勘察术语标准》）。简单地说，岩土工程是土木工程中涉及岩石、土和地下水的部分。岩土工程研究的内容，涉及岩土体作为工程的承载体、工程荷载、工程材料、传导介质或环境介质等诸多方面，包括岩土工程的勘察、设计、施工、检测和监测等。

由此可见，工程地质是地质学的一个分支，其本质是一门应用科学；岩土工程是土木工程的一个分支，其本质是一种工程技术。从事工程地质工作的是地质专家（地质师），侧重于地质现象、地质成因、地质演化、地质规律、地质与工程相互作用的研究；从事岩土工程的是工程师，关心的是如何根据工程要求和地质条件，建造适用、安全、耐久而经济的工程或工程的一部分，解决工程建设中的岩土技术问题。因此，无论学科领域、工作内容、关心的问题，工程地质与岩土工程的区别都是明显的。近年来，许多工程地质人员向岩土工程转移，结构出身的岩土工程师注意学习地质知识，这是很好的现象，但这种现象不能说明工程地质和岩土工程将“合二而一”。

2 工程地质与岩土工程的关系

虽然工程地质与岩土工程分属地质学和土木工程，但关系非常密切，这是不言而喻的。有人说：工程地质是岩土工程的基础，岩土工程是工程地质的延伸，虽然不很确切，但有一定道理。

工程地质学的产生源于土木工程的需要。作为土木工程分支的岩土工程，是以传统的力学理论为基础发展起来的，但单纯的力学计算不能解决实际问题，从一开始就和工程地质结下了不解之缘。试与结构工程比较，结构工程面临的是混凝土、钢材等人工制造的材料，材质相对均匀，材料和结构都是工程师自己选定或设计的，可控的。计算条件十分明确，因而建立在材料力学、结构力学基础上的计算是可信的。而岩土材料，无论性能或结构，都是自然形成，都是经过了漫长的地质历史时期，在多种复杂地质作用下的产物。对其材质和结构，工程师不能任意选用和控制，只能通过勘察查明，而实际上又不可能完全查清。岩土工程师不敢相信单纯的计算结果，单纯的计算是不可靠的，原因就在于工程地质条件的不确知性和岩土参数的不确定性，不同程度地存在计算条件的模糊性和信息的不完全性。因而虽然土力学、岩石力学、计算技术取得了长足进步，并在岩土工程设计中发挥了重要作用，但由于计算假定、计算模式、计算方法、计算参数等与实际之间存在很多不一致，计算结果总是与工程实际有相当大的差别，需要进行综合判断。“不求计算精确，只求判断正确”，十分强调概念设计，已是岩土工程界的共识。

综合判断的成败，关键在于对地质条件的判断是否正确。既然岩土体是地质历史长期演化的产物，研究其规律性，对关键性的问题进行预测和判断，就只能靠工程地质专家了。譬如要建造一条隧道，没有工程地质专家帮助，土木工程师只能“望山兴叹”。即使进行了钻探，面对一大串岩芯，土木工程师虽然能够辨别哪一段硬，哪一段软，哪一段完整，哪一段破碎，但难以建立整体概念，“只见树木、不见森林”。而有经验的工程地质专家，通过地面地质调查，就可大致判断地下地质构造的轮廓，就可预测建造隧道时可能发生哪些工程地质问题。再根据需要，采用物探、钻探、洞探等手段，由粗而细，由浅而深，构造出工程地质模型，明确哪些地段条件简单，哪些地段条件复杂，哪些地段可能冒顶，哪些地段可能突水。没有深厚的地质基础，哪能识别断层的存在，软夹层的空间分布，哪能搞清结构面的优势方向，地下水的赋存和运动规律，哪能说清岩溶、膨胀岩、初始地应力对工程的影响等。可以说，在地质条件复杂的地区，土木工程师离开了工程地质专家将寸步难行。

3 工程地质与岩土工程的发展

关于工程地质与岩土工程今后发展的方向和重点，已有不少专家通过不同方式发表了意见，本文不拟具体涉及。从大方向观察，工程地质与岩土工程这两个专业，既不会逐渐归一，也不会逐渐分离，而是像两条缠绕在一起的链子，在互相结合、互相渗透、互相依存中发展。下面仅就共同发展的有关问题谈些粗浅看法。

（1）地质学与力学的结合

地质学和力学是岩土工程的两大理论支柱。地质学有一套独特的研究方法，通过调查，获取大量数据，进行对比综合，去粗取精，去伪存真，由此及彼，由表及里，找出科学规律。这是一种归纳推理的思维方式，侧重于成因演化，宏观把握和综合判断。岩土工程是以力学为基础发展起来的，力学以实验和数学工具为基础，以基本理论为出发点，结合具体条件，构建模型求解。这是一种演绎推理的思维方式，侧重于设定条件下的定量计算。但是，工程地质学家如果不懂得力学，则对工程地质问题难以做出定量而深入的评价，难以对工程处理发表中肯的意见；岩土工程师如果不懂得地质，则难以理解地质与工程之间的相互作用，也难以对症下药，提出合理的处置方案。这两种思维方式有很好的互补性，互相渗透，互相嫁接，必能在学科发展和解决复杂岩土工程问题中发挥巨大作用。

（2）抓住机遇，努力创新

半个世纪来，无论工程地质还是岩土工程，我国取得的巨大成就和科技创新是有目共睹的。王思敬、黄鼎成主编的《中国工程地质世纪成就》和高大钊主编的《岩土工程的回顾与前瞻》，对这方面进行了全面总结。现在的中国，一方面是工业化尚待继续完成，城市化和新乡村的建设正在加速进行；另一方面，保护环境，使社会经济协调和可持续发展的任务已经摆在我们的面前。21 世纪初期的中国，将是水利、水电、道路、桥隧、高层建筑和地下工程并驾齐驱的时期，工业化、城市化、乡村现代化、保护和改善环境等同时并举的时期。我国地质条件异常复杂，环境特别脆弱，给工程地质和岩土工程带来了许多世界级的难题，也为创新提供了空间和机遇。例如深长隧道穿越活动断裂，异常高地温、高地应力、高压涌水、深切河谷的高边坡和高填方、大型山体滑坡、大型泥石流、跨流域调水的生态保护，软土地基上建造摩天大楼，松软土中开发地下空间，密集的城市群中进行垃圾卫生填埋等。希望工程地质专家和岩土工程师抓住机遇，在完成工程任务的同时，发扬创新精神，提出更先进的科学理论和实用技术。要结合重大工程问题创新，结合中国特点创新，更要在原创性和概念创新方面狠下功夫。只有原始创新，从概念上突破，才能引导国际潮流，将我国工程地质和岩土工程的科技水平推向新的高度，走在世界前列。

（3）关于专业人才的培养

设置工程地质专业，培养了大批工程地质人才，是新中国建立初期学习苏联和计划经济的结果。现在大批工程地质人员转向岩土工程，是向市场经济转轨和工程建设的需要。但绝不是岩土工程可以替代工程地质，不再需要工程地质人才了。今后的岩土工程师可能主要来自土木系，他们虽然学过工程地质，但深度是有限的。投入工作后，侧重点和注意力主要放在工程问题的处理上，很难下功夫修补地质学功底，遇到复杂地质问题还得请教地质学家。中国的地质条件如此复杂，工程建设规模如此巨大，没有高素质的工程地质专门人才难以设想。因此，高校应将工程地质和岩土工程作为重要二级学科，培养相应的高级人才，作为技术骨干，不断充实到建设队伍中去。

（4）开展专业咨询服务

在市场经济环境中，工程地质和岩土工程通过企业为社会提供服务。借鉴国际经验，有两种性质不同的企业：一种是咨询公司，为社会提供各种专业技术服务，属于知识密集型企业，第三产业。另一种是施工公司，在咨询工程师指导下从事钻探和其他岩土工程的实施，属于劳动密集型企业，第二产业。工程地质专家和岩土工程师主要在专业咨询公司中服务。所有咨询都是有偿服务，都有书面文件，都要负法律责任。岩土工程师和工程地质专家可以在一个公司，也可以不在一个公司。这是市场经济国家普遍采用的技术经济体制，责任明确，有利于工程地质专家和岩土工程师个人能力的发挥，将知识和技能贡献给社会。他们的权力和责任都很大，工作做好了，可以获得良好的社会信誉和丰厚的经济报酬；万一发生事故，要负法律和经济责任，做经济赔偿，对今后继续执业也会产生很大影响。因而迫使他们必须尽心尽力，确保工程质量和安全，提高先进性和经济性。咨询公司是知识经济的重要载体，国际上是个大行业，我国目前差距很大，应当有一个大发展。

第 11 章　岩土工程专业体制的发展历程

应孙宏伟先生邀请，笔者为其主编的《岩土工程进展与实践案例选编》撰写了文稿，题目是“岩土工程体制的发展历程”（中国建筑工业出版社，2016）。本章录入了其中的大部分，并有修改。本章从新中国成立之初学习苏联开始，较为详细地阐述了岩土工程体制的引进、欧美国家岩土工程体制的考察、岩土工程的实践、注册岩土工程师考试等历史过程。原文中关于岩土工程规范的编制以及最后一段的反思分别在本书第45章和第12章中阐述，并有较大的修改和补充。

从 1986 年国家计委发出推行岩土工程体制的文件到现在（2016 年），已经整整 30 年了。如果从 1980 年国家建工总局发文算起，已经有了 36 个年头。这些年里，岩土工程的专业体制经历了很大变化，专业技术得到了显著进步，回顾和反思这些年的历史，有着非常重要的现实意义。对于这段过程，各人有不同的经历，不同的体会，本章记述的仅为我本人的经历，并从个人一隅的视角，谈一些粗浅想法，请大家批评指正。

1　学习苏联

新中国成立之初学习苏联，影响我国方方面面，既有正面影响，也有负面影响，从体制到技术，无不打上苏联的烙印，勘察与设计被机械地分成两段就是其中之一。

新中国成立前我国虽然有过一些工程建设，但数量少，规模小，基本按欧美模式设计和施工，没有勘察。地基基础设计完全依赖设计师的经验，如上海的“老八吨”（即地基承载力取 80kPa）。1952 年开始大规模经济建设，以重工业为重点，目标是实现国家工业化。所谓“大规模”，是相对于当时的历史环境，不能与现在的建设规模相提并论。那时的勘察设计单位也很少，且绝大部分集中在国务院直属部委，属于地方的极少，好像只有北京有北京市设计院和北京市规划局地形地质勘察处（现北京市勘察设计研究院有限公司）。只好请来大批苏联专家，虽然主要由于当时的政治背景，但在极度缺乏经验的情况下学习苏联，从技术角度看也实属必要。

按照苏联的经济体制，勘察设计属于建设前期，由国家统一拨款，勘察设计单位是事业单位，义务承担勘察设计项目，一律不收费。施工是企业单位，按工程量根据国家规定的统一价格收费。按照苏联的专业技术体制，勘察属于工程地质专业，负责为设计提供资料；设计属于土木工程中的建筑、结构、路桥、水利等专业，以勘察报告及其他有关文件为依据，进行设计。在苏联，勘察和设计大部分在一个单位，如俄罗斯加盟共和国建设部第一设计院（列宁格勒）、第二设计院（莫斯科）、基础工程设计院（莫斯科）等，设计院里有一个勘察室。独立的勘察单位不多，如莫斯科市勘察公司。我国初期也大体如此，后来一些设计院的领导觉得，勘察有大量野外工作，有各种机械设备，有大批工人，不同于设计，觉得管理不便，逐渐将勘察分离出去，成了独立的单位。在苏联，勘察报告只提供资料，建议很少，也很笼统，由于地基承载力属于设计范畴，所以勘察报告不提供地基承载力的建议。按照苏联模式，我国也大体如此。但根据苏联专家意见，勘察报告要提出地基承载力的建议，设计单位也很赞成，一直沿袭到今天。

苏联的技术方法与西方国家也有所不同，苏联工程勘察只做直接剪切试验，只有高校和研究单位做三轴剪切试验；苏联没有标准贯入试验，十分重视动力触探，后来又大力发展静力触探；苏联沉降计算不用室内压缩试验参数，用浅层和深层载荷试验的变形模量；苏联有强大的研究机构，从事研究开发和制订规范；所有规范都是强制性，规范就是法律；勘察设计单位不从事研究，只按规范执行。

苏联专家在中国，角色相当于顾问，只提意见，不在技术文件上签字负责。由于当时的社会环境，对苏联专家的意见都十分尊重，一般都按苏联专家的建议执行。那时以工业建筑为主，民用建筑很简单，办公楼一般不超过8层，住宅不超过6层，基本上都是砖混结构。但勘察工作做得很认真，每个钻孔均须留岩芯盒，项目负责人必须逐孔按岩芯盒核对野外记录；严禁钻孔中加水，更不许用泥浆钻进；每个钻孔测初见水位和稳定水位，较大的工程完工后统一测水位，绘制地下水位等高线图；项目负责人要将土工试验成果与野外记录对比，有问题时到试验室核查；柱状图、剖面图、试验报告、勘察报告的内容和格式，都是在苏联专家指导下规范化的。我去苏联实习时发现，苏联勘察工作做得比我国还要认真，还要严格和细致。

苏联勘察设计模式最大的问题是勘察与设计分离。那时工程规模较小，难度不大，这个问题还不突出。较为简单的工程，设计院根据勘察报告地基承载力的建议就可以确定基础尺寸，有问题时由勘察设计双方协商解决。但有时也会遇到难以处理的问题，有两种解决方式：一是由上级单位召集勘察设计双方共同协商解决；二是由上级单位召开专家会议解决。下面举两个例子说明：

第一个例子洛阳拖拉机厂，是我国“一五计划”的重大工程。厂址有湿陷性黄土，又埋藏着很多古墓，设计院提请当时的建筑工程部设计总局召开专家会议审查和论证。设计总局邀请了中苏两国专家数十人（中国专家中有建筑科学研究院地基所所长黄强、清华大学教授陈梁生），先由设计院提出方案，再请中国专家和苏联专家评议。基础工程问题不大，一致同意采用天然地基。麻烦的是古墓开挖处理后的回填问题（深度三四米、七八米不等），提了多种方案，某施工单位的一位专家，用现场试验数据论证素土分层碾压最有效、最经济，与会专家一致赞同。那时施工非常认真，对质量一丝不苟，实施后检测效果很好。第二个例子邯郸水泥厂，建在丘陵山坡，勘察时无地下水，整平场地开挖基坑时发现裂隙水，设计院向上级单位请示解决办法，建筑工程部设计总局施嘉干总工程师召集勘察设计双方，一起会商解决。那时会后都不签署会议纪要之类的书面文件，在当时的管理体制下似乎没有什么问题。

关于中国科技人员与苏联专家的关系，现在的年轻一代不了解，以为在那时的政治条件下，对苏联专家意见必须像圣旨一样绝对服从，否则就会被打成右派。其实并非都是如此，因反对苏联专家而打成右派或受到严厉批评的事件有，也并非个别，但多数情况下，对技术问题还是可以自由讨论的。出于对专家的尊重，不采纳时一定要再三斟酌，请示领导决定。对专家不正确、不全面的意见，科技人员中也常有议论，只要不带攻击性，也不会被扣上政治帽子。与苏联专家交流要通过翻译，难免有时会发生误解。记得一位同事孙培清给我讲过这么一个故事：苏联专家多尔基赫来到他所在的山区水文地质勘察工地，专家问，“这是什么岩石”？孙答“是凝灰岩”。凝灰岩俄语是 туф，泥炭俄语是 торф，语音相近。大概翻译没有说准，专家误以为“泥炭”，勃然大怒，“泥炭怎么跑到山上去了”？孙想“凝灰岩怎么不能在山上”？就顶了一句，“这是北京地质学院某教授鉴定的，确实是凝灰岩，没有错”。专家更生气了，“你自己看看，这样硬的石头，会是泥炭吗？这是砂岩”。凝灰岩和砂岩肉眼很难区分，专家虽错，也不能说他没水平，但孙很不服气，又不好发作，各自憋了一肚子气。直到我向他说明，他才明白过来，还说好像语音和“豆腐”差不多。

1960 年下半年，中苏关系开始恶化，苏联专家撤走，不再提学习苏联了。学习苏联 10 年（1949 ~ 1959），苏联模式深深地影响了我国的岩土工程界。

2 岩土工程体制的引进

1979 年底，改革开放刚刚开始，国家建工总局派代表团赴加拿大考察，代表团主要成员来自建工总局建研院勘察技术研究所（现建设综合勘察设计研究院有限公司），他们是：何祥（团长，当时任建研院副院长）、李明清（建工总局设计局）、王钟琦（勘察技术研究所）、林在贯（西北勘察院）、严人觉（冶金建筑研究院，后调综合勘察院）五人。考察最重要的收获是带回了市场经济国家的岩土工程体制。我知道后非常兴奋，深信岩土工程体制可以极大地推动行业的技术进步，可以为国家做更大贡献。便向赴加拿大代表团成员设计局李明清处长建议办研究班，推动专业体制改革。李处长也有意开展这项工作，便邀请建工总局下属勘察单位选派技术骨干组成研究班。成员有：西北勘察院林在贯（召集人，后为勘察大师）、上海勘察院袁雅康（后任院长，勘察大师）、西南勘察院张绳先（后任院长）、中南勘察院李受祉（后任院总工程师）、同济大学朱小林（教授），我所在单位有本人和卢万燮（后任副院长）。李明清、王锺琦（后为勘察大师）常来参加讨论，并参与了总结报告的起草。人数不多，但研究得很深入、很细致。1980 年 4 月 26 日开始，同年 6 月 18 日结束，历时 54 天。期间听取了 7 位专家的出国考察报告，搜集了大量欧美国家的岩土工程规范、标准、咨询报告和其他技术资料，边阅读、边翻译、边讨论，与部分勘察、设计、研究单位和高校的专业人员座谈，结合我负责的一个工程试点（太阳宫饭店，涉外工程，后因投资者的原因未建），编写了《关于改革现行工程地质勘察体制为岩土工程体制的建议》（以下简称《改革建议》），1980 年 7 月 11 日以国家建工总局的名义发到全国，标志着岩土工程专业体制改革的启动。

《改革建议》的第一部分是"推行岩土工程体制是改进基本建设工作，更好为四化服务的重要一环"。主要介绍了国际上岩土工程体制的形成和发展，我国推行岩土体制的必要性。

《改革建议》的第二部分是"我国岩土技术的现状"。着重指出我国仍按苏联 50 年代的模式，勘察、设计、施工三方面分担岩土工程的技术工作，"警察站岗，各管一段"，并从勘察、设计、施工三方面分析了这种体制带来的问题，只有改革才能促进技术的加速发展。

《改革建议》的第三部分是"关于在我国推行岩土工程体制的一些设想"。提出近几年实现 6 个目标：一是建立一支从事岩土工程的专业队伍；二是岩土工程单位不仅提供资料，还要进行岩土工程分析，提出可行方案，直至参与部分施工实践；三是岩土工程师应提出基础工程方案的有关基准，但不代替结构工程师做基础结构计算和设计；四是岩土工程师参与基础工程施工与地基改良，但不代替具体施工；五是把施工和使用期间地基基础的变形监测作为业务内容之一，必要时提出预防和补救措施；六是改革为岩土工程的勘察单位，应逐步改变现在的专业设置，补充力量，发展成岩土工程咨询公司或以岩土工程为主要业务的单位，承担项目也不一定限于建筑工程。

《改革建议》的第四部分是“几点措施”。包括：同济大学和建工总局下属的 5 所高校设立岩土工程专业，并对课程设置提出了建议（后作为研究生专业）；办半年至一年的技术骨干训练班，学成后推动本单位的岩土工程工作（后由同济大学办了 10 期，每期半年）；参加研究班的几个建工总局下属勘察单位首先试点，调整内部机构，成立岩土工程室，分设钻探队、测试队等；整合现有分散的研究力量，更好分工合作，形成我国的岩土工程研究体制。

时隔 36 年回顾这段历史，确实具有里程碑意义。36 年来基本上按这条路线发展，在 6 个目标中只有最后一个目标（岩土工程咨询公司），由于深层次的原因，至今未能实现。

岩土工程体制改革的倡议，很快得到了冶金、机械、煤炭、国防等工业部门勘察单位的积极响应，形成了一股岩土工程体制改革的热潮。1986 年，国家计委印发《关于加强工程勘察工作的几点意见》，同年又印发《关于工程勘察单位进一步推行岩土工程的几点意见》，在全国范围内推行岩土工程体制。1992 年，建设部发布《工程勘察单位承担岩土工程任务有关问题的暂行规定》，使岩土工程的操作进一步具体化。

勘察单位推行岩土工程体制，虽然得到勘察界的一致响应，但一开始就有不同意见。他们认为，岩土工程属于土木建筑，勘察单位的科技人员学的主要是地质，缺乏做工程设计的数学力学基础和工程知识。到今天仍有人认为，推行岩土工程体制是煮了一锅夹生饭，影响了勘察工作的质量和技术进步。其实，当初倡导者并非没有注意到这个问题，相反，一开始就提出教育优先，先办学习班对现有技术骨干进行半年至一年的训练，再从高校培养专业人员，逐步改善科技人员的结构。后来未能按理想推进的原因很复杂，深层次的原因可能与我国的政治经济体制和社会背景有关。至于勘察工作的质量和技术进步问题，则主要由于无序竞争，市场混乱，不靠技术靠低价造成的，不宜归罪于勘察单位的业务拓展。

3 欧美国家岩土工程体制的考察

继 1979 年国家建工总局代表团赴加拿大考察之后，国务院部委直属勘察设计单位先后多次派代表团到欧美国家考察，带回的信息基本一致。1981 年 1 月，国家建工总局派代表团赴墨西哥考察软土，我任团长，顺便注意了墨西哥的岩土工程体制。可以归纳为两点：一是墨西哥的岩土工程师基本上都在咨询公司服务；二是咨询公司的业务范围没有行业之分，建筑、道路、航运、机场、水利、水工都做。咨询公司是知识高度密集的机构，犹如岩土工程的"首脑"，除兼做部分测试外，主要是分析、归纳、决策、技术方案和技术要求的提出、实施质量的监督（监理）等，引领和统筹项目的总体和全过程；而钻探公司、测试公司、施工公司等犹如行业的"五官"和"手足"，或提供信息，或负责工程实施，但一切听令于咨询公司，保证按岩土工程师的要求实施。国际上的市场经济国家基本都是如此，包括我国的香港和台湾（香港称顾问公司），这就形成了当时我心目中岩土工程专业体制的目标模式。

在墨西哥，研究工作都在高等院校，如墨西哥自治大学，规模很大，在校学生达 30 万，学校设有一个实力很强的岩土工程研究所，从事土力学理论研究和实验研究，桩基、地基处理、特种基础等工程技术研究，场地地震效应和液化研究等，研究成果的水平相当高，在国际上有相当大的影响。

墨西哥高等院校的本科不设岩土工程专业，只有土木系。他们说，大学专业的设置有个从宽到窄，再从窄到宽的过程。由于分工越来越细，技术越来越复杂，大学专业设置由粗到细，由宽到窄。但后来发现，专业划分过细不利于就业，大学毕业后改行的很多。于是专业划分又由细变粗，由窄变宽。大学本科主要是打好理论基础和技术基础，参加工作后再明确方向，或建筑结构，或路桥，或水利，或岩土工程。岩土工程师的继续教育已经形成制度，有专门的继续教育学院。在继续教育学院里，岩土工程师可以学到抽水试验、压水试验、钻井工程、注浆技术、沉井工程等，每期约半年。

当时欧美国家的岩土工程机构大体有三种形式：第一种是独立的专门从事岩土工程的咨询公司，如美国的 Woodward 公司、岩土试验服务公司（STS）、加拿大的 EBA 岩土咨询公司等。第二种是在一般咨询公司内设有岩土工程部，如加拿大的爱克尔斯国际工程咨询公司岩土工程部。第三种是承揽全部土建业务托拉斯中的岩土工程机构，如日本的大成建设集团、熊谷组等。此外，还有研制和生产室内外土工试验仪器的公司也从事岩土工程业务，如英国的ELE工程试验设备公司、法国的梅纳（Menard）公司、加拿大的岩石试验公司（Rocktest）等。欧美国家的岩土咨询公司里除了主体岩土工程师外，还根据需要，聘用工程地质师、测试、物探、生态等方面的科技人员。工程中遇到复杂地质问题时，由工程地质师到现场调查，提出咨询意见。下面，以加拿大EBA岩土咨询公司为例，对咨询公司业务作进一步说明。

EBA公司总人数仅100余人，但经营的项目很多，有场地选择、现场勘察、场地与地基评价、地基设计、地基处理、基础工程、边坡工程、锚杆设计、振动分析、工程降水、压桩试验、地基热力分析、地基冻结工程、近海工程、隧道工程、线路勘测、路面设计、废弃物处理、施工监测、长期监测等。咨询公司提出的咨询报告是预计的依据，虽不是设计文件，但具有法律效力，负法律责任，设计者一般只在咨询报告基础上行事，否则咨询公司对后果不负法律责任。

以上是20世纪80年代初的情况，经30多年的发展和变迁，现在情况可能会有所不同。

那时很多专家以岩土工程咨询公司为目标模式，是基于以下考虑：

（1）岩土工程设计对勘察资料的依赖性很强，但在勘察与设计分离的条件下，无论勘察单位还是设计单位，均难以对关键技术问题单独决策。道理很简单，勘察人员不了解设计意图，不清楚设计分析计算的需要，使勘察工作存在很大程度的盲目性；设计人员不掌握勘察测试的要求，不了解现场情况，勘察所提的数据未必符合设计需要，因而做出的设计未必切合实际。而专业咨询可将勘察与设计的结合部整合，解决勘察与设计脱节的结构性矛盾。岩土工程师既是勘察、施工、检验、监测要求的制订者，勘察、检验、监测成果的分析者，又是工程设计关键问题的决策者。钻探单位只提交钻孔柱状图、岩芯盒土样照片，送土试样，不进行分析评价，他们的职责是保证现场资料的真实和可靠。试验室对样品负责，保证按岩土工程师的要求完成试验任务。一项工程多专业、多程序配合协作，岩土工程师负责协调和整合，是技术方面总的牵头人，对有关问题有处置权和决策权，权力集中，责任明确。

（2）岩土工程情况复杂多变、不确定因素多、单纯计算不可靠、对经验的依赖性强、注重综合判断、决策有时缺乏唯一性。为了保证工程的安全和经济，按发达国家的经验，专业咨询是最好的经济运行模式。而把岩土工程的核心技术分为勘察与设计两段的体制，不利于全面考虑各种因素，综合决策。

（3）咨询内容灵活多样，既可根据上部结构的要求，结合荷载、刚度分布等情况，确定采用地基基础设计方案和设计准则、确定地基承载力、计算沉降，并在工作过程中与结构工程师密切配合，不断优化；也可只做单项岩土工程中的某一专题，分工合作。可综合性，也可专题性，针对性很强，便于切中工程的要害问题。

（4）有助于通过市场机制解决原始数据的质量和造假问题。由于咨询公司要对工程的成败负责，负有法律和经济责任，出于自身的利益，必然要派员认真监督，确保数据可靠；而钻探、施工、试验、检测、监测等单位，则专注于自身技术的提高，以赢得市场信誉。从而使政府可以腾出手来，专注于涉及国家利益、公众利益、长期利益方面的管理。

但很可惜，咨询公司的模式未能在我国生根发芽。关于这个问题的思考将在第12章详细阐述。

4 岩土工程实践

倡导岩土工程体制之时，恰逢我国经济大发展之机，大量高层建筑拔地而起，为岩土工程师提供了大显身手的舞台。由于勘察与设计分离的体制尚存，故岩土工程师介入基础工程的案例不多，仅限于少数几个实力较强的单位和特别重大的工程。介入较多的是地基处理和基坑工程，原因大概是这两块与上部结构关联不甚密切，易于作为独立的任务委托，又是结构工程师感到难做、风险较大、愿意交给岩土工程师的领域。20世纪90年代后，边坡工程、围海造陆、高填方工程、地铁等城市地下工程、地质灾害治理、环境工程等也逐渐展开。下面简要介绍倡导岩土工程之初我参与的太阳宫饭店工程，与外国咨询公司专家的配合。

1980年时国门刚刚打开，大批港台地区及外国的客人来到北京，饭店极度紧张，太阳宫饭店就是在这个时机由香港地区商人投资筹建的。投资者邀请美国Dames & Moore公司新加坡办事处担任岩土工程咨询，勘察工作由我所在单位承担，并由我任项目负责人。为了该工程的咨询服务，Dames & Moore公司岩土工程师罗美邦三次来到北京，与我商讨岩土工程勘察事宜，达成了共识，合作得很好。虽因投资者另建丽都饭店，该工程未能实施，但使我们通过实际工程了解到国际通行的岩土工程做法，也积累了国际合作的经验。为了既符合我国规范，又满足对方要求，使双方都有分析评价的基础，液限试验用了锥式和碟式两种方法，土的分类用了我国规范分类和美国卡萨格兰德分类（ASTM）两套方法，压缩试验成果既给出了压缩系数和压缩模量，又给出了压缩指数、再压缩指数和前期固结压力。在提供详细场地地基条件及柱状图、剖面图、试验成果的基础上，对地基基础方案进行了具体分析，提出了建议。罗美邦观察了现场钻探和取样，参观了现场试验室，考察了试验仪器、试验操作、试验过程和试验成果，表示满意和理解。

中外合作是否顺利，贵在互相理解。规范标准不同、习惯做法不同、积累经验不同、发展水平不同，有不同意见是正常的。我方对外国的规范和习惯还有一些了解，相比之下，外方对中方就更不了解，所以我方要更主动。既要努力理解对方，还要努力使对方理解自己。对于对方一些不切实际的要求，要说明事实，以理服人。两方讨论最多的是桩基方案，美方不了解中方的桩基施工能力、施工设备、施工工艺和质量控制情况，问得很详细，我方解答也很耐心。印象最深刻的是，罗美邦要求在现场挖一个大坑，深度达到水位，以便直接观察地下水情况。当时我觉得很奇怪，每个钻孔都有地下水位数据，挖个大坑观察地下水还是第一次碰到。罗美邦解释说，他从未来过北京，对北京的地下水一无所知，地下水对基础设计和基坑施工极为重要，必须直接观察，以便有个正确判断，我们满足了他的要求。

在我院勘察报告的基础上，美方编写了咨询报告，作为工程设计的依据。这个报告由 Dames & Moore 公司的三个分支机构共同完成：新加坡办事处总负责，罗美邦是负责人；动三轴试验由旧金山办事处完成；夏威夷办事处做了少量压缩试验、三轴试验和物理性指标测定，对我方提供的数据进行了核查。

通过这个案例还使我体会到，美方的理念是，勘察方案、勘察工作量和勘察要求应直接与该工程的地基基础的设计挂钩，取决于分析评价和地基基础设计的需要，而不是满足哪一本规范。岩土工程师有很大的灵活性，能独立自主地处理各种技术问题，但负的责任也很大。

在勘察设计两段分离的体制下，我觉得要做好岩土工程，勘察与设计的密切配合最为重要。20 世纪 80 年代初，我和广播电视部设计院汪祖培工程师在中央彩色电视中心工程的配合，是一个成功的范例，已在第 6 章做了介绍。

现在，实力较强勘察单位的业务已经大大拓宽，可以承接的项目包括：岩土工程勘察、水文地质勘察（工程、资源与环境）、工程物探；岩土工程咨询、设计、检测、监测和监理；地基处理、桩基工程、基坑支护、地下水控制；工程桩的静载荷试验、动力检测；地质灾害勘查、危险性评估、治理工程设计；地震安全性评估、活动断层的探测与评价等。除了传统的建筑场地勘察外，还有既有建筑物的加层和加载、市政工程、城市轨道交通、山岭隧道、电力、公路、铁路、生活垃圾和固体废弃物填埋场等的勘察。有的单位还进行地基基础与上部结构共同作用分析、基础托换、高边坡设计，城市隧道引起地面变形及其影响评估、地震小区划、场地地震反应分析、区域地面沉降观测和评估、土石文物保护和病害治理、污染场地修复治理、地源热泵系统集成服务、施工图（岩土工程勘察文件）审查、标准规范编制、地基与基础工程专业承包、项目岩土工程风险评估等。

5 注册岩土工程师考试

1998 年，建设部在设计司司长吴奕良的主持下，启动了岩土工程师注册考试的前期工作。6 月，成立全国注册岩土工程师考题设计与评分专家组，第一批成员有：方鸿琪（组长）、张在明（副组长）、顾宝和（负责勘察）、高大钊（负责浅基础）、刘金砺（负责深基础）、龚晓南（负责地基处理）、丁金粟（负责土工构筑物）、林在贯（负责特殊地质条件）、林宗元（负责工程经济）、杨灿文（代表铁道系统，杨病由何振宁继任）、马国彦（代表水利系统）、袁浩清（代表航运系统）、刘惠茹（代表化工系统）、殷跃平（代表地矿系统）等，正式启动时增加了张苏民和卞昭庆。1998 年 7 月举行了第一次会议，我觉得这是推动我国岩土工程体制进一步到位的重大举措，故积极协助领导参与命题专家的推荐、考试科目的设置、命题范围的确定等。后来人事部认为，注册工程师制度应先有个总体规划，再逐项启动，故第一届注册考试延至 2002 年才正式举行。

2001 年 1 月 4 日，人事部、建设部发布《勘察设计注册工程师制度总体框架及实施规划》，确定了勘察设计注册工程师制度总体框架。2002 年 4 月 8 日，人事部、建设部印发《注册土木工程师（岩土）执业资格制度暂行规定》、《注册土木工程师（岩土）执业资格考试实施办法》和《注册土木工程师（岩土）执业资格考核认定办法》的通知（人发 [2002]35 号）。2002 年 9 月举行了首届全国注册土木工程师（岩土）执业资格考试，截止到 2014 年共举行了 13 届考试。我参加命题工作至 2006 年，于 2007 年退出。

2009 年 6 月 10 日，住房和城乡建设印发《注册土木工程师（岩土）执业及管理工作暂行规定》的通知，对注册岩土师的执业时间、执业范围、执业管理、过渡期、签章文件目录、执业登记表的填写等作了严密而具体的规定。规定自 2009 年 9 月 1 日起，凡《工程勘察资质标准》规定的甲级、乙级岩土工程项目，统一实施注册土木工程师（岩土）执业制度，标志着注册岩土师执业制度的全面实施。注册土木工程师（岩土）开始执业，象征着我国岩土工程体制的建立。

按照《勘察设计注册工程师制度总体框架及实施规划》，专业分为土木、结构、公用设备、电气、机械、化工、电子工程、航天工程、农业、冶金、矿业 / 矿物、核工业、石油 / 天然气、造船、军工、海洋、环保共 17 个专业。其中土木又分为岩土工程、水利工程、港口与航道工程、公路工程、铁路工程、民航工程 6 个执业范围；结构又分为房屋结构工程、塔架工程、桥梁工程 3 个执业范围。故注册岩土工程师的正式名称为“注册土木工程师（岩土）”。第一次执业资格考试包括基础考试和专业考试两部分，一年后基础考试和专业考试分开，分别由两个专家组命题，我所在的专家组只负责专业考试命题。

经命题专家组研究提出，主管领导同意，确定了专业考试大纲。首次发布的大纲包括8个科目，即岩土工程勘察；浅基础；深基础；地基处理；土工构筑物、边坡、基坑与地下工程；特殊地质条件下的岩土工程；地震工程；工程经济与管理。后来又增加了设计原则、检验与监测。

命题专家组与主管领导共同确定了题型分为知识题和案例题，题目形式均为四选一。确定了知识题100道，每道1分，共100分；案例题25道，每题4分，共100分。这些工作为以后的命题工作打下了基础，后稍有改变，知识题改为40道单选，每题1分；30道多选，每题2分。案例题改为30道，选做25道，仍每题4分。

命题专家组第一任组长方鸿琪，第二任组长张苏民，第三任组长武威。成员虽然来自四面八方，但主要成员互相本来就很熟识，相处得一直很融洽。每位专家均直接由主管部门聘请，以个人名义在命题组工作，与原单位不发生任何关系，并严格遵守保密制度。虽说专家组成员都是全国著名人士或各部门推选出来的优秀代表，但命题质量还是参差不齐。有的题目出得不仅准确、切中要害，而且很巧妙；有的题目仅从规范中找到一条，改成考题，甚至有概念性错误，故审题非常重要。初始做法是，专家分工命题后，首先由科目小组负责人审查，命题人和审查人共同签字，再交专家组组长审查，确认无误可用才作为正式考试题目。后来发现，即使经过层层把关，还是有问题，决定增加集体审查。将专家组分为两个分组，所有科目小组提交的命题均在分组会上集体讨论，确认无误后方可列为正式考题，形成了“命题、初审、终审、终校、清样校对”的制度，审题过程中被弃用的题目不少。每年A、B两套考题，每套40道单选题、30道多选题、30道案例题，工作量非常大，任务非常繁重，命题专家全是兼职，本职工作就很忙，还要承担着巨大的责任和压力。我曾开玩笑说，命题组好像“围城”，外面的想进去，里面的想出来。

注册工程师考试初次实施时，考虑到有些技术骨干经验丰富，但年龄偏大，不宜参加考试，主管部门提出了具备高级专业职务且符合规定条件的人员可以考核认定。还规定，两院院士、全国勘察大师和符合规定条件的高级专业职务人员可特许注册土木工程师（岩土）。截至2013年：已有特许注册师174人、考核认定注册师5289人、考试通过注册师10303人。实际注册人数12974人，其中有效期内人数为11641人。2014年又新增考试通过人数1613人。

第 12 章　对专业体制问题的反思

从 1980 年国家建工总局发文算起，岩土工程专业体制的改革到现在（2016 年）已经 36 年了，虽然取得了很大成绩，但问题不少，值得深入思考和讨论。本章对 36 年体制改革尚未到位进行了反思。分析了勘察与设计的“两段式”与“一元化”；讨论了改革未能到位的原因；认为改革是个长期的过程；中国的岩土体制可能是多元化模式，并寄希望于年轻一代。

1　专业体制改革尚未到位

今天，我国教育系统有了岩土工程专业，国家标准有了岩土工程勘察规范，执业资格有了土木工程师（岩土），似乎岩土工程专业体制的改革已经完成。但是，勘察（指勘察要求与数据分析）与设计分离的鸿沟还没有填平；岩土工程师还分散在勘察、设计、研究单位，统领全局的作用没有得到发挥。虽有一些先进单位和优秀工程师从事岩土工程全过程服务，但从全国来说还是少数，岩土工程专业体制的改革还没有真正到位。

当年曾以欧美市场经济国家的岩土工程咨询公司为目标模式，现在看似乎理想化了。咨询公司是知识经济的重要载体，在发达国家是个大产业。我国虽已从计划经济转型到市场经济，但咨询业无论数量还是质量，都相当薄弱，岩土工程的专业咨询基本上还是一片空白。有的单位虽有工程咨询业务，但只是副业而已。有的单位开展了岩土工程咨询工作，效果也很好，但由于法律地位不明确，却被认为“不正规”，甚至“不合法”。为什么咨询业国际上很发达，而在我国总发展不起来？是否因为咨询业需要完善的法治环境和良好的社会诚信氛围，而我国目前还缺乏咨询业生长的土壤，缺乏生存和发展的社会基础？

当年选择勘察单位作为推行岩土工程体制的突破口，现在看来，的确取得了很大成绩。一大批实力较强的勘察单位的业务向岩土工程咨询、设计、施工、检测、监测、监理延伸，特别是地基处理、基坑工程、地质灾害治理等方面，勘察单位已经成为主力军。但是，在勘察与设计分为两段这个结构性矛盾尚未解决之时，要求每份勘察报告都要深入分析，提出设计方案，达到外国咨询报告的效果，则未必可行。勘察单位难以掌握上部结构的具体情况，难以统一考虑地基、基础和上部结构的关系。在勘察阶段，由于设计深度所限，要求勘察报告都做出具体的定量分析其实不切实际。如要求深入分析，不如另行委托进行专题咨询。而对勘察报告的分析评价，则宜根据主客观条件，适可而止。当年还曾寄希望于知识型与劳务型分开，实行专业协作，既便于管理，又切断了利益上的关联，各自通过同业竞争，提高质量和促进技术进步。但实施后一些单位反映，未见上述效果，外协钻探单位的质量还不如本单位的钻探队伍容易控制。

当年还对注册岩土工程师制度寄予厚望，认为实施了这一制度，标志着我国岩土工程专业体制改革进入了付诸实施的新阶段。从2009年6月起，注册岩土师的执业范围、执业管理、过渡期、签章文件目录、执业登记表的填写等均已有了具体的规定，岩土工程体制的改革似乎已经大功告成。据了解，注册岩土师制度的实施情况，总体上是认真的，注册岩土师在社会上具有相当高的地位，虽然由于各地发展不平衡，不能在各省（直辖市、自治区）全覆盖，但随着注册人数的增加和管理制度的改善，还是可以得到解决的。不过，如果深入分析，还是有一些老问题没有解决：一是注册岩土师仍分散在各勘察、设计、科研单位，多数岩土师的业务只局限于岩土工程的某一部分，业务面远不如发达国家的岩土师宽广；二是由于业务范围的局限，注册岩土师统领全局的作用没有得到发挥，其中心地位远不如发达国家的岩土师突出；三是我国目前岩土师的权利和责任远没有发达国家明确，未能真正担当起法律责任，个别注册岩土师甚至虽已在相关文件上签字盖章，但对文件内容一无所知，出卖自己的资质而已。

为什么外国行之有效的模式在中国不能有效实施？为什么岩土工程专业体制改革经历了36年还不能到位？为什么注册岩土师制度已经实施多年，岩土师的权利和责任仍不能与发达国家相提并论？其中必有深层次原因。

2 勘察设计的“两段式”与“一元化”

岩土工程体制改革36年未能到位，当然不能半途而废，一定要继续进行下去。现在勘察与设计“两段式”的体制为什么不合理？道理很简单，岩土工程是一个专业，一个项目只能由一个工程师或一个团队为中心运作，即“一元化”模式。勘察与设计本来是一个密切结合的有机体，不应一刀切成两段。试用医务工作打个比喻，医务工作医生处于中心地位，对病人负全责，相当于岩土工程师对岩土工程项目负全责。医生诊断需要检验，由他开出检验项目，验血、照X光、做CT、做B超等，做出结果由医生进行综合判断。相当于岩土工程师提出勘探、测试、检测、监测要求，做出结果由岩土工程师进行综合判断。医生根据症候和检验报告，经综合判断，开出处方，病人取药服药，做理疗等，相当于岩土工程设计和施工。医生根据检验调整处方，相当于岩土工程师根据检测和监测调整设计施工方案。医务工作的各种检验和岩土工程的勘察、测试、检测、监测都是提供信息，医务的服药、理疗和岩土工程的施工都是实施层面，中心是医生，是岩土工程师。当然也有不同，医务检验医生不一定去监督，而岩土工程勘探测试，岩土工程师一定要去现场。医务外科手术由医生主刀，而岩土工程施工则由施工单位承担。勘察报告提出的岩土工程分析评价只能是初步的，不能做决策，就像不能要求检验人员开处方一样。

“一元化”模式的责任很明确，岩土工程师负全责，提供信息的勘察、检测、监测单位和负责实施的施工单位，按岩土工程师的要求执行，对提供的数据负责，对施工的质量负责。勘探、测试、检测、监测单位当然可以对结果有个初步判断，但做最终判断只能是主持项目的岩土工程师。施工单位的责任是按图施工，按图施工且质量符合要求的桩，如果承载力不够，施工单位当然不负这个责任。“一元化”模式不是要求所有获取信息的工作都由设计单位一个团队去做，勘探、测试、检测、监测，方法繁多，技术复杂，发展很快，有的属于岩土工程专业，有的不属于岩土工程专业，岩土工程师不可能掌握所有信息获取技术，但应当了解其基本原理、适用条件、精度范围、可靠程度等，以便选用。岩土工程师的职责是提出要求、分析数据、作出判断，而不是一定要自己去做。

现在，勘察与设计分成两段，勘察需要设计单位提供基础埋深、基础类型、基底荷载等资料，但勘察之前设计单位所能提供的只是初步设想，取得勘察成果后可能有很大变动。勘察单位根据不完备的资料不可能进行深入的岩土工程分析，更难以决策。如果一定要勘察报告提出地基承载力，进行下卧层验算，进行差异沉降分析，实在是勉为其难了。弄得不好，还会闹出笑话来，这些工作本来是设计者的责任。所以，在目前勘察设计“两段式”的体制下，我主张勘察报告的岩土工程分析应适可而止。勘察报告可以提建议，但最终判断应由设计者负责。现在规定设计单位无权改变勘察报告地基基础方案的建议，我觉得不妥，应马上改。如果是“一元化”体制，岩土工程师可以综合考虑上部结构要求和岩土勘测数据，不断调整和优化设计。由于勘察和设计统一构思，统一筹划，所以无须两段之间的交接。由此可见，岩土工程体制改革是否真正到位，关键在于勘察与设计分离的“两段式”体制能否打破，以岩土工程师为中心的“一元化”体制能否建立。不改变“两段式”的总体框架，勘察单位的岩土工程师只能在外围徘徊，进不了专业核心。

在“两段式”体制条件下，现在每个勘察报告都要提每层土的地基承载力特征值，甚至几十米深的地层也要提，有些工程甚至根本不可能采用天然地基，也照提不误。有些工程是岩石地基，无论地基承载力还是地基变形，都毫无问题，但勘察报告为了给出地基承载力特征值和压缩模量，要做复杂的测试，存在很大的盲目性。负责设计的工程师只知道用勘察报告的数据，不了解数据的可靠性和合理性，更缺乏对现场岩土的直接认识，只知道按勘察报告给的承载力计算基础尺寸，按勘察报告给的压缩模量计算沉降，同样存在很大盲目性。某工程地基为细砂，设计者要求勘察单位提供细砂的有效应力强度指标，做三轴不固结不排水(UU)试验。设计者显然不了解，细砂是不做UU试验的，UU试验也不能提供土的有效应力强度指标。说明设计者只是个计算匠，不是岩土工程内行，如果不解决“两段式”这个基本问题，很难想象能出优秀成果。

基坑工程与上部结构关联不大，容易切割，可以作为独立的岩土项目分包。很多人有这样的体会：主持基坑项目设计的工程师，如果勘察也是他自己主持，心中有底，设计计算较有把握；如果用外单位提交的勘察报告设计，往往缺这少那，对岩土参数是否可靠心中无数，勘察报告提出的设计建议有时未必有多少参考价值。

有人说，当年工程地质勘察改为岩土工程勘察，就是鼓励勘察单位加强岩土工程分析，为什么现在又说深入不下去呢？这是只知其一，不知其二。当年倡导岩土工程体制改革的精英们，设想以工程勘察为突破口，从加强勘察报告的分析评价入手，为的是逐步向专业咨询公司过渡。却没有预料到，咨询公司未能在我国生根发芽，勘察与设计“两段式”积重难返，以至于今。因此，今后的任务绝不是固守现有的模式，而是继续攻坚克难，将体制改革进行到底。

3 改革长期未能到位原因的探索

我国的专业体制深受苏联模式的影响。什么是苏联模式？可以概括为两句话：“勘察、设计截为两节，铁路警察，各管一段；精英顶层设计，基层如法炮制，不得违反”。

在苏联，虽然大部分勘察和设计同在一个单位，勘察是设计院的一个室，但在专业体制上是分离的。设计属于建筑、结构等专业，勘察属于工程地质专业。

勘察只负责提资料、提数据，满足设计需要，不管设计用还是不用，怎么用；设计只管应用勘察报告，不管资料和数据怎么取得。地基承载力属于设计问题，勘察报告不提承载力的建议。虽然勘察和设计人员有时也在一起讨论，但职责是分明的。

在苏联，标准化体制很系统、很明确，全部为强制性标准，没有推荐性标准，“规范就是法律”。所有规范均由少数几个研究单位制订，勘察设计单位只能执行规范，不参与制订规范，也不大关心规范中存在的问题。也就是说，国家组织本专业的精英，总结工程实践的基本经验和科研成果，将复杂的理论适当简化、通俗化，编成可操作的规范条文，让勘察设计人员执行。故技术方法单一，长期不变，基层毫无主动性和创造性，严重依赖规范。

我国经济建设学习苏联从 1952 年开始，从高等院校的专业设置到产业部门的勘察设计机构，全面引进苏联模式，并采用苏联规范。学习苏联的时间虽然总共不足 10 年，至今已经半个多世纪，但苏联模式还深刻地影响着我国。虽然引进岩土工程体制已经 36 年，注册岩土工程师执业已经 7 年，但“两段式”的体制基本没有改变。苏联勘察和设计分属工程地质和结构两个专业，分成两段还好理解；我国现在勘察和设计是岩土工程一个专业，还分两段就没有道理了。设计者不懂得勘察，永远只是个计算匠，成不了岩土工程内行；勘察者不深入设计，永远只能在外围，进不了岩土工程专业核心。由于苏联的影响，我国严重依赖规范的问题也相当突出，直到 2016 年启动深化标准化工作改革，才看到了解决问题的曙光。只有精英创新，没有万众创新，只能孤峰突出，畸形单调；既有精英创新，又有万众创新，才能百花争艳，各具特色。关于规范和标准化改革的问题，将在第 6 篇讨论。

苏联模式对我国的影响为什么如此深刻，半个多世纪挥之不去？我觉得深层次原因就在于社会环境和文化氛围。苏联是计划经济，计划经济是大政府，小社会，一切由政府统一管理。自然需要将产业划分为条条块块，这样才便于用行政手段管理；自然需要有详尽的规章制度，并严格执行，这样才能防止出轨，确保工程质量和社会稳定。市场经济是小政府，大社会，利用法制营造公平有序的竞争机制，需要的是统一市场，不是条块分割；需要的是企业和注册师的主体责任，而不是一切依靠规范，事无巨细的政府管制。我国原来实行的是计划经济，又有大一统的文化背景，再加上快速发展经济的需要，所以很快就适应了苏联模式。现在，虽已成为社会主义市场经济国家，但改革还在继续，还需继续完善，很多经济方面的问题还需要政府部门管理，旧模式的烙印是可以理解的。

现在市场秩序混乱，难以开展凭质量、凭效率、凭技术先进的公平竞争。企业追求利益，但市场的责任主体并未真正到位。作为知识经济载体的技术咨询业未能得到发展。在这样的社会背景下，还不能让岩土工程师全面负起工程的经济和法律责任，在工程责任主体不明晰的情况下，对岩土工程师的行为还必须有规范约束，还不能“松绑”。在勘察市场，竞争不靠技术靠低价，甚至不靠效率靠造假，恶性竞争严重摧残技术进步，严重摧残人才素质，更进一步增大了岩土工程专业体制到位的难度。因此，解决岩土工程体制问题的前提，必先整顿市场，必先形成一个有序的、良性的，靠技术、靠效率取胜的市场环境。混乱的市场只能摧残技术，摧残人才。领导者和精英们忙于“生存竞争”，无暇顾及与切身利益没有直接关系的行业问题。

总之，岩土工程专业体制的改革，36 年尚未到位，苏联模式的影响是其历史根源；标准化改革未能深化，科技人员严重依赖规范是其法制原因；市场无序和缺乏诚信氛围是其社会根源。

4 体制改革是个长期过程

岩土工程体制改革从启动到今天已经 36 年了。那时，我们看到了勘察与设计分离带来的问题，看到了落后体制阻碍了技术进步，看到了国际上先进国家的合理模式，看到了发展的目标和方向，下决心进行改革。当年，从政府主管部门到工程勘察单位，从科技精英到一般科技人员，热情是何等的高！心是何等的齐！也确实取得了不少成绩。但热情虽高，认识却很简单、很幼稚，以为只要政府下一道命令，精英们登高一呼，就会达到既定目标。现在知道，外国有效的体制模式，有外国的社会经济背景，拿到中国来简单复制，或者行不通，或者走了样。体制问题远比技术问题复杂，一定要与整个社会政治经济体制的改革协调，放在市场经济转型和依法治国的大背景中考察。要有生长的机制，生长的环境和动力。孤军突出，照搬外国模式是不现实的。

按欧美国家的模式，复杂的岩土工程问题，主要由咨询公司承担，而不是由勘察设计单位承担；重大技术问题由项目负责人决策，没有具体细致的条款约束，也没有严格的审查把关；经济责任主要由工程师个人承担，而不是主要由单位承担；工程发生了问题和纠纷，由司法部门解决，不是由政府部门管理；工程受到了损失，除部分由项目责任人负担外，主要由保险公司理赔。这样的制度符合我国的国情吗？至少现在还不具备条件。旧体制虽然缺陷不少，但还可控，按欧美国家的模式照搬，可能会造成更大的失控和混乱。

下一步该怎么办？我自己也很迷惘，三十几年过去了，似乎还在摸着石头过河。

但有一点深信，岩土工程专业体制改革是个长期过程，缓慢的过程，急是急不来的。只能一点一点地积累，一层一层地沉淀，一步一步地前进。决不能指望一个政策，一项措施，就能一蹴而就。社会是个整体，岩土工程不过是其中一个很小很小的行业，只能随着市场经济大环境的完善和成熟而逐步驶向彼岸。

5 体制模式的多元化

由于发展的不平衡，各地区、各单位技术力量、经营范围和企业体制的巨大差别，岩土工程体制似乎存在“多元化”模式：

譬如，在人才配备齐全、技术力量较强的原勘察单位，可根据自身特点承担多种岩土工程业务，既做勘察，也做咨询、设计、施工、检测、监测、监理；既做基坑支护、工程降水、地基处理，也做地质灾害评估和防治、环境岩土工程、疑难地基基础的设计；既可承担岩土工程各环节的某一单项，也可为岩土工程的全过程服务。而技术力量较弱的勘察单位，则仍可集中力量做好勘察，根据自己的能力逐步拓展。这就是勘察单位主导模式。对于便于和结构专业沟通的设计单位和研究单位，可侧重于地基基础设计，特别是重大工程、疑难工程的地基基础设计，并以设计为中心，将勘察、施工要求、检测、监测统一起来，避免各环节的脱节，这就是设计单位、研究单位主导模式。岩土工程的新技术、新工艺常常先有施工工法，后有设计计算，地基处理、基坑支护、桩基工程莫不如此，因而也有施工单位主导模式。以自己先进的、独特的工艺和设备投入实际施工，密切配合设计、检验和监测，也可自己兼做设计，已有一些单位做得相当成功。也有专家认为，岩土工程设计与施工联系密切，提倡设计施工一体化模式。在环境问题日益严峻的形势下，有条件的单位可将重点转向环境岩土工程，从事地质灾害的调查和防治、废弃物填埋、处置的勘察设计、污染土的治理和修复、土石文物的保护和病害诊治等方面的业务。

多元化使各单位扬长避短，各具特色。其实，国际上的岩土工程机构也有多种形式，如加拿大的EBA岩土咨询公司，以咨询的方式从事岩土工程各种业务的经营；英国的ELE、法国的Menard、荷兰的Fugro，以土工仪器出售和测试工作为主，兼做勘察设计；日本的熊谷组、大成建设集团以施工为主，将岩土工程作为其中的一部分。各国各公司都有自己的特长和不足，不宜强求某种特定模式。

一个完整的专业，按作业程序被机械分割为勘察、设计两段，当然不合理。勘察要求、数据分析、综合判断，应是岩土工程设计和决策的一部分；勘察工作的实施，包括后期的质量检测、工程监测，都是获取岩土工程信息。但这种结构性矛盾只能逐步过渡，逐步解决。在当前体制下，勘察与设计之间要多沟通，多了解对方和理解对方，共同解决结合部问题。要促进勘察设计的结合，不要过分强调分工划线。随着时间的推移，多元化模式中会有一批实力强的单位脱颖而出，发展成为岩土工程体制的示范模式。

路漫漫其修远兮，吾将上下而求索（《离骚》)。遥想30多年前，我也曾为岩土工程体制改革探索和呐喊，现在老了，只能寄希望于年富力强的一代。杜牧《阿房宫赋》中“有不得见者三十六年”，我也是36年未见岩土工程体制改革的到位。我这一代是山重水复疑无路，你们新生代必将柳暗花明又一村。往事不可谏，来者犹可追。现在，我国市场经济制度已经确立，综合国力已经增强，注册岩土工程师执业制度已经实施，这些有利条件在30多年前是不具备的。年轻一代一定能用自己的智慧和能力，开创出符合我国国情的岩土工程专业体制。

第 13 章　岩土工程的先驱们

本章记述了十几位岩土工程的先驱者，他们是太沙基、卡萨格兰德、库仑、达西、朗肯、西得、陈宗基、陈梁生、张咸恭、谷德镇、俞调梅、黄文熙、卢肇钧。当然还有很多健在的岩土工程开拓者，未能一一列举。他们的辛劳，他们的智慧，他们的品德，他们的精神、他们的事业，我们要世世代代继承和发扬。最后记述了笔者与几位先驱者的小故事。

1 外国

（1）太沙基（Karl.Terzaghi，1883 ~ 1963）

出生于布拉格，奥地利人，美国籍。早年毕业于格拉兹工业大学，学的是机械工程，但更致力于地质学，花了整整一年主攻地质学。毕业后从事土木工程，特别喜爱现场调查，曾自费去美国进行了数年与工程有关的野外调查，积累了极为丰富的资料。第一次世界大战后到土耳其，任土耳其工业学校基础工程教授，开始创建土力学。于 1923 年发表渗透固结理论，提出有效应力原理，1925 年出版世界上第一本土力学专著《建立在土的物理学基础上的土力学》，被公认为近代土力学诞生的标志。后来又出版《理论土力学》和《实用土力学》。1925 ~ 1929 年，太沙基到美国麻省理工学院任教，致力于土力学的普及。此后先后在维也纳高等工业学院、英国伦敦帝国大学、美国哈佛大学任教。从 1936 年的第一届到 1957 年的第四届，均被选为国际土力学与基础工程会议主席，是 4 次获得美国土木工程学会的最高奖——诺曼奖的杰出学者。

太沙基的一生对我们至少有下列启示：

1）岩土工程既需要理论，更需要实践。

太沙基是土力学的创始人，直至今天仍离不开他开创的基本原理。他创建的理论都是通过野外观察，以工程经验为基础，提炼、抽象、总结出来的，没有工程实践就没有土力学理论。我们作为后人，既要认真学习他的理论，“读万卷书”；

更要学习他深入现场，“行万里路”，注意实际条件与理论之间的差异，总结新经验，提出新概念。太沙基曾多次强烈批评错误的“理论”，批评不顾实际地滥用理论。

2）岩土工程师应当有广阔的阅历。

太沙基出生在欧洲，形成土力学理论在土耳其，普及土力学在美国，在欧美多所著名大学任教，为世界上许多重大工程提供咨询，集工程实践、理论研究、专业教育于一身。足迹遍及水利、道路、房屋建筑各领域，还专程调查热带土。岩土性质极为多种多样，工程要求各有不同，没有广阔的阅历，绝对成不了大家。

3）工程地质知识对岩土工程师不可或缺。

太沙基是土力学家，以土木工程为业，但他的地质学功底非常扎实。曾教授过工程地质学，并多次强调工程地质学对岩土工程的重要意义。这很容易理解，因为岩土工程师面临的是岩石和土，岩石和土都是地质作用的产物，经过了亿万年地质历史。不了解其演化过程，怎能真正掌握岩土的特性，怎能在杂然纷呈的地质体面前不致迷茫。正如结构工程师要掌握钢材、混凝土的力学特性，必先了解钢材、混凝土的制作过程一样，但地质体的形成过程比人造材料的制作过程复杂得多了。

（2）卡萨格兰德（A.Cassagrande，1902 ~ 1981）

1902 年 3 月 28 日生于奥地利海登沙夫特，毕业于维也纳工业大学。1926 年移居美国，成为太沙基的助手。此后直至退休，50 多年一直从事土力学研究。他研制了三轴压缩仪，发现了土在剪切过程中的体积变化（剪胀性）。卡氏液限仪测定土的液限含水量，至今仍是一种标准方法。卡萨格兰德土分类法后来列入美国 ASTM 标准，至今仍为国际上用得最多的土的分类方法。他的作图法确定先期固结压力，为国内外岩土工程界熟知。他长期从事土力学教育，多名学生成为国际知名专家。地震液化专家西得（H.B.Seed），我国土力学教授陈梁生、卢肇钧、杨式德都是他的学生。在他的创导下，1956 年成立国际土力学与基础工程协会，多年任协会主席，是全球土力学与岩土工程的领袖人物。

（3）库仑（C.A. Coulomb，1736 ~ 1806）

1736 年 6 月 14 日生于法国 Agoul，1761 年毕业于军事工程学校，并作为军事工程师服役多年。后因健康原因，被迫回家，从事科学研究。1781 年当选为法国科学院院士。库仑是一位著名的力学和电磁科学家，兴趣十分广泛，在结构力学、水力学、岩土工程、扭力、摩擦理论等方面都取得重大成就。1773 年他提出了土的强度准则，即库仑定律，奠定了古典土力学基础。1776 年根据挡土墙后滑动土楔体的静力平衡条件，提出了主动土压力和被动土压力概念及其计算方法。作为一名杰出的工程师，他曾设计一种类似沉箱的水下作业法。

（4）达西（H.P.G.Darcy，1803 ~ 1858）

生于法国第戎，少年时政局动荡，学业不稳定，后进入巴黎路桥学校。他的第一项杰出成就是在第戎建造供水系统，也是全法首次，改变了城市没有给排水系统的局面。1856 年，达西经过试验，发表了孔隙介质中水流速度的研究成果，即著名的达西定律，奠定了地下水力学的基础。

（5）朗肯（W.J.M.Rankine，1820 ~ 1872）

生于苏格兰爱丁堡，在热力学、流体力学、土力学方面都有杰出贡献，他本来是一名土木工程师，后又研究理论物理、热力学和应用力学。他建立的土压力理论，至今仍广为应用。他编写的教科书直到 20 世纪还作为标准教科书使用。

（6）西得（H.B.Seed，1922 ~ 1989）

1922 年 8 月 19 日生于美国博尔顿市，1944 年毕业于伦敦皇家学院，毕业后留校任助理讲师，1947 年获得哲学博士学位，后到哈佛大学做卡萨格兰德和太沙基的助手，1960 年任教授，1970 年任美国科学院院士。他既从事教育和研究，又从事工程实践;既是土力学家，又是地震工程和土坝设计权威。先后在美国、加拿大、澳大利亚、阿尔及利亚、委内瑞拉、巴西、巴基斯坦、菲律宾等国任重大工程顾问。他的地震液化理论与判别方法对中国有重大影响。

2 中国

（1）陈宗基（1922 ~ 1991）

福建安溪人，1922 年 9 月 15 日生于印度尼西亚爪哇岛，土力学、岩石力学、流变力学和地球动力学家。1946 年留学荷兰德尔夫特科技大学，获博士学位，1955 年回国。曾任中国科学院地球物理研究所所长，中国岩石力学与工程学会理事长、国际岩石力学学会理事、副主席，中国科学院院士，比利时皇家科学、文学与艺术院外籍院士。1986 年比利时国王授予利奥彼得二世一级骑士勋章。

陈宗基于 1954 年在国际上率先开辟土的流变学研究，接着又率先进行岩石流变学研究。他提出的 " 陈氏屈服值 "，" 黏土结构力学 "，" 土的三向固结流变理论 "、" 岩石流变、松弛、扩容 " 等，都是国际上公认的创新性成果。他的《流变学》、《岩土的第三屈服值及其在工程上的重要性》、《喜马拉雅造山运动和青藏高原隆起的热流变过程》等著作，在国际上很有影响。他把理论成功地应用于中外几十个重要工程，如长江三峡工程、葛洲坝工程、二滩水电站、南京长江大桥、麦积山石窟文物保护工程等。他建立了国际一流的土流变学、岩石流变学实验室。在开创地球动力学新学科研究中，创建了岩石高温高压实验室，成功研制 800 吨高温高压伺服三轴流变仪等 40 余种先进仪器设备，为研究地震预报、成矿机制等重大课题奠定了基础。

陈宗基是国际上知名的大科学家，大工程师，在土力学、岩石力学、地球动力学，在桥梁、水利、矿山、文物保护等多领域取得重大成就。我们要学习他理论与实践结合的思想，他的流变学研究，是因荷兰沃拉格曼斯大桥桩基础建成后 2 年破坏开始的，他引进近代流变学、塑性力学和胶体化学原理，系统地进行了土流变的实验研究和理论探索，在国际上最早创立了土流变学。后来，由于长江三峡等水利水电工程的需要，又深入研究岩石流变学，并成功地应用于多项工程。可见，陈宗基的理论研究，是“从实践中来，再到实践中去”。我们要学习他勇于创新的精神，沃拉格曼斯大桥桩基础的破坏，当时工程界普遍认为是由孔隙水压力造成的，他当时虽然还年轻，但不随波逐流，认为孔隙水压力应随时间延长逐渐消散，而实际上，在剪应力作用下变形却随时间增加。从而提出在土力学理论中必须考虑土的流变特性、三向应力、大变形这些新概念，为土力学开创了一个新的研究途径。

（2）陈梁生（1916 ~ 2009）

福建福州人，早年毕业于上海交通大学，1941 年赴美，1945 年获哈佛大学博士学位，1947 ~ 1948 年在哈佛大学做土力学研究。1948 年应聘回国任清华大学教授，并在美国购买了土工试验仪器带回，建立了我国北方第一个土工试验室。1952 年全国院系调整后，任清华大学“工程地质、土力学与基础工程教研室”主任。1953 年秋北京土工组成立，茅以升任组长，陈梁生任副组长（召集人），土工组成员还有，陈仲颐（清华）、卢肇钧（铁道）、汪闻韶（水利）、饶鸿雁（交通）、张咸恭（北京地院）、陈志德（北京）、张国霞（北京）、黄强（建工）、王锺琦（建工，秘书）。1953 年春，在建工部副部长万里（后任全国人大常委会委员长）支持下，在陈梁生主持和王锺琦协助下，为中央各部委专业人员开办土工学习班，对普及土工试验和土力学理论，指导基础工程设计发挥了重要作用。与陈仲颐合作，编著《土力学与基础工程》（1957 年水利电力出版社），是我国本专业最早的出版物。陈梁生治学严谨、工作勤奋、平易近人，是当时土力学与基础工程的领袖人物，可惜 1979 年后，因病淡出教学和研究工作。

（3）张咸恭（1919 ~ 2015）

江苏沛县人。1919 年出生，1945 年毕业于西南联合大学地质系，曾应召参加缅甸远征军抗击日寇，任英语翻译。1952 年院系调整时从北京大学调至新建的北京地质学院（现中国地质大学），因大规模经济建设需要，从岩石学转向工程地质学。首次组织翻译波波夫《工程地质学》，并在自编讲义的基础上，组织编写第一部《工程地质学》全国统编教材，上下两册分别于1963年和1964年出版。退休后主编《中国工程地质学》《工程地质与岩土工程英汉－汉英辞典》。除了从事工程地质教育，培养大批优秀专业人才外，还参与了很多重大工程的地质调查，如黄河水利规划、三峡枢纽工程、丹江口水库、新安江水电站、宝天铁路、川汉铁路、襄渝铁路、成昆铁路等。将终身献给了工程地质事业。

（4）谷德振（1914～1982）

河南密县人。1942年毕业于西南联合大学地质系，中国科学院学部委员（院士），中科院地质研究所教授。早年随李四光研究地质力学，中华人民共和国成立后因经济建设需要从事工程地质，先后参与治淮工程、长江葛洲坝、雅砻江二滩、武汉长江大桥、成昆铁路、金川镍矿等重大工程，足迹遍布全国各地，为解决复杂工程地质问题起了关键作用。谷教授率先提出岩体结构面和结构体的新概念，创立了以结构控制论为核心的岩体工程地质力学理论，将地质研究与力学分析结合，进行计算和评价，达到解决工程问题的目的。该理论受到国内外一致好评，至今仍是岩体稳定分析的基本方法。

（5）俞调梅（1911～1999）

浙江湖州人。1934年毕业于上海交通大学土木系，1938年获伦敦大学硕士学位，参加太沙基土力学短期学习班时，受到深刻影响。1946年开始，在上海复旦大学、中正大学、交通大学等多所高校讲授土力学。1952年院系调整后一直在同济大学任教，主讲土力学与基础工程，领导科研与教学，组建我国最早最齐全的土力学与基础工程教研室。改革开放后积极参加国际学术交流，与美国学者方晓阳两次主持“海洋岩土工程与离岸近岸结构物”国际学术讨论会。在上海中苏友好大厦（今上海展览中心）、上海重型机械厂、上海宝山钢铁厂等重大工程的基础设计中发挥了重要作用。俞先生坚持真理，冒着政治风险对上海中苏友好大厦不用桩基用天然地基提出不同意见，强烈主张土力学教研工作必须与工程实践密切结合。

（6）黄文熙（1909～2001）

江苏吴江人，我国土力学奠基人之一，中国科学院学部委员（院士）。1929年毕业于中央大学土木系，1937年美国密歇根大学获博士学位，在结构和水利两个领域取得杰出成就，并受土力学奠基人太沙基的深刻影响。回国后1939年在国内大学中首先开设土力学课程，建立土力学试验室。新中国成立后先在南京大学等高校任教，兼任南京水利实验处处长，后长期担任清华大学教授兼水利水电科学研究院副院长，退休后任该院及南京水科院顾问。在砂土液化、黏性土固结、弹塑性本构关系、水力劈裂等土力学前沿均有重大建树。他积极推广补偿式基础设计水闸代替桩基、砂井预压处理软土地基、反滤层和减压井防止渗透破坏、土坝劈裂注浆、定向高压喷射注浆、土工离心机试验、土工合成材料等新技术，十分注重理论与实践的结合。

（7）卢肇钧（1917 ~ 2007）

福建福州人，中国科学院院士。1941 年华业于清华大学土木工程系，1948 年获美国哈佛大学工程研究院土力学科学硕士，1948 ~ 1950 年为美国麻省理工学院土力学博士研究生兼助理研究员。1950 年毅然离美回国，长期在铁道科学研究院从事土力学研究，是铁路路基土工技术主要开拓者之一。在膨胀土强度及其稳定性、非饱和土吸附强度与膨胀压力关系、硫酸盐渍土松胀特性及其对路基稳定性影响、锚定板挡土结构及其计算理论等方面做出了卓越贡献。

3 我和几位先驱者

中国岩土工程界的先驱们中，我最熟识的是张咸恭教授了，一同参与过大大小小的学术活动无法统计。张老师不图名利，专做学问，人人敬仰。他对我的了解大概始于我参与他主编的《中国工程地质学》，对我的文稿很赞赏。2003 年筹备第 7 届工程地质大会时，张老师提议我做“工程地质与岩土工程”的专题报告（详见第 10 章）。大会在昆明举行，张老师主持大会，我发言后他即席讲话，王思敬也上台发言，气氛很热烈。直到他去世前两个月，我们还通了电话，96 岁的老人，思路敏捷，谈笑风生。

卢肇钧院士德高望重，学问渊博，他和周镜院士同在铁科院土工室，我遇到疑难问题时常去请教。那时，他们的办公条件非常简陋，两位院士和吴肖茗、杨灿文两位主任同一间办公室，几张书桌拼在一起，像个小会议室。4 人面对面分坐两侧，桌子上一大堆书刊、打印资料、信件、手写文稿等，他们边阅读、边写稿、边讨论。两三把空椅子，来了客人坐下来一起参与讨论。院士的办公条件如此简陋，现在的年轻人大概很难设想了。我第一个研究课题是扩底桩，评审委员会主任就是卢肇钧院士。

俞调梅教授在上海，我和他接触不多。有个小故事让我对他肃然起敬。20 世纪 70 年代中期，在一个小型会议上遇到了俞先生。我虽已久仰，但那以前没有见过。那时他已是全国最著名的几位土力学家之一，是鼎鼎有名的大教授。我当时

40 岁左右，是工程勘察界的无名小卒。会间我向他请教："单剪试验和直剪试验有什么不同？"他摇摇手说："我不懂土动力学，对单剪试验不了解。我想可能是这样，直剪试验是在固定的剪切面上剪切，土样中的应力条件复杂；单剪试验条件单纯，土样在单纯剪应力条件下剪切"，我谢了他。过了大约一年，又在一次学术性会议上遇到俞先生。会间休息我们相见时，他很客气地问我："请问单剪试验和直剪试验有什么不同？"最初觉得有点好笑，接着心中肃然起敬，老先生竟如此认真！但又不便直说，只得说这个问题我也不太清楚，把他当年回答我的话原封不动地说了一遍。他一面认真听，一面不断点头称是。这就是大学问家，这就是名教授！

中国建筑科学院地基基础研究所第一任所长黄强，是一位德高望重、不能忘怀的先驱者。我找不到他的生平资料，咨询了有关单位，也没有结果，不能详细记述。黄所长早年毕业于清华大学，后来在美国康奈尔大学深造，获博士学位，1954 年任建筑工程部北京工业建筑设计院勘察室主任工程师。我南京大学毕业，到设计院勘察室报到时，他的办公桌还在，副主任工程师冯增寿介绍说，黄主任被借去筹备建研院地基所了。但一去再没回来，第二年担任了地基所所长。由于业务相近，勘察院和地基所两个单位的关系非常密切，我们常去地基所请教，黄所长常来勘察院交流。1964 年我院承担某大型航天基地（内蒙古）勘察，设计院邀请了何广乾、黄强两位专家，一位指导结构，一位指导地基。我有幸向黄所长做了详细汇报，请黄所长视察了现场和试验室，得到了黄所长中肯而具体的指示。黄所长功底深厚、为人谦和、深入细致，不放过每个要害问题，给我留下了深刻印象。从 60 年代后期到 70 年代中期，因"文革"与黄所长中断了十几年的联系。大约在 1975 年，黄所长从非洲检查援非项目膨胀土问题回京不久，突然因病住院。限于当时医疗水平，一直未能明确诊断，手术后才知道是胰腺炎，因严重感染不治。我国一代地基基础专业的主帅，不幸过早地离开了我们。

王锺琦、陈雨孙两位，是我的同事，也是我的朋友和老师，将在第 15 章介绍。

岩土工程界的先驱们，他们的学识、他们的辛劳，他们的智慧，他们的品德，他们的事业，我们要世世代代继承和发扬。

第 14 章　我和挚友张在明

本章为张在明院士逝世一周年之际，北京市勘察设计研究院有限公司编了一本纪念专辑《把勘察当学问做》，约笔者写的文稿，录入本书时稍有修改。张在明本应列入第 13 章“岩土工程的先驱们”，因与笔者的特殊关系，故专设一章。

挚友在明离开我们快一年了，昔日往事，又一幕一幕地映在眼前。

2009 年 7 月中旬的一天，我从孙宏伟口中突然听到消息，在明得了胰腺癌，已经相当严重，必须立即住院手术。我觉得非常吃惊，半个月前还在稻香湖畔一起开会，他领导我们对《北京地区地基基础勘察设计规范》做最后的审校，日夜辛劳，还谈笑风生，怎么才过了这么几天就病得如此严重！想立刻去医院探望。但孙总说：刚做手术，医生嘱咐一定要休息静养，除沈小克院长外，其他人都不要去打扰。此后我常与小克联系，询问病情。同年 11 月底，在明病情恶化，转到肿瘤医院。12 月 2 日，我与王锺琦、武威一起去了医院。医生不让进入病房，我们只得在门口探望。在明虽已病入膏肓，但神志清醒，一眼就认出了我们，摆摆手说：“谢谢！谢谢！对不起，医生不让我说话”。我们都很难过，又无法和他交流，只得在见到他夫人后依依惜别。想不到两天之后，在明就永远离开了我们。

我认识在明比较晚，但一见如故。第一次知道他的名字是 20 世纪 80 年代初的一次小型会议上，那时我们还不认识，他也不在会上。我国土力学老前辈，铁道科学研究院的卢肇钧院士，在谈到青年学者时专门提到了张在明，并寄予厚望。果然逃不出卢院士的慧眼，二十年后在明成为中国工程院院士。我第一次与在明相识，是 1986 年编制我国第一部《岩土工程勘察规范》，主编王锺琦先生邀请在明参编，负责起草“基坑支护”一节，在明将国际上有关基坑支护的新理念引入了规范。我参与了这本规范的日常工作，从此由相识而相知。我第一次与在明合作写稿，是 1990 年他邀请我为第三届全国土动力学会议合写专题报告《室内土动力试验仪器发展情况述评》，他写了第一稿和第三稿，我写了第二稿。在明是土动力试验的专家，材料都是他的，也是他最后定稿；我是个门外汉，只是在他稿子上做些加工而已。

此后，我们合作很多。1996 年，工程勘察学术委员会在黄山举行基坑支护的专题讨论会，这是一个仅有十多位专家参加的小型会议，讨论得很深入，在明起到了十分重要的作用。会后游黄山，在明那时还相对年轻，自告奋勇，任“收容队长”，护送我们这些老弱人员下山。1997 年，我院主编的《岩土工程勘察规范》开始修订，邀请在明参加。他不仅亲自起草了“桩基工程”“基坑支护”“地下水”等章节，而且对规范全文关键性问题的定稿起到了把关作用。20 世纪末，我们一起参加了全国注册岩土工程师考试命题专家组，在明任副组长。这是首届，为吸取国际经验，在明与建设部设计司吴奕良司长一起赴美考察，带来了美国的经验和试卷命题。在他的带领下，结合我国实际情况，确定了命题的范围、内容、形式以及命题组的工作制度，为我国岩土工程界这件划时代的大事奠定了基础。2003 年张富根院长邀请全国十多位勘察大师聚会期间，在明和我一起应邀为上海岩土工程界同仁做学术报告，并同台答问，气氛很热烈。北京的地下水抗浮水位，问题极为复杂，在明除了深入进行专题研究外，遇到重要工程，都要邀请各路专家讨论确定，我基本上每次都参加。他总是根据工程要求和地下水位的波动规律，充分考虑地下水开采、南水北调、官厅水库放水以及地下水流经弱透水层水头损失等因素，用翔实的数据充分论证。使我既学习了他处理问题的科学方法，还学习了他一丝不苟的严谨科学精神。前几年，《北京地区建筑地基基础勘察设计规范》修订，在明是主编，邀请我参编，我们从头至尾，合作始终。在明每有问题要讨论，必将资料先发到我的电子邮箱，征求我的意见。我们一起大大小小开了一二十次会议，文稿经过了十几次的修改和校核，他还是不放心，病倒前两个星期，我们又再次在稻香湖畔一起进行了最终审校，这种负责精神值得我们永远学习。

在我的同行朋友中，联系和配合最多的就是在明了，而且越来越多，越来越密切。我有文稿，必先请他审阅，他一定会指出谬误，反馈中肯意见；他有新作，也一定先发给我，听听我的想法，我也一定会吹毛求疵，提出参考性建议。其实，我们两人的文风并不一样：我喜欢按部就班，较多注意读者的感受；在明则直赴命题，势如破竹。但一点也不妨碍我们的合作，反而相得益彰、互有补益。他经常主持各种评审会、鉴定会、论证会，常邀请我参加。我自知水平有限，且随着年龄增高，脑力日衰，向他提出要求：“会议愿意参加，但组长不当了”，他总是尽量满足我的要求。他主持会议，撰写评审意见，能牢牢抓住主题，切中要害，具有高超的洞察力、协调能力、概括能力和文字功夫。此外，在明对我个人和家庭也非常关心和照顾。我因长期患糖尿病，有时突发自己不察觉的低血糖，有三次在开会上发作，三次都是在明第一个发现，并及时采取措施。以后我每次参加他主持的会议，他总关照准备些饼干、糖果之类，以应不时之需（其实我自己也有所准备）。

在明天赋良才，是我国岩土工程界的泰斗，勘察界唯一的一位工程院院士，无论学识、能力和品格，都为业界人士仰慕。他的学术活动与工程实践涉及岩土工程许多领域，他的学术专著《地震区的场地和地基》《地下水与建筑基础工程》，我长期放在案头，经常查考。在明为人处事，态度鲜明，语言犀利，对原则问题决不让步；同时又十分谦虚谨慎，听取各方意见，注意和谐相处，有很大的灵活性。在明是位大学问家，根基雄厚，对土力学大家的理论模式，各有哪些优点，哪些缺陷，他心如明镜。在明是位大实践家，经验非常丰富，只要告诉他北京什么地方建什么工程，他就能说出沉降会有多少。在明十分注意将实践经验放到理论层面上总结，常说："只有长在理论之树上的经验之果才有生命力"。对华而不实的空洞理论和缺乏理论支撑的所谓经验不屑一顾，是理论与实践结合的典范。

在明虽有心脏病，但总是精神抖擞，反应敏捷，从无倦容。在明小我八岁，却英年早逝，我失去了一位最知心的益友，岩土工程界失去了一位主帅。太可惜了！他的敬业精神、求实精神，永远是我们的学习榜样。

现在社会上迷漫着"虚假、浮躁、官本位"的不良的风气，渗进了学术、工程、生活的方方面面。学术不端、数据造假、工程伪劣，已经不是个别，虽人人痛恨，却屡屡发生。题目大而又大，实际工作少而又少；不求做好做实，只求敷衍忽悠；水平必称国际先进，多项创新，实际都很勉强。几千万元的研究项目，验收会上每人一大堆文件，与会者边听报告，边翻资料，提问、答辩、讨论、起草验收意见，半天就完。承担单位、主管部门、专家，似乎都喜欢这样的"高效率"。科技人员的奋斗目标不是做好学问，做好工程，而是当"官"。一旦当上了什么长，什么主任，人们就以"长"、"主任"称呼了，似乎当"官"比做学问的教授，比做工程的工程师更体面，更有地位。这样的风气有利于科技进步吗？有利于科技创新吗？

图14-1 张在明、顾宝和在黄山（1996.10.18）

看到这些，回想在明的敬业精神和求实精神，是多么宝贵！愿有志青年继承在明的未竟事业，为岩土工程开辟新天地。

第 15 章　风雨兼程 64 年

本章原为笔者为建设综合勘察研究设计院有限公司 60 年院庆写的院史素材，原标题为《风雨兼程 60 年》。考虑到本书需要一个代表性单位的发展史实，故在笔者所写原稿的基础上，加以修改补充，列为本章。分 5 个时期：1952 ~ 1960 年为初创时期，取得了第一次辉煌；1961 ~ 1966 年为收缩和中兴时期；1966 ~ 1978 年为“文革”劫难时期；1978 ~ 2000 年为黄金 22 年时期；2000 ~ 2016 年为市场经济环境中再创辉煌时期。时代在前进，环境在改变，经营方略也不断与时俱进，但多元化、综合性的特色始终坚持不变。

1　初创与第一次辉煌（1952 ~ 1960）

1952 年 5 月，正值我国第一个五年计划（1953 ~ 1957）的前夕，原来比较分散的 11 个中央直属设计室（处）合并，成立中央设计公司，隶属于中央人民政府财政经济委员会。1952 年 8 月建筑工程部成立，设计公司划归建工部领导，改名为建筑工程部北京工业建筑设计院。1952 年 12 月设计院内成立勘测组，不久改名勘测室，建工系统的勘测机构正式成立。

1954 年 10 月，勘测室脱离设计院，成立建筑工程部勘察公司，标志着建工系统独立的勘察机构诞生，1956 年改名为建筑工程部综合勘察院。1955 ~ 1958 年，先后在西安、武汉、重庆（后迁成都）、上海、沈阳成立西北分院、中南分院、西南分院、华东分院和东北分院，有的分院下还设省（自治区）一级的工作站。1958 年 2 月，建工、建材、城建三部合并，原建材部的工程勘察和资源勘察，原城建部的城市测量和水源勘察，以及郑州机械凿井公司并入综合勘察院，使勘察队伍迅速壮大，全院总人数达 3900 人，实现了建工系统勘察力量的大整合。除分院外，本院直属 7 个室，一室为工程测量，二室为城市测量，三室为工程地质，四室为机械凿井，五室为水文地质，六室为资源地质，七室为保密工程和援外工程（后并入三室）。专业齐全，人丁兴旺，有相当强大的综合实力，实现了历史上的第一次辉煌。

初创时期技术力量非常薄弱。测量专业在新中国成立前还有一定基础，工程地质和水文地质则完全是白手起家。没有钻机，用土法打井的办法打孔，不能取原状土试样，不知道怎样描述，更不会做土工试验。1953 年引进苏联图纸制成人力工程地质钻机，成为当时的重大技术突破。同时建立土工试验室，购置成套试验仪器，编写试验操作规程，培训试验人员，使土工试验走上了正轨。

学习苏联是当时的主导方针。学俄语，翻译苏联资料，在科技人员中迅速形成热潮。1956 ~ 1959 年，先后聘请 5 名苏联专家（奥尔洛夫、瓦良尼克、明里尼茨基、彼德洛夫、多尔基赫），分别指导工程地质与水文地质勘察。1956 年和 1958 年，派出了青年科技人员赴苏联实习。从技术规范、机具设备、工作程序到成果报告，完全采用苏联模式。随着中苏政治关系的恶化和苏联专家的撤走，学习苏联的口号不提了，但苏联模式的影响却十分深远。

新中国成立初期勘察科技人员奇缺，仅有的几位老知识分子担任技术领导，有职有权，受到信任和重用。而活跃在生产和科研第一线的则是刚从学校毕业的青年，他们生龙活虎，虚心学习，很快能够独立承担重大项目，并出色完成任务。那时虽有苏联专家，但他们只是咨询指导，并不签字负责，真正担负重任的是这批青年。建国初期党和国家的主要目标是实现工业化，包括打下国防工业的基础，故以工业建设为勘察工作的重点，如洛阳第一拖拉机厂、长春第一汽车制造厂、常规国防工业基地、核工业基地等。1955 年驻朝使馆勘察是第一个境外任务，以后先后承担了援越、援蒙、援柬、援尼（泊尔）等援外任务，从国内走向国外。

与此同时，在科研方面也取得了重要成果，在湿陷性黄土研究和地下水非稳定流研究方面走在全国的前列。1958 年成功研制了放射性同位素测土的密度（即核子密度计），并付诸应用。

建工系统建立勘察队伍起步晚于冶金系统和机械系统，但实力和水平很快赶了上来。从 1954 年到 1959 年先后举行了五次勘察会议，本院是会议的主导，推广本院的技术经验和管理模式，正是一呼百应，有很强的号召力和影响力。

2 收缩与中兴（1961 ~ 1966）

由于大跃进和公社化的失误，国民经济全面困难，中央提出了“调整、巩固、充实、提高”的八字方针。根据这个方针，1961 年初撤销综合勘察院，保留了一支精干的小队伍，以利经济恢复后重整旗鼓。院主要领导转入新成立的非金属矿地质公司，院本部部分职工“下放”；部分转入地质公司，搞非金属矿勘探；部分保留下来，成立勘察大队，直属建工部设计局。不到半年，勘察大队并入地质公司华北分公司。各大区的分院也并入相应的地质分公司，做了类似的调整。

1958 年全国性指导思想的失误必然影响到勘察界，盲目追求产量，不顾质量的浮夸之风逐渐滋长，造成大量浪费。城市测量和工程测量不按规范要求操作，质量低劣，大量成果达不到精度要求而不能使用。工程地质盲目做了大量城市规划勘察，质量粗糙，没有什么利用价值。有些水源勘察虽然做了许多勘探试验，因布置失当和质量低劣而下不了结论。调整以后，队伍缩小了，任务减少了，指导思想也随之转入正确轨道。集中力量搞业务建设，致力于巩固和提高。包括建立健全规章制度，制定建工系统的标准规范，开展业务培训等，改变过去粗犷经营的做法。1961 ~ 1963 年，虽然是院史上的低谷，但未伤元气，只是收缩休整，养精蓄锐，以备再发。

随着国家经济形势的好转，基本建设恢复，勘察任务增多，小队伍已经不能适应形势，于 1964 年恢复了建筑工程部综合勘察院，各大区分院也同时恢复。勘察院的老领导也从地质公司调回，进入了 1964 ~ 1966 年的一段“中兴时期”。这段时期的“声势”虽然没有五十年代后期大，但走得稳健。这时，中苏关系已经紧张，国家重心转入“三线建设”。本院和分院分别或联合承担了大型核工业基地和航天工业基地的勘察任务，如 5204 工程、51 号工程、零字号工程等，积累了不少山区勘察方面的经验。

那时，院领导已经认识到技术进步的重要性，于 1965 年成立了研究室，调集优秀人才集中精力从事科学研究和技术开发，取得了一批重要成果，其中影响最大的是工程地质机械化钻机和电测静力触探。本院率先研制成功第一台用于工程地质的冲击式钻机（现 30 型钻机前身），接着华东分院研制成功第一台工程地质回转钻机，1965 年研制成功回转冲击两用钻机，结束了手摇钻时代。电测静力触探当时在全世界都是空白，本院以王锺琦为首，独立研制国际上第一个电阻应变式静力触探探头。从探头设计、贴片制作、率定、现场试验、回归统计，到工程中实际应用，仅仅用了短短两年时间，并很快在全国推广。

3 “文革”劫难（1966 ~ 1978）

从 1966 年下半年至 1978 年 2 月的 12 年里，勘察院经历了一场的大劫难。

1966 年底，全院职工分裂成为两大派，大打派仗，全院陷入无政府状态。1969 年 5 月，大部分干部，包括绝大部分科技人员进入河南修武“五七干校”参加劳动。1970 年末，本院除修配厂外迁至河南博爱，整建制下放山西，院址在太谷县北旺村的曹家大院里（现三多堂博物馆），抓了两年多的“五一六分子”。这期间，科技和业务工作基本荒废，成年累月地搞政治运动和体力劳动，没完没了的揭发、检讨、批判、斗争。战友成为仇敌，读书成了耻辱，思想涣散、感情上的创伤多年不能恢复。1973 年与山西省勘察院合并，院址在太原赛马场。职工思想散乱，大多科技人员尚未“解放”。

“文革”后期，极“左”路线有所松动。一些院领导开始向上级反映，要求对勘察院重新定位，为国家建设做应有的贡献，并取得成效。当时中央有意建设邯邢钢铁基地，于 1974 年 9 月成立华北勘察院，归河北省建委领导，院址初在邯郸，后在邢台。但那里远离中央和中心城市，对业务工作和科技发展极为不利，实际并未在那里办公。

“文革”后期，为了我院的新生，广大科技人员和普通职工以不同方式做出了自己的贡献。譬如几位科技人员在西郊建研院借了一间办公室，编制内部期刊《勘察技术资料》，1973 年出版第一期，成为当时很有影响的科技刊物，后改为《工程勘察》，至今仍在公开出版。再如几位老工人，把尚未“解放”的科技干部卢万燮秘密请到帐篷里，恢复静力触探，取得成功，轰动全院。3201（即太原航天基地）是一个规模、难度较大的工程地质、水文地质和凿井项目，虽在“文革”期间，但完成得相当出色。1975 年在杭州举行第一次全国勘察技术情报会议，组建工程勘察情报网，使本院（时为华北勘察院）重新成为全国勘察技术的中心。

直到 1978 年初，本院王锺琦与我参加国家建委组织编制《十年科学发展纲要》时，向国家建委建议，为了落实《纲要》，将华北勘察院改制为勘察技术研究所，隶属于国家建委建筑科学研究院，这时，才最终回到了中央直属单位的正确位置。

但总体上，十年动乱，十年沉沦，十年灾难，决不能忘记。虽然“文革”不会复制，但“要稳定，不要折腾；要稳定，不要动乱”，必须永远铭记。稳定才有发展，稳定才有科技的春天，稳定才能安居乐业。要“聚精会神搞建设，一心一意谋发展”。

4 黄金二十二年（1978 ~ 2000）

从 1978 年 2 月建筑科学研究院勘察技术研究所成立到 2000 年 10 月脱钩改制的二十二年，中间经历了 1983 年 4 月脱离建研院，恢复城乡建设环境保护部综合勘察院；1985年10月更名为综合勘察研究院；1994年3月又更名为建设部综合勘察研究设计院；2000年与建设部脱离行政隶属关系。这些年，迎来了改革开放，大建设、大发展的大好局面。本院是中国建筑学会工程勘察分会的挂靠单位，是工程勘察科技情报网的中心，出版学术刊物《工程勘察》，是工程勘察与岩土工程标准的技术归口单位，并主编《岩土工程勘察规范》等国家标准和行业标准，参与国家技术政策和科技发展规划的制订。凭借建设部直属单位的有利地位和雄厚的人才优势，牢固地成为全国勘察行业的中心。同时，在调整业务结构，扩大从事范围，在跨国（跨境）经营、国际交流，在推动专业体制改革、科研开发等方面，取得了长足进步，是黄金二十二年。

本院虽然回归国务院直属系统，但各分院从此分离。其中，西南分院划归中国建筑工程总公司，西北、中南、华东三个分院分别划归陕西、湖北和上海，大同直属大队划归山西。队伍小了，舞台大了。20世纪80年代，随着建设事业发展的需要，业务结构实现了“三大转移”。一是由传统的控制测量、地形测量向遥感技术、近景摄影测量、工程变形测量、城市数字化转移；二是由传统的水文地质勘察向水资源和水环境评价，水资源和水环境管理转移；三是由传统的工程地质勘察向岩土工程勘察、设计、咨询、施工、检测、监测转移。“三大转移”的实施跳出了传统勘察的狭小圈子，逐步淘汰凿井等劳动密集型工种，扩大知识密集型产业，技术升级换代，业务范围得到了极大拓展。20世纪90年代又建立建筑设计所、建设环境工程中心，业务进一步走向综合性和多元化。

随着国家的对外开放，本院率先走出国门，跨国（境）经营。20世纪80年代初开始在中东找水打井（主要在南也门），成功建成大量供水水井，为干旱地区找水打井积累了经验。完成了23项世界银行和联合国开发署贷款项目，取得了良好的经济效益和国际信誉。80年代中期，在香港地区建立基翔工程发展有限公司和综合试验有限公司两个分支机构，承担探土工程、基础施工、土工试验、材料试验、边坡治理等项目，按香港地区的技术标准和国际通行的经营模式经营，成为与国际市场衔接的窗口。

这些年在国际合作和国际交流方面成绩显著。1979年末，以院长何祥为团长，李明清、王锺琦、林在贯、严人觉为团员的代表国赴加拿大考察，引进了岩土工程专业体制。1986年9月，第一届北京深基础工程国际会议在香山举行。会议由美国深基础工程协会、中国土木工程学会和中国建筑学会发起，本院主办。参加会议的有16个国家，304名正式代表（其中外国代表118人），国际土协主席布朗姆斯和国际一流专家梅耶霍夫、滕田圭一等出席会议，并做报告。会议为所有外籍专家报告提供了高水平的同声传译，开得非常成功。之后，又多次开展国际合作和交流，较为重要的有中德、中加、中英、中日、中俄等的双边合作和交流。

5 王锺琦和陈雨孙

我院的技术进步和在行业中的地位，王锺琦和陈雨孙两位是不能忘记的。两位在我国岩土工程界和水文地质界具有很高的学术声望，是全行业的学术带头人。

王锺琦先生对我院和对行业的贡献是多方面的，1952 年，他刚大学毕业，才 22 岁，筹建我院的土工试验室，从购置仪器，培训试验员，到制订操作规程，安排生产作业，在短短半年左右时间内完成。1956 年致力于电法勘探，从电法理论到具体实践，建立了一支开展电测深、电剖面、电测井的物探队伍。1958 年进行放射性同位景测土的密度的研究，一年左右投入生产。1962 年进行工程地质钻机机械化研究，一年左右研制成冲击式钻机（现 30 型钻机的前身），对推动全国工程地质钻探机械化，甩掉手摇钻起到了带头和示范作用。1964 年进行电测静力触探研究，约两年时间完成，不仅研制了我国独特的至今仍广为应用的电测探头，而且积累了一批与载荷试验的对比数据，在全国引起了极大的轰动效应，迅速在全国推广，至今仍为勘察测试的重要手段，国际上也踞领先地位。1976 年唐山地震后，又致力于地震岩土工程问题的研究，在地震液化、活动断裂对工程的影响、场地地震动力分析等方面，提出了很有价值的创新性见解，有的列入了规范（如全新活动断裂）。1986 年起，从事《岩土工程勘察规范》的编制，用规范将岩土工程模式固定下来，使全国岩土工程体制改革进入实质性实施阶段。

2018 年 4 月 8 日，突然传来王锺琦先生于 2018 年 4 月 6 日 20 点在纽约去世的消息。他是 2017 年 2 月应香港大学邀请访问，乘自动扶梯时摔了一跤，从此身体大不如前，一年多后就离开了我们。

20 世纪 50 年代，水文地质勘察的理论基础是从苏联传入的普通水文地质和专门水文地质。陈雨孙同志认为，水文地质勘察不能停留在定性描述，不能停留在传统的稳定流计算上，水文地质一定要用更严密的数学方程表达。于是，从 50 年代末开始，他就孜孜不倦地钻研数学，钻研非稳定流理论，从事非稳定流的研究工作。他还怀疑水文地质学和土力学基本定律之一的达西定律，可能不适用于低水力坡度的情况（达西做试验时，试验长度仅 1m）。为了求证理论分析，建了模型试验槽和电模拟试验室。不料研究工作还未开始，“文革”初期受到了不公正的批判而被迫停止。70 年代后期，中科院地质所罗焕炎先生从美国引进数值法计算，陈雨孙以极大的热情投入了数值法的研究和应用。起初，从建立数学模型、编制计算程序，到上机计算，都是他一人承担。后来才给他配了助手，形成了一个小小的团队，在全国起到了开拓和示范作用。他认为，地质条件复杂多变，解析式很难模拟，只有数值法才有出路。到 90 年代初，他又将数值法用于岩土工程（那时搞岩土工程数值法的人还不多），从简单的线弹性做起，到清华模型、剑桥模型等比较复杂的弹塑性模型，用于桩墩基础。但他对自己的身体太不注意了，积劳成疾，于 2010 年 1 月去世。

值得一提的是，《单井水力学》一书，是陈雨孙同志“文革”期间在“牛棚”里写成的。住“牛棚”后期，长期离开科研岗位使他十分难受，萌发了写专著的想法，但苦于无法出去找参考资料。看守他的李安荣同志知道他的想法后，自告奋勇，按陈雨孙开的书目帮他去图书馆借，出“牛棚”后不久，稍加整理，由中国建筑工业出版社正式出版。

6 在市场经济环境中再创辉煌（2000 ~ 2017）

2000 年本院“脱钩改企”，我已经退休，知道的情况不多。这些年最大的变化是社会环境变了，本来是中央政府下属的事业单位，占据着十分有利的地位，很自然地成为行业的中心；现在成为市场经济中的一个经济实体，与其他企业平等竞争。建设部综合勘察研究设计院于 2000 年 10 月脱离建设部，进入中国电子产业集团，更名为建设综合勘察研究设计院，2009 年改制成有限责任公司，更名为建设综合勘察研究设计院有限公司。2011 年 8 月因产权收购进入远洋地产控股有限公司，远洋地产占 35% 股权，本单位员工占 65% 股权。院里提出了“以市场为导向，以科技为支撑，以质量为生命，以效益为中心”的经营方针，对内部机构也进行了多次重大调整。从 1956 年成立综合勘察院以来，60 年一直走的是多元化、综合性的发展模式。最初是工程测量、水文地质、工程地质三个专业；1959 年达到顶峰时有工程测量、城市测量、工程地质、水文地质、资源地质、钻井工程等专业；改革开放后是遥感和工程测量、水资源和水环境、岩土工程勘察、设计、施工、检测、监测和监理。现在则是岩土工程、建筑设计、测绘遥感三足鼎立，这三大块的科技人员数量和经济收益均不相上下。建设综合勘察研究设计院有限公司下设岩土工程院、城市与建筑设计院、测绘遥感院三大院。此外，还有北京综建科技有限公司、北京中京建设工程质量检测有限公司、北京中城建建设监理有限公司、基翔工程发展公司和综合试验公司、深圳市建设综合勘察设计院有限公司和北京综建信息技术有限公司等直属子公司。岩土工程方面涵盖了勘察、设计、咨询、监理、施工、检测、监测、地质灾害评估、土地修复、地质环境治理等诸多方面，体现了覆盖更广、融合更深、层次更高的综合性。在经营收益的同时，继续承担中国建筑学会工程勘察分会的归口管理、标准规范编制和标准化归口管理、学术刊物《工程勘察》出版等公益性业务。时代在前进，环境在变化，经营方略也不断与时俱进，但多元化、综合性的特色始终坚持不变。

抚育我从青年到老年的建设综合勘察研究设计院有限公司发展到今天，已经成长为一棵参天大树。祝建设综合院新生代的朋友们，继续披荆斩棘，再创辉煌！

篇首箴言

苟日新，日日新，
又日新。

——《大学》

第 3 篇 信息之新

——勘察测试的过去、现在和将来

核心提示

钻探、触探、物探、室内试验、原位测试、质量检测、原型监测，各有用途，各有适用条件，只能相辅相成，不能互相取代。

岩土工程的各种勘探测试方法中，以工程物探技术含量最高，技术进步最快，发展空间最大，故寄予厚望。

基桩动力测试原则上只能用于检测桩身完整性和桩身缺陷，不能为设计提供基桩承载力，高应变法检测承载力也只能作为辅助手段。

参数不可靠哪来计算的可信？信息不完善哪有判断的准确？岩土工程设计计算的瓶颈在参数，在信息，发展的突破口也在参数，在信息。

新形势下可对工程勘察重新定位，涵盖从工程前期到后期全过程的勘探、测试、检测、监测，整合为一个大系统，与现代信息技术结合，快速数据处理、快速互联网传输、大容量存储、大范围共享，集成化、网络化、可视化、智能化，以崭新的面貌走上历史舞台，推陈出新，跟上信息化的新时代。

不去现场，不接触岩土，将成为不识岩土的岩土工程师，数字岩土是永远不能完全代替真实岩土的。

勘察测试的基本任务是为岩土工程决策提供信息。当今世界发展最快的领域是信息技术，日新月异，目不暇接。信息技术正与行业深度融合，深刻改变行业的业态，一场以信息创新为标志的岩土工程大变革已经开始。

第 16 章　工程勘察初创时期

本章首先说明工程勘察工作的基本任务是为岩土工程提供信息，应迅速赶上信息化新时代。然后从 1954 年洛阳拖拉机厂勘察谈起，说明勘察初创时期的勘察技术虽然简朴，但工作态度非常认真。虽然效率不高，但质量能够确实保证。接着介绍了手摇钻和工程地质钻探的机械化过程。

"勘察（Investigation）"一词，原意是"现场调查或查看"的意思（引自《新华词典》)。发生了交通事故要现场勘察，发生了刑事案件要现场勘察，因此，"勘察"本来并非工程术语。新中国成立初期学习苏联，按苏联体制将工程建设分为勘察、设计、施工、安装等几个阶段，勘察成为其中的一个阶段，成了专业术语。为了进行设计，必先获取场地地质条件和岩土参数等信息，工程勘察工作的基本任务是提供信息。岩土工程对信息高度依赖，是设计和技术决策的基础，信息的可靠性、完整性、及时性至关重要。岩土信息技术既包括本专业的地质钻探、土工试验、原位测试、检测技术，也包括非本专业的工程物探、测量、遥感等，现在更要充分利用互联网、可视化、智能化等信息技术的新成果，积极创新，迅速跟上信息化新时代。故本篇篇名取"信息之新"。

1 从洛阳拖拉机厂勘察谈起

1954 年 10 月 4 日，我从南京大学毕业，分配到建筑工程部北京工业建筑设计院。那时建工部在灯市口，人事司告诉我们："设计院在西郊，设计院勘察室即将独立成勘察公司，在东直门，你们在招待所住几天，联系好后直接去东直门报到"。10 月 10 日，我到东直门内大街 99 号报到上班，分配在技术室。主任冯增寿详细询问了学过的课程。第二天，经理刘昆宣布勘察公司成立，并对洛阳拖拉机厂勘察作了动员。宣布成立"洛阳拖拉机厂工程队"，队长冯增寿，副队长徐广玉，政治协理员孙国科。洛阳拖拉机厂是苏联援建的 156 项国家重大项目之一，强调一定要全力以赴，确保质量。

10月12日，我随先遣队（冯增寿领队）乘火车出发。到达工地后，冯主任布置我和一起分配来的同学苏欲然起草两个文件：《钻探和探井记录操作规程》《探井施工操作方法》，其他同志主要做事务性准备，迎接大队人马。10月22日，人员全部到齐，有技术人员、管理干部和15个钻探班，共一百多人，全部住在临时搭建的工棚里。

全部人员到达后的第二天，开了大会。冯增寿根据刘昆“要让技术人员全面锻炼”的指示，决定成立5个组，每组管3个钻探班，组长全由技术人员担任。原来管钻探班的小队长组成检查组，负责质量和安全检查。第一组组长陈雨孙（1952年毕业于唐山铁道学院，后为全国勘察大师），第二组组长林在贯（1952年毕业于唐山铁道学院，后为全国勘察大师），第三组组长费仲良（1952年毕业于唐山铁道学院），第四组组长韩德馨（1952年毕业于苏州高等工业学校），第五组组长苏欲然、顾宝和。现在看来，刘昆是有眼光的。

洛阳拖拉机厂由苏联设计，并提供设备，《勘察纲要》由苏联专家季诺维也夫编写，考虑到洛阳是黄土地区，又是古城，因此查明黄土的湿陷性和古墓的埋藏情况是勘察的主要任务。《纲要》规定挖120个探井，深达地下水位，约15m。在铸铁、铸钢、锻工三个车间各增加4个钻孔，深20m。每2m取原状土样1件，送北京本单位试验室分析。野外工作进行了约50天，我和冯增寿、苏欲然又多留了几天，做工地收尾工作。

为了保证取样质量，地下水位以上一律挖探井，当时的探井直径1.80m，两人在井下挖掘，两人在井上摇辘轳提土，劳动强度很大（后来探井直径均采用0.8m，一人井下挖土，一人井上摇辘轳提土）。但工人们热情很高，开展劳动竞赛。井内取的原状土样尺寸为200mm×200mm×200mm的立方体（后来采用直径100mm，高150mm的圆柱形），装在镀锌铁皮内，蜡封保湿。强调不要求快，只要求好，上上下下对质量一丝不苟。检查组的工作重点就是检查原状土的质量和探井的安全。此外，拖拉机厂筹备组也组织七八个人在工地巡回检查，工地上始终没有发生过人身事故和质量问题。

探明古墓是个大问题。当时还没有地质雷达之类的先进仪器，用的是既原始又可靠的方法——洛阳铲。洛阳铲本来是“盗墓贼”的“发明”，是一根长约3m的细木杆，一头装着半圆形的铲头，另一头拴着一根长绳，投入孔内取样。盗墓贼会鉴别土样，“原土”下没有古墓，“花土”（已扰动过的土）下有古墓。为了不遗漏一个古墓，探孔的密度为2m×2m，中间再加一个，梅花形布置，密密麻麻。

探墓时，上百个民工组成一支队伍，人手一铲，七八个以前的“盗墓贼”被聘为“把式”，巡回鉴别土样。探到 3 ~ 4m，穿过新近沉积土，如果仍是“原土”，就停止再探；如发现“花土”，则加深加密，查明古墓的深度和平面形状，用石灰在地面上做出标记，再由测量员测绘在图上。“盗墓贼”和文物部门据此可以判定，是周墓、汉墓、晋墓、唐墓或明墓。后来，洛阳铲作为简易浅层勘探手段，在华北和西北地区广为应用，还被苏联专家引入苏联。直到现在，仍被用来作为土层锚杆、灰土桩等的成孔工具。

记录员都必须下井描述，15m 深的探井，至少要上下七八次。我当时年轻，没有问题。即使到了 20 世纪 80 年代初，已经五十岁左右了，上下探井也不觉得吃力和害怕。当时男同志都没有问题，可是对于 4 位女记录员倒是个考验。她们都是不满 20 岁的姑娘，有的胆小，手脚不灵便，但必须下井。有的胆大些，灵活些，4 位女记录员都过了这一关。工地上人际关系很好，团结，和睦。

对洛阳拖拉机厂勘察我最深刻的印象就是认真，一丝不苟。土试样装在填以刨花、锯末的木箱里，从洛阳到北京的火车上有专人押运，绝对不让振动。每个探井都必须边挖掘边描述，每 0.5m 取一块岩芯盒样，记录工作都由经过专门培训的专职记录员担任。钻探到达地下水位时，要立即停钻，测量水位，每隔一定时间复测一次，第二天开钻前复测，全部钻孔、探井完成后再统一量测，地下水等高线图非常规律。

在洛阳期间，我们几位技术人员用了一天时间去邻近山区踏勘，使我第一次见到了奇特的黄土地貌。那深切的冲沟，一二十米高的直立陡崖，烟囱似的土柱，成排的居民窑洞，与平原地区的景观风情迥然不同。洛阳拖拉机厂、洛阳滚珠轴承厂、洛阳矿山机械厂，当时并称洛阳三大工程，是我国最早的工业基地。那时洛阳旧城还在，星期天有时去城里玩，吃黄河鲤鱼。还集体去看过一次京戏《楚汉争》，有萧何追韩信和霸王别姬的唱段。

从洛阳回到北京后，编写勘察报告的责任几乎全部落到我的头上。根据苏联专家奥尔洛夫的意见，每个车间出一个报告，另有一个总报告。要求每个报告必须系统而全面，包括地层情况、试验成果、古墓分布等，因图纸多，每本报告都是厚厚一大本。由我起草，冯主任修改，苏联专家审查。

地基如何处理是个大问题。1955 年三月的一天，在北京工业设计院（现中国建筑设计研究院前身）召开了专门会议，冯增寿、陈景秋（当时在专家办公室工作）和我代表勘察方参加，设计院有八九位工程师，设计局局长闫子祥、设计院院长袁镜身也参加了会议。此外，聘请了几十位中苏两国的专家，我现在只记得有我公司的苏联专家奥尔洛夫和建研院地基所所长黄强（留美博士）、清华大学教授陈梁生（留美博士），会议室坐得满满的。讨论中，地基承载力和黄土湿陷性不难，问题既不严重，又有苏联规范可循，麻烦的是古墓的处理。整个场地古墓的数量和分布查得很清楚，没有任何问题，最浅的深约 4m，最深的达 11m。先后提出了加深基础、毛石基础、灰土基础、短桩基础等方案。施工单位的一位专家提出素土回填夯实的方案，并有试验数据论证，既可靠，又经济，得到了与会专家的一致赞同。后来，夯实土送到我们试验室检验，质量非常好，比原土还密实。那时的施工单位工作非常认真，严格按要求执行。

2　简朴而认真的初创时期

最早成立勘察设计机构的是冶金部（当时重工业部），接着是机械工业部，时间大约在 1952 年初。建筑工程部晚一些，我所在的建设综合勘察研究设计院有限公司的前身是中央设计院勘察组，隶属于中央财政经济委员会，成立于 1952 年 12 月。后随设计院划归建筑工程部，为勘察室，1954 年 10 月独立为勘察公司。在洛阳拖拉机厂勘察之前，承担的只是多层砖混结构、市政设施等小型工程。虽然已经按照苏联模式开展勘察工作，但并未真正走上正轨。洛阳拖拉机厂勘察积累了经验，接着又请来了苏联专家奥尔洛夫，各种技术管理制度逐渐健全起来。从 1954 年到 1959 年，由勘察公司（后改称建筑工程部综合勘察院）牵头，以设计局的名义，每年举行一次建工系统的全国勘察会议，将我公司的经验推广。下面对当时的技术工作做些具体介绍。

（1）项目负责人制度和审核制度

洛阳拖拉机厂勘察之后，开始推行工程负责人制度，类似现在的项目负责人制度。每个项目有测量、钻探、试验、制图等工种，由工程负责人统一提出技术要求，现场统一指挥，检查成果质量，并对成果全面负责。那时我们都是二十几岁的年轻小伙子，但必须把这个责任担当起来。记得 1956 年大同某工程，测量队在放点时测错了方位角，造成勘探点位置偏移，钻探工作已经进行了一大半才发现。工程负责人祖振球受到了处分（测量负责人也受处分）。祖振球提出，这是测量错误，属于测量专业问题。但领导说，“你是工程负责人，有检查责任，应当负责”。还有一个工地，发生了触电事故，造成一位工人死亡。班长韩蝉被撤职，工程负责人记过处分。

勘察纲要和勘察报告的审核，我参加工作时已经有了。那时的工程负责人都是刚从学校毕业不久的年轻人，审核人是新中国成立前毕业的老工程师。实际上审核人的水平并不高，也不了解现场情况，一般提不出重要的问题，只做些文字上的修改，真正负责的还是工程负责人。1956 年以后情况有些变化，要求一般工程由我们这帮年轻科技人员互相审核，地质室主任冯增寿、技术室主任李明清作为领导把关。后来又要求审核人必须到现场，对项目全过程审查。这样一来，审核人的责任比工程负责人还大，实际上成了第一负责人，工程负责人成了第二负责人。再往后，甚至发展到审核人手把手地教工程负责人，成为培训青年科技人员的一种方式，工程负责人有点名不副实了。

（2）钻探和探井记录

1954 年 10 月之前的初创时期，我还没有参加工作，只道听途说一些。知道勘察技术一片空白，没有钻机，没有土工试验设备。钻探用土法打井工具，取不到原状土样。后来从苏联引进手摇钻图纸，加工制造，成为工程地质钻探的标准化装备，时任建工部副部长的万里，到工地参观盛赞。土名和描述开始时五花八门，“胶泥”“沙子”“石子”，一点也不专业，后来才按苏联的《6-48 规范》统一分类。我参加工作时，记录内容和格式已经正规，与现在差别不大。那时强调必须采取岩芯盒土样，每 0.5m 留一个。项目负责人除了在现场检查和指导记录外，必须拿着原始记录，按岩芯盒土样逐个校对。当一个工地有几台钻机钻探时，为避免各班分层不一致，项目负责人要指导记录员按统一的标准分层。岩芯盒原来按苏联规定保存 2 年，后改为保存至提交勘察报告。原始记录上都要有记录员、检查员、工程负责人签字。1954 ~ 1957 年时，记录员都是专职，或编入钻探班，或与技术人员编在一起。1958 年后，改为由经过训练的钻探工人记录，不脱离劳动，记录质量明显降低。“文革”期间岩芯盒土样不取了，原始记录无法检查，质量显著下降。改革开放后，我曾多次要求恢复岩芯盒制度，但难以实施。有的工地为了应付检查，把土样排在地上，只能当时看看。有的全工地就两、三个岩芯盒，随时将土样丢弃。我和一些技术人讨论此事时，响应者似乎也不多，使我非常纳闷。我去香港参观，那里对岩芯盒土样非常重视，对岩芯盒的规格、尺寸都有规定，还要照相留存。不留岩芯盒土样，怎么检查？怎能保证原始记录的质量？

（3）地下水位测量

20 世纪 50 年代时，工程地质不用泥浆钻探，可能塌孔时用套管护壁。为了保持土的原始湿度，严禁向钻孔中注水（注水可以提高钻进效率）。那时工程荷载不大，钻孔较浅，一般只遇到一层地下水，所以量测水位也不复杂，按规定量测初见水位和稳定水位。砂土水位稳定时间不少于半小时，黏性土不少于 8 小时，全部钻孔完工后再统一复测。效果很好，地下水等水位线图很有规律。“文革”后普遍采用泥浆钻进，较套管钻进效率提高了，但地下水位没法测了，甚至是否遇到地下水也不得而知，只能另钻几个专测地下水位的钻孔。这样一来，量测水位的钻孔就大大减少。我见到的一些勘察报告，包括一些大单位的勘察报告，地下水位数据的质量普遍不高。稳定水位很不规律，有的场地很小，水位差别很大，无法解释。地下水位非常重要，我在广东见到香港辉固公司负责的某电厂工程，现场监管人员对每个钻孔的地下水位检查得非常严格。20世纪80年代初我负责的太阳宫饭店工程，Dames & Moore公司岩土工程师罗美邦要求在现场挖一个大坑，深度达到水位，以便直接观察地下水情况。外国岩土工程师重视地下水是正常的，我国现今对地下水的忽视，反映出勘察工作的粗放。

（4）原状土样采取

20世纪50～70年代的30年，原状土样采取的方法都是来自苏联，探井中取的原状土样等级高，但成本也高；钻孔中取样都用活阀式厚壁取土器。取土器都是各单位修配厂自己制造，也没有统一的技术标准。但取样操作是认真的，强调压入法取样，严格密封保湿，运输过程中严格防振，限定从取样到试验的间隔时间等。20世纪80年代后引进了欧美国家的取样器，推广薄壁取土器，包括敞口式薄壁取土器、自由活塞薄壁取土器、固定活塞薄壁取土器、水压活塞薄壁取土器，还发展了双层双动、双层单动回转式取土器，并列入了规范。可惜，由于勘察市场的恶性竞争和混乱，这些先进的取土器未能得到普遍应用，从岩芯管里截一段土样，包装一下，就是原状土了。取不扰动土样已是现今我国工程勘察最薄弱的环节。

3 手摇钻和钻探机械化

解放初期我国有机械钻机，但仅适用于岩芯钻探，不适用土层中的工程地质钻探。我在南京大学学习时，见到钻探开孔后土层中用水冲法钻进，只能在冲洗液中捞到一些泥砂，只能粗略辨别黏性上、砂土还是卵砾石。1954年参加工作后，已普遍采用从苏联引进的手摇钻。听老同事说，之前用的是北京的土法打井工具，不仅劳动强度大，而且也不能取样鉴别，更不用说取原状土样了。

现在年轻人没有见过手摇钻，以为手摇钻就是手摇钻进。其实，手摇钻应当称人力工程地质钻探，是一种较为成熟而配套的钻探方法。黏性土中钻进时采用的钻头是勺钻或螺旋钻，口径为124mm或108mm，上接直径42mm的钻杆，地面上用两把链钳卡住钻杆，每把链钳两人推动旋转钻进。为了提升钻杆钻具，采用便于安装拆卸的轻便三脚架，用钢丝绳传力、两人摇绞车提升。原先绞车放在地面，较重，后改为装在三脚架上的轻巧齿轮机械，两人摇动提升。原先每次移孔都要拆卸和重新安装三脚架，很麻烦，后改为不拆，8 人直接用扁担抬走。两条没有绞车的小腿各两人抬，一条有绞车的大腿 4 人抬。一般比较安全，但也发生过事故。有一次，工人们正抬着三脚架往前走，不小心接触了上面的高压电线，三脚架与地面间冒出火光，一位工人大喊“地雷！”8 人一齐扔下扁担就跑。幸好木制扁担绝缘，没一人受伤，三脚架也没有倒下。

手摇钻很适合浅层黏性土中钻进，每 0.5m 提钻一次，取岩芯盒土样，做一次记录，节奏正好，太快记录跟不上。但地下水位以下的砂层中钻进效果不理想，只能用钢丝绳冲击钻进，管钻（底部有活门的抽筒）取样，套管护壁。取出的砂样还能做颗粒级配分析，但上下可能混杂。那时不做标准贯入试验（苏联没有标贯），密实度就搞不清了。由于抽筒不断提水，孔内外水头落差造成孔底涌砂，厚层细砂层中钻进不太顺利。套管跟进时孔壁摩擦力较大，用木制的铰杠推动旋转跟进，越深越费力。最困难的是卵石层中钻进，砾石、砾砂可用抽筒，密实的卵石抽筒上要加一铸铁重杆，加重冲击。卵石颗粒太大不能进入抽筒时，用一字钻或十字钻冲击，将卵石劈碎，再用抽筒取出。套管跟进更难，有时需要十来个人才能转动铰杠。钻探结束后起拔套管更是难事，黏性土中浅层套管起拔简单，直接用绞车起吊。卡得较紧的套管，则边旋动边起拔，比较费力。卡得很紧的管套，转也转不动，拔也拔不起，十分费力。后来采用一种叫作“倒打锤”的办法，虽然费力，但能拔出来了。“倒打锤”是几十公斤的重锤，正打向下，依靠重力，倒打向上，十几个人拉绳，绳子绕过三脚架上的天轮，使重锤向上冲击打头，起拔套管。操作时工人们齐声喊“一、二、三”，用力拉绳，十分费力，也很壮观。

初期每个钻探班定员 5 人，另有记录员一人，有空时也参与劳动。但人手还是不够，就加临时工。后来定员扩大至 7 ~ 8 人，改称小队，设小队长一人，不再设专门的记录员，由经过训练的工人兼任。由于工人以钻机操作为主，即使素质不差，但与专职记录员比，记录质量就差得多了。

现在看来，那时的手摇钻，钻具配套，不用泥浆，操作规范，质量优于现在的机械化钻机，唯一缺点是劳动强度大。20 世纪 50 年代时，对工人的利益看得很重，院长下令要立题研究工程地质钻探机械化，任务落在王锺琦的身上。那时全国没有一台适用于浅层工程地质钻探的机械化钻机，王锺琦是学土木出身，不是学机械的，但还是接受了任务。20 世纪 60 年代初，经过不到一年的调查、研究、设计、试制、试钻，终于完成了一台冲击式机械化钻机，就是现在 30 型钻机的前身。

只能冲击钻进，没有回转钻进当然不够。一二年后，我院华东分院（现在的上海岩土工程勘察设计研究院有限公司）研制出第一台工程地质回转钻机，研究负责人是王恩荣。当时已有的回转钻机都用于岩芯钻探，旋转阻力较小，转速很快。土层中回转钻进阻力较大，钻速要慢。而且土层软硬不同，钻头形式不同，口径大小不同，阻力大小也不相同，回转钻机研制的难度较大，学土木出身的工程师研制成功确实不易。20世纪70年代，上海勘察院一位“工农兵大学生”尚镇锋，还研制成功了数字化程序控制的全自动工程地质钻机。我看了现场表演，真不简单！钻杆、钻头等放在地上，设置钻探要求后，机械手自动抓钻头或钻杆，自动连接，自动上下钻具，自动开钻停钻。除了取样、记录等由人工操作外，其他均由机械手自动操作，直到全孔钻完。那时没有电脑，全部程序均由尚镇锋设计和编写。那时大城市户口管制很严，尚镇锋不能在上海继续工作，我和卢万燮向本单位领导建议，将他调到我所在的单位，协助王锺琦搞科研。那时我院还属于河北省管辖，在北京也不合法，没能解决他的户口问题。一二年后他只得去了天津的一个施工单位，据说未能取得重要成果，还遇到了一些麻烦。难得的人才，可惜了！

20世纪60年代后期和70年代初期，我院陈德拔、杨化民致力于研制冲击回转两用钻机，先后完成两代。第二代钻机型号为CH-50型，用拖拉机自行移位，口碑很好，小批量生产过几台。之后，钻探小队都愿意用专业钻探机械厂生产的汽车钻，劳动强度更低，移位更方便。虽然CH-50型钻机轻便、能耗小，取样质量好，但劳动强度还是大些。但我觉得，现在普遍使用的钻机，采用泥浆钻进，土层中钻探的质量总比不上手摇钻和专门研制的机械化工程地质钻机。20世纪70年代后期以后，除了河北城乡建设勘察院等少数单位外，勘察单位基本上不再研制钻机和钻探工具了。

第 17 章　取样、土工试验和对现状的困惑

本章阐述了原状土取样技术、新中国成立初期的土工试验及其后来的技术进步、压缩-固结试验、抗剪强度试验和土工离心机模型试验，以及对这些试验的理解。认为原位测试不能完全替代室内土工试验，但取样和室内土工试验是目前我国岩土工程最薄弱的环节，并分析了造成这种状况的原因。

1 原状土取样技术

20 世纪 50 年代学习苏联时，虽然对取原状土样非常重视，但技术方法比较单一，只有探井中刻取和钻孔中厚壁取土器两种方法。湿陷性黄土只能在探井中刻取，效率低而劳动强度大，虽然研制了黄土取土器，但效果不理想。软土中取土既容易从取土器中滑落，又容易扰动，如何采取高质量土样一直是科技人员十分关心的问题。

改革开放后，引进了欧美国家的取样技术，对比之下，我国就显得太落后了。要改变落后面貌，首先要制订技术标准。1994 年发布的《岩土工程勘察规范》GB 50021—94 首次专列一节“岩土取样”，将土样分为 4 个等级，见表 17-1。

土试样质量等级　　表 17-1

级别	扰动程度	试验内容
I	不扰动	土类定名、含水量、密度、强度试验、固结试验
II	轻微扰动	土类定名、含水量、密度
III	显著扰动	土类定名、含水量
IV	完全扰动	土类定名

1995 年制订了建筑行业产品标准 JG/T 5061.1 ~ JG/T 5061.10，介绍的原状取土器的类型有 10 种，包括厚壁取土器、敞口式薄壁取土器、固定活塞取土器（图 17-1）、自由活塞取土器（图 17-2）、水压活塞取土器（图 17-3）、束节式取土器、黄土取土器、三重管单动回转取土器（图 17-4）、三重管双动回转取土器（图 17-5）、

原状取砂器。其中，原状取砂器由长江水利委员会综合勘察局在双层单动取土器的基础上研制。由于采用了双滑动机构、双弹子机构、半合管环刀、螺旋肋骨阶梯钻头，配合植物胶钻进介质，取样质量较丹尼森（Denison）取土器有了大幅度提高。本书撰写期间，该标准正在修订，尚未批准发布。

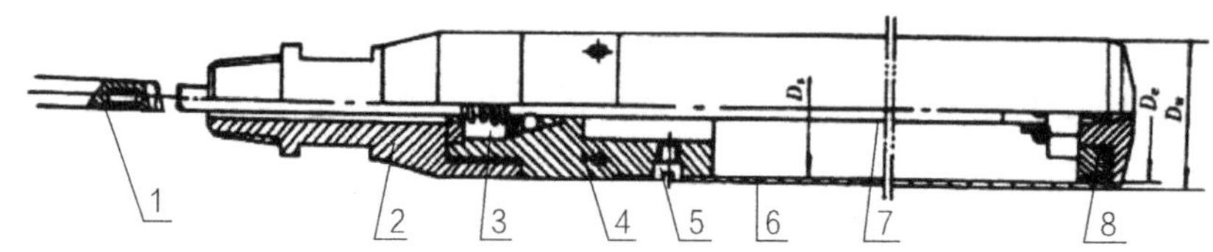

图 17-1 固定活塞取土器

1—延长杆；2—异径接头；3—锥卡机构；4—接头；5—螺钉；6—取样管；7—活塞杆；8—活塞总成

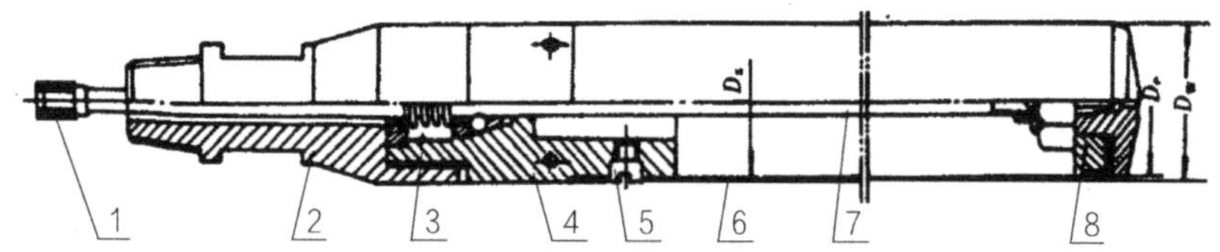

图 17-2 自由活塞取土器

1—螺帽；2—异径接头；3—锥卡机构；4—接头；5—螺钉；6—取样管；7—活塞杆；8—活塞总成

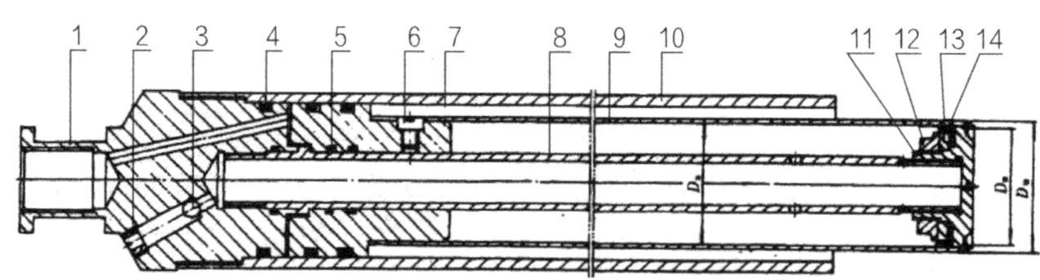

图 17-3 水压活塞取土器

1—连接头；2—丝堵；3—钢球；4—“O”形密封圈；5—“O”形密封圈；6—螺钉；7—动活塞；8—活塞杆；9—取样管；10—缸筒；11—定活塞；12—螺母；13—压板；14—L形密封圈

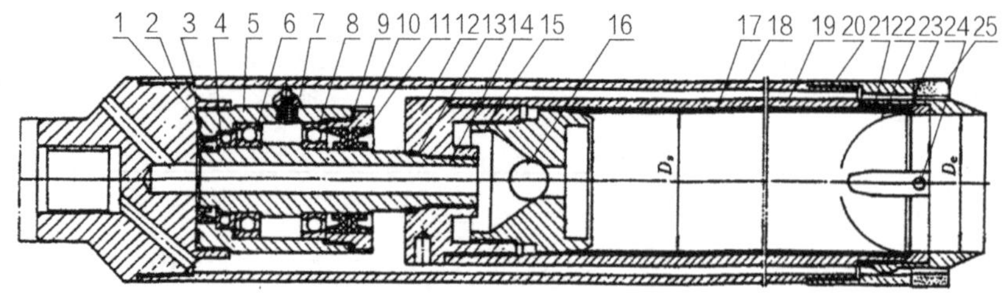

图 17-4 三重管单动回转取土器

1—胶垫；2—连接头；3—油封；4—平面轴承；5—轴承夸；6—轴承；7—黄油嘴；8—轴承；9—纸垫；10—锁母；11—油封；12—连接夸；13—D形密封圈；14—小轴；15—导正套；16—钢球；17—衬管；18—外管；19—内管；20—钻头；21—管靴；22—卡簧；23—卡簧座；24—平头锚钉；25—合金钻头

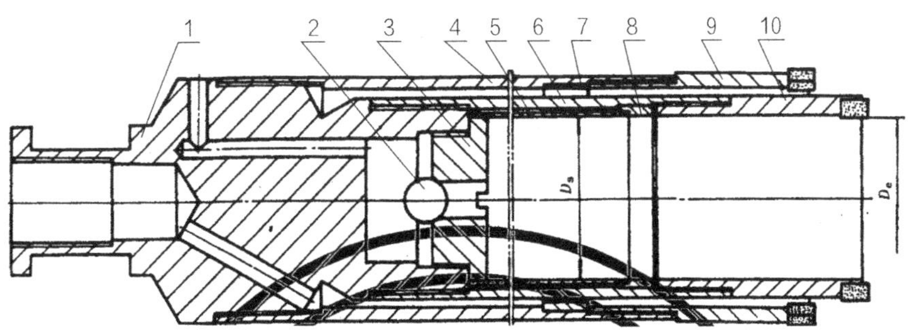

图 17-5　三重管双动回转取土器

1—连接头；2—钢球；3—阀座；4—外管；5—衬管；6—内管；
7—导正杯；8—护圈；9—外管合金钻头；10—内管合金钻头

我国原来只有一种厚壁取土器，面积比大，又没有技术标准，有些专家认为应予淘汰。《岩土工程勘察规范》编制组考虑到当时的实际情况，决定暂予保留，但对面积比作了限制。欧美国家取土器明显比我国原有的取土器先进，贯入式取土器中，我最看好水压活塞式取土器，取样质量高，操作也不复杂，容易推广。回转式取土器，既是取土器，也是钻进工具，即双层单动和双层双动岩芯管泥浆钻进。我曾在 20 世纪 80 年代观看了所在单位研制的双层单动和双层双动钻探，取出深达 80m 的土样，包括黏性土和砂土，都保持着良好的原状结构。但是非常遗憾，也非常令人伤心！这些标准制订发布至今，已历时 20 多年，执行得很不好。不仅先进的取土器未能推广，连原有厚壁取土器的标准也未能执行，比过去明显退步，取原状土成了现今勘察质量最薄弱的环节。

20 世纪 80 年代，我们做过专门试验研究，比较了厚壁取土器和薄壁取土器对取土质量的影响。图 17-6 为模型箱取土器贯入试验结果的比较，差别非常明显。

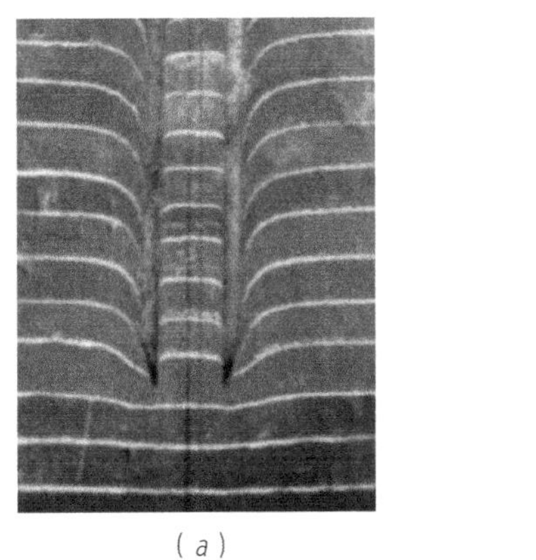

（a）

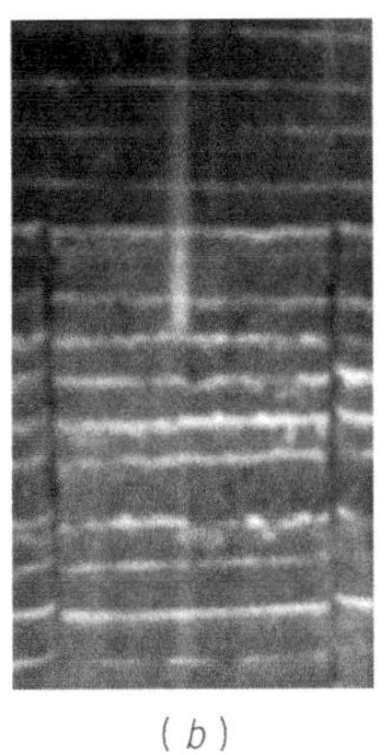

（b）

图 17-6　厚壁取土器和薄壁取土器贯入试验结果比较

（a）厚壁取土器；（b）薄壁取土器

2 建国初期的土工试验和技术进步

建国之前我国仅南京水利实验处（现南京水利科学研究院）有土工试验室，1952年我在南京大学学习时参观过，似乎并不很齐全。大约1953年左右，建筑工程部和各工业部有关单位相继建立了土工试验室。我所在单位的土工试验室是王锺琦筹建的，1954年10月参加工作时，试验工作已经步入正轨。那时试验室员工总数达三十多人，一组负责打开土样，描述、称重、给出土的天然密度（当时称单位重），并为其他试验项目准备试样、编号；二组负责液限和塑限试验，当时液限已采用76g圆锥仪法，塑限采用滚搓法；三组负责土粒比重测定和颗粒级配分析（粗粒土筛分，细粒土比重计法）；四组负责固结试验和剪力试验（当时只有直接剪切试验）。此外还有一个综合组，负责汇总试验成果，提出试验报告。有王锺琦、苗亚筠、孙宝祥3位科技人员，担任工程项目的试验负责人，并指导各组试验员的操作。1956年后，苗亚筠调地质室做工程地质勘察，王锺琦调做研究工作，只有孙宝祥继续负责试验室的技术工作。随着操作的熟练和效率的提高，试验员也从“专职”成为“全能”，人数也逐渐减至不到10人。

这里要特别记述孙宝祥同志，他生于1925年，长我9岁，新中国成立前高中肄业，在保险公司工作。1954年从上海华东设计院调到我所在的单位，在土工试验室工作了约6年，于1960年底调北京建筑材料学院。在主持土工试验期间，具体做了多少技术革新没有统计过，总有一二十项吧！为了提高试验效率，他大力推行压缩试验快速法。孙宝祥聪明、勤奋，非常注重效率。和同事们交换意见时，直接而简短；走路时一路小跑。调建材院后，改行搞化学分析。过了几年，又任教讲微积分。1976年唐山地震后，我和他一起住在抗震棚里，问他是否还在教微积分？他说不教了，改讲控制论。我说：“你真行，改什么，能什么。”他笑着说：“这些新东西，大家都不懂，我不过先学一步而已”。20世纪末期，赶上计算机热潮，他当了计算机室主任。1985年退休后，因住址离我所在单位近，应聘当了陈雨孙大师的助手。陈总搞水文地质数值法研究，不断推出那些连专业人员也不容易懂的模型，由孙宝祥编程。业余时间还为我院试验室编制土工试验数据处理软件，真是个神人！2017年1月，孙宝祥以92岁高龄在睡眠中离世。

当时有些试验员的操作非常熟练，做液限和塑限试验的试验员，凭手感判断的塑性指数，与测试值最多差1%～2%。试验全部是手工操作，固结试验、直剪试验都是磅秤式或杠杆式仪器，手工砝码加压，最大压力可达0.4～0.6MPa。20世纪 70 年代后期，云南省设计院土工试验室王锺祥率先研制气压式固结仪，王锺祥因此被选为全国人大代表（当时作为一种荣誉）。继而又出现液压式固结仪，后有专门厂家生产，比原有磅秤式和杠杆式仪器结构简单、操作方便，劳动强度降低。位移测读也逐步从百分表改为电测位移计，为计算机数据采集、处理和自动化打下基础。

土工试验数据采集与处理系统自动化的发展，始于 20 世纪 70 年代末，我国引进了一批当时国际上比较先进的土工试验仪器，随着这批仪器的进口，先进的数据采集和处理系统也进入我国，学习、消化与吸收。80 年代初期研制了若干自己的数据采集和处理系统，但由于系统缺陷，部件不稳定或元器件质量不过关而未能推广。80 年代中期以后，数据采集与处理自动化得到了较大发展和普及，空军工程设计研究局、南京自动化研究所、南京土壤仪器厂等单位，均先后研制了数据采集与处理系统，与微机通信联系，完成固结、直剪、三轴压缩等常规力学试验和物理性质试验的数据采集、处理、绘图和打印功能。由分散采集、分散处理，逐渐过渡到集中采集、集中处理，经过商品化进入市场，在国内各土工试验室使用。现在，土工试验全自动数据采集与处理系统已经得到了广泛应用。

3 压缩－固结试验

1952 年至今的土工试验，“压缩试验”和“固结试验”两个术语往往混用。国标《土工试验方法标准》GB/T 50123 在 1999 版以前称“压缩试验”，1999 版开始称“固结试验”。行标《岩土工程勘察术语标准》JGJ/T 84—2015 将“压缩试验”和“固结试验”作为两个术语分别定义。细细考察，压缩试验与固结试验是有区别的。压缩试验与固结试验都在固结仪上进行，都是竖向加压，侧向用刚性环刀限制变形。但压缩试验目的只是为了求得压力与孔隙比关系，求得土的变形参数，饱和土和非饱和土均可；而固结试验则只限饱和土，测定土样受荷排水固结过程中孔隙比与压力关系，孔隙比与时间关系，与太沙基单向固结理论有关。虽然现行土工试验标准并未明确区分压缩试验与固结试验，但从条文规定中可以明显看到二者的差别。

现今岩土工程勘察实践中一般分为两种情况：一种俗称“高压固结试验”，需绘制 e-log$p$ 曲线，测定先期固结压力、压缩指数和回弹指数，最大压力一般为 3.2MPa，按《土工试验方法标准》确定每级压力的稳定时间；另一种俗称“常规压缩试验”，最大压力为有效自重压力与附加压力之和，一般为 0.3 ~ 0.4MPa，不测定先期固结压力、压缩指数和回弹指数，仅给出压缩系数和压缩模量，每级压力持续时间一般采用“快速法”。

快速法压缩试验是前面几级压力只维持1.0h，测读变形，仅最后一级维持至稳定，并测读1.0h和稳定时的变形，校正方法有直线校正法、综合固结度校正法和分段固结度校正法。直线校正法是用稳定时变形与1.0h变形之比分别校正其他各级变形，再计算孔隙比和变形参数。该法基于这样的试验规律：对一般黏性土，加压1.0h主固结已经大部分完成，以后的变形用最后一级压力稳定变形校正，误差不会太大。对于这个方法，专家之间的争议颇大。我觉得，对快速法既不能全盘肯定，也不宜全面否定。与稳定法比，快速法是不完善的，要求精确测试时，当然应该按标准的试验方法做。特别是需要测定先期固结压力、压缩指数、回弹指数、固结系数时，只能做标准固结试验。但是，压缩系数、压缩模量本身是比较粗糙的参数，受取样、运输、样品制备等的影响很大，快速法提高效率显著，可以大大缩短工期，一般工程应该可以采用。最近从高大钊教授处看到一篇老前辈俞调梅先生的遗作，详细讨论了快速法的校正问题。从文中可以看出，俞先生是赞同快速法的，分段固结度法就是俞先生提出的，还比较了三种校正法的精度，用渗透固结理论进行了深入分析。

标准固结试验仪器简单，容易操作，已有成熟经验，但分级加荷，每级达到稳定，历时过长，难以适应工期要求。此外，固结过程中沿试样高度各水平面上的有效应力很不均匀，近排水面处最大，不排水面处最小。尤其在刚加荷时，试样内压力分布不等，引起压缩变形不均，不同高度孔隙水压力梯度相差很大，排水面处的梯度远比实际工程地基土的水力梯度高（见图17-7），使土的结构遭到破坏。为了提高试验效率和克服上述缺点，国际上在半个世纪以前，即已发展应变控制连续加荷固结试验（等应变率固结试验CSR）和孔隙水压力等梯度连续加荷

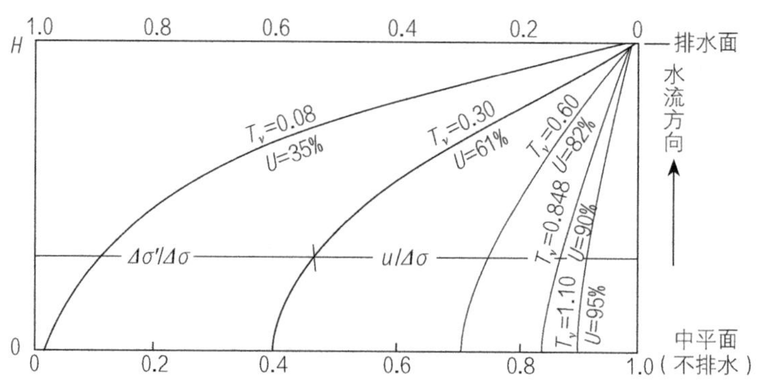

图17-7 固结试验的超静水压力等时线

固结试验（等梯度固结试验 CGC），我国也已订入国家标准，但应用不广。

下面对这两种方法做些简单介绍：

（1）等应变率固结试验（CSR 法）

这种方法是在整个试验加荷过程中，控制单位时间内的应变量恒定。为了准确测求固结过程中孔隙水压力的变化，要求试样和透水石必须充分饱和，底部密封，使土样中的孔隙水通过透水石与传感器接触，在试样底部测求相当于常规试验中土样中部的孔隙水压力。试验时定时测定试样的变形、孔隙水压力和相应的总压力，计算孔隙比变化与有效应力、孔隙水压力的关系，计算不同孔隙比时的固结系数。

（2）等梯度固结试验（CGC 法）

这种方法是在试验过程中试样上面排水，底面封闭，并使试样不透水底部的孔隙水压力梯度保持不变。由于通过气压系统逐步向试样施加轴向压力，并控制一定的孔隙水压力增量，渗透排水恒为轴向，且仅排向试样顶面，试样中应力分布比较均匀，试验自始至终在均匀的压缩应变速率下完成，故土样中的孔隙水压力较常规固结试验均匀得多，更接近实际工程地基土的固结情况。

上述两种方法还有一个共同的潜在能力，即在试验过程中可以直接观测孔隙水压力的变化，从而可以准确而定量地找到孔隙水压力为 0，固结度为 100% 的临界终点，测出主固结所对应的压缩变形量，从而进一步分析次固结及其变形规律。这两种方法开辟了一条定量观测固结过程及土样内部应力转变机理的途径，是固结试验的重大技术进步。

4 抗剪强度试验

我国自行研制三轴试验仪始于 20 世纪 50 年代，到 80 年代已经形成了国产低压、中压和高压的三轴试验仪系列。在常规三轴仪的基础上，非饱和土三轴仪、K_0 固结三轴仪、真三轴仪等特种三轴仪也得到了发展。但从 20 世纪 50 年代一直到 90 年代，只有高等院校、研究机构和少数几个实力较强的勘察单位，作为科研项目或工程上有特殊要求时才做，大部分勘察单位还是直剪试验当家。21 世纪初开始，由于规范要求，勘察单位才普遍进行三轴试验，但就全国来说，试验成果的质量并不理想。

与三轴试验比，直剪试验的缺陷是明显的。首先是限定在固定的剪切面上剪切，与理论上的剪损面并不一致，试样中的应力分布也不均匀，比较复杂。最重要的缺点是不能控制排水，因而不能测定土的有效应力强度指标，也不能测定总应力法的不排水剪和固结不排水剪强度指标。所谓快剪、固结快剪、慢剪，只是粗略的强度指标。三轴试验的优势是显然的，但是，不是有了好的仪器、好的方法，就一定能做出好的成果。首先，高档次的仪器要有高档次的人员操作，没有熟悉仪器性能、熟练操作经验、善于处理试验中的问题、具有一定理论水平的科技人员，要出好的成果是不可能的。其次，要有高质量的不扰动试样，试样质量不高，再好的仪器，再高明的试验人员，也做不出高质量的成果，巧妇难做无米之炊。第三，负责项目的岩土工程师必须充分理解三轴试验方法和土的抗剪强度原理，善于鉴别三轴试验成果的真伪和优劣，懂得三轴试验成果如何应用。直剪试验虽然不理想，但操作简易，经验较多，档次较低的勘察单位容易掌握。

三轴试验测定土的抗剪强度指标有两类方法：有效应力法和总应力法。有效应力强度指标只有 1 套（c'、φ'），代表土的特性，不随试验条件改变。总应力法的强度指标有 3 套：不固结不排水剪（UU 试验），指标为 c_{UU}、φ_{UU}；固结不排水剪（CU 试验），指标为 c_{CU}、φ_{CU}；固结排水剪（CD 试验），指标为 c_{CD}、φ_{CD}。其中固结排水剪（CD 试验）测定的强度实际上就是有效强度，一般不做，用固结不排水剪（CU 试验）测孔隙水压力代替。总应力法是特定固结条件和排水条件下测定的指标，应用时必须理解其特定的固结条件和排水条件，结合经验使用。有效应力法虽然只有一套代表土的强度特性的指标，但由于很难估计工程实际的孔隙水压力，故很少应用。不过，怎样应用总应力法？何种情况用何种指标？是个相当复杂的问题，专家之间也有不同意见。现在，有些勘察报告提供的指标很不靠谱，譬如有份勘察报告，粉砂 UU 试验的黏聚力为 25kPa，内摩擦角为 20°。粉砂为什么还要做 UU 试验？这两个数据能代表粉砂的抗剪强度指标吗？只能误导设计。

所谓固结与不固结，是指加 $\Delta\sigma_3$ 时是否打开排水阀门；所谓排水与不排水，是指加 $\Delta(\sigma_1-\sigma_3)$ 时是否打开排水阀门。对于不固结不排水剪，即 UU 试验，加 $\Delta\sigma_3$ 时不打开排水阀门；加 $\Delta(\sigma_1-\sigma_3)$ 时也不开排水阀门。试验过程中，土样不产生固结压密，不发生排水，莫尔圆半径相同，故强度包线为平行于横轴的直线，见图 17-8。所以，UU 试验指标代表的是土的总强度，与十字板强度类似。

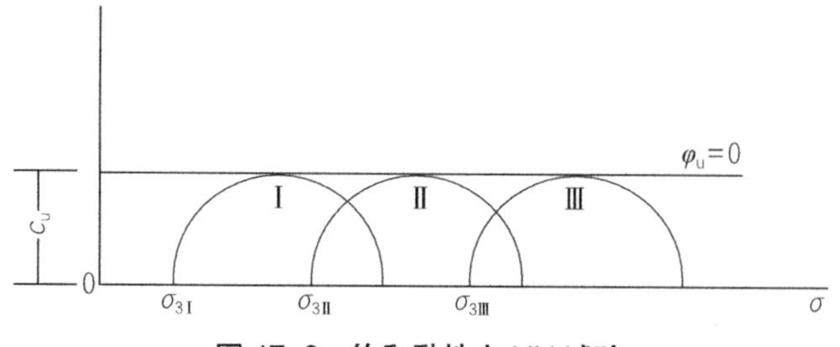

图 17-8　饱和黏性土 UU 试验

那么，为什么有时 UU 试验内摩擦角不是 0 呢？这是因为土样没有完全饱和，土产生压缩造成，不代表土的内摩擦角，见图 17-9。

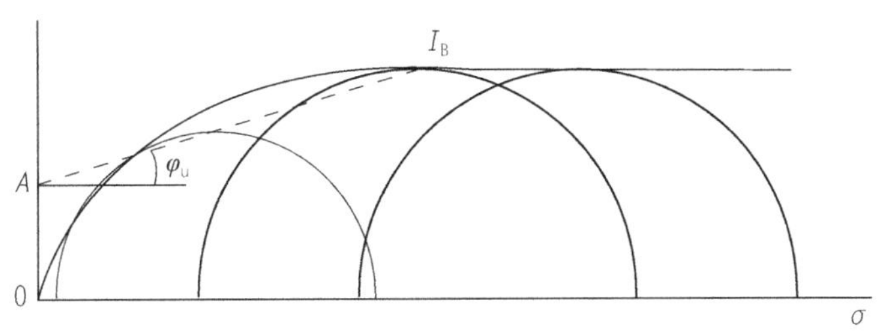

图 17-9　未完全饱和黏性土的 UU 试验

固结不排水剪，即 CU 试验，是在加 $\Delta\sigma_3$ 时打开排水阀门，进行充分固结；加 $\Delta(\sigma_1-\sigma_3)$ 时不开排水阀门，不排水。对正常固结土，由于尚未经受过任何压力的土呈泥浆状，没有强度，故强度包线通过原点，见图 17-10；对超固结土，由于已经经受过一定压力，试验时即便压力为 0，仍有一定强度，故强度包线不通过原点，见图 17-11。

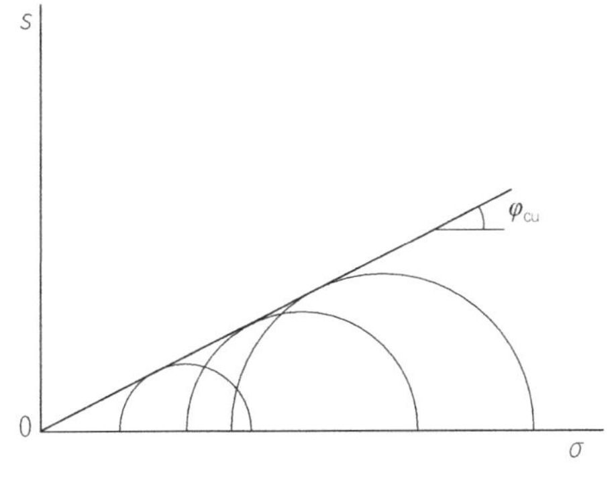

图 17-10　正常固结土的 CU 试验

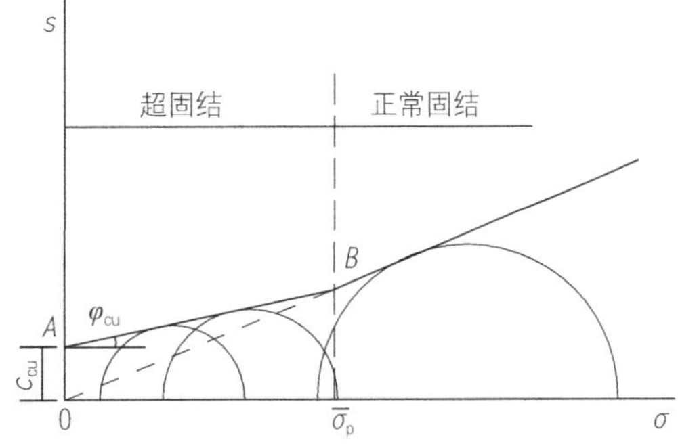

图 17-11　超固结土的 CU 试验

那么，为什么现场为正常固结黏性土，试验结果常常不通过原点呢？这是因为试验室的土样与现场原位的土体是不同的，土体在原位是正常固结土，经受过上覆有效压力，土样取到地面卸荷，有了“先期固结压力”，所以对于土样，成了超固结土。如果 CU 试验时莫尔圆跨越先期固结压力 p_c，那么，p_c 两侧的 c、φ 值是不同的，p_c 左侧是超固结土，p_c 右侧是正常固结土。

为了做好三轴试验，除了保证样品质量，充分饱和外，还有几个问题需要注意：

（1）因取样可能流失水分，解除应力产生膨胀，产生负孔压，故试验前应预饱和；

（2）由于不固结不排水试验（UU）成果反映的是土的总强度，同一层土的强度随深度增加而增加（十字板强度明显反映了这一规律），所以，厚层土的UU试验成果应能反映强度随深度的变化。厚层黏性土不宜只给一个代表值，以免导致浅层强度偏高，深层强度偏低。

（3）固结不排水试验（CU）的强度包线不应跨越先期固结压力；否则，强度包线不是一条直线，而是两段，前段为超固结土，后段为正常固结土，是两个不同的指标。如果勉强连成一条直线，没有意义。

5 土工离心机模型试验

土工数值模拟虽已取得长足进步和广泛应用，但物理模拟还是不可缺少，以便相互印证。为了符合物理模拟的相似定律，只能借助离心机模型。离心机做模型试验的设想，1869年由法国菲力普斯（E.Philips）首次提出，经历了漫长的探索阶段，到20世纪30年代，苏联和美国才开始用于解决工程问题。20世纪60年代以后，欧美、日本等国相继制造用于土工模型试验的离心机，解决高土石坝、大跨度地下工程、海上石油平台、大型港口码头、核电站等建设中的问题。20世纪80年代后又有进一步的发展，提高了容量、旋转半径和加速度，配备了先进的机械手、传感器和数据处理系统，提高了自动化水平。我国20世纪60年代，为研究核能和航天设计制造了几台大尺寸的离心机。用于土工模拟的离心机直到20世纪70年代末才开始建设，至今建成的有南京水利科学研究院、长江科学院、成都勘测设计院、上海铁道学院、成都科技大学、北京水利科学研究院、清华大学等单位离心机的规模较大，在国际上也排在前列。

我见到的具体试验成果有两项，一是北京市勘察院委托做的断裂活动时浅部基岩错动时，覆盖层厚度对地面的影响，作为《建筑抗震设计规范》相关规定的科学依据；二是香港科技大学做的软土地基真空预压工后固结沉降模拟。根据太沙基一维固结理论，固结时间取决于土的渗透系数和渗流路径，按物理模拟相似定律，模型与原型的缩尺为$1/n^2$（n为离心机加速度与重力加速度之比），香港科技大学离心机加速度为$60g$，则缩尺为1/360，模型一天差不多等于原型一年！试验做得很精细，但效果并不很理想。主要原因可能在于排水板的模型制作，第一次试验选用的是硬性材料，砂井外壁与试土间的摩擦力阻碍了土的沉降变形；第二次改用柔性材料，情况有所改观，但模型井阻远大于实际井阻，阻碍了孔隙水的消散。因此，土工离心机模拟虽然是室内土工试验的最高端，但模型制作不容易，解决工程问题的能力也是有限的。

6 对取样、土工试验现状的困惑

原位测试不可能完全替代室内试验，原因有两个：一是土的一些基本物理性指标，都是由室内试验测定的，如果没有这些指标，只有贯入阻力、波速，或者旁压模量、十字板强度，连个土名也不知道，信息是不完整的；二是原位测试难以控制土的应力条件，有些原位测试可以测到力学指标，但从应力应变角度分析，都是近似的。至于标准贯入试验、动力触探，则只有锤击数，连个物理量都没有。室内测试可以设定条件，测定土的应力－应变关系，模拟固结、排水条件，研究土在不同条件下的力学行为。因此，虽然工程上更相信原位测试成果，但原位测试不能完全替代室内试验，取样和室内试验是永远不会被废弃的。

虽然取样室内试验是岩土工程分析评价的主要手段，设计计算的主要依据，但现今我国岩土工程诸多短板中，却是最薄弱的环节，弄虚作假已非个别并有愈演愈烈之势。我觉得十分困惑，新中国成立之初，技术虽然落后，经验虽然不多，但对质量还是重视的。国际上市场经济国家，公司和科技人员也追逐利益，但工作规范、数据可信。为什么现今中国取样试验的质量如此之糟！是否在于监管缺失？新中国成立初期是计划经济，没有利益驱动，不追求经济收入，虽然缺乏活力，效果低下，但没有必要偷工减料和弄虚作假，基层党委就把质量管住了。科技工作一旦出轨，可能丢掉一辈子政治生命。有位新中国成立初期清华大学的硕士，正前程似锦之时，因这方面稍有瑕疵，被“边缘化”了差不多 20 年，直到改革开放才恢复正常工作。欧美市场经济国家，公司追逐利润，工程师追求名利，但有成熟的社会机制作为保障，一旦发生事故，主管工程师不仅要负法律经济责任，甚至被吊销资质，影响一辈子。如过分保守，那就没有人找你，这就是法治环境下的有序竞争。而我国现在，计划经济的那种监管方式已经过去，市场经济的那套机制尚未到位，青黄不接，监督缺失。工作人员有追求利益的渴望，无担当风险的意识。严格监管和诚信自律是相辅相成的，法治严格的社会必有诚信自律的风气，法治松散的环境会逼良为娼，诚信自律的风气是树不起来的。现在，我国工程建设和经济发展已经进入新常态，营造良性、有序的市场秩序，营造公平、公正的竞争环境，促进科技创新和效率的提高，已经急不可待了。

第 18 章 触探的是是非非

> 本章阐述了第一台电测静力触探的研制与推广应用、静力触探的技术进步与发展、三种动力触探类型的形成。阐述了触探是非的争议：触探与钻探取样的配合、单桥探头保留还是废弃、多功能探头的研发和应用、如何看待触探的理论和应用等。

触探既有勘探功能，又是测试功能，在岩土工程勘察中发挥的作用很大，但是争议也不少。本章谈谈我知道的情况和看法。

1 第一电测静力触探的研制与应用

静力触探和动力触探都有勘探和测试的双重功能，所谓勘探就是用以探明地层深度，进行力学分层；所谓测试就是用以测定贯入阻力或锤击数，与土的工程性能建立相关关系。《工业与民用建筑工程地质勘察规范》TJ 21—77 将触探列在勘探，《岩土工程勘察规范》将触探列在原位测试。

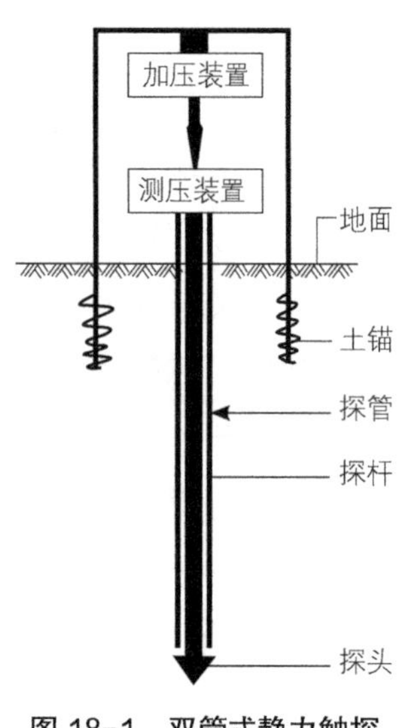

图 18-1 双管式静力触探设备示意图

静力触探起源于瑞典、挪威、荷兰、比利时等欧洲国家。初期采用机械方法（油压表）量测贯入阻力，需双层管轮番贯入。内管为探杆，作为探头的传力杆件；外管为护管，用以保护内管不致弯曲，并可测量与土的摩擦力，见图 18-1 和图 18-2。1954 年陈宗基首次从荷兰引进该技术，20 世纪 50 年代中后期，由中国科学院土木建筑研究所土力学研究室在兰州研究黄土时使用（林崇义，兰州黄土中的触探试验，《黄土基本性质的研究》，科学出版社，1961）。由于需双层管轮番贯入，效率很低，未能大面积推广。

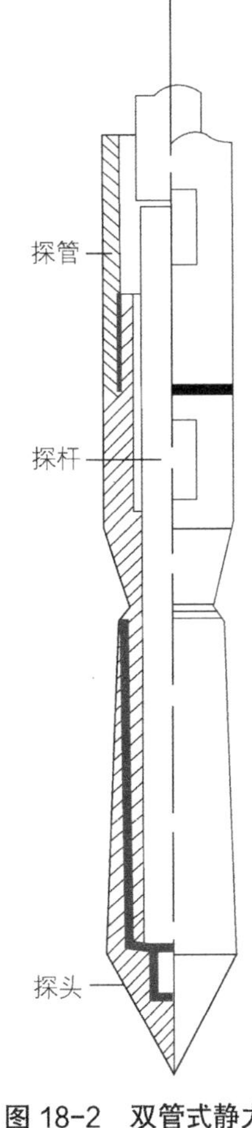

图 18-2 双管式静力触探探杆、探管和探头

电测静力触探是触探技术的重大突破，大大提高了效率和精度，使静力触探得到广泛应用。国际上我国和荷兰谁先发明电测静力触探，有不同说法。但肯定是各自独立研制，独立推广应用，故探头的规格、结构是不同的。

我国建工部综合勘察院王锺琦、卢万燮、张持等组成的团队，于1964年研制成功第一个电阻应变式探头，直接用探头在原位量测贯入阻力，不再使用双层探杆，这一发明使静力触探技术得到了飞跃。由于数据连续、精度高、工期短，1965年全国土力学与基础工程会议上展示后，得到了建工、冶金、机械、铁道、航运等部门勘察单位的热烈响应，形成了普及静力触探的热潮。回想当时的研制团队，从探头设计、粘贴电阻片、防水防潮、率定到现场试验，选择不同土质条件的场地，与载荷试验进行了100多次的对比，在统计分析的基础上建立回归方程，到工程中应用，仅仅用了两年时间。由于“文革”期间的中断，直到1977年才列入规范，但此前已在各行业工程勘察中大量应用。这种形式的探头，直到今天仍在继续沿用，是工程勘察不可或缺的工具和手段，也是世界上探测数量最多，积累经验最多的探头。

这是一种单桥探头，传感器为空心柱式，轴对称受拉，精度高而稳定，用环氧树脂加盘根密封，防水性能极好，经久耐用，制造简易，价格低廉。也根本不存在双桥探头传感器内部阻力和两个传感器的干扰问题，防水性和耐久性胜于国外双桥探头的O形圈密封，一直受到业界的欢迎。当时集中力量研制探头，因为探头静力触探技术的核心。贯入装置采用手把式人力压入，较为简易，贯入深度有限。20世纪70年代初期，铁道部第三设计院等单位研发了液压式贯入装置，使静力触探全套设备更趋于完善。70年代中期，各单位纷纷研发结构各不相同的静力触探双桥探头，并推广应用。1977年编制《工业与民用建筑工程地质勘察规范》(《岩土工程勘察规范》前身)时，实现了单桥和双桥探头规格的标准化，一直沿用到现在。单桥和双桥探头结构示意图见图18-3。初期，静力触探的探头和机械设备均由勘察单位各自制作，20世纪70年代后期才有专业工厂制造销售。那个年代出了不少静力触探专家，如建工部综合勘察院的王锺琦、卢万燮，铁道部第三设计院的唐贤强、叶企民，同济大学的朱小林、王家钧，浙江省勘察院的陈福暑，机械部勘察院的张苏民等。

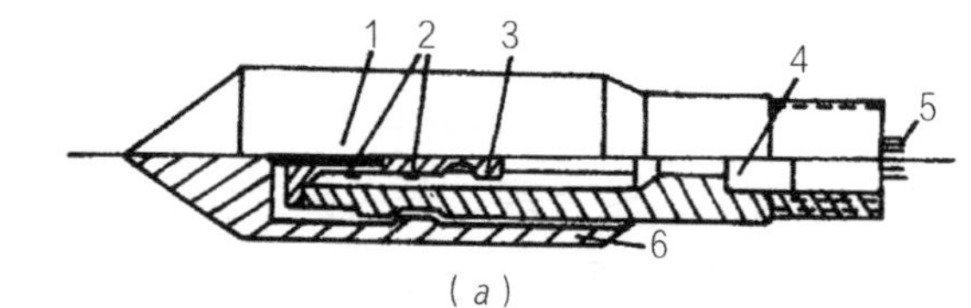

(a)

1—顶柱；2—电阻应变片；3—传感器；4—密封垫圈套；5—四芯电缆；6—外套筒

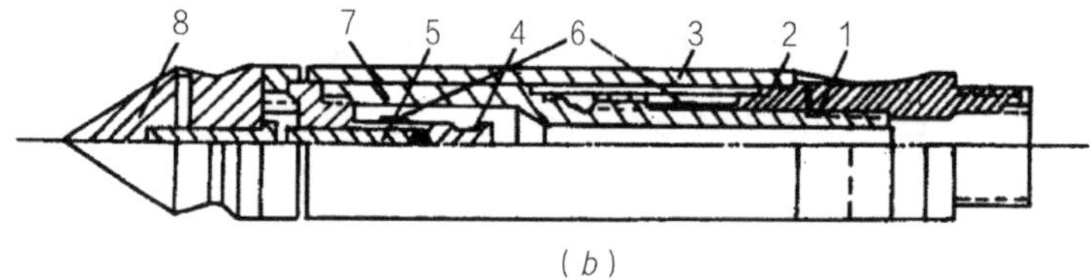

(b)

1—传力杆；2—摩擦传感器；3—摩擦筒；4—锥尖传感器；5—顶柱；6—电阻应变片；7—钢珠；8—锥尖头

图 18-3 单桥探头、双桥探头结构示意图

(a)单桥探头结构；(b)双桥探头结构

静力触探的优势是众所周知的，用于划分地层，查明土的均匀性，估算天然地基和桩基承载力，验证地基处理效果等，非常有效。而且，设备轻巧，效率很高，劳动强度低，在技术层面上至少有以下优点：

（1）利用探头阻力进行力学分层，自动记录，精度高，稳定可靠，重现性好，具客观性，避免钻探记录的主观性；

（2）兼有勘探和测试两种功能，数据连续，信息丰富，能划分出钻探记录难以识别的薄层；

（3）比贯入阻力、锥头阻力、侧壁阻力等指标直接与土的工程性质挂钩，避免了取样、试验等中间环节，既缩短了勘察周期，又减少了中间环节造成的误差。

在勘察市场混乱的背景下，记录和取样质量很不容易保证，又要求快速提交勘察报告，上述优点就更显得突出。

静力触探当然也有它的局限性，主要是：

（1）静力触探作为勘探手段，不能见到土层，不能对土的性状直接进行描述；

（2）静力触探贯入过程中，土中应力状态极为复杂，测得的贯入阻力是综合性指标，缺乏明确的物理概念，不能直接测到密度、湿度、压缩模量、抗剪强度等指标；

（3）静力触探指标应用时经验性很强，与地基承载力、变形参数的关系是统计关系，不是理论关系，需依靠大量数据的积累。

但是，以上局限并不影响静力触探在工程中的应用。由于土力学计算模式和计算参数存在很大的不确定性，岩土工程设计不能简单地依靠理论计算，而更需要经验的积累和修正。静力触探不是依靠理论分析求解析解，而是依靠经验建立回归方程解决工程问题。如果数据丰富且可靠，用于工程设计有时效果更好。这一点已由大量工程实践得到证实。

2 静力触探的发展

孔压静力触探是 20 世纪 80 年代国际上兴起的新型原位测试技术，发达国家在工程中得到了广泛应用。该技术是在传统静力触探基础上，在探头上增设孔隙水压力传感器，可以同时量测锥尖阻力、侧壁摩阻力和孔隙水压力，有的探头还附加了其他传感器，使静力触探呈现多功能化、数字化，并拓展到环境工程、海洋工程等领域。国际上已研制成功附加 CPTU 上的传感器有（刘松玉等，现代多功能 CPTU 技术理论与工程应用，科学出版社，2013）：

（1）侧向应力传感器；

（2）静探旁压仪；

（3）地震波传感器（图 18-4）；

（4）电阻率传感器（图 18-5）；

（5）热传感器；

（6）放射性传感器；

（7）激光荧光屏传感器；

（8）可视化传感器（图 18-6）等。

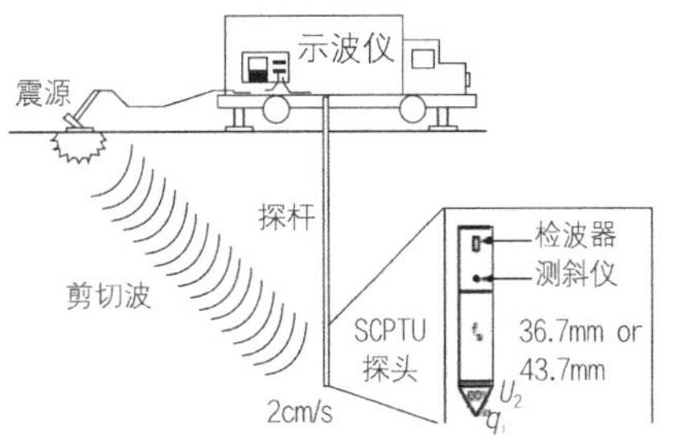

图 18-4　地震波 CPTU 原理图（刘松玉）

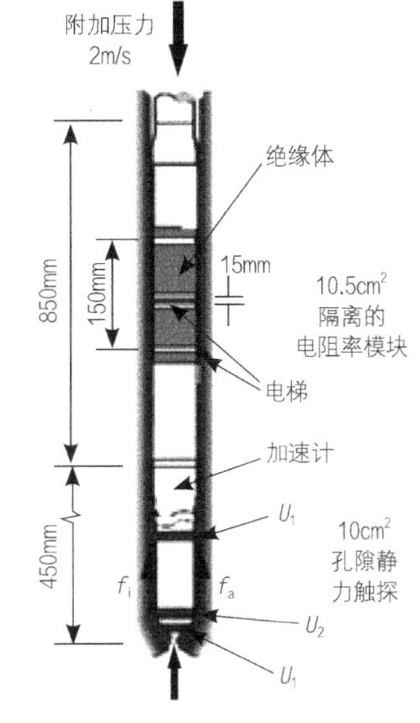

图 18-5　UBC 的电阻率探头（刘松玉）

在海上静力触探方面，对于水深小于 30 ~ 40m 的浅海，方法与陆地测试系统差别不

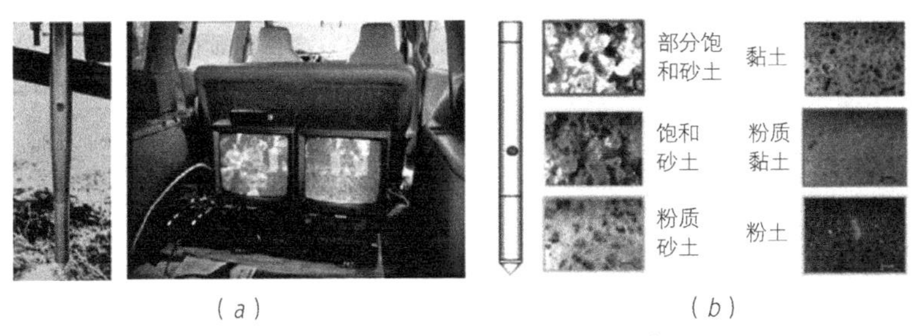

图 18-6　可视化 CPT（刘松玉）

（a）可视化 CPT；（b）可视化 CPT 各种土图像

大，区别在于反力系统和测试平台；对于深度超过40m的深海，研制了专门的测试系统，有下孔模式和海床模式。在环境岩土工程方面，探测挥发性有机物的有薄膜界面探头，电阻率探头可以探测工业污染、农药污染、地下水位、水质等。

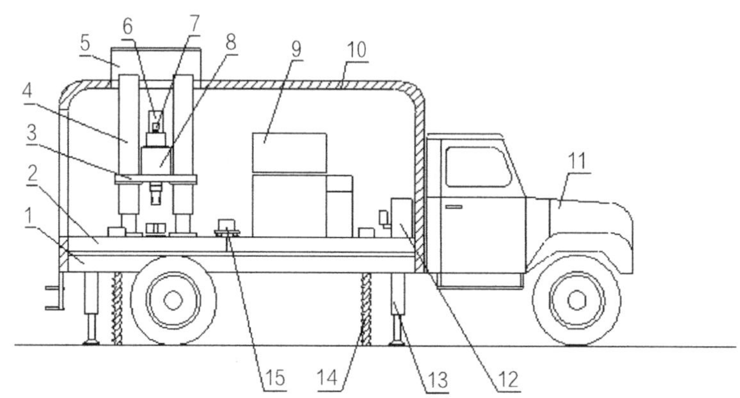

图18-7 旋转触探车结构图（陈新军）

1—汽车底盘；2—承重底板；3—连接板；4—液压油缸；5—天窗；6—液压马达；7—旋转水龙头；8—旋转主轴箱；9—控制台；10—车篷；11—车头；12—泥浆泵；13—液压支腿；14—地锚机；15—探杆架

20世纪80年代以后，我国静力触探技术进步较慢。20世纪90年代时，上海勘察院研制了静力触探多功能数据采集和处理系统，可测锥头阻力、侧摩阻力和孔隙水压力，用无电缆探头采集、存储、处理、输出数据，实现了连续贯入和无电缆化（是我本人牵头的建设部"八五"科研计划子课题，陈文华负责）。2002年初，铁道第三设计院研制的我国第一台全自动连续贯入静力触探设备正式投入使用。为解决静力触探深度不足和无法穿越较硬地层的问题，该院于2010年成功研发旋转触探，旋转触探车和探头见图18-7和图18-8。触探车上装有使探头旋转的动力设备和给水系统，钻进过程中量测探头贯入阻力、旋转扭矩、排水压力三个参数，绘制这些参数与深度的关系曲线（图18-9）。建立了这些参数与静力触探参数的关系，利用这些参数进行地质分层，判定土的力学性质和地基承载力，建立了与基桩侧阻力和端阻力的关系。旋转触探解决了静力触探难以在硬层贯入和深度较浅的问题，最大勘探深度已达86m。

图18-8 旋转触探探头（陈新军）

刘松玉于2004年引进了国内第一台美国多功能数字式CPTU测试系统，并进行了大量的现场测试、设备研发和理论研究，致力于孔压静力触探的推广。南光地质仪器有限公

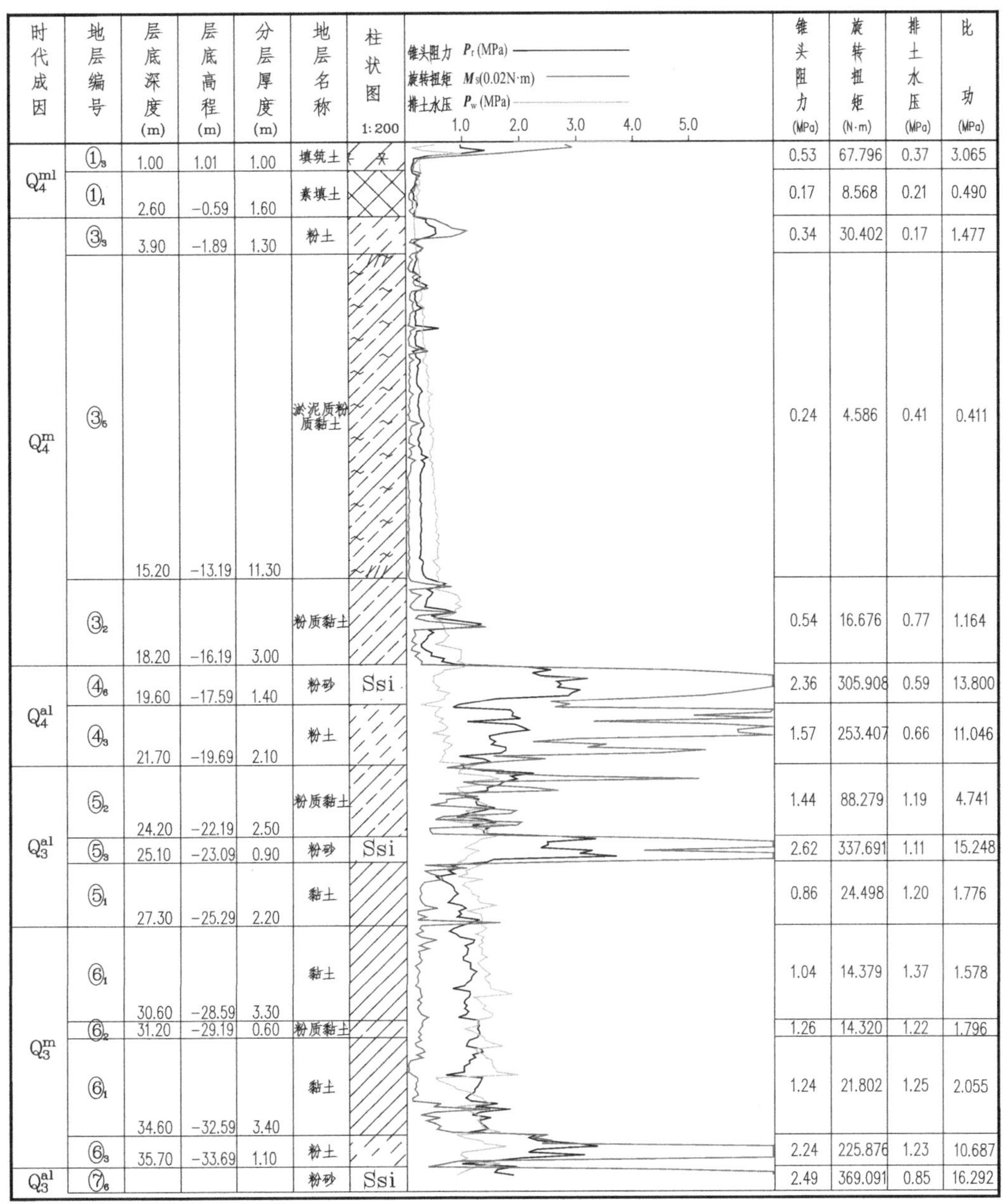

时代成因	地层编号	层底深度(m)	层底高程(m)	分层厚度(m)	地层名称	柱状图 1:200	锥头阻力(MPa)	旋转扭矩(N·m)	排土水压(MPa)	比功(MPa)
Q_4^{ml}	①$_3$	1.00	1.01	1.00	填筑土		0.53	67.796	0.37	3.065
	①$_1$	2.60	−0.59	1.60	素填土		0.17	8.568	0.21	0.490
Q_4^{m}	③$_3$	3.90	−1.89	1.30	粉土		0.34	30.402	0.17	1.477
	③$_5$	15.20	−13.19	11.30	淤泥质粉质黏土		0.24	4.586	0.41	0.411
	③$_2$	18.20	−16.19	3.00	粉质黏土		0.54	16.676	0.77	1.164
Q_4^{al}	④$_8$	19.60	−17.59	1.40	粉砂	Ssi	2.36	305.908	0.59	13.800
	④$_3$	21.70	−19.69	2.10	粉土		1.57	253.407	0.66	11.046
Q_3^{al}	⑤$_2$	24.20	−22.19	2.50	粉质黏土		1.44	88.279	1.19	4.741
	⑤$_8$	25.10	−23.09	0.90	粉砂	Ssi	2.62	337.691	1.11	15.248
	⑤$_1$	27.30	−25.29	2.20	黏土		0.86	24.498	1.20	1.776
Q_3^{m}	⑥$_1$	30.60	−28.59	3.30	黏土		1.04	14.379	1.37	1.578
	⑥$_2$	31.20	−29.19	0.60	粉质黏土		1.26	14.320	1.22	1.796
	⑥$_1$	34.60	−32.59	3.40	黏土		1.24	21.802	1.25	2.055
	⑥$_3$	35.70	−33.69	1.10	粉土		2.24	225.876	1.23	10.687
Q_3^{al}	⑦$_8$				粉砂	Ssi	2.49	369.091	0.85	16.292

图 18-9 贯入阻力、旋转扭矩、排水压力与深度关系（陈新军）

司已生产销售可测孔隙水压力、电阻率、波速的探头，并于 2015 年 11 月在温岭通过了土木工程学会标准《孔压静力触探测试技术规程》的审查。

我国静力触探与国际发达国家的差距主要表现在：国际上已经普遍采用可测锥头阻力、侧摩擦力、孔隙水压力、倾斜、地震波、电阻率等的各种多功能探头，我国比较单一，基本上就是单桥探头、双桥探头。国际上使用的传感器精度高，灵感度高、品种多，带有可实时采集和处理数据的计算机软件，实现了数字化和自动化，结构也较紧凑；我国基本上还是电阻应变式传感器，多数仍用电缆传输信息，数字化、自动化程度低。国际上应用静力触探无论广度和深度均有了很大拓展，不断推陈出新，我国则基本上还是 20 世纪 70 年代积累的经验数据。发展慢的原因比较复杂，最主要的原因可能还是勘察市场的无序，低价中标，恶性竞争，忙于急功近利，对新技术缺乏吸引力。老一代静力触探专家们退场后，继续从事研发的专家已是凤毛麟角。静力触探如此，勘察其他方面也是如此。举一个例子就可足以说明无序市场对新技术没有吸引力：20 世纪 80 年代，某单位花了九牛二虎之力从英国进口了一台剑桥自钻式旁压仪。30 年过去了，实际上束之高阁，用得很少。

3 动力触探

现在通行的轻型、重型和超重型三种动力触探，是 1994 年《岩土工程勘探规范》GB 50021—94 确定的。下面谈谈这几种动力触探的来历：

轻型动力触探的锤的质量为 10kg，落距为 50cm，探头锥头 60°，探头直径 40mm，锥头截面积 12.6cm^2，探杆直径 25mm，指标为贯入 30cm 的锤击数 N_{10}。轻型动力触探是北京市规划局地形地质勘察处（现北京市勘察设计研究院有限公司）在 20 世纪 50 年代中期开始采用的，据该院张国霞老先生介绍，当时目的就是为了验槽，全部设备可以绑在自行车后座上，骑车到市区各工地验槽。由于轻便，又称轻便触探，1977 年列入《工业与民用建筑工程地质勘察规范》TJ 21—77 后推广到全国，1994 年继续列入《岩土工程勘察规范》GB 50021—94。因其能量指数（QH/A，Q 为锤的质量，kg；H 为落距，cm；A 为锥头截面积，cm^2）仅 39.6kg/cm，故最大贯入深度只有 4m。

重型动力触探是 20 世纪 50 年代初从苏联引进的，当时称杜兰捷触探，锤的质量原为 60kg，列入规范时为了与标准贯入试验通用，改为 63.5kg，落距 76cm，探头锥头 60°，探头直径 74mm，锥头截面积 43cm^2，探杆直径 42mm，指标为贯入 10cm 的锤击数 $N_{63.5}$，能量指数为 112.2kg/cm。第一次大量采用是第一机械工业部德阳重型机械厂勘察，该场地普遍埋藏着密实度不同的碎石土，无法用钻探取样试验查明，采用杜兰捷触探解决了问题。原第一机械工业部勘察公司张苏民等总结了用动力触探锤击数确定碎石土密实度的经验，研究成果得到苏联专家的好评。1977 年列入《工业与民用建筑工程地质勘察规范》TJ 21—77，1994 年继续列入《岩土工程勘察规范》GB 50021—94。

超重型动力触探的锤的质量为 120kg，落距为 100cm，探头锥角 60°，探头直径 74mm，锥头截面积 43cm^2，探杆直径 50 ~ 60mm，指标为贯入 10cm 的锤击数

N_{120}，能量指数为 279.0kg/cm。由于成都地区普遍分布密实的卵石层，重型动力触探难以贯入，20 世纪 80 年代西南勘察院在重型动力触探的基础上，增加锤重，增加落距，相应加粗探杆直径，形成超重型动力触探，并积累了大量对比试验数据，于 1994 年列入《岩土工程勘察规范》GB 50021—94，并推广到全国。

除了上述三种型号的动力触探外，20 世纪 60 ~ 70 年代还有一种中型动力触探，锤的质量为 28kg，落距为 80cm，探头锥头 60°，锥头截面积 30cm^2，探杆直径 33.5mm，指标为贯入 10cm 的锤击数 N_{28}，能量指数为 74.7kg/cm。1977 年列入《工业与民用建筑工程地质勘察规范》TJ 21—77，在该规范修订为《岩土工程勘察规范》GB 50021—94 时，因使用不多，为减少动力触探型号，以利集中积累经验，未列入该规范，以后也再未列入。

轻型动力触探用于验槽很方便，重型和超重型动力触探用于卵石、碎石，鉴定其密实度很有效，再加上设备和技术都很简单，效率较高，故至今仍是不可或缺的勘探测试手段。但缺点也很突出，锤击产生的能量，经过探杆传至探头，探杆与孔壁有摩擦，孔壁松动落土又增加了摩擦，这是一笔糊涂账，无法估算。虽然规范根据有关单位做的试验成果给出了修正系数，但其可靠性是有限的。为了解决这个问题，人们马上想到，仿照静力触探，将传感器装在探头上，直接测量动贯入阻力。为此，20 世纪 80 年代末，我和孙家森曾与高等院校合作，研发电测动力触探，并取得一定成果。但当时我国的传感器技术还不成熟，经不起较大的冲击动力，未能取得可供工程实用的成果。由于当时光线示波器的记录不能长久保存，原始记录均已丢失。但记得，每一锤击的记录曲线基本上是一个单脉冲，初始峰值特别高，接着迅速衰减。硬土幅值大，周期短，接着有一个或几个回跳记录；软土幅值小，周期长，没有回跳记录。电测动力触探信息很丰富，对土的软硬反应十分灵敏，如能在传感器上有所突破，付诸实用，动力触探或许会发生革命性的变化。

4 触探的是是非非

有关触探的争议主要有以下几个问题：

（1）关于触探与钻探取样的配合

触探比钻探、取样、室内土工试验效率高、工期短、成本低、操作简便，软土地区的一些城市大量采用静力触探，西南一带以砂卵石为主的地区大量采用动力触探，有些工程完全没有钻探取样，引发了两种不同意见的争议。一种意见认为，有经验的地区完全可以用触探解决问题，既有效又经济，甚至提出“触探土力学”的观点，认为岩土工程研究应当转移到以触探等原位测试为主的方向。另一种意见认为，钻探取样试验绝对不可或缺，每个工程必须有一定比例的钻孔；否则，勘察成果是不完整的。

我觉得，触探与钻探取样存在明显的互补性，两者配合使用能取得良好的效果。作为勘探手段，触探的力学分层直观而连续，往往优于钻探，但单纯的触探由于其多解性而容易造成误判。如果以触探为主要勘探手段，除非在经验的地区，一般应有一定数量的钻孔配合。具体到某项工程，以钻探为主还是以触探为主，钻孔多少、触探多少，则视具体情况而定，包括地质条件、工程特点和要求，当地经验的积累程度等。在规范中做硬性划一规定，难以适应各地区各工程的具体条件，不利于因地制宜、因工程制宜。

（2）关于"国际接轨"

有的专家认为，单桥静力触探功能单一，与国际不接轨，建议逐步废除。但也有专家持相反意见，认为单桥探头性能稳定，精度高，防水好，已积累丰富经验，应继续应用。我觉得，静力触探可根据工程需要采用单桥探头、双桥探头、孔压探头或其他多功能探头，由工程技术人员选定。对单桥探头不宜持否定态度，主要有两方面的原因：第一，我国自行研制的单桥探头精度高而稳定，防水性能好，经久耐用，制造简易，价格低廉；第二，静力触探的应用依赖于对比数据和工程经验的积累，我国单桥探头已经用了整整半个世纪，积累的数据和经验在全世界无可伦比，这是一笔极为宝贵的巨大财富，不宜轻易抛弃。触探的生命力在于解决工程问题的能力和效率，经验多寡有决定性的影响。标准贯入试验锤击数既很粗糙，又无明确的物理意义，但仍被国内外普遍采用，原因就在于经验丰富。看来，在今后相当长的时间内，单桥、双桥和多功能探头还会并存，"高低搭配，"由工程技术人员根据需要和地方经验选用。

动力触探也是如此。我国现行的3种规格，与欧洲国家都不一致，其中轻型动力触探和超重型动力触探只有我国才有，重型动力触探的规格与俄罗斯稍有差别。难道还能为了国际接轨，放弃现行的标准吗？外国的经验要吸收，外国的标准要学习，但决不要"削足适履"。

（3）关于多功能探头

关于发展多功能探头的问题，也存在一些不同意见。有的专家批评《岩土工程勘察规范》排斥孔压探头，阻碍了多功能探头的发展。其实，《规范》对孔压探头、多功能探头是开放的。规范必须成熟一条订一条，尚未成熟只能作原则性规定，不能具体化。譬如孔压探头测到的固结系数与建筑物沉降过程中的固结系数是不同的，后者是原状土加载固结过程中发生的固结，前者则由于探头挤压，土已扰动的孔压曲线，挤压扰动还可能产生负孔压，二者差别很大，如何应用，需要研究。因此，孔压探头测得的固结系数决不能拿来就用，还要做许多研究工作和工程经验的积累。孔压探头如此，其他多功能探头也是同样道理。

国外的先进理论、先进产品，我们要吸收，要引进，不能故步自封，要结合我国情况再创新；另一方面，过去长期积累的经验，要爱惜，要继承和发扬。多功能探头当前急需的是测斜，孔斜是影响深层静力触探的大问题。据报道，上海一个深 48m 的静探孔，孔底偏斜达 77.2°，孔深误差达 9.53m。以前还有在墙里做静探，探头在墙外冒出地面的极端实例。现在，带孔斜的探头已可批量生产，应大力推广。

（4）关于理论和经验

教授和工程师考虑问题的侧重点常常有所不同，譬如说，工程师觉得载荷试验比较可靠；室内土工试验试样太小，又有不同程度的扰动，可靠性差得多。教授则认为，载荷试验承压板下土中应力分布很复杂，试验成果应用带有很大经验性；室内土工试验易于控制应力、应变和排水条件，便于应用土力学进行分析。静力触探问题也是如此，20 世纪 70 年代时，刘祖德教授作过一个报告，详细介绍了国外学者对静力触探贯入机理的研究成果，内容很丰富，听后觉得很有启发。王锺琦工程师则认为，静力触探贯入的力学机理太复杂，求理论解不现实，不要去钻牛角尖，应从实用角度将贯入阻力直接与地基承载力等建立经验关系。我觉得不要走极端，不要钻牛角尖不是不要研究理论，没有理论指导的经验往往是肤浅的、片面的，少数专家更注重于理论研究也是必要的。但主导方向还应立足于工程实用，解决工程中需要解决的问题。由于探头贯入土中的力学机理过于复杂，难以根据土的力学行为求得理论解答，通过对比试验、回归分析，建立经验关系是一条捷径。有些理论研究，如通过物理模拟和数值模拟研究贯入临界深度，研究尺寸效应（锥头角度、锥头面积、侧壁面积）、界面效应（层面上下的提前和滞后）、超固结度（*OCR*）等对贯入阻力的影响，对静力触探成果的应用十分有益。

根据静力触探成果分层和计算每层土的代表值，是每个工程都要遇到的实际问题，似乎至今尚未获得满意的解决。静力触探一般每 5cm 一个采样点，需要时还可加密，数据非常丰富，如何利用这些数据分层？如何计算每层土的代表值？这个问题相当复杂，不同的土有不同的特点，不同的工程有不同的要求，还要考虑界面效应，考虑是否有沿深度、沿水平方向相关性，变异系数如何计算等，需要土力学家和岩土工程师专门研究，研发高性能的静力触探数据处理软件，以便充分而高效地利用静力触探成果。极为丰富的静力触探信息，只有转化为工程上可以应用的代表值，才能成为有效的数据。目前静力触探“粗放式”的应用，是信息资源的极大浪费。

第 19 章　各有所长的原位测试

本章阐述了载荷试验、标准贯入试验、旁压试验、原位剪切试验（十字板试验、大面积直剪试验、钻孔剪切试验）、波速测试、足尺试验等原位测试的发展和技术进步，论述了各种原位测试方法的适用条件和优缺点。

1　载荷试验

载荷试验是一种古老的原位测试方法，中外均早已有之。我 1954 年参加工作时，本单位即已开展地基土的载荷试验。那时的承压板为正方形，面积 $0.71m \times 0.71m=0.5m^2$。木制载荷台，用铸铁块逐级加荷，因人工操作，要求轻放，故每级荷载不能瞬时加上。测读沉降用杠杆放大，即杠杆短臂端部连着承压板上的拉线，长臂端部贴一张厘米格纸，靠杠杆原理放大读数。现在看来，也实在太“土”了，两三年后改用百分表读数。加荷分级、稳定标准和终止试验标准，与现行规范基本一致。直到 20 世纪 70 年代，才将作为反力的重物一次堆放，用千斤顶逐级加荷，用电测传感器测读沉降是 20 世纪 80 年代以后的事了。

大约到了 1957 年，采用苏联规范 НиТУ 127-55 进行地基基础设计（国家并未规定必须遵照执行）。该规范的主要原则是按变形设计，并规定用载荷试验测定土的变形模量作为变形计算参数。这样一来，不仅大大增加了浅层载荷试验的工作量，而且还要做深层载荷试验。深层载荷试验的做法是：先用钻机钻一个直径约 400mm 的试验孔，达到试验深度后，用特制的刮刀将孔底刮平，然后下入面积为 $600cm^2$ 的钢制承压板，再接钢管作为传力柱，与地面上的堆载平台连接，逐级堆载加荷，观测承压板沉降，获取荷载与沉降关系数据，确定地基承载力，计算变形模量。我那时做了不少深层载荷试验，感到最大的问题是，如果试验深度在地下水位以上，问题还不大；如果在地下水位以下，括刀很难括平，试土极易受到扰动，人不能下入孔中检查，又无设备可以检测试土是否平整，这是后来未能继续采用的主要原因。到了 20 世纪末修订《建筑地基基础设计规范》2002 版时，黄熙龄院士提出最好不用压缩模量，用变形模量计算沉降，我根据大直径扩底桩研究时做端阻力试验的经验，提出地下水位以上人工开挖至试验深度，现浇承压板，再用钢管为传力杆件与载荷台连接，就是现在《岩土工程勘察规范》深层载荷试验的方法。上述两种方法虽然都称深层载荷试验，但承压板尺寸、操作要求、取值计算，都有很大差别。最主要的是，前者在孔口地面安装承压板；无法检查孔底情况，后者在孔内安装承压板，可以直接检查孔底情况，保证试土原状，效果完全不同。

由于对地基基础设计计算的信心不足，常常采用载荷试验作为最终确定地基承载力和变形的依据，于是除了天然地基外，又广泛应用于桩基础和复合地基，试验吨位也越来越高。我在 1981 年时，为了研究大直径扩底桩的承载力，由丁家华设计，郑州某构件加工厂加工，制作了一套桩基静力载荷试验装置，最大荷载为 12000kN。该装置为锚拉式框架结构，由两根副梁和两根拼在一起的主梁以及配套附属构件组成。辅梁长 9.0m，高 1.2m，宽 0.7m；主梁长 8.0m，高 1.0m，宽 0.5m，庞然大物！为推广大直径扩底桩做出了不小贡献。此后由于工程需要，各地不断推出大吨位静载试验装置，结构也不断改进。伞架式反力系统，结构轻巧，安装拆卸方便，适宜在基坑中试验。进入 21 世纪后，测试仪表有了长足进步，数字化的测力传感器、位移传感器，精度高，性能稳定，配以内置式计算机软件，可自动加载、卸载、补载，自动记录、存储，自动判断稳定，自动计算绘制图表、显示和打印图表、数据，还可无线传输，通过互联网传输至办公室和管理部门。

2 标准贯入试验

记得还在南京大学土力学课堂上，徐志英老师提到过太沙基的标准贯入试验，但印象已经不深。参加工作后，学习苏联。苏联当时只有杜兰捷动力触探，后来又发展了静力触探，但始终没有标准贯入试验，所以整个 20 世纪的 50 年代和 60 年代，我国都不做标准贯入试验。直至 1974 年，《工业与民用建筑地基基础设计规范》TJ 7-74 发布后，才广泛开展标准贯入试验。初期操作很不标准，因没有自动落锤装置，上提重锤时，有的用麻绳，有的用钢丝绳，摩擦力或多或少损耗落锤能量。在钻杆上用粉笔画线，目测操作控制落距，很不准。那时一般用套管钻进，当孔外水位高于孔内水位时，因孔底返砂而严重影响效果。试验前有时用冲击钻进，对砂的密实度影响也很大。后来研制了自动落锤装置，总结了操作经验，规定孔内水位必须高于孔外水位，或用泥浆护壁，试验前一定深度内必须用回转钻进，质量才得到了控制。虽然这样，标准贯入仍是比较粗糙的测试方法，但却是国内外应用最广，经验最多的一种原位测试。

下面谈谈标准贯入锤击数 N 值的修正问题：

标准贯入锤击数 N 值的杆长修正，初见于《工业与民用建筑地基基础设计规范》TJ 7-74，该规范修订为 GB 50007-89 时继续沿用，规定当杆长为 3 ~ 21m 时，N 值应按下式进行杆长修正：

$$N=aN$$

式中 a 为杆长修正系数，见表 19-1。

杆长修正系数 a　　　　表 19-1

杆长（m）	<3	6	9	12	15	18	21
A	1.00	0.92	0.86	0.81	0.77	0.73	0.70

该修正方法的依据和论证未能查考，但知道，表中的 a 值是以牛顿碰撞理论为基础求得的，并未做过实测。杆长修正限制为 21m，是由于杆长超过 21m 后，探杆系统（被击部件）质量已超过落锤的质量，按碰撞理论，标准贯入试验已不适用。但是，20 世纪 80 年代初的上海宝钢工程，日本专家要求标贯试验最大深度超过 70m，不做杆长修正，发现 N 值仍能有效反映土的力学性质。以后的实际工程，杆长甚至超过 100m，远远超过规范 21m 的限值，上述杆长修正方法遇到了挑战。

《岩土工程勘察规范》编制组在编制 94 版规范时，朱小林教授查阅了大量国际文献，发现上述修正方法在其他国家都不存在。国际上多数国家不做杆长修正，只做上覆压力和地下水修正。对于杆长影响问题，有的以弹性波理论为基础，有的以碰撞理论为基础，结果大不相同。不同理论计算的杆长修正系数见图 19-1，图中的计算公式可参阅《岩土工程测试技术》（王锺琦等著，中国建筑工业出版社，1986）。

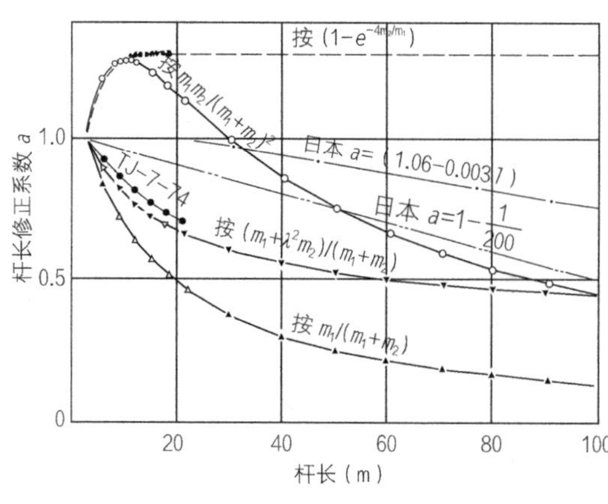

图 19-1　不同理论计算的杆长修正系数（朱小林）

同济大学为此进行了专题试验研究，研究结果认为用弹性应力波理论比碰撞理论符合实际。这样，上述杆长修正方法的理论依据和实测依据均不够充分，决定从《岩土工程勘察规范》GB 50021—94 中删除。接着，《建筑地基基础设计规范》GB 50007—2002 也删去了该修正方法。

《岩土工程勘察规范》删去上述修正方法后，编制组讨论了采用何种方法替代。国际上用得较多的是上覆有效应力修正和地下水修正，并以上覆压力为 100kPa 的锤击数 N_1 为基准。我曾建议采用国际上流行的上覆有效压力和地下水修正，朱小林、张在明同意，但林在贯等不同意，理由是中国尚缺乏经验，外国也只是专家的主张，不是规范。因此，只在条文说明中作了如下交代:“在实际应用 N 值时，应按具体岩土工程问题，参考有关规范考虑是否作杆长修正或其他修正。勘察报告应提供不作修正的 N 值，应用时再考虑修正或不修正，用何种方法修正”。由于只作了原则交代，没有具体规定，执行时不免出现随意性。后来，北京市和上海市的地方规范采用上覆有效压力和地下水修正的原则。有些行业规范和地方规范则采取了外延的方法，在表 19-1 的基础上向外延伸，给出了 30m、50m 的杆长修正系数。但是，该杆长修正方法已从这两本国家规范中删去，“皮之不存，毛将焉附? ”同样的 N 值，不同试验深度反映的土的性质肯定是不同的，标准贯入试验是用得最多的原位测试，因此有必要对 N 值的修正问题进行专题研究，为规范修订做好技术准备。

3 旁压试验

旁压试验是一种孔内横向加荷的原位测试技术，“pressuremeter test”翻译为“旁压试验”其实并不确切，王锺琦先生想改称“横压试验”，未果，标准里还是叫“旁压试验”。该技术方法发源于德国时是单腔式旁压仪，1957 年法国梅纳研制成功三腔式旁压仪，才产生了世界性影响。我国最早由建筑科学研究院地基所黄熙龄等于 1962 年仿照梅纳研制了一台三腔式旁压仪，并从理论上讨论变形模量的计算问题（王锺琦等,《岩土工程测试技术》，中国建筑工业出版社，1986），因当时材质和制造工艺限制，未能推广实用。

由于预钻式旁压试验孔壁土的原始侧压力释放，且受到较大扰动，故英国和法国在 20 世纪 70 年代，英国和法国几乎同时各自研制了剑桥式和道桥式自钻式旁压仪。自钻式旁压仪的主要优点是，旁压器与钻机一体化，旁压器在钻进过程中直接到位，可以保持原始应力，最大程度减少对孔壁的扰动，不受地下水影响，软土和砂层中均可使用。除了测土的应力应变、强度指标外，还可测求天然状态的侧压力系数，显著提高了试验的功能、质量和效率。20 世纪 80 年代时，土力学和岩土工程专家几乎一致认为自钻式旁压试验是旁压试验的重大革新，是发展方向。建设部综合勘察院和华东电力设计院相继研制成功各自的自钻式旁压仪，中

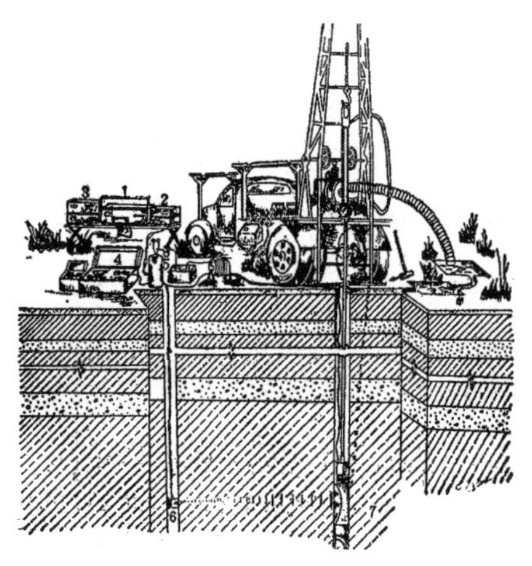

(a)自钻式旁压试验工作示意图

1—示波仪；2—电荷放大器；3—测振仪放大器；4—气压调节箱；5—气压源；6—跨孔激振器；7—自钻横压器（兼拾振器）

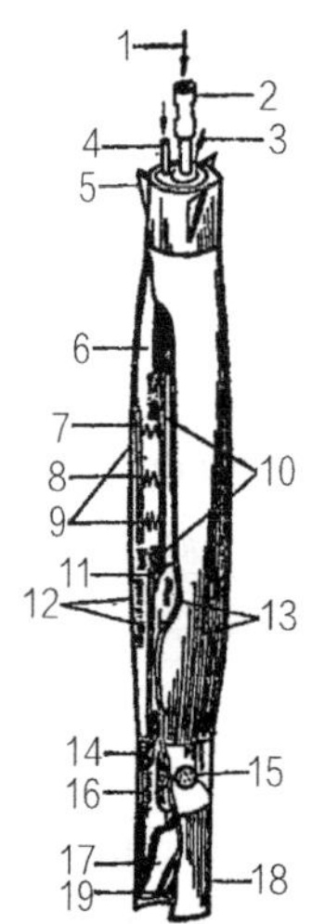

(b)MIM-1型旁压器示意图

1—泥浆冲洗液；2—钻杆；3—回水；4—气电管路；5—导向翼轮；6—电缆；7—接触板；8—拉簧；9—压簧；10—双向检波器；11—钢筒骨架；12—橡皮膜；13—金属罩片；14—丝扣；15—孔压传感器；16—轴承；17—鱼尾钻头；18—管靴；19—射水孔

图19-2 MIM-1型自钻式旁压仪（王锺琦）

兵勘察院进口了一台剑桥式自钻式旁压仪。下面对前者做些简单介绍：

建设部综合勘察院在王锺琦的率领下，在分析剑桥式与道桥式自钻旁压仪优缺点的基础上，于1982年研制了具有我国特色的MIM-1型自钻式旁压仪（图19-2），突出了下列主要特点：

（1）自钻装置直接与常规钻具连接，可使用任何形式的回转钻机，用常规钻机的动力源，用由切割刀刃组成的钻头切削土层，用循环冲洗液将土屑带到地面。

（2）为避免气-水系统的复杂性，特别是为了消除水柱压力对深层试验产生过高的初始压力，采用气压加荷。优点是，不受严寒及酷暑的影响，可有效补偿管路系统和土体变形所产生的压力不稳定性。为了简化孔内管路，采用气-电耦合管路。

（3）量测系统方面，气压用压力表显示，土体径向变形用电测传感器，保证有较高精度和灵敏性。

（4）从理论上论证了旁压器的有效几何形状的最优设计方案，提出了“长径比”和“有效外径比”的概念。根据理论分析和实验分析得出结论认为，旁压器测试段的长径比应大于4，使孔壁土体变形接近于平面轴对称，有效外径比等于或略大于1.0。为保证乳胶膜在旁压器自钻过程不损坏，用不锈钢片特制铠装保护。

（5）可用数字显示和自动打印机打印，或用静动态应变仪记录。

（6）具有多功能测试功能，旁压器中装有压缩波和剪切波拾振器，可测定土的波速和动弹性参数。根据竖向、横向数据的比较，可评价地层的各向异性，将横向模量转换为竖向模量。

但是，直到现在，无论国内还是国外，自钻式旁压仪在实际工程中用得还是很少。原因大概还是设备结构复杂，不易操作，测试费用较高。现在，法国梅纳旁压仪有预钻式、自钻式和压入式三种，在探头、仪器、数据处理、工程应用等方面均有所进展，用于岩石的最大工作压力达 30 ~ 50MPa，可自动测读，也可人工测读，有软件可自动进行处据处理、打印，传输到办公室，对预钻式旁压试验十分强调钻孔质量的重要性。英国剑桥式旁压仪的压力分辨率可达 0.1kPa，位移分辨率可达 0.5μm，最大工作压力达 10MPa。与英法两国的旁压仪产品比较，无论材质、制造工艺、量测精度、自动化程度和提供的参数，国产旁压仪均有相当大的差距，应用也不够普遍。

4　原位强度试验

十字板剪切试验始于 1928 年，瑞士奥尔松（John Olsson）首先提出。我国 1954 年开始用于工程，航运部门在沿海软土中广泛应用。优点是不需取样，在原位天然应力状态下扭转剪切，能较好地反映软土强度随深度增加的规律（图 19-3），判断土的固结状态，还能较好地测定软土的灵敏度，且操作简便，所以很受工程界欢迎。尤其是岸边工程，十字板剪切试验为计算稳定所需的强度参数提供了实用手段。但建工系统用得不多，因为建筑地基基础的设计主要由变形控制，更关心土的变形参数，笔者也缺乏十字板剪切试验的经验。

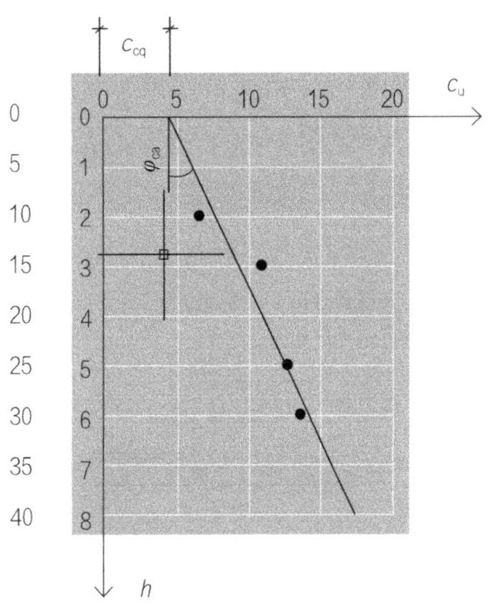

图 19-3　十字板强度随深度的变化

十字板头贯入土中时，对土产生扰动，扰动程度与板厚有关，故板厚必须符合标准；十字板扭转使土产生破坏时，剪应力的分布是不均匀的，有明显的应力集中的现象；十字板转动时，上下端的水平面上和圆柱的垂直面上，最大剪应力不在同一转角时发生；名义上，十字板剪切试验测的是不排水强度，实际上转动前方产生正孔隙水压力，后方产生负孔隙水压力，孔隙水压力分布与土的渗透性、扭转角速度、板头尺寸有关。工程经验表明，十字板强度一般高于室内不排水试验强度，偏于不安全。因此，在采用十字板强度时应考虑多种因素，结合经验，进行综合判断。

海上进行十字板剪切试验时，由于船体不稳，对测试成果可能产生严重影响，某核电厂海域勘察时有这样的情况。2015 年 11 月，我在广州听张旷成大师报告时，张大师提到香港辉固公司做的海上十字板剪切试验，成果的离散性也相当大。

大面积直接剪切试验在我国始于 20 世纪 60 年代后期，当时由于“三线建设”，大量国防工业迁往山区，经常遇到无法取样做室内试验的混合土、风化岩、残积土等，只得采用大面积原位剪切试验。原来有三轴剪切和直接剪切两种方法，但工程经验表明，三轴剪切试验操作复杂，效果不好，故《岩土工程勘察规范》GB 50021—2001 只保留了大面积直接剪切试验。

原位剪切试验中，引进最晚的是钻孔剪切试验（Borehole Shear Test，BST）。虽然早在 20 世纪 60 年代美国已经提出，但直到 1992 年才首次介绍到我国，仅少数单位引进，至今尚未列入规范。据郑建国总工程师介绍，美国 HANDY 土体钻孔剪切仪和岩石钻孔剪切仪的装置如图 19-4 和图 19-5 所示，岩石钻孔剪切仪的最大法向压力为 85MPa，最大剪切应力可达 45MPa。钻孔剪切试验仪利用剪切头上两块对称的带有齿状突起的剪切板压入孔壁，再提拉与剪切头连接的拉杆，实现直接剪切，见图 19-6。根据各级法向压力与对应的剪切强度数据，采用图解法或最小二乘法，可求得黏聚力 c 和内摩擦角 φ。

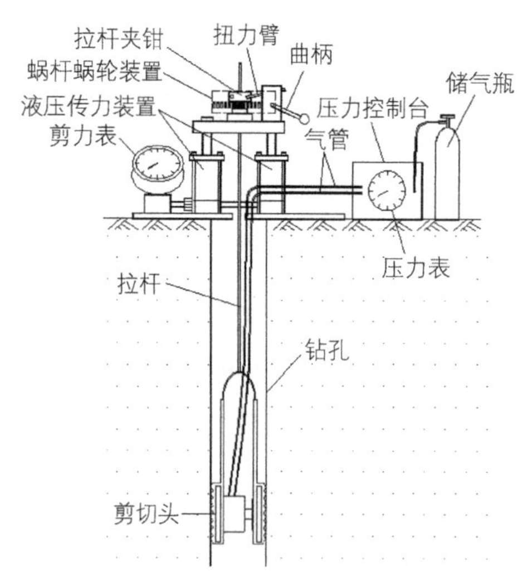

图 19-4 土体钻孔剪切试验装置示意（郑建国）

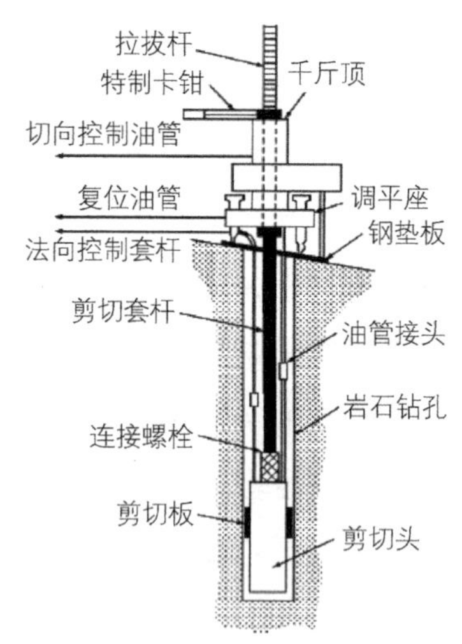

图 19-5 岩石钻孔剪切试验装置示意（郑建国）

据报道，国外应用钻孔剪切试验与室内试验结果比较，对饱和砂土、粉质黏土、黏土、粉土，与三轴固结不排水剪、直剪测定的抗剪强度参数较为接近。

加装位移传感器测法向位移，还可用于测定岩土的变形模量。目前，国内有10多个单位引进。2009年，机械工业勘察设计研究院有限公司从美国引进了土体钻孔剪切仪（BST），在西安地区的马兰黄土、离石黄土中测试抗剪强度指标，最大试验深度达22.8m。试验成果的规律性很好，与室内试验结果相比，表现出黏聚力较低、内摩擦角较大的特征。2009年，中国水利水电科学研究院从美国引进了岩石钻孔剪切仪（RBST），开发了岩体钻孔弹性模量测试系统，在向家坝水电站坝基黑色泥岩、泥质粉砂岩中应用，发现钻孔剪切试验得到的 c、φ 值小于传统三轴和直剪试验的结果。我觉得，钻孔剪切试验是很有应用前景的原位测试方法，应结合工程边试验、边研究，积累经验，加快国产化和标准化步伐，尽快在工程中推广应用。

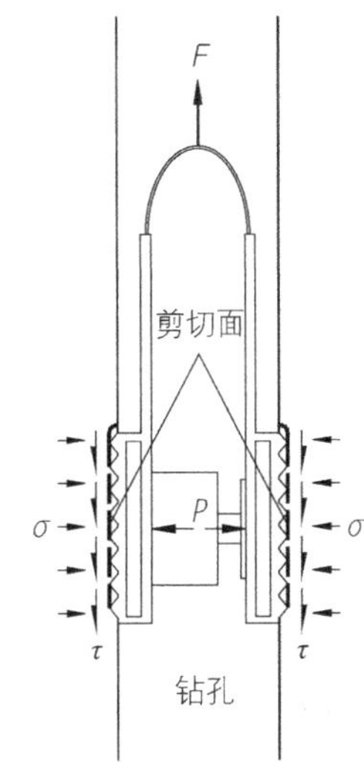

图19-6 剪切头受力示意（郑建国）

5 波速测试

我第一次知道波速测试是20世纪70年代中期，听同济大学费函昌老师讲的故事：1972年，尼克松访华时带来了我国首座卫星通信地面站，1973年在上海建成。为了保证接收效果，对天线基础设计要求很严格，地基要有足够刚度。上海的土质条件必须用桩基，不可能采用天然地基，但美国人仍要求对天然地基采用半空间弹性理论进行分析评价，需要测定剪切波速。那时我国谁也不知道怎样测剪切波速，同济大学动力机器基础的老师提出用稳态面波法测面波波速，再换算为剪切波速，美方同意。之后不久，由于抗震设计需要，波速测试很快发展起来，引进了检层法（单孔法）和跨孔法，后来又开发了串式检波器P-S测井法。工程应用中以单孔法最多，经验也最多。稳态面波法虽然曾经列入规范，但由于设备复杂，效率不高，并无突出优势，故实际工程极少采用。

20世纪70～80年代时，剪切波的初至时间都是人工根据示波器上的波形判读的。压缩波先到，后到的剪切波叠加在先到的压缩波上，但幅值较大。横向敲击激振板是为了激发横波即剪切波，要求左右两端各敲击一次，是为了产生两个相位相差180°的横波，以利判读，见图19-7。现在可以由仪器自动判读，但有时不可靠，仍需人工在示波器上根据波形判读校核。

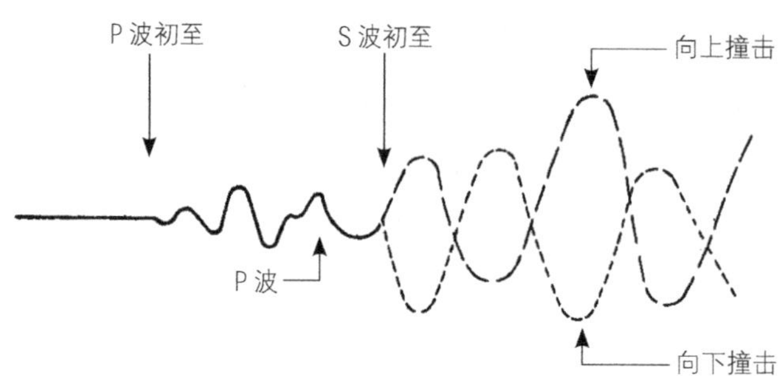

图 19-7 利用极性叠加确定 S 波的初至时间

单孔法、跨孔法和串式检波器 P-S 测井法，哪种方法更准确？从 20 世纪 80 年代开始，就有跨孔法最好的说法。我不是这方面的专家，不便多加评论。只是觉得，单孔法测深部地层的波速，由于深部信号很弱，效果欠佳，不如跨孔法。但是，如果被测岩土为相对低速的夹层，则跨孔法测到的可能不是直达波，而是折射波，导致波速失真，也会影响效果，单孔法则不存在这个问题。跨孔法对钻孔垂直度的要求很高，孔距偏差会带来波速严重失真。串式检波器 P-S 测井法由于激振和拾振都在同一孔内，避免了单孔法地面激振导致深部信号微弱，跨孔法至少需要两个孔的缺点，现已推广应用，效果如何还有争议。

我建议，由权威部门设立一个或几个标准的波速测试仪器检测站，所有测试仪器，不论用什么方法，都在标准场地上检测岩土波速，检测合格者方可投产应用。

6 足尺试验

对于缺乏经验，设计没有把握的工程项目，常常要做一比一的足尺试验。譬如强夯处理地基，正式施工前选择代表性地段先行试验，确定设计参数，就是一种一比一的足尺试验。强夯置换法、振冲法、注浆法等地基处理，一般也要先行现场试验。为确定单桩承载力进行的静载试验，其实也是一种足尺试验。但试验是单桩，工程大多是群桩，有所不同。大规模的足尺试验还有填海造陆工程、高填方工程等。做好足尺试验的关键，除了试验设计外，就是监测技术。

我第一次见到足尺试验是 1960 年春，是在越南河内中国援建的纺织厂工地。负责设计的纺织工业部设计院对当地软土地基承载力心中无数，便采用最可靠的满载试验，即足尺试验分别采用天然地基、砂垫层处理地基和竹桩加固地基做了

3 个试验。方形基础，边长约 3m（三种地基有所不同，具体数字记不清了），将上部结构传至基础底面的荷载全部分级加上，观测沉降。最终沉降量约 20cm（三种地基有所不同），最后采用的是砂垫层处理地基。竹桩是当地传统做法，中国工程师均不认可，竹子不耐腐蚀，不能保持长久的承载能力。这次试验最大的困难是重物，为了解决重物问题，河内各工地能借的钢材几乎都借来了。

我见到足尺试验做得最好的是墨西哥 Texcoco 工程。历时数年，工地成了大试验室，地下到处都是沉降计、位移计、孔压计、测斜仪等各种传感仪器，工棚里挂满了测试成果图表。项目有：抽水造湖试验、堆方试验、补偿式基础试验、桩基试验、机场跑道道基试验、高速公路路基试验、渠道开挖试验、土壤改良试验、植树种草试验等等。工程实施和使用过程中，继续长期观测。为了湖堤、高速公路设计，确定堆方稳定性和沉降量，他们进行了堆方试验，试段长 100m，高 3m，顶宽 20m，底宽 60m。经 7 年观测，堆方中心沉降 1.40m，深部水平位移平均 5cm。结论为，堆方压力下以竖向沉降为主，水平位移很小，堆方稳定。按常规计算，渠道稳定坡度为 1/12，简直无法开挖。他们做了渠道开挖试验，利用土的灵敏度高，结构强度大的特点，保持水位，用挖泥船水下开挖运输。不用挖土机和运输车。做了两个试验段，挖深 4m，坡度 1/3。设元件监测开挖、放水、灌水时水平、垂直位移，控制施工速度。经多次放水、灌水，4 ~ 5 年观测，边坡稳定，方法可行。为确定桩的负摩擦特性，做了桩的负摩擦试验，试桩长 30m，沿桩长设置观测元件。第一阶段无附加荷载，观测抽水地面沉降的负摩擦力，第二阶段为加载试验。试验结果，第一阶段地表至 22m，轴力自上而下增加；22m 以下自上而下减小，桩端最小。中性点在 22m，以上为负摩擦，以下为正摩擦。

7 原位测试，各有长短

原位测试方法很多，前已提及载荷试验、标准贯入试验、旁压试验、原位剪切试验（包括十字板剪切试验、大面积直接剪切试验、钻孔剪切试验）、波速测试，第 18 章的静力触探和动力触探也是原位测试。此外，还有扁铲侧胀试验、岩体原位应力测试、瞬态法和稳态法地基刚度动力测试等。为什么有这么多试验方法？原因就在于这些试验各有长短，各有优势和不足，采用何种方法，由岩土工程师根据具体情况选定。

动力触探大概是最简单也是最经济的测试方法，用重锤通过探杆传力，将一定规格的探头击入土中，测记一定贯入深度的锤击数即可，适应性也很强。但这是一种非常粗糙的方法，受多种不确定性因素的影响，锤击数与设计参数之间也只有粗糙的经验关系，只能作为粗略判断的手段。标准贯入试验与动力触探相似，设备和操作也很简单，但也相当粗糙。有人详细考察过，影响标准贯入试验贯入度的因素达18个之多！因此，也只能作为粗略判断的手段。标准贯入试验最大的优点是积累的经验非常丰富，中外都是如此。还有一点要注意，根据锤击能量，标准贯入试验与重型动力触探相当，因而不宜用于软土。现在，也有工程在软土中应用，相当于重磅称轻物，太粗了！相比之下，静力触探精细多了，不仅能在探头上直接量测贯入阻力，不受探杆传递的干扰，而且数据连续，人为因素很少，精度也相当高。但局限性也很明显：一是不能通过粗粒土地层，深度过大也有困难；二是贯入过程中的应力、应变、孔压极为复杂，难以进行理论分析。得到的数据虽然很丰富，很精确，但用于工程仍主要依赖经验。波速测试成本低，效率高，本来用于测定土的动力参数，为抗震设计和动力机器基础设计提供参数。由于与土的静力指标有相关性，也可用于静态设计，但只是经验相关，测试精度也需要进一步提高。

旁压试验、十字板剪切试验、钻孔剪切试验、载荷试验、大面积直剪试验，都可以在原位测定土的力学指标，但与上述方法相比，设备和操作要复杂多了，成本和耗时大得多了，因而不能大量进行，数据量很有限。这些方法也各有长短，三腔式旁压试验主要流行于西欧国家，有丰富经验，我国积累的经验还很不够。最大的缺陷是横向加荷，测到的是土的水平方向的应力变形关系，而实际工程绝大多数是竖向荷载，需要的是竖向应力应变关系。自钻式旁压试验虽然避免了孔壁扰动，提高了精度，还可测定原始状态的侧压力系数，但设备过于复杂，成本过高，至今国内外均未普及。十字板剪切试验可以直接测定土的强度，但只适用于内摩擦角接近0的软土，而且精度不高，应用时仍需依赖经验。钻孔剪切试验在我国还不普及，尚需继续试验研究。大面积直剪试验成本高、工期长、操作复杂，只有少数工程特殊需要时才做。岩土工程师心目中觉得最可靠的大概是载荷试验了，天然地基、复合地基、桩基的地基承载力，均以载荷试验成果为最终基准。但载荷试验的短处也很明显：工期长、成本高、数量有限是显然的。地下水位以下的深埋基础，做载荷试验存在很大的操作难度。用载荷试验确定复合地基的承载力、深大基础的承载力，合理性如何，还有争议。还有专家认为，承压板下土的应力分布很复杂，用载荷试验方法确定地基承载力、测定变形模量，理论上并不完善，带有很重的经验因素。最可靠的当然是足尺试验，虽成本高、时间长，但最有把握，对于缺乏经验的重要工程、大型工程，还不能不倚仗足尺试验。

第 20 章 对工程物探寄予厚望

本章阐述了电法勘探、地质雷达、地震波 CT、管波法、多道瞬态面波法等工程物探方法概况，物探的工程应用和技术进步。在各种岩土工程勘探测试方法中，工程物探技术含量最高，技术进步最快，发展空间最大，寄予厚望。

地球物理勘探专业博大精深，我不是物探专业人员，不懂物探。只是作为一个外行，从岩土工程角度，讲述一些工程物探 64 年的发展和对今后的期待，谬误难免。

1 电法勘探今昔

1952 年，我国高等院校进行院系调整时，按苏联高校专业设置，在北京地质学院、东北地质学院设置了地球物理勘探专业，开始培养物探专业人才。我所在的建工部综合勘察院于 1957 年派李宗祥等去铁道部学习物探，随即在本院开展了为水文地质工程地质服务的电法勘探工作。我 1958 年在苏联实习时，也听了俄罗斯基础设计院工程物探工程师讲解电法勘探知识。从 20 世纪 50 ~ 80 年代初，物探应用于工程的基本上就是电法勘探。

现在看来，当年的工程物探实在太陈旧了。虽然电剖面法、电测深法、自然电场法、充电法、激发极化法、电测井等各种电阻率法均已开展，用以探测地层、探测岩溶、探测地下水，但效果都不理想。“物探，物探，说了不算”，错判率较高。那时没有计算机和数值法，电法勘探的解析式非常高深、复杂，我听过几天讲解，很难听得懂。测到的数据无法计算解释，只能借助“量板”。量板是由专家将理论计算结果制成的许多曲线作为标准，物探人员将测到的曲线与量板曲线比对，用以推断解释结果。直到 20 世纪 90 年代以后，有了电脑，才有条件进行快速数据处理，厂家将软件固化在仪器上，才使物探数据处理发生根本变化，也催生了高密度电法的问世。

传统的电阻率剖面法测点密度低，提供信息贫乏，无法对其结果进行综合处理和对比解释，难以满足实际需要。高密度电阻率法是一种阵列勘探方法，测量时将全部电极（几十至上百个）布设于测点上，然后利用程控电极转换开关和微机电测仪实现数据快速自动采集，将测量结果输入微机后，对数据进行处理，给出地电断面分布的各种图示结果。显然，高密度电阻率法的应用与发展，使电法勘探的智能化程度大大向前推进了一步。相对于传统电阻率法具有以下特点：

（1）电极布设一次完成，不仅减少了因电极设置而引起的故障和干扰，而且为快速自动测量数据奠定了基础；

（2）有效进行多种电极排列方式的扫描测量，从而获得丰富的地电断面结构特征和地质信息；

（3）数据采集实现了自动化或半自动化，不仅采集速度快，而且避免了手工操作出现的错误；

（4）对资料进行预处理，并显示剖面曲线形态，脱机处理后还可自动绘制和打印各种成果图件；

（5）成本低，效率高，信息丰富，解释方便，探测能力显著提高。

2 地质雷达的两则小故事

地质雷达即探地雷达，是利用超高频电磁波探测地下介质的一种地球物理方法。其基本原理是：发射机通过发射天线发射中心频率为12.5～1200MHz、脉冲宽度为0.1ns的脉冲电磁波信号，当信号在岩土中遇到探测目标时，产生反射信号。直达信号和反射信号通过接收天线输入到接收机，放大后由示波器显示出来。根据示波器有无反射信号，可以判断有无被测目标。根据反射信号到达滞后时间和目标物体平均反射波速，可以计算出探测目标的距离。地质雷达广泛用于地质分层、地下埋设物探测、溶洞和地下管线探测、钢筋混凝土结构无损探伤等。

第一则故事：

地质雷达现在已为工程界熟知，但在20世纪80年代初，还很少有人知晓。在一次新技术展览会上，我所在单位的几位领导和科技人员看到了国外有地质雷达的报道，立刻引起单位主要领导人何祥的兴趣，表示要立题研究。何祥是位革命干部，当然是望文生义；同行的李明清、王锺琦表示难度很大，非本单位力量能及。立项后谁也不愿当项目负责人，让一位无线电业余爱好者王业肯当，王业肯当然也不肯，临时负责吧。后来聘了一位原在广播电台任职的老工程师徐树兹任项目负责人，在西安和扬州分别找了两家大型无线电器材厂为协作单位，一家负责发射机和发射天线，一家负责接收机和接收天线，还招收了十几位“工农兵大学生”，买了一大堆器材。但当时，我国制造和研发电磁波器材的水平还低，满足不了地质雷达的要求。况且还有更复杂的数据识别、处理、计算的软硬件问题。不仅我院无能为力，就是全国也不具备条件，最后，只得打报告终结课题。

由此看来，不进行认真的、实事求是的可行性研究，仓促上马，就难逃失败的命运。

第二则故事：

1997 年初，工程勘察学会秘书长乔桂芳接到河南省兰考县法院委托，要求对使用的地质雷达仪器进行鉴定。情况大致是：兰考玻璃厂投产仅数年，窑体和烟囱严重开裂，厂方与保险公司发生民事经济诉讼。如工程的破坏由地基引起，则保险公司理赔；如因生产不当造成，则责任由厂方自负。经历了兰考县、开封市、河南省三次专家鉴定，结论不一，多次反复。最后厂方请权威单位用地质雷达探测，结论是地基内有古墓，窑体和烟囱破坏的原因在于地基。法院要求对仪器的先进性和可靠性进行鉴定。我翻阅了法院转来的资料，承担探测的单位确是权威单位；地质雷达仪器是加拿大进口的，先进性没有问题；假彩色图上地质异常明显，外行都能看得出来。但我觉得，地质雷达探测是一种间接探测手段，必须用直接手段验证，工作重点应放在直接验证上。

1997 年 2 月 19 ~ 21 日，鉴定小组一行 5 人来到兰考，其中包括一名中国地质大学物探专业教授和一名钻探技工。诉讼双方中的厂方很积极，主动介绍情况；保险公司一方则很低调，只派了一位律师跟着。我告诫鉴定小组成员，在现场只调查，不表态，结论以书面报告为准。我们在现场看到，窑体和烟囱开裂十分严重。据介绍，窑体下面有 30cm 厚的混凝土垫层，上面用耐火砖砌筑。我们决定沿裂缝向下开挖，如果是地基问题，混凝土垫层必有开裂或严重倾斜。开挖结果是，窑体裂缝随深度的增加而逐渐变窄，混凝土垫层毫无破坏迹象。烟囱基础可以视为绝对刚性，如果地基有问题，只会发生倾斜，不会发生结构性裂缝。但事实是，烟囱完全直立，但裂缝又宽又多，毫无规律，显然与生产时的热效应有关。在地质雷达判断有古墓的地方，我们用洛阳铲探测，结果一个古墓也没有发现。

这时，保险公司的律师说漂亮话了：“我们听专家的，专家说是地基问题我们就赔，县公司资金不足有省公司，省公司资金不足有总公司”。厂方这时慌了，提议可否与地质雷达探测单位座谈，我们同意。座谈后才知道，该探测单位在开封有个基地，那次并未作为正式任务委托，也未正常收费，是帮忙性质。探测时未能按正规要求测定物性参数，也未对干扰因素做详细分析，判断可能有误，但报告中已说明需要验证。问题已经很明确，我们写了鉴定报告，厂方撤诉，与保险公司通过调解解决纠纷。

由此可见，仪器重要，操作仪器的人更重要。有好仪器，有权威专家，不严格按程序操作，照样会做出错误的判断。处理工程技术问题时，科学推断是需要的，但只有客观事实才是检验结论的唯一标准，不能迷信仪器和专家。

3 地震波 CT、管波法与钻探联合的“勾兑酒疗法”

各种物探方法中，我最偏爱地震法。原因是地震法的物理基础是岩土的弹性差异，更具体地说，是波速的差异，而岩土波速直接反映了它的力学性质。知道了岩土波速的分布，地质条件就心中有数了。

拙作《岩土工程典型案例述评》中，曾介绍过为桩基设计采用钻探、地震波CT、管波法联合探测岩溶。这里想从“勾兑酒疗法”角度谈谈物探和其他技术方法的联合应用。

地震波 CT 成像与医学 X 射线断层扫描的原理相似，是利用地震波射线走时来重构岩土波速的分布。具体做法是，在两个钻孔间采用一发多收的扇形观测系统，组成密集交叉的射线（图 20-1），通过像素、色谱、立体网络的综合展示，以达到反映岩体结构图像之目的。坚硬完整的岩体波速较高，节理裂隙发育、溶蚀、空洞（或充填）地段则相对低速，出现波速异常。波速差异为该法查找溶洞、溶蚀裂隙发育带提供了地球物理基础。

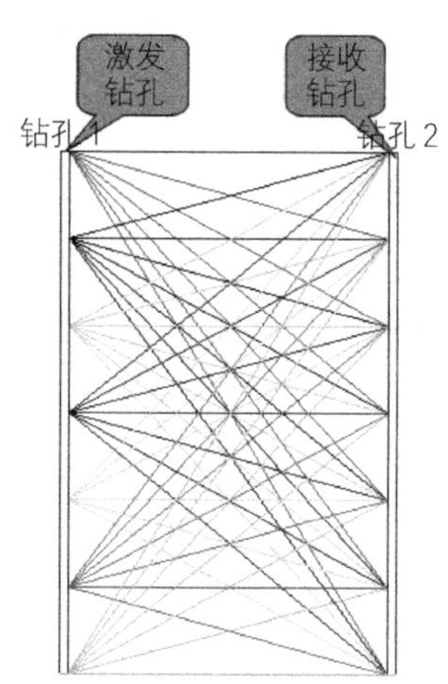

图 20-1 地震波 CT 探测系统原理示意图

管波技术为广东省地质物探工程勘察院李学文、饶其荣在 2003 年的发明专利，原理是，当相互接触的两种介质一种是流体另一种是固体时，流体的振动会在两种介质的分界面附近产生沿界面传播的界面波，即广义的瑞雷波。在液体填充的孔内和孔壁上，广义瑞雷波沿孔的轴向传播，称为管波。管波在传播过程中，除在孔径变化、孔底和孔液表面产生反射外，在管波的有效探测范围内的任何波阻抗变化都会产生反射。这种波阻抗变化必是钻孔侧旁存在不良地质体，因而可用管波法确定钻孔侧旁是否存在溶洞、溶蚀、软层、风化带、裂隙发育带等。由于管波能量强、衰减慢，很容易被识别。

岩溶（喀斯特）的溶洞和溶隙，分布无序，形态奇特，极为复杂多变。对岩土工程师来说，是充满变数的危险地带，如临深渊、如履薄冰。即使两个钻孔相距不到 1m，结果也可能完全不同，单一方法难以奏效。采用钻探、井间地震波 CT 和管波技术联合探测，犹如多兵种联合作战。钻孔既要取芯，鉴别地层，直接感知洞隙的存在，又是地震波 CT 的激发孔和接收孔，还是管波技术的测试孔。钻探取芯是直接勘探技术，似乎最为可信，但岩溶分布和形态如此复杂，“一孔之见”根本无法全面查明。地震波 CT 是体波勘探，通过密集交叉的射线网络和先进高效的计算软件，可较为正确地探测孔间岩溶，弥补钻孔的不足，且在确定完整基岩深度方面相当可靠。但总是间接判断，需钻探、管波弥补其不足。管波虽然探测范围不大，但能有效地探测钻孔附近洞隙，相当于扩大了的钻孔，探测半径虽然只有 2m，但对工程桩来说却是至关重要的区段。这里，还是钻探和地震波 CT 的盲区，还可核查钻探鉴别的真伪，为地震波 CT 计算模型提供岩体的已知参数，使地震波 CT 解译更为可靠。三种技术取长补短，优势互补，相辅相成，有效地解决了岩溶地区桩基设计的难题。

综合物探的应用已为人们熟知，优点在于克服物探的多解性，弥补单一方法可能造成的误判。上述方法进一步启示我们，不仅物探自身需要多种方法综合，还应与钻探结合。现在不少工程做勘察时，工程物探和钻探取样各搞各的，互不相关，各吹各号，达不到优势互补的目的。其实，多种技术联合是岩土工程的一大特点。岩土工程师总是根据具体条件，选择最有效、最经济、最快速的方法，但单一方法常常不够理想，需多种方法配合，犹如“勾兑酒疗法”，岩土工程师就是“勾兑师”。上述方法解决岩溶地区桩基设计问题，就是一剂“勾兑酒良药”。除了勘察测试以外，基础工程、基坑工程、地质灾害治理、生态工程等等，也常常需要多种技术联合。用得好不好，在于岩土工程师对地质条件的掌握程度，对各种技术方法的熟悉程度，对“勾兑”后多种技术的相互影响和优势发挥的理解程度。“综合”不是“拼盘”，“联合作战”不是“各自为战”，要取长补短，相辅相成。其中既具有科学性，还富有艺术性。做得好，一加一大于二；做得不好，还可能一减一等于零。

4 量身打造的多道瞬态面波法

原来的工程物探方法几乎都是源于深层物探，用于寻找石油和金属矿床，后来才移植到工程，用于浅层物探，解决工程问题，需要一个很长的适应过程。多道瞬态面波法是一种专为工程量身打造的地球物理探测技术，也就是说，是按照工程勘察的特点和需要，专门研发的物探新技术。

面波是体波（纵波和横波）传播过程中遇到界面时产生干涉、叠加而形成的次生波，频率较低，能量较强，沿界面传播，能量随着离界面距离的增加而迅速衰减。有瑞雷波和乐夫波两种，面波法应用的是瑞雷波。瑞雷波速度与横波相近，且有明确的函数关系。

与能源、矿产等资源物探相比，工程物探的主要特点是探测深度浅，被测目的物体积小，传统物探方法很难适应。在传统地震勘探中，面波是一种强大的干扰波，很难压制，甚至将反射波信号完全淹没。但研究发现，面波的传播特征与覆盖层性质关系密切，乃“变害为利”，研发适用于浅层的面波法勘探。我第一次见到面波法勘探是20世纪80年代初，日本佐滕株式会社制造的GR810稳态面波探测系统在北京展示、销售仪器设备。该系统用电磁振动器激振，两个检波器，所有仪器设备，包括发电机、吊装设备、功率放大器、数据处理系统等都安装在车上，探测深度约30m，完成一个勘探点约需0.5～1.0h。

1995年，北京水电物探研究所所长刘云祯，系统地提出“多道瞬态面波检测技术与数据处理研究”，引起美国、日本等国的重视。同年，研制出SWS型多功能面波仪及SWS多波列数字图像工程勘探与工程检测仪，改变了当时的两道采集稳态面波法，采用多道瞬态面波法探测，使面波探测水平有了质的突破。探测成果能够直观形象地再现地质结构，定量评价岩土介质的性质。1996年，国家科学技术委员会成果管理办公室组织评审，被评为国际领先水平。现已广泛应用于第四纪土分层、岩石风化带划分、岩洞和土洞探测、浅埋隧道工程勘察、滑坡面探测、地基处理效果检测、填土密实度检测等方面。

随后，又推出了高密度地震映像技术、水域走航式高密度地震反射波技术、隧道地质超前预报技术。高密度地震映像法形式上似乎与传统的单道地震波反射法相似，其实有实质性差别，后者应用的是体波，前者应用的是面波；后者是单一波列，前者是多波列。能实时、直观地在屏幕上显示地质体的彩色映像，在陆域地下目的物调查中，快捷而方便。走航式水域高密度地震映像法，是通过人工激发振动波，在水中及地下介质中传播，遇到不同介质分界面（波阻抗界面）时，产生反射波返回水面，由置于水中的检波器接收后输入地震仪，地震仪进行信号放大和采样，将波形数据记录下来。计算机对接收到的地震信息进行分析处理和解释，计算出各层介质的速度和埋深。探测时，根据反射法中的最佳偏移距技术，选择合适的偏移距，激发点与检波点的距离固定不变，每激发一次，记录一道，沿测线不断移动，获得一条最佳偏移距地震反射时间剖面，在大屏幕上密集显示出彩色剖面，再现地下地质结构形态，达到探测地层的目的。该法用动态差分 GPS 技术，定位精度在 3m 以内；采用水域全自动机械连续冲击产生震源，能量大，效率高；采用拖带式 12 通道漂浮电缆，走航速度为 2 ~ 3 节，可完成 3.6 ~ 5.4km/h 的地震映像剖面，每 1 ~ 2m 有 1 个测点，效率和横向精度都很高。

2014 年开始，以刘云祯为首的北京水电物探所又致力于天然震源面波法的研究，于 2015 年推出“WD 型微动智能勘探仪”。天然震源面波法无须人工激震，采集的是大地天然微动，从自然微震中提取面波信息，且勘探深度大，采集过程无须人工处理，直接实时显示勘探成果——面波频散曲线。该法检波器排列的基本形状为圆形，抗干扰能力强，适于在城市中勘察。

5 对工程物探的期待

岩土工程的各种勘探测试方法中，以工程物探技术含量最高，技术进步最快，发展空间最大，故寄予厚望。工程物探可以解决的问题有：

（1）确定地质分层、覆盖层厚度、风化层厚度、基岩面起伏；

（2）探测断层、裂隙带、溶洞、采空区等的空间分布；

（3）测定岩土波速和动弹性参数，场地常时微动观测；

（4）施工质量检测、地基处理效果检测、桩基础质量等无损探测；

（5）地下管线、不明埋设物（防空洞、老基础、孤石、爆炸物等）探测；

（6）地质灾害评价与预测、环境污染检测和监测；

（7）滑坡滑动面探测、隧道超前预报、路基病害、水库渗漏探测；

（8）生态环境监测、考古研究等。

需要特别一提的是，埋藏在地下的溶洞、土洞、防空洞等地下洞穴，孤石、混凝土块、锚杆等障碍物，上下水、燃气、电力、电信等地下管线和非开挖地下管线，水管、截水帷幕等的漏水点，软弱结构面、滑坡面、断层破碎带等地质薄弱部位，乃至浅层燃气、爆炸物、放射性等危险物，对工程安全的威胁很大，如未查明，可能带来严重后果。对这些地下安全隐患，用常规勘察方法难以取得理想效果，只能寄希望于地球物理方法。

物探不同于钻探，钻探是一种直接勘探手段，物探是根据岩土某种物理性质的间接推定，必须有一定的地球物理条件才能取得满意的效果。这些条件主要是：

（1）探测对象与周围介质存在一定的物性差异；

（2）探测对象具备一定的规模，能产生相应的地球物理异常；

（3）能正确区分干扰场带来的异常；

（4）克服多解性带来的偏差。

这些年来，得益于传感器等各种元器件的更新换代，计算技术和微电脑的发展，工程物探的技术进步很快。物探仪器一步一步地小型化、自动化、智能化，灵敏度、分辨率、信噪比逐步提高。研发人员也从深层物探框框内走出来，致力于符合工程需要地球物理新方法的研发。从传统的地层界面探测和目的物定位探测，进一步向确定地层和目的物的属性方向发展。GPS技术、可视化技术、层析成像技术（CT）等紧密与地球物理结合，更准确、更直观、更迅速地获取成果。目前，岩土工程勘探测试还是钻探取样唱主角，工程物探唱配角，随着物探可靠性、精度、成本、工期优势的逐步提高，或许有一天会反过来，工程物探唱主角，钻探取样只作为验证手段，成了配角。钻探和测试都有"抽样调查"的性质，数据数量有限，又不是实时数据，大数据的信息一般都是实时获取大量数据，勘察工作要想实时获取全面的三维连续的地质信息，只有物探有此可能。

第 21 章　质量检测等待新突破

本章记述了新中国成立初期质量检测的验槽、击实试验、放射性同位素测土的密度，介绍了后期质量检测的发展。简要介绍了钻芯法、声波透射法、动力法检测基桩。认为新中国成立以来质量检测技术虽然有了显著进步，但这些年未见重大突破，应大力开发创新。

1　新中国成立初期的质量检测

从第一个五年计划开始，到 20 世纪 80 年代初的 30 年里，对工程前期的勘察非常重视，成立了专业队伍，强调没有勘察不能设计，没有设计不能施工。但施工质量的检测没有现在那么重视，原因可能是两方面：第一、那时以天然地基为主，地基处理的方法不多，主要是换填（砂垫层为主）；20 世纪 50 年代的桩基只有预制桩，60 年代后才逐渐发展灌注桩。因此，岩土工程的质量检测也主要限于天然地基的验槽，压实填土的密实度检测、桩基的静载试验。第二、那时是计划经济，都是国有企业，没有追求利益的渴望。基层党委对本单位监管得很严，因而不存在为了本单位的利益偷工减料，施工质量一般都很好。质量检测虽然需要，但远不如进入市场经济后那样迫切。

天然地基验槽，除了对照勘察报告目力观察，核对地基条件外，就是钎探。方法很简单，一位工人举起重锤打击钢钎，根据贯入一定深度的锤击数判断地基是否合格。钢钎的规格、锤的重量、举锤的高度均无规定，没有标准，全凭经验。只有北京市勘察院（当时单位名称为北京市规划局地形地质勘察处）规定，锤重为 10kg，落距为 50cm，探头锥头 60°，探头直径 40mm，锥头截面积 12.6cm^2，探杆直径 25mm，记录贯入 30cm 的锤击数，即后来的轻型动力触探锤击数 N_{10}。直到 20 世纪 70 年代才列入规范，作为地基验槽的统一标准。

压实填土的质量检测，从“一五计划”开始就采用室内击实试验，测定最大干密度和最优含水量，据以判定填土的含水量控制是否在最优含水量左右，压实系数是否达到要求。由于取样试验烦琐费时，1958年开始，建工部综合勘察院和建筑科学研究院地基所着手研究用放射性同位素在现场原位测定土的密度，研究目的不仅为了压实填土质量的检测，也想用于设计前的勘察。一年左右投入使用，其他一些单位也相继研制投产。都是各单位自制自用，没有工厂生产，当时静力触探、手摇钻机、取土器等也都是如此。放射源为钴60，虽然剂量不大，但防护要求很严格。安全问题太麻烦了，操作时要带专用的防护眼镜、穿专用的防护工作服和围裙；如要乘火车到外地，需要专门一节车厢，列车编组时必须远离居民区，押送人员要自带一个月干粮，到达时间更无法预计。公安部门定期来严格检查，相当麻烦。更麻烦的是，操作人员一旦得了病，其实与工作完全无关，也非说是同位素辐射所致，弄得单位领导很被动。由于实在不胜其烦，又非离了它不可，从20世纪70年代起逐渐都不用了。直到80年代末，深圳某工程现场测土的密度，用香港的核子密度计，原理与我们50年代研制的一样，但设备较为精巧，防护要求也比较简便。

2 后期的发展

20世纪80年代开始到现在，随着建设规模扩大，多种桩型的采用，新型地基处理技术的不断涌现，又进入了市场经济，各单位都要追求本单位利益的最大化。因而工程质量检测的重要性、工作量、技术要求，与前期比较，都发生了深刻变化。除了勘察设计规范规定检测的原则性要求外，还编制了一系列专门的质量检测方法标准。归纳起来，检测方法有以下几类：

（1）取样试验检测：包括含水量、干密度、压实系数等，用以检验压实填土是否达到最优含水量和设计要求的密实度；

（2）原位试验检测：包括轻型动力触探验槽，静力触探、动力触探、标准贯入试验、袖珍贯入仪、面波波速和剪切波波速测试等，用以检验地基处理前后土性变化和处理效果，铁路路基检测地基系数 K_{30}，公路路基检测加州承载比 CBR 等；

（3）结构构件质量检测：包括混凝土原材料性能试验、混凝土试块坍落度、试块抗压强度试验、钻孔取芯抗压强度试验、声波透射法检测、保护层厚度检测、钢筋（钢索）力学性能检测等，用以检验桩身、锚杆及其他混凝土构件是否存在缺陷，是否达到设计要求；

（4）承载力检测：包括地基土的浅层和深层平板载荷试验，基桩（单桩或多桩）、复合地基、复合地基增强体的静载试验，抗拔桩的抗拔试验、基桩的水平载荷试验，锚杆抗拔试验等；

（5）高应变和低应变基桩动力检测，将在下文做进一步说明；

（6）土工合成材料性能检测：包括土工织物、土工膜、土工带、土工网、复合土工膜、复合土工织物、复合土工排水带、复合土工排水管、土工格栅、土工膜袋、土工网垫等的物理性能和力学性能检测；

（7）其他检测：如灌注桩孔底沉渣厚度、桩顶（增强体顶）标高和水平偏移、滤水层颗粒级配和渗透性、真空预压的真空度、预压排水固结度等的检测。

3 基桩质量钻芯法检测

基桩质量检测方法有静载试验、高应变法、低应变法、声波透射法、钻芯法等，其中钻芯法不仅可检测混凝土灌注桩，也可检测地下连续墙；不仅可检测桩身混凝土质量和强度，还可检测沉渣厚度、混凝土与持力层的接触情况，以及持力层的岩土性状。钻芯法借鉴了地质勘探技术，在混凝土中钻取芯样，根据芯样的目测性状和抗压强度，综合评价基桩质量是否满足设计要求。

钻芯法检测工作一定要十分严格、细致。首先，要严格选择钻机和钻进工具，一般采用单动双管钻具钻取芯样，松散的混凝土应采用合金钻“烧结法”钻取。应细心安装和操作，防止孔斜，避免钻进、取芯和试样制备过程中对芯样的损伤。在桩身钻进过程中，应保证塔座稳定、注意回次进尺的控制、钻机立轴垂直度的校正，确保钻芯不发生倾斜或移位。必要时应加固塔座、重新调整钻头、扩孔器、卡簧的搭配。钻至桩底时，应减压、慢速钻进，并采用适当的钻进方法钻取沉渣，测定沉渣厚度。如遇钻具突降，应立即停钻，及时测量机上余尺，准确记录孔深及有关情况。当持力层为中风化、微风化岩石时，可将桩底厚 0.5m 左右的混凝土、厚 0.5m 左右的持力层以及沉渣纳入同一回次。当持力层为强风化岩层或土层时，钻至桩底可改用合金钢钻头干钻反循环吸取等方法钻取沉渣，并测定沉渣厚度。钻进至持力层后，应根据岩土的性质选用适当的钻进工具和钻进方法，以确保芯样质量。

4 基桩质量声波透射法检测

声波透射法是人为向介质发射声波，经一定距离接收，根据声波在介质中透射的声学参数和波形变化，对被测对象的宏观缺陷、力学性质进行推断的一种质量检测方法。有桩内跨孔透射法、桩内单孔透射法和桩外跨孔透射法三种，但后两种方法声波传播路径复杂、干扰因素较多，故主要采用桩内跨孔透射法。

桩内跨孔透射法是在桩内预埋两根（或多根）声测管，将发射、接收换能器分别置于管道中。检测时声波由发射换能器出发穿透两管间的混凝土后被接收换能器接收，实际有效检测范围为从发射换能器到接收换能器所扫过的面积。根据两换能器高程的变化又可分为平测、斜测、扇形扫测等方式。采用钻芯法检测大直径灌注桩桩身完整性时，有时有两个或两个以上的钻孔。如需进一步了解两孔之间的桩身混凝土质量，也可将钻孔作为发射和接收换能器通道，进行跨孔透射法检测。

声波透射检测的主要特点是全面而细致，检测范围可覆盖全桩长的各个横截面，信息丰富，结果准确、可靠。而且，现场操作简便、迅速，不受桩长、长径比的限制，一般也不受场地限制。因此，该法成为混凝土灌注桩，尤其是大直径灌注桩完整性检测的主要手段，得到了广泛应用。缺点是需预埋测管，不能在成桩后随机检测。

5 基桩质量的动力法检测

高应变和低应变基桩动力测试，用以检测桩身完整性、桩身缺陷、基桩承载力，大概是技术含量最高的岩土工程质量检测方法了。岩土工程师和结构工程师都十分关心基桩的桩身质量，关心基桩承载力，但钻芯法和声波透射法检测桩身质量、静载荷试验检测基桩承载力，费用大、周期长，检测的数量有限，故寄希望于快捷而经济的基桩动力测试。我对基桩动力检测是门外汉，这里仅从岩土工程师的角度谈些认识。欲知详情，读者可参阅有关专著，如《基桩质量检测技术》（陈凡等著，中国建筑工业出版社，2014）。

动力测桩始于动力打桩公式，用于打入式预制桩，初始时基于牛顿刚体碰撞理论、能量和动量守恒定律，针对不同锤型、桩型、贯入度、回弹量、落锤高度、回跳高度等参数，结合各国、各地经验建立起来的。但是，锤击产生的瞬态作用在桩身中应力的传播，并非刚体力学问题，实质是波的传播问题，随着技术进步和计算机的发展，学术界和工程界逐步转向用应力波理论研究基桩动力测试问题。1960 年，斯密思（Smith）提出的桩锤 - 桩 - 土系统的集中质量法差分模型，为应力波理论在桩基工程中的应用奠定了基础，也是目前高应变动力检测数值计算的雏形。

我国基桩动力检测的研究与实践始于 20 世纪 70 年代，20 世纪 80 年代进入快速发展时期。开始时争议不断，相当一部分科技人员对动测寄予厚望，特别希望低应变法能有突破，不仅能够检测桩的完整性和桩身缺陷，还希望解决承载力问题。这些年渐趋一致，主流看法有下列几点：

（1）动测法的主要优点是检测速度快、费用低和检测覆盖面广；

（2）基桩的承载能力应以静载荷试验为准，不宜夸大动测法的功效，动力测试不能完全取代静载试验；

（3）高应变法可检测桩身完整性和缺陷，一定条件下可检测基桩承载力，但对设计等级为甲级和乙级的基础工程，只能作为静载荷试验的辅助手段；

（4）低应变法可用以检测桩身完整性和缺陷，检测基桩承载力应持慎重态度；

（5）检测结果分析判定的可靠程度，与操作人员的技术水平和实践经验有很大关系。

20 世纪 90 年代中期，行业标准《基桩低应变动力检测规程》JGJ/T 93—95 和《基桩高应变动力检测规程》JGJ 106—97 相继发布，标志着我国基桩动测技术进入了相对成熟期。

先谈谈低应变法：

所谓低应变法，是在桩顶激振，使桩身和桩周土、桩底土产生振幅微小的振动，同时在桩顶用仪器测定振动的速度和加速度，用波动理论对记录进行分析，从而检测桩身完整性、桩身缺陷，评估基桩承载力。由于应变量低，均在弹性范围内，故不产生永久性变形。低应变法在我国一直是多种方法并存，常用的方法有反射波法、机械阻抗法、动力参数法、水电效应法等。但目前大多数检测机构已逐步转向反射波法检测桩身完整性，而不再用以推定承载力。该法仪器轻便，检测快捷，简易而经济。

反射波法假定基桩为一维弹性构件，应力波沿桩身传递满足一维波动方程。传递过程中遇有断裂、夹泥、离析、缩径、扩径等阻抗变化时产生反射和透射，通过对反射波的分析，判定桩身缺陷的位置和性质，评估桩身混凝土的强度。图 21-1 和图 21-2 为完整桩和断裂桩典型的波形特征。

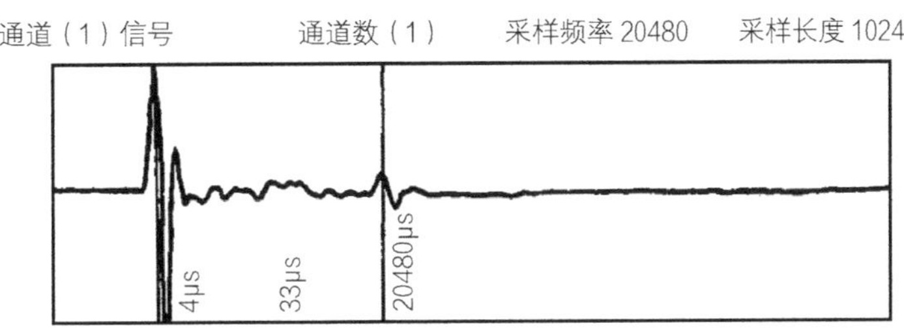

图 21-1　完整桩的波形特征（祝龙根）

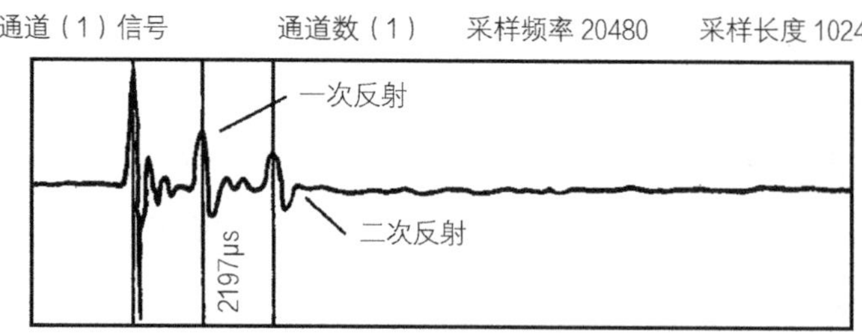

图 21-2 断裂桩的波形特征（祝龙根）

目前，国内多数检测单位采用反射波法，或称瞬态时域分析法，即以速度时域曲线分析、判断桩身的完整性。由于仪器一般均有傅立叶变换功能，所以也可通过速度频域曲线辅助分析、判断桩身的完整性，即瞬态频域分析法。有的动测仪器还有实测锤击力并对其进行傅立叶变换的功能，得到导纳曲线，即瞬态机械阻抗法。其实，这些只是分析角度不同，可通过傅立叶变换建立对应关系，并无实质性差别。故《建筑基桩检测技术规范》JGJ 106 将上述方法统称为低应变动测法。

低应变测桩信号对缺陷的性质较难区分，应结合地质条件、施工情况、钻芯法、声波透射法等进行综合分析。由于低应变法的理论基础是一维线弹性杆件模型，因此受检桩的长径比应较大，桩身截面宜基本规则。此外，还有其他多方面的限制和问题，应用时要慎重。

再谈谈高应变法：

低应变反射波法和高应变法均采用一维应力波理论分析桩－土系统的响应，但前者变形很小，一般不考虑土的弹簧和阻尼的非线性问题，而后者还要着重考虑土的弹簧、甚至土的阻尼的非线性。图 21-3 为等截面均匀桩在高应变法锤击桩顶过程中，设置在桩头传感器的响应，F 为应力波幅值；Z 为应力波阻抗；V 为应力波速度；$R(x_1)$ 为距桩顶 x_1 处的土阻力；$R(x_2)$ 为距桩顶 x_2 处的土阻力；L 为桩长。虽然打桩过程中的土阻力是直接测到的，但土阻力中所包含的静阻力值为未知，承载力具体是多少尚需经过复杂的分析，较为流行的是凯司（Case）法。

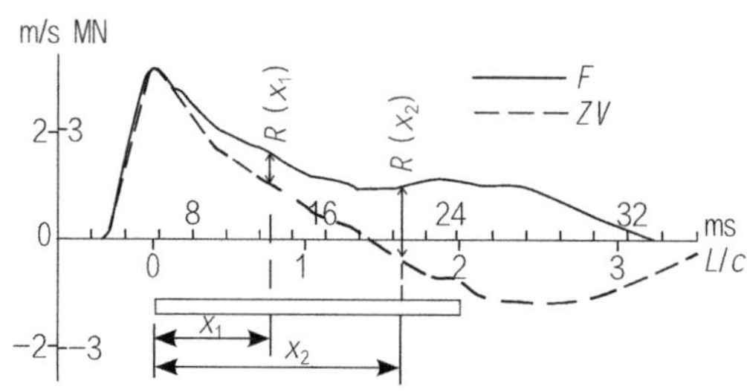

图 21-3 打桩过程的土阻力（陈凡）

凯司法从行波理论出发，导出了一套简洁的计算公式，并改善了相应的测量仪器，使之能在打桩现场得到基桩的承载力、桩身完整性、桩身应力和锤击能量传递等的分析结果，并在基本计算公式的基础上提出了修正方法。凯司法充分考虑了土阻力的发挥与位移的联系，虽然在推导过程中做了不少简化，数学上不够严格，但很实用。

土阻力的发挥程度与位移关系十分密切，但模型及其参数只能是近似的。由于高应变法试桩产生的桩顶位移远小于静载试验，特别是 Q–s 曲线呈缓变型的桩（如大直径灌注桩、扩底桩、超长桩等），难以得到承载力的极限值，故动测法不宜用于作为设计依据的前期试桩，只能用于工程桩的验收检测。预制桩在打桩过程中的动力监测，是高应变法的独特优势，为锤击预制桩的信息化施工提供了较为理想的监控手段。灌注桩由于施工隐蔽，截面尺寸和材质不均匀，传感器安装差异和安装处混凝土的不均匀，均可导致灌注桩检测的波形质量低于预制桩。

总之，基桩动力测试原则上只能用于检测桩身完整性和桩身缺陷，与钻芯法、声波透射法相辅相成，不能为设计提供基桩承载力。高应变法检测承载力也只能作为辅助手段。

6 等待新突破

低应变法、高应变法基桩动力测试，技术含量很高，是数十年来检测领域的重大发展。但近些年来，似乎处在巩固已有成果，推广普及阶段，而基本原理、测试方法、分析模型、参数选取等方面，都没有实质性进展。除了基桩检测以外，天然地基、复合地基、岩土加固和改良等方面的质量检测，也亟待新突破。质量检测量大面广，对工程的安全性、耐久性、经济性影响很大，现在传感器、计算机、互联网、人工智能等信息技术正突飞猛进，客观条件十分有利于开拓创新。

我觉得，工程质量检测应当将地基承载力检测和施工质量检测两个问题分开考虑，这两个问题的性质是不同的。无论天然地基、复合地基、岩土改良地基、桩基，确定承载力都是设计问题，承载力问题太复杂，既有土的强度性质又有土的变形性质，更有土与桩、土与增强体、土与结构的相互作用，需要综合考虑，依靠某种简便的方法难以测定。譬如，压力与沉降关系呈缓变型的基桩，客观上本来就没有一个明确的极限承载力，而是人们根据经验用沉降给定的一个标准，怎能用动力学方法进行理论计算？因此，按目前的科技水平，准确确定承载力只有载荷试验，其他方法只能作为辅助手段。施工质量检测则是另外一个问题，是检验施工是否满足设计要求，合格不合格有明确的标准。以基桩为例，检测的是桩径尺寸、钢筋材质、钢筋笼规格、混凝土强度、沉渣厚度、有无缩径、扩径、夹泥、离析等，也就是桩的完整性和缺陷。这个问题比承载力简单和明确得多，完全有可能用更有效、更快速、更经济的办法检测。天然地基的验槽、复合地基和改良地基的检验也是同样的道理。应积极创新，力争新的突破。

此外，施工过程中的质量监控也非常重要，过去施工过程的质量监控靠监理旁站，常有缺失。现在已有视频监控信息化新技术，优质而高效，发展迅速，应积极推广，或可采取强制性措施。有效、实时、先进的过程监控与质量检测相辅相成，必能确保施工按规范、按设计要求进行。

第 22 章 岩土工程监测新技术

岩土工程监测属于测量、遥感、信息技术专业，不是岩土工程，笔者是外行。但岩土工程离不开监测，故本章对传统监测方法及其发展、近景摄影测量、三维扫描、光纤光栅技术、遥感和合成孔径雷达干涉技术（InSAR），做了简单介绍，以便同行们对这些方法的基本原理及其在岩土工程中的应用有所了解。

20 世纪 90 年代以来，高层建筑、深大基坑、围海造陆、高边坡、高填方等工程大量涌现，对岩土工程不断提出新的挑战。为了确保工程安全和核对设计是否合理，对监测的依赖越来越大。建筑物变形、基础内力需要监测；支护结构的位移和内力、锚杆的内力和变形、基坑周边地面和邻近工程的变形等需要监测；围海造陆和高填方的地面沉降、深层沉降、孔隙水压力需要监测；高边坡沉降和位移、高边坡支护结构的变形和内力需要监测，环境污染和环境岩土工程更需要监测。岩土工程对监测的依赖也促进了监测技术的发展。预计今后岩土工程的难度会越来越大，要求越来越高，而计算预测的可靠性又很有限，因而岩土工程对监测的依赖是不可避免的。为此，在改进已有监测方法的同时（传感器和二次仪表的更新换代，提高精度、可靠性、自动化程度等），还应根据需要，应用精度和效率更高的新技术和新方法。监测技术的专业性很强，需由经验丰富的高素质专业人员承担，但岩土工程师也要对这些技术有所了解，以便合理选用。

1 静力水准测量

建筑物沉降观测是最早开展的工程原型监测，从 20 世纪 50 年代就开始了。那时有识之士已经认识到："谁掌握了这个城市的建筑物沉降观测资料，谁就拥有这个域市地基基础设计的发言权；掌握的数据越多，发言越有把握"。上海、北京开展得最早，积累的数据最系统，最丰富。"一五计划" 期间建设的一些大工业基地（冶金、机械、煤炭、建材、国防工业等）也分别开展了建筑物沉降观测。1975 年，为准备在广州举行的第一次全国建筑工程测试会议，我参加了建筑科学研究院组织的全国性调查，发现济南在沉降观测方面做得很好，建议他们总结经验，在广州会议上做了典型报告。

建筑物沉降观测的传统技术方法，均采用水准测量，由专业测量人员担任。水准测量是技术成熟，精度很高，主要问题是工程施工影响测量作业，测量标点极易在施工期间破坏，工程建成后测量工作更加难以为继。1982 年，我与广播电视部设计院汪祖培合作，对北京中央彩色电视中心的沉降观测，采用了我所在单位陈茂琪工程师建议的静力水准测量，取得很好效果。

液体静态时保持水平，静力水准就是利用这个人所共知的原理。当时的做法非常简单，基本上没有任何传感器和二次仪表，在每个测点上安装一个水罐，用管道将所有测点上的水罐与基准点上的水罐连通起来。原始状态所有测点与基准点都在同一水平面上，测点沉降时脱离水平面，用螺旋测杆即可直接测定该点的沉降量。测点设置在建筑物的墙壁内，管道设置在地下室，并在墙内与测点水罐相连，不暴露在外，不影响建筑物功能和外观，测读也很方便。管路水量变化会影响效果，该装置采取了随时自动补水的措施。测杆端部为一针尖，接触水面时产生水花，精度非常高。又无任何干扰，成果非常可靠，受到业主和设计单位的好评。后来，又在多座广播电视中心使用，并推广到大坝沉降监测，效果都很好。唯一不便的是要有管路系统，需与设计单位配合，土建施工时安装，并需要一定的前期费用投入。

现在，静力水准仪作为一种精密测量仪器，有定型产品，有多家工厂生产，用于大坝、水电站、核电站、高层建筑、大型储罐、隧道、地下铁道等大型工程的沉降观测。材质和传感器已有很大改进，分辨率、精度、稳定性、耐久性等均有很大提高，更有数字信号输出，实现了自动化无线传输，借助互联网实现远程监控、云存储和数据共享。

2 近景摄影测量、无人机摄影测量和三维扫描

航天摄影测量、航空摄影测量、近景摄影测量，都是非接触测量，属于广义的遥感技术。其中，近景摄影测量是指测量范围小于 100m，相机布设在物体附近地面的摄影测量，经历了从模拟到数字的变革，硬件也从胶片相机发展到数字相机。近景摄影测量具有快速、高效、精度高、现场工作量小、便携、外界因素干扰少等特点。从 1996 年至今，数字近景摄影测量的研究及应用已步入成熟期，并向实

时性、全自动化、测量结果深加工的方向发展，前景广阔。

近景摄影测量包括近景摄影和图像处理两个过程，能立体精确再现不规则表面的形态，提供静态目标的平面图、立面图、等值线图、纵横剖面图、正射影像图、晕渲图、模型纹理图、三维虚拟景观图，还可以提供目标的动态轨迹和各种参数。近景摄影测量有多种用途，建筑近景摄影测量常用于亭台楼阁等古老建筑或石窟雕琢的等值线图、立面图、平面图的制作；工业近景摄影测量可用于汽车外壳形状的测量，大型机械部件加工质量和装配质量的检查等；生物医学摄影测量包括动物躯体外形与行动测量、生物发育过程记录、医学外科、牙科、眼科、骨科、矫形等的测量。多年来成功用于文物保护和岩土工程监测，起到了其他监测方法难以替代的作用。

采用载人飞机进行航空摄影测量，由于国家对空域的管制较严，飞行前的审批程序较复杂，以及天气影响等诸多问题，很不方便，周期也较长。无人机摄影测量有GPS导航，自动测姿测速，以高分辨率数字遥感设备为机载传感器，以其经济、便捷、高时效、高分辨率等特点，已广泛应用于工程建设、工程监测、应急突发灾害等领域。彭大雷等用高精度低空摄影测量进行滑坡精细测绘，黄海蜂等用小型无人机遥感进行单体地质灾害应急调查，都取得了良好效果（《工程地质学报》，2017.2）。据《南方能源建设》2017年第1期报道，广东电力设计院陈伦清等采用“智巡者”无人机低航遥感系统，结合 Pix4D 软件进行航线设计、地面监控、空三解析、影像镶嵌、精度分析，对滇西北至广东特高压直流输变电线路进行了低空大比例尺航空摄影测量，取得了良好效果。

三维激光扫描是集光、机、电和计算机技术于一体的现代化信息获取高新技术，用于对物体空间外形、结构和色彩进行扫描，瞬间获得物体表面的空间坐标，是一种实景再现技术。速度快、精度高、点位分布均匀、不接触目标、信息量丰富。三维激光扫描用途很广，室内三维激光扫描如：制造业的样品、模型；生产线的质量控制、产品形状检测；文物雕塑录入、牙科和整容手术等等。地面三维激光扫描可用于对建筑物、桥梁、隧道、大坝、基坑、滑坡、冰川等的监测，还可利用其亮度、色彩进行地质剖面的测绘。但仪器价格较贵，对操作人员素质的要求很高。

三维激光扫描是利用激光测距原理，用高速扫描仪向被测物体发射高频率激光束，瞬时获取反射信号并成像的一种技术。反射信号经过机内处理，转换为带有三维坐标的海量点数据，称为“点云”。点云经过三维建模软件处理后，可构建目标的三维模型，供后期进一步处理。三维激光扫描在国外已经比较成熟，已有不少成熟的商用硬件和数据处理软件，并在各个领域得到了广泛应用，国内还比较落后。据《岩土工程学报》2012年11月报道，福建省建筑科学研究院陈致富、陈德立等采用Riegl三维激光扫描仪配合徕卡TS30全站仪，对某商业综合体三层地下室基坑进行三维变形监测，通过对比验证，认为三维激光扫描获取数据量大，直观简洁，在采集便利性、分析全面性等方面有巨大优势。但误差较大，遮挡问题比较突出，精度评定和误差理论等还需进一步探索。应用于基坑监测时，可与传统测量方法共同作业，发挥各自优势。随着仪器的国产化、软件的公用化和多功能化、技术的发展和精度的提高，三维激光扫描在变形监测中的应用将有广阔前景。

3 光纤光栅技术

地基基础和边坡工程的应力、应变、沉降、变形监测，传统方法采用沉降仪、测斜仪、多点位移计、伸长仪等，采用振弦式、电阻式、电感式等传感器，存在精度低、耐久性差、易受干扰等缺陷。近年来，光纤传感技术日趋成熟，基于该技术的监测仪器不受电磁干扰，耐腐蚀，集成性强，精度高和稳定性好，并实现了监测工作的自动化、远程化，因而很大程度上弥补了传统监测技术的不足。

光纤光栅是一种基于布拉格光栅反射特定波长光的传感技术，当宽带入射光进入光纤时，光纤光栅会反射特定波长的光，生成图22-1所示的反射光谱，其波长与光纤所受应变、温度有关。基于目前的解调技术，应变检测精度可达1με，温度检测精度可达0.1℃，并可串联使用，实现准分布式监测。

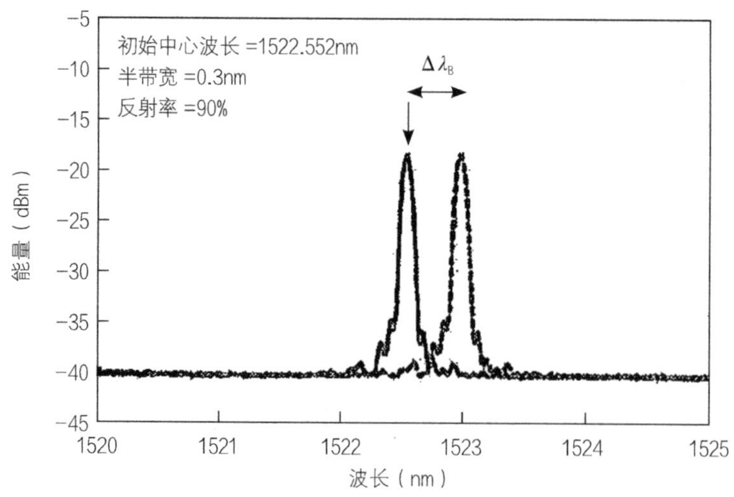

圈22-1 光纤光栅的典型反射光谱（朱鸿鹄等）

为了使光纤光栅能够真实反映岩土和结构的受力变形，保证光纤光栅和监测对象同步，在恶劣施工环境中光纤光栅及其传输光缆不受损坏，必须准确安装，采取细致、有效的保护措施。同时，长期监测应变和温度必须分离，监测应变时应做温度补偿。因为环境温度每改变1℃，就会产生大约90με的应变量。现在，基于光纤光栅传感技术的岩土监测仪器，有光纤光栅混凝土应变计、光纤光栅温度计、光纤光栅测斜仪、光纤光栅沉降仪等。可通过一定方式将数据发送到计算机，由互联网通过网页形式实时发布，实现异地实时查询、监控和预警。

下面用一个工程案例说明光纤光栅在建筑物基础监测中的应用（朱鸿鹄等，基于光纤光栅传感技术的地基基础健康监测研究，土木工程学报，2010，第43卷第6期）:

香港九龙塘中国神学院是一栋三层建筑物，筏形基础长11.6m、宽11.4m。为进行1年的施工期光纤光栅监测，在筏板内沿东西向安装了两排光纤光栅混凝土应变计，每排各串联6组应变计（共24个），以检测混凝土在荷载作用下的应力、应变。为了防止混凝土浇筑损坏应变计，将应变计紧贴在基础底层钢筋下的表面，并每隔0.5m用尼龙扎带固定。考虑到筏板内温度变化较为一致，共安装了 2个光纤光栅温度计，也固定在底层钢筋下，作为混凝土应变的温度补偿。在筏板下100mm深处沿东西向埋设2组光纤光栅测斜仪，每组由4m长的3个光纤光栅测斜仪串联而成。测斜仪上一共布置36个光纤光栅传感器. 以监测地基沉降的分布。在筏板下钻取2个4m深的孔，将长1m的4个光纤光栅沉降仪首尾相连后安置在每个钻孔内，再用水泥－膨润土注浆固定。现场布设的传输光缆均为室外铠装光缆，通过基础预设孔逐一引出，并集中到室外集线箱内。现场的数据采集选用美国Micron Optics公司的sm125便携式光纤光栅解调仪。将传输光缆接驳至解调仪的4个通道上，再由计算机通过无线网自动采集、存储各监测仪器的读数，并实时显示相关的图形和曲线。

由于现场施工人员注浆操作不当，导致输出光缆微弯、有些光纤光栅沉降仪出现信号衰减过大的现象。在基础模板拆除过程中，一组测斜仪的传输光纤被工人锯断，致该组光纤光栅数据完全丢失。但总的说来，大部分光纤光栅安装成功，经历了基础施工中混凝土浇筑、振捣，保证了较高的存活率。图22-2是上部结构施工过程中的部分监测结果。由图22-2（*a*）可知，上部结构荷载使地基土压缩，产生一定的沉降量。图22-2（*b*）显示了筏式基础混凝土内部应变在不同时间点的分布情况，基础浇筑后混凝土内部产生了一定的压应变，这是混凝土硬化过程中的凝结收缩、骨料锁结和水化钙硅酸盐晶体形成引起的。随着上部结构逐步施工，靠近底层钢筋的基础混凝土拉应变开始上升，反映基础开始承受荷载产生弯矩。混凝土应变值趋于稳定，说明筏基的安全储备较高，稳定性良好。由图 22-2（c）基础内部温度的监测结果可以看到，混凝土中水泥水化大量放热，使筏基内温度上升接近 40℃。之后水化热逐渐散发，70d 左右混凝土完成凝结硬化。

以上分析可以看到，基于光纤光栅技术的监测仪器的数据稳定可靠，较为准确地反映了基础受力后的变形。但应重视对仪器安装人员的技术培训，采取预防措施，防止传感器和传输光缆损坏。

除地基基础外，光纤光栅监测已用于诸多方面，如光纤光栅锚杆测力装置，可监测锚杆在外力作用下的应力应变数值及其分布；承德机场高边坡工程，用光纤光栅传感器与多点位移计结合，监测挡墙水平位移；根据光纤光栅传感器测到的铁路防护网拉力的变化，监测沿线滑坡、崩塌、危岩落石，保证行车安全；济三煤矿利用光纤光栅传感器监测松散层由于水位下降产生的沉降，以保证井筒的安全设计。所有这些，均具有精度高、稳定性好、抗干扰能力强、信号传输距离远的特点。

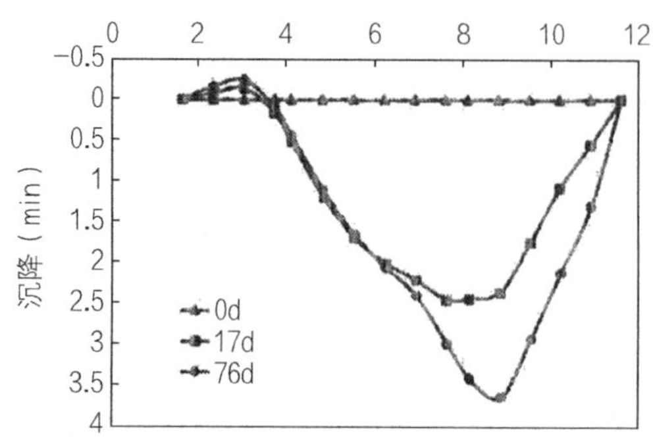

（a）地基沉降的分布曲线（上部结构开始施工时）

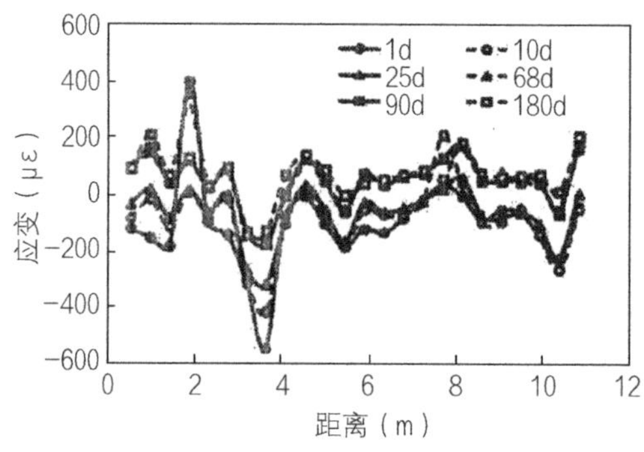

（b）筏式基础内部应变分布曲线

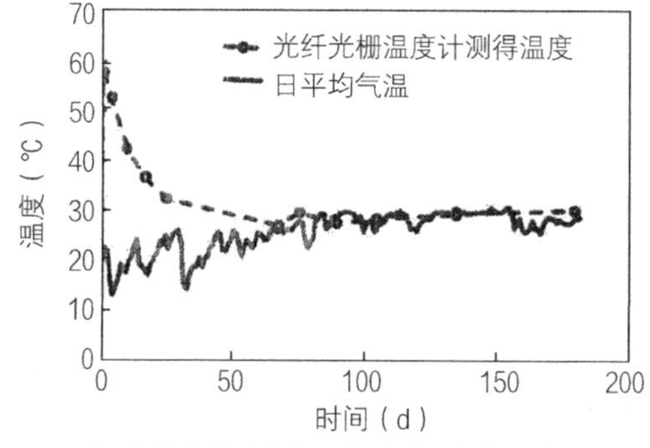

（c）筏式基础内部温度随时间变化曲线

图 22-2　上部结构施工过程中的监测结果（朱鸿鹄等）

4 遥感和合成孔径雷达干涉技术（InSAR）

遥感是利用飞机或人造卫星，通过电磁波（包括可见光）的传输和接收，对地面观测，感知目标的特性，并进行分析的技术。遥感根据电磁波理论，应用各种传感器，对感知目标收集、处理、成像，从而感知地面的景物，可高速绘制地图，高效识别地形地貌、地质构造、地质作用、地质灾害、环境污染等与岩土工程有关的问题，并高效监测其动态变化。特别在高山峡谷、交通不便的地区，其优势尤为突出。遥感技术从 20 世纪 60 年代开始，发展很快，已实现地面、机载、星载多层次，多波段覆盖，与 GPS、GIS 一体化，信息处理技术方面也不断取得突破，趋于定量化和精确化，已经成为岩土工程监测的重要手段。

传统遥感技术是被动式遥感，新近发展起来的合成孔径雷达干涉技术（Synthetic Aperture Radar Interferometry，InSAR）是主动式遥感，是 SAR 遥感技术与射电天文干涉技术相结合的产物。该技术利用雷达向目标区域发射微波，接收目标反射的回波，得到同一目标区域成像的 SAR 复图像对，如复图像对之间存在相干条件，SAR 复图像对共轭相乘可以得到干涉图，根据干涉图的相位值，得出两次成像中微波的路程差，从而计算出目标区域的地形、地貌以及表面的微小变化，用以建立数字高程模型、探测地壳形变等。InSAR 技术具有全天候、全天时、高分辨率、高精度和数据处理高自动化等特点。

SAR 是一种侧视式成像的主动式遥感系统，在雷达波长已知条件下，受天线孔径和飞行平台限制，真实孔径的方位向分辨率很低。由于引进了“合成孔径”概念，使小孔径天线也能得到较高的方位向分辨率，且与传感器至目标的距离无关。合成孔径雷达干涉技术（InSAR）以同一地区的两张 SAR 图像为基本处理数据，通过求取两幅 SAR 图像的相位差，获取干涉图像，经相位解缠，从干涉条纹中获取地形高程数据，精确测量地表某一点的三维空间位置及其微小变化（图 22-3）。

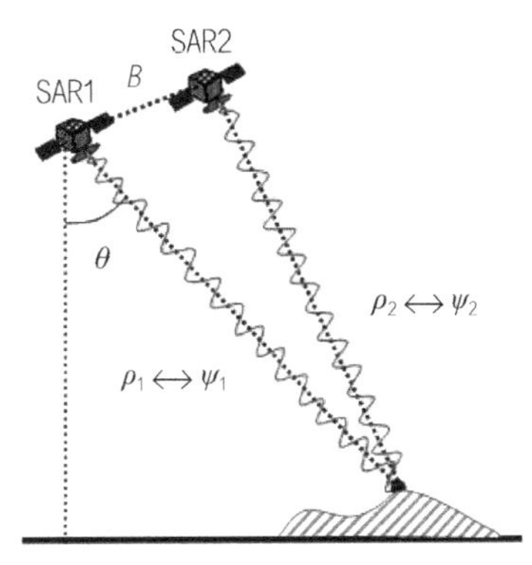

图 22-3 InSAR 原理图（廖明生）

合成孔径雷达差分干涉测量（D-InSAR）是合成孔径雷达测量 InSAR 应用的拓展和延伸，可大面积、高精度监测厘米级甚至更微小的地表形变。为了解决 D-InSAR 的时空失相关和大气延迟效应问题，开发了各种时间序列 InSAR 技术，如 PS-InSAR、SBAS、DStaMPS 等，其中 PS-InSAR（Permanent Scatterer InSAR）仅跟踪成像区域中雷达散射特性较为稳定的目标，而放弃失相关严重的分辨单元。这些稳定的目标称之为永久散射体（PS），如建筑物的墙角、裸露的岩石，人工布设的角反射器等。永久散射体几乎不受失相关噪声的影响，即使经过多年间隔仍然保持较高的干涉相关性。利用同一地区多景 SAR 影像，准确测量 PS 点上的可靠信息，从而监测地面形变，精度达毫米级，与水准测量相当。

InSAR 技术在地表形变监测方面的应用十分广泛，如地震形变研究、火山研究、冰川研究、地面沉降、边坡移动研究等，其中尤以地震形变研究最为突出。欧洲学者已经做了大量工作，包括同震、震间、震后的地面变形研究，取得了许多重要科研成果。除了美国、日本、希腊、土耳其、海地、智利等国的地震外，还有中国的西藏玛尼地震（1997）、张北地震（1998）、汶川地震（2008）、玉树地震（2010）等。我国廖明生等应用时间序列 InSAR 在上海地面沉降、三峡库区地面形变、三峡大坝、秭归滑坡、上海建筑物与构筑物等方面，做了大量地面形变监测实验，为工程应用打下了基础（廖明生等，时间序列 InSAR 技术与应用，科学出版社，2014）。

上海是我国地面沉降发现最早，监测数据积累最多，研究最深入的超大城市，选取这个城市做 InSAR 实验非常合适。在 2005 年启动的中欧合作"龙计划"框架下，廖明生等与意大利米兰理工大学合作，利用时间序列欧洲资源卫星 SAR 数据获取了上海 1992 ~ 2000 年的地表沉降速率场，将结果与当地水准测量数据进行了交叉验证，精度可达毫米级。这一技术得到了沉降监测部门上海市地质调查研究院的肯定，证明了时间序列 InSAR 技术在城市沉降监测方面已经达到了工程应用水平，并有可能逐步推广。

随后，廖明生等又在三峡工程及其周边地区进行了 PS-InSAR 的应用实验，这是人工地物较少的非城市区，并在大坝形变和滑坡监测方面进行实验研究，取得了可喜成果。在单体工程形变监测方面，选择了上海新国际会展中心、磁悬浮轨道、上海火车南站、外环杨高南路立交桥 4 个工程进行了实验研究。

李曼等报道了采用 PS-InSAR 技术监测唐山南部沿海地区的地面沉降（《工程地质学报》24 卷 4 期，2016 年 8 月）。该地区地面沉降始于 20 世纪 80 年代，由超量开采地下水引发，并不断扩大。至 2013 年底，累计沉降量大于 1000mm 的面积已达 23.56km^2。曹妃甸工业区近年来也发现地面沉降，主要由工程活动导致，但监测数据较少，沉降规律尚不清楚。李曼等利用 21 景中等分辨率的 Raclarsat-2 卫星 SAR 数据进行 PS-InSAR 技术处理，获取这一地区 2012 ~ 2014 年地面沉降演变特征。由于曹妃甸工业区工程活动异常频繁，地表地物容易产生非相干移动，相干性降低。同时，建筑物密度也较低，使中等分辨率雷达影像中的地表相干目标少，相位解缠困难。因而采用基于 2009 ~ 2014 年的 46 景高分辨率 TerraSAR-X 卫星 SAR 数据进行精细监测。监测结果表明，采用中高分辨率雷达数据精确地获取了唐山南部沿海地区的地面沉降资料，较为详尽地刻画出该地区地面变形的演变特征，PS-InSAR 技术是监测平原区地面沉降信息的有效技术方法。

李曼等认为，影响PS-InSAR精度的因素很多：如雷达影像接收数量、相干点与参考点的距离、相干点的变形特征与线性模型的逼近程度、大气效应的影响程度、相位解缠的可靠性和轨道误差的控制程度等。欧空局欧盟全球环境与安全监测计划（GMES）研究认为，在数据量大于30景的前提下，In-SAR的地面形变速率精度为0.4～0.56mm/a，形变序列中每个积累形变量的精度为1.1～4.0mm。但在实际工作中，还受制于处理算法差异和技术人员的专业水平，监测结果目前尚难以完全达到理论精度。

2016年8月10日，我国第一颗高分辨率雷达卫星成功发射，随着成本降低，水平的提高和经验的积累，必将加快我国InSAR技术的广泛应用。

第 23 章　工程勘察信息化

本章记述了工程勘察报告商业软件、钻探记录数据采集系统、岩土工程综合测试信息化。新形势下传统工程勘察的钻探、触探、物探、室内试验、原位测试以及工程后期的质量检测、原型监测等数据，应整合为有机、统一的大系统，与现代信息技术深度融合，工程勘察以岩土工程信息技术的新面貌走上历史舞台。

工程勘察的主要任务是为岩土工程决策提供信息。测绘、钻探、触探、物探、室内试验、原位测试、勘察报告都是提供信息，质量检测、现场监测也是提供信息。当今世界，发展最快的领域当然是信息技术了，名副其实的日新月异。一部手机，可全球视频通话，可查到几乎全部你所需要的信息，可以预先搞定许许多多你想做的事情。而且成本如此之低廉，操作如此之简便！工程勘察也是为岩土工程提供信息，也是一种信息技术，但实在太落后了。一定要急起直追，赶上时代步伐。

1　工程勘察报告商业软件

20 世纪 90 年代以前，工程勘察的所有图纸均在项目负责人的指导下，由描图员在透明纸上手绘。描图员都要经过专门训练，要求线条均匀、粗细合适，仿宋体字写得漂亮。需要修改时用刀片将已画的线条刮去，比描图更为麻烦。20 世纪 80 年代中期，有人设计出专门程序，在计算机控制下画出简单的图形，参观者都觉得很神奇。文字报告则先在纸上写好文稿，再由中文打字员打在蜡纸上，用油印机印成若干份存档和对外提交。打字员在一大堆铅字中捡出需要的字，打出一份由项目负责人校对修改，相当费事。直到 20 世纪 90 年代初有了电脑打字，旧式中字打字和油印才成为历史。

20 世纪 80 年代末，设计单位率先攻克了计算机制图难关，“甩掉图板”，彻底改变了设计师在图板上手绘的传统做法。工程勘察报告计算机软件起步较晚，

1997年前，仅有少数实力较强的勘察单位研发制图软件，自制自用，技术起点也较低，对行业影响不大。1997年，北京理正软件设计研究所（北京理正软件设计股份有限公司前身，简称理正公司），以高晓军为总工程师的团队率先研发了我国第一个岩土工程勘察报告编制的商业软件，推向市场，开启了勘察报告编制商业软件的先河。

理正公司以其强大的软件开发实力，在岩土工程专家的协助下，以《岩土工程勘察报告编制标准》CECS 99：98为依据，首次在我国采用Windows操作系统和Access数据库，开发面向对象的商业软件，集数据输入（勘探与试验）、成果图形（平面图、剖面图、柱状图）、测试成果（室内试验与原位测试）、数理统计、成果表格、文字报告为一体，使勘察报告的编制标准化，质量和效率显著提高，并迅速在全行业普及。此后，理正公司又不断推出新版本，研发了“勘察数据与图档管理系统GDM”，促进各单位图档管理的有序化和标准化；研发三维模型，实现地质体的三维展示；研发手机录入现场数据，互联网传至计算机的快速数据传递方法等等。并在建工行业软件的基础上，陆续开发面向公路、铁道、水利、电力、油气、港工、地铁、核电等行业的相关软件，将勘察报告编制的商业软件推向全国，从根本上改变了绘制图表、编制报告手工操作的局面。

2 钻探记录数据采集系统

岩土工程信息来自诸多方面，其中室内试验、原位测试、质量检测、原型监测先行数字化或部分数字化，便于计算机处理和网络传输，但钻探数据和钻探记录仍采用纸质，既不便数据的处理和传输，更不利于质量监管。1999年时，为了与土工试验、原位测试、计算分析链接，我与徐前曾研究过利用掌上电脑开发钻探记录软件，设计了格式和选项提示，技术上已经没有问题。但由于当时互联网尚未普及，产品性价比不高又缺少保证数据真实性的功能，未能开发实施。

转机大约在2015年，这时，平板电脑和智能手机已经普及到千家万户，互联网已经全面进入日常生活，利用平板电脑或智能手机和互联网，采集、处理、传输数据已经十分便利，一些单位着手开发钻探记录采集系统。其中，建设综合勘察研究设计院有限公司徐前等开发的“工程勘察外业数据采集系统”，由于得到了北京市主管部门的大力支持，效果更为显著，成为全国的典范。该系统由客户端和数据服务平台两部分组成，现场为客户端，用装有采集软件的平板电脑或手机，以电子记录代替纸质记录，将采集到的数据通过互联网上传至数据服务平台。数据服务平台接受和保存数据，为相关方提供服务。该系统的基本性能如下：

对客户端的平板电脑或手机，要求屏幕可适应阳光下使用；最好具有三防外壳以适应野外作业的不良环境；要有较大容量的电池，以满足长时间续航要求；有高性能GPS模块，以便快速定位，提高定位精度。采集软件安装在平板电脑或手机上，每次打开采集软件时，可自动链接数据服务平台。每次记录数据及照片均附加GPS坐标和时间数据并实时加密，上传至数据服务平台后，解密保存。客户端修改数据时必须保留修改记录，以确保原始数据的真实性。

客户端工作时，首先填写钻孔基本信息，填写定孔测量坐标（不是GPS获取的坐标）。软件进入描述状态时，GPS自动打开，信号稳定后开始描述和拍照，照片附加GPS坐标和时间数据，之后即进入按回次进尺地层描述。如有取样和孔内测试，则直接输入相关信息。系统给出了大量下拉菜单，提示描述内容和选项，既节省输入时间又规范描述内容。

数据服务平台是一个网站形式的数据库，经注册审核通过登录后即可使用。所有数据的查询、统计、下载、管理、应用等功能，均在数据服务平台上完成。钻探数据的所有权、使用权，归项目承担单位和项目业主所有。数据服务平台采取数据保护措施，确保数据安全，并符合国家保密法律法规要求。项目负责人、项目承担单位、施工图审查机构、项目业主和政府监管部门，按职权范围查阅、下载和管理数据。

项目负责人登录数据服务平台后，可创建项目、输入项目基本信息、查看生成的项目信息、查看基于地图的项目位置、查看上传的钻孔数据及统计数据、下载钻孔数据，并生成可供打印的钻孔记录。可显示每个钻孔的开钻和结束时间、作业持续时间、孔位坐标、孔深、记录员、机长等信息。勘察单位管理人员登录数据服务平台后，可添加、修改、删除项目负责人、描述员、机长的信息，管理、检索、查看、审核、发布项目信息。行政主管部门登录数据服务平台后，可查看辖区内的勘察单位、钻探相关人员及勘察项目信息，可查看项目原始记录，查看勘察企业的项目、项目负责人、描述员、司钻的工作信息，以检查数据的质量，核查数据的真实性。业主、审图机构登录数据服务平台，也可获得相应权限的服务。工程勘察外业数据系统关系见图23-1。

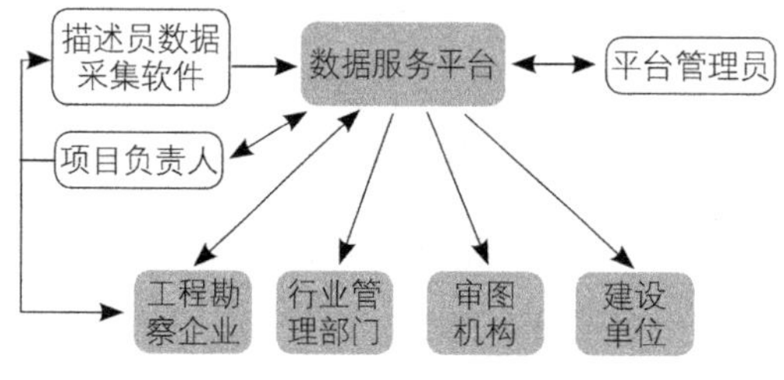

图23-1 工程勘察外业数据系统关系

该系统可实现下列目标：

（1）实现工程勘察数据采集的信息化。钻探记录的是工程勘察的原始数据，是岩土工程全过程信息化的重要一环，以往一直是纸质记录，该系统的实施为岩土工程全过程智能化、网络化、信息化扫除了最后一道障碍。

（2）保证外业数据采集的真实性，并可后期验证。客户端每个数据和现场照片，均附加 GPS 坐标、时间信息及其他数据管理技术（包括数据加密），保证现场活动和数据的真实性，既可实时观看也可后期核查，为原始数据的保真提供了技术保障。

（3）规范现场钻探记录形式，提高记录质量。数据采集软件有描述提示，有利规范记录的内容和形式、提高质量。

（4）提高外业钻探工作管理水平。参与外业钻探的有关人员，包括项目负责人、描述员、钻探机长等，他们的现场作业情况和工作业绩，均实时进入数据服务平台，便于查询、统计和管理。

该系统实现了钻探记录信息化，将野外工作置于可监控的阳光之下，克服了工程勘察行业钻探信息效率低下、质量不高、资料虚假等问题，为岩土工程全过程的信息化打下了基础。

3 岩土工程综合测试信息化

上海由于城市建设快速发展，工程事故频发（如上海地铁 4 号线隧道塌陷、上海世纪大都会 2 ~ 4 号基坑涌水），地铁隧道在长期高负荷运行下，出现沉降过大、结构裂缝、渗漏、涌砂等多种病害，风险管控的压力越来越大。为此，上海岩土工程勘察设计研究院联合同济大学、基础公司、申通地铁、路政局等单位，于 2013 年 10 月成立了“上海岩土与地下空间综合测试工程技术研究中心”，中心主任为顾国荣大师。他们的理念是，利用跨学科的技术集成和融合创新，打破单一测试技术的局限，建立高精度、高效率、综合性的全息测试技术。精密测量技术方面有三维激光扫描、近景摄影测量、空中摄影测量；岩土与地下空间测试技术方面有地质雷达、超声波层析、电磁法勘探；信息技术方面有地理信息 GIS、建筑信息模型 BIM、信息管控平台。截至 2015 年底，已取得多项关键技术突破：

（1）基坑远程自动化监测和监控技术方面有：基于传感器、无线通信技术，实现深大基坑工程监测的全自动采集，现场 24 小时无人值守的连续监测；利用断点处理、粗差评定、数据安全预警等数据分析技术，保证自动化监测数据的稳定性、可靠性和重现性；基于 GIS、互联网、移动互联网技术，实现工程现场监测信息的远程在线发布、工程现场全景浏览、移动监测终端浏览等智慧监测。

（2）地铁盾构隧道三维激光扫描检测技术方面有：提出了自由设站法和轨道

车行进中扫描的外业数据采集方法，实现了高密度、高速度和无约束目标的测量，现场作业效率提升10倍以上；突破国外软件垄断，自主开发了一系列激光扫描点云数据解算方法和程序，获得连续、高精度的隧道变形测量成果；挖掘点云激光反射率应用价值，实现了超高分辨率隧道圆柱投影的内壁影像，快速识别和提取隧道渗漏、缺损等病害。

（3）岩土工程三维信息模型应用技术方面有：基于三维地层建模技术，实现地下结构与三维地质体的信息融合，编制BIM数据规则，开发BIM快速建模插件，大幅提升勘察信息利用效率；基于Revit平台二次开发"地下管线BIM建模系统"，利用外业采集的地下管线物探数据，自动建立地下三维管线，为地下管线保护及搬迁提供三维数据支持。

（4）轨道交通运营地下结构安全仿真管理平台方面有：通过GIS、BIM等信息技术的融合，将地质、结构、监测、巡视、评估等多源数据集成整合，建立了集信息采集、巡视管理、分析咨询于一体的大服务平台；开发了周边工程监护信息管理子系统（云图系统）。通过WEB-GIS平台，实现对地铁变形监护的大数据管理，2015年正式投入申通及10家监护单位使用；开发轨道交通地面巡视管理子系统，采用移动互联网、GPS与北斗GNSS双定位技术，实现保护区安全巡视的轨迹追踪、违章取证等，已投入申通地铁巡视管理工作。

以上这些开创性工作，推动了岩土与地下空间综合测试技术向高精度、高效率、智能化方向发展，将物联网、云计算、BIM等信息技术与岩土测试高度融合，推动了工程测试大数据的应用，让智慧城市更安全，成为今后发展的重要方向。

4 岩土工程信息的整合与集成

现代信息技术的特点之一是高度集成，数据无缝连接，但作为传统产业的岩土工程勘察，钻探、触探、物探、原位测试、室内试验。质量检测、原型监测等数据，还有各种设计文件、施工文件、监理文件、管理文件，都是分别形成，信息化程度很低。这里存在两个问题：一是效率很低，质量也不高；二是岩土工程信息本是一个统一的有机体，统一的大系统，现在被分割得互不联系，分散化，碎片化，岩土工程师得到的信息，犹如"瞎子摸象"，难以了解全貌，已经不能适应当今的信息化时代。在信息技术高速发展的今天，岩土工程应当充分利用各种高性能传感器，利用计算机的快速数据处理和大容量存储，利用互联网的快速传输，将岩土工程全过程的勘探、测试、检测、监测数据整合起来，形成有机统一的大系统，包括地质信息和工程信息、场地信息和环境信息、工程前期信息、施工建造信息、使用运营中的病害、维护和耐久性信息、到工程老化、拆除的全寿命信息。从数据源角度分，岩土工程信息有：

（1）地质体识别：如岩土名称和分类、风化带、断层、软夹层、破碎带、洞穴、孤石，采空区、含水层、隔水层等；

（2）岩土性质测试：如颗粒组成、物理性质、力学性质、化学性质、贯入阻力、弹性波速度、电阻率等；

（3）施工质量检测：如地基处理效果、混凝土施工质量、桩基施工质量、钢筋设置和保护层、环境治理效果等；

（4）现场监测：如建筑物变形监测、基坑监测、地下水监测、岩土应力－应变监测、工程病害监测、工程老化监测等；

（5）地质灾害与生态环境：如斜坡稳定、泥石流、地面沉降、地裂缝、地面塌陷、环境水质的改变，化学和生物污染、放射性污染等。

将这些原来互相独立的、分散的数据整合起来，形成“数字岩土工程”，以便随时查询和利用，为决策者服务。并可进入建筑信息模型BIM系统，进入数字城市系统，成为工程全寿命周期的一个重要参与方，成为这些大系统中的重要组成部分。

岩土工程的业务工作由信息、决策和实施三大部分组成，信息是决策的依据，其可靠性和及时性对正确决策至关重要。我国现在将工程勘察定义在工程建设的前期，其成果只是岩土工程信息的一部分。新形势下可对工程勘察重新定位，涵盖从工程前期到后期全过程的勘探、测试、检测、监测，与现代信息技术深度融合，以岩土工程信息技术的崭新面貌走上历史舞台。工程勘察的信息化，将使勘察成果更真实、更迅速、更丰富，不仅有数据，而且有形象；不仅有结果，而且有过程，将发生革命性的大变化。

第 24 章　对岩土工程信息化的憧憬

本章论述了岩土工程之所以还是不严密、不完善、不成熟，还处于概念加经验的阶段，瓶颈在于参数，在于信息；阐述了工程勘察技术进步缓慢、弄虚作假成风及其原因；论述了当今信息技术大发展对岩土工程的影响，一场以信息技术创新为标志的岩土工程变革已经开始。

1 瓶颈在哪里？

改革开放三十几年来，随着大规模工程建设的展开，岩土工程的科技进步有目共睹。但是，不能不承认岩土工程至今还停留在概念加经验阶段，不能精确计算和预测。层出不穷的新理论和强大的计算工具似乎没有给岩土工程带来质的飞跃，太沙基以来的数十年似乎没有发生革命性的变化，岩土工程依然还是一门不严密、不完善、不成熟的科学技术，与当代科技发展的突飞猛进极不相称。发展的瓶颈在哪里？我觉得主要不在模型，在信息，在于岩土埋藏条件的不确知性和计算参数的不确定性，在于信息的不完善性。查明岩土埋藏条件的手段主要依靠钻探，钻孔之间的信息只能内插或推断，极易遗漏洞穴、破碎带、软弱透镜体、局部地下水体等关键信息。而且，即使钻探的“一孔之见”，也未必完全可靠。勘察时岩土试样取得不少，但试样质量却是勘察质量最薄弱的环节。渗透系数、压缩模量、抗剪强度指标等试验成果的可靠性倍受质疑。况且，砂土、碎石类土、杂填土、风化岩等，无法进行室内试验，原位测试发挥的作用也很有限，多数情况靠项目负责人凭经验估计。建立在先进理论基础上的计算方法，要有可靠的计算参数才能取得理想的效果。计算机和网络的功能在于其强大的数据处理、快速的数据传输、巨大的数据存储，并能方便地共享，但前提是必须有可靠的初始数据，否则，再好的计算模式和再强的计算工具也没有用武之地。勘探、测试、检测、监测等，本质都是初始信息的获取技术，目前岩土工程的信息，质量差、速度慢、集成度低，与飞速发展的信息时代极不相称。参数不可靠哪来计算的可信？信息不完善哪有判断的准确？所以，瓶颈在参数，在信息，突破口也在参数，在信息。中国如此，国际上发达国家，市场比我国成熟，理论研究比我们深入，勘察设计做得比我们认真，但岩土工程计算与实测仍有较大差异。问题在哪里？也在参数，在信息。因此，期望岩土工程产生革命性的飞跃，非从参数、从信息突破不可。

2 当前的忧伤

工程勘察在岩土工程信息中是最大的一块，但目前的情况实在令人忧伤！20 世纪 80 年代以来，不仅未见明显的技术进步，连已有的成熟技术也未能应用。如敞口式薄壁取土样、水压活塞取土器、双层（三层）回转式取土器等，规范规定取 1 级不扰动土样的方法，却极少实际应用，钻探记录和取样技术成为短板中的短板。当今世界信息业迅速崛起，日新月异，影响军事、产业、生活方方面面，正高歌猛进，成为信息化世纪，而岩土工程勘探测试，不进反退，形成强烈的反差。

现在勘察成果粗糙，假冒伪劣成风。我已经退休 20 多年，对现场作业了解甚少，道听途说的一些已经足以令人伤心！编造钻探记录、编造试验数据，勘察报告是 20m 的钻孔，实际只打了 10m；报告上有 20 个钻孔，实际只打 10 个。从岩芯管里切一段土，包装一下就是原状土，实际是否真做试验还两说。施工质量检测和工程原型监测造假的事也屡有所闻。杭州地铁湘湖站事故，邻近马路上已经出现明显开裂，监测数据还是“正常”，要不是后来发生特大事故，调查发现曝光，还不一定为人所知。有一次我参与对施工图审查的检查，查阅钻探原始记录时发现，所有记录整整齐齐、干干净净、字体划一，各孔的描述完全一致。一眼就可看出，全是为了应付检查编的。我年轻时当过记录员，为了鉴别土样，手上总要沾土，记录纸上总有泥污，野外条件下的记录不可能如此整洁。一个场地有多台钻机多名记录员时，统一分层和描述是项目负责人很难做好的工作，各孔记录怎能记得如此一致？某工程岩溶发育，上层因潜蚀、真空吸蚀松动，勘察时有钻头自重下移现象。这本是必须记录的大问题，但柱状图上毫无反映。取了 9 个原状土样，试验指标的离散性很小，我十分怀疑试验指标的真实性。因为潜蚀、真空吸蚀而产生的松动土层，应该很不均匀，指标很离散才是正常。这些指标对判断是否可能发生土洞、塌陷至关重要，造假多么危险！

20 世纪 50 ~ 70 年代，虽然技术陈旧，效率很低，但工作认真，质量是好的，没人敢做假。那时，一靠基层党委的严格监管，二靠工作人员的自觉。由于勘察设计不收费，由国家实报实销，完成数量多少与单位利益、个人利益没有任何关联。一旦发生质量事故，对项目负责人会严加追究。在严管质量的氛围下，养成了工作人员的自觉，弄虚作假是严重的不道德行为，一旦暴露，可能一辈子抬不起头来。这里只是分析原因，决无怀旧的意思，在那种体制下注定是低效率，付出沉重的代价。在市场经济成熟的国家，质量控制靠的是社会机制。项目负责人（注册岩土师）对项目的安全、质量、效率等全面负责，法律责任十分明确，当然要求每个数据都必须真实可靠。一旦失误，经济上要蒙受重大损失，还可能严重影响今后执业。而我国目前，市场经济还不成熟，项目负责人既没有发达国家那么大的权力，也不负发达国家那么大的责任，造成“主体缺位”。在低价中标的市场环境下，为了能拿到项目可以使出各种手段，政府也不可能管得那么具体。勘察原始数据几乎是处于无人监管的失控状态，而且愈演愈烈，造成“监督缺位”。原始资料如此之糟，罪过当然不在科技人员，在于市场的混乱和无序。只有健康的市场才能引导公平竞争，才能引导新技术的开发和应用；无序混乱的市场只能摧残技术，摧残人才，对技术创新没有任何吸引力。管理好市场，形成一个健康稳定的市场，是开发新技术、采用新技术的必要前提。国家需要法治和德治，工程质量也既要监管，又要自觉，两者相辅相成。严格的法治环境，才能形成人人自律的风气；法治缺失的环境，就会逼良为娼，自律的风气是树不起来的。整顿市场是当前最重要、最紧迫的任务，一旦发现弄虚作假，即使尚无后果也要严惩，形成人人对其深恶痛绝的社会风气。

3 不能共享的勘察资料

现在，许多城市已经打了成千上万个钻孔，做了不计其数的岩土测试，拥有丰富的工程经验，这是一笔非常宝贵的资源和财富。这些数据可以用于工程的规划和选址；可以大量减少新建工程的勘察投入，缩短工期；还可用以研究城市工程地质条件，总结岩土工程经验。但实际上利用得非常不够，每一新建工程都要重复勘察，这是极大浪费。勘察资料是一种信息资源，可以共享是信息的重要特点。实物产品在使用过程中会磨耗、损坏，信息数据使用千万次也丝毫无损。在计划经济时代，勘察资料是可以共享的，我年轻时做工程，接到任务后第一件事就是到有关单位搜集资料，各个单位都热情接待。我所在单位每天都有外单位的人在档案室抄资料（那时没有复印机）。编制74版《地基规范》的承载力表时，载荷试验原始数据都是勘察单位提供的；编制第一本《膨胀土规范》时，勘察单位也踊跃提供了许多资料。不仅毫不吝啬，还引以为荣。原因很简单，计划经济时各单位都不追求自己的利益。进入市场经济后，要求无偿提供资料当然行不通了。

建设城市工程地质数据库或地理信息系统，是充分利用勘察资料的最好办法。地理信息系统（GIS）是地理科学、信息技术和计算机技术的综合，引导我们从现实世界走向比特世界。发展到今天，可以处理各种不同来源的数据，如地图、遥感、GPS、勘探、测试、监测等；可与手机等移动电子设备整合，可与各种信息新技术深度融合，可用多种形式显示，高度集成化、智能化、可视化。虽然早在 20 世纪 80 年代初已有单位开发，并取得了一定成果，但 30 多年过去了，各单位开发的工程地质数据库和地理信息系统，有的被闲置，有的只用于本单位查询，没有真正起到共享的作用。与已经高度发展的信息世界相比，形成极为强烈的反差。

问题不在于技术，在于市场。建立城市工程地质 GIS 所需的资源分散在各个勘察单位，必须把各方面的积极性调动起来，使研发单位、数据拥有单位、数据享用单位都能得到利益。城市地质信息内容繁多，各单位各时期所用的标准和习惯又不一致，协调和统一有一定难度。可否在各地主管部门的支持下，研发单位和勘察单位密切配合，共同规划设计，研制面向市场、可不断更新的软件，并与 BIM、数字化城市链接。现在已经进入了共享经济时代，无偿共享已经日益普遍，如微信、共享单车等。只要有识之士致力开创，市场条件下共享勘察成果的愿景一定能够实现。

4 曙光正在升起

当今世界发展最快的领域是信息技术，信息产业的崛起深刻影响着产业、社会和生活的方方面面。传感器、计算机、互联网，是信息技术的基础，支持岩土工程信息的快速获取、快速处理、快速传输、大容量存储、大规模集成、大范围共享、数据间的无缝对接，为岩土工程信息技术的大发展创造了条件。相关领域发展起来的云计算、物联网、移动互联网、3D 打印、智能化、建筑信息模型（BIM）、数字城市、智慧城市等，正风起云涌，目不暇接，有力地推动着岩土工程的技术进步。从规划、勘察、设计、施工、运营、维护到拆除，从技术到管理的全寿命的信息，都可以实现数字化、网络化、可视化、智能化。岩土工程师在计算机上，可以方便地查阅勘探、测试、质量检测、原型监测的数据，可以调阅本项目和相关领域的图纸，可以模拟岩土、工程、环境以及它们之间的相互作用，可以观看钻探、取样、试验、开挖、降水、打桩、地基处理、检验监测、工程病害等的现场实况，可以优化设计，可以协调各方意见，可以真正做到“运筹于帷幄之中，决胜于千里之外”。信息技术正与行业深度融合，影响行业的企业组织形式、工作方式、服务模式、创新思维，改变行业的业态。一场以信息技术创新为标志的岩土工程大变革已经开始。

《2016 ~ 2020 建筑业信息化发展纲要》在发展目标中指出：“十三五”时期，将全面提高建筑业信息化水平，着力增强 BIM、大数据、智能化、移动通讯、云计算、物联网等信息技术的集成应用能力，建筑业数字化、网络化、智能化取得突破性进展，初步建成一体化行业监管和服务平台，数据资源利用水平和信息服务能力明显提升，形成一批有较强信息技术创新能力和信息化应用达到国际先进水平的建筑企业。《发展纲要》对加快 BIM 普及应用、工程勘察信息数据库、勘察信息有效传递和共享、行业诚信管理信息化、电子招投标等方面，提出了明确而具体的要求。《工程勘察设计行业“十三五”规划》也对本行业信息技术的发展提出了明确要求，并对加强市场管理做了相应规定。

我们正处在岩土工程信息化时代的黎明，曙光正在从东方升起。

5 创新是立业之本

汤之盘铭曰：“苟日新，日日新，又日新”（《大学》）。虽是古人之言，却是今天的写照。创新是立业之本，创新是强国之本。创新才能进步，创新才能发展，创新才能超越。需求是创新之母，创新一定要有效益，良性的竞争是创新的动力，因此，健康有序的市场是创新的必要前提。岩土工程的创新，除了勘探、测试、检测、监测和信息技术创新外，还有施工技术创新、设计理念创新、专业体制创新，而信息技术创新是主要突破口。现在，计算机和互联网为我们搭建了平台，高性能传感器、大数据技术、人工智能技术等为我们助力，市场监管和行业诚信管理增强了我们的信心，希望新生代朋友们加倍努力，突破岩土工程的“信息瓶颈”，将岩土工程技术推上新台阶。

高超的现代信息技术只是可以搭乘的顺风车，岩土参数、岩土初始信息的获取，还得依靠本专业的科技人员去做。重点在哪里？从哪个方向突破？我想，一是目前各种测试方法的精度、可靠性、可重复性不够，需要提高，解决岩土工程师对计算参数信心不足的问题；二是研究开发岩土工程测试的难点，如地基中应力场和位移场的测试、作用在地下结构表面上土压力的测试等；三是继续引进其他学科的最新研究成果，消化提高，如电子测量技术、光测量技术、电磁测量技术、波动测试技术、地球物理探测技术、遥感遥测技术等；四是原位测试和原型监测与岩土工程理论分析结合，利用现场测试数据计算和预测，从理论和方法上取得突破。

新技术常常是把双刃剑。手机是好东西，过分迷恋会失去正常交往，成为孤独者。软件是好东西，过分依赖会忘记基本概念，陷入盲目。同样，过分依赖信息遥控，过分依赖他人提供的数据，不去现场，不接触岩土，将成为不识岩土的岩土工程师，数字化岩土是永远不能代替真实岩土的。

篇首箴言

形而上者谓之道，
形而下者谓之器。
——《易经》

第 4 篇
理念之思

——对理论、经验、概念、分析方法、思想品位的思考

核心提示

力学和地质学是岩土工程的两大理论支柱。力学以实验和数学工具为基础，从基本原理出发，结合具体条件，构建模型求解，是一种演绎推理的思维方式，严密而且精细，侧重于设定条件下的定量计算；地质学通过实地调查，获取大量资料和数据，进行对比和综合，由浅而深，不断追索，找出科学规律，是一种归纳推理的思维方式，侧重于成因演化，宏观把握和综合判断。这两种思维方式有很好的互补性，可互相渗透，互相嫁接，必能在学科发展和解决复杂问题中发挥巨大作用。

理论土力学帮助我们认识问题，不要把复杂问题简单化；实用土力学帮助我们解决问题，解决问题要简洁，不要把简单问题复杂化。认识问题是大道理，要懂；解决问题是硬道理，要做。

岩土工程之难于水。

工程的成败主要在于概念的把握，概念需要在实践中逐步加深认识，掌握基本概念是岩土工程师必备的素质。

工程师应当像科学家那样看到现象，想到本质；像工匠那样精雕细琢，力求完美；像医生那样在复杂情况面前，从容不迫，随机应对。

工程师是理论与实践高度结合的职业群体，既能拿笔，又能拿锤。工程师 = 科学家 + 工匠，把科学思想作为终身信仰，坚定不移；把工匠精神作为人生目标，终身追求。

岩土工程师掌握知识，一要深透，二要宽广，三要灵活。所谓深透，就是要牢牢掌握基本概念；所谓宽广，就是既有自己独到的专长，又有广博的视野，要横看成岭侧成峰；所谓灵活，就是善于将书本理论用于现场实践，不拘泥于死板的教条，见微而知著，在复杂问题面前做出明智的判断。

第 25 章　漫谈科学技术与岩土工程

本章原为笔者发表在《工程勘察》2006 年第 2 期的论文，录入本书时做了修改，删去了与其他章节重复的内容。本章阐述了科学技术的含义、工程师的科技品格、岩土工程的科学技术基础、岩土工程需要科学理论指导；阐述了调查、实验、推理、验证等科学方法在岩土工程中的应用。主张要简化，不要简单化。结合岩土工程的具体问题，阐述如何贯彻科学精神、科学理念和科学方法。

1　科学的含义和工程师的科技品格

根据《现代汉语词典》的注释，科学是“反映自然、社会和思维客观规律的分科的知识体系”；技术是“人类在利用自然和改造自然过程中积累起来的，并在生产劳动中体现出来的经验和知识，也泛指其他操作方面的技巧”；科技是“科学和技术的总称”。

我觉得，对科学的理解可以分为三个层次：第一层次也是最浅表的层次，是指科学知识，由于极为繁多，每人只能掌握其中极小的一部分；第二层次是科学方法，即科学研究的工作方法，如观察、实验、推理、验证等，现代科学方法与古代相比已天壤之别；第三层次也是最深刻的层次，是科学思想，科学是一种文化，一种精神。科学和迷信互相对立，科学和宗教是两种完全不同的文化体系或思想体系。科学家必须仔仔细细地积累数据，通过“去粗取精，去伪存真，由此及彼，由表及里”的分析，得出结论，再到实际中去检验。这种实事求是、一丝不苟的态度，只信真理不信邪的信念，就是科学精神。真正的科学家一定是老实人。

人们有时混淆科学与技术这两个既密切联系、又相互区别的概念。科学是一种探索，注重客观规律的研究，所以科学的创新称为“发现”；技术注意的是实用，技术创新是“发明”。现代技术均以科学理论为基础，不合科学原理的所谓“技术”肯定是失败的；现代科学研究都有技术支撑，没有先进的技术手段，不会有高水平的研究成果。

虽然科学技术发源于古代，但那时，由于科学家与工匠的分离，工匠关心的只是实用技术而不是其中的科学原理，因此他们的创造性是有限的。科学家的研究一般出于自身爱好的驱使，缺乏社会动力，所以发展缓慢。到了 18 世纪后期，由于科学家和工匠的结合，实践经验及其背后科学原理的结合，大大推动了科学的发展和技术的进步，并由此造就了近代工程技术，诞生了一代新的职业群体——工程师。工程师不同于工匠（技工），他们不但有丰富的实践经验，而且懂得其中的科学道理。工程师也不同于科学家，他们更接近于工程实践，关心的是如何按使用要求把工程建造起来。

今天重温这段历史，使我们更深刻地理解，工程师应当具备以下品格：像科学家那样看到现象，想到本质；像工匠那样精雕细琢，力求完美；像医生那样在复杂情况面前，从容不迫，随机应对。

2 岩土工程的科学技术基础

2.1　岩土工程是一门工程技术

岩土工程是土木工程中涉及岩石和土的利用、处理和改良的科学技术，实践性很强，覆盖面很广。岩土作为支承体，有房屋建筑、道路、桥梁、堆场、大型设备的地基；岩土作为荷载或自承体，有边坡、基坑、露天矿等的地面开挖，隧道、地下洞室等的地下开挖；岩土作为材料，有填方、路堤、围堰、土石坝、围海造陆、人工岛等；还有岩溶、塌陷、崩塌、滑坡、泥石流等地质灾害的防治，地质环境评估、废弃物卫生填埋、土石文物保护等环境岩土工程，利用排水、压实、加筋、改性、注浆、锚定、设置增强体等，改善岩土体的强度、变形和渗透性能等。总之，岩土工程的目标是建造工程或工程的一部分，因此它的本质属性应是工程技术。

2.2　力学和地质学是岩土工程的科学内涵

力学和地质学，或者进一步说，岩土力学和工程地质学是岩土工程的理论基础，是两大科学支柱。力学、地质学与工程的密切结合，构成了岩土工程勘察设计技术体系的主要内容。

岩土工程是以传统力学理论为基础发展起来的，例如理论力学中的极限平衡、弹塑性力学中的应力应变关系、多孔介质中的渗透理论等，并产生了两门相应的学科：土力学和岩石力学。但大量工程实践表明，单纯的力学计算是不可靠的，不能解决复杂的实际问题。原因在于岩土材料和结构工程师面临的材料完全不同，结构工程的混凝土、钢材等材料材质相对均匀，材料和结构都是由工程师选定或设计的，是可控的，计算条件明确，建立在力学基础上的计算是可信的。岩土材料则是自然形成的，是漫长历史时期复杂地质作用的产物，工程师不能随意选用和控制，只能通过勘察查明。要查明这些条件和测定有关参数，要正确认识和理解这些条件，就必须依靠地质科学。例如岩体中复杂的裂隙系统，软弱结构面，地下水的渗流通道，如果没有地质专家的精心调查，精心分析，企图概化为可供计算的力学模型，几乎是不可能的。

2.3 探测、软件和施工是岩土工程的技术支撑

岩土工程离不开探测正像医疗离不开检验一样。这些探测技术包括钻探取样、工程物探、室内试验、原位测试、质量检验、工程监测等，种类繁多，水平也在不断提高。随着传感器技术、数据处理和电子技术的发展，技术进步很快。探测技术是岩土工程师的眼睛，获取信息的手段，岩土工程分析的基础，也是工程质量和安全的保障，其重要性是不言而喻的。

现在，岩土工程的分析已经离不开计算机软件，过去用手算的粗糙分析方法已逐渐淘汰。岩土工程的稳定分析、变形分析、渗流分析，由于条件复杂和参数的多变，很难用简单的代数公式描述，多采用能反映岩土特性的本构关系，考虑岩土与结构协同作用的计算模式。还有岩土工程 CAD，岩土工程 GIS 等。计算机软件已经成为岩土工程不可或缺的工具。

岩土工程的目标是建造工程，这就必须依靠施工来完成，例如挖土、排水、止水、钻井、制桩、锚固、注浆、土工合成材料利用等。施工技术的发展不仅在提高效率、保证质量方面起决定性的作用，而且在促进设计水平提高方面的作用也很大。经验表明，大多数地基处理工法、锚固技术、桩基工程的创新，都是先有施工技术，后有设计计算跟进。有些行之有效的新技术，已大量用于施工，却一直没有理想的设计计算方法。

2.4 岩土工程需要科学理论指导

有人说："岩土工程主要依靠经验，理论没有多少用处。"这种看法当然是片面的，长此下去，只能降低自己的水平。对科学原理没有深刻的理解，凭直观的局部经验处理问题，很可能犯原则性概念性的错误。明白科学原理的人，能够透过现象看到本质，举一反三，自觉性很强。"长在理论之树上的经验之果才有生命力。"对于岩土工程的勘察设计，力学原理、地质演化规律，岩土性质的基本概念，地下水的渗流和运动规律，岩土与结构的共同作用，工程与环境的相互作用等等，都是常用的科学原理。

下面仅以有效应力原理为例做些说明。

土力学从材料力学中分离出来，成为一门单独的学科，有效应力原理起了关键作用。没有有效应力原理，土力学成不了独立的学科。工程中运用有效应力原理的地方非常多：各种强度计算、稳定计算的总应力法和有效应力法；土的抗剪强度试验的各种不同的固结和排水条件；地基土的固结沉降；地基处理的排水预压法；桩的挤土效应；地震时的砂土和粉土液化等，都直接与孔隙水压力有关。例如强夯法地基处理，厚层软土的处理效果很差，夹多层砂的软土则较好，原因就是砂层的存在大大缩短了排水通道，显著加快了有效应力的恢复和强度的增长。再如打桩，从局部经验出发，似乎桩总是越密越好，土总是越挤越密。但对于软土中的挤土桩，由于土的透水性很小，使孔隙水压力骤然增长，因挤土造成断桩、歪桩、浮桩，已经固结的土变成欠固结状态，有效应力迅速下降。如果在土中设置排水通道就会有良好的效果。加强孔隙水压力监测，严格控制施工程序也可防止事故发生。再如地震时的砂土液化，对于砾石、粗砂等强透水层，孔隙水压力容易消散，所以很少见到喷水冒砂的事例；而对于粉土和粉细砂，渗透系数小，孔隙水压力消散慢，地震后喷水冒砂延续时间长，有效应力需经很长时间才能恢复。

3 科学方法在岩土工程中的应用

3.1 调查

一切的科学研究都是从收集数据开始。天文学来自天文观测；地质学来自地质调查；达尔文发现进化论，调查工作几乎遍及全球。岩土工程的设计施工必先进行勘察，勘察英文 investigation，就是调查的意思。调查作为一种科学方法，一是要求真实可靠，来不得半点虚假和主观臆断。伪造数据，随意取舍，是不道德的行为，是科学工作者的耻辱，对于工程则是一种犯罪。二是有很强的目的性，针对工程设计施工的实际需要。调查工作本应由设计人员亲自动手，勘察和设计本应一体，发达国家的岩土工程体制就是如此。我国由于历史的原因，岩土工程的勘察和设计分离，互相脱节，这个问题已在第 11、12 章中论述。除了前期的勘察外，后期的检验和监测也是数据的收集和分析也是一种调查。调查是科学研究最基本的手段。

3.2 实验

这里所说的实验，不是指一般的土工试验、水质分析等，这些已含在勘察范围内。这里要谈的是更深意义上的科学实验。科学原理注重可重复性，即被认定的科学原理，只要条件相同，则任何时间、任何地点、任何人做，都是可以完全重复的。实验也是科学工作的基本手段，可重复性成了鉴别科学还是伪科学的试金石。随着技术水平的提高，出现了许多高水平的岩土工程实验方法，从物理模型到数学模型，从离心机模拟到工程实体模拟，日新月异的传感器和计算机数据处理技术为科学实验增添了光辉。

有些地基处理技术，要求在正式施工之前首先要进行现场试验。现场试验的目的，一方面是为了取得设计数据，同时也为了证实该技术在该场地上的适用性、可重复性。再如过去只知道砂土地震液化，20 世纪 70 年代通海地震、海城地震、唐山地震，都发生了轻亚黏土（现在的粉土）液化实例。一些专家觉得难以置信，怎么细粒土也能地震液化呢？便取样在振动三轴仪上试验，证实了粉土的可液化性，后来列入了规范。前些年，西北地区的专家们发现了黄土古液化的遗迹，取样进行了试验，证明某些性质的黄土也可能产生地震液化，为黄土液化取得了科学依据，只因未见近现代黄土地震液化的实例，判据不足，未列入规范。

3.3　推理

科学推理有演绎推理和归纳推理两大类：演绎推理是从一般到特殊，最典型的例子是欧几里得几何，从几条最基本的公理开始，推导出一大堆的定理。力学计算基本上是演绎推理的思维模式，以力学的基本原理为出发点，结合具体条件，构建模型求解，侧重于设定条件下的定量计算。由于推导过程非常严密，只要条件符合，参数正确，肯定能够获得可信的结论。归纳推理是从特殊到一般，地质学的创立就是典型。地质学是通过大量的野外调查获取信息，进行分析、对比和综合，找出科学规律，推断地层次序、推断地质历史时期的气候、生物、海陆分布、岩浆活动、各种矿产的形成等。这种推断有一个从粗到细、不断完善的过程。在数据不很充分的条件下，可能有不同学派的争论，其结论未必可信，随着科学的发展、资料的丰富而逐渐统一。岩土工程常常兼用这两种推理方法，例如采用土的抗剪强度指标计算地基极限承载力和承载力特征值，采用一维固结理论分层总和法计算沉降，就是演绎推理；采用土的物理指标、触探指标，利用与载荷试验成果回归分析所得的承载力，就是归纳推理，沉降计算中的“经验修正系数”也是由归纳分析取得的。再如边坡稳定分析，采用毕肖普（Bishop）法、沙尔玛（Sarma）法、简布（Janbu）法等计算是演绎推理；采用工程地质类比法是归纳推理。

这两种推理方法各有长短。演绎推理时，应当注意的是计算条件与实际条件的差别，计算参数的可靠程度。岩土工程充满着条件的不确知性和参数的不确定性，地质条件不可能完全查清，岩土参数存在的离散性，测试条件和工程实际存在很大的差别，还有岩土体与结构之间复杂的相互作用。虽然力学计算有了长足的进步，有许多使用方便的软件，在工程分析中起了很大作用，但计算结果与工程实际总存在差别，有时甚至很大差别。建立在归纳推理基础上的分析判断侧重于宏观把握，要求有足够丰富的数据和较强的综合能力，但定量化差，甚至有因地而异、因人而异的局限。综合判断就是要求工程师综合运用各种演绎推理和归纳推理方法做出判断，就是依靠工程师丰富的学识和经验，借助必要的工具（如软件），做出合理判断。例如在进行边坡稳定分析时，首先根据岩土体的结构确定其属于哪一种破坏模式，根据现场宏观表现进行初步分析，再运用相关软件进行定量分析。有时还要用不同分析方法的交叉对比，做出合理评估。

3.4 验证

科学既然追求真理，就要经得起验证。一旦证伪，或者可能不适用于这个领域，如牛顿力学不适用于微观领域，或者本身就是错误的。与工程有关的结论，更应确凿无疑，才能保证质量和安全。对于一些没有十足把握的推断，验证更是非常必要。以物探为例，物探是根据仪器测到的岩土体各种物性的差异推断岩土体的分布或某种目的物的存在，是一种间接的勘探方法。由于普遍存在的多解性，推断出现差错是常有的事，故必须进行验证。本书第20章有个工程实例，某玻璃窑的窑身严重开裂，因赔偿问题发生经济纠纷。某单位采用地质雷达探测，结论是玻璃窑的基础下和近旁存在二十多个古墓，未按报告要求验证。后来用洛阳铲、钻探等方法直接勘探验证，没有查到一个古墓。物探的仪器是当时国际上最先进的，操作人员也是较高水平的专业人员，但由于电磁干扰而错判。当时如果进行了验证，就可及时排除干扰，不会得出错误的结论。

4 操作要简化，认识不要简单化

科学崇尚简洁，工程师更希望简化，不要烦琐。这里的简化，是指科学方法的简化，而不是对复杂问题认识的简单化。

从全国来说，科技进步需要多层次，既要有高水平深层次的试验研究、理论研究和重大的技术发明，也需要实用研究、局部改进、引进、推广，以及采用成熟技术做得完美的普通工程。既要有原创性成果，又要有工程师得心应手的“小工具”。现在我国岩土工程在这两方面都有差距，一方面是原创性的科学技术几乎都来自国外，另一方面是一般岩土工程勘察设计质量和水平普遍不高。试看，能数得出几个以中国人命名的原理、定律、公式、模型、器械、工法？有几个真正称得上国际水平的勘察设计？与我国如此巨大的土木工程市场显然不相称！其中原因值得深思。例如土钉技术，我国做了多少工程，恐怕难以统计，但系统的试验研究，似乎还未达到国外初创时期的水平。造成这种情况的原因很复杂，在科学研究方面，与教育体制、科研体制缺乏激发创新精神有关；在工程建设方面，与勘察设计分离，岩土专业体制改革不到位以及市场不成熟有关。

理论研究者总是少数人，他们的成果大多是阳春白雪，要被广大工程界应用，需要架一座桥梁，简化才能普及。工程软件就是很好的一座桥梁，解决了繁复的运算、制图等问题。再如：非饱和土在我国分布很广，但非饱和土的科学理论和试验至今还在象牙塔中，工程界知道的人很少，离实用似乎还很遥远。其原因不仅是理论深奥、计算复杂，更主要是非饱和土的基本参数“基质吸力”非常难测，既费时费力，还测不准。《湿陷性黄土地区建筑技术规范》和《膨胀土地区建筑技术规范》绕开了复杂的理论，采用简便的经验方法，解决了工程问题。

再如，20 世纪 70 年代初，我国一群科技工作者花了很大力气建立了“地基承载力表”，现在已很难想象能完成这么大的工程。非常简洁，用起来非常方便，在一定条件下也很正确可靠，勘察设计人员十分欢迎，但后来负面作用也渐渐显现。地基承载力本来是个很复杂的问题，需要工程师根据岩土性质和工程要求，通过理论分析，结合经验综合确定。由于承载力表用得过滥，使复杂问题“简单化”了，在有些工程师心目中，地基承载力成了简单问题。新规范权衡利弊删去了承载力表，使勘察设计人员觉得很不适应。再如沉降计算，规范规定了分层总和法，还给出了经验修正系数，用起来很方便。由于规范的权威性，虽然国内外已有诸多理论和方法，但工程师们多不熟悉，也不闻不问。

另一个典型事例就是地震液化。判别未来地震作用下会不会液化，是个非常复杂的大难题，曾长期困扰地震工程界。后来用概念加经验的方法，搜集了大量地震液化的现场数据，借鉴西得（Seed）简化的剪应力比较法原理，给出了一个非常简单的公式，列入了规范。这是一种很简便的方法，但这样一来，许多人又觉得地震液化似乎非常简单。殊不知液化判别的规范公式是非常粗糙的，如果不懂得地震液化的内在机理和多种外在表现，只知套用规范公式，就可能犯概念性错误。这个问题将在第 55 章中详细阐述。

岩土工程在操作层面上要简化，但认识层面上不能简单化。

第 26 章　不可或缺的工程地质学

本章共 4 节，第 1 节讨论了岩土工程师为什么要懂工程地质学，原因在于岩土不仅是有一定物理力学性质的材料，而且还是一个个“活的”地质体。第 2 节讨论了地质学的特点，着重阐述观察和调查是研究的基本手段，归纳是推理的主要方法，注重成因和演化。第 3 节讨论了工程地质学的重点，提出了地质作用、岩溶发育、岩体结构、地下水、沉积相 5 个方面。第 4 节简要介绍了我国工程地质学的发展和进步，主张工程地质学的根基在“地质”。

国际上，岩土工程有三大学会，国际土力学与岩土工程学会（ISSMGE）、国际岩石力学学会（ISRM）、国际工程地质与环境协会（IAEG）。2000 年，三大学会在澳大利亚墨尔本联合举行“世纪岩土工程大会”（GeoEng 2000）。在国内，中国建筑学会工程勘察分会、中国土木工程学会土力学与岩土工程分会、中国地质学会工程地质委员会、中国岩石力学与工程学会，于 2003 年 10 月在北京联合召开了第一届岩土与工程学术大会（GeoEng China 2003），至 2013 年开了 4 届。可见，土力学、岩石力学、工程地质学与岩土工程，虽然不是一个学科，但关系非常密切，你中有我，我中有你。岩土工程以工程地质学、土力学和岩石力学为理论基础，地质学和力学是岩土工程的两大理论支柱，但岩土工程界还是有些同行不重视工程地质。特别在我国勘察与设计分离的专业体制下，有些从事岩土工程设计的科技人员认为，工程地质是勘察的事，勘察报告说清楚了，设计照办就是。其实，岩土工程包括勘察、设计、施工、检测、监测的全过程，设计处于中心地位，作为理论基础之一的工程地质学，岩土工程设计者是不能或缺的。

1　岩土工程师不能不懂工程地质学

岩土工程宗师太沙基教授是我们学习的榜样，他创建了近代土力学，但始终十分重视工程地质，曾用一年时间攻读工程地质学，后又担任工程地质学教授。

不懂工程地质，到工地就无法识别工程建设中出现的一些现象和问题，譬如：如果没有基本地质知识，见到了岩石，只能识别其颜色和软硬，连岩浆岩、沉积岩、变质岩三大岩类都分不清。泥岩一般是软质岩石，但绢云母化的泥岩，单轴抗压强度可以达到 15MPa 以上。没有基本地质知识，怎么能了解地层的分布规律，怎么能明白整合、不整合、假整合、断层等接触关系？只能在硬的硬，软的软，似乎杂乱无章的结构体前一片迷茫！地质学家在地表看到一些零星的岩石露头，就可推测地下深处的地层和地质构造。1953 年我在淮南实习，在一望无际的大平原上有一小块十来平方米的石灰岩，普普通通的石灰岩。老师说，当年煤矿地质专家谢家荣就是根据这块露头推断，发现了淮南大煤矿。我国有些地方有第四纪玄武岩，在十分坚硬的岩层下面又是松软的土，没有基本地质知识的人就觉得不可思议。学过土力学的人都知道地下水的渗透定律，地下水从高水头流向低水头，流速取决于水力梯度和渗透系数。但是，地下水运动受相对不透水岩土约束，地下水的赋存和径流决定于地质构造和强弱透水层的空间分布，岩石中的地下水更是完全由裂隙带和岩溶发育带控制，不懂地质行吗？无论哪种地质灾害，崩塌、滑坡、泥石流、岩溶、地裂缝等，都是由地质作用发展到危及生命、财产、工程、环境，识别地质灾害需要地质知识，治理地质灾害需要地质知识。有人登高一望，就能判别是顺层滑坡还是切层滑坡，推移滑坡还是牵引滑坡，发展到了哪个阶段，发展趋势如何，怎样治理，靠的就是深厚的地质知识和长期积累的经验。溶隙、溶洞、漏斗、落水洞、溶槽、石芽等喀斯特现象，以及在此基础上发展起来的土洞和塌陷，都是地质作用的产物。不懂得地质知识，不了解地质作用的规律，治理地质灾害就不能对症下药，药到病除。

岩土工程师面临的是岩土，岩土不仅是有一定物理力学性质的材料，而且还是一个个“活的”地质体。地质体不是静止的，都是处在不断运动之中，经过了漫长的历史演化，发生过各种地质作用，才形成了现在的岩土性状和地质构造，而且以后还要继续演变。演变的速度有时很慢，直接看不到，如大陆的升降，板块的移动；有时很快，甚至突然暴发，如断裂地震、崩塌、塌陷等。地质构造的形成，地质作用的发生，地质历史的演变，都服从地质科学的规律。表面看来似乎杂乱无章的地质现象，其实都有规律。不懂得地质学，怎能理解地质体？因此，岩土工程师如果只知道岩土力学，不懂地质学，他的知识是不全面的。

地质学博大精深，专业门类很多，工程地质专业出身的人遇到不明白的地质问题也要请教有关专家。如不认识的岩石请教岩矿专家；不清楚年代的地层请教地层学家；构造问题搞不清时请教构造地质专家。20 世纪 60 年代我在贵州搞工程地质测绘时，不熟悉当地地层，请来了当地的地质区调专家，他像向导似的为我们指点迷津，使我们少走了许多弯路。某核电厂在做工程地质测绘时，由于地质构造复杂，请来了专家协助，使工作顺利进行。该场地有一种“韧性断层”，是温度较高环境下形成的断层，很多人没有见过，搞不清是什么构造现象，经专家指点，大家明白了。一般地台区构造简单，工程地质专业出身的科技人员问题不大；地槽区常有倒转褶曲、低角度逆掩断层，多次地壳运动把地层抖得混乱不堪，构造地质素质不高的工程地质人员往往很难胜任。

对岩土工程师的地质学水平可以有不同的要求：以第四系地层为主的平原区，没有太难的地质问题，初懂即可。所谓初懂，就是学好为大学土木系开设的工程地质课程。在山区工作，经常遇到复杂地质构造、不良地质作用和地质灾害，应当具备较高的工程地质素养，并能胜任工程地质测绘，遇到疑难问题时，可邀请相关专业的地质学家帮助。在外国的岩土工程咨询公司里，岩土工程师是主体，但也有一定数量的地质师，帮助岩土工程师认识和解决地质方面的问题。

工程地质与岩土工程的关系已在第10章中阐述，不再赘述。

2 地质学的特点

地质学研究的特点在下列三方面较为突出：

（1）观察和调查是研究的基本手段

物理、化学、力学，实验是研究的基本手段。初始数据、理论的依据和验证，都依赖实验，物理、化学、力学的知识，基本上也是通过实验积累起来的，离开了实验，做不了任何学问。土力学和岩石力学的研究方法也基本如此，基本依靠土工试验，岩石力学试验。土力学的渗透定律、压密固结定律、抗剪强度定律、有效应力原理，均以实验为依据，并不断得到实验的验证。当然，还不断得到工程实践的验证。

地质学研究也有实验，但主要手段是现场观察，实地调查。几乎一切地质学的基本知识、基本理论、各种学说，都是观察和调查积累起来。地质构造、地质作用、地质演化，只能在现场、在实地才能观察到。现在我们用的1:10万、1:5万地质图，都是区调地质人员拿着罗盘、地质锤、放大镜三大件，一步一步辛辛苦苦走出来的。通过现场观察和实地调查，绘出地层分布、地质构造、地质历史。现在有了北斗卫星或GPS定位，有了电子记录，有了互联网无线电传输，效率提高了，但现场观察和实地调查依旧。钻探也是直接观察，只是取出岩芯观察而已。物探、遥感是间接观察,是辅助手段。不去现场,得不到真正的地质知识,成不了地质学家。

(2)归纳是推理的主要方法

力学的思维方法是演绎推理，以实验和数学工具为基础，从基本原理出发，结合具体条件，构建模型求解，从一般到特殊，从共性到个性。如土力学的达西定律，凡层流都适用，是一般，是共性，在此基础上根据不同情况，不同个性，演绎出不计其数的计算公式和计算方法。稳定流和非稳定流;解析法和数值法;地下水向集水井的运动;地下水在坝基下的运动;超静水压力的消散等。再譬如库仑－莫尔强度定律，也是土力学的共性问题，根据不同情况，不同个性，演绎出不计其数的计算公式和计算方法。地基承载力计算;边坡稳定计算;土压力计算等。现代土力学多种多样的模型，都是在弹性力学、塑性力学、流变学的基础上演绎出来。演绎推理侧重于设定条件下的定量计算，精细而严密，没有模棱两可。只要实际条件与计算模式一致，计算参数可靠，结果一定正确。

地质学的思维方法是归纳推理，从特殊到一般，从个性到共性。即根据实地调查观察到的大量地质现象，进行对比综合，经过“去粗取精，去伪存真，由此及彼，由表及里”的一番功夫，推断出共同的规律。地质历史根据古气候、古生物、古代的地壳运动划分为若干代、纪、世，几千万年、几亿年前的气候、生物、地壳运动怎么知道?都是根据各地无数的调查、观察和化石研究推断的，无法用实验验证。花岗岩是岩浆岩，石灰岩是沉积岩，大理岩是变质岩，也是根据大量的地质调查，按照科学原理推断的，无法用实验验证。归纳推理有个从粗到细，由浅入深，不断追索的过程，侧重于成因演化，宏观把握和综合分析，似乎不如演绎推理严密，但只有这样，才能得到科学发现。地质工作中推断是常有的事，最常见的是两个钻孔之间地层的推断。有时，由于各人掌握资料的不同，观察角度的不同，会发生“公说公有理，婆说婆有理”的现象，一时统一不起来，形成这个学派，那个学派。板块理论虽然基本上已被公认，但还是一个学派。有时，有些问题已经有了结论，后来又修改。例如地史上原先有第一纪、第二纪、第三纪、第四纪，后来发现不对，砍掉了第一纪、第二纪;前些年国际上把第三纪、第四纪也取消了，将新生代划分为古近纪、新近纪，但我国还保留第四纪。

力学和地质学是岩土工程的两大理论支柱，两种思维方法有很好的互补性，互相渗透，互相嫁接，必能在学科发展和解决复杂岩土工程问题中发挥巨大作用。

(3)注重成因和演化

地质学家认为，地壳每时每刻都在不断地运动，都在不断地演化。地形地貌、土和岩石、地质构造，都是地质作用历史的产物，都有其成因和演化过程。研究地质成因和演化，是地质学家的基本追求之一，万事都问成因是地质工作者的习惯。岩石学、构造地质学、地貌学、地层学、古生物学、地史学、矿床学，乃至工程地质学，莫不如此。各种内力和外力的地质作用不断地改造岩土，岩土现状不过是地质演化过程的一瞬而已。褶曲、断层、节理等构造现象，山峦、平原、阶地、盆地等地形地貌，崩塌、滑坡、泥石流、岩溶等地质灾害，各种各样软硬不同的岩土，都有他们的成因和演化过程。力学注重平衡和稳定，地质学更注重运动和演化。

试以滑坡为例，从土力学的角度考虑，主要问题是土体稳定的极限分析。首先要取得数据，如滑坡的几何形状、地质剖面、滑面位置、岩土的力学参数等，然后建立计算模型，必要时考虑非线性、非均匀性、不连续性等问题，根据分析结果，评价滑坡的稳定性。从工程地质角度考虑，除了滑坡的基本形态、地质剖面、岩土的物理力学指标外，尚需观察和调查滑坡裂缝的性质和分布、地下水和泉的性质和分布、影响滑坡的主要因素和滑动的直接原因、附近类似滑坡的情况等，进而分析滑动前的原始地貌、滑坡的性质（牵引式、推移式等）、滑坡的类型（均质体滑坡、顺层滑坡、切层滑坡、浅层滑坡等）、滑坡目前所处的阶段、今后发展的趋势等。根据形态分析、成因分析、工程地质类比等，对滑坡稳定性进行初步评估。岩土工程师一般兼顾力学和工程地质学两方面，在全面分析评价的基础上，提出治理措施。

3　工程地质学的重点

对工程地质学的重点，各人有各人不同的看法。我可能偏重于从城市与房屋建筑的角度，觉得以下几方面可以作为重点：

（1）地质作用

内力地质作用包括大陆升降、板块挤压、岩浆活动等，外力地质作用包括风化、剥蚀、搬运、沉积、成岩等，外力源泉来自太阳，内力源泉来自地球自身。外力作用中又有风的地质作用、流水的地质作用、海洋的地质作用、地下水的地质作用，人类活动的地质作用等等。为什么将地质作用列为重点？原因是因为地质作用与人类的生命财产、工程的安全、环境和生态，息息相关。断层和地震就是一种内力地质作用，崩塌、滑坡、泥石流等地质灾害是外力地质作用发展的结果，超采地下水造成的地面沉降、采空引起的地面塌陷等由人为地质作用形成。地质作用分布广泛、类型众多、机制复杂、危害很大，必须十分重视。

研究地质作用问题，一定要用上面所说方法，即必须深入现场，以观察和调查为主要手段，取得大量的、系统的第一手资料。在此基础上，透过现象，看到本质，经过归纳分析，总结出发展规律。要用历史的观点研究地质作用的演化，绝对不能用静止的眼光看待问题。

（2）岩溶发育

岩溶原名喀斯特，是地下水地质作用的产物，其危害性和复杂性是显而易见的。溶洞形状奇特，大小不一，即使身入其境也很难描述，分布和形态似乎毫无规律。但在地质学家眼里，还是有一定规律的，主要由岩性控制、构造控制和基准面控制。岩溶在厚层灰岩中最易发育，薄层灰岩、泥质灰岩次之。岩溶一般沿断层破碎带分布，这是因为岩溶发育有“两极分化”的规律，溶解石灰岩需有含二氧化碳的水，石灰岩不透水，地下水只能在裂隙带流动，扩大裂隙，进一步增加流动性，加快岩溶发育，促进两极分化，使岩溶集中在断层带附近。岩溶在地下水位附近最易发育，而地下水位是随着基准面的变化而升降的，故在大陆上升区常有岩溶成层分布的现象。

岩溶区的地面塌陷都要经过土洞孕育、扩展，顶板失稳陷落的地质演化过程。当土层中的孔隙水自上而下向岩溶通道竖向流动时，土粒被水带入岩溶通道，形成土洞，土洞不断扩大，发展至地面形成塌陷。这里，真空吸蚀是岩溶塌陷十分重要的机制。当岩溶水位快速下降时，溶洞中产生真空负压，加剧土体的塌落和流失。故开采地下水和矿坑疏干抽水，极易造成大面积塌陷。

（3）岩体结构

岩体的结构可用结构面和结构体的组合来描述和分析，结构面造成岩体的不连续性，使之区别于连续介质。结构面的不同组合影响应力传递，产生应力的局部集中和不均匀分布，并从根本上影响岩体的变形和强度特性，造成各向异性、不均一性、复杂的非线性应力应变关系和变形的时间效应，是影响岩体稳定程度、失稳模式最重要的内在因素。岩体结构控制着力学行为的基本规律，抓住了岩体结构就抓住了本质和关键。岩体结构是在地质作用发展过程中形成的，因此必须用地质体形成和演化的历史观点来认识它的特性。

结构面是分割岩体固相的各种破裂面和不连续面，是层理面、断层面、节理面、劈理面、片理面等地质界面的统称。岩体的主要特点就在于存在各种各样的结构面，或宽或窄，或长或短，或疏或密，或平或曲，或光滑或粗糙，或充填或不充填。其成因包括：沉积结构面、岩浆结构面、变质结构面、构造结构面、表生结构面等。岩体的变形和破坏，一般沿这些弱面发生，地下水沿这些破裂面运动。解决工程问题进行分析时，应首先注意到不连续结构面的存在。

（4）地下水

工程地质学中很多问题与地下水有关，地下水问题是工程地质学的重要组成部分。从地质学角度研究地下水，主要是地下水的循环、运动和动态问题。本书第32章专门讨论了岩土工程之难，难于水，就包含了地下水问题。地下水运动之所以复杂，在于岩土透水性的复杂，在于边界条件的复杂。地下水有的在孔隙中流动，有的在裂隙中流动，有的在岩溶通道中流动，透水性相差好几个数量级。地质构造、补给和排泄条件、隔水和补给边界条件，都是地质问题，搞清楚了这些问题才能进行力学计算。

地下水位的升降，对工程、对生态和环境影响都很大，这就涉及地下水的动态和均衡问题。动态与均衡是不可分割的表里关系，动态是均衡的外在表现，均衡是动态的内在原因。输出大于输入，必然亏损，水位下降，输入大于输出，必然积累，水位上升，只有在输入与输出平衡的情况下才能维持稳定。环境因素变化不断改变地下水的输入和输出，造成地下水动态的不断变化，故所谓“均衡”是动态的均衡。气候、水文、地质、地形、植被，特别是人类活动，都是影响动态和均衡的重要因素。

（5）沉积相

大多数地质学家不重视第四纪地质，但第四纪对工程地质和岩土工程太重要了。全新世（Q_4）、晚更新世（Q_3）、中更新世（Q_2）、早更新世（Q_1）的沉积，土的物理力学性质差别非常大。低阶地土和高阶地土的性质大不一样。残积、坡积、风积、冲洪积、三角洲沉积、沼泽相沉积、湖相沉积、海相沉积、冰川沉积，各有自己的特点。熟悉工程地质学的岩土工程师，知道了地质时代和沉积相，就能大致估摸出场地条件,针对场地的特点进行勘察设计。譬如北京位于大型洪积扇上，其沉积特点是洪积扇的顶端颗粒粗，层次少，洪积扇的边缘颗粒细，层次多，并逐渐过渡。上海是三角洲沉积，土质松软，有多层地下水。西北的风成黄土，没有层理，垂直节理发育，竖向渗透性大于横向渗透性。东南沿海的海相淤泥，含水量很高，欠压密状态，强度很低。西南碳酸盐岩石残积的红黏土，上硬下软，完全没有水中沉积土的特征。北美和欧洲的冰碛，厚度大而稳定，高度超压密等。如果说土工试验做出来的指标是“树木”，那么沉积相就是“森林”了。

4 我国工程地质的发展和进步

我国工程地质初创于20世纪50年代，50～70年代的30年间由创建到成熟，迅速扩大了队伍，形成了完整的科学技术体系，并在工程建设中确立了不可缺少的地位。在治淮、三门峡、官厅、新安江、丹江口等水利水电工程，宝成、成昆、贵昆、湘黔等铁路工程，川藏、青藏等公路工程，武汉长江大桥和南京长江大桥，以及一大批矿山、港口、工业基地，三线建设，提供了工程地质服务。初期注意“岩性、构造、地下水”三大要素，后来创立了以地质成因和演化过程为基础，以岩体结构、工程与环境相互作用为核心的理论、方法和技术体系。

从 20 世纪 80 年代到现在的三十几年里，迎来了工程建设大发展的好时机，如长江葛洲坝、三峡、黄河二滩、小浪底、大渡河双江口、雅砻江锦屏、澜沧江小湾等水利水电工程，最高坝超过 300m；南昆、青藏铁路和总长达 2 万 ~ 3 万 km 的高速铁路，秦岭、军都山、大瑶山隧道，杭州湾、港珠澳等大桥工程，南水北调等跨流域调水工程；还有一大批高度在 500m 以上的摩天大楼、100m 以上的高填方、围海造陆、岛礁工程、海上石油平台等。通过这些大工程的实践，使我国工程地质学科的水平得到了质的飞跃。在此期间，深化了岩体结构控制论，加强了地质灾害机理和防治的研究，深化了对软岩、膨胀岩、断层岩、沼泽土等特殊岩土的研究，加强了国际合作，与国际同步，走向世界。工程地质与相关学科的关系，从互相渗透交叉走向深度融合，工作范围从单纯的建设前期延伸到工程的后效，从单纯的工程安全扩展到环境和可持续发展。注意到人类活动对自然的深刻影响，确立了人与自然协调发展的价值观。这几年工程地质理论又有了不少新突破：如基于变形过程的高边坡稳定性评价、高地应力条件下大跨度洞室和深埋隧道的围岩稳定性评价、强震滑坡的机理及其震后风险评价、滑坡等地质灾害的早期识别和预警，以及高地应力、高地震烈度、高地温、高水位条件下的线路工程等。

有人主张工程地质学与相关学科应深度融合，我原则上不反对。工程地质学家应当关注和借鉴相关学科的新进展，但根基在“地质”，正如土力学和岩石力学的根基是“力学”一样。我不赞成工程地质专家过多深入力学而放松了地质这个根基，“种了别人的田，荒了自己的地”。岩土工程师应当具备土力学、岩石力学和工程地质学的知识，掌握程度允许各人有所不同，有所侧重，必要时还需请力学理论、地质学理论深厚的专家帮助。

第27章　林林总总岩土的个性

本章阐述了各种岩土的个性，包括水中沉积土、软黏土、浮泥、泥炭质土、结晶岩残积土、红土和红黏土、黄土、膨胀土、黑棉土、盐渍土、硫酸钠盐渍土、季节性冻土、多年冻土、风成砂、混合土、冰碛、纹泥、安哥拉湿陷性红砂、岩石的结构面和结构体、风化岩、半成岩、昔格达组、断层岩、膨胀岩、干燥活化的泥质岩、蒸发岩与含盐岩、红层与含石膏红层、珊瑚砂与礁灰岩、高地应力岩体、杂填土、吹填土、压实填土、尾矿砂、赤泥、粉煤灰、生活垃圾、污染土等。地球上的岩土林林总总，不可胜数。土力学和岩石力学理论只是岩土的共性，工程师还要认识多种多样岩土的个性，针对个性进行勘察设计。

事物都有个性和共性，能够抽象出来成为理论的是其共性。故先有个性，后有共性；个性是绝对的，共性是相对的。岩石和土太复杂了，复杂性表现在多方面，其中之一就是多样性。岩土个性太多了，要将如此多种多样岩土的个性抽象出共性来，用统一的模式来描述，难度实在不小。岩石力学和土力学理论抽象出来的共性，其实只是岩土个性中的一小部分，而且不是对所有土、岩石而言，传统土力学研究的主要是水中沉积土。天然的岩土在自然营力和人为作用下不断改造，有的矿物被风化，有的含有机质，有的被污染，还有各种各样的人工土。因此，土力学和岩石力学专家重视岩土的共性研究，但作为岩土工程师，只懂得理论，只知道岩土的共性是不够的，还要认识多种多样岩土的个性。共性蕴涵着岩土工程的科学性，个性蕴涵着岩土工程的艺术性。懂得了岩土的个性，才能进行个性化设计，个性化处理。人们常常批评“只见树木，不见森林”，但我觉得，“只见森林，不见树木”也未必全面。原始森林中有多种多样树木，只能一种一种地深入研究，才能了解森林的全貌。下面举一些例子，谈谈它们最突出、最与众不同的个性。

1 天然土方面

（1）水中沉积土

水中沉积土包括冲积、洪积、海相沉积、湖相沉积等，是最常见最熟悉的土，也是传统土力学研究的土。高流速沉积粗粒土，低流速、静水沉积细粒土。水中沉积土有两大特点：一是成层性，水平向变化远小于竖向变化；二是同一类型的土，随着深度的增加，强度和刚度都逐渐提高。由于水中沉积土的强度和刚度主要由自重压密固结形成，并具有不同的固结状态：孔隙水压力尚未消散的土为欠固结土；上覆有效自重压力下，孔压已经消散，完成了固结的土称正常固结土；历史上曾经有过压力，后又卸荷的土，称超固结土，见图 27-1。

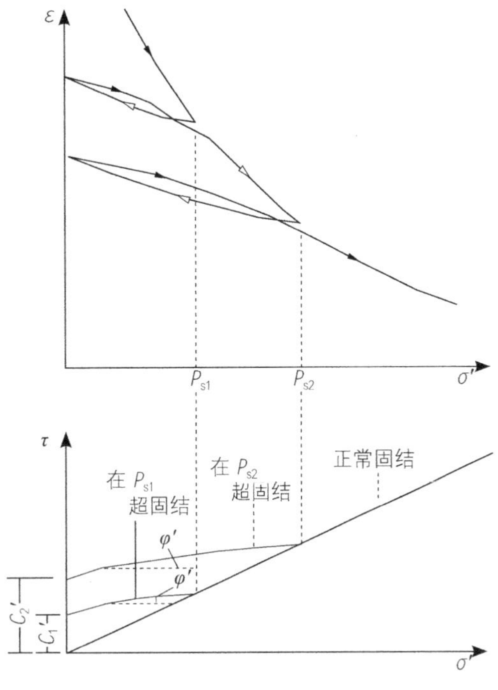

图 27-1 正常固结土和超固结土（C.R 斯科特）

或薄或厚的层状构造是水中沉积土的普遍特点，由此形成土体的各向异性。以渗透性最为明显，水平方向的渗透性有时比垂直方向的渗透性大许多倍。

同样是水中沉积土，其特性也并不相同。北京洪积扇上土的特性，似乎别处没有见过；上海老八吨土的特点，好像只有上海才有；成都黏土、湛江黏土、合肥黏土，各自个性都非常明显。况且，应力历史和固结状态只能用于水中沉积土，但世界上非水中沉积的土多得很，其强度和刚度的形成，有时与有效覆盖压力毫无关系，而和它的结构性有关，传统土力学理论有它的局限性。

（2）软黏土

软黏土一般是静水中沉积的饱和土，也是土力学家最早研究的土，符合传统土力学的有效应力原理。我国的软黏土一般为含有有机质的淤泥和淤泥质土，高压缩性，低强度，岩土工程师都很熟悉。但各地的软黏土个性也各有不同，塘沽、连云港、宁波、温州、福州、深圳的软土各有特点；滨海相、泻湖相、溺谷相、湖相、河流相的软黏土各不相同。黏粒（胶粒）含量、灵敏度、夹砂或不夹砂、有机质含量等，都会影响其强度和承载特性、压缩－固结特性、抛石挤淤特性等。

墨西哥软土由火山灰在湖泊中沉积形成，个性十分突出。100% 小于 0.005mm，片状，含水量达 300% ~ 400%，塑限、液限以百计。原状土十字板强度约 10kPa，灵敏度 10 以上。原状土可以直立，摇晃几下即成稀泥。因抽取地下水，70 年代地面沉降累计最大达 9m。砂层中的井管高出地面数米，端承桩成“高桩承台”。

软黏土的结构性表现为触变。触变是胶体的一种特性，胶体有凝胶和溶胶两种状态。升温可使凝胶变成溶胶，降温可使溶胶变成凝胶；振动可使凝胶变成溶胶，静止可使溶胶变成凝胶。凝胶与溶胶，有结构与无结构，是可逆反应过程。黏土胶体颗粒的粒径小于 0.002mm，呈片状或针状，比表面积很高。软黏土表面吸附胶体，凝胶形成结构强度，溶胶丧失结构强度，胶体含量高的软黏土灵敏度达 10 以上。

软黏土表面常有硬壳层，是干缩形成的结构强度，轻型建筑常利用硬壳层作为持力层。老黏土也有很高的结构强度，形成机制主要不是压密，而是由于形成年代较久，黏土矿物发生变性甚至变质，产生一定程度的成岩作用形成。

（3）浮泥

河流挟带的泥沙，在河口和海滨落淤，细粒土的下沉和密实过程进行得非常缓慢，落淤初期密度很小，含水量很高，形成有一定流动性的土，称为浮泥。由于在压力作用下产生大变形，压缩系数和渗透系数变化较大，如仍按常数计算，可能产生较大误差。浮泥强度极低，更接近于黏滞体，有时将其作为流体对待。黏滞体的黏滞性是流体在流动状态下抵抗剪切变形的能力，黏滞系数是描述流体内摩擦力的一个物理量，表征流体抵抗变形的能力。浮泥在航道、港工、油气平台工程中常会遇到。

（4）泥炭质土

泥炭和泥炭质土是一种沼泽相沉积，特点是含有大量不同分解程度的植物纤维，有机质含量很高。有些岩土工程师以为，泥炭质土与淤泥或淤泥质土的区别就在于有机含量多少，其实不全面。这两种土形成的环境完全不同，成分和性状区别也很明显。把泥炭质土称为内陆软土也是不确切的。泥炭质土含有大量植物纤维，具有一定的抗拉强度，形成一定黏聚力，可直立不倒。但压缩性极高，次固结显著。云南某 4 层建筑，因地基处理不当，沉降达 1.0m。我国东北的草甸土也有类似性质。

（5）结晶岩残积土

结晶岩残积土指花岗岩、片麻岩等岩浆岩类和变质岩类风化残积的土。这种土与水中沉积土不同，水中沉积土经过长途搬运沉积，风化碎屑物沿途撞击、摩擦、氧化、溶解、分选，形成颗粒坚硬的卵石、砾石、砂。胶体状的黏粒与粉粒混合，形成蜂窝结构或絮状结构的黏性土。外力作用下，传统土力学只考虑孔隙比的变化，不考虑土粒的可压碎和可压缩性，不研究土的结构强度。但残积土不然，未经搬运和分选，岩石风化后原地残留，保留着岩石的残余凝聚力，即结构强度。土的性状，结构强度的大小，随母岩类型、气候环境、风化时间等因素而异。而且，颗粒组成不明确，外力作用下“颗粒”可压缩或压碎，使粒度变细。这种残积土，取样极易扰动，残余凝聚力或结构强度极易破坏，且小试样代表性不足，室内试验数据离散，可靠性差，一般以原位测试为主。济南万科某工程的闪长岩残积土，厚度达 10m 以上，平均含水量达 43.8%，平均孔隙比达 1.342，压缩模量仅 3.76MPa，但标准贯入锤击数 N 值达 15.7。如用桩基，有效桩长为 20 ~ 30m，需穿过巨厚、胶结的卵石和残积土、全风化岩、强风化岩，进人中风化岩，施工难度很大，造价很高，工期大大延长。后在现场做了载荷试验和旁压试验，承载力特征值达 500kPa，变形模量达 28MPa，旁压试验换算的压缩模量为 20 ~ 27MPa。最后决定采用天然地基，实测沉降仅 1 ~ 2cm，完全满足要求。

据王清、曲永新调查（《中国工程地质世纪成就》，地质出版社，2004），残积土有明显的纬度效应。由于北方干寒，南方湿热，北方以物理风化为主，南方以化学风化为主，从而形成了不同特点的残积土。厚度也有明显差别，如秦皇岛残积土厚度不足 10cm，烟台为数十厘米，深圳达数米，红土化也自北向南逐渐显著。

（6）红土和红黏土

红土是在高温、高湿、氧化的气候环境中，风化物中的碱金属、碱土金属和硅离子迁移，铁和铝的氧化物积聚，黏土颗粒聚集，即红土化的地质作用形成。由于铁的氧化物呈红色，故形成红土。红土中的负离子与铁、铝阳离子结合，形成水稳性好的结构。研究表明，较高的游离氧化铁，有利于土的黏聚力提高，有利于抑制土的胀缩。

碳酸盐红黏土是红土的一个亚种，黏粒含量、液限和孔隙比均高，但相对于其他高液限、高孔隙比的土，强度也高。虽然黏粒含量高，但由于蒙脱石含量低、初始含水量较大，故失水收缩明显，形成收缩裂缝，而膨胀性不显著。由于表层蒸发，下接不透水的基岩，故上硬下软，浅层收缩裂隙较深层发育。红黏土强度的形成，显然不能用自重压密和固结状态解释。

（7）黄土

黄土为干旱或半干旱环境中形成，原生黄土为风积，是典型的非饱和土。黄土结构是粉土粒以点接触为主的架空结构，少量盐晶和黏粒胶结形成结构强度。

由于从未被水浸过，故水稳性差，可产生湿陷。由非饱和土理论可知，黄土遇水基质吸力下降，骨架塌陷。但是，不同地区的黄土，由于粒度与结构各不相同，对水的敏感性差别很大。兰州黄土非常敏感，西安、洛阳不太敏感，有的黄土工程意义上列为非湿陷性。工程上还按照湿陷量将地基划分为 4 个湿陷等级，将场地分为自重湿陷和非自重湿陷。

黄土的结构性和湿陷性问题，我国已有 60 多年的研究历史，积累了 60 多年的工程经验。对湿陷的认识已经相当深入，但对强度随含水量的变化，认识还不够，尚待深入研究。

（8）膨胀土

中国不少地方有膨胀土，如云南蒙自和个旧、广西南宁和宁明、湖北郧县、河南南阳和平顶山等，都发生过膨胀土的工程事故。膨胀土全球分布很广：美国中部和西部、阿根廷、古巴、墨西哥、委内瑞拉、澳大利亚、印度中部、缅甸、以色列、伊朗、土耳其、西班牙，以及南非、埃塞俄比亚、肯尼亚等非洲国家。按成因有基性岩浆岩风化形成和沉积形成两类。各地膨胀岩土的特性，无论膨胀力、膨胀率，对工程的影响，差别都很大，是世界性难题。

产生膨胀的内在机制是蒙脱石的亲水性，但我国有些地方蒙脱石的含量并不很高，膨胀性却不低。膨胀的外在因素主要是水分迁移，与气候、微地貌等密切相关，机制相当复杂。膨胀土主要危害轻型建筑、公路、铁路、机场、市政以及边坡工程。

最难应用土力学理论解决工程问题的土就是膨胀土。一般认为，膨胀土的主要特性，一是胀缩性，由含有较多亲水黏土矿物造成；二是超压密性，但这种超压密性并非由于有效覆盖压力，而是由于反复胀缩、挤压所致，因而膨胀土都很硬，有人称之膨胀硬黏土；三是侧压力系数很高，甚至大于 1，即侧压力大于竖向压力；四是裂隙性，主要是反复挤压形成的密集的镜面状的剪切裂隙，有专家在显微镜下观察到擦痕，并有干缩形成的上宽下窄、宽窄不一的收缩裂缝，即拉裂缝；五是具有独特的强度特性，强度随含水量增大而衰减。含水量减少收缩，按理强度应该提高，但因可能产生裂隙而降低强度。传统土力学的渗透理论、固结理论、强度理论、土压力理论，似乎都用不上。学者们用非饱和土力学理论研究膨胀土的渗透、固结和强度问题，但离实用还远。

工程界常用浸水载荷试验确定膨胀土的承载力，但膨胀土的透水性极弱，虽长时间浸水，真正浸入土中的水不多，膨胀土对工程的影响有时需几年甚至十几年才能显现。膨胀土的强度问题主要表现在边坡，开挖首先产生卸荷效应，暴露蒸发失水开裂与降雨浸水膨胀不断反复，形成浅层滑坡，逐渐发展，最后成为一个稳定的缓坡。

以上谈了些膨胀土的共性，其实各地膨胀土的个性非常突出，云南、广西、安徽、河南各有特点。国外的膨胀土就更不一样了，下节记述的肯尼亚内罗毕黑棉土就是一例。膨胀土对工程的影响，除了土性以外，还与气候特点、地形条件、工程性质等因素有关。有的膨胀土指标很高，但工程危害并不严重；有的膨胀土指标不高，但危害很重。洼地偏轻，坡地偏重。常年湿润地带偏轻，干湿季节分明地带偏重。我国大部分地方膨胀土的蒙脱石含量并不高，20 世纪 60 年代连年干旱，大量工程因干缩遭受破坏。

（9）肯尼亚内罗毕黑棉土

黑棉土是世界上最有代表性的膨胀土，因与我国膨胀土有许多不同，故作为一类叙述。根据中航勘察院李建光提供的中科院地质与地球物理研究所曲永新的试验资料，肯尼亚内罗毕黑棉土为古湿地环境下玄武岩化学风化产物，其指标为：液限 81.81%；塑限 33.42%；塑性指数 48.34；自由膨胀率 126%；颗粒组成为：> 0.25mm 的含量 1.90%；0.25 ～ 0.075mm 的含量 41.86%；< 0.005mm 的含量 50.28%；< 0.002mm 的含量 49.32%；有效蒙脱石 56.38%，比表面积 468.04m^2/g；XRD 法全岩矿物分析：黏土矿物总量为 73.0%；相对含量蒙脱石为 93%；伊利石为 3%；高岭石为 4%。

由以上数据可知，肯尼亚内罗毕的黑棉土，指标远远高于国内各地的膨胀土，黏土矿物几乎全为蒙脱石（纳蒙脱石），黏粒含量、自由膨胀率、比表面积都很高。但李建光观察，现场似乎未见严重后果，因膨胀土较薄，工程处置时一般将其挖除。

20 世纪 60 ～ 70 年代我国援非时，黑棉土（膨胀土）带来了很大麻烦，援助坦桑尼亚的一个农场，都是轻型建筑，90% 以上的建筑物严重开裂。当地人说“中国人对我们态度很友好，就是不会盖房子”。

（10）盐渍土

盐渍土分布在海滨和内陆，无论中国还是世界，所占面积都很广。一般将盐渍土的工程问题归纳为溶陷性、盐胀性、腐蚀性三大方面，其实不同地方盐渍土的成分、结构、分布规律、对工程的影响，差别都很大。由于内陆流域水的排泄出路只有蒸发，因而可能形成厚层盐渍土、多层盐渍上、高含盐盐渍土，甚至结晶盐层，或一定厚度的盐壳。由于溶解度不同，形成氯盐渍土、硫酸盐渍土、碳酸盐渍土的分带和分层。而不同化学成分、不同浓度、不同物质形态、不同气候条件与水环境、不同工程部位的盐渍土，对工程的影响都不相同。固态结晶盐可提高土的强度，降低土的压缩性，但一旦被水溶解，强度将显著降低，发生溶陷。硫酸盐渍土有强烈的结晶性腐蚀，含硫酸根离子的地下水，因毛细管作用在混凝土或砖的孔隙中上升，至地面以上蒸发，使建筑物和其他工程地面以上 0.5m 左右的区段严重腐蚀。硫酸钠盐渍土具有盐胀性，使地面隆起，破坏建筑物和道面（详见下节）。氯盐渍土的腐蚀性主要危害金属材料，氯离子渗入金属钝化膜的薄弱部位，形成微型腐蚀电池，锈蚀钢筋和金属构件。粗粒盐渍土和细粒盐渍土有不同的性状。无论溶陷、盐胀还是腐蚀，都与水有关，没有水什么问题也不会发生。因而气候特点和水环境特点及其变化，包括工程建设中和建成后的变化，都非常重要。而长年位于地下水位以下，工程使用期间也不会改变的盐渍土，对工程的危害要轻得多。

（11）硫酸钠盐渍土

硫酸钠盐渍土是盐渍土的一种，因性质特殊，故作为一类叙述。固体硫酸钠的矿物学名称为无水芒硝（Na_2SO_4）和芒硝（十水芒硝 $Na_2SO_4 \cdot 10H_2O$），过渡形态还有七水芒硝（$Na_2SO_4 \cdot 7H_2O$），具体为何种形态取决于结晶时的物理环境。硫酸钠的溶解度，32.4℃时最高，高于和低于该值，溶解度都将降低。当硫酸钠浓度超过溶解度时，低于 32.4℃时结晶为芒硝，高于 32.4℃时结晶为无水芒硝。

研究表明，很多盐类结晶时具有膨胀性，但硫酸钠的盐胀量最大。溶解在水中的硫酸钠或固体状态的无水芒硝，结晶为芒硝时吸收 10 个结晶水，体积增大 3.1 倍，比重由原来的 2.68 下降为 1.48。对于无覆盖压力的地面或路基，膨胀高度可达数十毫米，甚至几百毫米，造成地坪、路面、运动场、机场跑道、停机坪等鼓胀，且不断积累和发展。我国敦煌机场曾发生过硫酸钠盐渍土盐胀产生的病害，进行了专门研究和治理（顾宝和，岩土工程典型案例述评，中国建筑工业出版社，2015）。

除了温度外，硫酸钠的溶解和结晶与水源条件关系很大。在富水条件下，硫酸钠全溶于水，故结晶状态的无水芒硝和芒硝仅存在于干旱地区。由于地表蒸发强烈，土中含水量很低，难以为无水芒硝吸水提供水源，阻止了无水芒硝向芒硝的转化。但如有道面覆盖，秋冬季节气温低于地温，道面成了冷凝面，水分即可在道面下积聚，为无水芒硝吸水转化为芒硝提供了有利的水源条件。此外，土中硫酸钠的含量和结晶形态、土的密实度、土的颗粒组成、覆盖压力等都是影响盐胀的重要因素。

（12）季节性冻土

季节性冻土的冻胀和融沉，造成建筑物开裂、道路翻浆，早已为人们熟知。季节性冻结的严重程度，除了气候因素外，土的粒度粗细、土的含水量以及地下水位也十分重要。土的粒度不同、含水量不同，导热系数不同，冻深和冻胀率也会不同。那么，为什么土的粗细和地下水位是冻胀率大小的重要因素呢？这与毛细管作用有关。土冻结时，土中水有迁移现象，地下水位以下的水源源不断向冻结层迁移补给，增加土中含水量，从而增加冻胀量，甚至产生冰夹层。细粒土的毛细管上升高度远大于粗粒土，因而细粒土的冻胀率较高。《建筑地基基础设计规范》GB 50007 按土的粗细、冻结前含水量、地下水位与冻结面的最小距离、冻胀率，将地基土的冻胀性分为不冻胀、弱冻胀、冻胀、强冻胀、特强冻胀 5 类，分别采取措施。

（13）多年冻土

我国多年冻土主要分布在青藏高原、帕米尔高原和祁连山、阿尔金山、天山等西部高山以及东北的大小兴安岭一带。多年冻土的类型，按埋藏条件分，有衔接多年冻土和不衔接多年冻土；按变形特性分，有坚硬多年冻土、塑性多年冻土和松散多年冻土；按物质成分分，有盐渍多年冻土和泥炭多年冻土；按构造特征分，有整体状构造、层状构造、网状构造等。不同的气候条件和土质条件，多年冻土的含冰量和热稳定性差别很大。上限深度及其变化，是工程设计的主要参数。影响上限深度及其变化的因素有：季节融化层的导热性能、气温及其变化，地表日照和反射热，多年地温等。

多年冻土的勘察应查明：分布范围及上限深度；类型、厚度、总含水量、构造特征、物理力学和热学性质；层上水、层间水和层下水的赋存形式、相互关系及其对工程的影响；融沉性分级和季节融化层的冻胀性分级；厚层地下冰、冰锥、冰丘、冻土沼泽、热融滑塌、热融湖塘、融冻泥流等不良冻土作用。对钻探、试验等都有专门要求，需测定总含水量、体积含冰量、相对含冰量、未冻水含量、冻结温度、导热系数、冻胀量、融化压缩性等指标。

据 1999 年调查，多年冻土铁路病害率达 31.7%。运营早期还发生过路基突然大量下沉的事故，一次下沉达 1.5m。在各种特殊土中，以多年冻土最为复杂，蕴藏着很多科学奥秘。包括热的对流、辐射、传导对地温和对多年冻土上限的影响；冻结作用产生的冻胀；冻土融化产生的融沉；演化过程中产生的冰锥和冻胀丘、融冻泥流和热融滑塌、热融湖塘和冻土沼泽等不良冻土现象。不同区域、不同环境还有各自不同的特点。

（14）风成砂

关于风成砂的工程性质，见到的报道不多，但其性质的特异性是显然的。1956 年我在内蒙古宝龙山做型砂勘探时，就发现在砂丘的表面浇水，立刻就产生“湿陷”。一位工人在风成沙丘上独自一人挖探井，规定井深超过 1.5m 必须支护。但他发现井壁很完整、很稳定，一点没有坍塌的迹象，就继续向下挖。挖到接近 3m，见到地下水了，井壁立刻塌了下来。他赶紧向上爬，砂已埋过胸口，幸有人经过，及时施救，免遭灾难。这件事说明，风成砂是松砂，从未水浸，对水非常敏感。在地下水位以上，由于非饱和土中水的表面张力，形成假黏聚力，加上圆井的拱效应，井壁可直立不倒，一旦遇水，性质突变。

常见的是石英砂，坚硬、球状；有时还会遇到片状的、富含云母的砂，性质和石英砂大不一样。如果用石英砂的经验去评价其渗透、变形、强度和液化问题，可能产生很大偏差。

（15）混合土

细粒土和粗粒土混杂，且缺乏中间粒径的土称为混合土，一般为坡积或山麓堆积。由于搬运距离短，土粒未能分选，故在粒径分布曲线上反映出不连续状。当碎石土中粒径小于 0.075mm 的细粒土质量超过总质量的 25% 时，称粗粒混合土；当粉土或黏性土中粒径大于 2mm 的粗粒土质量超过总质量的 25% 时，称细粒混合土。

混合土的主要特点是大小混杂，极不均匀，密实度差别较大，粗粒混合土又无法取样做室内试验。因此，动力触探是粗粒混合土勘察较好的手段。常需配以一定数量的探井，以便直接观察，在细粒混合土中取样。混合土的承载力一般采用载荷试验，结合动力触探试验和当地经验确定。

（16）冰碛

冰碛是冰川挟带的碎屑构成的堆积物，又称冰川沉积或冰川泥砾。欧洲、北美第四纪发生过大陆冰川，故冰碛分布很广；我国第四纪只有山谷冰川，冰碛较少。冰碛分为：冰川底部的底碛；冰川内部的内碛；冰川表层的表碛；冰川两侧的侧碛；介于两冰川间的中碛；冰川外围，融化流水沉积的冰水沉积。不同种类的冰碛形成各种不同的地貌。

冰碛的主要特点是，大小混杂，缺乏分选性。经常是巨大的块石和细粒的黏土混杂，无定向排列，扁平状、长条状块石可以直立，无成层现象。绝大部分棱角明显，有的表面有磨光面或冰川擦痕。不同的冰碛有不同的特点，我在俄罗斯平原北部见到大陆冰川形成的冰碛，分布宽广，厚度很大，极为坚硬的黏土与直径 1 ~ 2m 的块石混杂在一起。由于曾经覆盖过上百米厚的冰川，故成为典型的超压密土。美国芝加哥十多米深处也有稳定的第四纪冰碛，承载力很高，是很好的持力层，使芝加哥成为人工挖孔桩的发祥地。大陆冰川冰碛分布又厚又宽，我国的山谷冰川冰碛分布窄小，形成的泥砾与山麓堆积很难区别，地质学家常有争议。

（17）纹泥

典型的纹泥形成于冰川边缘的湖泊中，由浅色的砂土与深色的黏土组成，薄层状交互成层。春夏时河流携带的砂在湖中沉积，冬季湖水结冰时，只有细粒黏土沉积，每层纹泥代表一年的沉积，可以建立年代序列。如将其中一层纹泥用放射性碳测定年龄，即可算出其他纹泥层的年龄，恢复湖泊的历史。

纹泥的工程特性在于砂土与黏土以极为规律的薄层交互成层，形成一种独特的复合土体，很难用取样试验确定其物理力学性指标。水平渗透远大于竖向渗透，排水固结条件较好，强度的各向异性十分明显。

（18）安哥拉湿陷性红砂

2011 年，安哥拉罗安达市医院在中方主导下建成，但运行后不久，发现多幢建筑严重开裂。医院都是轻型建筑，荷载不大，但用水量大，渗漏较多，经深入调查论证，结论是地基土为红色粉细砂，浸水湿陷所致。由于安哥拉气候极为干旱，这种红砂从未浸水，故对水极为敏感，具有自重湿陷性质。中国有黄土湿陷的丰富经验，但安哥拉湿陷性红砂与中国的湿陷性黄土，在颗粒组成和工程特性方面有明显差别，粒度较粗的红砂对水更敏感。

据中航勘察院李建光介绍，非洲有一种砂土，表层很硬，但稍深处含水量较高，标准贯入锤击数 N 值骤然降低。我猜想可能是砂中含有某种易溶盐，由于气候干燥，表层蒸发，盐类结晶，胶结形成硬壳层。深处有水溶解，故 N 值骤然降低。显然，这种硬壳层是不稳定的。

2 岩石方面

（1）结构面和结构体的多样性

与其他材料比较，岩体最大的特点是性状多样的不连续体，存在各种结构面。这些结构面或宽或窄，或长或短，或密集或稀疏，或平面或曲面，或粗糙或光滑，或充填或无充填，或定向或杂乱，或单一或多种交集；按其成因，有层理面、有不整合面、有原生节理面、有构造节理面、有卸荷节理面、有风化节理面、有断层面、劈理面等。结构面将岩体切割成或大或小的结构体，结构体有块状、柱状、板状、楔形、菱形、锥形等。由于结构面和结构体组合而千变万化，造成了岩体力学性状的千变万化和岩体材料多种多样的个性。岩体的力学指标既不是岩块的力学指标，也不是结构面的力学指标，指标的不确定性成了岩体力学计算的最大困难。

在竖向荷载作用下，连续均质岩体中的应力分布可按布辛奈斯克（Boussinesq）原理确定，有不连续面时可改变应力的分布。1971 年 Gaziev 和 Erlikman 的模型试验表明，有定向结构面的岩体，各种情况都显示应力开展的深度大于均质体中的深度。水平地层变形最大而应力开展深度最小；垂直地层变形最小而应力开展深度最大。见图 27-2。

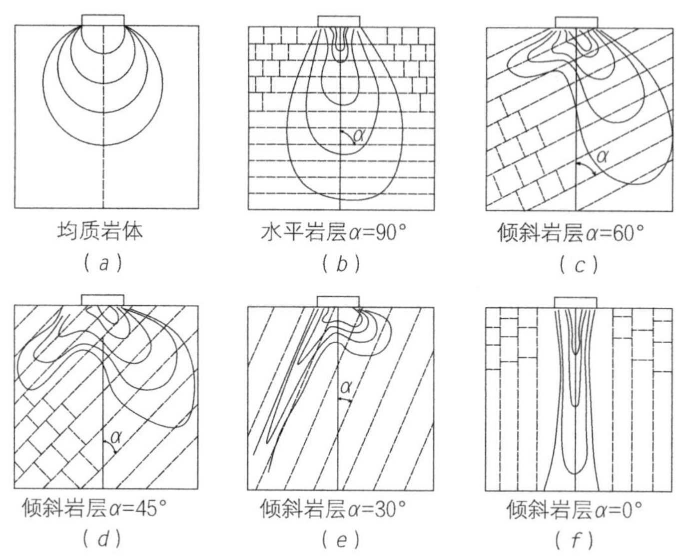

图 27-2 不同产状岩体竖向荷载下的应力分布(Gaziev 和 Erlikman)

(2)风化岩

风化作用包括物理风化、化学风化和生物风化，是表生地质环境下母岩的成分、结构、性质发生蜕化，使坚硬完整的母岩变松、变软的地质过程。风化岩的性状极为多样，随母岩成分和结构、气候环境条件和风化程度而异。

各种岩石抗风化的能力不同，故风化程度和风化层厚度差别很大。如花岗岩中的辉绿岩脉可形成很深的风化沟槽，而石英岩脉因不易风化而形成岩墙，使岩体变得不均匀。气候环境的控制作用也称纬度效应，高温、潮湿、多雨的南方，化学风化远比北方强烈，风化岩和残积土的厚度远比北方大。构造断裂的控制作用也很明显，断层带和节理密集带可形成很深很厚的风化槽，即使小规模的节理也会使两侧强烈风化。“球状风化”现象就是节理切割风化的结果。

风化岩粗细混杂、软硬交错，无论小尺度还是中尺度，均极为复杂，简直混沌一片。工程上只能从大尺度粗略地划分为微风比、中等风化、强风化、全风化。但砂页岩的强风化完全不同于结晶岩的强风化；化学风化的表现主要是软，物理风化的主要表现是碎；古老岩石的强风化，强度可能还高于新生代岩石的未风化。

风化程度一般由深部至浅部逐渐加剧。但不同风化带之间是逐渐过渡的，并无明确界限，且常有交叉穿插的复杂变化，微风化下面可能又有中等风化、强风化。除了近代风化壳外，还有古风化壳，对深埋地下工程和煤矿竖井井筒的影响很大。

香港气候湿热，花岗岩风化层厚达百米，全风化和强风化层厚 30 ~ 40m。暴雨入渗时，基质吸力丧失，强度急剧降低，导致大范围浅层滑坡和泥石流，香港称之为“山泥倾泻”，造成严重人员伤亡和经济损失。经多年研究，探索出一套斜坡整治的技术措施和安全管制制度，使边坡失稳得以有效控制。

开挖使岩体暴露，可能加速风化进程，带来边坡和围岩的长期稳定问题。此外，以土石为材料的文物，如石窟、摩崖石刻、生土建筑等的保护，风化评估和抗风化设计也是主要问题。有的专家提出了抗风化设计的概念，对风化过程进行定量描述。

（3）半成岩

这里所说的半成岩，是指新近纪和古近纪沉积的岩石。由于沉积年代短，成岩作用尚处在初始阶段，故强度低，似岩非岩，似土非土，有人称之为岩，有人称之为土。在我国分布很广，各地半成岩的特性有很大不同，兰州、南宁、南京、安徽的吉阳，都做过系统的研究。兰州的半成岩为巨厚的棕红色粉细砂岩，由于第四系厚度仅 8 ~ 12m，故高层、超高层建筑常以红砂岩为地基。在红砂岩中采取原状试样极易扰动，故不易获得可靠的室内试验成果。过去，红砂岩的地基承载力特征值一般取 400 ~ 600kPa，张恩祥、张森安等做了系统的试验研究（软弱岩石地基研讨会，2014 年 12 月，南宁）。从单轴试验和三轴试验结果可以看出，兰州红砂岩具有明显的应变软化性质。从载荷试验结果可以看出，无边载的载荷试验和有边载的载荷试验（模拟一定的埋深）差别很大。作为半成岩的红砂岩地基承载力可以进行深度修正，深度修正系数为 3，与密实砂土相当。

南宁的半成岩是古近纪 − 新近纪泥岩，致密、坚硬，超固结状态。裂隙发育，一般呈闭合状态，含有蒙脱石的泥岩有膨胀性。裂隙的存在使钻取完整岩芯和制备完整岩样都较困难，试验数据离散性很大。泥岩的主要特性是，随着失水浸水的交替，崩解性、软化性、膨胀性的反复作用，造成强度降低甚至完全丧失。

（4）昔格达组

昔格达组是地层学名称，形成于上新世和更新世早期，命名剖面位于四川会理昔格达村，为典型的半成岩，因性质特殊，故作为一类叙述。典型剖面自上而下分为三段：第一段以厚层 − 巨厚层状黄色细砂岩为主，夹杂色条带状黏土岩；第二段为灰色、杂色条带状黏土岩与黄色细砂岩互层，顶部为厚层状紫红色钙质黏土岩；第三段以砾岩为主，泥质 − 钙质胶结。年龄约为 200 ~ 300 万年。广泛分布于四川攀枝花、西昌地区，以及金沙江、雅砻江、大渡河等河谷中，厚度最大可达 200m。

昔格达组岩土种类多，成分复杂，胶结程度不一，也是似岩非岩，似土非土，有人称之为岩，有人称之为土。遇水易软化、泥化，滑坡很多，几十年来进行过很多系统性研究。包括地层学研究、岩土基本物理力学性质研究、动力学研究、边坡稳定研究、地基承载力研究、作为填筑材料的土质改性研究等。

（5）断层岩

断层岩是断裂作用产生的带状分布的不同破碎程度的岩石，通常按粒度分为断层糜棱岩（小于 5mm）、断层角砾岩（5 ~ 20mm）、断层碎块岩（20 ~ 200mm）和节理较密的原岩（大于 200mm），未胶结的为断层泥、断层角砾和断层碎块。断层规模大小不一，区域性大断层的长度达数百千米，宽数百米；小断层的宽度仅 10cm 左右。断层岩的特征不仅是强烈的破碎和各向异性，而且因强烈碾磨、热液和地下水的参与而发生矿物成分的转化，使原岩强度大大削弱，各向异性十分显著，地下水易沿断层带渗流，边坡、坝基和地下工程极易沿剪切带破坏，是工程地质和岩土工程的要害部位。

断层泥富含黏土矿物，是一种“构造黏土”，具有密集定向的鳞片状构造，各向异性显著。新开挖时呈坚硬或硬塑状态，卸荷松弛后因含水量增高而变软，有明显的流变特性，这是最需重视的薄弱环节。

（6）膨胀岩

一般人以为，膨胀岩存在于泥质岩。其实，除了泥质岩以外，还有各种类型的膨胀岩。国际岩石力学协会膨胀岩委员会将膨胀岩分为：①泥质岩类膨胀岩；②含硬石膏、无水芒硝类膨胀岩；③断层泥类膨胀岩；④含黄铁矿等硫化矿物类膨胀岩。曲永新根据我国情况，将膨胀岩分为：①泥质岩类膨胀岩；②蒙脱石化侵入岩类膨胀岩；③蒙脱石化凝灰岩类膨胀岩；④断层泥类膨胀岩；⑤含硬石膏、无水芒硝类膨胀岩。不同的膨胀岩均有明显的特点和个性。

泥质岩类膨胀岩大家都熟悉，下面简单介绍一下其他膨胀岩。

1）蒙脱石化侵入岩

超浅侵入体和中小型侵入体在侵入过程中，残余热液和挥发成分与围岩交代而发生蚀变，造成矽卡岩化、角岩化、绢云母化、绿泥石化、高岭石化、蒙脱石化等。其中蒙脱石化形成的蚀变岩性最差，在地下水的作用下产生强烈的膨胀变形和强度衰减。

2）蒙脱石化凝灰岩

火山喷发活动中，随火山灰的沉积环境不同而形成不同矿物成分、不同性质的岩石。沉积在湖沼环境中的火山灰，因脱玻作用蚀变形成蒙脱石化凝灰岩。当蒙脱石含量很高（> 50%）时，形成有工业价值的膨润土矿。多数情况虽蒙脱石含量不到 50%，但强度很低，膨胀性和干燥活化特性显著。

3）蒙脱石化砂岩

砂岩通常为稳定而坚硬的岩石，但有的砂岩成岩后因地下水中富镁而蚀变，形成蒙脱石化砂岩。引黄入晋南干线某隧洞三叠系砂岩，岩芯完整，但强度不足 10MPa，风干后在水中发生强烈崩解，岩块干燥饱和吸水率高达 17.0% ~ 22.6%，长石碎屑已蒙脱石化，蒙脱石含量 6.7% ~ 8.8%。

4）膨胀性泥灰岩

虽然并非所有的泥灰岩都是膨胀岩，但有一部分泥灰岩含有膨胀性黏土矿物，属于膨胀岩。如法国、西班牙和阿尔巴尼亚的新近系蓝色泥灰岩。云南蒙自盆地第三系泥灰岩，富含蒙脱石，具有较强的膨胀性。石太客运专线太行山隧洞，在峰峰组（O_{2f}）、上马家沟组（O_{2s}）的底部，有一层白云质泥灰岩和角砾状泥灰岩，饱和单轴抗压强度小于 0.5MPa，膨胀性和崩解性显著，X 射线衍射分析表明，含有较多的伊利石 / 蒙脱石或绿泥石 / 蒙脱石混层矿物。

（7）干燥活化的泥质岩

泥质岩的工程特性比较复杂，多数有可软化性，有的有膨胀性，有的有干燥活化的特性，也有人称为易风化性。工程师往往很重视泥质岩的可软化性，其实，干燥活化比软化更普遍，问题更严重。干燥活化是由于泥质岩有一定的含水量，开挖暴露后风干失水，引起收缩、开裂、崩解，导致失稳。我第一次见到这个现象是 20 世纪 60 年代初，河北峰峰某工地，在泥岩和泥质砂岩中开挖独立基础的小基坑。刚挖开时，原始状态的岩石很完整，几天后坑壁表面出现开裂剥落，由外向里逐渐开展，十几天后相邻基坑快连通了。由于是浅基坑、小基坑，未造成大的影响。风化后泥岩碎片弯曲，最终成鳞片状；泥质砂岩碎块平直，成板状。20 世纪 80 年代在武昌，李受祉领我看了一个深基坑，坑壁为泥岩（记不太清了），设计时没有在意，觉得基岩问题不大，但开挖暴露后失水，坑壁由外向里逐渐剥落，威胁坡顶幼儿园的安全。原计划坑底要做载荷试验，为抢时间早日封闭基坑，不得不放弃。

由于泥岩的软化系数很低，人们往往非常担心泥岩地基浸水软化，这当然应当防止。但地基浸水的实际后果可能不是想象那样可怕，因为软化系数是在无侧限条件下测定的，而地基侧向受到限制。岩体浸水强度降低必先松胀，基坑坑底浸水侧向松胀受到限制，只能向上隆起，由于泥岩的渗透系数非常低，浸水影响深度有限，所以短时间浸水不致产生严重后果。

泥质岩干燥活化不仅影响基坑稳定，更严重威胁公路、铁路、露天矿及其他边坡工程。开挖暴露后失水开裂，降雨浸水冲刷，再干燥开裂，再降雨冲刷，反复循环，不断发展，后果严重。至于哪些泥质岩容易干燥活化，我觉得含水量是个重要指标，含水量越高越不利。此外，岩石的矿物成分和结构也有重要影响。顺便提一句，泥岩等有一定含水量的岩石，试样密封保湿，测定天然含水量非常必要。

（8）蒸发岩与含盐岩

蒸发岩是在干旱气候环境下，在海湾、泻湖或内陆盆地中形成，成分为氯盐、硫酸盐等易溶盐和中溶盐，如岩盐、石膏、硬石膏、芒硝、无水芒硝等。此外，还有呈分散状、团块状、薄层状、透镜状、脉状等分布的盐类，含在砾岩、砂岩、粉砂岩、泥岩中，当含量超过0.5%时，称含盐岩。在我国和世界各地都广泛分布。在我国，时代上从元古界到第四系，地域上从西部边疆到东边沿海均有分布。如上元古界宜宾灯影组的石膏、硬石膏；下寒武系重庆永川、江津清虚洞组的岩盐；四川盆地中下三叠系南充凹陷、威西凹陷、成都凹陷的岩盐、硬石膏，奉节和石柱盆地的石膏；长江中下游白垩系、第三系的石膏、硬石膏、芒硝等。

蒸发岩和含盐岩的危害主要是溶蚀作用、膨胀作用、腐蚀作用和污染影响。首先是溶蚀性，由于溶蚀而产生溶洞、溶孔，威胁工程的安全。石灰岩是难溶盐，在工程使用年限内一般不必考虑岩溶发展；易溶盐和中溶盐则不同，由于溶解速度快，在工程使用年限内可能继续发展。

硫酸钠的盐胀性已在前面有过介绍，不再重复。溶于水中的SO_4^{2-}进入混凝土中，与水泥石中的铝酸三钙化水物反应生成硫铝酸三钙（钙矾石），体积膨胀，造成严重的结晶性破坏；与活性CaO作用，形成石膏时使混凝土中性化，并产生膨胀，也使混凝土产生腐蚀。

（9）红层与含石膏红层

红层主要指侏罗纪、白垩纪及少量三叠纪和早古近纪的陆相沉积，主色调为红色的泥岩、粉砂岩、砂岩、砾岩。以四川盆地分布最广，最有代表性，山西、云南、塔里木以及北美、俄罗斯古陆也有分布。褶皱不剧烈，产状平缓，但岩相变化大、软硬相间、厚度不等、模量差别大。成岩作用较差，有的呈半胶结状，总体上属于软岩类的组合岩体。

工程上最需重视的是富含石膏等中溶盐、易溶盐的红层，据康景文等报道（软弱岩石地基研讨会，2014年12月，南宁），成都某工程的含石膏泥岩，溶洞分布密集，多数溶洞的直径小于2m，少量大溶洞的直径超过4m，并有很强的腐蚀性。

（10）珊瑚砂与礁灰岩

珊瑚砂与礁灰岩往往共生，广泛分布于南纬30°与北纬30°之间的热带海域，尤以东南亚最为发育，我国南海岛礁也主要由珊瑚砂和礁灰岩构成。据介绍，珊瑚砂与石英砂不同，石英砂呈球形，坚硬；珊瑚砂成棱角形，松脆，可压碎。珊瑚砂的密实度，吹填砂与天然沉积砂相近，与吹填时间关系也不大。密实度主要取决于粒度粗细，细砂的标准贯入锤击数不到10，中粗砂10～20，砾砂20以上。由于砂粒呈棱角状，互相镶嵌，可以直立。

据唐国艺、郑建国报道（软弱岩石地基研讨会，2014年12月，南宁），礁灰岩的矿物成分主要为文石和方解石，碳酸钙含量高达99%，粒间连接较松，成岩作用差，保留着生物的骨架。具有孔隙率高，溶蚀孔洞发育、疏松易破碎、强度低且极不均匀的特点。

礁灰岩的单轴抗压强度很低，且离散型较大，干燥状态为1.10～38.56MPa，平均为10.07MPa，饱和状态为1.57～22.79MPa，平均为8.54MPa，为极软岩—软岩。单轴压缩条件下的应力应变曲线没有压密段，直接表现为弹性变形和张裂破坏，几乎没有卸荷回弹，脆性非常明显。标准贯入锤击数很离散，变异很大。礁灰岩的透水性受孔隙发育程度和溶孔控制，透水率较大。浅部半成岩礁灰岩的平板载荷试验沉降曲线为缓变型，没有明显的直线变形阶段，承载力接近于一般黏性土。

我国南海的珊瑚礁，成岩较好的外礁坪冲刷带，标准贯入锤击数大于70；中礁坪堆积带胶结程度不一，标准贯入锤击数40～65；内礁坪生长带，胶结弱，标准贯入锤击数25～40；而泻湖中的生物碎屑，基本无胶结，标准贯入锤击数仅6～20，称钙质砂。性质很特殊，孔隙比高，内摩擦角较大，低应力下剪胀，高应力下剪缩，易压碎，压缩后回弹量极小。我国南海的贝壳岩情况类似，比礁灰岩更松，也是一种形成年代短、结构疏松、强度较低、性质很不稳定的岩体，修建工程时应进行专门研究。

（11）高地应力岩体和岩爆

地应力是地壳应力的统称，是未受工程扰动的天然应力，地球体的内应力。地壳各处发生的褶皱、断裂等形变以及地震活动，都是地应力作用的结果。通常，地应力随深度增加而线性增加，但由于所处的地质构造部位不同，地应力增加的梯度也不同。隧道工程可能遇到高地应力区，开挖卸荷破坏地应力的平衡，岩体可能严重变形，甚至发生岩爆。

岩爆是在高地应力区岩体中聚积的弹性应变能，在一定条件下突然猛烈释放，导致岩石爆裂并弹射出来的现象。岩爆往往造成开挖工作面严重破坏、设备损坏和人员伤亡，是地下工程和岩石力学领域的世界性难题。轻微的岩爆仅剥落岩片，无弹射现象；严重岩爆可达相当于4～6级地震，持续几天或几个月。发生岩爆的条件，一是岩体中有很高的地应力，二是岩石有很强的脆性。一旦地下开挖，突然破坏了岩体内的应力平衡，即发生岩爆。

3 人工土方面

（1）杂填土

杂填土是成分、粒度、密实度均无控制的人工填土。除土料外，含有大量建筑垃圾、工业废料和生活垃圾，成分复杂，极不均匀，厚度变化也很大。杂填土有多种类型，老城区的杂填土在北京、西安、开封等古老城市最为突出。以北京为例：杂填土成分主要有房渣土、炉灰和变质炉灰，老城区厚度一般为 4 ~ 6m，最厚达 8m，郊区约 2 ~ 3m，分布极不规律。单纯的建筑垃圾成分较为单一，但粒度差别很大，常有架空结构。以工业废料为主的杂填土成分多样，有的主要为煤矸石，有的主要为金属矿废弃物，还有各种加工工业的废弃物，有的废弃物还有毒性。此外，一些原为采砂场、采石场的低洼地段，无控制回填后，杂填土厚度达 20 ~ 30m，成为地基处理的难题。

由于杂填土一般比较松散，又极不均匀，故不宜作为天然地基。但 20 世纪 50 ~ 70 年代时，由于那时综合国力较弱，主要是低层建筑，还尽量设法利用杂填土，用载荷试验确定其承载力。对于厚层杂填土，全部挖除代价太高，只能采用适当的地基处理办法或桩基。

（2）吹填土

吹填土是用挖泥船或吸泥船用泥浆泵将含有大量水分的泥砂，通过管道输送到临近陆地，泥砂沉落形成的一种沉积土。吹填是近岸造陆、建造人工岛的主要施工方式。世界上造陆最早的国家是荷兰，造陆面积占国土总面积的 40%。日本、印度、阿联酋等国也大规模造陆。我国最早造陆是香港地区，因沿海经济发达，土地缺乏，近二十几年来，从南到北沿海各省市相继开展吹填造陆，规模很大。如广东的深圳、珠海、澳门，天津的滨海，河北的曹妃甸等。港珠澳桥隧工程的两个人工岛也是吹填形成的。

吹填土工程性质差异的原因主要在于粒度粗细。按粒度可分为粗粒土、细粒土和混合土三个类别。其中粗粒土在水中沉落较快，透水性又好，故沉落后虽然松散，但尚有一定强度。细粒土则沉落很慢，透水性又小，土中水难以排出，故沉落后极为松软，固结很慢，工后沉降量很大。而且颗粒越细，沉落越慢；颗粒越细，透水性越小，固结越慢，工后沉降量越大。因此，吹填土一般均需处理，特别是细粒吹填土。处理方法有堆载预压法、真空预压法、强夯法、振冲法、固化法、电渗排水法等。此外,由于粗细颗粒沉落速度不同,泥沙沉落过程中有“分选现象”。即粗细混合的土料沉到水底后出现分层现象。随着与吹砂口距离的不同，粒度也不相同，使吹填土水平方向出现差异。此外，由于细粒吹填土在压力作用下产生大变形，压缩系数和渗透系数变化较大，如仍按常数计算，可能产生较大误差。

（3）压实填土

压实填土是土料成分、粒度、密实度、含水量、压实方法，均受严格控制的填土，是根据需要量身打造的土，故均匀、稳定，只要认真施工，均可满足设计要求。根据土源和工程要求。土料可选用碎石土、砂土、粉土或黏性土，选用粉土和黏性土时，含水量应控制在最优含水量附近。

压实方法有碾压法、夯实法和振动法。碾压法是利用机械滚轮压力压实填料，有平碾、羊足碾等。夯实法是利用夯锤自由落体的冲击力夯实填料，夯锤质量和落距根据需要确定，强夯法的夯击能量大，压实深度大于一般压实法。振动法是在压实机振动作用下，填料颗粒发生相对位移而致密实。振动碾是一种振动和碾压同时作用的高效压实机械，功效高于一般平碾。

（4）尾矿砂

金属矿石经选矿厂选出有价值的精矿后，产出暂无经济价值，类似砂的废渣，称尾矿或尾矿砂，以铁尾矿砂的数量最大。将尾矿送至指定场所，为存放尾矿建造起来的系统称尾矿设施。存放尾矿的场所称尾矿库，拦阻尾矿的坝称尾矿坝。尾矿库、尾矿坝和其他尾矿设施的设计涉及许多岩土工程问题，需对尾矿砂的物理力学性质进行专门试验。地震是影响稳定的重要因素，尾矿砂一般容易液化，故对其动力性质常需进行专门研究。

大型尾矿坝高达数百米，岩土工程的勘察设计相当复杂，一旦失误，将产生严重后果。2008年9月8日，山西襄汾尾矿库发生特大溃坝事故，下泄尾矿达26.8万m^3，造成276人遇难。现在提倡尾矿综合利用，使废弃物资源化，除选取其中的金属外，还可用于制砖、混凝土骨料等。

（5）赤泥

赤泥为制铝工业提取氧化铝后排出的污染性废渣，物理、力学和化学性质特殊，具强碱性和强腐蚀性，一般存放在赤泥库。赤泥成分复杂，主要矿物为文石和方解石，其次是蛋白石、三水铝石、针铁矿，并含烧碱、水玻璃、铝酸钠等，有多种有害元素和放射性元素。碱会导致人体的酸碱失衡;氟化物使骨骼受害，造成肢体活动障碍，骨质疏松，并危害牙齿、皮肤、呼吸器官。钠化物可引起高钠血症，产生脱水等代谢紊乱，甚至危及生命。铝化物进入人体，可导致老年痴呆、抑制骨质合成等。赤泥库溃坝可能造成严重灾害，最近一次是2016年8月8日洛阳某赤泥库坝体滑坡，数百余村民连夜转移。

（6）粉煤灰

粉煤灰是燃煤火力发电厂排放的固体废弃物，2015年我国排放总量达到5.8亿吨。过去主要作为废弃物存放在灰库（粉煤灰堆场），与尾矿、赤泥类似，现已大量利用。但目前我国粉煤灰的综合利用水平还不高，主要用于建筑材料和建设工程领域，如岩土工程师熟悉的CFG复合地基。此外还用于水泥、制砖、泡沫玻璃、商品混凝土、加气混凝土、陶粒、轻质建材、填充材料等，还用于构筑坝体、填充洼地、矿井回填等。现在，综合利用正向高端发展，以提高其附加值。粉煤灰的化学组成主要为SiO_2、Ai_2O_3、Fe_2O_3和未燃尽的碳，还有少量其他氧化物，颗粒为玻璃微珠、海绵状玻璃体和炭粒。经研磨处理，可成为粒度均匀的破碎多面体，比表面积提高，使表面活性增加。

（7）生活垃圾

对岩土工程来说，生活垃圾的成分和性质大概是最复杂了。其成分随国家、地方和发展水平而不同，厨余类有果皮、果核、肉骨、蔬菜、剩余饭菜等；废品类有金属、玻璃、纤维、塑料、废纸、橡胶等。生活垃圾的天然密度一般为0.9～$1.2g/cm^3$，力学指标很难测定。填埋后立即发生压缩变形，变形量很大，且很长时间不能稳定。压缩机理非常复杂，包括物理压缩、流变、物理化学变化和生化降解等。抗剪强度指标的离散性很大，根据浙江大学王朝晖的报道（1999），固结不排水强度的黏聚力为0～12.8kPa，内摩擦角为21.0°～29.5°（与时间有关）。

国家对生活垃圾的政策是减量化、资源化、无害化。卫生填埋、焚烧、堆肥、回收利用是主要处理方法。卫生填埋场实质是一个生物化学反应堆，核心问题是保证将垃圾中的有害物质长期安全地封闭在垃圾填埋场中，以避免对周围环境的污染。一般由衬垫系统、渗沥液收集和排放系统、气体收集系统和最终覆盖系统组成。国内外垃圾填埋场的事故时有发生，坍塌事故常与地震、暴雨有关。污染物泄漏事故常与设计水准和运行管理有关。岩土工程师主要关心的是填埋场中的渗透、变形和稳定，保证各系统处于正常工作状态，保证沉降和稳定满足要求。

（8）污染土

由于致污物质的侵入，使土的成分、结构、性质发生显著变化的土，称为污染土（contaminated soil）。致污物质的来源主要有工矿企业排放的废液和废渣、生活垃圾、污水和养殖废弃物。污染物的种类极为多样，如化工厂的酸碱液、冶炼厂的重金属、污水、生活垃圾、养殖场有机物、微生物，还有农药、化肥、医疗废物、放射性废物等等。从岩土工程角度考虑，有三大方面，一是致污物改变土的物理力学性质，使土的强度降低，压缩性增加，渗透系数增大或减小，或产生膨胀性、崩解性、湿陷性等；二是致污物质改变土的化学性质，使土和水产生腐蚀性，特别是硫酸盐和酸性物质，腐蚀建筑材料；三是致污物具有毒性，主要是重金属、化学制品、石化制品、病原微生物、放射性物质等，危害人体健康，危害生态和环境。由于污染源和污染物质极为多样，情况复杂，岩土工程勘察设计时需根据具体情况，有针对性地进行专门调查、测试和研究。

此外，还有各种各样加了增强体的复合地基、各种各样的人工改良地基，各种各样的加筋土，就不再细述了。

以上列举的例子说明岩土个性极为多样，差异很大，多数未能在岩石力学、土力学理论中反映出来。数值模拟是好方法，但如此多样的个性很难统一模拟。况且，以上列举的这些例子仅仅是沧海一粟，没有见过的，没有听说过的还多得很。岩土工程师每到一个场地，都应首先注意这里的岩土有什么特异性，千万不能只从书本上查，只用规范来套。牢牢记住：共性是相对的，个性是绝对的。

第 28 章　岩石地基承载力的几个问题

本章曾发表在《工程勘察》2012 年第 8 期，录入本书时稍有修改。讨论了莫尔 - 库仑准则的适用性、是否可用抗剪强度指标计算岩石地基承载力、用单轴抗压强度确定岩石地基承载力是否合理、岩石地基承载力是否可做深宽修正、岩石地基承载力的理论计算和经验估计、用剪切波速估计地基承载力、岩石地基承载力的综合判断等问题。

由于岩石地基的承载力和变形模量比土质地基高得多，作为一般建筑物的天然地基，有相当大的裕度，因而岩土工程师不太注意深入研究岩石地基的问题，从而产生了一些认识误区。我对岩石地基问题并无专门研究，仅对工程界经常谈到的一些问题谈些自己的看法。

顺便说明，岩石地基实际上指的是岩体地基，岩石地基是一种习惯说法。

1　莫尔 - 库仑准则是否适用于岩石地基?

有人认为，岩石是脆性破坏，是压碎，莫尔 - 库仑准则阐述的是剪切破坏，只适用于土，不适用于岩石。

事实上，在岩石力学领域，有三个常用的强度准则，即莫尔 - 库仑（Mohr-Coulomb）准则、格里菲斯（Griffith）准则和霍克 - 布朗（Hoek-Brown）准则。

莫尔 - 库仑准则假定材料剪切破坏，表现为颗粒间的滑移，以黏聚力和内摩擦角表征抗剪强度，在土力学中广为应用，岩土工程师都非常熟悉。用于岩石地基的主要问题：一是不适用于拉应力情况，在拉伸条件下，破裂面分离，内摩擦角没有意义，而脆性岩石实质是拉伸破坏；二是莫尔 - 库仑准则一般不反映强度参数的非线性，把黏聚力和内摩擦角视为常数；三是不能反映结构面的影响。

格里菲斯准则假定材料存在许多随机分布的微裂隙，在荷载作用下，裂隙尖端应力高度集中，当方向最有利的裂隙尖端附近的最大应力超过材料特征值时，导致裂隙扩展，分叉、贯通，使材料破坏。格里菲斯准则解决了莫尔 - 库仑准则不能解决的拉应力问题，岩石的破坏实质是拉伸破坏，较适用于脆性岩石。作为一种数学模型很有意义，但与试验结果并不完全符合，例如按格里菲斯理论，岩石的抗压强度为抗拉强度的 8 倍，而试验结果可达 15 倍，也不能反映结构面的影响。

霍克 - 布朗准则注意了与室内试验和现场试验结果的吻合，建立了能反映单轴抗压、单轴抗拉、三轴抗压和结构面影响的非线性经验强度准则，强度包线为抛物线。

霍克 - 布朗准则充分注意了岩体强度的非线性。但对于塑性岩石的剪切破坏，不如莫尔 - 库仑准则简明。

岩石地基的破坏是岩体的破坏，比单一材料的破坏机制要复杂得多，可以归结为三类：第一类是剪切破坏，主要发生在塑性岩石，破坏机制大体与土体类似；第二类是拉伸破坏，发生在低围压下的脆性岩石；第三类是沿弱面滑动，即沿层面、节理面、软弱夹层等结构面滑动，是沿特定的弱面剪切。第一类破坏显然适用莫尔 - 库仑准则，第二和第三类是否适用就需要斟酌了。所以，莫尔 - 库仑准则是否适用于岩石地基，不能一概而论，决定于岩体的性质、围压的高低和弱面是否起控制作用。对于建筑物地基，由于荷载相对较小，关心的主要是较为软弱的塑性岩石，结构面的作用远不如边坡问题和地下工程问题突出，因此，莫尔 - 库仑准则在多数情况下是适用的。

2　是否可用抗剪强度指标计算岩石地基承载力?

既然岩石地基在多数情况下符合莫尔 - 库仑准则，当然可以用抗剪强度指标计算岩石地基承载力。但两种情况应当注意：一是不适用于抗剪强度指标不是常数的岩石地基（强度包线不是直线），更不宜用于脆性岩石地基；二是倾斜层状的岩层，由于层面对应力传递的影响，塑性破坏区呈不规则状，甚至沿结构面滑移，莫尔 - 库仑准则不能直接应用。

《重庆市建筑地基设计规范》DB 50-5001—1997 规定，岩石地基的承载力可用抗剪强度指标计算，条文说明指出，法国塔罗勃建议用普朗特尔（Prandtl）公式，但采用得不多；美国多用太沙基公式；加拿大和苏联用科茨（Coates）公式。由于科茨公式计算结果与格里菲斯理论计算结果相近，且较太沙基公式小，故该规范采用科茨公式。但《重庆规范》并未限定适用于何种岩石地基，基于上述原因，该法主要适用于可以采取不扰动试样的，完整和较完整的极软岩。

3 用单轴抗压强度指标确定岩石地基承载力是否合理？

《建筑地基基础设计规范》GB 50007—2011 第 5.2.6 条有如下规定：

对完整、较完整和较破碎的岩石地基承载力特征值，可根据室内岩石饱和单轴抗压强度按下式计算：

$$f_{ak} = \psi_r \cdot f_{rk}$$

式中 f_{ak}——岩石地基承载力特征值（kPa）；

f_{rk}——岩石饱和单轴抗压强度标准值（kPa）；

ψ_r——折减系数，根据岩体完整程度以及结构面的间距、宽度、产状和组合，由地区经验确定。无经验时，对完整岩体可取 0.5；对较完整岩体可取 0.2 ~ 0.5；对较破碎岩体可取 0.1 ~ 0.2。

《地基规范》89 版有承载力表，岩石地基按硬质岩、软质岩及不同的风化程度列表。修订为 2002 版时，取消了承载力表，岩石地基的承载力在正文中专列一条。同时，岩石的工程分类也有修改，采用坚硬程度和完整程度表征岩体工程特性的优劣。该条按此精神编写，以饱和单轴抗压强度表征坚硬程度，以折减系数体现完整性。由于当时缺乏资料，考虑到岩石地基承载力较高，容易满足要求，故留的裕度较大，以确保安全。

这里有两个问题需要讨论：一是由于裂隙的存在，岩体强度肯定低于岩块强度，因此要求乘以小于 1.0 的折减系数，越破碎，折减系数越小，计算方法当然是比较粗糙的；二是单轴抗压强度试验时侧向压力为 0，而地基中岩体为三向应力条件下的竖向压缩，该法偏于安全。因建筑物基础压力一般不大，大多数条件下已能满足要求，且方法简便，可操作性强，故广为应用。但对于承载力要求较高的建筑物和构筑物，可能偏于过分保守。强风化岩、泥岩、新近系和古近系的砂岩等，如将其作为“岩石”对待，用饱和单轴抗压强度乘以折减系数确定地基承载力，结果比一般的土还低，显得很不合理。

4 岩石地基承载力可否深度修正？

地基承载力的深宽修正，是根据无埋深小压板载荷试验得到的地基承载力，修正为有一定埋深大基础的地基承载力，是一种简易的经验方法，避免了抗剪强度指标的测定和复杂的计算，为广大工程界人士熟悉和接受。其理论基础就是莫尔－库仑准则，且有大量工程经验和现场试验为依托。那么，土质地基可以修正，岩石地基是否也可以修正呢？可做以下分析：

塑性破坏的岩土随着围压增加，强度提高，大家都很熟悉。其实，脆性岩石也是如此。无论脆性破坏还是塑性破坏，无论莫尔－库仑准则、格里菲斯准则还是霍克－布朗准则，岩石和岩体的强度都是随着围压的增大而提高的。单轴抗压强度试验时围压为 0，而建筑地基为三向应力条件下的竖向压缩，随着埋深的增加，围压增大，地基承载力提高，不仅理论上如此，也有很多试验证明。据赵锡伯、华遵孟的资料（兰州地区沉积岩工程地质特征，西北勘察技术，1990.3），兰州新近系的细砂岩，单轴与三轴试验表明，应力应变关系有明显峰值，为脆性破坏，但极限竖向荷载与围压关系很大，见表 28-1。

岩石强度与围压关系　　表 28-1

围压 σ_3（KPa）		0	100	200	300	400	500	600	700	800
风（烘）干强度 σ_f		3082	3960	4838	5716	6594	7472	8350	9228	10105
天然强度 σ_f'		79	466	852	1143	1625	2012	2399		
饱和强度 σ_{fB}		0	0	711	1566	2422	3277	4133		
强度衰减率	σ_f'/σ_f	0.026	0.118	0.176	0.200	0.247	0.269	0.287		
	σ_{fB}/σ_f	0	0	0.15	0.27	0.37	0.44	0.49		

彭涛等在徐州商厦工程做了三轴压缩试验（徐州国际商厦陡倾斜弱岩层嵌岩桩工程勘察实录，第六届全国岩土工程实录会议，2004），测得围压为 2.0MPa 时，抗压强度比单轴强度提高了 25% ~ 62%，平均 37%；围压为 4.0MPa 时，抗压强度比单轴强度提高了 47% ~ 94%，平均 67%。

素混凝土力学性质与硬岩相似。试验表明，有一定围压时，抗压强度显著高于单轴抗压强度。这是由于在围压作用下，混凝土中的微裂隙、气孔、骨料胶结面处的应力集中减小，微裂隙难以扩展和贯通所致。据李青松的试验数据（混凝土强度与变形特征的围压效应试验研究，建筑结构，2011.5.），按莫尔－库仑准则计算，C30 和 C50 混凝土试块的黏聚力为 13.6 ~ 17.9MPa，内摩擦角为 30.5° ~ 32.2°。从另一侧面说明了三向应力条件下岩石和岩体强度的科学规律。

有人强调，先要分清是“岩”还是“土”，“土”可以修正，“岩”不能修正。其实，地基承载力是否可以深度修正，取决于是否为摩擦材料。摩擦材料的强度决定于内摩擦系数和法向应力两个因素，不论何种岩土，只要有内摩擦角，增加法向应力，摩擦强度必然提高，增加埋深，地基承载力必然提高。提高的幅度，即修正系数取决于内摩擦角的大小。

5 怎样看待岩石地基承载力的理论计算和经验方法估计？

岩石地基承载力的理论计算已有长足进步，从最早借鉴土质地基进行整体剪切破坏、局部剪切破坏、冲切破坏计算，发展到采用极限平衡理论、极限分析上下限理论、滑移线理论，各向同性体和各向异性体的极限承载力计算。计算模式和推导过程严谨，既提供了计算方法，又深入研究其中的力学机制，对指导工程实践很有意义。但岩石地基承载力的问题太复杂了，岩体是由岩块和结构面组成的复合体，具有非均质、不连续、各向异性和非线性特征，且与基础的埋深、荷载、形式、尺寸、刚度以及施工扰动等因素有关，还有地应力、地下水的影响。更主要的障碍是岩体参数的难以测定和选取。试想：岩体中发育着或长或短，或疏或密，或宽或窄，或光滑或粗糙，或充填或不充填，方向各异，或连续或不连续，千姿百态的裂隙系统，室内试验根本无法测定裂隙岩体的力学参数，原位测试的代表性和可靠性也很有限。计算参数出入过大时，理论计算没有多大意义，还不如经验估计可信。所以，对工程师来说，岩石地基承载力的确定，力学计算的理论和方法主要功用是提高认识，正确导向，尚难直接用于工程。工程实践不是追求精确，不是追求理论上的完美，而是力求在安全、可靠和经济的基础上，尽量简易。在理论计算困难的情况下，经验方法十分重要。

所谓确定岩石地基承载力的经验方法，现在常用的是以载荷试验和工程经验为基础，与某种原位测试指标建立经验关系。经验方法虽然没有明确的力学模型和严密的理论推导，但只要载荷试验成果和工程经验可靠，选用的原位测试指标的数据稳定（可重复性好），与地基承载力相关密切，其可靠性不亚于理论计算。

6 可否用岩体剪切波速估计岩石地基承载力？

我认为是可行的。归纳起来，剪切波速用于岩土分级和估计岩石地基承载力有如下优点：

（1）岩土的剪切波速是工程勘察的重要指标，是地基地震反应分析的主要参数，一般岩土工程勘察均需测定；

（2）岩土的剪切波速与岩土的动剪切模量有简单的函数关系，与地基承载力、地基变形参数等静力学性质相关密切；

（3）剪切波速直接在现场原位测定，概括了岩石和结构面的综合特性，避免取样扰动和室内试验，代表性强；

（4）剪切波速测试技术比较成熟，数据稳定，经验丰富，人为因素也较少；

（5）按剪切波速分级，既可用于岩，也可用于土，可对从极硬岩到极软土的全部岩土进行统一分级；

（6）按剪切波速分级只需一项指标，极为简便，可操作性很强，不像有的分级方法用多项指标，相当烦琐；

（7）岩体的波速分级已有相当多的核电厂勘察资料，积累了大量经验；土体已有《建筑抗震设计规范》可以借鉴，并为广大结构工程师熟悉。

按剪切波速对岩土进行分级，目的是为了定性判别地基的优劣，当然不是否定其他的分级和分类方法。表 28-2 是初步方案。

岩土体按剪切波速分级　　表 28-2

岩土按剪切波速分级		剪切波速度平均值（m/s）	分级名称	代表性岩土
Ⅰ 硬岩	Ⅰ-1	$v_s > 2000$	极硬岩	未风化和微风化花岗岩、石英岩、致密玄武岩等
	Ⅰ-2	$2000 \geqslant v_s > 1500$	坚硬岩	微风化花岗岩等
	Ⅰ-3	$1500 \geqslant v_s > 1100$	中硬岩	中等风化花岗岩等
Ⅱ 软岩／硬土	Ⅱ-1	$1100 \geqslant v_s > 800$	中软岩	强风化花岗岩等
	Ⅱ-2	$800 \geqslant v_s > 500$	软弱岩，坚硬土	新生代泥岩，全风化花岗岩，密实碎石类土等
	Ⅱ-3	$500 \geqslant v_s > 300$	中硬土	硬塑—坚硬黏性土，中密—密实砂土等
Ⅲ 软土	Ⅲ-1	$300 \geqslant v_s > 150$	中软土	可塑黏性土，稍密—中密砂土等
	Ⅲ-2	$150 \geqslant v_s > 100$	软弱土	软塑黏性土，松散砂土等
	Ⅲ-3	$v_s \leqslant 100$	极软土	淤泥、吹填土等

注：1. 剪切波速 1100m/s 基于核电工程规定，大于该值可不做地基与结构协同作用计算；
2. 剪切波速 800m/s 及 500m/s 基于《建筑抗震设计规范》，大于该值分别为岩石地基和可作为基底输入（核电工程基底输入大于 700m/s）；
3. 剪切波速 300m/s 为核电厂地基的下限；
4. 剪切波速 150m/s 为《建筑抗震设计规范》中软土与软弱土的分界。

该分级方案共 3 大档 9 小档。有了这个分级标准，设计人员对建筑地基的优劣可以方便地进行初步判断。表 28-3 是按剪切波速初步估计地基承载力的建议：

有人问我，规范已有将压缩波速用于岩体分类，为什么又用剪切波速？我认为主要基于两方面：一是剪切波速与岩土动力学参数有简单的函数关系，力学意义更明确；二是剪切波速已广泛用于工程，为岩土工程师和结构工程师熟知。还有人认为，波速是岩体的动力学指标，地基承载力是岩体的静态指标，两者没有关系。其实，经验方法考虑的是两者的相关性，并非函数关系。岩体剪切波速是岩块强度和裂隙发育程度的综合反映，与地基承载力有较为密切的相关性。我收集了近年来核电厂勘察的剪切波速数据 125 组，与野外鉴定、室内试验数据做了初步对照，认为用剪切波速估计地基承载力是可行的，继续深入研究有良好前景。其中剪切波速大于 1100m/s 的部分，用饱和单轴抗压强度乘以折减系数计算了地基承载力特征值，均在上表的包络线以内，虽然偏于保守，但安全，一般工程也够用。剪切波速小于 1100m/s 的需以载荷试验为依据，数据较少。应继续积累，逐步完善。

岩石地基承载力特征值的初步估计　　表 28-3

剪切波速度（m/s）	地基承载力特征值（kPa）	剪切波速度平均值（m/s）	地基承载力特征值（kPa）
500	400	1500	5000
800	800	2000	15000
1100	1200	2500	30000

7 确定岩石地基承载力要不要综合判断?

《建筑地基基础设计规范》规定“地基承载力宜根据野外鉴定、室内试验和公式计算、载荷试验和其他原位测试，结合工程要求和实践经验综合确定”。土质地基是这个原则,岩石地基更应贯彻这个原则。这是因为岩石力学较土力学更不成熟、岩石地基的工程经验较土质地基的工程经验更少的缘故。

野外鉴定、室内试验和公式计算、载荷试验和其他原位测试，各有优缺点，各有适用条件，相辅相成，应综合考虑。有经验的工程师可以根据野外鉴定，对地基承载力做个初步估计，但因主观因素多，不宜作为工程设计的依据。用单轴饱和抗压强度乘以折减系数确定地基承载力，因忽略了三向应力状态，故偏于安全。用岩体的抗剪强度指标，根据公式计算地基承载力，有一定的理论根据，但只宜在完整性较好，裂隙影响可以忽略的塑性破坏岩体中应用。载荷试验虽是目前公认比较可靠的方法，但费用高，工期长，不能大量进行，代表性也有限。规范规定的承压板直径为 300mm，是由于承压板大试验难度大，费用高之故。实际上承压板越大，效果肯定越好。最终验证地基承载力的是工程实践，因此当地经验和同类工程的经验十分重要。此外，确定地基承载力时还要充分考虑荷载、基础等设计参数和施工扰动因素；还要注意地基的非均质性、各向异性、优势结构面产状、增湿的软化效应、易风化岩的继续风化等问题。所以，岩石地基承载力应当进行综合判定。

与土质地基比，岩石地基有两个重要特点：一是承载力普遍高于土质地基，中等强度的岩石地基（例如中等风化花岗岩），地基承载力以兆帕计，作为一般建筑物的天然地基，有相当大的裕度。二是岩石地基的问题比土质地基更复杂，指标更难测定，计算更不可靠，岩石力学比土力学更不成熟。因此，勘察、设计和研究的重点，应当放在软岩地基和其他有问题的岩石地基上。所谓软岩地基，是指《岩土工程勘察规范》中的极软岩和极破碎岩，如松软的泥岩、强风化和全风化岩、断层破碎带岩石、新近系和古近系的砂岩等等。岩石与土其实没有明确的界限，我们可以将岩土分为三大类：第一大类是岩石，“真正的岩石”即硬岩，对一般建筑物地基，承载力与变形均可满足，岩石力学是其理论基础；第二大类是土，可用土力学理论和方法解决工程中的承载力、变形等问题；第三大类是软岩地基，俄罗斯称半岩石类，似岩非岩，似土非土，还有膨胀性、崩解性、蠕变性、非均质性、各向异性、易溶性、易风化性等多种各不相同的工程特性。大多很难取样试验，原位测试经验也不多。对其强度性质、变形性质、水理性质等认识不足，设计经验很少，难以采用岩石力学或土力学的理论和方法，但又必须评价其地基承载力和变形，应是研究重点。

在目前勘察与设计分离的体制下，勘察报告对所有岩土都要提供地基承载力和变形参数，其实无此必要。如果岩土工程勘察和设计是一个团队，设计者根据经验认定，该工程的岩石地基无论承载力和变形均可满足，还用得着花大量财力、物力、时间，去做试验研究，评价其承载力和变形吗？

第29章　岩土工程之“道”

本章从岩土工程师的角度，用通俗的语言阐述了对土力学原理的理解。包括传统土力学的有效应力原理及岩土工程界对其认识的不足；现代土力学深化对土性的认识；非饱和土力学和流变学的基本概念。说明了土力学理论对于指导岩土工程实践具有极为重要的意义，懂得了土力学，岩土工程实践才不致盲目，才不会犯原则性错误。

《易经》上说："形而上者谓之道，形而下者谓之器"。"道"就是理论，是事物的本质和内在规律，是隐藏在现象背后，非专业人员不能理解的深刻道理。工程地质学、岩石力学、土力学都是道的范畴。没有理论指导的实践是盲目的实践，岩土工程也是如此。土力学经历了将近一个世纪的发展，不断深入，虽然用于工程实践还不够理想，但对指导工程实践有极为重要意义。对土力学的理解程度是岩土工程师素质高低的重要标志。

1 传统土力学的有效应力原理

传统土力学即初等土力学，或称古典土力学，是一般岩土工程师都必须掌握的土力学。沈珠江院士认为，古典土力学的主要内容可以概括为一个原理和两个理论，即太沙基的有效应力原理、以线弹性多孔介质模型为基础的固结理论、以刚塑性模型为基础的极限平衡理论，主要研究对象是饱和土，即两相土。

太沙基于1923年提出了有效应力原理的基本概念，阐明了散碎颗粒材料与连续固体材料在应力应变关系上的本质区别，从而使土力学成为一门独立学科。土在外荷载作用下，土中应力由土骨架和土中的水和气共同承担，但只有通过土颗粒传递的有效应力才会使土产生变形，具有抗剪强度。而通过孔隙中的水和气传递的孔隙压力对土的强度和变形没有贡献。这可以通过一个简单的试验来理解：有两个土试样，一个加水超过土表面若干，会发现土样没有变形；另一个表面放重物，土样会被压缩，产生变形。尽管这两个试样表面都有荷载，但结果不同。原因就在于前一个是通过孔隙水传递的压力，后一个是通过颗粒传递的压力，即有效应力。饱和土的压缩有个排水过程，即孔隙水压力消散的过程，只有排完超孔隙水压力，土的压缩才能完成。当总应力保持不变时，孔隙水压力与有效应力可以相互转化，即孔隙水压力减小等于有效应力的等量增加。在外荷载作用下，土中的孔隙水是没有摩擦强度的，只有颗粒间的压力才能产生摩擦强度。

有效应力原理虽然是土力学最基本的原理，但实际上，并非每位岩土工程师都能清楚认识，表现在下列几方面。

（1）不了解压硬性原理

强度和强度指标是两个概念，工程中真正发挥作用的是土的强度，强度指标只是为计算强度而用的指标而已。砂的强度指标只有内摩擦角，法向压力为0时没有强度，随法向压力增加强度增加。同一种土，虽然它的抗剪强度指标相同，但随埋深的增加，强度会不断增加，这就是"压硬性原理"。对土的压硬性认识，最早是库仑摩擦定律对砂土的表述。但莫尔－库仑定律只描述了围压对强度的影响，而实际上压硬性的完整内容既包括强度，又包括刚度，即随着压应力的增大，模量也会提高。直到1963年简布（Janbu）提出了土的模量随围压而增大的公式后才算完成。

压硬性是土力学的基本原理之一，虽然与有效应力原理无关，但似乎并非所有从业人员都清楚，故不妨先谈一谈。有些工程师不了解，土只能剪坏、拉坏，不会压坏。单纯的压，只能越压越硬。有时表面看来似乎是压坏，如载荷试验和建筑物地基，实际是外荷载作用下使土内产生剪应力剪坏的。具体地说，在等向压力作用下，土只产生体积压缩，增加强度，是不会破坏的。只有在偏应力作用下，土中的剪应力超过抗剪强度时，土才会破坏。有些术语可能助长了土被压坏的误解，如无侧限抗压强度。当然，这个术语本身没有错，所谓"压"指的是外力，造成破坏的是土中剪应力。为避免误解，称"无侧限强度"可能更好。

某工程基础埋深14m，地基为密实细砂，内摩擦角35°，载荷试验地基承载力特征值为320kPa，深宽修正后达1000kPa。讨论会上设计院结构专业的总工程师有些怀疑，为什么地基承载力修正前和修正后差别这么大？是否修正得太高了？会后我给她发了个短信："砂是摩擦材料，强度取决于摩擦系数和法向压力。前者以砂的内摩擦角表征，后者与埋深有关，强度随深度线性增长。黏土内摩擦角小，故修正系数小；密砂内摩擦角大，故修正系数大"。几句话虽然表达得不很准确，但基本说明了库仑压硬性原理。这位总工程师立刻回复，表示理解了。看来这位总工程师很注意理性思维，稍做理论上的说明，她就立刻理解，可见理论指导是多么重要！

（2）不了解怎样应用有效应力法和总应力法强度指标

关于三轴试验测定土的抗剪强度指标有效应力法和总应力法的问题，已在本书第17章做了详细阐述。由于很难估计工程实况的孔隙水压力，我国绝大多数工程采用总应力法，很少用有效应力法。但我遇到一个工程，设计者是位结构工程师，要求勘察报告提供有效应力强度指标。我不知道他怎么用，结构工程师的土力学知识一般有限，如果盲目地将有效应力强度指标代入总应力强度指标的公式中计算，不考虑孔隙水压力，会出大问题。总应力法是特定固结条件和特定排水条件下测定的指标，应用时必须理解其特定固结条件和特定排水条件，结合工程具体条件应用。总应力法何种情况用何种指标？是个相当复杂的问题，专家之间也有不同意见。譬如地基承载力，由于施工有个时间过程，荷载不可能一次瞬时加上，所以对于饱和黏性土，真正的不固结不排水不会发生；由于黏性土固结排水很慢，而施工速度较快，地基土达不到完全固结，与固结不排水剪的条件也不一致。用UU指标可能太偏保守，用CU指标又可能不安全。土的强度和地基承载力其实不是常数，而是随固结排水提高，与施工速度和排水条件有关。特定条件下测定的强度指标怎么用，要靠岩土工程师把握，但实际上有些工程把握得并不好，只知道盲目套用规范。

（3）对挤土效应的漠视

按有效应力原理，饱和黏性土受到外力时，首先承担压力的是孔隙水，产生超孔隙水压力，随着超孔隙水逐渐排出，有效应力逐渐增加，土体才能压缩。因此，对非饱和土（例如黄土）或渗透性较强的土，桩体沉入挤压周围土体时，对桩间土有挤密作用，有利于桩间土工程性能的提高。但对于渗透性很小的饱和黏性土，情况就完全不同。土体受到沉桩挤压时，土中应力首先由孔隙水压力承担，孔隙水不能很快排出，土体不能立即压缩，只能向周边移动，将相邻的已有的桩挤歪、挤断。当桩数较多、桩距较小时，桩间土互相挤压，唯一出路是向地面移动，从而带动已有桩上浮、吊空。沉桩挤土造成孔隙水压力增高，原来正常固结或超固结的土，转化成为欠固结土，使桩和桩间土的工程性能显著恶化，荷载作用下产生大量沉降，造成严重工程事故。

如温州某工程，采用预应力管桩，试桩时单桩承载力达6000kN。大面积施工打桩1132根，完成后再做载荷试验，有60%的桩承载力不合格，普遍上浮，最大上浮量超过400mm，桩距越小，上浮量越大。挤土效应产生的工程事故屡见不鲜，但还是不断发生，可见挤土效应在相当多的工程师心中还很淡漠。

2 现代土力学深化了对土性的认识

沈珠江院士认为，1963 年罗斯科（K. H. Roscoe）提出著名的剑桥模型，标志着现代土力学的开始。李广信教授集成了国内外现代土力学研究的新进展，主编《高等土力学》，作为岩土工程研究生教材，对岩土工程师深入理解土力学有很大帮助。现代土力学研究的问题比传统土力学深入多了，传统土力学应力应变关系限于线弹性，限于弹性理论或刚塑性理论，限于饱和土和重塑土，用解析法计算。现代土力学考虑了应力应变关系的非线性、弹塑性、剪胀性、压密性、蠕变性、结构性、各向异性，考虑了应力水平、应力路径、应力历史的影响，开展了非饱和土的力学研究，开展了土的流变性质的研究，主要用数值法计算，从而使土力学理论产生了质的飞跃，对土的工程特性的认识达到了新的境界。现代土力学注意了土的以下特性。

（1）应力 - 应变关系的非线性

土的应力应变关系呈非线性是普遍现象，但不同的土有不同的表现。正常固结黏土和松砂，应力随应变增加而增加，但增加速率越来越慢，最后趋于稳定；密砂和超固结土，应力一般开始时随应变增加而增加，到达峰值后，应力随应变增加而下降，最后趋于稳定。在塑性理论中，前者称为应变硬化（加工硬化），后者称为应变软化（加工软化）。应变软化是一种不稳定过程，常伴随剪切带的出现，见图 29-1。

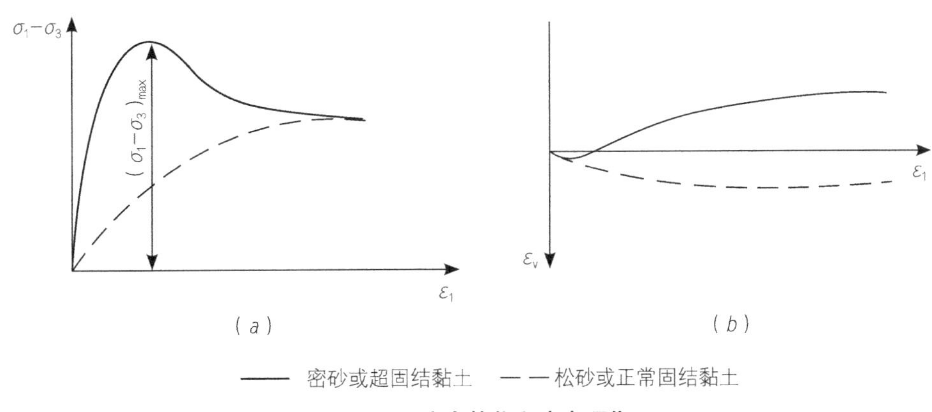

图 29-1 应变软化和应变硬化

（a）密砂和超固结土；（b）松砂和正常固结土

（2）剪胀性

1936 年卡萨格兰德（Casagrande）提出砂土临界孔隙比的概念，大概是剪胀性研究的开始。斯开普顿（Skempton）的孔隙压力系数 A 和 B 的提出，是认识的一次深化。此后，对剪胀性的认识不断加深。在三轴试验中，对于密砂或强超固结黏土，偏应力的增加引起轴应变增加，开始时有少量体积压缩，随后发生由剪应力引起的体胀，称剪胀性。松砂和正常压密黏土则可能发生剪缩。剪缩引起的孔隙压力升高是造成土体破坏的重要原因，如砂土液化。而硬黏土的剪胀，则可能加剧吸水软化的进程。

（3）土体变形的弹塑性

加载后卸载到原应力状态时，土一般不会恢复到原来状态，其中部分应变可恢复，即弹性应变；部分应变不可恢复，往往占很大比例，即塑性应变。每一次应力循环都存在可恢复的弹性应变和不可恢复的塑性应变，一般土在加载过程中弹性和塑性变形几乎是同时发生的，所以称为弹塑性材料。

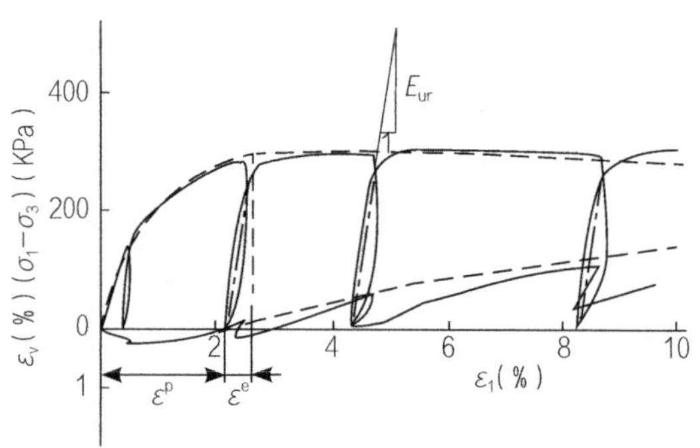

图 29-2　单调加荷和循环加荷的三轴试验曲线

土在应力循环过程中另一个特性是存在滞回圈，见图 29-2。越接近破坏，这一现象越明显。

弹性、塑性和脆性，是从固体材料研究中抽象出来的三个基本特性，与此相应的三个基本概念就是弹性变形、塑性流动和脆性破裂。弹性定义为材料加荷变形，卸荷变形恢复；塑性定义为应力不变情况下变形不断发展；脆性定义为没有变形情况下材料发生破裂。目前土力学对脆性的研究尚少。此外，土还有流体材料的黏滞性。但土的弹性、塑性、脆性、黏滞性，与理想的弹性、塑性、脆性、黏滞性有很大差别。太沙基前土力学用的塑性理论，是刚塑性、弹性 - 理想塑性理论，假设应力较小时呈刚性或弹性，一旦屈服，变形无限大。现在采用的是增量弹塑性模型，弹性变形和塑性变形不截然分开，土的破坏只在弹塑性变形的最后阶段，因而更符合土的应力、应变、强度性质的实际情况，见图 29-3。

（4）结构性

传统土力学基本建立在重塑土室内试验的基础上，而自然界存在大量结构性土。土的结构性是指土的某种结构形成的力学特性，原状土比重塑土表现出更强的结构性。虽然早在太沙基时代就对黏土的结构性有所认识，但黏土结构性对力

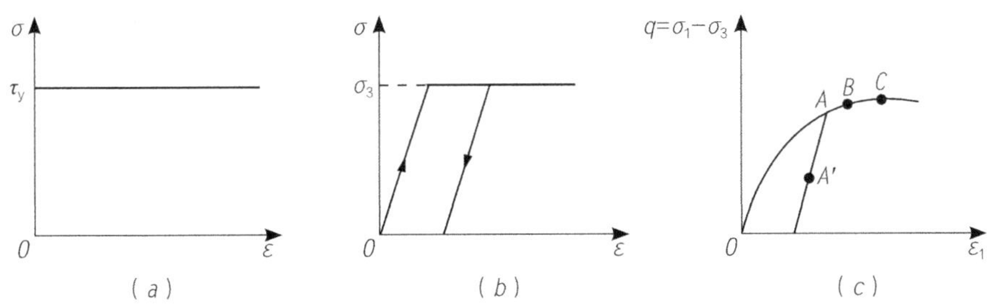

图 29-3 刚塑性、弹性－理想塑性弹塑性的不同

(a)刚塑性;(b)弹性－理想塑性;(c)弹塑性

学特性影响的研究，则在20世纪70年代才开始，损伤模型就是。由于传统土力学缺乏对结构性的研究，因而难以指导岩土工程实践，岩土工程师应特别注意传统土力学这方面的不足。

岩土工程计算主要包括稳定(包括承载力)和变形两方面，传统土力学解决稳定和承载力问题时，地基极限承载力公式是基于刚塑性理论，只关心地基破坏时的荷载，不考虑破坏前地基的压缩变形。地基界限承载力则基于弹性－理想塑性理论，临塑荷载前地基全部处于弹性状态，临塑荷载后塑性区逐渐扩大，直至破坏，地基承载力取塑性区扩展至某一可接受的范围，但不能计算极限承载力。计算变形时基于弹性理论，用侧限固结试验测定土的孔隙比与压力关系，结合经验进行计算。

现代土力学用本构关系分析土的应力－应变－强度－时间的关系，其数学表达式称为本构模型或者本构方程。通常本构模型指土的应力应变关系，将强度作为单独问题研究。本构模型可以分为两类：一类是理论模型，反映土某些应力应变关系的特性，如弹性模型、弹塑性模型、黏弹性模型、黏弹塑性模型、损伤模型、结构性模型等，注重基础研究；另一类是实用模型，反映某种特定土或为了解决某特定工程问题而建立的模型，如上海黏土沉降模型、上海黏土基坑模型、上海地面沉降模型等。

最简单的模型是建立在虎克定律基础上的线弹性模型，应力应变参数为弹性模量 E 和泊松比 v，都是常数。地基沉降计算用布辛奈斯克(Boussinesq)解和明德林(Mindlin)解，侧限压缩模量 E_s，都是基于线弹性。非线性弹性模型假定变形为弹性，用改变弹性常数的方法反映土的非线性。割线模量不是常数，是应力或应变的函数。切线模量是建立在增量应力应变关系上的弹性模型，采用分段线性化的广义虎克定律。邓肯－张双曲线模型是非线性弹性模型的主要代表。由于模型反映了变形的非线性，并在一定程度上反映了弹塑性，所用参数不多，物理意义明确，常规三轴压缩试验即可测定，所以该模型为岩土工程界熟知，成为最为普及的本构模型之一。

弹性模型、弹性理论不能真实反映土的应力应变关系，因为土的力学性质具有强烈的非线性、非弹性，非线性和非弹性是土最突出的特点，即使应力应变关系为线性，仍包含弹性和塑性两种变形。无论等向压力作用还是剪应力作用，土的变形都是既有弹性，又有塑性，有的土表现为应变硬化，有的土表现为应变软化，且与应力水平、应力历史、应力路径有关，与中主应力有关。还有固结压力的影响，高围压与低围压表现不同的特征；还有非均质性和各向异性的存在等。建立土的本构模型时，不可能也不必要全部考虑这些影响因素，只能抓住其中的主要因素。世界上的土林林总总，各有个性，但从应力应变角度考虑，最有普遍意义的是弹塑性，因而各种各样的弹塑性模型成为本构模型的主流。

弹塑性模型将变形分为弹性和塑性两部分，用虎克定律计算弹性部分，用塑性理论计算塑性部分。塑性部分计算需要做三方面的假定，一是破坏准则和屈服准则；二是硬化规律；三是流动规则。由于假定条件不同，形成了多种多样的弹塑性本构模型。20 世纪 50 ~ 60 年代以后，计算技术的迅速发展为非线性分析提供了技术条件，推动了本构关系的研究和发展。现在，各种本构模型多得不可胜数，为人们接受的模型一般概念清楚、比较简单，参数不多，易于测定，有明确的物理意义，且能反映土的主要特性。土的本构关系的研究使我们对土的应力应变特性的认识达到了前所未有的深度，为工程设计计算提供了更深刻的理论指导，也推动了岩土工程数值计算的发展。国际上代表性的模型有：剑桥模型、莱德（Lade）模型、椭圆 - 抛物双屈服模型、空间准滑面（SMP）模型等。国内代表性的弹塑性模型有清华模型、沈珠江模型等。

3 非饱和土力学

传统土力学研究主要针对饱和土，20 世纪 30 年代太沙基提出的有效应力原理是其精髓，成功地解决了实际工程中饱和土的渗流、强度和变形问题。但是，工程上遇到很多非饱和土，如残积土、黄土、膨胀土、人工压实土以及所有地下水位以上的土。对非饱和土的研究一直比较缓慢，主要原因就在于非饱和土中除了固相、液相外，多了一个气相，使其性质比饱和土复杂得多，无论是理论研究、测试技术、计算方法都存在较大困难，现今的非饱和土力学可以认为是传统土力学的延伸和补充，还不成熟，但有助于我们理解工程实践中遇到的问题，以下为非饱和土力学的一些基本概念（以陈仲颐教授的讲座为主，参考其他文献整理）。

（1）关于吸力与土水特征曲线

非饱和土的三相是固相、液相和气相。严格说来，非饱和土的水与气的分界面上有收缩膜，由于其性质既不同于水，也不同于气，应视为一个独立的相。但因只有几个分子层的厚度，因此将其视为液相的一部分。但收缩膜在外力作用下的性状同固相类似，故在考虑土的各相静力平衡条件时，可近似地作为固相。

从力学角度，非饱和土不同于饱和土最主要的特征，是土中存在负孔隙水压力。也就是说，土中的水，无论是连通的，还是不连通的，都是处于承受拉应力的状态。负孔隙水压力相对于孔隙气压力而言，故将孔隙气压力与孔隙水压力的差值称为基质吸力。基质吸力反映了土的结构、土粒成分及孔隙大小、分布形态等特征，反映了土的基质对土中水的吸持作用，其数值随土的含水量（饱和度）而变化。基质吸力是决定非饱和土力学性状的主要控制因素。

土的含水量、体积含水率或饱和度与基质吸力的关系曲线，称土水特征曲线，见图 29-4。土水特征曲线上有两个特征值：一是进气值；二是残余含水量或残余饱和度。只有当土中的吸力大于进气值时，空气才能进入土的孔隙，使孔隙水排出，含水量下降。进气值的大小与土的最大孔隙尺寸有关。残余含水量则是反映土中含有的“不可动”水的数量，与土的细孔隙分布以及土的矿物成分、孔隙水的化学成分等有关。

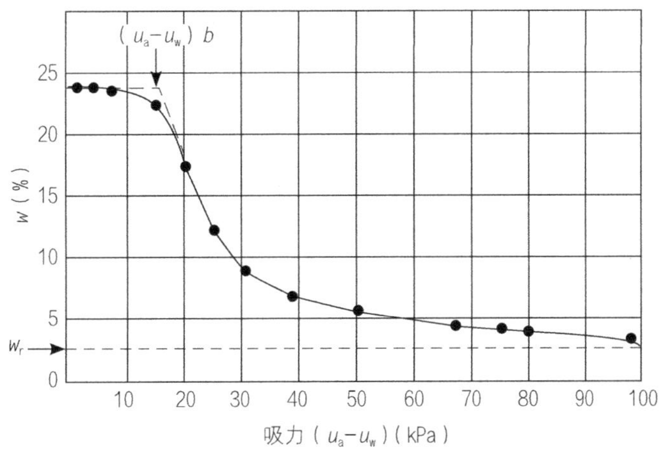

图 29-4　土水特征曲线（陈仲颐）

实际上，除了基质吸力之外，土中还有渗透吸力，二者加起来构成土的总吸力。渗透吸力的大小取决于孔隙水中的盐的含量，但随含水量的变化要比基质吸力随含水量的变化小得多，因此，多数情况下可近似认为总吸力的变化等于基质吸力的变化。

（2）关于流量边界条件与渗流

非饱和土位于地下水位以上，靠近地表，土中的水分变化同气候条件有密切关系，因此分析非饱和土性状时，必须考虑一个流量边界条件。流量可以是正的，即向上蒸发，也可以是负的，即向下渗入。流量边界条件取决于：一是当地的气温、湿度、降雨等气候条件；二是有无植被、有无覆盖等地表状态；三是表层土透水性大小。

实验表明，达西定律适用于非饱和土，但其渗透系数 k_w 不是常数。不考虑体积变化时，是土的体积含水率的函数，也是饱和度或基质吸力的函数（这三者之间存在一定的互换关系）。可以做非饱和土的渗透试验直接测定 k_w（试验难度大，所需时间长），也可以利用土水特征曲线计算。非饱和土的气相有两种主要存在形态，一是连续气体，二是封闭气泡。连续气体在非饱和土中的流动速率与气体的浓度梯度成正比，气体浓度与气体压力存在一定关系，因此，流动速率同气体压力的梯度成正比。透气系数 k_a 与渗透系数相似，可用试验直接测定，也可间接计算。工程上的渗流可在饱和区，也可在非饱和区，饱和区与非饱和区之间形成连续的流动。可以根据问题的性质建立渗流微分方程，然后根据边界条件，用有限差分法或有限元法求解。

（3）关于有效应力与应力状态变量

对非饱和土是否也能建立类似的有效应力公式，为此做了许多研究，但由于非饱和土比较复杂，遇到许多困难。许多研究者认为，对非饱和土宜用两个独立的应力状态量代替单一的有效应力值来描述其应力状态。弗雷德隆德（Fredlund，1977）运用多相连续介质力学理论，分析非饱和土单元体总的力的平衡和其中各相的平衡，提出"双应力状态变量"原理，理论上合理，概念明确，物理概念与有效应力原理基本相同，是对非饱和土力学的一项重要贡献。

（4）关于抗剪强度

非饱和土的强度理论仍然可用莫尔－库仑准则，但需加以延伸，以考虑吸力的作用。弗雷德隆德提出非饱和土的抗剪强度可用下式表达：

$$\tau_f = c' + (\sigma - u_a)_f \tan\varphi' + (u_a - u_w)_f \tan\varphi^b$$

在 $\tau-(\sigma-u_a)$ 平面上，强度包线斜率为 $\tan\varphi'$，在 $\tau-(u_a-u_w)$ 平面上，斜率为 $\tan\varphi^b$，故吸力产生的强度归在黏聚力中：

$$c'' = c' + (u_a - u_w)_f \tan\varphi^b$$

c'' 为总黏聚力，c' 为有效黏聚力，$(u_a-u_w)_f\tan\varphi^b$ 为基质吸力产生的黏聚力。实测表明 φ^b 小于 φ'，不是常数。饱和土的强度包线可用二维坐标表示，非饱和土强度包线必须用三维坐标表示，见图 29-5。

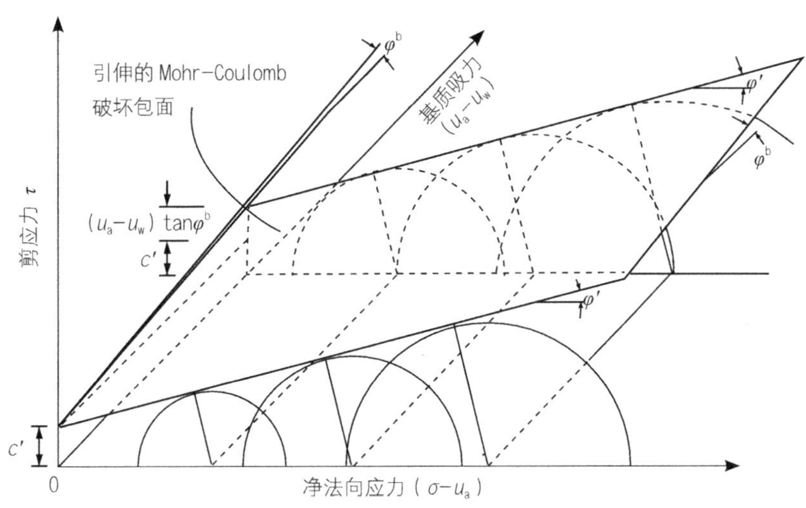

图 29-5　非饱和土的破坏面（陈仲颐）

随着土的饱和度升高，吸力逐渐减小，最终等于 0，与饱和土的抗剪强度公式一致。一般可近似假设 c' 和 φ'，不随吸力变化，可根据饱和土常规试验确定，然后再做不同 (u_a-u_w) 非饱和土的试验，便可求得 φ^b。φ^b 一般为 15° ~ 20°，小于 φ'。

对非饱和土作边坡稳定分析时，可将负孔隙水压力的影响考虑进去，将吸力合并到黏聚力项，即总黏聚力。总黏聚力不是常数，而是滑动面上各点的吸力的函数。

（5）关于体变与固结

非饱和土的体变用两个应变状态变量即可充分描述，一是孔隙比 e 或孔隙率 n（反映骨架的变化），二是含水量 w 或饱和度 S（反映液相的变化）。或者用控制非饱和土体变的两个应力状态变量：净法向应力 $(\sigma-u_a)$ 和基质吸力 (u_a-u_w)，而 σ、u_a 和 u_w 的绝对值不控制非饱和土的体变。

对一维体变，可表达为：

$$\Delta e=C_t\Delta\log(\sigma-u_a)+C_m\Delta\log(u_a-u_w)$$

$$\Delta w=D_t\Delta\log(\sigma-u_a)+D_m\Delta\log(u_a-u_w)$$

式中，Δe 为孔隙比减小值；Δw 为含水量减小值；$\Delta\log(\sigma-u_a)$ 为净法向应力

（对数）增值；$\Delta\log(u_a-u_w)$为基质吸力（对数）增值；C_t为与净法向应力增值有关的压缩指数；C_m为与基质吸力增值有关的压缩指数；D_t为与净法向应力增值有关的含水量指数；D_m为与基质吸力增值有关的含水量指数。本构关系可用三维坐标图上的状态面表示，通过土的常规固结试验、吸力试验和收缩试验，求得这些体变参数的数值。膨胀土和黄土都是非饱和土，膨胀土结构稳定，遇水吸力下降，体积膨胀，C_m值采用正号；湿陷性黄土结构不稳定，遇水吸力下降，骨架塌陷，C_m值采用负号。

非饱和土理论以吸力及其参数为主要计算依据，但吸力测试技术繁难和迟缓，导致数十年仍不能为广大工程师所采用。如何突破吸力量测或寻求代替吸力的途径，是非饱和土力学进一步突破的关键。中外学者都有一些研究成果，李广信在清华弹塑性本构模型中加入含水量，取得了较好效果。还有专家认为，不宜将所有非饱和土归为一类研究，压实填土、黄土、膨胀土等，情况各不相同，宜分开研究。

4 土的流变学研究

流变学出现在20世纪30年代，陈宗基院士是岩土流变学研究的开创者，他提出的一系列创造性研究成果，得到国际的广泛承认。1948年，他在代尔夫特（Delft）科技大学学习期间，就对荷兰沃拉格曼斯（Wlaggemans）大桥桩基竣工两年后即发生破坏的原因进行了分析。当时工程界普遍认为是由孔隙水压力造成的，但陈宗基认为，土中的孔隙水压力随时间延长会逐渐减小乃至消失，而实际工程在剪应力作用下，变形却随时间延长而增加，与有效应力原理不符。从而提出在土力学理论中必须考虑土的流变特性和三向应力、大变形这些新概念。此外，Zuiderzee海堤、软土铁路路基也发生了类似的问题。1952～1954年，他在荷兰皇家科学院著名物理学家、力学家波格斯教授指导下，引进流变学、塑性力学和胶体化学原理，系统地进行了土流变的实验研究和理论探索，在国际上最早创立了土流变学，为土力学开创了一个新的研究途径。1955年回国后，又对中国黄土和沿海软土进行了实验研究，进一步发展和丰富了土流变学。陈宗基强调由偏应力张量引起的土骨架流变占重要地位，而由球应力张量引起的时间效应是有限的。并将土的流变研究扩展到软弱岩、膨胀岩及坚硬岩体中的软弱结构面，将岩石流变与地震机制结合，还对新奥法隧道施工进行研究，涉及围岩蠕变、扩容和构造应力等课题。

土的流变涉及的是土的变形和强度与时间有关的问题，包括 4 个主要特性：一是蠕变特性，指荷载作用恒定的条件下，变形随时间延长而发展；二是土的黏滞特性（流动特性），指土的变形速率是应力的函数；三是应力松弛特性，指变形恒定条件下，应力随时间延长而减小；四是长期强度特性，指荷载长期作用下，强度随时间延长逐渐降低。但是，并非所有土的变形和强度随时间的变化都是流变，如加荷后变形随孔压消散而延迟；强度随孔压消散而增长；卸荷产生负孔压，负孔压消散使强度降低。这些都是有效应力问题，不是流变。硬土遇水弱化，产生变形和强度降低，滑坡剪切带多次重复剪，强度降低，都不是流变问题。

土的次固结实质是流变。曾国熙教授在“软黏土地基次固结的研究”（海峡两岸岩土工程 / 地工技术研讨会，1994.10，西安）一文中，用三轴蠕变仪和直剪蠕变仪对宁波软黏土进行了主固结和次固结研究，认为主固结阶段黏滞蠕变不显著，蠕变主要发生在次固结阶段。应力水平较低时，短时间变形稳定；应力水平较高时，变形稳定时间延长；应力超过某界限值时，变形随时间急剧发展，并在短时间内破坏。松弛试验表明，在变形恒定条件下，应力随时间延长降低至某非 0 值，流变性显著。曾国熙在试验的基础上，建立了宁波黏土的流变模型。

现有流变模型均采用室内试验研究，计算结果与实际有一定差别。实际工程常采用现场监测，根据监测信息反馈，调整设计和施工计划。刘建航院士在中国工程院第三次院士大会的学术报告中，强调了软土基坑的时空效应。他介绍了结合软土基坑问题进行的流变研究，提出了弹黏性有限元分析法。将室内试验理论计算的结果用于工程，条件尚不具备，但认识到蠕变变形的大小与应力水平有关，低于某界限值时变形收敛，高于某界限值时变形发散，破坏，见图 29-6。故采用现场监测反分析取得综合参数，作为设计时正演分析的依据。即“理论导向，实测定量，经验判断”的方法。理论分析和实际经验表明，开挖越深，暴露时间越长，

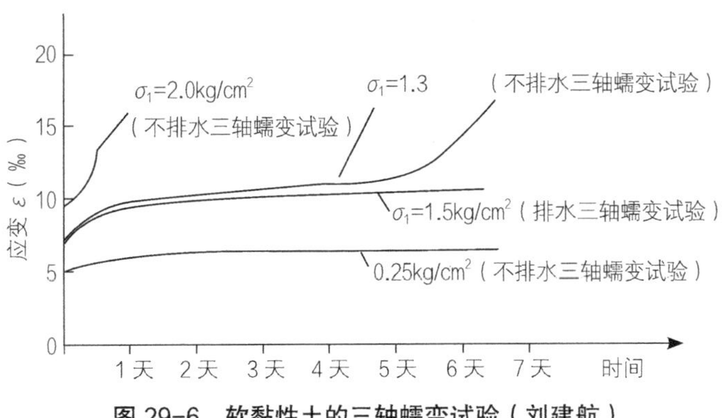

图 29-6 软黏性土的三轴蠕变试验（刘建航）

暴露范围越大，流变变形和破坏越严重，故软土基坑设计施工的原则是:分步开挖，及时支撑。

从以上的回顾和思考可以看出，太沙基创立有效应力原理以来，土力学理论取得了巨大进步，大大深化了对土的力学本性的认识。虽然应用得还不够理想，但对于指导工程实践有重大意义。岩土工程离不开土力学指导，有了土力学，工程实践才有理论基础，才不会盲目，才能站得高，看得远，不致犯原则性错误。明白了土的应力应变非线性，明白了非饱和土力学、流变学基本原理，才知道现在工程上用的计算方法其实是很粗糙的。从这个角度看，岩土工程的理论大大落后于实践，学术界和工程界的精英们，应突破现在土力学和岩石力学的藩篱，闯出一条新路来。让我们向经典致敬，与时代同行。

第30章　关于实用土力学的思考

实用土力学可以理解为：以理论为指导，以经验方法为基础，解决工程问题的土力学。本章首先讨论了理论土力学在解决工程问题时面临的问题，接着举例说明几种行之有效的经验方法。强调了理论指导的重要性，强调了理论、经验与工程的密切结合。用案例说明计算不可能精确，唯有原型实测才能真正定量。

卢肇钧院士认为“土力学应当是一门兼顾基础和应用的技术科学”（卢肇钧，关于土力学发展与展望的综合述评，卢肇钧院士科技论文选集，中国建筑工业出版社，1997）。科学家一心追求真理，探索未知，故理论土力学更偏重于科学；工程师全力解决工程问题，哪种方法有效、快捷、简便，就用哪种方法，更偏重于实用。实用土力学，顾名思义，是工程实用的土力学，工程师可以直接应用的土力学，但迄今似乎还没有公认的实用土力学的定义。2014年11月，高大钊教授著《实用土力学》出版，我有幸细读，并为之作序。内容包括7章：岩土工程规范与土力学关系、岩土工程勘察与土力学、天然地基浅基础设计的土力学原理、地基处理技术中的土力学问题、桩基础工程中的土力学问题、深基坑高边坡工程中的土力学问题、地基抗震与土动力学。全书告诉我们，在实际工程中如何应用理论土力学，不要背离土力学理论。我个人理解，实用土力学是以理论为指导，以经验方法为基础，解决工程问题的土力学。

1　理论土力学在解决工程问题时面临的问题

（1）理论抽象的局限性

土是天然形成的散碎颗粒的集合体，一般由固体、液体、气体三相组成（冻土还有可以融化的冰，盐渍土还有可以溶解的盐），性质极为复杂多样，弹性、塑性、脆性、黏滞性、结构性都存在，应力应变非线性特征很突出，从如此复杂、多样、多变的个性中抽象出共性，上升为理论，往往顾此失彼，很难。

传统土力学建立在固液两相的基础上，是饱和土力学。太沙基的一维渗透固结理论只适用于饱和土。三轴压缩试验的固结和排水，理论上只限于饱和土，太沙基的有效应力原理只适用于饱和土。而工程上遇到的有饱和土，更有大量多种多样的非饱和土。虽然非饱和土理论已经建立，但基本指标基质吸力很难测试，理论也过于繁难，不易掌握，尚处于研究探索阶段，停留在学者的书院中，远未进入寻常百姓家。

传统土力学未考虑土的结构性，是重塑土力学，认为土的强度和刚度是沉积过程中压密固结形成。超压密土之所以具有较高强度和较小的可压缩性，是由较大的先期固结压力所致，这大致反映了水中沉积土强度形成的规律。但实际上，几乎所有土都有结构性，成因和表现各不相同而已，而结构强度的形成与有效自重压力无关。譬如有经验的工程师早就注意到，野外见到土的状态往往高于室内试验测定的状态，原状土的结构性越强，差别越大。虽然土力学家早就观察到这一现象，企图用损伤模型等描述土的结构性，但尚处于起步阶段，离工程应用还远。

我国结构性强的土分布非常普遍，类型众多，有软黏土、残积土、黄土、红黏土、膨胀土、盐渍土、软土硬壳层等。结构强度有多种成因，多种表现，但都不是压密固结形成，不能用欠固结、正常固结、超固结等固结状态来描述。多数情况一旦破坏，很难恢复。

有关软土、残积土、红黏土、黄土，盐渍土等的结构性，本书第27章已有阐述，这里不再重复了。最难应用理论土力学解决工程问题的土是膨胀土。膨胀土的主要特性，一是由于含有较多亲水黏土矿物，具有胀缩性；二是超固结性，但这种超固结性并非由有效覆盖压力造成，而是由于反复胀缩、挤压，侧压力系数很高；三是裂隙性，主要是反复挤压形成的密集镜面状的剪切裂隙，并有干缩形成的宽度大小不一的拉裂缝；四是具有独特的强度特性，强度随含水量增大而衰减。传统土力学的渗透理论、固结理论和强度理论似乎都用不上，学者们用非饱和土力学理论研究膨胀土的强度问题，但离实用还远。

（2）取样试验的局限性

理论土力学的实施，基本上采用钻探取样、室内试验的方法，与物理、化学、力学的研究方法一脉相承，这也是顺理成章的。室内试验可以根据研究者的要求，控制土样的应力和排水条件，测定应力、变形和孔隙水压力，还可根据要求，设计多种试验仪器和试验方法。而原位测试由于应力、应变和排水条件难以控制，难以得到研究者要求的效果。但是，钻探取样、室内试验用在工程中问题不少。

首先，土体和土样是两个不同的概念：土体有埋藏条件下的初始应力，土样在取样过程中初始应力已经释放；土体有多种多样不同的组合，土样就比较简单。钻探、取样、运输、制备、装样、试验过程中，一定程度的扰动是不可避免的。而且，试样尺寸很小，要求试验成果代表现场土的性质实在很难。譬如压缩模量与变形模量的关系，理论上是：

$$E_0=\beta E_s$$

由于 $\beta<0$，故变形模量 E_0 应小于压缩模量 E_s。但实际经验相反，除软土外，大多数情况 $E_s<E_0$。有经验认为 $E_0=(2.2\sim2.5)E_s$，有的甚至达到 $E_0=(6\sim10)E_s$。造成这种无法解释的原因可能是室内试验土样尺寸太小，对试验操作的各种影响十分敏感。如济南万科住宅建筑工程的闪长岩残积土，压缩模量仅 3.76MPa，而变形模量达 28MPa，工程建成实测证明后者正确。港珠澳桥隧工程厚层粉质黏土压缩模量仅 5.6MPa，静力触探根据经验得到的变形模量达 30MPa，堆载试验判定，后者更接近实际。先期固结压力是判定土的固结状态的主要指标，但取样试验结果往往不理想，某工程的晚更新世沉积，根据先期固结压力判定为欠固结土，实在不可思议。

室内固结试验如此，室内渗透试验、抗剪强度试验问题更多。我见到不少勘察报告试验数据不理想，有的很离谱。试验成果不好的原因，固然有试验人员和岩土工程师素质等因素，但用土样做室内试验本身的缺陷肯定是存在的。有人在吹填土中做了 UU 试验与十字板强度试验、静力触探试验、扁铲侧胀试验的对比，发现即使用薄壁取土器，尽量避免土的扰动，UU 试验的强度还是最低。为科学研究、理论研究做试验，土样能否代表现场的土体，研究者不太关心。但作为工程师，则非常关心土样能否代表土体，试验成果能否用于设计。影响岩土工程计算可靠性主要有两个因素，计算模式与计算参数，而计算参数更为重要。中外一些学者和工程师觉得，既然钻探取样室内试验效果不理想，何不致力于探索采用原位测试成果进行岩土工程的分析计算。

（3）理论应用的局限性

传统土力学创立至今快一百年了，工程界用得怎样？似乎也不令人满意。譬如根据有效应力原理应当采用有效强度指标，因为只有有效黏聚力、有效内摩擦角才真正代表土的抗剪强度特性。但可惜，无论地基承载力计算、基坑土压力计算、还是边坡稳定性计算，工程实践中基本上仍用总应力强度指标。基于太沙基建立的一维渗透固结理论，可用固结系数计算建筑物沉降与时间关系。但在我国一般不计算，也不测土的固结系数，施工期间有多少沉降，施工结束后有多少沉降，都依靠经验估计。只有少数情况如排水固结法处理软基，采用固结系数计算沉降与时间关系。工程实践采用理论方法不普遍的原因很复杂，但效果不理想，仍需经验修正是主要原因。工程界有一种想法，旧的计算模式虽然粗糙，但已经积累了多年经验，计算结果比较可信。新的计算模式虽然理论上完善些，但还是需要经验修正，而经验又不是一朝一夕可以积累起来的，因而宁愿应用陈旧的老方法，影响了新方法的推广。

现代土力学尚未走出研究单位的高楼深院，用于工程不多，研究者似乎也有高处不胜寒的感觉。本构关系研究使我们对土的应力应变关系的认识达到了前所未有的深度，并推动了岩土工程的数值法计算。但对工程实践是否有效，则有不同看法:有人认为土的本构关系研究根本没有用途，是脱离实际的象牙塔里的产物。也有人认为，解决高土石坝、深基坑、大型地下工程、桩基础、复合地基、地基基础与上部结构的共同作用等问题，本构关系提供了深刻的理论指导，各种数值计算是必要和有效的。邓肯（J.M.Duncan）教授因发表邓肯 - 张模型而被我国岩土工程界熟知，1984 年来北京访问并作学术报告时，会场座无虚席，门边还站满听众，他非常高兴。卢肇钧院士乘机询问他对国际上各种本构模型的评价时，他说:“没有人能够评价这么多各式各样的模型，因为其中有许多尚未经受过实践验证。而且，即使经过一次实践观测与计算结果比较接近，第二次又可能相差甚远。我自己的模型便是如此。不可完全相信，但又有一定的参考价值，可以补充其他计算方法的不足。土的性质太复杂了，多采用几种计算方法并互相比较总是有益的。”（卢肇钧院士科技论文选集，中国建筑工业出版社，1997）

2 行之有效的几种经验方法

既然土力学理论和室内土工试验参数用于解决工程问题不够理想，岩土工程师自然会想到经验方法，即在理论指导下，采用经验方法，不追求理论严密、完美和普适性，但能解决工程问题。下面举几个行之有效的例子。

（1）用原位测试确定设计参数

1988 年曾国熙教授出席美国奥兰多举行的第一届国际贯入试验研讨会时，发表论文，介绍他 1950 年在美国 STS 土工试验公司任工程师期间，发明袖珍贯入仪的历史。袖珍贯入仪可能是最简便，但非常实用的鉴定土质软硬的工具，至今仍被一些岩土工程师在试验室和野外应用。我在 20 世纪 50 年代时，曾用 76g 圆锥仪（液限仪）直接测定原状土的状态，以沉入 2mm 为塑限，沉入 10mm 为液限，小于 2mm 为坚硬，2 ~ 10mm 为可塑，大于 10mm 为流塑。我至今还认为，用液限仪直接测定原状土的状态比用试验室的液性指数判定更符合实际，因为原状土包含了结构强度的因素，而液性指数基于扰动土，不能反映土的结构强度。

太沙基创立的标准贯入试验也很简单，锤击数 N 值与土的力学性质没有任何理论上的关系，连个物理量也没有，试验精度也不高。但经验丰富，几乎普及全世界，与各种土、各种力学指标、地基承载力建立了经验关系。岩土工程师只要知道砂土的 N 值多少，黏性土的 N 值多少，就能对土的强度和变形性质，甚至地基承载力做出大致的判断。动力触探虽然影响因素较多，比较粗糙，但适应性强，几乎各种土类都能用，对于密实的卵石，超重型动力触探基本上是唯一可用的测试手段。北京勘察设计院的张国霞大师，20 世纪 50 年代时用重 10kg 的锤，直径 25mm 的探杆，直径 40mm 的探头、50cm 的落距，做基槽检验。骑着自行车就可带着工具去工地，方便、快速而有效。后被列入规范，成为标准化的轻型动力触探。

1965 年，建工部综合勘察院王锺琦大师率领的团队，研制成功国际上第一个电阻应变式静力触探探头，直接在孔内原位量测贯入阻力。由于数据连续、精度高、工期短，既是勘探手段，又是测试手段，迅速在全国推广，随后又有不少进步和发展。静力触探成果的应用虽然也基于经验，但实际效果比取样试验、理论计算更好。据杨光华介绍，港珠澳桥隧工程的沉管式隧道，沉降计算关键性的一层粉质黏土，室内土工试验的压缩模量仅 5.6MPa，显然偏小，后来做了国内规模最大的海上静力触探，变形模量为 30MPa。经堆载检验，静力触探成果可靠，得到了“原位测试是可行之道”的结论。

（2）载荷试验、深宽修正和地基承载力表

在确定地基承载力的多种方法中，岩土工程师最相信的不是根据抗剪强度指标用理论公式计算的承载力，而是载荷试验 + 深宽修正，虽然这是一种经验方法。深宽修正最早来自苏联的 H_NT_y 6-48，但 H_NT_y 6-48 并未规定用载荷试验确定地基承载力，载荷试验 + 深宽修正确定地基承载力是《工业与民用建筑地基基础设计规范》TJ 7-74 开始提出的。编制该规范时，编制组下了很大功夫，将载荷试验 + 深宽修正得到的地基承载力，与理论公式计算得到的承载力进行反复比较，综合判断，打下了良好的基础。40 多年来逐步完善，在工程实践中经受了考验，普遍认为是可靠而成熟的方法。

从新中国成立之初学习苏联开始，我国就习惯于规范给出承载力表，基层工程师查表提供承载力。编制 TJ 7-74 规范时，在大量载荷试验数据的基础上，制定了我国自己的承载力表，TJ 7-89 继续沿袭，修订为 GB 50007-2002 时才从全国规范中删除。这一段故事将在本书第 48 章做详细介绍。应该说，当年做的工作是大量的，相当扎实的，反映了我国的实际情况，有群众基础，是一代人的功绩。所有工作均以载荷试验资料为基础，不仅做了认真细致的回归分析，建立了经验关系，而且与用土的抗剪强度计算进行了比较，与苏联规范进行了比较，与建筑物沉降实测和变形分析进行了比较，以求尽量与工程经验相符合，以后规范的修订只做了局部调整。承载力表是典型的经验方法，其局限性是显然的。我国疆土辽阔，各地土质条件差别很大，编制全国的承载力表不可取，但编制小范围的地方性承载力表应该可以。用于体型复杂和要求特殊的重要建筑，承载力表很难适应；用于体型简单的多层建筑，承载力表应该可以适应。

（3）湿陷性黄土

湿陷性黄土是典型的非饱和土，又是结构性很强的土。《湿陷性黄土地区建筑规范》GB 50025采用的设计方法也是经验方法，绕开了非饱和土理论和结构模型问题。这种经验方法最初源于苏联的阿别列夫，20世纪30年代，苏联乌克兰境内某钢铁基地发生严重地基沉降，阿别列夫以该工程为依托，进行了大量研究。认为这是一种“大孔土”，遇水湿陷，提出了一套勘察设计方法，列入苏联规范，20世纪50年代初传入我国。由于我国的湿陷性黄土比苏联更典型、更复杂，第一个五年计划期间华北和西北的重点工程又很多，许多优秀的学者和工程师投入研究，有的毕生研究黄土，成为这一领域的专家。该规范是湿陷性黄土地基研究和工程经验的集中体现。

该规范抓住了黄土浸水湿陷这一主要问题，根据湿陷系数的大小将湿陷性分为轻微、中等、强烈3个等级；根据自重湿陷量确定场地湿陷类型，即自重湿陷场地和非自重湿陷场地；自重湿陷场地又分为一般、严重、很严重3个湿陷程度；根据湿陷量的计算值确定Ⅰ、Ⅱ、Ⅲ、Ⅳ共4个地基湿陷等级。在此基础上，根据场地湿陷类型、地基湿陷等级、湿陷起始压力和剩余湿陷量，确定地基设计措施，包括地基基础设计措施、防水措施和结构措施。试验方法采用室内试验（浸水压缩试验）与现场试验（静载试验和试坑浸水试验）相结合；强调必须采用Ⅰ级不扰动土样和探井刻取土样；按各地区黄土不同的特性分别规定自重湿陷量计算的修正系数。这些规定都是多年经验的结晶，体现了我国湿陷性黄土研究和工程实践的世界领先水平。

（4）膨胀土地基

膨胀土问题引发我国岩土工程界注意，大概始于20世纪60年代末，我国援助非洲的工程项目中，好几个项目发生了因膨胀土破坏工程的事故，造成很大的经济损失和不良政治影响，引起国务院有关部门的严重关注，责成当时的国家建委解决。稍后，即70年代初，我国国内也多地发生因膨胀土产生的工程事故，有民用建筑，有工矿企业、有解放军营房。地点遍及云南的蒙自、个旧，广西的南宁、宁明，湖北的郧县、枝江，河南的平顶山，安徽的合肥，河北的邯郸，陕西的安康等地。平顶山的一位基建负责人说，单层建筑建成后二三年就开裂，越裂越宽，宽到屋里屋外透亮，小孩的头能伸进去。拆了重建，建了又裂，裂了又拆，实在没有办法。在这样的背景下，以中国建筑科学研究院地基所为首，全国许多勘察设计单位参加，形成了一股膨胀土研究的热潮。1975年5月12～29日，在广西南宁举行了全国膨胀土问题经验交流会，我参加了会议，开了半个多月，有一百多人参加，提交多少论文记不清了，只记得厚厚一大堆。可惜时间已久，找不着了。在此基础上，编制了我国第一部《膨胀土地区建筑技术规范》。

膨胀土性质太特殊，传统的土力学理论和测试方法，如有效应力原理、压密固结原理、抗剪强度测试方法，几乎都解决不了工程问题。所以，我国当时研究膨胀土，绕开了复杂的膨胀土力学的理论问题，从工程实用出发，着重总结膨胀土的识别（包括野外识别和试验指标识别）、膨胀土场地的分类（平坦场地与坡地场地）、胀缩等级的划分、膨胀土地区建筑物破坏特征的经验总结，以自由膨胀率、膨胀率、收缩系数、膨胀力为主要特征指标，用地基分级变形量划分胀缩等级，在此基础上确定设计、施工和维护措施，保证工程的安全和正常使用。建筑工程部门着重研究膨胀土胀缩特性对工程的影响；铁路、公路等部门则更关心膨胀土的边坡稳定问题。

（5）地震液化的判别

预测工程场地未来地震会不会发生液化，是世界性大难题。我国20世纪50年代就有学者研究，起初的主导思想是采用美国西得（Seed）简化法，取样在动三轴仪中进行液化试验，根据试验结果判别未来地震时是否可能液化。经多年试验研究，发现此路不通。动三轴试验难度大、时间长、费用高，而且可重复性很差，作为研究手段，不错；但解决工程问题，不现实。最后放弃这条技术思路，改用概念＋经验的方法。

所谓概念，就是抓住决定液化的几个关键性因素，如地震烈度、地震分组、砂土或粉土的密实度、有效自重压力、地下水位，并以标准贯入锤击数或静力触探比贯入阻力表征密实度，以深度表征有效自重压力。所谓经验，就是到发生过地震液化的场地去调查，以是否喷水冒砂为液化还是非液化的标志，分别对液化砂土（粉土）和非液化砂土（粉土）进行标准贯入试验（或静力触探），将调查和试验结果用“两组判别分析”方法进行分析研究，将研究成果用易于操作的公式和表格列入规范。

由于地震液化的不确定因素很多，随机性非常强，故对于工程使用年限内是否液化的预测，无论采用什么方法，都只是一个大致的判断，谈不上精确。但是，这种判别方法基于经验，绕开了复杂的土动力学问题和有效应力原理，理论上虽然不完善，但简捷而实用，可靠性高于西得简化法。这个问题将在本书第 55 章进一步阐述。

3 理论指导总结经验，理论指导工程实践

上面提到的这些经验方法，都很实用，但都是在理论指导下总结的。脱离了理论指导，就可能将局部经验当作普遍真理。在认识问题的深度和高度上，经验和理论不在同一层次，理论深于经验，理论高于经验。下面举例说明理论指导工程实践方面的问题:

（1）抗剪强度试验加载，勘察单位一般按规范进行，用 100kPa、200kPa、300kPa 和 400kPa 等 4 个压力，作为三轴试验的周围压力。但根据土力学原理，三轴 CU 试验土的抗剪强度包线，在先期固结压力前后是不同的，左侧是超固结土，右侧是正常固结土。如果盲目按规范执行，用一根莫尔包线表示两种不同固结状态的土，就失去了莫尔包线的物理意义和工程意义，给出不正确的黏聚力和内摩擦角（见图 30-1）。

（2）用土的抗剪强度指标、基础埋深、基础宽度代入公式计算，有极限荷载和临界荷载两种方法。无论哪种方法，都是在一定假设条件下导出的，如假设为平面课题、假设土为均质体、假设土为刚塑体或弹性 - 理想塑性体等。岩土工程师在应用公式时，应充分了解公式假设条件与工程实际条件的差别，对计算结果可能的误差有个评估。更为重要的是计算参数，除了评估参数测定的可靠性外，还应注意参数的测定方法，其固结条件和排水条件与工程实际之间的差异。土的承载能力是随着孔隙水压力的消散而提高的，不是一个固定的数值，需要岩土工程师在土力学理论指导下作出抉择。

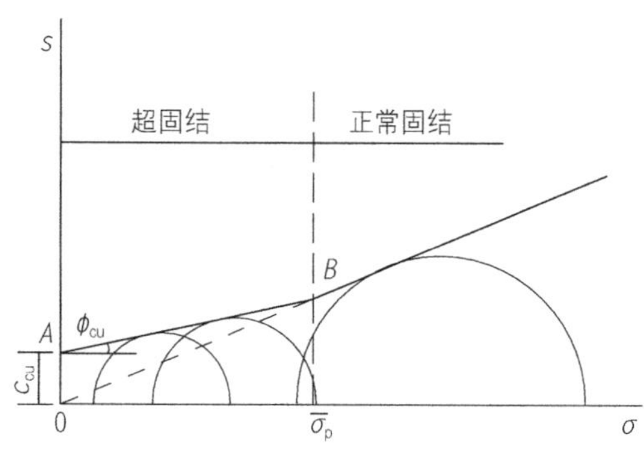

图 30-1 超固结土和正常固结土

对地基承载力进行综合评定时，还需考虑荷载的性质和分布、基础和上部结构的刚度和分布、对沉降和差异沉降

的要求等，更需要在理论指导下权衡各种因素，做出合理判断。

（3）天然地基可以假定为均匀地基，复合地基则由增强体和桩间土共同构成，两者刚度有明显差别。由于增强体与桩间土分担基础底面传来的压力，故地基与基础间的接触压力是不均匀的，导致附加应力在地基中的分布也非常复杂。理论上解决这个问题很困难，为方便工程计算，《地基处理规范》假定基础是刚性的，没有变形，基础沉降时始终保持一个平面，附加应力在地基中的分布仍按布辛奈斯克解，根据置换率、增强体和桩间土应力分担比和变形协调原则，考虑散体材料增强体和粘结材料增强体性状的不同，导出了地基承载力和地基变形的实用计算方法。这个计算方法虽然理论上不严密，但总体上符合力学原理，并引入了经验系数，解决了工程实用问题。

稍加推敲，便可知道这种计算方法的不严密，主要是将接触压力和地基中的应力分布大大简化了。在有增强体的情况下，地基中的应力分布非常复杂，但计算方法假定和天然地基一样，中心竖向荷载作用下的接触压力为均匀分布，偏心竖向荷载作用下的接触压力为梯形或三角形分布；将复合地基视为一个整体计算地基承载力，不顾复合地基中复杂的应力应变关系；视为一个整体确定复合模量，不顾基础沉降时增强体上刺、下刺过程中与桩间土之间阻力。因而计算肯定是粗略的，近似的，岩土工程师应当知道其中的原理。

（4）桩基础的承载力由侧阻力和端阻力提供，规范还给出了侧阻力和端阻力的经验值。有人以为，侧阻力和端阻力是两个互不联系互相独立的概念，不关心桩长的影响，不关心桩端持力层的选择，只要满足侧阻力加端阻力大于荷载就可以了。如果知道深基础的力学原理，就不会产生这些误解。

浅基础的侧阻力可以忽略不计，深基础特别是桩基，侧阻力十分重要。桩在荷载作用下产生沉降，桩侧土发生剪切变形，并遵循剪应力和剪应变的力学规律；桩端土发生压缩变形，并遵循压力作用下应力应变的力学规律。对于单桩，由于侧阻力的存在，桩身轴力总是自上而下递减，随着荷载的增加，侧阻力自上而下逐步发挥，端阻力最后发挥，故侧阻力和端阻力的发挥是不同步的。桩身越长，端阻力越小，长径比到达 100 左右时，端阻力为 0，再硬的土也没有意义。端阻力实际上是荷载传至桩端时的土反力，其大小除了与土性有关外，还与桩的荷载传递有关。因此，侧阻力和端阻力是两个互相关联的概念，过长的桩承载力并不提高；桩基承载力不能简单地理解为按土性确定的侧阻力与端阻力之和。

根据应力传递分析，以软弱土层作为桩基持力层显然是不适当的。软弱土不仅端阻力小，而且侧阻力最终必将落实在持力层上，使桩基产生大幅度沉降。

（5）基坑问题很多，这里仅以土压力为例，谈谈工程实践中的土力学问题。

现在仍用古老的库仑和朗肯土压力理论计算土压力，虽然发现实测与计算不符，但还是不得不用。究竟理论有问题还是理解有问题？实际上，库仑和朗肯土压力理论是在假设前提下导出的，理论本身没有错，问题在于实际条件与公式假定不一致，使计算结果发生偏差。目前还没有更好的理论替代，继续使用实在是出于无奈。因此，岩土工程师在使用土压力公式时，必须理解其中的问题，避免盲目。

传统土压力理论的主要假设条件是，在土压力作用下，挡墙只能平移，不发生转动；挡墙完全刚性，没有变形；达到极限状态时的土压力就是主动土压力和被动土压力。但实际基坑工程的排桩或连续墙，并非单纯平移，而要产生转动。转动的中性点附近接近于静止土压力，无论主动区还是被动区，都只是部分区段处于极限状态，部分区段处于主动（或被动）土压力与静止土压力之间，而不是主动区全是主动土压力，被动区全是被动土压力。挡土结构也不是完全刚性，在力的作用下会发生变形，导致土压力分布复杂化。单支点和多支点挡土结构，支点处的位移减小甚至产生反向位移，土压力改变，导致作用在挡土结构上土压力的重分布，偏离公式计算的土压力分布。设计时按公式计算，主动土压力和被动土压力都是不变的，但实际上，基坑施工过程中每一步土压力都在变化。

此外，还有一些其他影响土压力的因素，如工程降水改变土性；被动侧挖土使正常固结土变为超固结土，与主动侧土的固结状态不同；基坑开挖是卸荷，而常规三轴试验是加荷，试验条件与实际条件不同；开挖产生负孔隙水压力，负孔压消散时土的强度会降低等。这些因素都可能导致土压力计算产生偏差。因此，我们必须理解，传统的土压力理论是假定条件下的理论，假定条件下算出的土压力与实际土压力肯定存在差别，应用时应估计这些差别带来的影响。

总之，理论指导是必须的。没有理论指导，盲目相信经验，要犯经验主义的错误；没有理论指导，盲目套用规范，要犯本本主义的错误。

4 唯原型实测才能真正定量

由以上讨论可以知道，岩土工程不可能奢求精确计算，唯一可以真正定量的只有工程原型实测。因此，重要的岩土工程都要进行施工和使用期间的工程监测，必要时还要做一比一的现场试验或试验性施工，信息化施工已成为流行的方式，原型监测已成为反演岩土参数、建立经验修正系数的科学依据。

本书第19章叙述了墨西哥Texcoco的现场试验，我的印象太深刻了。墨西哥人软土方面的经验虽然非常丰富，但还是做了大量一比一的原型试验研究，历时数年，工地成了一个大实验室。他们觉得非常值得，因为只有原型实测，只有1:1的试验，才能检验理论，检验经验，才能不断积累。下面再举一个日本的实例：

据卢肇钧院士“关于土力学发展与展望综合述评”一文中引用周镜院士的资料（卢肇钧院士科技论文选集，中国建筑工业出版社，1997）：日本关西国际机场人工岛上部为厚20m的吹填软土，砂井处理；下卧层为厚120m的洪积土，未处理。勘探测试做得很细，计算理论很先进。设计阶段时计算了建成后50年的沉降，结果为：上部软土沉降6.5m，机场开通时沉降结束；洪积土沉降1.5m，机场开通时预计仅几十厘米。填土达到设计标高后6个月实测，上部软土沉降5.5m，小于计算值；洪积土沉降达1.5m，远大于计算值。重新勘探试验，重新计算，调整为：上部软土沉降5.5m，洪积土沉降5.5m，总沉降11.0m。机场开通时，按实测数据推算，50年总沉降10.34m，比调整后计算值小0.66m。本案例岩土条件并不复杂，问题在于计算参数不可靠。因此，在缺乏经验的情况下，即使工作很认真细致，技术水平很高，沉降计算还是没有把握。单纯计算靠不住，唯有原型监测才能真正定量。

科学作为一种文化，不能太“斯文”，还要有阳刚之气；不能太封闭，也要了解本专业之外的文化。我觉得土力学研究更是如此，不能仅仅依靠一小块土样，关在试验室里研究。要认识野外的大千世界，了解工程师处理实际问题的经验，真正解决问题在现场。还要了解相关专业的新成果，将有用的新思维、新方法和新技术融合到自己的研究中来。对岩土工程师，理论土力学帮助我们认识问题，认识问题是大道理，要懂；实用土力学帮助我们解决问题，解决问题是硬道理，要做。

在科学技术发展如此迅速的今天，土力学和岩土工程还这样落后，离不开经验，还是不严密、不完善、不成熟的科学技术，仿佛还在太沙基时代。与岩土工程相似的医学，有识之士高瞻远瞩，提出利用基因测序成果，“精准医疗计划”，根据每个人的基因，个性化地诊断和治疗，“你的疾病独一无二”。医学的复杂性和个性化不亚于岩土工程，既然医学可以，岩土工程是否也能有此奢望？有的专家设想，在大数据时代，可以根据场地的岩土数据和上部结构数据，结合国内外大量同类工程的勘察设计和监测数据，进行快速综合分析，自动给出若干设计方案，岩土工程师再结合自己掌握的理论和经验选定，从计算机辅助设计走向人工智能辅助设计。

第31章　基坑降水计算中的若干问题

本章曾发表在《工程勘察》2011年第10期，录入本书时稍有修改。本章讨论了裘布衣稳定流理论在基坑降水计算中存在的问题，包括假设为稳定流而实际为非稳定流、假设为平缓的水力梯度而实际为大降深、影响半径的逻辑矛盾、弱透水层的阻隔和渗出面、数值法计算、基坑降水与供水水文地质的差别等。裘布衣稳定流理论简单，局限性也很明显，计算者务必十分注意实际情况与理论假设之间的差别及其带来的问题，慎重应用。

裘布衣公式于1863年导出，到今天已经超过150年了。这150年里，地下水动力学有了很大发展，从稳定流到非稳定流，从解析法到数值法，认识水平有了很大提高，计算方法不断创新。但目前基坑降水的工程实践中，还主要应用裘布衣稳定流理论，相关规范和手册所列的计算公式，基本上还是基于裘布衣公式导出。裘布衣理论如此古老而简单，实际情况如此复杂而多样，由此产生计算和实际不一致的问题是显然的。但为什么至今仍广为应用呢？原因大概一是裘布衣理论简单明了；二是基坑降水计算要求的精度不高，实际工作中更依赖工程师的经验。但是，工程师在应用裘布衣理论进行计算时，还是必须充分理解实际条件与理论假设之间的差别，提高自觉性，避免陷入误区。

1　假设的稳定流和实际的非稳定流

裘布衣理论适用于稳定流，不适用于非稳定流，这本来是显而易见的。但在工程实践中，还是有人视而不见，认为无非是误差大一点而已。其实，不同的工程，不同的水文地质条件，情况可能大不相同。

补给量和抽水量达到平衡时，水位和水量才能稳定，抽水量大于补给量时必然继续疏干含水层，地下水运动处于非稳定状态。基坑抽水时，一般初始抽水量较大，迅速将水位降至设计要求，主要是疏干含水层，是非稳定流阶段；随着基坑周边疏干范围的不断扩大，水力坡度降低，流量渐渐减少，待抽水量与补给量平衡时达到稳定，这是稳定流阶段。在富水性强、补给条件好、降深不大的场地，在降水初期，基坑外侧为非稳定流，后期逐渐稳定，达到抽水与补给的平衡，成为稳定流。但对于富水性弱、补给条件差、相对降深大的场地，可能直到工程结束仍未达稳定，基坑外侧始终处于非稳定流状态。在封闭降水的条件下，基坑内侧因无补给或很少补给，则自始至终都是非稳定流。因此，对于前者，用稳定流理论计算可能还有一定价值；对于后者，用稳定流理论计算的意义就不大了。

既然基坑降水很多情况符合非稳定流条件，人们自然会想到采用以泰斯公式为基础的非稳定流方法计算。但仍应注意计算假设与实际条件的差别及其带来的问题。基坑降水遇到的主要是潜水，比承压水要复杂得多，主要表现在：

（1）导水系数是变数而不是常数；

（2）流入井的渗流，既要考虑水平分量，还要考虑垂直分量；

（3）含水层中释放出来的弹性存储量很少，而主要来自含水层的疏干（与给水度有关），与给水度有关的存储水不是瞬间释放，而是逐渐完成的。

同时考虑上述条件没有解析解，需用数值法。可以计算水位降与时间的关系是诱人的，但目前用于基坑降水的经验尚少，研究成果也不多。

2　假设平缓的水力梯度与实际的大降深

裘布衣假设，对于完整井，流入井中的水为径向二维流，忽略了渗流矢量的垂直分量。这一假设对于承压水，流线平行于含水层的顶板和底板，如果含水层水平等厚，则流线也全都水平，等势线垂直，符合径向二维流条件，水力梯度为 ds/dx。潜水则不然，因有弯曲的潜水面存在，潜水面以下的流线是弯曲的，等势面不垂直，也是弯曲的，水力梯度为 ds/dl（l 为流线微分弧长），见图 31-1。裘布衣假设忽略了垂直分量，意味着令 $ds/dx=ds/dl$，即等势面垂直，等势面上不同深度的水力梯度均相等[2]。众所周知，假设 $ds/dx=ds/dl$ 基本相等，只有在水力梯度相当小的条件下才能成立，即只有在降深与含水层厚度之比较小的情况下才基本符合实际。因此，按裘布衣假定计算的水位低于实际的自由水位，从基坑降水的角度偏于不安全，且离抽水井越近，偏差越大。抽水井

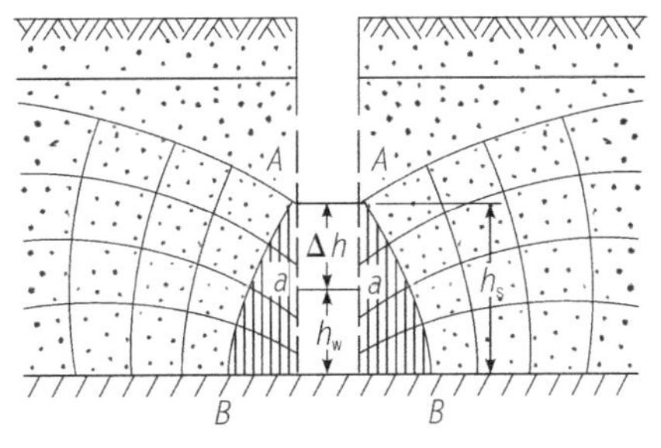

图 31-1　潜水井的流线

的降深越大，偏差越大，基坑降水又无法限制抽水井的降深，如果水位降到离潜水层底面很近时仍用裘布衣公式计算，就没有什么实际意义了。

3 影响半径的逻辑矛盾

裘布衣公式中有一个重要的独立参数，即影响半径。按公式的意思，是在离抽水井半径为 R 的圆周断面上存在一个常水头，但这种情况实际上几乎不存在，是个虚拟的参数。

有些规范和手册列出了影响半径的经验公式，例如：

承压水的奚哈德公式：

$$R=10s\sqrt{k}$$

潜水的库萨金公式：

$$R=2s\sqrt{kh_0}$$

但这两个公式用于裘布衣计算就产生了明显的逻辑矛盾。以潜水为例，R 是随抽水井的水位降 s、渗透系数 k 和含水层厚度 h_0 而变的参数，而在裘布衣公式中，R 是独立的常数，与 s、k、h_0 无关。用库萨金公式求得的 R 代入裘布衣公式计算，逻辑上是不通的。

有的规范要求通过抽水试验实测影响半径，但抽水试验的影响半径，不仅与 s、k、h_0 有关，还与含水层分布，与补给类型和补给强度有关。补给不充分时，抽水引起的水位变化会波及很远。抽水试验不同的降深，影响半径不是一个值，基坑降水的影响半径与单井抽水试验更不是一个值。因此，裘布衣影响半径，经验公式的影响半径，抽水实际影响范围，三者不是一个概念。无论用抽水试验实测影响半径或者经验公式的影响半径，代入裘布衣公式计算，都存在不可调和的逻辑矛盾。

基坑降水计算常采用“大井法”作为“大井”，井群内侧的水位不再计算，稳定时与井水位齐平，但实际上是随时间逐渐疏干的非稳定流过程。“大井”抽水的影响半径，与钻孔抽水的影响半径完全不同。因此，大井法是一种粗略的估算，计算者应当心中有数。如果把本来不同的概念混为同一个概念，极易犯概念性错误。

4 弱透水层的阻隔和渗出面问题

裘布衣公式假定，地层水平，含水层均匀，各向同性，而实际基坑降水多数情况无论水平或垂直方向地层的分布都是变化多端。特别是含水层中夹有弱透水层（常见砂土中夹黏性土层），抽水后由于受弱透水层的阻隔而形不成理想的漏斗，使实际与计算严重背离，这一点常常被公式使用者忽视。

图 31-2 为多层砂土与黏性土互层，降水设计时往往将其视为一大层，取一个综合渗透系数进行计算，亦即认为仍可按单一均匀含水层形成降落漏斗计算。但实际上由于违反了含水层均匀和各向同性的假定，而使计算与实际不符。抽水后由于弱透水层的阻隔，井外每层砂土一个水位，形不成单一含水层的降落漏斗。每一小层的水力坡度都很小，故流量也小。这样，井内水位虽然降得很深，但抽不出多少水来，井外水位怎么也降不下去，基坑侧壁依然渗水，造成降水失效。

图 31-3 为基坑底面低于潜水层底面，这种情况实际上已经不是降低地下水位，而是要求将潜水全部疏干。但是，潜水因存在渗出面而不能完全疏干，虽然井内水位很深，但地层内总存在残留水，基坑侧壁的渗出面上依然不断渗水，不得不采用垒砂袋、插排水管等措施处理。

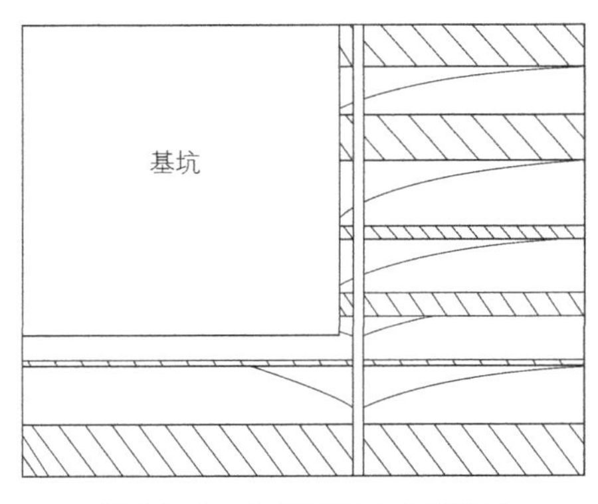

图 31-2　多层强透水与弱透水地层互层降水示意

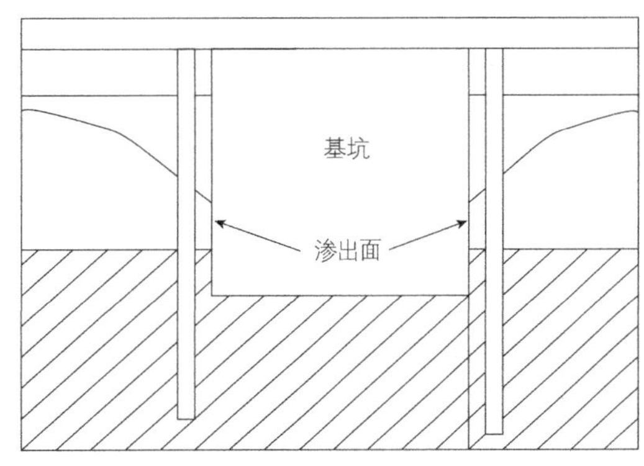

图 31-3　基坑底位于潜水底面以下示意

裘布衣假设井壁潜水面与井水位齐平，不存在渗出面，其实不然，试想如果不存在渗出面，当井内水位降到含水层底板时，过水断面面积为零，涌水量也应为零，但实际上仍能出水。水从哪里来的？就是从渗出面上渗出的。渗出面是自由曲面的延伸，成为自由曲面的终点。有人用大口径浅井做试验，在井壁上可以直接观察到水的渗出，流入抽干的井内。在基坑降水中，如潜水底板高于坑底，则常见因“疏不干”而坑壁渗水的现象，其原因就在于渗水面的存在，不是裘布衣假设的井水位与潜水面齐平。

5 数值法计算问题

上面分析的还是比较简单的情况，实际工程还常遇到非完整井问题，绕流隔水帷幕的问题，为保护周边环境而注水补给的问题等。预测潜水自由面随时间的变化过程，解析法数学上虽然是精确解，但只能应对简单条件，面对复杂条件就无能为力；数值法虽然是近似解，但对复杂边界和随时间变化的复杂渗流场模拟有较大的适应性。经多年积累，已有大量研究成果和很好的商业软件，在水资源评价、矿山疏干等领域得到了广泛应用，但在基坑降水方面尚缺乏经验，仅在大型复杂工程中有少量报道。数值法前景广阔，应深入研究，大力提倡。但也不能过分依赖，不能以为有了一个商业软件就能解决一切问题。应深入了解模型，正确选定参数，特别是处理好边界条件，否则同样会导致严重失误。

供水水文地质数值法计算的经验值得借鉴，但不宜照搬。基坑降水与供水水文地质的差别可以归纳为以下几点：

（1）供水将地下水作为一种资源，关心的首先是水量，然后才是开采引起的水位降；而降水关心的首先是水位降，能否将水位降到不影响施工，然后才是抽水量多少和对邻近的影响。求涌水量和求水位降的公式虽然可以互相切换，但还是有所不同，例如基坑降水时，必须按设计要求将水位降至某一深度，而潜水作为水源，则不会将水位降得太低。

（2）供水关心的主要是几个拟开采的含水层，且多数情况为富水性强的承压水；而降水关心的是浅层水文地质条件，以潜水最为常见。这里地层变化有时相当复杂，呈多层状、薄层状、透镜状，水平和竖向变化可能很大，参数也难以测定。供水并不关心的粉土、填土、透镜体、薄层状的含水层，而降水可能是影响工程安全的大问题。

（3）供水井力求减小干扰；而降水则井群很密，强干扰，且布置成封闭状。在抽水强度方面，供水井力求避免超量开采和过分疏干含水层，力求持续稳定；而降水目的就是疏干地层，力求在短时间内降到设计水位，前期的非稳定流阶段时间相对长而水量大，等到稳定流阶段时抽水可能快要结束了。在被群井封闭的基坑内，是降水设计者最关心的地段，则始终处于非稳定流状态。

（4）供水勘察投入的工作量较大，时间较长，对有关区域的水文地质条件掌握得很充分，有时还进行长期观测和反复计算，不断修正；而基坑降水是临时性工程，勘察工作量和计算评价的投入都要少得多，因而限制了降水设计者对水文地质条件的掌握和复杂计算方法的运用。

现在常用的基坑降水计算方法，是从供水水文地质勘察那里移植过来的。但基坑降水与供水抽水差别较大，似乎难以适应。因而有必要对基坑降水问题进行深入研究，引入新理论、新方法，开创符合基坑工程的，合理而简捷的计算新模式。

第 32 章　岩土工程难于水

本章认为，诱发岩土工程病害和事故的原因中，以水最为突出，必须时时刻刻予以关注。并用山西榆次经纬纺织厂和苏联某钢铁基地的湿陷性土、膨胀土和冻土，北京几个工程的小水大患，邯郸水泥厂的裂隙水，北京郊区某工程的渗透破坏，准格尔选煤厂整平场地引发地下水位上升等案例加以说明。最后指出：岩土三相中，水是最活跃的因素。岩土工程之难，难于水、最难懂、最难查、最难防、最难治、最易形成事故和灾害。岩土工程的奥妙、活性、魅力也在于水。

岩土三相中，水是最活跃、最不稳定也是最关键的因素。复杂多变的水让岩土工程师防不胜防，必须时时刻刻予以关注，把水的问题及其对工程的影响放在最突出的位置。下面先用几个案例加以说明。

1　山西榆次经纬纺织厂和苏联某钢铁基地的湿陷性土

大约在 1953 ~ 1954 年，新建山西榆次经纬纺织厂发生地基湿陷事故，厂房柱基严重不均匀沉降。这是新中国成立后第一起重大工程事故，给刚刚开始的“一五”计划建设当头一棒，震惊了工程界、学术界和领导部门。那时我还在南京大学学习，听土力学老师徐志英说的。他说这种土天然湿度时承载性能相当好，一旦遇水，突然沉陷。并说这是黄土的特有性质，苏联有这方面的经验，我们不知道。我毕业工作后，常听到同事们议论此事，同行中家喻户晓。“一五”期间华北和西北的黄土地区重点工程很多，从领导到科技人员都十分重视黄土湿陷性研究，建工部建筑科学研究院地基所成立了黄土研究室，专门研究湿陷问题。当时的纺织工业部总工程师施嘉干（后任建工部设计局总工程师），在经纬纺织厂事故发生后，写了我国第一本湿陷性土的专著——《多孔性土的理论与经验》（上海科学技术出版社，1956 年 9 月）。

苏联也是经济建设刚开始时，20 世纪 30 年代发生了第一起黄土湿陷事故。位于乌克兰境内的某大型钢铁基地，勘察时地面下十几米深度内未见地下水，黄土的力学性质也不错，采用天然地基。建成初期一切正常。但数年之后，大量建筑物、构筑物发生显著沉降，结构开裂，高炉沉降了一米多。重新勘察发现，地下水位深度只有 1 ~ 2m，是由于管道漏水，不断积累而使水位上升。苏联土力学家阿别列夫到现场进行了系统的试验研究，认定天然湿度的黄土具有较高的承载力，压缩性也不大，但一旦浸水，会产生突然的大幅度沉降，提出了黄土湿陷性的新概念和一整套湿陷性土的勘察设计方法，列入了苏联国家规范，阿别列夫也成了举世闻名的湿陷性黄土专家。

我国在学习苏联经验的基础上，结合工程实践进行试验研究，发现黄土湿陷不一定都是地下水位上升引起，局部漏水是产生严重差异沉降的主要原因。不仅黄土，松散的人工填土，干旱区松散的砂土、碎石土，也可能有湿陷性。北京某小工程，砖混结构，建在未夯实的新填土上，基础旁有一个泥浆坑，使刚建到不满一米高的砖墙严重开裂，显然是由于新填土浸水而发生了自重湿陷。虽然黄土湿陷是我国岩土工程界“一五计划”时期就已认识的问题，并制订了相应的国家标准，但还是屡屡发生湿陷事故，真是防不胜防。

2 膨胀土、冻土和水

膨胀土全球分布很广，是世界性难题，我国不少地方也发生过膨胀土工程事故。膨胀的内在机制是含大量亲水矿物，膨胀和收缩的外在因素在于水的迁移，吸水膨胀，失水收缩。体积的改变，强度的变化、裂隙的产生，路面的鼓胀、房屋的开裂、边坡的失稳，一切都在于水。

饱和土中水的运动服从达西定律，膨胀土是非饱和土，孔隙水压力不是正值，而是负值。土中水不产生饱和土的静水压力，而是毛细管张力，只有沿节理、干缩裂缝流动的是重力水。勘察可以发现，膨胀土中没有统一的“地下水位”。膨胀土中水分的迁移非常复杂，传统土力学的渗透、固结、强度三大定律似乎都用不上，与土粒吸持水分的基质吸力、毛细管作用、降水入渗、蒸发和凝结、热梯度等因素有关，宏观上气候条件、地形条件、植被条件、覆盖条件等，都是重要因素。图 32-1 为土的含水量随深度变化的规律，曲线 1 为有覆盖，表层含水量最高；曲线 2 为无覆盖，干旱季节蒸发，含水量降低；曲线 3 为无覆盖，湿润季节降雨，含水量升高。可见建筑物、路面等工程覆盖，对膨胀效应多么重要。中国的经验，

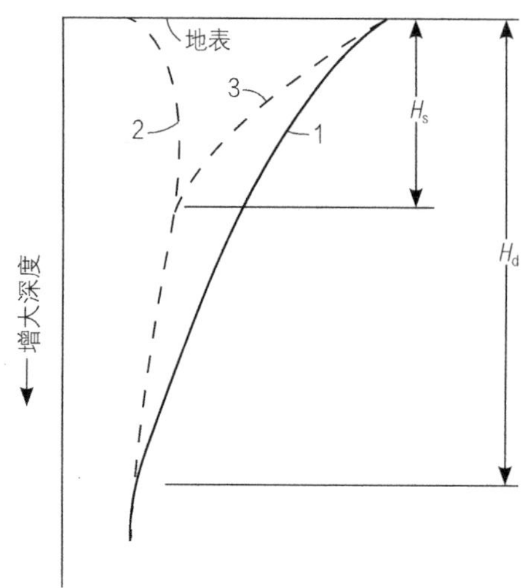

图 32-1　膨胀土含水量随深度的变化（陈孚华）

建在膨胀土上的轻型建筑，一年或数年后，四角失水收缩下沉，中部吸水膨胀隆起，建筑物反向挠曲，产生严重开裂。

冻土的冻胀和融沉是由于土中水液态和固态之间的变化，造成建筑物开裂、道路翻浆，危害工程。季节性冻土除了气候因素外，土的粒度粗细、含水量以及地下水位都十分重要。冻结时，土中水有迁移现象，细粒土且地下水位较高时，由于毛细管作用，地下水位以下的水可以源源不断向冻结层迁移补给，增加土中含水量，增加冻胀量，甚至产生冰夹层，融化时建筑物基础大幅沉陷，道路翻浆。多年冻土情况更为复杂，是一门专门学问，演化过程中还会产生冰椎和冻胀丘、融冻泥流和热融滑塌、热融湖塘和冻土沼泽等不良冻土现象。拙作《岩土工程典型案例述评》有所介绍。

3　北京几个工程的小水大患

本章所说的地下水指的是广义的地下水，凡地面以下岩土中的水都是地下水。譬如城市管道漏水，水量很少，影响范围不大，不是一般水文地质所要研究的问题，但对岩土工程，可能酿成大患。20 世纪 80 年代北京中医医院扩建工程，采用挖孔桩基础，勘察时挖孔深度范围内没有地下水，预计施工可以顺利进行。但在拆除旧建筑时遗留了一些水管没有处理，挖孔桩施工时出现了地下水。水位高低不一，深的深，浅的浅，打抽水井抽水却抽不出水来，边挖边抽又不安全，实在没有办法，只得将工期延长一年，等待局部地下水消散，才恢复施工。

20 世纪 80 年代北京有个基坑工程，支护设计和施工已经结束，基坑已经挖到设计标高。上午验槽完成，中午时分，发现坑壁局部潮湿，逐渐扩大，一排有冠梁的护坡桩突然齐根倒下，一股“地下水”突然涌出，淹没了基坑。原来基坑红线外有个充水的防空洞，钻探和护坡桩施工时均未发现。

北京安贞雅园是个小工程，基坑边坡因化粪池和污水管漏水造成失稳。边坡坍塌破坏了上下水道、电缆管道、燃气管道。幸未发生爆炸和火灾，使这个居民小区免遭大难。

2003年北京“非典”闹得正紧张的时候，东直门外万亨大厦发生了一起重大基坑事故，一侧复合土钉墙坍塌。施工单位提供的录像表明，有一股地下水从坑壁底部涌出，带出泥砂，使复合土钉墙开裂倒塌，露出相邻居民楼的基础，见图32-2、图32-3。居民楼被鉴定为危房，多人受到刑事处罚。对事故的原因，施工单位认为，是由于“不明来源的地下水”所致。在专家鉴定和学术讨论中，对这起事故做了很详细而深入的分析，如17m深的基坑，离居民楼如此近，复合土钉墙方案不妥；复合土钉墙的稳定计算方法存在问题；这段坑壁曾拆除重建，两次施工，土受到了扰动；凸出的阳角两面临空极易失稳等。但直接导致事故的元凶可能还是地下水，那股地下水似乎还是“来源不明”，未能深入调查和分析。

图32-2 水土从坑壁底部涌出

图32-3 坑壁复合土钉墙开始坍塌

4 邯郸水泥厂的裂隙水

邯郸水泥厂是20世纪60年代建设的国家重点工程，厂址位于峰峰地区的一个山坡旁。主厂房地基为中生代砂页岩，裂隙较发育，勘察时未发现地下水，主厂房下的地下结构均按无地下水设计。开挖基坑发现，地下水从岩石裂隙内渗出，地下结构必须采取防水措施。防水结构还需考虑水压力，而总平面设计时并未留有这个空间，弄得设计单位相当被动，停工许久才继续施工。为什么勘察时没有地下水，施工时出现地下水，显然与工程建设整平场地有关。自然条件下是个斜坡，地表水和地下水均可顺畅排泄，整平场地后，地表水大量渗入地下，压实的回填土和已建的地下结构阻挡了地下水的排泄通道，地下水在裂隙中积聚，对工程产生了严重的影响。这个问题幸好在施工时发现，如果投入生产后出现地下水，水泥最怕水，那就更麻烦了。

赋存于岩石中的裂隙水和岩溶水与第四系土中的孔隙水不同，有下列特征：一是水体极不规则。第四系孔隙水一般呈层状，水体形状比较规则，边界位置容易通过钻探等手段确定。裂隙水和岩溶水的水体形状决定于岩石裂隙的分布和溶洞、地下河的分布，形状极不规则，而且常常没有统一水位。即使经过详细的地质调查，动用钻探、物探等手段，仍难以将其分布边界查清。二是水流性质的特殊性。孔隙水除了颗粒尺寸很大的卵石、漂石外，一般为层流运动，服从达西定律，几乎所有的水文地质计算公式，都是在达西定律的基础上导出的。裂隙水在岩石裂隙中运动，岩石裂隙有宽有狭，有疏有密，尺寸变化很大，不一定是层流运动。岩溶水情况就更加特殊，地下水在溶洞或暗河中运动，类似于管道中流动，服从管流运动规律。但岩溶的“管道系统”极为复杂，尺寸极为悬殊，又极难查清。水头、流量等参数只能实测，很难用理论公式计算。三是富水性不均匀，对于孔隙水，同一含水层的富水性大体是均匀的。裂隙水和岩溶水的富水性则极不均匀，有的场地，两个钻孔相距数米，一个钻孔水量非常丰富，另一个钻孔滴水不流。在隧道、矿坑等地下工程中，突水事故基本上都是岩溶水和裂隙水造成的。裂隙水和岩溶水的水位动态变化也往往很大，枯水期水位很低，一场大雨或暴雨，水位猛涨，淹没工程，造成灾害。

某工程取水构筑物的头部深入基岩，设计单位需要知道基岩的渗透性，要求勘察单位做岩石的室内渗透试验，勘察单位也写进了《勘察纲要》。我不明白岩石室内渗透试验怎么做，基岩中的地下水一般都在裂隙中流动，如果真做出了结果，除了误导，没有任何意义。

5　北京郊区某工程的渗透破坏

位于北京市西南郊区的一个基坑工程，设计深度为 9.1m。上部地层为第四系粉土和粉质黏土，厚约 12m；下部为巨厚的新近系长辛店砾石层，按岩土工程分类为卵石，半胶结。地下水位深度约为 2m。采用降水与回灌相结合的方法控制地下水，在基坑周边布置了 36 个降水井，井深约 12m，到达长辛店砾石层顶面。回灌井布置在降水井的外围，深度与降水井相同。降水井和回灌井未深入长辛店砾石层的原因是该地层中钻进困难。基坑开挖至深度 8m 左右，出现地下水，水量较大，水位降不下去。就在基坑内侧周边强行挖至深度 9.4m（深于基坑设计标高 300mm），用碎石回填成盲沟，将水引至集水坑内抽出坑外。继续开挖至接近设计标高时，发现有明显的冒水现象，形似无数“泉眼”。在基坑内做了 2 个载荷试验，1 号试验点极限承载力为 350kPa，达不到设计要求；2 号试验点不正常，加载很小即大量沉降，未能完成。由于地基土严重扰动，只得放弃天然地基，采用桩基础。

对于基坑冒水现象，负责降水的单位起初误认为，是粉土和粉质黏土的垂直渗透系数远远大于水平渗透系数。其实这是一件典型的渗透破坏事故，土体已处于失重状态，受到严重破坏。由于土体为颗粒细而均匀的粉土和粉质黏土，是全面破坏而不是管状破坏，故很容易判定为流土而不是管涌。本案例的详细讨论见拙作《岩土工程典型案例述评》，下面仅就渗透破坏做些补充。

流土和管涌是渗透破坏的两种主要形式。流土为向上渗流的地下水流速超过临界状态时，渗透力使水流逸出处的土颗粒处于悬浮状态，造成地面隆起、水土流失的现象。 管涌为在渗流作用下，土中的细颗粒通过骨架孔隙通道随渗流水从内部逐渐向外流失，形成管状通道，使土体破坏的现象。流土与管涌的主要区别是：流土发生在颗粒较细而均匀的土中，管涌发生在颗粒粗细不均匀的土中；流土发生时，土颗粒全面悬浮，迅速失去强度，管涌开始流失的是其中的细颗粒，逐渐发展为管状通道，可发生渐进式破坏。在工程意义上，流土比管涌更危险。除了典型的流土和管涌外，渗透作用造成的变形还有接触冲刷（渗流沿两个渗透系数差别很大的地层界面，沿接触面带走细颗粒的现象）和接触流土（渗流垂直两个渗透系数差别很大的地层界面，细粒地层中的颗粒被带入粗颗粒地层的现象）。

除了典型的渗透破坏外，还常见到其他因渗透引起的破坏。如有地下水渗出的斜坡，当渗流方向与坡向呈一定角度时，渗透力使边坡出现失稳（图 32-4）。在饱和软黏土中开挖基坑，开挖时很顺利，边坡可以直立。如不及时支护，不久即会坍塌，甚至变成一坑泥浆。此外，渗透力对基坑土压力的影响也不容忽视，见图 32-5。此时坑外地下水向下渗流，增加土的重力，增加主动土压

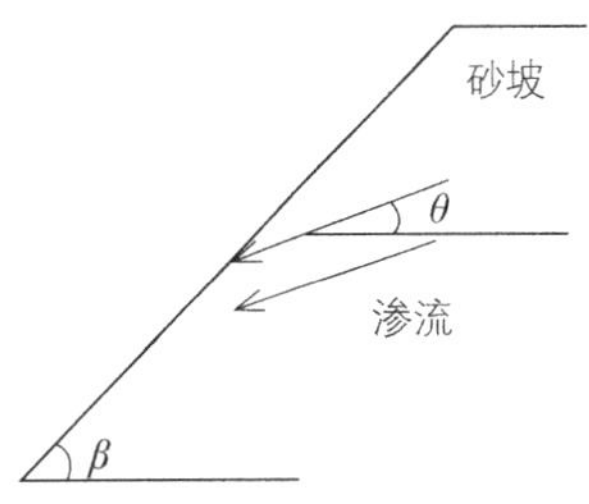

图 32-4　地下水从边坡渗出

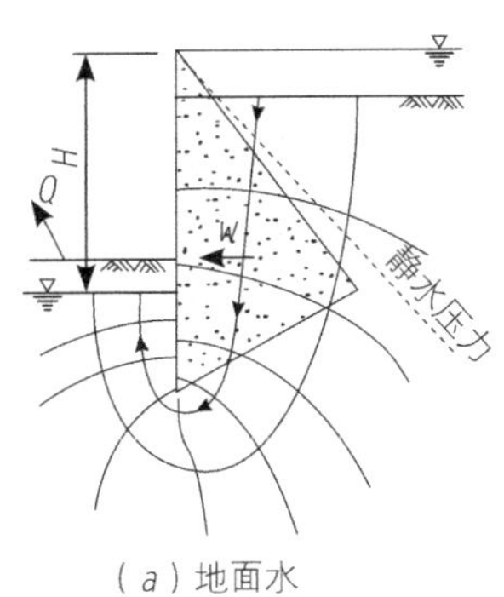

（a）地面水

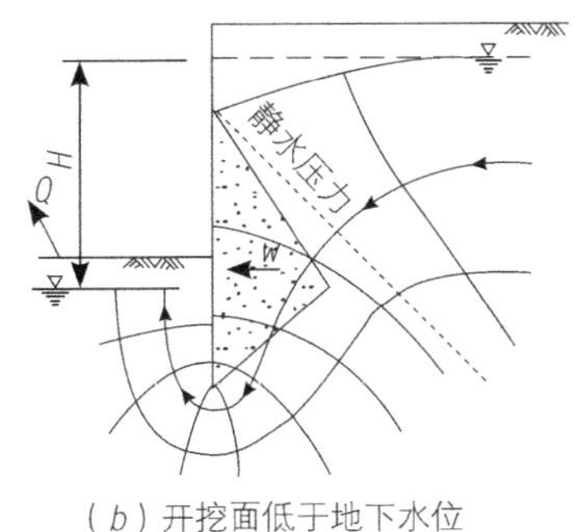

（b）开挖面低于地下水位

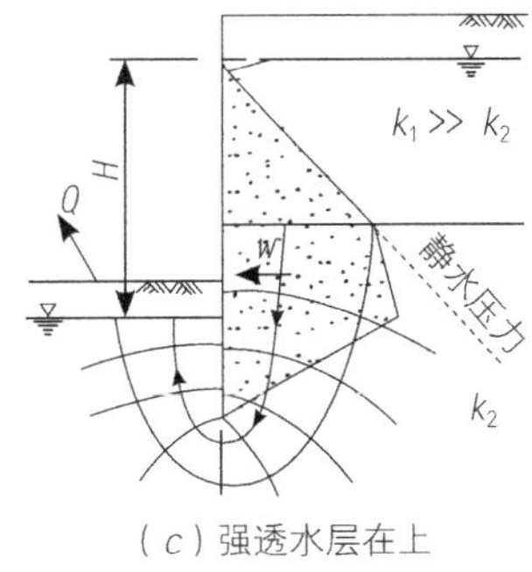

（c）强透水层在上

图 32-5　基坑开挖时地下水的流线（一）

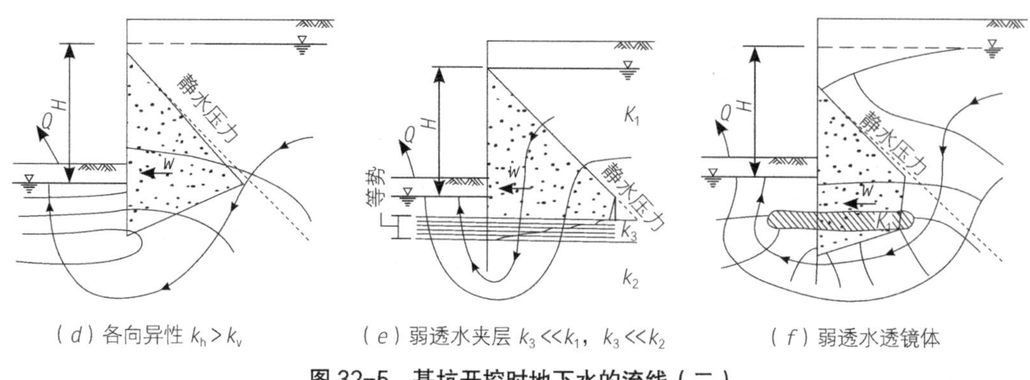

（d）各向异性 $k_h > k_v$ （e）弱透水夹层 $k_3 << k_1$，$k_3 << k_2$ （f）弱透水透镜体

图 32-5 基坑开挖时地下水的流线（二）

力；坑内地下水向上流动，减小土的重力，减小被动土压力，不利于基坑稳定。当水力梯度达到流土临界梯度时，坑内被动土压力为0，完全丧失，坑壁倾覆。

6 上海地铁4号线越江隧道泥沙涌入事故

2003年7月1日凌晨开始，上海地铁4号线越江隧道旁通道发生水和泥沙涌入事故，导致地基土大量流失，地面严重塌陷，形成塌陷漏斗，三幢建筑物明显沉陷、倾斜（图32-6），防汛堤沉陷、开裂、溃决，黄浦江水倒灌的严重事故。直接经济损失达1.5亿元，修复难度很大，延长了工期，产生极为严重的社会影响。

图 32-6 地面沉陷、积水，大楼倾斜

这次事故的直接原因是冻结法施工的问题，冻结墙失效导致事故的发生。内在原因是第7层砂质粉土和粉土层的承压水，水头高达21.7m，旁通道正在粉砂层内（图32-7）。冻结法方案论证和设计施工时，对高承压水的危险性重视不够，以致承压水一旦失去屏障，产生突涌，巨大的水压力裹挟着泥沙涌入旁通道，造成隧道结构破坏，地下掏空，地面塌陷。事故的本质是突涌，也是一种“液化”，元凶就是高承压水。只是一般突涌突破的是相对不透水的覆盖层；这次事故突破的是不坚固的冻结墙。地震液化是振动引起孔隙水压力的突然增长，使超静水压力消失突破上部覆盖层发生喷水冒

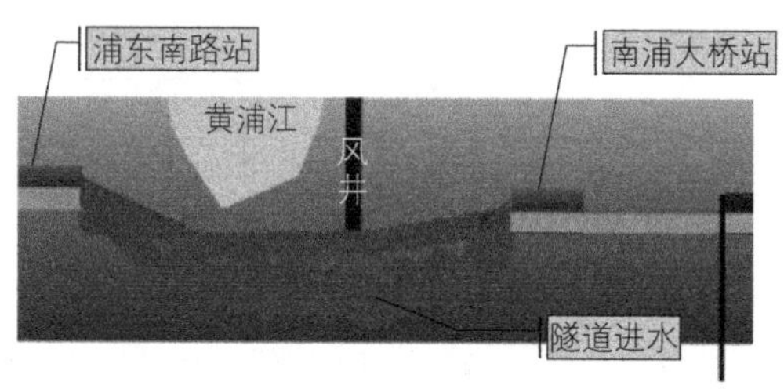

图 32-7 事故段剖面示意图

砂；本次事故的孔隙水压力是静水压力，是持续不断的高压水头，冻结墙失效后水和泥沙从这个缺口持续流出，比地震液化喷水冒砂持续时间更长，情况更严重。

现在，随着地下空间向深部开发，在高承压水条件下施工的工程越来越多，务必加强管理，充分论证，精心设计和施工。

7 准格尔选煤厂整平场地引发地下水位上升

场地位于土丘斜坡，自然坡度约10%。东西两侧有冲沟，沟深坡陡，地下水位很低。建厂整平场地，填平冲沟时不慎将盲沟出水口堵死。整个场地整平成6个平台，分别布置原煤仓、产品煤仓、主厂房、浓缩池等工程，极大地改变了原始地形地貌。考虑到当地气候干旱，对地下水问题未予注意。勘察重点放在地基承载力和变形分析方面，做了大量室内土工试验和原位测试，确定可以采用天然地基。但到了整平场地后的第4年，发现最低一级平台的边坡上，沿基岩面大量渗水，冬季结成冰坨，春季融化大量出水，局部出现滑塌。旋即采取措施加固，边坡基本稳定。接着对产品煤仓和原煤仓进行补充勘察，发现地下水位普遍升高1.5～2.5m，土的含水量升高，力学指标降低，地基承载力和变形验算都不能满足天然地基要求。只能采用截水盲沟和渗水井疏导地下水，劈裂注浆加固地基，增加了投资，延长了工期，详见拙作《岩土工程典型案例述评》。

本工程地下水位上升原因，显然与整平场地有关。原始地形山高坡陡，地表排水通畅，整平为6个平台后成为缓流，渗入土中的水显著增加，引发水位上升。根据地下水动态与均衡原理，周围环境变化会改变地下水的输入和输出，引发水的积累或亏损，导致水位升降。地下水动态与地下水均衡是不可分割的表里关系，动态是均衡的外在表现，均衡是动态的内在原因。环境变化改变地下水的输入和输出，造成地下水动态的不断变化，故所谓“均衡”是动态的均衡。影响的主要环境因素有：气候因素、地形和植被因素、水文因素、地质和岩土因素、人为因素等。岩土工程师要有科学预见，不能只看到眼前，只看到地质对工程的影响，还要着眼未来，预估工程建设对地质环境的影响，并采取相应措施，防止病害和事故的发生。

岩土三相中，水最为活跃。岩土工程之难，难于水，最难懂，最难查，最难防，最难治，最易形成事故和灾害。但岩土工程的奥妙、活性、魅力也在于水。如果没有水，岩土工程还有多少文章可做？

试看，地基基础、基坑、边坡、隧道、地下洞室等工程的病害和事故，大多与水有关。很大一部分岩石遇水软化，失水崩解。岩体中的裂隙水和岩溶水，赋存于复杂多变的裂隙和岩溶系统之中，其赋存、压力和运动怎能确切调查清楚？土力学中的渗透、固结、强度、孔隙水压力、基质吸力，哪一个不与水直接有关？地基基础设计的基础埋深、地基承载力、地下水浮力都离不开水。流土、管涌、基坑降水和隔水、边坡失稳、道路翻浆、隧洞和矿坑的突水和突泥，都直接与水有关。土的崩解、湿陷、胀缩、冻胀、融沉、溶陷、盐胀，都是水在起作用。崩塌、滑坡、泥石流、岩溶塌陷、地震液化、地面沉降、地裂缝等地质灾害，水是最重要的因素。水和土对混凝土的腐蚀，水土污染和污染物的运移，没有水作为介质，一切都不会发生。与岩土有关的生态和环境问题，哪一项能离开得了水？

静水压力比较简单，容易理解；超静水压力比较复杂，不见得每位岩土工程师都能深刻理解；负静水压力更抽象，理解的人可能更少了。有效应力原理是土力学的精髓，最重要，但最难懂。岩土工程师如果把有效应力原理真正弄明白了，土力学知识也就差不多了。有效应力看不见，摸不着，是虚拟的概念，知道了孔隙水压力才知道有效应力。由于实际工程中的孔隙水压力难以估计，通常不得不用总应力法，阻碍了有效应力原理的普遍应用。孔隙水压力在岩土工程实践中常常有举足轻重的影响，饱和土的强度其实不是定值，在静力或动力作用下，随着孔隙水压力的消长，强度在不断变化，孔压越高，土质越软。孔压上升到与总压力相等时，完全失去强度，发生液化。非饱和土存在负的孔隙水压力，其含水量变化改变土的基质吸力，故非饱和土的渗透、固结、强度，都与含水量有关，问题复杂，难以理解，更难以测定和计算。

岩土中的水最为活跃，最不稳定，最具有活性。活性表现在它的迁移性和多变性。岩土中水的迁移，人们最熟悉的是渗透，孔隙水压力消散的快慢就与土的渗透性有关。饱和土中的渗透，由于各种岩土透水性差别非常大，又有多种组合，导致地下水运动和孔压消散的复杂多变。但相对来说，对其运动规律还比较清楚，非饱和土中的渗透、岩体裂隙中的渗流，岩溶通道中水的流动，其规律性就更复杂了。除了渗透，岩土中水的迁移还有其他多种形式，如基于毛细管作用迁移、基于温度梯度、浓度梯度的迁移、气态水的迁移、土粒对水吸持产生的迁移等，都比层流渗透定律复杂得多，对其规律知道得少得多。水的多变表现在含水量的变化、水位的变化、水压的变化、水态的变化、水质的变化等。随着气候条件、水文地质条件的改变，人为因素的干预，地下水产生各种复杂的动态变化，水位时涨时落，影响基坑、地下室、隧道、矿坑等的安全和正常运行。孔隙水压力（包括负孔隙水压力）的变化，静水压力和超静水压力的变化，强烈影响岩土的变形和稳定，甚至发生严重事故。岩土中水会蒸发、凝结、冻结、融化，改变水的状态，既影响土的性质，又改变水的循环。水又是良好的溶剂，各种化学离子、污染物、放射性核素等，在水中产生溶解、沉淀、机械弥散、分子扩散等作用，造成各种环境岩土工程问题，影响人类健康和生态安全。要查清楚这些问题，预测可能发生的后果，据以采取有针对性的防护措施，是多么难！

总之，岩土工程之难，难于水。但再难也要学，再难也要查。岩土工程师在工程实践中，一定要把水放在第一重要的位置，趋利避害，尽力把工程做得成功，做得完美，并从中得到科学的美好享受。

第 33 章　概念与概念设计，计算与综合判断

本章包括两部分，第一部分阐述了岩土工程设计时概念的重要性，概念高于一切，并举例说明概念失误导致严重后果。阐述了笔者对概念设计的理解，认为概念设计是一种设计思想。第二部分阐述了岩土工程计算的意义、特点和应用中存在的问题，说明计算虽然很重要，但不可能很精确，综合判断不可或缺。

1 把握概念高于一切

60 多年的岩土工程生涯，使我深深体会到，工程的成败主要在于概念的把握。概念是客观规律的科学概括，有深刻的内涵，概念不是局部的经验，不是未经检验的理论假设。概念是本质，概念是理性，概念是理论与经验的结合，放之四海而皆准。我们学习专业知识，最重要的是学习概念。但有时自认为对某一概念已经清楚，遇到具体问题却又糊涂起来，因此，概念需要在实践中逐步加深认识。掌握基本概念是岩土工程师必备的素质，是尊重科学的具体体现。岩土工程的实践性很强，工程师需要丰富的经验，包括成功的和失败的经验。但是，理论素养和实践经验相辅相成，工程经验一定要在理论指导下总结，没有理论指导的经验是没有根基，没有普遍意义的。表面的、片面的、非理性的经验，是只见现象，不见本质，还停留在初级的感性认识阶段。凭直观的局部经验处理问题，很容易犯原则性的错误。而在理论指导下总结的经验，是全面的、系统的，达到了高级的理性认识阶段，能透过现象，见到本质，举一反三。只有植根于理性的经验才有生命力。岩土工程师必须熟知基本概念，并能在各种复杂条件下灵活应用。

岩土工程的基本概念经历了理论研究和工程实践的千锤百炼，是不能随意挑战的。在基本概念面前，应当有敬畏感。当遇到基本概念与工程实际有“矛盾”时，

先要想一想自己对基本概念的理解是否正确，是否深刻；再进一步检查实际条件与理论假设之间是否存在差异，决不能轻率否定基本概念。概念也需要不断创新，概念创新对技术进步可能产生巨大的影响，但概念创新难度更大，更要特别慎重。

拙作《岩土工程典型案例述评》用案例说明，工程的成败在于概念是否正确。其中因概念错误而失败的案例有：

武汉 18 层住宅楼的倾斜炸毁，问题在于采用对挤土效应敏感的桩，造成桩的偏位，基坑开挖使偏位进一步发展，再加上歪桩正接，桩群承载力严重不足，导致主体工程刚完成即发生严重的不收敛的倾斜。事故的本质是群桩失稳，不是不均匀沉降。但有的专家却将其定性为差异沉降，建议用纠倾的方案纠正过来。结果事与愿违，概念性失误导致措施不当，反而加速事故的发展（案例 8）。

某建筑物建造在同一筏板上，上部结构的荷载和刚度差别很大，地下水位较高，土质较软，且对挤土效应敏感。本应采用非挤土桩，变刚度调平设计，或加厚筏板。但设计者采用了挤土桩，均匀布桩，筏板又做得很薄。多项概念失误，造成筏板开裂渗水的严重事故（案例 7）。

华北某热电厂的蓄水池和泵房，基底下为厚 2 ~ 3m 的新填土，再下为厚约 9m 的湿陷性黄土，黄土下为非湿陷性粉质黏土。正确的方案为表层用低能量强夯加固新填土，用灰土挤密桩或煤矸石挤密桩复合地基挤密黄土，消除湿陷。但有个方案采用 CFG 桩复合地基，不消除湿陷，企图利用 CFG 桩将荷载传至深部。这位岩土工程师显然忘记了一个重要概念，CFG 复合地基是水泥粉煤灰碎石桩与桩间土共同组成的复合地基，一旦浸水，桩间土湿陷，不仅不能与桩共同承载上部压力，反而会形成负摩擦，产生下拉荷载，“正能量”变成了“负能量”，CFG 增强体必然不堪重负，导致地基失效（该书未列）。

北京西郊某基坑工程，发生了渗透破坏（流土），出现明显的冒水，形似无数“泉眼”，使浅层土完全破坏。本来可以做天然地基的工程只得改用桩基，增加了投资，延误了工期。流土、管涌等渗透破坏（或称渗透变形）是土体骨架由于渗透力作用而发生的破坏现象，岩土工程师应当很熟悉。但这个工程的项目负责人却糊涂了，判断为这是一种“竖向渗透系数远大于水平渗透系数的特殊土”。可见岩土工程概念仅仅从书本上认识是不够的，还需要在工程实践中不断加深认识（案例 15）。

内蒙古准格尔选煤厂，勘察工作做得很认真，对地基承载力和变形的评估做得很周到。但未能注意整平场地后水位上升带来的问题，造成边坡滑动，地基承载力和沉降不能满足要求。不得不补做工作，增加工程措施，延长了工期。现在大挖大填的工程不少，尤其是机场和核电厂，动辄上百米，形成了新的地质体，极大地改变了地形、地质和水文地质条件，岩土工程师务必注意（案例 10）。

水文地质学中的裘布衣公式，是最古老、最简单的稳定流公式，它的假定条件、适用条件本来都是很明确的，但现在滥用这个公式的现象相当普遍。如裘布衣潜水计算式忽略了渗流矢量的垂直分量，对降深较小的厚层含水层，误差不大。但有的基坑，降深已经接近含水层底板，或强透水层中夹有多层弱透水薄层，渗流矢量的垂直分量已经不可忽略，却仍照样计算，计算结果必然与实际严重背离（案例 18）。

地震液化的判别，规范给出了一种简便的计算方法。但是，岩土工程师不能因为有了规范，就可以置基本概念于不顾。某岸边工程可能发生液化流滑或侧向扩展，后果严重，却用平坦场地液化主要表现喷水冒砂的方法进行分析评价，认为轻微液化，不需处理，当然得不到正确的结论（案例 25）。

概念失误的例子还有很多，这里就不再一一列举了。

2 概念设计是一种设计思想

设计是创造性劳动，严格地说，没有任何创造性的设计，算不上真正的设计。设计者不应满足于照抄照搬，要不断探索，不断创新。对概念设计现在还有不同的理解，我认为，概念设计是一种设计思想，应贯彻设计的全过程，甚至工程的全过程。一项设计即使已经到了施工图阶段，设计框架犹在，仍然体现着设计思想；甚至施工已经结束，已经投入使用，仍可继续评价其概念设计的是非曲直。概念反映了事物的本质，反映了设计者的思想理念，并非只在某一阶段。

概念设计指的是设计框架，不是细枝末节。框架正确，才能在框架的基础上添砖加瓦，构造出完美的工程；框架错误，就是致命伤，继续建造终将毁于一旦。因此，框架必须基于科学理念，基于正确的指导思想。岩土工程不是一门精细的科学技术，计算参数相当粗糙，故概念设计尤为重要。概念和技术方法是岩土工程的两个层次，相当于国学中一个是“道”，一个是“术”。“道”位于高层次，是思想，是核心，是统帅；“术”位于低层次，是具体操作。勘探、测试、计算、施工、检验、监测等技术方法，当然很重要，没有先进适用的技术方法，就没有目标的精准、效率的快捷和成果的完美。但如果没有正确的概念，技术方法就失去了统帅，迷失了方向，南辕北辙，做得再完美也无济于事。

概念设计就是从总体上、从本质上把握设计，而不是单纯的截面计算、承载力计算、变形计算之类。进行具体工程的概念设计时，可在充分了解功能要求和掌握必要资料的基础上，先定性分析，再定量分析。首先从适宜性、有效性、可操作性、质量的可控性、经济的合理性、有些什么负面影响等方面，从概念上选定一个或几个方案，然后进行必要的计算分析，再经过施工检验和监测，逐步完善设计。概念设计不仅在设计初始阶段是必要的，即使到了后期，仍应放在重要的位置上，贯彻设计的始终。设计者要深刻理解科学原理，不要犯概念性错误；要充分掌握地质条件及其可能变化、岩土参数的变异性和可靠性；要充分了解公式和软件的适用条件及其可能的偏差。事先的计算只是一种估计，只有原型实测数据才最可信。

概念创新设计是创立一种新的设计模式。从天然地基到桩基，将基础底面的压力从地基的浅部传至深部，是一种古老的概念创新设计。就桩基而言，从预制桩到就地灌注桩，从普通灌注桩到后压浆灌注桩，从等刚度群桩到旨在减少不均匀沉降、减小筏板内力的变刚度调平设计，都或多或少带有概念创新的性质。在岩体中进行地下开挖，过去单纯地把围岩作为荷载，用支护结构支承围岩的压力，这是一种旧概念。后来采用锚喷加固围岩，充分发挥岩体的自承能力，变被动为主动，就是一种新的概念设计。概念创新才是真正意义上的设计创新。

3 计算是岩土工程设计的重要手段

科学崇尚定量，崇尚计算，崇尚精细。这些年来，随着土力学研究的深入和计算技术的快速发展，岩土工程计算有了长足进步，而且势头不减，特别是数值法，成为岩土工程技术进步的重要标志。

岩土工程条件极为复杂，传统的解析法已经感到无能为力。数值法虽然是一种近似算法，但可将连续介质离散化，用有限差分法、有限元法、边界元法、离散元法求解，便于考虑介质的非线性、不连续性、非均质性、各向异性、复杂的边界条件和随时间的变化，解决地基变形分析、地基基础与上部结构协同作用分析、地下水渗流分析、基坑工程计算和边坡稳定分析等问题。随着计算工具和计算技术的快速进步，国际通用软件在我国的流行，国内高水平专用软件的涌现，使设计计算走向精细化、三维化、可视化，前程无量，深受岩土工程界的关注。

李广信教授在他的专著《高等土力学》（清华大学出版社，2004）中认为，土工数值分析有两类：一类是土体稳定的极限平衡分析和极限分析方法；另一类是渗流、应力应变和固结问题。边坡稳定、土压力和地基承载力，实际上属于同一理论体系，都是土体稳定的极限平衡分析和极限分析方法。对于不连续性、不均匀性、非线性的本构关系，呈现剪胀性、应变软化、大变形的土工问题，很难获得反映实际情况的理论解，故常用上限和下限两个方向逼近真实解，可以获得理论上十分严格的计算结果。

在建筑地基的变形计算方面，砂土只能用经验方法，黏性土目前常用 e-p 曲线（压缩模量）计算。该法最简单，但也最粗糙，忽略了应力历史（先期固结压力）这个重要因素，用一个经验修正系数包络了一切。用 e-$\log p$ 曲线计算沉降考虑了应力历史，可分别计算欠压密土、正常压密土和超压密土，比用 e-p 曲线进了一大步。但只考虑了一维压缩，而地基中的应力与变形不像固结仪中的试样那么简单，侧向变形普遍存在。比奥（Biot）理论考虑了三维固结，理论上又前进了一大步。但条件复杂，难以导出解析解，只能用数值法。用有限元法解比奥固结方程，用于工程只是凤毛麟角而已。吹填土、超软土在自重压力和附加压力下产生大变形，用太沙基固结理论计算沉降和沉降与时间关系误差很大。一些学者考虑了压缩系数与有效压力和孔隙比的非线性关系、渗透系数与孔隙比的非线性关系，建立了反映超软土大变形、非线性固结特征的计算方法，并在工程中应用。

土坡稳定采用条分法计算，最早也是最简单的是瑞典法，假定圆弧滑动外，不考虑条间作用力，其误差是显然的。简化的毕肖普法进了一步，考虑了条间力，采用多次迭代计算，被国内外广为采用。由于土坡不一定沿圆弧滑动，简布（N.Janbu提出任意剪切面上滑动的普遍条分法。此外，还有基于极限平衡的其他计算方法，如斯宾塞（E.A.Spencer）法、摩根斯坦－普赖斯法（N.R.Morgenstern-V.E.Price）、沙尔玛法（S.K.Sarma）、不平衡推力传递法等。条分法从 1916 年提出至今，已经整整 100 年，不断完善改进，积累了不少经验。但基本假定没有改变，土条为刚性，土体为理想塑性，按极限平衡分析。该法完全没有考虑土的应力应变关系，因而无法分析土坡的滑动过程，无法考虑局部变形对整体稳定的影响。直到数值法发展起来，才可考虑土的非线性应力应变本构关系，求出单元的应力和变形，求出临界滑动面的位置、破坏范围和发展情况，将局部破坏和整体破坏联系起来，进而根据极限平衡求出稳定安全系数。

由上可知，虽然土力学理论不断发展，计算方法不断进步，但无论何种计算方法，都有一定的假设条件，设计者必须首先了解这些假设条件与工程实际条件的符合程度，了解计算方法的局限性和可能产生的偏差，切不能盲目套用。现在有了多种商业软件，为设计计算提供了极大便利，但使用者必须充分理解软件的数学模型，对参数有什么要求，否则计算结果可能偏离实际很远，表面上计算方法似乎很先进，实际效果可能还不如传统简单的方法。

此外，土的参数对计算结果影响很大，往往比计算模型更重要。国外有人做过比较，同一土体用简化毕肖普法计算，用不同试验方法得到的强度指标代入，稳定安全系数在 1.1 ~ 1.9 之间，远超不同计算方法的误差。至于我国，勘察报告提供的试验指标往往不符合计算模型要求，又很粗糙，计算者务必严加核查，必要时做专门试验。否则，再好的模型，输入的是垃圾，输出的还是垃圾。

总体上看，我国目前的岩土工程计算尚处于低水平。除少数工程和少数专家外，多数水平不高，有的只是作为点缀而已，需要从普及和提高两方面下功夫。数值计算是支枪，只有高手才能射中目标。

4 综合判断是体现岩土工程师能力的主要标志

岩土工程设计，计算只是一种手段，软件只是一种工具，只有概念清楚、善于综合判断的人掌握才能发挥作用。岩土工程“不求计算精确，只求判断正确”，其实是出于无奈，是其专业特点决定的。岩土工程远不如结构工程严密、完善和成熟，结构工程师面临的结构构件和结构体系是他自己设计的，构件的尺寸、性能和相互之间的连接都是可控的。而岩土工程师面临的是自然形成的岩石和土以及其中的水，位置、尺寸和性能是客观存在，只能通过勘察查明，而又不能完全查明，计算模型与工程实际之间总有出入，岩土性能参数的可靠性也很有限。因此，结构计算一般可信，而岩土计算则未必，更需要宏观把握和综合分析。地基承载力需要综合确定，地基基础和基坑设计需要综合决策，边坡稳定需要定性分析与定量分析结合。岩土工程的一切疑难问题，几乎都要工程师根据具体情况，在综合分析、综合评价的基础上，做出综合判断，提出处理意见。因此，综合分析和综合判断是解决岩土工程问题不可或缺的手段。

复杂问题只能通过综合分析解决，否则就是复杂问题简单化。将局部经验误为普遍真理是简单化；迷信单纯的公式计算也是一种简单化。公式计算只要给定算式，给定参数，任何人计算，结果必定相同，具有唯一性；而综合和概括不能很精细、很严密，准确与否和工程师的理论素养、实践经验、观察角度和数据掌握的程度有关，往往因人而异，因事而异，缺乏唯一性，难度更大。计算用等式表示，设计用不等式表示，也是这个道理。综合分析和综合判断是考察岩土工程师能力最重要的标志，这种能力的源泉在于深厚的理论素养、广博的知识和阅历、丰富的实践经验。理论素养无止境，实践经验无止境，锻炼综合分析和综合判断的能力是岩土工程师的终身努力方向，要下一辈子功夫。

计算是一种单向思维，需要知识；综合判断是一种多向思维，需要智慧。科学家需要知识；政治家和军事家需要智慧；工程师既需要知识，也需要智慧。

第 34 章　科学思想和工匠精神

本章从《易经》上的“形而上者谓之道，形而下者谓之器”开始，讨论了科学家与工程师的不同、理论与经验的关系，讨论了岩土工程的科学性、岩土工程的艺术性，工程师应当将理论与实践高度结合。岩土工程师既要深刻理解工程中的科学原理，又要善于用最合理、最简洁、最巧妙的方法解决工程问题；既有科学思想，又有工匠精神。

1　科学家与工程师

工程地质学、岩石力学、土力学都是科学，研究科学的人是科学家；岩土工程应用工程地质学、岩石力学、土力学的原理建造工程，建造工程的人是工程师。有些科学家关心工程，深入参与工程，有些工程师以工程为依托，研究其中的科学问题，他们既是科学家，也是工程师。

《易经》上说：“形而上者谓之道，形而下者谓之器”，将“器”、“形”、“道”列为三个层次。所谓“器”，就是事物本身，实物或者实事（案例），譬如野外的岩体、土体，试验室的岩样、土样，某工程案例，都是客观的实体或实事。所谓“形”就是对实体或实事的描述以及直接感受到的经验，包括静态的、动态的描述，历史过程的描述，外力作用产生反应的描述，工程成功或失败的描述，以及各种各样的测试数据、监测数据等。边坡容易沿弱面滑动、夯击或挤压饱和软土会产生“橡皮土”、砂土沉降快而黏土沉降慢等，这些浅表的经验，都是“形”。所谓“道”是指理论，是事物最本质的规律，是隐藏在现象背后、只有专业人员才能理解的深刻道理。譬如大地构造的板块理论、工程地质学的成因控制论、太沙基的有效应力原理等。器和形都是“树木”，道才是“森林”。

科学家追求的是“道”，总希望能在理论上有所建树；工程师既要懂得“道”，掌握理论，又要熟悉“形”和“器”，既要看到“树木”，也要看到“森林”。要经常接触各种各样的岩土，实地观察岩土与工程的相互作用，熟悉工程实践中总结的具体经验，将器、形、道三个层次融会贯通，将实践、经验、理论紧密结合。

科学家崇尚严密论证，一丝不苟。而且非常执着，认准了的方向和路线，就不屈不挠，深入钻研，决不朝三暮四，左顾右盼。同一个科学问题，是即是，非即非，不能亦是亦非，模棱两可，真理只有一条，具有唯一性。所以，科学家的思维方式是逻辑思维，线性思维，优点是有深度，深才有学问，科学论文不是这个圈子里的人是看不懂的，和者寡才是阳春白雪。这种思维方式的源头是亚里士多德的逻辑学和欧几里得几何学。观察、实验、模拟、推理、验证等科学方法，都与这种思维方法一脉相承。注重抽象，注重实证，注重理性。科学思维方法是现代文明的基石，是科技发展的驱动力。

工程师是用科学理论解决工程问题，在工程师眼里，科学原理不是目的，而是工具。科学具有唯一性，工程则是多样性，遇到的问题多样，解决问题的方案也是多样。科学家面临的问题是判断对还是错，在工程师面前，很有可能亦是亦非，更多情况是优还是劣。工程师不能单纯地只有线性思维，不能一条路走到黑，需要多谋善断，多方案比较，倾听各方面意见。工程师有时需要执着，有时更需要灵活；不仅需要学问，更需要经验；不仅需要知识，更需要智慧；不仅需要逻辑思维，更需要辩证思维；不仅需要深，更需要广，要横看成岭侧成峰。因此，工程师更侧重于从宏观、从系统、从整体角度观察和思考问题。工程师追求的"道"，追求的最高境界，也与科学家不同，不是深奥的学问，而是孔老夫子说的"随心所欲，不逾矩"。就是说，拿到一个工程，无论大还是小，复杂还是简单，有经验还是没经验，要求严还是要求宽，时间紧还是时间松，资料充分还是资料缺乏，都能采用安全、适用而经济的方案，符合科学原理和基本经验，不会犯概念性错误。既能"进什么山，唱什么歌"，灵活多样；又严肃认真，个个工程做得优秀完美。

2 理论与经验

人们对客观事物的认识，总是先看到一些片面的、表面的现象，然后加以总结、归纳，得到一些规律，形成经验；再从经验中将其中本质的核心抽象出来，使认识得到飞跃，上升为理论。这就是从"器"到"形"到"道"的过程，从感性认识到理性认识，从认识的初级阶段到高级阶段的发展过程。因此，单纯的经验只是理论的素材，需经过科学抽象才能从理论上取得突破，形成新观点和新概念。

以弹性理论为例：人们首先见到的是某些材料加荷后产生变形，卸荷后又恢复原状。经多次反复试验，又发现材料的应力应变呈线性关系，有一定的规律，经科学抽象，得到了一维条件下的虎克定律。再进一步深入研究，发现虎克定律从一维推广到一般情况时，应力和应变张量需要分成球张量和偏张量，需要两个参数，即杨氏模量和泊松比，这时弹性力学理论才真正形成。现代岩土力学注重本构关系研究，用本构模型描述岩土的力学特性，描述应力－应变－强度－时间的关系，使人们对土的认识达到了前所未有的深度，理论上达到更高的境界，并推动岩土工程的数值法计算。

经过归纳总结形成的工程经验，还停留在现象的描述上，有时有一定的局限性，不一定普适。经验公式、经验修正系数，只能在一定范围内使用。经验如果没有理论指导，有时甚至会得到错误的结论。例如，有一篇文稿，将边坡的稳定性与所在位置的高程进行统计分析，稳定性与边坡高度的相关性已经很勉强，与高程相关最多也是某一地段的局部经验而已，没有任何普遍意义。有人经过统计认为，弹性应变与塑性应变之间存在相关性，但是，当塑性应变不断发展时，弹性应变是不变的，两者之间不会有相关性。岩土工程经常用回归分析求经验关系，如果没有理论指导，很可能得出错误的结论。

再举一个例子，20世纪90年代初，北京某基坑工程，用土钉墙支护，高度达16m，做得很成功。开了个现场会，大概是要推广这个工程的经验，我因他事未能参加，不清楚现场会的具体情况。事后考虑，推广该工程的经验，应该有条件的。土钉墙的设计，要保证土钉墙边坡稳定，必须保证土钉墙下地基的承载力足够。北京的土质较好，坑底常为砂卵石，承载力高，土钉墙高一些没有问题。如果土钉墙下的土质较差，承载力不足，坑底就会隆起，发生整体破坏。也就是说，该工程土钉墙高达16m，是有条件的。如果脱离了理论指导，盲目推广，就可能发生重大事故。

曾经有人问，《岩土工程勘察规范》有土的密实度分类标准，为什么没有饱和度分类标准？我回答可根据地下水位确定饱和还是非饱和。他似乎不大满意，觉得应该按土工试验指标饱和度确定。其实，土工试验指标饱和度为100，不一定是真正意义上的饱和，况且还有试验的误差。从力学角度看，孔隙水压力在地下水位以上和地下水位以下完全不同，试看图34-1，孔隙水压力在地下水位处为0，地下水位以下孔隙水压力为正值，随深度增加而增加，即静水压力。地下水位以上的孔隙水压力为负值，靠近地下水位一段，由于毛细管作用接近饱和，孔隙水在毛细管作用下承受的是拉力，不是压力，没有静水压力。毛细水以上的非饱和土中，气体一般是连通的，水不连通，附在土粒接触点处，由于表面张力作用也是受拉，孔隙水压力也是负值。靠近地面一段，受降雨、蒸发影响，经常处于变化之中。因此，饱和度100%作为饱和土只是一种表象（有人还主张饱和度80%以上为饱和土），孔隙水压力是正还是负，地下水位上下孔隙水性状的不同，更深刻地反映了事物的科学本质。

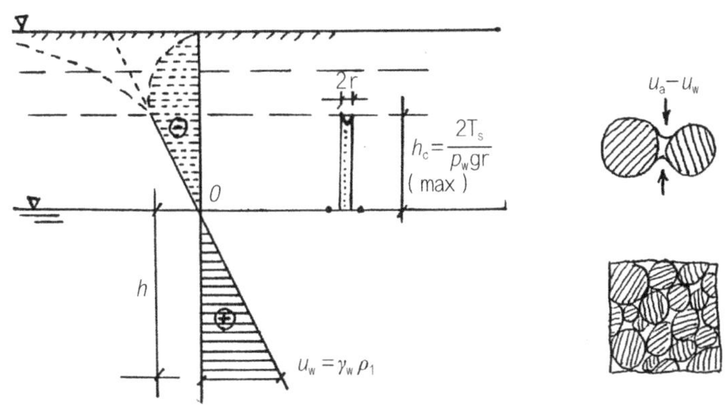

图 34-1　地下水位上下的孔隙水压力（陈仲颐）

科学研究是以事实为根据，以方法为手段，在杂乱无章的事实中寻找出共同的规律。经验等属于“形”这一层次，是可以观测到、可以测量到的客观事实，或者是可以直接感受到的浅表认识。从“形”到“道”，从经验到理论，是认识上的一次升华。理论可以预测尚未发生的结果，并不断得到验证。科学理论总是先形成概念，在概念的基础上建立模型，进行计算，概念是科学理论的内核。岩土工程的重大失误，基本上都是由于概念不清所致，很少由于计算错误。岩土工程师认识问题要深刻，深明其中的科学原理和工程意义，不应把复杂问题简单化；但处理问题要简洁，尽量将复杂问题化为简单方式处理，不要将简单问题复杂化。

3　岩土工程的科学性

科学理论是事物的共性，是从事物的个性中抽象出其中的共同特性，体现事物的普遍规律。岩土工程是一门工程技术，运用技术手段建造工程或工程的一部分。科学和技术是既密切关联又互相区别的两个概念，岩土工程注重实践，不是纯科学，但其中蕴含着深刻的科学原理，其科学性是众所周知的。譬如边坡稳定分析基于静力平衡原理；地基变形和承载力基于岩土的力学原理；地下水的运动基于水力学和地下水动力学原理；不良地质作用和地质灾害的演化基于动力地质学原理；地震和断层的活动性基于地震地质学原理；岩质边坡失稳模式基于工程地质学的结构面控制论；桩的挤土效应、饱和土沉降与时间关系，基于土力学中的孔隙水压力和有效应力原理等。技术需要不断创新，但基本的科学原理是不能随意挑战，不能轻易颠覆的。

岩土工程界从事研究的科学家是少数，多数是从事实践的工程师。理论工作者讨论问题时，很难用大众化语言表述，除非做科普。不仅原理深奥，用的术语、数学表达式也不是普通工程师所能理解的。科学家们争论的问题往往是模型是否合理，论证过程是否有误，从而推断结论是否正确。而工程师关心的往往只是结论，有时甚至连结论也不是真明白。我有一次讲 CU 三轴试验时说，正常固结土的抗剪强度包线通过坐标原点，把“明白”人讲糊涂了。“难道固结后成了摩擦材料吗？”他知道，黏性土有黏聚力，抗剪强度包线不通过坐标原点。但不知道，现场的正常固结土与试验室内土样的正常固结土不是一回事，现场的正常固结土是指先期固结压力等于有效自重覆盖压力；取到地面的土样已经卸荷，覆盖压力为 0，地下经受过的压力成了它的先期固结压力，地下的正常固结土到了地上成了超固结土，因而抗剪强度包线不通过原点。因此，正常固结土 CU 试验强度包线通过原点是理论，实际工程的土样均已卸荷，均已成了超固结土，因而黏性土都有黏聚力。

科学追求严密、精细、精准，崇尚定量，崇尚用数学模型描述，否则只能是不严密、不完善、不成熟的科学。岩土工程就是如此，自然形成的土和岩石以及其中的水，尺寸和性能是客观存在，只能通过勘察查明，而又很难完全查明，计算模式与实际差别较大，性能参数的可靠性十分有限。结构计算一般可信，而岩土计算则未必，因而太沙基说，“岩土工程与其说是一门科学，不如说是一门艺术”。19 世纪中叶，一位德国科学家认为，物理学已经无可作为，无非在已知定律的小数点后面加几个数字而已，已经走到了尽头。后来有了量子力学和相对论，物理学又开创了新纪元。从岩土工程实践角度看，太沙基之后似乎未见什么新突破，我们正等着新纪元的到来。

4 岩土工程的艺术性

艺术是指一种美的物体、环境或行为，是能与他人共享的一种创意。除了绘画、音乐、文学、戏剧、影视、景观等以外，还有领导艺术、指挥艺术、外交艺术、公关艺术等，体现在它的巧妙，体现在它的可欣赏性和诱人的魅力。艺术与科学的不同在于：科学强调客观规律，而艺术强调主观创意和共享；科学讲究普适性和理性，可大量重复，而艺术讲究个性和悟性，各具神韵，异彩纷呈；科学创新有时“昙花一现”，不久就被超越，而艺术创意则是永恒，常温常新。技术或多或少含有艺术元素，而岩土工程面对的是千变万化的地质条件和多种多样的岩土特性，需因时制宜，因地制宜，视工程要求不同而酌情处置，处理办法又常常因人而异，各具特点和个性，不同的人可以开出不同的处方，因而富含更多的艺术元素。有些处置得非常巧妙，有创意性，有可欣赏性，给人以美感，呈现出独特的艺术魅力；有的则平庸无奇，接到工程项目后，不首先想一想，这个项目有什么特殊性，如何针对特殊性进行个性化处理，而是仅仅满足于遵守规范，满足于千篇一律的“批量化生产”，其成果当然无艺术性可言。个别项目甚至违反基本科学原理，违背基本工程经验，成为笨、蠢、丑的作品，造成巨大浪费或工程事故，产生恶劣的社会影响。

我们来看看岩土工程的艺术美：边坡开挖，为了防止坡壁倒塌，简单的做法就是支撑，顶住侧土压力。这当然可以，但占了较大的空间；锚杆巧妙地用背拉方式解决了这个问题，不仅少占了很多空间，还节省了材料和费用，多富有艺术性！高填方、高路堤等要放坡，占用大量土地；加筋土巧妙地解决了土体缺乏抗拉强度的问题，多富有艺术性！开挖隧道和地下工程，传统思路将围岩视为消极的荷载，用厚壁混凝土支承围岩压力；新奥法充分利用围岩自身的承载能力，用锚喷加固围岩，与薄壁柔性结构结合形成支承环，保证隧道和地下工程的稳定，并通过观测不断调整开挖和支护。这种“化敌为友”、化消极因素为积极因素的创意，多巧妙！墨西哥城郊区有个 Texcoco 湖，已基本干涸，拟改造为一个公园，需大面积加深成湖，按传统方法，需开挖大量土方运出；主持工程的岩土工程师利用墨西哥软土抽水地面沉降的原理，采用井群抽取软土下砂层中的地下水降低水位，将地面降低了 4m。不用一台挖土机，不用一台运输车，不运出一方土，现场文明，安安静静，达到了建造人工湖的目的，多富有艺术性！

岩土工程有艺术性，当然不能说是艺术品。因为岩土工程不像文学、绘画、影视、建筑那样向公众展示，与公众共享，也不像战争、外交那样被公众关注，岩土工程的优劣只能为同行们知晓，也可以说“阳春白雪，曲高和寡”吧。科学有是和非，艺术有优和劣，技术既有是非，又有优劣。精美的艺术品常用“巧夺天工”来赞美，巧就是美。打仗出奇制胜，以少胜多，是美的指挥艺术；建设工程四两拨千斤也是一种艺术。岩土工程艺术之美，表现在文件的图文之美、方法的巧妙之美、实体的恒久之美、环境的和谐之美，而最核心的是构思的智慧之美。

5 科学思想与工匠精神

古代没有工程师，只有工匠和科学家。工匠只知实践，不知实践背后隐含的原理；科学家追求未知，追求客观规律，但不关心如何应用。工程师是理论与实践高度结合的职业群体，既能拿笔，又能拿锤，工程师 = 科学家 + 工匠，既要有科学思想，又要有工匠精神。把科学精神作为终身信仰，坚定不移；把工匠精神作为人生目标，终身追求。科学精神是什么？是实事求是，只服从真理，向深处钻，向高端攀，百折不挠，敢于挑战权威。工匠精神是什么？是力求精致，力求完美，这就是“匠心”。古人云：“良工不示人以朴”，优秀的工匠是不会出示尚未达到完美境界的作品的。但岩土工程师遇到具体问题时，有时也可能违背科学原理，犯概念性、常识性的错误，可见岩土工程的基本概念需通过工程实践，不断加深认识，还要经常向教授向专家请教。现在有一种过分依赖规范的倾向，不是越做概念越清楚，越有自觉性，而是越做越不自觉，连基本原理、基本经验都忘记了。不是致力于创新，致力于完美，而是粗粗拉拉，只知道规范怎么写工程就怎么做，使规范的应用趋于“异化”。这种态度与工程师的称号是不相称的。

要求每一位岩土工程师都能成为大学者、大专家当然不现实，但应尽力把自己塑造成为合格的工程师。对于岩土工程师应当掌握的知识，我在高大钊教授著《实用土力学》序中提出的看法，可供参考：

岩土工程师掌握知识，一要深透，二要宽广，三要灵活。所谓“深透”，就是要牢牢掌握基本概念，对岩土工程的基本原理和基本经验有深刻的理解。所谓“宽广”，就是既有自己独到的专长，又有广博的视野，横看成岭侧成峰。所谓“灵活”，就是善于将书本理论用于现场实践，结合具体条件理解抽象的概念，不拘泥于死板的教条；善于将工程中遇到的问题进行理论概括，将具体经验提高到理论层面上总结；善于对关键性工程问题进行精准的分析，见微而知著，在复杂问题面前做出明智的判断。

形而上者谓之道，形而下者谓之器（《易经》）。工程师应将器、形、道三个层次融合，既明白岩土工程的科学道理，更扎根实践，力求完美地做好每一个工程。

篇首箴言

上善若水。厚德载物。

——《道德经》，《易经》

第 5 篇 工程之善

—— 从大国到强国的企盼

核心提示

我国作为岩土工程大国当之无愧，项目多，规模大，难度也不小。但就全国而言，发展很不平衡。一方面，一些世界级的大工程圆满完成了，还有不少创新，走上了国际前列;另一方面，多数工程做得相当粗糙。一方面，少数精英无论理论功底、工程经验，还是处理疑难问题的能力，与国际同行不相上下；另一方面，多数岩土工程师的知识和经验还相当肤浅，一切依赖规范。我们不能自满，要向岩土工程强国挺进，从“走出去”和“炼内功”两方面下功夫。

我国的岩土工程，经过几十年的奋斗，已经走过了幼年和少年时代，成长为一个高高大大的大人了，但智慧和力量还不够。只有从数量转向质量，从粗放转向集约，岩土工程师的素质和能力可与发达国家并驾齐驱，国际竞争中能与发达国家比高低，出一批国际著名的专业公司、大学者、大工程师，不断创新，领跑国际，那时才能说，我国已经从岩土工程大国走上了岩土工程强国。

第 35 章 “一五”期间的地基基础

本章阐述“一五”期间工程建设和地基基础的情况。那时国力弱，技术水平低，主要为低层建筑、轻型建筑，以天然地基为主。地基处理方法有重锤夯实、多种换填地基、湿陷性黄土的土桩挤密。必须用桩基时，采用钢筋混凝土预制桩。本章还介绍了上海展览馆采用天然地基、箱形基础，造成大量沉降的工程实例，总结了经验教训。最后，记述了当时科技人员的一些情况。

我国经济建设第一个五年计划（1953 ~ 1957）时，按照苏联模式，以发展重工业为主，包括冶金、有色、机械、国防、煤炭、电力、化工、建材等。轻纺工业原有一定基础，不是重点，民用建筑更提不到议事日程。当时建筑工程部直属 6 个设计院，都称工业建筑设计院，即北京工业建筑设计院、华东工业建筑设计院、西北工业建筑设计院、东北工业建筑设计院、中南工业建筑设计院、西南工业建筑设计院。直到 1958 年 10 月，为迎接 1959 年国庆 10 周年，准备建设北京十大工程，才开始大型公共建筑建设。在这之前的民用建筑，绝大部分都是 6 层和 6 层以下的砖混结构。砖混结构当时称混合结构，即承重用砖墙，楼板用钢筋混凝土。

当时我国钢材奇缺，提出了工业“以钢为纲”，农业“以粮为纲”的口号。那时水泥产量也很低，还要用于工业建筑、水利、铁路、煤矿等工程，所以民用建筑尽量少用混凝土，以砖瓦为主。楼板在 1949 年前均用木材，建筑物多为砖木结构。由于森林资源极端缺乏，大规模经济建设一上马，木材成了最紧缺的物资，于是下了一道死命令，一律不准用木材作楼板，只能用钢筋混凝土。初期现浇，后来大部分预制。铁路过去用枕木，后来改用钢筋混凝土；煤矿过去用木材支撑，所谓“用木头换煤炭”，后来也改用钢筋混凝土支柱，自然不如木材方便，但没有办法，只能如此。黏土砖和黏土瓦可以就地取材，土窑烧制，于是被大量使用。那时机械特少，材料贵，只有人工最便宜，也最“富足”，所以大量使用人工，到处都是“人海战术”。我毕业实习的板桥水库大坝（土坝），就是利用两个枯水期，

10万民工，以工代赈，用铁锹、手推车建成的。建设北京人民大会堂时，包括义务劳动的干部在内，一万人在工地，上上下下全是人。一直到20世纪70年代“文革”期间，我在一个3层砖混结构工地劳动时，建筑机械还是只有一台小型混凝土搅拌机、一部吊装预制楼板和大框砖头的吊车，以及几辆运材料的敞篷卡车，其他都靠人工劳动。砌砖铺瓦靠人工，推送混凝土靠人工，支模拆模靠人工，装车卸车靠人工。但工程造价主要部分却是材料，人工费很少。

那时的砖混结构，基本上没有粉刷，更没有涂料，一色清水墙，或红砖红瓦，或灰砖灰瓦。从安全角度看，主要是抗震问题。常常是两边两块钢筋混凝土楼板搭在一道24砖墙上，一边平均最多搭上12cm，稍有不均，搭在墙上不到10cm，有时两块楼板间还没有钢筋焊接，一旦地震，承重砖墙摇晃或倒塌，楼板旋即掉下伤人。唐山地震时这种结构造成的伤害最多，老百姓称预制板为“要命板”，唐山地震后都作为危房进行了抗震加固。工业建筑由于工艺要求，情况有所不同，车间多数为排架结构，常有吊车，钢筋混凝土用量较多，但填充墙还是黏土砖，厂前区和生活间则与民用建筑一样，也都是砖混结构。

由于荷载大的工程少，故绝大多数采用天然地基，尽量不用桩基，以节省造价，减小技术难度。这种避难就易、少花钱多办事的原则，在“一五”期间普遍存在，如水利工程多用土坝，少用混凝土坝，后来土坝出了不少问题，不用了；铁路建设多用路堤、路堑，少用桥梁、隧道，土石方量很大，后来知道不对了。上海展览馆不用桩基用箱基，现在觉得明显不合理，当时固然有苏联专家的因素，但尽量用天然地基也符合那时一般人的心理（后面有具体介绍）。北京地区除了杂填土厚的工程外，基本上都是天然地基，设计院关心的就是地基承载力，有了地基承载力，就可确定基础尺寸。由于绝大多数工程荷载不高，体形简单，不用计算沉降。早晨每份勘察报告都附有压缩曲线图，后来不附了，只给出各级压力下的孔隙比。按地基设计规范查一下承载力，觉得勘察工作和地基设计似乎很简单，这可能是后来岩土工程简单化的历史渊源。

软土地区以及人工杂填土厚的地区问题就来了，荷载较大时，用天然地基承载力不够，用桩基太贵，只能考虑地基处理（当时称人工地基）。但那时，地基处理的方法不多，主要手段就是重锤夯实和换填。重锤夯实不是现在的强夯，比强夯的能量要小得多，锤重不超过一吨，落距1m左右，影响深度不过1～2m，对于基础荷载不大的人工杂填土很有效。但那时有的工程师不了解土的孔隙水压力原理，不懂得饱和软土是不能夯实的，把地基土夯成了“橡皮土”，越夯越软。由于重夯影响深度有限，处理深度较大时就用换填：有级配砂石换填、素土换填、灰土换填、三合土换填等。级配砂石换填就是挖除软土或杂填土后填以级配砂石，分层夯实，质量较易控制，砂石材料价格不高的地方常用此法。三合土换填在江南有很早历史，是一份消石灰、二份砂、四份碎砖拌和，分层夯实。灰土换填一般采用三七灰土，即三份石灰、七份黏性土拌和后，分层夯实，也是一种古老的地基处理方法，据说天安门城楼下用的就是三七灰土地基。1955年春天讨论洛阳拖拉机厂地基处理问题时，一位苏联专家问建筑科学研究院地基所的黄强老所长："三七灰土地基是你们中国的传统技术，能不能用在这个工程上？"黄所长回答："虽然中国古建筑用得很多，但还没有来得及进行科学总结，且耗时较长，还不敢用在重大工业建筑上。"会上施工单位的一位专家，用试验数据说明，可采用素土回填夯实，得到了与会全体中苏专家的一致赞同。后来施工检测证明，效果很好。

湿陷性黄土地基须深层处理，浅层换填无能为力，当时主要采用土桩。即打入一根端部有楔子的金属管子，挤密周边的湿陷性土，消除湿陷性，拔管后再用素土或灰土填实。技术简单，费用不高，效果良好。土桩最早由苏联黄土专家阿别列夫提出，列入苏联规范，传入我国，后来也列入了中国规范。

软土地区荷载大的工程只能采用桩基础。当时只有打入式预制桩。1949年前外国人在上海用的是木桩，都是进口的“舶来品”，我国木材奇缺，只能采用钢筋混凝土预制桩。那时不重视噪声扰民，后来主要为了节约造价，减少钢材消耗，渐渐被灌注桩代替。但上海等软土地区对灌注桩的质量长期信心不足，20世纪90年代初还用打入式预制桩，噪声很大，扰民很严重，现在我国已很少采用。

上面提到的上海展览馆工程，由于有典型意义，下面再做些具体介绍：

该工程建于20世纪50年代，中央大厅为箱形基础，平面尺寸为46.4m×46.5m，高7.27m，基础埋深0.5m，基底压力为130kPa。持力层的容许承载力，按现场载荷试验为140kPa，按抗剪强度指标计算，界限值为150kPa，相当接近。建成后沉降量很大，11年累计达1600mm，当时估算最终沉降为1700～1800mm，但沉降差仅360mm，倾斜只有0.056%，结构没有损坏，一直使用至今。

上海展览馆产生如此巨大的沉降，显然始料不及。现在看来，至少下面几点经验教训值得汲取：一是软土地基上的大型建筑，必须按变形控制设计，不能只考虑承载力是否满足；二是该工程持力层为软土硬壳层，厚度有限，大面积箱形基础附加应力传递很深，软土压缩产生大量沉降；三是沉降量虽然很大，但主要由固结压缩引起，并无大的塑性流动，最终沉降仍能收敛；四是软土地基上刚度大的基础，沉降比较均匀，沉降量虽大，但上部结构无损。

最后记述一些当时科技人员的情况。

那个时候，全国各勘察设计单位知识界都很年轻，1949 年后毕业的科技人员都是二十几岁，所谓老知识分子也只有三十几、四十多岁。很有朝气，虽然一个接一个的政治运动，成年累月的批判资产阶级思想，但步调统一，工作认真，业务完成得都很好。

20 世纪 50 ~ 60 年代，我国的科技人员有两大部分：一部分是 1949 年前参加工作，当时称“旧知识分子”；另一部分是 1949 年以后从学校毕业参加工作的年轻人，自认为是党培养的“新知识分子”。因为没有经验，年轻人对领导业务的老知识分子都很尊重。旧知识分子的情况比较复杂，有从海外回国的高级知识分子，有旧政府中工作过的留用人员，有 1949 年前私人营造厂的老板，私人设计事务所的工程师。由于经历比较复杂，与“官僚阶层”“帝国主义分子”“资产阶级”多少有些瓜葛，一般思想顾虑较多，言行谨慎，后来的命运差别也很大。下面记述几位具体人物，以窥一斑。

我所在单位的“旧知识分子”中，拟记述冯增寿、朱文极、李葆厚、曾蔚珍 4 位，他们都一直工作到退休。

冯增寿先生早年毕业于上海交通大学，后赴美留学，1949 年前在上海自办营造厂，1949 年后参加工作。1952 年时 36 岁，四级工程师待遇，先后任技术室主任、地质室主任、总勘察师。20 世纪 60 年代调到上海，任我院华东分院（今上海岩土工程勘察设计研究院有限公司）副院长，现已去世，享年九十多岁。冯增寿先生是我刚参加工作时的直接领导，虽然出身资本家，但工作认真，敢于负责，有相当强的领导能力。他虽然出身名校，功底不差，但遇到疑难问题时，找几位年轻科技人员共同讨论，他来取舍概括。他很注意摆正自己的位置，坚守岗位而不越位。他善于领会领导意图，提意见只说一次，不听就不再坚持。批评下级时有根有据，言语明确，但从不声色俱厉，与各方面的关系都比较融洽。对勘察报告修改得很细，遇到问题平等讨论，只要理由充分，他都能接受。下工地时能和我们一样，自己带着行李，与老乡同睡在满是虱子的炕上。对于一位养尊处优、1949 年后还在领导岗位的资本家来说，实在不容易。经历了历次政治运动，都基本平安过关。

朱文极先生 1952 年时约 40 岁，出身名门，祖父朱启衿是袁世凯北洋政府的交通总长、内务总长，代理过国务总理，1949 年后是最年长的全国政协委员，90 大寿时周恩来、邓颖超去他家祝贺。朱文极早年毕业于上海圣约翰大学，后留学美国，游历过欧美许多国家。1949 年前在开滦煤矿工作，专事负责接待欧美国家宾客。到我所在单位后任五级工程师，“肃反运动”后降为六级工程师。由于社会关系复杂，工作不卖力，业务水平不高，一直不受重用。每次政治运动都是被整的对象，故自嘲为“老运动员”。唯一的特长是桥牌打得非常出色，星期天常约几位高手一起打牌。改革开放退休后，曾任全国桥牌协会秘书长。

李葆厚先生毕业于上海同济大学，1949年前在上海市政府任地政科科长，从华东设计院调来后，在我院任四级工程师，做过测量室主任、总测量师、研究室主任。“文革”中受到较大冲击，改革开放后不几年，因心脏病去世。

曾蔚珍先生毕业于广东某中等专业学校，1949年前在国民党军队中做测绘工作，上尉军衔。到我院后工作很努力，很快得到信任和重用，入了党，破格提为五级工程师，任技术室副主任，改革开放后任科技处长，直到退休。虽然在国民党军队中当过上尉，但历次政治运动都平安无事，虽然技术水平有限，但稳稳坐在中层领导椅子上，真是个福将。

1965～1966年，我作为工作队成员在建工部西北设计院搞“四清”。所谓“四清”是当时的一次政治运动，内容为“清政治、清思想、清经济、清组织”。虽然从第一个五年计划算起，已经十几年了，但设计院知识界的构成基本未变，以老知识分子为骨干，院总工程师、副总工程师、各设计室的主任工程师、副主任工程师、各设计组的组长全部由他们担任，青年科技人员做具体工作。各室主任都是党员知识分子，其中部分为解放初期毕业的专业工程师。全院由党委、院长统一领导。老知识分子中，少数为海归的高级知识分子，多数为上海过来的原私人设计事务所的老板和科技人员。“四清”重点在党内，对知识界并未太大触及，但思想上普遍承受巨大的压力。自我批判时“上纲上线”，严格“自己教育自己”，表面上政治空气很浓，但多数恐怕言不由衷，尤其是那些旧社会过来的知识分子和家庭出身不好的青年（那时大学毕业生中家庭出身不好的占多数）。最苦的大概是戴着“右派”帽子工作的设计人员，我所在的100多人的设计室里有两位，一位只低头画图，不与别人交谈，也没有人搭理他。我曾找他谈过一次，任你怎样启发，他总是不开腔。另一位为了摘帽，给保卫处写了许多告密的小报告，虽然得到了领导的赞许，但这种行为不得人心，到“四清”收尾也没有摘掉帽子。

第 36 章 三线建设和山区工程

本章记述了三线建设时期山区工程遇到的困难和问题。以笔者参与位于甘肃和贵州的两个航天工业基地为例，说明山区岩土工程的复杂性。如地层岩性复杂多变；水文地质条件复杂多变；溶洞、土洞、塌陷；崩塌、滑坡、泥石流；混合土地基、土石组合地基；整平场地后水文地质条件的改变；洞室开挖和天然洞改造等。规范中有关山区勘察和山区地基设计的经验，大部分是那时积累的。

三线建设是指从 1964 起，由于中美两国处于敌对状态、中苏交恶，中共中央和毛泽东主席做出的一项重大战略决策，在中国西南、西北地区进行一场以战备为指导思想的大规模工业、国防、科技和交通的建设，是中国经济史上一次大规模的工业迁移。国家投入的资金约占同期全国基本建设总投资的 40%，口号是“备战备荒为人民”、指导思想是“靠山、分散、隐蔽”，在大西南、大西北的深山峡谷、大漠荒原里建起了 1100 多个大中型工矿企业、科研单位和大专院校。三线地区社会经济落后，信息闭塞，多数是一厂一点，有的甚至一厂多点，“瓜蔓式”“村落式”布局。如汉中飞机工业基地，下属 28 个单位，分散在 7 个县的范围，其中一个企业分散在 6 个自然村中，装配零部件需要汽车往返几十甚至上百公里，员工上下班非常不便，导致企业很长时期极为困难。改革开放以后，党和政府在政策上做了大幅度调整，彻底改变了被动局面。但三线建设也锻炼了岩土工程科技人员，学到了很多山区建设的新知识，积累了很多山区建设的新经验，这些知识和经验至今还非常有用。

从城市到山区，完全是两个不同的世界。城市里或多或少已经积累了一些资料和经验，新项目的勘察设计可以充分利用；山区往往一点资料也没有，一切从头开始。城市一般在平原或较大的盆地，为层状土地基，分布较为规律；山区有岩有土，构造复杂，分布杂乱，很不规律。城市主要为层状孔隙水，水文地质条件比较单一，变化有规律；山区既有孔隙水，又有裂隙水，有的地方还有岩溶水，赋存、径流、排泄条件复杂，规律性很差。城市建筑物地基主要是承载力和变形问题；山区除了承载力和变形问题外，更有危险的稳定问题和地质灾害问题。我曾经工作过的两个大型航天工业基地，位于甘肃秦岭山区和贵州北部山区，就是两个很好的典型。但因当时都是绝密工程，未能留下书面资料。

为了有水源，甘肃秦岭山区的航天基地建在河流的上游，弯弯曲曲，两岸都是或高或低的山丘，厂址选在沿河分布面积稍大的盆地内，盆地之间修筑公路互相联系。山间小盆地的地质条件每个都有自己的特点，一个盆地一个样。况且又是大地构造上的褶皱带，地质构造非常复杂，作为勘察工作的第一步，工程地质测绘就很难做。第四系土层的厚度从盆地中央到盆地边缘变化巨大，土的种类也多，盆地边缘的山麓地带常有分选很差的“混合土”，粗颗粒里含细颗粒或细颗粒里含粗颗粒，缺少中间颗粒，无法进行室内试验，地基承载力和变形参数只能用载荷试验确定。由于密实度变化大，有限的载荷试验代表性不足。后来《岩土工程勘察规范》关于混合土的条款，就是总结了那时经验的基础上制订的。那里也有湿陷性黄土，零星分布在山坡上，既不是黄土塬，也不是黄土峁，其湿陷性如何，有没有自重湿陷性质，只能从头进行试验。水文地质条件也很复杂，山坡下常有泉出露，最难判定的就是整平场地后地下水赋存、径流、排泄条件变化产生的后果。由于工程建设显著改变了场地的地形地貌，改变水文地质条件，水位肯定会有大的变化，至于如何变化，既与原始水文地质条件有关，又取决于整平后的地形地貌特征和工程设施，很难分析和判定。场地整平后的地基，常常是半挖半填，极易产生较大的差异沉降。

贵州广泛分布碳酸岩系岩石，岩溶发育。溶洞的洞口一般不大，长着灌木杂草，生人很难找到。但进入洞内，常常又大又深，形态奇特，是可怕的工程陷阱。但更危险的还是土洞和塌陷，因为岩洞虽然复杂，但在工程使用期限内，可以假定它不再发展。土洞塌陷则不然，在一定条件下可迅速发展，酿成工程灭顶之灾，这个问题在第7篇里详细阐述。岩溶发育区最普遍遇到的问题是严重不均匀地基，基槽挖开一看，大大小小坚硬的石芽在软土中不规则地分布，使有些设计人员一筹莫展。起初没有经验，一味加深基础，耗费了大量资金用于土石方工程和混凝土材料。后来总结经验，知道了应该怎样区别对待，既安全，又经济，经总结提高，列入《建筑地基基础设计规范》GB 50007的“土石组合地基”一节。岩溶地区还有一个特殊的地下水问题，岩溶水不同于孔隙水，地下水运动的性质不是渗透，而是断面极不规则的管道流，有的地方流速很快，流量很大，成为地下河。但分布极不均匀，极不规则，大部分地方可能滴水不流，有水的地方则流量很大，很难勘察清楚。同时，水位变化也非常剧烈，枯水季水位很低，一旦降雨，水位猛涨。勘察时测到的水位常常没有太大价值，最高水位又很难预测。勘察设计人员如果没有经验，很可能会误判。

西南地区普遍分布红黏土，当时对这种土还缺乏认识，用一般土的方法进行勘察设计。贵州省建筑设计院的高岱和袁玩首先注意到这是一种特殊土，由于红土化过程中形成结构强度，与同样孔隙比和含水量的一般土相比，具有强度高、压缩性低的特点，还有增湿轻微膨胀失水产生裂隙和上硬下软的规律。总结红黏土的工程经验后，相继列入了《建筑地基基础设计规范》GB 50007和《岩土工程勘察规范》GB 50021。山区建设免不了大挖大填，挖方地基问题不大，填方地基控制密实度非常重要。三线建设在控制填筑土含水量、分层夯实、密实度检测等方面，均取得了丰富经验，列入了相关规范。三线建设还遇到不少膨胀土地基问题。1975年在南宁召开的全国膨胀土会议上，来自云南、广西、四川、湖北、河南、陕西的代表们，报道了各地膨胀土地基的工程事故，提出了应对膨胀土的措施，为国标《膨胀土地区建筑技术规范》GB 50112的编制提供了不少工程案例。

那时毛泽东主席提出“深挖洞，广积粮、不称霸”的口号，其中的“深挖洞”不仅要挖防空洞，军工生产和储备也要尽量进洞，故三线建设时挖了不少地下洞室，有的是岩石洞，有的是黄土洞。科研单位和大专院校开展了洞室建造中岩土压力、洞体加固、洞口加固等方面的研究，岩体锚喷支护得到了大量应用，并系统总结了经验，为《锚杆喷射混凝土支护技术规范》GB 50086的制定打下了基础。

除了人工开挖的洞室以外，还注意天然溶洞的利用，我有幸参加了一次贵州省桐梓县天门洞附近某岩洞的调查。需要说明的是，这个岩洞不是现在旅游景区的小西湖天门洞。虽然位置相近，但该洞地面没有景观，洞内也很单调。洞口不大，可容纳两部卡车并行开入或开出。进入洞口后是一条长数百米，宽20～30m不等的天然廊道，再往里就是一个大体圆形的“中央大厅”，直径约70m，高约50m（因文字资料散失，时隔50多年，数字可能不准），拟在大厅里建设一座发电厂或军工企业。抗战期间国民政府曾准备利用该洞作为兵工厂，并开通了一条人工隧道通向洞外，以便形成两个出入口。洞内手电筒完全不能照亮，请解放军开来了两辆解放牌卡车，带着两台探照灯，为我们工程地质测绘照明。岩层的地质年代是地质测绘的基础，我们对当地地层缺乏识别经验，请来了贵州省地调队的地质人员协助。总的印象是，地层以厚层灰岩为主，局部有薄层灰岩，单斜构造，局部产状稍有变化。洞内干燥，基本无水，洞底平坦，汽车可顺利通行，没有塌陷的危险。洞顶和洞侧均较稳定，局部有些零星危岩，容易处理。从工程地质条件分析，洞内适宜工程建设，但后来似乎并未利用。

三线建设的岩土工程问题中，最突出、最复杂、最危险的大概是地质灾害了。除了上面提到过的岩溶和塌陷外，较为普遍的就是洪水、泥石流、崩塌和滑坡。洪水、泥石流调查的主要困难是缺乏水文资料，只能一靠访问（问询村里的老人），二靠估算。根据汇水面积和一次暴雨量估算洪水；根据形成区、流通区和堆积区的地貌和地质条件推断是否可能发生泥石流。除了多种类型、大大小小的崩塌、滑坡外，更普遍的是切坡导致的边坡失稳。在狭窄的小盆地中进行工程建设，免不了要切坡。虽然做了勘察和设计，但地质条件很难查清，岩土参数很难测准，再加上那时技术条件和经济实力有限，安全储备不大，事故时有发生，但为我们积累了非常有益的正反两方面的经验教训。

第37章　创新空间巨大的地基处理

本章介绍了预压排水固结法的发展过程；讨论了动力排水固结和静动联合排水固结；介绍了水泥粉煤灰碎石桩复合地基的开发；讨论了粉喷排水、气压劈裂、软土中的劈裂效应。最后，简要介绍了预拌流态固化土、高能量冲击压实技术、液压快速夯实技术、劲芯水泥土桩复合地基、超高压喷射注浆技术、高真空击密法等新技术。地基处理可能是岩土工程实务中发展最快、创新空间最大的领域。周国钧先生对本章进行了审查，提出了宝贵意见。

从"一五计划"到20世纪80年代，只有几种传统而简单的地基处理方法，如重锤夯实、级配砂石换填、素土、灰土或三合土换填、土桩挤密黄土等。地基处理的兴起是20世纪80年代改革开放之后，随着建设规模的扩大和外国技术的引进而迅速发展起来。换填、挤密、强夯、振冲、固结排水、灌浆、水泥土搅拌、高压喷射注浆、锚固、加筋等，因地制宜，大量应用，使地基处理技术跃上新台阶，取得了巨大经济效益。需要特别指出的是，龚晓南院士主编的《地基处理手册》，先后发行了三版，逾十万册，集各种地基处理方法之大成，对地基处理技术的普及和推广起了很大作用。

1　排水固结、动力排水固结和静动联合排水固结

排水固结处理饱和软土历史悠久，国外始于20世纪30年代，我国1953年已有少数工程实施。为了减小建筑物沉降，用预压的办法将软土在工程建造之前先行压缩；为了加快固结，在软土中设置排水通道，都是很容易被工程师们想到的。但预压的方法，排水通道如何设置，则经过了几代人的努力，不断进步。

预压最早采用的堆载或利用工程自身的荷载，如路堤堆方、油罐充水等，至今仍广为应用。堆载虽然简单，但麻烦的是需要大量堆载材料，来回搬运，有时费用较高，于是开发了真空预压技术。由于真空预压产生的侧向变形指向被加固

土体，不像堆载可能产生剪切破坏，故荷载可以一次加上，不必分级，且设备简单、现场文明。但荷载大于 80 ~ 90kPa 时必须与堆载联合预压。此外，采用降低地下水位、增加土中有效应力，实质也是一种预压荷载。设置排水通道最早采用普通砂井，我国 20 世纪 70 年代时曾有一个工程，将砂井与砂石桩混淆，不加预压，且施工不善，造成软基处理失效。1977 年开始引进袋装砂井，施工简便，质量容易保证，适应性强，效率也明显提高，很快取代了普通砂井。塑料排水带由纸板发展而来，由于连续性好、耐久性强，且重量轻，便于运输，施工效率也较砂井高，优势很明显。虽然 20 世纪 70 年代末即已传入我国，但大量应用直到 80 年代末，几家专业工厂批量生产塑料排水板后才流行开来。我亲历的是深圳福田区块的大规模开发，几家施工单位在现场插设塑料排水板，但只有我所在单位一家用的是香港进来的专用插设机械，其他都是临时改装，有的还是圆形截面，对土的扰动较大。到 20 世纪 90 年代，固结排水法加固软土已经成为普通工法，很多单位能够设计施工，但总觉得工期太长，虽采取多种措施，还总得半年左右时间。

强夯法始于 20 世纪 60 年代的法国 Menard 公司，称动力固结法（Dynamic Consolidation Method）。70 年代末传入我国，那时潘千里做了大量宣传工作和工程实践，由他翻译为“强力夯实”，简称“强夯”。并强调，强夯完全不同于重力夯实，重力夯实能量低，是地基的浅表处理；强夯能量大，是深层地基处理。由于这种地基处理方法施工设备简单，技术容易掌握，所以很快在全国流行开来，且多数工程取得明显成效。开始引进时宣称，由于动力固结作用，强夯也能用于处理饱和软黏土，导致一些工程失败。实践证明，强夯用于软黏土是不适宜的。

关于饱和黏性土的动力固结，按照我理解，可以用下面通俗的文字来表述：在强烈的动力作用下，吸着在细颗粒上的水会发生“脱水效应”，即原先被束缚的水变成自由的容易流动的水，产生超静水压力，甚至产生液化或部分液化。当超静水压力大于土的抗拉强度时，土中产生劈裂，形成网状裂缝，孔隙水通过网状裂缝排出。孔压消散，裂缝闭合。接着是土的强度恢复和增长，完成动力固结。但实际上，强夯产生的动力是瞬时强大的冲击力，除了产生振动和波，产生脱水和劈裂效应外，还使土体同时产生大幅度的挤压效应，使土体侧移和隆起，仅靠张开即合的劈裂在短时间内排泄，排水效应是有限的。因而就有可能将地基土夯得一团糟。

到了 20 世纪 90 年代初，静动联合排水固结法的提出和实施，使动力作用和土体的形变处于可控状态，才有了转机（刘祖德，静动联合排水固结法及其在填海工程中的应用，土木工程与管理学报，第 29 卷第 3 期，2012）。1992 年，刘祖德教授等在厦门机场填海工程中，初次采用静动联合排水固结法加固饱和软土地基，并取得了成功。该法的基本思路是，先插设塑料排水板，形成孔隙水排出的竖向通道；然后堆载，使软土得到初步固结；再进行强夯，在残余孔隙水压力的基础上激发新的较高的孔隙水压力，并在静载作用下排水固结，达到降低土的含水量、增加土的密实度、提高土的强度和模量的目的。静动联合排水固结法不是将静力和动力简单地叠加，而是相辅相成。孔隙水的排出依靠的是静压力和预设的竖向排水通道；强夯动力的作用主要是激发新的孔隙水压力，以利产生第二轮渗透固结。因此，刘教授认为，静动联合排水固结法中，静力为主，是内因；动力为辅，是外因。动载只起激发孔隙水压力的作用，排水固结仍靠静载。并认为，强夯在饱和软土中不大可能产生梅纳所说的排水通道。此外，该法还要求软土上覆的砂垫层必须有一定厚度，夯锤应扁平，单击能量需与砂垫层厚度和加固深度匹配，夯坑深度要限制等，以避免冲击荷载破坏土体。

为了解决加固饱和软土地基的问题，20 世纪 80 年代末在深圳开始了强夯置换法的工程试验，效果不错。该法是在软塑或流塑的软土上强夯时，在夯坑内不断填以块石、碎石、建筑垃圾等粗粒料，利用强夯能量形成密实的碎石墩，与墩间土一起构成复合地基。既提高了地基承载力，减少了基础沉降，又形成了排水通道，利于孔隙水压力消散，加速软土固结，对墩间土也有一定的加固作用，总结提高后列入了行业标准《建筑地基处理技术规范》JGJ 79。

2　CFG 桩复合地基的创始和发展

据阎明礼研究员介绍（黄强，新中国 66 周年岩土工程的人和事，中国建筑工业出版社，2015），20 世纪 80 年代初，建筑科学研究院地基所开始了散体桩、低黏结强度桩、中等黏结强度桩、高黏结强度桩的复合地基研究。1988 年，轻工部设计院设计的南京造纸厂扩建，地基处理委托建研院地基所阎明礼负责。原设计采用碎石桩，到现场后发现，天然土相当软弱，地基承载力仅 80 ~ 120kPa，而设计要求处理后复合地基承载力不低于 160kPa。碎石桩属于散体桩，不可能达到设计要求的承载力。如果采用高黏结材料桩，则可全桩长发挥侧阻，桩端位于好土还可发挥端阻作用。于是改造碎石桩的桩体材料，在碎石中加了固化剂水泥，为了改善级配加了粉煤灰，既消耗了一些工业废料，又提高了桩的承载能力，使复合地基达到设计要求的承载力。现场进行了碎石桩复合地基和加水泥、粉煤灰的碎石桩复合地基对比试验，前者承载力特征值为 120kPa，后者达 190kPa，最终选定了加水泥、粉煤灰的复合地基方案，后来命名为 CFG 桩。

当时两种复合地基的施工均采用振动沉管打桩机，属于挤土成桩工艺。黄熙龄院士到现场进行了指导，在断桩的一侧挖了深度略大于桩长的竖井，下井察看发现，桩端水泥含量相对较低，桩顶浮浆较多、粗颗粒较少，是留振时间和次数偏多所致。采用静压桩机逐桩静压，把断开的上下桩连接起来。通过这个工程，明确了挤土成桩工艺既有挤密松土的正面效应，也有土被振松，使已打的桩上浮及发生断桩的负面效应。经大量现场试验和持续研究，制定了振动沉管打桩机的施工要点，以防止负面效应的发生。

20 世纪 90 年代初，CFG 桩复合地基已较多应用于处理高层建筑地基，城区禁用振动沉管打桩机，大量采用长螺旋钻机施工。施工过程中发现不少新问题：如因设备没有排气孔，钻杆提到地表后空气进入，排不出去，形成大气泡，造成桩身缺陷；管内混合料压力有时小于外面水压力，打不开阀门；打开阀门灌料时，有时掉下虚土，使端阻丧失；在某些地层中施工时，如桩距较小，可能发生窜孔，使桩顶下沉。针对上述问题，中国建筑科学研究院地基所与建设部长沙机械研究院、陕西机械厂合作，制造了新的长螺旋钻机。在《建筑地基处理技术规范》JGJ 79 中规定：设备必须有排气装置；采用下开式钻头；严禁先提钻后灌料；对可能窜孔的土，应采用较大桩距或跳打施工。

这些年来，各地对 CFG 桩的施工设备、施工工艺、扩大应用范围等方面不断有所创新，已在全国 23 个省、市、自治区广泛采用。由于该技术施工速度快、工期短、质量容易控制、工程造价低廉，已成为高层建筑地基处理应用最普遍的工法之一。

3 粉喷排水和气压劈裂

读了刘松玉教授的《地基中的气压劈裂现象与利用》（黄强，新中国 66 周年岩土工程的人与事，中国建筑工业出版社，2015）一文后，很有启发。该文大意如下：

2001 年，连徐高速公路连云港段部分粉喷桩桩身质量差，8 ~ 10m 以下几乎不成形。这里硬壳层以下广泛分布 10 ~ 15m 厚的软土，含水量为 70% ~ 80%，孔隙比平均 1.8，不排水抗剪强度仅 8 ~ 15kPa，有较强的结构性和流变性，是我国著名的海相软土。施工中曾出现路堤滑移失稳、沉降量过大等问题。刘教授在现场听到一位工人师傅说，粉喷桩施工时，常见周边勘察孔喷水，有时会喷到 2 ~ 3m

高。刘教授听后高度重视，带着这一问题查阅外国文献，发现我国仿制日本粉喷桩施工设备时，少了一个排气用的方形套管，导致高压空气无法排出，引起孔隙水压力迅速增大，从薄弱处（钻孔）向地面喷水，进而发生粉喷桩质量不好，边坡失稳、地面开裂等现象。

为了解决排气问题，刘教授想到，先在软土中设置排水板，再打粉喷桩，利用排水板排出粉喷桩高压空气引起的超静水压力，同时排出气体，形成了“排水粉喷桩”的思路。将排水板与粉喷桩两个似乎完全不相干的地基处理方法“嫁接”在一起，2003年以盐淮高速公路为依托，进行现场试验和理论研究，取得了圆满成功。

排水粉喷桩复合地基的特点：一是利用排水板的排水排气作用，增强粉喷桩的搅拌均匀性和喷灰均匀性，提高桩身强度；二是充分利用粉喷桩施工高压空气产生的侧向压力，向排水板挤压排水，提高桩周土的强度；三是利用粉喷桩施工时的扩张作用，产生劈裂，增大桩周土的渗透性，加快复合地基固结；四是由于排水板的排水排气作用，减少了喷头周边围压，可使粉喷桩有效施工深度加大至20m以上；五是由于桩身和桩周土强度提高，较大幅度加大粉喷桩间距，且施工简单，节省了工程投资。

气压劈裂与竖向排水板、砂井结合，还可衍生出一些新型地基处理技术：如与其他污染物清除方法（气提法、生物法等）结合，加速污染土的修复速度，提高修复效果；在吹填土地基处理、基坑降水工程中，与疏干井排水结合，可以提高排水效率和排水深度。

软土强度低，极易产生劈裂，如气压劈裂、水压劈裂、注浆劈裂、爆破劈裂等。强烈地震时软土产生震陷，其排水效应也很可能由于地震动产生的劈裂导致。软土固结很慢的原因是渗透系数太低，劈裂可以提高软土的渗透性，加快软土固结，值得进一步关注。

听说国外一位岩土工程专家，在沙滩游览，见到一个孩子堆砂子玩。起初堆不高，边堆边塌。后来他在砂子中夹纸，一层砂，一片纸，向上堆，堆得很高。这位专家得到了启发，发明了加筋土。“见微而知著”，岩土工程师也应看到现象，想到本质。那位工程师想到的就是在没有抗拉强度的砂土中加纸筋，改善砂土性能。做到这点需要两个条件：一是要常去现场，关注现场发生的事，特别是“反常现象”，反常出新知；二是要有深厚的理论功底，理论功底不深的人是悟不出真知的。牛顿见到苹果落地而发现万有引力，当然不见得真有其事，但没有深厚物理学基础的人，是怎么也不会想到与万有引力挂上钩的。

4 雨后春笋般的地基处理新技术

改革开放后，随着工程建设规模的扩大，地基处理方法有了很大发展，我国自行开发的有灰土挤密桩法、真空预压法、水泥粉煤灰碎石桩法、夯实水泥土桩法等；从国外引进消化的有强夯法、振冲法、水泥土搅拌法、高压喷射注浆法等。需要注意的是，一个工程不一定只用一种处理方法，可根据具体条件综合考虑，采用两种或多种方法组合处理，往往可以达到更有效、更经济的效果。地基处理可能是几十年来岩土工程发展最快的领域，也是开发创新空间最大的领域。有些在已有技术基础上改进；有些将两种或多种技术互相“嫁接”，取长补短形成新工法；有些则是原始创新。有点像中餐的菜谱，不断花样翻新，层出不穷，从下面几种新技术可以窥其一斑。

先介绍预拌流态固化土技术：

我首次见到预拌流态固化土，是在 2016 年 5 月 28 日于天津武清举行的地基基础创新联盟新技术现场观摩会上，留下了很深刻的印象，这是以素土、固化剂（水泥为主）、外加剂为原材料，加水搅拌均匀后形成，坍落度为 80 ~ 200mm，呈流态，现场浇注硬化的一种技术。可根据土质条件和工程要求，通过试验确定其配合比，硬化后强度可达 0.5 ~ 15MPa。主要特点是，均匀性、流动性、水稳性、体积稳定性、耐久性都很好，且强度可调区间大，技术简便，易于推广。预拌流态固化土可用于换填地基处理、复合地基增强体，还可作为路面材料，用途很广。基础侧旁肥槽回填，工作面狭窄，操作不便，质量很难控制，是个不大不小长期不好解决的难题。2017 年 5 ~ 6 月间，我参加北京城市副中心市政综合管廊基础肥槽回填的论证会，该管廊长十几千米，埋深 18m，宽度仅 0.8m。质量要求高，工作量大，工期紧，传统方法无法完成，用素混凝土回填代价又太高。波森特公司提出用预拌流态固化土回填的办法，得到了与会主管人员和专家们的一致赞同。用于该工程的肥槽回填，至少有下列优点：一是质量可控，解决了以往长期困扰设计施工人员的老大难问题；二是施工速度快，满足了工期紧迫的要求；三是操作简单，一般施工单位容易掌握；四是扬尘少，绿色环保。

下面再介绍周国钧主编《岩土工程治理新技术》一书中（中国建筑工业出版社，2010）的几项新技术：

（1）高能量冲击压实技术

新颖冲击式压路机和冲击压实技术是从南非蓝派公司引入的，虽然该技术在形式上是将传统的圆形压实轮改为非圆形的三边或多边形压实轮，但实际功能已具有冲击压实、揉压、碾压等多重作用，因此可以获得深层压实的效果。这种冲击压实机械的出现被国际工程机械行业视为压实机械发展史中的重大革命，我国已有两百多项软基加固工程中采用这项新技术，涉及公路、机场、水坝、码头、厂房等众多领域。

（2）液压快速夯实技术

液压快速夯实技术是英国BSP公司首先开发的一种快速夯实机械及其施工技术，是将全液压打桩机的锤头部分从打桩架移到地面，搭载在全液压的大型装载机上，利用装载机液压工作站的油压驱动锤头，沿着导向架作上下冲击运动。由于不同型号的锤头的质量不同，夯击频率可调，夯锤落距可调，因此每击的夯击能和总夯击功能可以随土质不同、加固要求不同而任意调节。这种夯实设备在施工中对环境的振动影响比强夯法小得多，因此在我国得到推广应用。

（3）劲芯水泥土桩复合地基

劲芯混凝土桩是由水泥土搅拌桩与预制桩或灌注桩组合起来的一种复合地基。普通水泥土搅拌桩是喷浆型深层搅拌，已大量用于工程，效果好、费用低、对环境影响小。但由于水泥掺量仅10% ~ 20%，所以桩身强度较低，单桩承载力不高。解决办法一是加大水泥掺入量，选用有效外掺剂，增加机械搅拌次数；二是在水泥土桩中插入一根钢筋混凝土预制桩，形成一种复合桩。河北工业大学王恩远教授和吴迈副教授等人是这项新技术的开拓者，他们通过理论分析、室内模型试验和现场试验，发现这种组合桩兼备两种桩的优点，大大扩展了水泥土搅拌桩的应用。

（4）超高压喷射注浆技术

三重管高压喷射注浆法采用高压水（水压超过30MPa）、中压水泥浆（浆压不低于1MPa）和低压空气（气压0.7MPa）通过三重管喷射器，利用高压水流对土体的切割破碎和混合作用，将水泥浆和土颗粒混合在一起形成注浆桩体（旋喷桩），是成功的新型地基处理技术。但有些工程对注浆体强度、直径和有效加固深度有更高要求，周国钧和吴平提出超高压喷射注浆方法，即利用超高压水泵（泵压大于50MPa）和超高压水泥浆泵（浆压大于35MPa）辅以低压空气，利用超高压水流和超高压水泥浆流的共同作用，在气幕的包裹下，使喷射流的切割直径大大增加（软土可超过2m），注浆体的强度也大大提高（可达5MPa），有效加固深度可达60m，并在工程中得到成功应用。

（5）高真空击密法

高真空击密法是软土中施加数遍高真空强制抽水，间以数遍适当的变能量强夯，二者结合起来用于加固高含水量、低强度的粉细砂、粉土、淤泥质粉土等，短时间即可形成强度较高、压缩性较低的地基。国内外已有大量工程采用这项新技术，取得了良好的技术经济效果。

作为建筑物和构筑物的承载体，天然地基、地基处理、桩基础已经是三分天下。在天然地基不能满足承载力和变形要求时，首先想到的就是地基处理。经几十年的发展，已经在全国普及，今后的主要任务是在普及基础上的提高。重点可归纳为以下三方面；

（1）引进和研制地基处理新机械，大力提高各种工法的机械水平。目前，我国施工机械的水平与先进国家比，差距相当大，地基处理机械也是如此。我国目前综合国力已经提高，机械制造能力已今非昔比，完全有可能在较短时间内与国际先进国家并驾齐驱。

（2）继续发展地基处理新技术、新方法。虽然我国目前地基处理工法已经很多，但创新空间依然巨大。譬如土工合成材料，已经成为继钢、木、水泥之后的第四种基本建筑材料。合成材料与土结合，大大改善了土的力学性能，在抗剪、抗拉、抗裂方面，在防渗、排水、抵抗水力冲刷方面，表现出卓越的性能，具有反滤、排水、加筋、隔离、防渗、防护6大作用，堪称岩土工程的革命。再譬如岩土环保整治，如废弃矿山和工业基地的土地修复，尾矿、废渣、废液、污泥、底泥、污染土、建筑垃圾、生活垃圾等的资源化、无害化处理和综合利用，与地基处理结合，前景广阔。

（3）加强地基处理的理论和计算方法的研究。当前，地基处理的承载力计算和变形计算方法还相当粗糙，不如天然地基和桩基础成熟，理论远远落后于实践。理论方面如土与增强体之间的相互作用、荷载传递机理、地基应力场和位移场特点；实用计算方面主要是有效而合理的承载力计算和变形计算方法，都亟待加强研究，指导地基处理实践。

第 38 章　桩基础的发展和进步

本章记述了我国桩基工程从单一型向多元化的发展，多元化成为我国桩基础应用的重要特点，并介绍了几种特殊桩型。对灌注桩，记述了从最初以沉管式灌注桩为主，发展到正循环钻孔灌注桩、反循环钻孔灌注桩，直到以旋挖桩为主导的过程，并对旋挖桩的特点和优点做了介绍。记述了挖孔桩的兴衰及其原因，介绍了深圳的巨型桩。最后，以武汉绿地中心大厦为例，介绍了大直径嵌岩桩的承载性状。高文生先生对本章进行了审查，提出了宝贵意见。

桩是一种既很古老，又至今广泛采用的基础形式。随着桩身材料、施工机械、施工工艺的发展而不断进步，现已成为高层建筑、大型桥梁、深水码头、海洋石油平台等工程中最常用的基础。

我国的桩基础有一个特点，就是多元化。传统工艺与先进工艺并存；大直径桩与中小直径桩并存；预制桩与灌注桩并存；挤土桩与非挤土桩并存；振动、锤击与静压并存；钻孔、冲孔与挖孔并存；泥浆护壁与套管护壁并存等。这是由于我国幅员辽阔，自然条件和经济技术条件各异造成的，各种桩型各有其存在价值，应根据实际情况选择。虽有一二种桩型作为主导，但并不存在绝对优势的桩型。

我国桩基础的研究也有自己的特点，就是十分重视原型桩的试验和工程经验的积累。根据原型桩静载试验时应力和位移量测的数据，分析桩身内力分布、侧阻和端阻的变化、研究桩的竖向承载力、水平承载力和抗拔承载力。根据静力触探、静载试验和工程经验，制订侧阻力和端阻力经验数据的表格，列入行业规范和地方规范，用于桩基承载力的初步估计。在桩土共同作用、群桩效应、按变形控制设计，以及变刚度调平设计等方面，也取得可喜的研究成果。

1　从单一型到多元化

1949 年以前上海高楼大厦的基础，听老前辈们说，用的都是木桩，多为北美进口的松木，“洋松”和“打桩机”都是舶来品。20世纪50年代的房屋建筑，尽量用天然地基，很少采用桩基础。上海中苏友好大厦（今上海展览中心），虽然地基很软，还是学习苏联“先进经验”，采用箱形基础，天然地基。必须用桩基的工程，都是清一色的打入式钢筋混凝土预制桩，用蒸汽打桩锤施工。起先主要是现场预制，1956年后某些大型工业基地采用工厂化预制。1956年武汉第一座长江大桥开建，学习苏联，用钻孔灌注桩，将桥墩像树根一般嵌入基岩，这项先进经验很快传遍了大江南北。差不多与此同时，由于钻孔灌注桩成本低，适应性强，噪声小，在建筑行业也得到了发展，逐渐超越预制桩。我国20世纪80年代之前，由于钢材缺乏，价格很高，没有人敢想采用钢桩。建设上海宝山钢铁总厂时，打了几十万吨的钢管桩，议论纷纷。有人甚至说，日本人为了推销钢材，才将厂址选在宝山，用钢管桩为基础。但后来的事实证明，钢管桩承载力高、质量可靠、施工速度快，该工程采用钢管桩是合理的。几十米的深厚软土层，对于宝钢这样荷载大、要求高、工期紧的大工程，常规钢筋混凝土桩难以适应，钢桩承载力高，重量轻、便于装卸、运输、堆放、沉桩，便于切割、接长，因而质量可靠，施工速度很快，优势非常明显。当然钢管桩也有它的缺点，如钢材用量大、工程造价高、施工噪声大、需采取有效防腐措施。香港的钢管桩在恶劣的腐蚀环境中应用时，在钢管内灌注配筋混凝土，荷载通过钢筋混凝土传递，钢管作为牺牲，不考虑承载作用。现在，桩基类型缤彩纷呈，种类繁多，除基本桩型外，还有各种各样的组合桩。岩土工程师可以根据地质条件、荷载大小、荷载性质、施工速度要求等进行选择，可选的余地很大。但主导桩型还是钢筋混凝土钻孔桩。

工程桩按其用途有基础桩和支护桩两大类，支护桩是为了抵抗侧向压力，如基坑开挖用的护坡桩，滑坡防治用的抗滑桩；基础桩按受力条件又有抗压桩、抗水平荷载桩、抗拔桩；抗压桩按承载性能又有摩擦桩、端承桩、端承摩擦桩、摩擦端承桩。

按桩径大小可分为：小直径桩（微型桩、树根桩等）、中等直径桩、大直径桩、巨型桩（直径数米）；按长度有短桩、中长桩、超长桩。按桩身材料有钢筋混凝土桩、钢桩、组合材料桩；钢桩又有敞口钢管桩、闭口钢管桩、H型钢桩；钢筋混凝土桩又有预制桩、灌注桩；预制混凝土桩又可分为预应力和非预应力两类，按沉桩方式又有打入式预制混凝土桩、静压式预制混凝土桩；预制混凝土桩按截面又有方形实心桩、三角形截面桩、十字形截面桩、离心管桩、空心方桩等；为了提高桩的承载力又有各种异形桩，如扩底桩、夯扩桩、载体桩、挤扩支盘桩、预应力竹节桩、槽壁桩等。

成桩过程中的挤土效应极为重要，按是否产生挤土效应可分为挤土桩（大量挤土桩）、部分挤土桩（少量挤土桩）、非挤土桩（置换桩）。非挤土桩包括干作业钻孔或挖孔灌注桩、泥浆护壁法钻孔或挖孔灌注桩、套管护壁钻孔或挖孔灌注桩等；部分挤土桩包括冲孔灌注桩、钻孔挤扩灌注桩、搅拌劲芯桩、预钻孔打入或静压预制桩、打入或静压敞口钢管桩、H型钢桩、敞口预应力混凝土空心桩等；挤土桩包括沉管灌注桩、沉管夯扩或挤扩灌注桩、打入或静压预制混凝土桩、闭口预应力混凝土空心桩、闭口钢管桩等。

下面是几种特殊桩型的简单介绍。

（1）微型桩

微型桩直径小，长度短，施工设备简单，成本不高，制作方法多样，设计思路灵活，可直、可斜，可成排、可交叉，可用于多种场合，解决多种不同问题。香港称“迷你桩”（minipile），设计得好，设计得巧，还有可欣赏性和艺术性。图38-1～图38-5分别为微型桩用于托换、边坡、基坑的示意图。

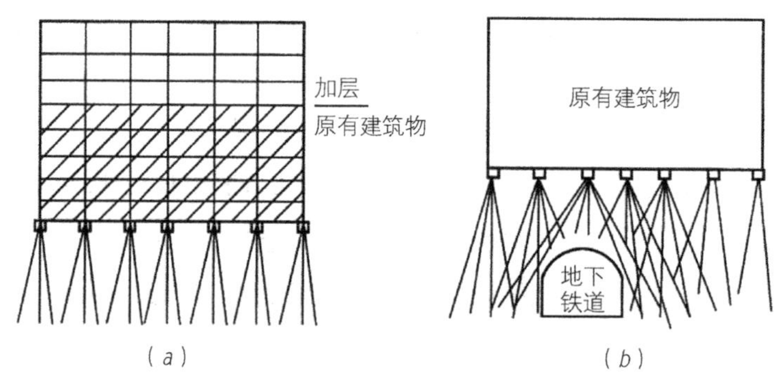

图38-1 微型桩用于既有建筑物加固和托换（张雁、刘金波）

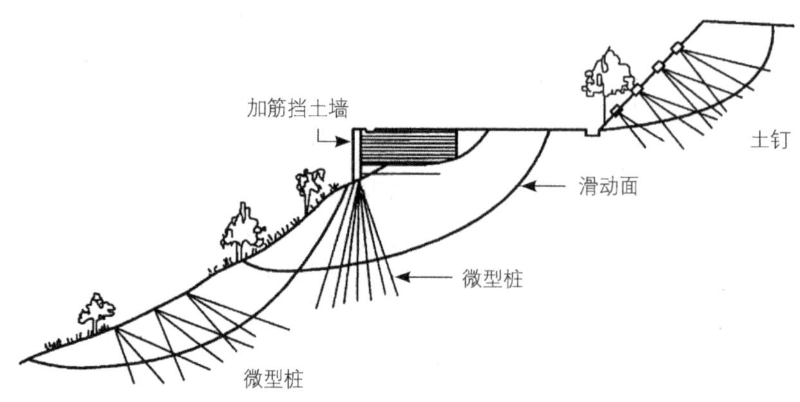

图38-2 微型桩用于稳定边坡（张雁、刘金波）

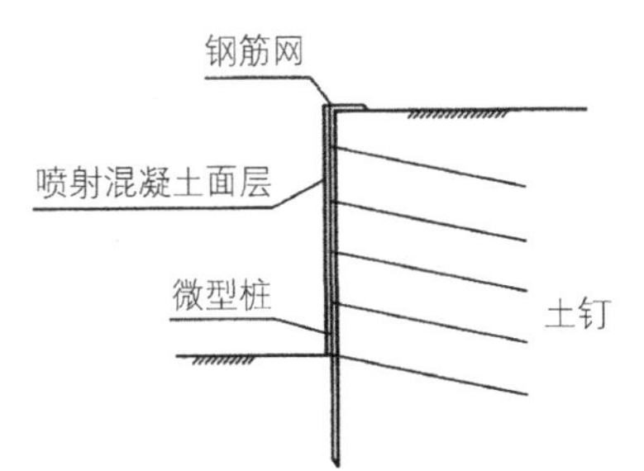

图 38-3 土钉与微型桩复合支护（张雁、刘金波）

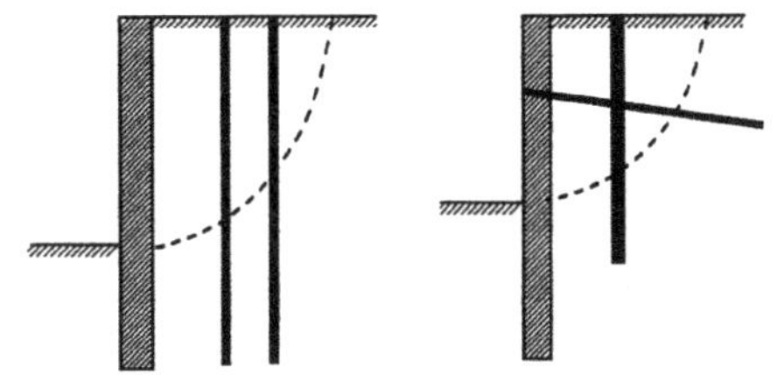

图 38-4 微型桩用于复合桩墙支护（张雁、刘金波）

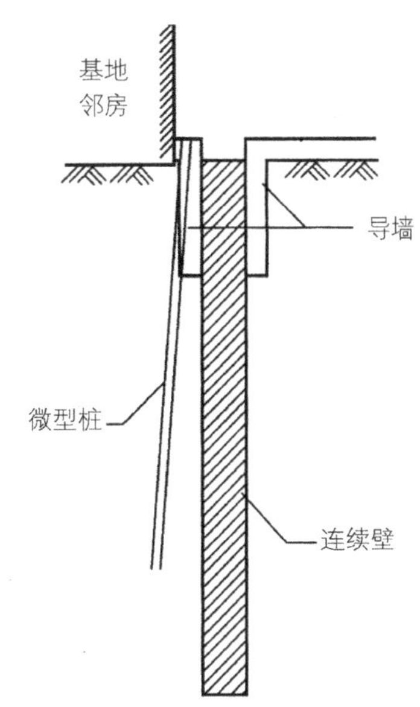

图 38-5 微型桩用于地下连续墙成槽时保护邻近建筑（张雁、刘金波）

（2）载体桩

岩土工程技术大多从国外引进，载体桩则是地道的国货，专利权人为北京波森特岩土工程公司王继忠。因其质量可控，经济效益高、适应性强、造价低廉、绿色环保，已在全国很多地方应用。住房和城乡建设部已发布行业标准《载体桩技术标准》JGJ/T 135。

载体桩是利用孔内柱锤夯击、成孔，挤密和加固桩底和桩周土体，当沉管到达设计标高时，向孔底连续填料、夯击，达到三击贯入度控制指标后，再填以干硬性混凝土，使桩端以下 3 ~ 5m、直径 2 ~ 3m，体积约 $10m^3$ 的土体得到加固，形成由内到外为干硬性混凝土、填充料、挤密土的载体。然后再安装钢筋笼，浇注混凝土，或置入预应力管形成复合桩。按桩身直径分为小直径载体桩（300 ~ 350mm）、中等直径载体桩（360 ~ 390mm）和大直径载体桩（600 ~ 800mm）；按受力特性分为抗压载体桩和抗拔载体桩；按材料和工艺分为现浇混凝土载体桩和预制桩芯载体桩。图 38-6 为载体桩示意图。

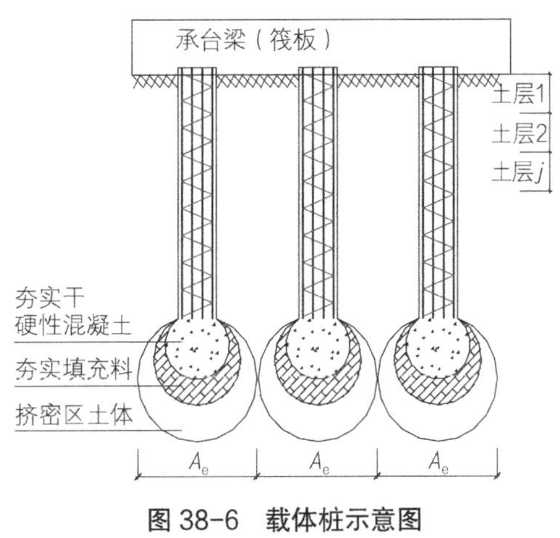

图 38-6 载体桩示意图

载体桩与常规夯扩桩相比，无论其组成、施工工艺、控制指标、承载力计算、施工影响范围，均有所不同。载体桩除了可作为桩基外，还可作为复合地基的增强体（图38-7、图38-8）。褥垫层上不加土工格栅的主要用于建筑工程的地基处理；褥垫层加土工格栅的主要用于高铁和高速公路的路基处理。

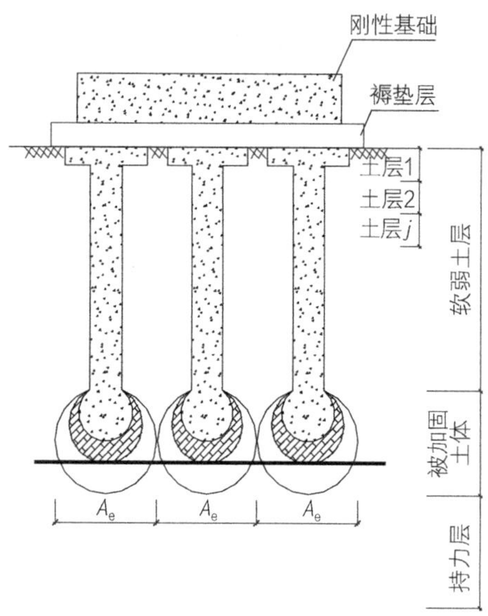

图38-7 不加工土格栅载体桩复合地基示意图

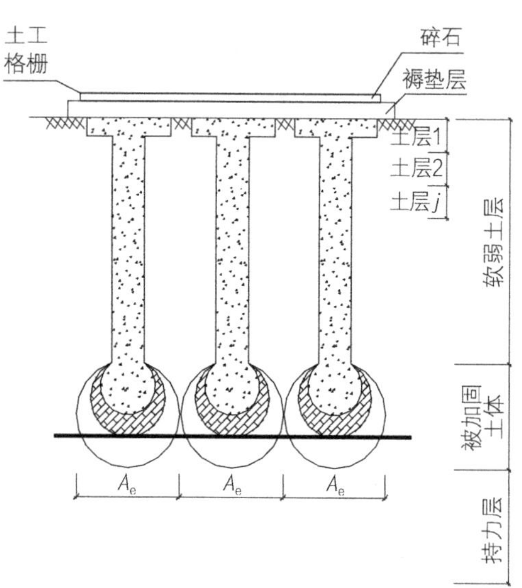

图38-8 加土工格栅载体桩复合地基示意图

（3）DX三岔双向挤扩支盘灌注桩

挤扩支盘灌注桩是使用DX三岔双向挤扩装置进行挤扩而形成的一种变截面桩。成桩过程是，在普通钻机形成的等截面钻孔内，下入专用的DX桩挤扩装置，通过地面液压控制在适宜土层中挤扩，形成承力盘及分支，同时也把周围的土挤密，再放入钢筋笼，灌注混凝土，形成由桩身、承力岔、承力盘和桩根共同承载的桩型。该桩型的特点，一是挤扩匀称、完整，施工差异性小，成桩质量可靠；二是单桩承载力高，一般比等截面灌注桩提高一倍以上，有良好的抗压、抗水平力和抗拔能力；三是适应性强，设计灵活，可在多种土层中成桩，不受地下水位限制，可根据承载力要求设置分岔或承力盘的数量；四是节约材料、降低成本、缩短工期；已有行业标准《三岔双向挤扩灌注桩设计规程》JGJ 171—2009。图38-9为三岔双向挤扩灌注桩成桩示意图。

（4）大直径筒桩

大直径现浇混凝土薄壁筒桩是在沉管灌注桩基础上发展而成的一种桩型，也

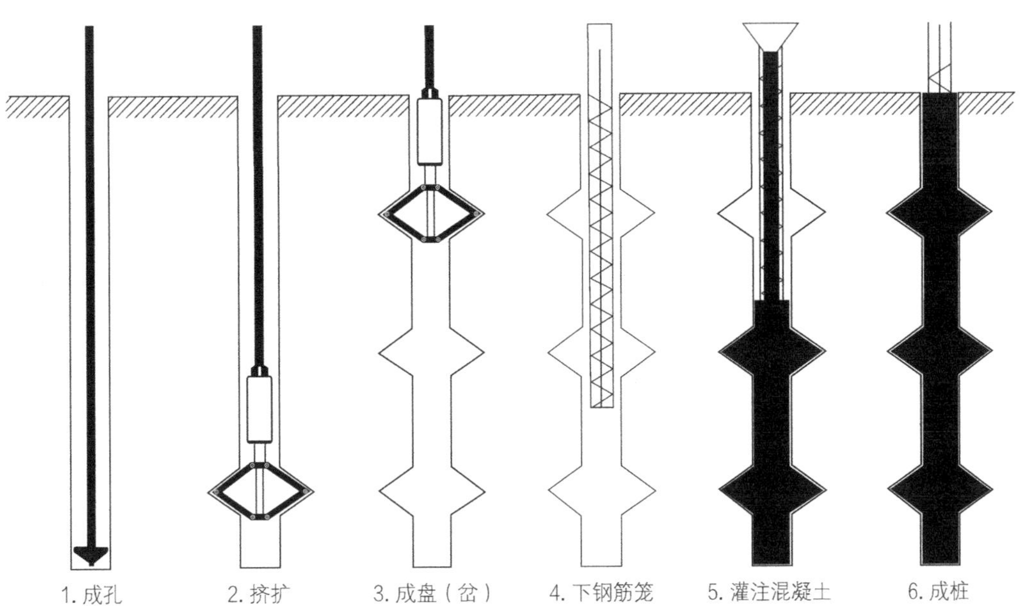

图 38-9　三岔双向挤扩灌注桩成桩示意图

称薄壳沉管灌注桩。采用振动沉模，现场浇筑混凝土成桩技术，一般采用环形桩尖。外径为 800 ~ 1500mm，壁厚为 100 ~ 250mm，现浇素混凝土或钢筋混凝土一次成型完成。大直径筒桩适用于饱和软土、一般黏性土、粉土，在我国东南沿海软弱黏性土地区，应用于海堤工程、道路工程等。特点是快速成桩，单桩竖向承载力不高，但抗水平承载力较高。

（5）预应力竹节管桩

预应力竹节管桩是在普通管桩基础上发展起来的一种桩型，起源于日本。该桩型是在普通预应力管桩桩身上每隔一定距离设置一个凸出的混凝土肋环，用于增加侧表面积，增大侧阻力。施工方法同普通管桩类似，采用打入式或压入式，也可采用植入法，适用于软土地层。

（6）离心成型先张法预应力混凝土空心方桩

离心成型先张法预应力混凝土空心方桩（简称空心方桩）的截面形状为内圆外方，外侧类似于普通混凝土方桩，内侧类似于预应力混凝土管桩，并兼有这两种桩型的特点和优点，生产工艺更接近于管桩。桩身混凝土强度等级不低于 C60，桩身截面配筋率不小于 0.35%，并要求有 3.0MPa 以上的有效预应力，以保证打桩时桩身混凝土不会出现横向裂缝。与预应力管桩比，优点一是方形比圆形更适宜堆放，也比圆形截面更有利于接桩；二是相同周长时，方形截面比圆形截面面积减少 12% ~ 18%，对以侧阻力为主的摩擦桩和端承摩擦桩，空心方桩更经济；三是相同的横截面积，空心方桩比管桩的截面抵抗矩大 7% ~ 16%。该项技术已列入《建筑桩基技术规范》JGJ 94-2008。

（7）槽壁桩

槽壁桩（壁板桩）是采用地下连续墙成墙工艺形成矩形截面桩，作为建筑物的基础。与常规桩基础相比，具有竖向承载力高、刚度大、可根据墙体布置灵活调整基础水平刚度、传力简单等特点，受到工程界越来越多的关注和应用。香港常用截面（厚 × 长）有 0.8m×2.2m 和 1.2m×2.8m 两种，最大深度已达 80m。由于截面呈矩形，合理布置可给出较大的抗弯矩和抗水平荷载力。与传统的大直径桩或方桩相比，当桩身体积相等时，槽壁桩由于侧表面积大，可获得更高的侧阻力，还可根据上部结构的平面形状，布置成各种复合截面。

2 从循环泥浆到旋挖钻孔灌注桩

除了人力挖孔桩外，灌注桩有沉管灌注桩和钻孔灌注桩两大类。初期由于沉管灌注桩技术比较简单，用得较多；钻孔灌注桩的孔壁容易坍塌，沉渣不易控制，质量难以保证，不敢大面积推广。故 1974 年发布的《工业与民用建筑地基基础设计规范》TJ 7—74 的承载力表中，只有打入式灌注桩（后称锤击沉管灌注桩），没有钻孔灌注桩。1980 年，国家建工总局发布《工业与民用建筑灌注桩基础设计与施工规程》JGJ 4—80，列入的灌注桩施工方法有：螺旋钻成孔灌注桩、潜水钻成孔灌注桩、机动洛阳铲挖孔灌注桩、冲击成孔灌注桩、钻孔扩底灌注桩、锤击沉管灌注桩、振动沉管灌注桩、振动冲击沉管灌注桩。当时成孔机械的性能较低，直径一般为 140 ~ 400mm，深度一般为 10 ~ 30m。由于沉管灌注桩是挤土桩，在饱和软土中使用受到一定限制，逐渐少用。20 世纪 80 年代以后，随着钻孔灌注桩经验的积累和技术的进步，质量逐步提高，桩径和桩长增加，逐渐取代其他桩型，居主导地位。

初期的钻孔灌注桩均采用正循环成孔，泥浆从钻杆内泵入，到孔底后经由钻杆与孔壁的间隙返回地面，起到冷却钻头、带上岩土碎屑、稳定孔壁的作用。正循环操作简单，历史悠久，工艺成熟，但成孔效率较低，泥浆比重较大（一般为 1.05 ~ 1.25），钻渣上返速度较慢，孔越深排渣效果越差，成孔时间也较长，且易形成较厚的泥皮和过厚的沉渣，对灌注桩的质量具有较为严重的不良影响。

20 世纪 80 ~ 90 年代，发展反循环成孔工艺，采用泵吸反循环或气举反循环排渣，泵吸反循环由泥浆泵将泥浆从孔内通过钻杆吸出，送入泥浆池，由泥浆池再流进孔内。虽然工艺较为复杂，但成孔效率较高，泥浆比重较小（1.02 ~ 1.10），循环速度快，排渣效果好，成孔时间短，且泥皮薄，沉渣少，使钻孔灌注桩的质量和效率均有了大幅度提高。

除了回转成孔外，冲击成孔也被广为采用。冲击成孔操作简便，对卵石、漂石、大块碎石及破碎基岩，成孔效率较高，但由于不像正循环和反循环那样泥浆不断循环和更换，泥浆比重较大，泥皮较厚，掏渣、排渣效果差，沉渣不易清除。而且，冲击成孔导向性也较差，孔径和钻孔的垂直度不易保证，一般只在难以钻进的大块碎石和漂石地层中采用。

为获得更高的承载能力，钻孔灌注桩的成孔设备正向超大直径、超深方向发展，最大直径可达 4m，最大深度可达 120m。但传统的钻孔灌注桩，无论正循环、反循环，钻进过程中形成的碎屑都是混入泥浆，由泥浆带出孔外，完成成孔作业，这种传统钻孔灌注桩有以下不足：一是产生大量泥浆，完成 $1m^3$ 的桩孔，需排放大约 $3m^3$ 的废弃泥浆，污染环境；二是耗费大量水资源，在水资源日益紧缺的情况下，其负面影响也是明显的；三是桩端沉渣和桩侧泥皮，严重削弱钻孔灌注桩的端阻力和侧阻力，降低桩的承载力；四是成孔效率较低，工期较长。旋挖钻机成孔灌注桩的出现和推广，使钻孔灌注桩施工工艺产生革命性的变化。

旋挖钻机起源于美国，接着法、意、德、英等欧洲国家以及日本等国，相继在美国的基础上继续研发提高，生产多种型号的旋挖钻机。我国 20 世纪 80 年代开始引进，90 年代多家公司与外国企业合作研制，2001 年徐工集团首次自主成功研制性能与国外产品相近的旋挖钻机。接着，三一重工、黄海机械厂等一批厂家，也陆续研发出多种型号的旋挖钻机。截至 2015 年，我国旋挖钻机的保有量已超过 2 万台，居世界第一，其中 90% 以上为国内产品。

旋挖钻机首次在我国大显身手是修建青藏铁路，当时我国旋挖钻机保有量不多，几乎全都集中到这里。三年磨炼，积累了大量经验，取得了多项科研成果。青藏铁路之后接下来的 10 年里，北京国家体育场、首都机场第三航站楼、京沪高铁、哈大高铁、郑西高铁，以及众多的高层建筑、城市地铁、高速公路、水电站等采用旋挖钻机施工桩基础，旋挖钻机成为灌注桩施工的主要机械。

旋挖钻机成孔是用动力驱动伸缩式钻杆，带动筒式钻头旋转钻进，筒式钻头为开启式，底部装有能切削岩土的斗齿，旋转时斗齿切削岩土，装入筒内，提升钻杆带上筒式钻头和岩土碎屑，如此反复完成成孔作业。旋挖钻机成孔分全套管法和静态稳定液法两种，静态稳定液法是利用预先制备好的稳定液稳定孔壁，稳定液与泥浆大不相同，其主要成分为膨润土，并掺加纤维素、烧碱等。旋挖钻机的钻头主要有以下几种：

（1）挖泥钻头，这是最常用的钻头，适合于黏性土，由装土筒和切削土体的斗齿组成。装土筒下部为一可开启的合页门，合页门上开有进土口，在进土口上安装有逆时针方向、有一定角度的斗齿，钻进时斗齿切削土体，经进土口压入装土筒内。回次进尺完成后提升钻杆至孔口外，下压开门杆开启合页门，装土筒内的土即可倒出。

（2）挖砂钻头，也是常用钻头，适用于砂土中钻进。挖砂钻头结构上与挖泥钻头基本一致，但为了保证钻头的密封性，设计成双层底，便于进土口的打开与关闭。钻进时进土口为打开状态，回次进尺结束时，将钻头反转一个角度，进土口关闭，钻头处于封密状态，保证筒内土体不致掉出筒外。该钻头还可用于清除孔底沉渣。

（3）螺旋钻头，该钻头利用螺旋式叶片之间的空间收集孔底切削下来的钻渣，切削土体依靠最底层叶片上安装的斗齿。这种钻头主要用于地下水位以上的黏性土，适宜干法钻进。

（4）嵌岩钻头，这种钻头结构与螺旋钻头相似，只在叶片上安装了硬质合金，用于强度较高的土体和强风化岩、冻土中钻进。

旋挖钻机成孔有如下优点：

（1）施工速度快，成孔速度约为传统钻孔机械速度的5～15倍，甚至更高；

（2）不用循环泥浆，采用静态稳定液稳定孔壁和平衡钻孔内外水压力差，大量减少泥浆排放，利于保护环境，节约土地，节约水资源；

（3）具有良好的导向性能，钻孔垂直度高，孔径大小准确，因而成孔质量更易保证；

（4）适应性强，除了粒径过大的漂石、块石和强度高的基岩外，几乎都可应用。

伸缩钻杆、筒式钻头、静态稳定液，是旋挖成孔的三大特点，保证了施工的高效率、高质量和低污染。旋挖成孔灌注桩的应用，标志着钻孔灌注桩施工技术达到了国际先进水平。

3　挖孔桩旋风

挖孔桩最早发源于美国芝加哥，后来在北美各国以及日本、印度、比利时等许多国家应用，最突出的优势是人可以下到孔底，直接观察和检验桩端特力层和扩大头尺寸，质量可以得到确实保证。我国香港也大量采用这种基础，当地称之为 caisson（沉箱），20 世纪 80 年代初传入深圳。

20 世纪 80 年代之前，我国建筑行业没有大于 800mm 的大直径桩，更没有一柱一桩的扩底桩。直到 20 世纪 80 年代初，建设部综合勘察院在专题研究的基础上，在中央彩色电视中心试点成功，才全国推广。有关情况已在《岩土工程典型案例述评》中做了介绍。

由于扩底桩适用范围宽、投资省，工期短，技术简单，这种新概念很快在全国推广，从华北平原到闽粤丘陵，从黄土高原到云贵山地，风行一时，这是始料未及的，我戏称之为“挖孔桩旋风”。

20 世纪 80 年代正好是勘察单位推行岩土工程体制，由单纯勘察向岩土工程设计、施工延伸的时期。勘察单位有挖探井的经验，特别是华北、西北的黄土分布区，20 世纪 50 年代即已大量采用探井，在探井内刻取原状土样，知道只要加强安全管理，挖孔安全是没有问题的。因此先期投入挖孔桩施工的，基本上都是勘察单位。有些挖探井有经验的老工人，甚至亲自回到家乡，组织农民工进城参加挖孔桩施工。80 年代又正是农民工大批进城的时代，河南、河北等地的农民工，成为北京首批挖孔桩的施工队伍。

快速推广后不久，问题逐渐显现。

扩底桩初期都是人工挖孔，人工扩底，甚至连护壁都没有，但安全无恙。这是因为初期仅少数几个有经验的勘察单位承担挖孔桩施工，管理很严格。但因看上去技术很简单，普及全国后，情况就复杂了。虽然后来规定了挖孔作业必须支护，但有的工程在地下水位以下作业，边挖孔，边抽水，水流带走侧壁细颗粒，引起地面下沉，甚至护壁倒塌，造成人身事故。有的在流动性淤泥土中强行开挖，引起淤泥侧向流动，挤歪甚至推倒桩体。这些地质条件本来是不适宜采用挖孔桩的，但有些施工单位只知追求利润，既不注意安全管理，也不明白适宜施工的条件，冒险蛮干，致事故频发。初期挖孔的工人较有经验，比较注意安全防护，大面积推广后，很多农民工第一次干，又未受安全培训，没有出事胆大包天，被形容为“敢死队”，一旦出事，一哄而散。

我在初期采用挖孔桩时，也知道人工开挖是权宜之计，迟早将由机械施工代替。北京中央彩色电视中心第一期采用人工成孔，人工挖底；第二期即采用从德国进口的 B3A 钻机机械成孔，人工扩底。接着我的同事刘瑞祺先生研究设计了扩底钻头，某厂制成后投入应用，实现了机械成孔，机械扩底。但因当时价格上不能与人工开挖竞争，因而未能大面积推广。国外发展过程大体也先是人工开挖，再发展为机械成孔，机械扩底。我1982年访问墨西哥时，见到扩底直径达7m的机械设备正在施工。人工开挖最大的问题是工人在孔内作业，劳动强度大，劳动条件差，又是高危险性作业。为了保护工人健康和人身安全，现在许多地方已经严格限制或禁止人工挖孔和扩孔作业，只用于一些特殊场合。

现在的挖孔桩已今非昔比了。深圳平安金融中心塔楼高660m，荷载很大，周边环境极为复杂，基础采用了巨型挖孔桩。据丘建金大师的介绍，该工程基坑深33.5m，离地铁车站最近距离18m，挖孔桩直径8.0m，桩端直径9.5m，桩长超过40m，从地面算起深度超过70m，置于中等风化的花岗岩上，单桩承载能力达100万kN。为高质量完成巨型挖孔桩，采取了以下措施：专门制作了孔口操作平台；加强护壁，超前微型桩支护；控制模高，减小临空面高度；优化爆破方案，以减小对环境影响，特别是地铁附近；对巨型钢筋笼的制作和安放采取了专门措施；为解决大体积浇筑混凝土温度控制问题，进行了试验与反分析；切实加强了监测工作。工程取得了圆满成功，图38-10～图38-13分别为该工程的平面图、巨型挖孔桩孔口操作平台示意、巨型挖孔桩成孔施工示意、巨型钢筋笼绑扎照片。20世纪80年代的“挖孔桩旋风”与巨型挖孔桩比，那是小巫见大巫了。“挖孔桩”这个术语，命名时笔者就觉得不太恰当，“孔”本是小洞的意思，现在“巨型挖孔桩”的“孔”实在太大了，“巨型挖孔桩”的“桩”实在太粗了。

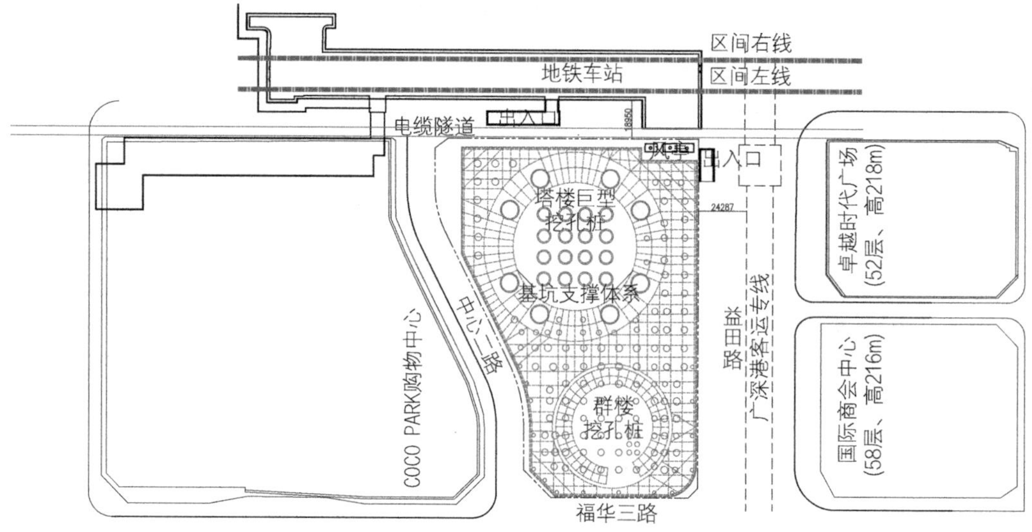

图38-10　深圳平安金融中心平面图（丘建金）

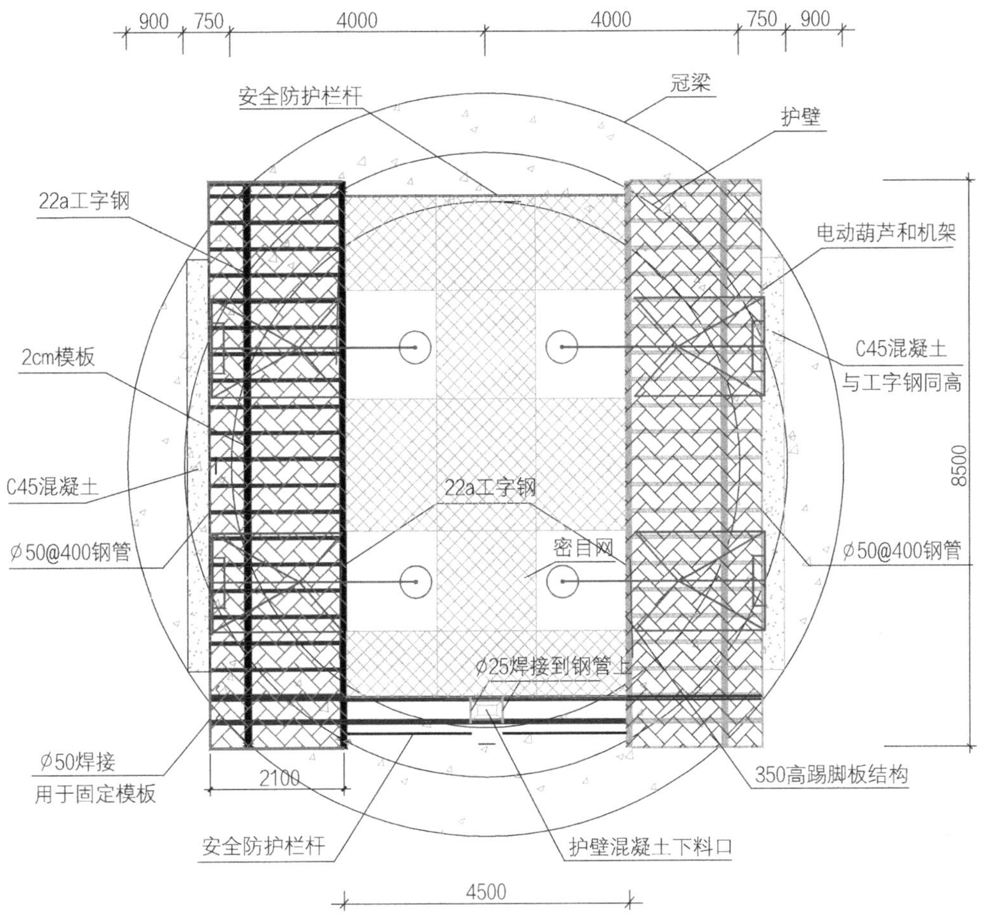

900
750
4000
4000
750
900
安全防护栏杆
冠梁
护壁
22a工字钢
电动葫芦和机架
2cm模板
C45混凝土
与工字钢同高
8500
C45混凝土
22a工字钢
ϕ50@400钢管
密目网
ϕ50@400钢管
ϕ25焊接到钢管上
ϕ50焊接
用于固定模板
2100
350高踢脚板结构
安全防护栏杆
护壁混凝土下料口
4500

图 38-11　巨型挖孔桩孔口操作平台示意图（丘建金）

ϕ50钢管
配电柜
配电柜
安全带
安全防护
卷扬机及配重
C45素混凝土
冠梁
砖胎膜
ϕ25钢筋点焊到工
字钢上再绑踢脚板
ϕ50钢管
辅助支撑
护壁钢筋
4500
2排超前
微型桩
8000
钢模

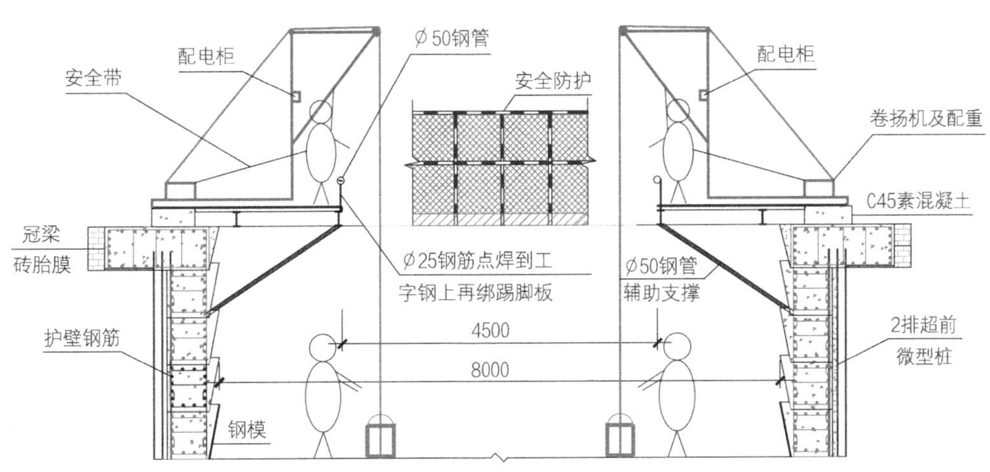

图 38-12　巨型挖孔桩成孔施工示意图（丘建金）

图 38-13 巨型钢筋笼绑扎照片（丘建金）

4 大直径嵌岩桩的承载性状

高度数百米的摩天大楼荷载很大，为确保工程安全和正常运行，要求桩基具有足够的承载能力，大直径嵌岩桩应运发展，其承载性状如何，是必须研究的课题，王卫东等报道的武汉绿地大直径嵌岩桩的现场试验研究成果值得借鉴（王卫东等，武汉绿地中心大厦大直径嵌岩桩现场试验研究，岩土工程学报，2015.11），简要介绍如下。

（1）工程概况

武汉绿地中心大厦位于武昌区的滨江地带，建筑高度为 636m，主塔结构为钢筋混凝土核心筒－巨柱框架－伸臂桁架，5 层地下室，基础埋深约 30m。基础竖向荷载约 6300000kN，基底平均压力达 1500kPa。90m 深度范围内分布有第四系黏性土、砂土、含砾中细砂，基岩为志留纪砂岩，局部为泥岩。中风化和微风化砂岩的单轴饱和抗压强度标准值，分别为 23MPa 和 50MPa；微风化和中风化泥岩的单轴抗压强度，分别为 10MPa 和 13MPa。采用嵌岩灌注桩基础，主塔单桩竖向极限承载力要求不低于 30000kN。鉴于工程的重要性，需通过桩基静载试验确定桩基承载力、成桩可行性和质量的可靠性。

（2）试桩方案

共进行了 4 组单桩静载试验，试桩桩径为 1200mm，其中 SZAl、SZA2 以微风化砂岩为持力层，有效桩长分别为 25.9m，27.9m；SZB1、SZB2 以中 – 微风化泥岩为持力层，有效桩长分别为 33.6m、30.8m，嵌岩长度为 7.9 ~ 11m，试桩桩身混凝土强度等级为 C50，并采用桩侧桩端联合注浆。试桩用双层钢套管隔离 30m 基坑开挖段桩身与土体的接触，以直接测试有效桩长范围内的桩基承载力。在设计基坑开挖面、土岩分界面和桩端，分别布置沉降管和沉降杆，量测各级荷载作用下的沉降量。同时，沿桩身设置振弦式传感器量测桩身轴力。采用锚桩反力法，分级加载，最大加载量为 45000kN。试桩 SZAl 剖面图见图 38-14。

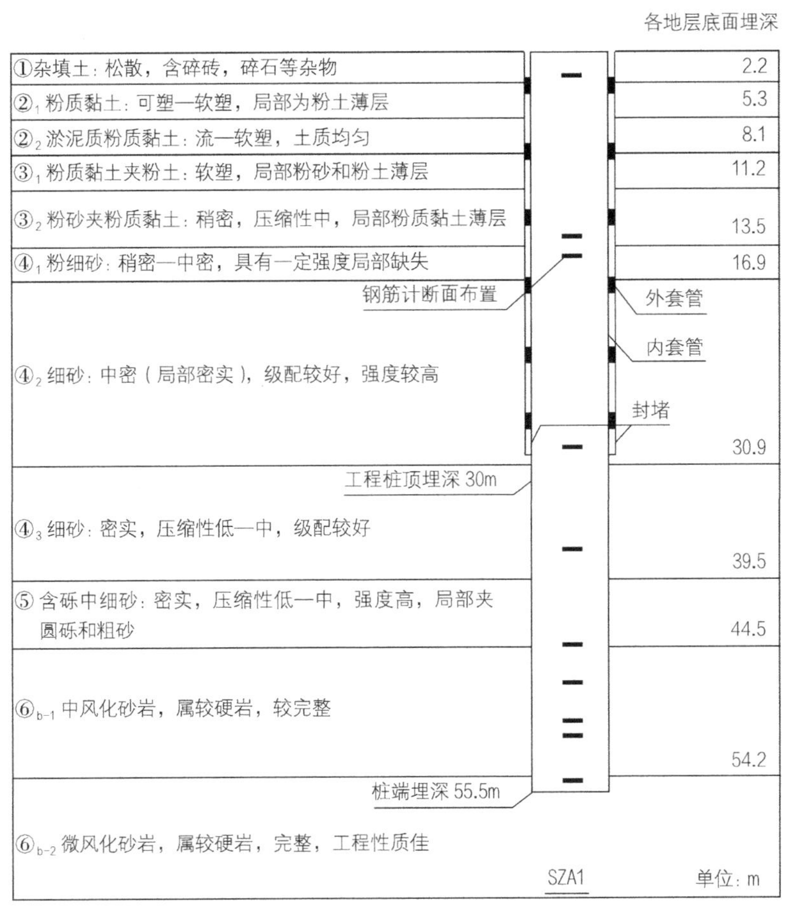

图 38-14　试桩 SZAl 剖面图（王卫东）

（3）试验结果

表 38-1 给出了最大荷载时试桩桩顶（地面标高）、工程桩桩顶（基底标高）、

土岩分界面和桩端的沉降量，图 38-15 为各级荷载作用下荷载 - 桩顶位移曲线（$Q-s$ 曲线）。从图和表可以看出，4 根试桩的 $Q-s$ 曲线均为缓变型，最大荷载 45000kN 时，桩顶位移均小于 40mm，工程桩桩顶处沉降为 9.7 ~ 10.82mm，土岩分界面为 3.45 ~ 3.93mm，桩端沉降为 2.35 ~ 2.83mm。表明桩端支承性能很好，具有较好的抗变形能力。极限承载力不小于 45000kN，满足工程设计的要求，基桩承载力实际由桩身强度控制。

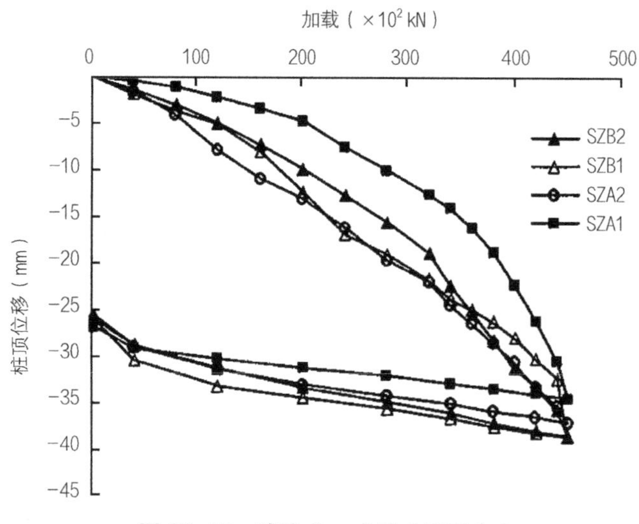

图 38-15　试验 $Q-s$ 曲线（王卫东）

试验结果　　表 38-1

试桩编号	桩径（mm）	最大加载（kN）	最大加载下沉降量（mm）			
			试桩桩顶	工程桩顶	土岩分界面	庄端处
SZA1	1200	45000	34.72	9.70	3.45	2.35
SZA2	1200	45000	37.38	10.38	3.63	2.53
SZB1	1200	45000	38.93	10.93	3.93	2.83
SZB2	1200	45000	38.82	10.82	3.82	2.72

试验结果表明，试桩的桩身压缩量占桩顶沉降量的 90% 以上，桩顶沉降主要由桩身压缩引起。由于双套筒桩段完全隔离了桩土接触，这部分桩身压缩量最大，占桩顶沉降的 70% 以上；工程桩顶至土岩分界面的桩身压缩量为 6 ~ 7mm，占桩顶沉降的 17% ~ 18%；嵌岩段桩身压缩量最小，仅为 1.1mm，约占桩顶沉降的 3%。因此，提高桩身刚度将有效减小桩顶的沉降。因双筒段的压缩量对工程桩不存在，

故工程桩在 45000kN 荷载下，桩顶沉降量约为 10mm，在 15000kN 左右的工作荷载下沉降量更小了。

（4）桩身轴力、侧阻和端阻分布

由于双层钢套管隔离了开挖段的桩土接触，故试桩在埋深 0 ~ 30m 的桩段桩身轴力基本没有变化。在有效桩长范围内，桩身轴力随埋深增加而减小，减小幅度取决于桩周地层性状，桩端达到最小值。侧阻力的发挥与桩周地层的性质和埋深有关，随着荷载的增大，嵌岩段侧阻力超过土侧阻力，至最大荷载时，嵌岩段侧阻力远大于土侧阻力。最大荷载作用下,砂岩嵌岩段的侧阻力分布呈“上大下小”，桩端附近未得到充分发挥；泥岩侧阻力分布呈“上小下大”，峰值在桩端附近。桩端变形很小，端阻力较高，砂岩的端阻力大于泥岩约 25%。砂岩端阻力发挥较早，而泥岩发挥较晚。整个加载过程中，砂岩端阻力始终大于泥岩。桩身轴力、端阻和侧阻的分布图表略。

（5）嵌岩段承载特性

表 38-2 为 4 根试桩在最大荷载作用下试桩各部分阻力的分配，图 38-16 是两根砂岩嵌岩桩的土总侧阻力、嵌岩段总阻力、嵌岩段侧阻力、端阻力与荷载的关系。从图可以看出，加载初期，桩周土总侧阻力、嵌岩段侧阻力、嵌岩段端阻力三者较为接近；荷载大于 28000kN 后，桩周土侧阻力和嵌岩段侧阻力增长幅度较小，嵌岩段侧阻力略大于土侧阻力，而端阻力随着荷载不断增长，增加的荷载主要由端阻力承担。随着荷载的继续增加，嵌岩段总阻力近似线性增长，荷载达到最大值时，嵌岩段总阻力分别为 36731kN，36682kN，达到荷载的 81.6% 与 82.0%，荷载主要由 11m 长的嵌岩段承担。泥岩嵌岩桩承载力的各组成部分的发挥特性如图 38-17 所示。从图可以看出，加载初期土总侧阻力高于嵌岩段侧阻力和端阻力。随着荷载的增加，土与嵌岩段的侧阻力增长幅度放缓，端阻力增加。最大荷载下土总侧阻力、嵌岩段侧阻力、端阻力分别为 15061kN，9561kN，20378kN，分别占荷载的 33.5%，21.2%、45.3%。嵌岩段总阻力占桩顶荷载的 66.5% 和 72.9%。因此，对于砂岩嵌岩桩，加载初始端阻力即得到发挥，整个加载过程中，桩顶荷载主要由嵌岩段承担，而土侧阻力与嵌岩段侧阻力发挥水平较低；对于泥岩嵌岩桩，加载初期桩周土侧阻力的发挥水平较高，端阻力的发挥远低于砂岩嵌岩桩，随着桩顶荷载增加，端阻力逐渐发挥，土侧阻力和嵌岩段的侧阻力发挥高于端阻力。泥岩嵌岩桩的土总侧阻力明显高于砂岩嵌岩桩，而端阻力低于砂岩嵌岩桩。

试桩侧摩阻力与桩端阻力百分比　　表 38-2

试桩桩号	桩周土总侧摩阻力		嵌岩段侧摩阻力		桩端阻力	
	大小（kN）	比例（%）	大小 /（kN）	比例（%）	大小（kN）	比例（%）
SZA1	8269	18.4	10319	22.9	26412	58.7
SZA2	8318	18.5	10391	23.1	26291	58.4
SZB1	15061	33.5	9561	21.2	20378	45.3
SZB2	12187	27.1	10917	24.3	21896	48.7

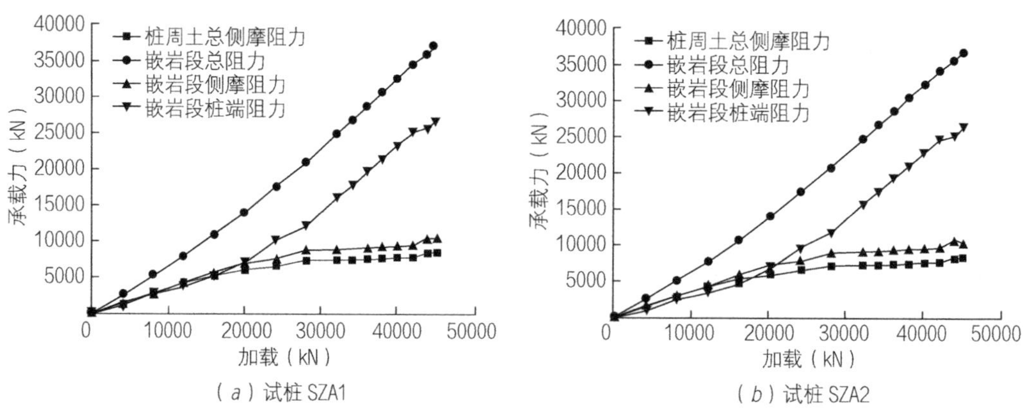

图 38-16　砂岩嵌岩桩各部分承载力发挥特性（王卫东）

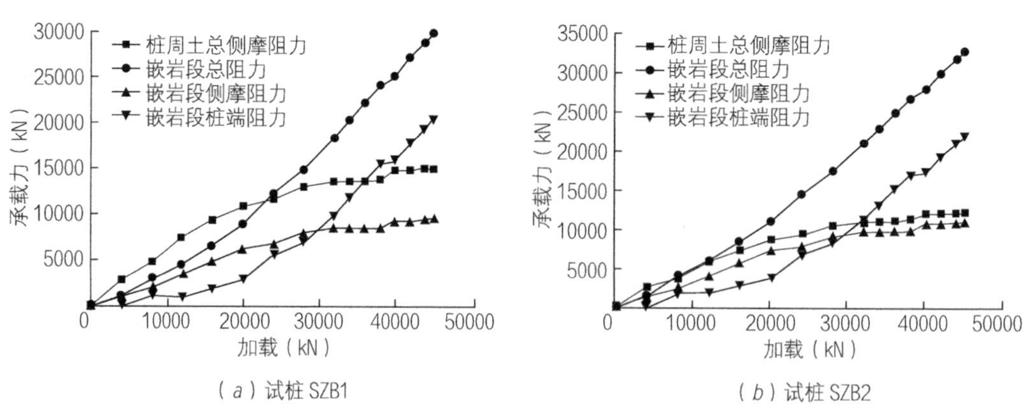

图 38-17　泥岩嵌岩桩各部分承载力发挥特性（王卫东）

第 39 章　理性评价土水对建筑材料的腐蚀性

本章曾发表在《工程勘察》2009 年第 8 期，作者顾宝和、庞锦娟，录入本书时稍有修改。本章认为，岩土工程勘察评价水和土对建筑材料的腐蚀性时，只靠规范查表是不够的。应注意场地的调查研究，注意当地经验的调查研究，注意数据和资料的积累。要认识腐蚀机制，认识腐蚀环境的复杂性，在理解规范、了解腐蚀基本原理的基础上，进行综合评价，摒弃盲目，提高评价的理性。

1　复杂问题的简单处理

从 20 世纪 50 年代开始，就要求勘察报告评价环境水对混凝土的腐蚀性；90 年代开始，进一步要求评价水和土对混凝土、混凝土中的钢筋以及钢结构的腐蚀性，并在规范中规定了评价方法。建筑材料的腐蚀是个十分复杂的问题，为了便于操作，规范方法比较简单，只要将有关指标的测定结果与规范对照即可得出明确结论，将复杂问题简单处理。其结果有利的一面是，评价和判断有了统一的尺度，方法又十分简便，可迅速做出工程决策，有效地保证了工程的质量和安全。但也产生一个副作用，勘察人员可以不去钻研其中的科学原理，也不必做详细的调查研究，总结经验，甚至误认为腐蚀性是个简单问题，陷入非理性和盲目性。

我不是腐蚀和防腐蚀的专业人员，因参与《岩土工程勘察规范》的制订和修订，向王铠老先生学习过程中，知道一些水和土对建筑材料腐蚀性的基本常识，在规范条文的背后，蕴藏着许多复杂的科学原理，岩土工程师应深入学习，提高评价的理性。

2 从认识腐蚀机制提高评价的理性

2.1 混凝土的腐蚀

混凝土的化学腐蚀包括分解类腐蚀和结晶类腐蚀。分解类腐蚀有溶出型腐蚀、酸型腐蚀、碳酸型腐蚀、镁离子型腐蚀等；结晶类腐蚀主要指硫酸盐的腐蚀。

溶出型腐蚀的机理是：当混凝土与液体介质接触，介质中的Cl^-、SO_4^{2-}、Na^+、K^+等离子会改变$Ca(OH)_2$（简写CH）的溶解度，游离的CH向溶液内转移，水化硅酸盐和水化铝酸盐失去稳定而水解。溶解在水中的CH碳化后生成碳酸钙，在混凝土表面生成白色沉淀物（冯乃谦，新实用混凝土大全，科学出版社，2001）。HCO_3^- < 1.0mmol/L的低碱度软水，易将水泥中的石灰质溶出，产生溶出型腐蚀。

酸型腐蚀即氢离子腐蚀的机理是：H^+首先与水泥石中的CH反应，然后与水化硅酸钙和水化铝酸钙反应，生成钙盐。腐蚀快慢主要取决于反应产物的可溶性，可溶性高，被水带走多，腐蚀快；反应产物难溶，在混凝土表面沉淀，减缓介质向混凝土内部渗透。反应产物降低混凝土的碱度，使混凝土中性化（冯乃谦，新实用混凝土大全，科学出版社，2001）。溶液$pH < 4.0$时腐蚀性很强，称强酸型腐蚀。

碳酸型腐蚀的机理是：水中的CO_2超过H^+、HCO_3^-、CO_3^{2-}平衡需要的量，多余的CO_2就是侵蚀性H_2O。与水泥石中的石灰质化合，生成的碳酸氢钙被水带走。侵蚀性CO_2含量越高，酸性越强，腐蚀速度越快。

镁盐和铵盐的腐蚀是一种置换性分解型腐蚀，天然地下水中铵盐很少，主要是镁盐腐蚀。机理是Mg^{2+}将水泥石$Ca(OH)_2$中的Ca^{2+}置换出来，生成$Mg(OH)_2$沉淀，使水化硅酸钙、水化铝酸钙水解而腐蚀混凝土。氯化镁和硫酸镁的腐蚀作用是不同的。硫酸镁的阳离子是分解型腐蚀，阴离子是结晶型腐蚀，因而属于结晶分解复合型腐蚀，而氯化镁则是单纯的分解型腐蚀。

结晶类腐蚀的机理是：硫酸根离子与水泥石中的游离CH和C_3A水化物反应生成硫铝酸三钙（钙矾石），体积增大，产生巨大的膨胀压力，导致混凝土开裂破坏。硫酸根离子与水泥石中的CH反应生成石膏晶体，体积增加一倍，并使碱度降低。钙矾石膨胀剧烈，石膏膨胀较为缓和。硫酸根离子的腐蚀作用与其浓度有关，浓度越高腐蚀性越强。水泥品种、掺合料、水胶比、混凝土的密实性、最少水泥用量等混凝土的自身性能是其抗腐蚀的内在因素。

2.2 混凝土中钢筋的腐蚀

金属的腐蚀主要是电化学腐蚀。当金属处在电解质溶液中并存在不平衡电极时，即构成腐蚀电池，电极电位较低一极，失去电子，离子化进入溶液，氧化，阳极发生腐蚀；电极电位较高一极，吸收电子，析出单质，还原，阴极结晶或生成气体逸出。金属腐蚀趋势的大小，由其电极电位决定，电极电位差是金属腐蚀的原动力。介质的 pH 值有重要作用，pH 值提高，可进入钝化区；pH 值降低，可进入腐蚀区。腐蚀电池又有宏观电池和微观电池之别，宏观电池包括电偶电池、浓差电池和温差电池；微观电池是由于金属中存在杂质，成分不均、结构不均、物理状态（如应力）不均、表面膜不完整等原因，形成电位差。

金属在一定条件下腐蚀速度明显降低的现象称钝化。金属钝化膜很薄，但可有效保护金属免受破坏。钝化膜的破坏可由化学或电化学造成。混凝土的 pH 值通常为 12.5，在强碱性环境下少量氧即可在金属表面形成致密的钝化膜，保护钢筋免受锈蚀。钝化膜的破坏原因，一是混凝土中性化，二是 Cl^- 的侵入。

中性化就是碳化，是 CO_2 从混凝土孔隙中侵入，使混凝土的 pH 值降低，$pH < 11.5$ 时混凝土就不稳定。CO_2 浓度高，湿度大易于中性化。确保混凝土保护层的厚度是防止钢筋腐蚀的关键，水泥品种、掺合料、水胶比、养护、混凝土的密实性和裂缝也有很大影响。

钝化膜是不均匀的，Cl^- 首先击穿钝化膜的缺陷部位，产生表面点位锈蚀，露出钢筋使其活化。同时，在钢筋表面产生许多微电池。这时，铁的离子化趋强，发生阳极过程，阳极电子沿钢筋流向电位较高的微区，产生阴极过程。所以钢筋锈蚀是从点位开始的小孔锈蚀，逐步向纵深发展，使金属腐蚀穿孔。

保护钢筋不受锈蚀的措施有：保证保护层最小厚度；避免干湿交替；避免保护层裂缝；不使预应力钢筋去钝化；合适的水灰比；限制混凝土中的氯化物含量；采用活性掺合料和减水剂；严格控制施工质量；钢筋表面喷涂环氧树脂；混凝土拌合物中掺阻锈剂；混凝土表面涂覆等。

2.3 土中钢铁结构的腐蚀

混凝土中的钢筋有保护层，而土中的钢铁结构直接与土接触，情况要复杂得多。土的物理化学性质存在很大差异，温度和湿度随时间而变化，又有微生物和杂散电流的作用，因而土中钢铁结构的腐蚀行为是非常复杂的问题。从电化学角度可归纳为三种典型情况：一是阴极过程控制（对于多数土）；二是阳极过程控制（对疏松干燥的土）；三是电阻控制（对长距离宏观电池）。

土中金属一般采用防腐涂层和阴极保护联合防护，涂层的作用是将金属表面与土介质隔离，以阻碍金属表面的微电池腐蚀。阴极保护包括牺牲阳极保护和外加电流阴极保护。

3 从认识环境的复杂性提高评价的理性

3.1 腐蚀介质和腐蚀途径的多样性

与碳化环境、海水环境，除冰盐环境等比较，水和土的腐蚀途径更具有多样性和多变性。同样的腐蚀强度等级，不同腐蚀途径有实质性的区别。例如，同是强腐蚀，硫酸根的结晶类腐蚀与分解类腐蚀相比，途径不同，速度快得多、强度大得多；钢铁腐蚀中宏观电池和微观电池两种腐蚀途径差别也很大，不了解腐蚀机理很容易将它们等同起来。

水和土中的腐蚀介质一般不是单一的，而是多种并存。在多种腐蚀介质、多种腐蚀途径同时存在的条件下，应采用综合评价方法，一般选择在发展过程中腐蚀速度最快、腐蚀强度最大的作为综合评价结果。

混凝土的各种腐蚀介质中，腐蚀速度最快、强度最大的是结晶类腐蚀和强酸型（$pH < 4.0$）腐蚀。道理很简单，硫酸根离子通过混凝土毛细水侵入，与水泥石中的氢氧化钙、水化铝酸钙反应生成钙矾石、石膏等晶体，膨胀使混凝土开裂，并不断扩大腐蚀介质的入侵通道，乃至混凝土完全崩解，又导致钢筋锈蚀。只要有硫酸根离子补给，腐蚀作用便不断进行下去。强酸型腐蚀是大量的 H^+ 通过混凝土毛细水侵入，与水泥石中的氢氧化钙、水化硅酸钙反应，生成钙盐、SiO_2 和水。反应速度快，并使混凝土碱度降低，导致钢筋的腐蚀。

分解类腐蚀中的普通酸型（$pH=4\sim6.5$）、碳酸型、溶出型、单纯镁离子型腐蚀，相对于硫酸盐结晶类腐蚀，腐蚀速度要慢得多，腐蚀强度也较低。反应产生的沉淀物易淤塞腐蚀介质通道，使腐蚀过程减慢，一段时间后甚至基本终止。

多种腐蚀介质相互作用，并存，一般会加强腐蚀性，但也有相反。例如，氯离子的存在可抑制硫酸根离子的腐蚀。高浓度的 $CaCl_2$ 与水泥石中 C_3A 作用生成单硫铝酸钙，抑制钙矾石的生成；大量 NaCl 的存在，不易产生石膏结晶，减小钙矾石生成的基础，故含有大量氯离子的海水可不考虑硫酸根离子的腐蚀性。

3.2 物理环境的复杂多变性

腐蚀性的强弱直接取决于介质浓度，但在自然界中，浓度是可变的。水在土中渗透，在空气中蒸发，在土和混凝土的毛细孔中可以上升，在运动中不断改变腐蚀介质的浓度。以硫酸盐的腐蚀为例，混凝土结构的一部分埋在地表水或地下水中，水沿混凝土结构的毛细孔上升，超过地面或水面，在大气中蒸发（如盐湖中的水工结构、盐渍土上的基础等），地面以上一段会严重腐蚀。混凝土结构一侧与地表水或地下水接触，另一侧暴露在大气中（如隧洞、坑道、竖井、路堑护面等），水通过渗透在混凝土表面不断蒸发，渗入面腐蚀轻微，渗出面腐蚀非常严重。由于混凝土部分与水接触，部分暴露在大气中，不断补给，不断蒸发，蒸发面附近的硫酸根离子浓度非常高，成为最恶劣的环境。海滨的潮汐带、浪溅带、盐雾带，Cl^- 对钢筋的腐蚀性大大高于海平面以下的海水，也是这个道理。

环境湿度变化对混凝土结构的影响很大，干湿交替对防腐蚀非常不利。原因很简单，湿度减小时介质浓度提高，加强腐蚀反应；湿度增大时提高对介质的溶解能力，使腐蚀介质得以补充。干湿频繁交替，腐蚀作用得以不断进行。土层透水性强弱的影响也是显然的，强透水地层腐蚀介质通过渗透、扩散而使腐蚀介质容易取得补充；弱透水地层则相反，由于腐蚀介质得不到补充而使腐蚀反应逐渐趋缓，乃至终止。

气候环境对腐蚀的影响很大，气候干燥，蒸发量大，混凝土表面水分很快挥发而使介质浓度增大，加速腐蚀反应，湿润气候则相反。冰冻和冻融循环会严重腐蚀混凝土，这是众所周知的，常采用引气混凝土防止。冻结和冻融循环同时也会加剧对混凝土的化学腐蚀。

混凝土结构长期埋在地下水位以上的土中，或者长期埋在地下水位以下的土中，无干湿交替作用，无冻融循环，这种环境最不利于硫酸盐腐蚀的发生，是最良好的环境。例如黄土地区地下水位很深，湿度很小，即使土中含有腐蚀介质，腐蚀作用也不易发生。

3.3 钢铁腐蚀因素的复杂多变性

土中钢铁结构腐蚀的影响因素非常复杂，多种因素相互作用，弄清规律相当困难，大致归纳如下：

（1）土的导电性：对宏观腐蚀电池，腐蚀受电阻控制。导电性越强腐蚀速度越快。土的导电性主要与土的成分、含盐量、湿度、温度等有关。

（2）土的含氧量：氧有双重作用，一方面钢铁的钝化需要氧，有利于保护钢铁免遭腐蚀；另一方面亦可促进阴极去极化反应，不利于保护钢铁。氧来源于大气向土中的渗透，故干燥疏松的砂土输氧较多，潮湿致密的黏性土输氧量较少。

（3）土的 pH 值：钢铁表面的钝化膜溶于酸而不溶于碱，故酸性土腐蚀性较强，而中性和碱性土影响不大。

（4）土中盐分：盐除了影响土的导电性外，还参与电化学反应。一般含盐量越高，腐蚀性越强。土中氯离子是最重要的去钝化剂，促进钢铁腐蚀；由于埋在土中的钢铁没有混凝土保护，SO_4^{2-} 对钢铁腐蚀也有促进作用；$CaCO_3$ 与土颗粒结合有抑制电化学反应的作用。

（5）土的湿度：土的含水量极低时，腐蚀的化学和电化学反应不能进行，随着含水量的提高，盐分溶解，电阻降低，腐蚀性加强。但到达某临界值后，再提高含水量，土的胶体膨胀，透气性减小，氧的去极化作用变缓，腐蚀性反而降低。土的含水量是变化的，干湿交替使土的腐蚀性加剧。

（6）土中细菌：钢铁在土中腐蚀，阴极有氢原子产生，若附在表面不以气泡形式逸出，则阴极极化，使腐蚀减缓或停止；但如有硫酸根还原菌活动，则消耗钢铁表面的氢，促进阴极反应，加速腐蚀。

（7）杂散电流：指大小和方向不固定的电流，包括直流电和交流电，来源有电车、电气化铁路、地下电缆漏电、电解电镀车间等。杂散电流造成的腐蚀可能非常严重，壁厚 8 ~ 9mm 的钢管可能几个月内穿孔。

4　规范与经验结合，综合分析与提高评价的理性

4.1　关于地域性经验

混凝土和钢结构腐蚀的化学和电化学原理虽已比较清楚，但所处的水土环境复杂多变，目前还难以定量计算，只能根据影响腐蚀的主要因素进行腐蚀性分级，根据分级采取措施。在研究成果和数据积累不够充分的情况下，当地工程结构的腐蚀情况和防腐蚀经验应予充分重视，勘察时应注意调查当地的工程经验。

混凝土的腐蚀性在地域分布上有明显的规律性。中国建筑科学研究院将混凝土试块长期埋在土中开挖观察表明：在西安、济南、南充、大庆、沈阳、成都等中碱性土中，埋设 40 年后，试件表面完整，抗压强度有所增长，中性化平均为 5 ~ 8mm，钢筋锈蚀率为零。我国北方广泛分布的黄土和黄土状土，含水量较低，地下水位较深，含盐成分以碳酸钙为主，这类土中的混凝土应是耐久的。我国南方红壤属酸性土，对混凝土有分解性腐蚀。经 13 年的埋设，广州和鹰潭试件表面完整，强度增长；深圳试件表面起砂、疏松，砂浆剥落 2 ~ 3mm。强度降低。原因是深圳土中硫酸根含量是广州和鹰潭的 3 倍，且为强透水土层。新疆、青海、甘肃、内蒙古等地的内陆盐渍土，易溶盐、氯离子、硫酸根离子、镁离子含量都很高，对混凝土产生极严重的结晶膨胀腐蚀。混凝土试块在敦煌埋设 40 年后，试块上部膨胀 3 ~ 5mm，强度降低 40% ~ 100%，有的全部松散，钢筋锈蚀率达 60% ~ 100%。滨海盐渍土中的盐分主要是氯盐，硫酸盐、碳酸盐和镁盐也较多。经 8 年埋设，腐蚀最严重的是钢筋混凝土桩，地面以上 400mm 混凝土表面水泥砂浆严重剥落、石

子外露，并出现顺筋裂缝，最大宽度达 18mm。主要是硫酸盐结晶腐蚀，氯离子破坏钢筋的钝化膜，加速钢筋的锈蚀。内陆盐渍土与海滨盐渍土的差别主要是两方面：一是内陆干旱，故结晶类腐蚀发展更快；二是海滨以氯盐为主，对钢筋腐蚀更快，但氯离子对硫酸盐腐蚀有抑制作用。

地下水的 pH 值一般为 6.5 ~ 7.5，南方酸性土中地下水的 pH 值可能低一些，一般腐蚀性不强。但在某些特定条件下，如厌氧细菌繁殖释放出大量 CO_2，可能导致明显的碳酸型腐蚀。对于有机质土以及附近有硫化矿、煤矿等矿山，选矿、冶炼、电解、化工、石化等工厂时，地下水可能出现强酸型腐蚀和其他较重的腐蚀。我国南方的红树林残骸氧化后也可产生强酸型腐蚀。

我国东南沿海一些城市，气候温和湿润，地下水位稳定，混凝土结构长期处在地下水位以下，开挖旧建筑基础观察说明，水和土对混凝土结构没有明显的腐蚀性。有时按规范判断可能有腐蚀，应在尊重当地经验的基础上通过充分研究，由地方做出相应规定。

土中钢铁的腐蚀电池效应一般容易形成。钝化和极化利于保护金属，去钝化和去极化则加速腐蚀。因此，根据场地调查，可以初步判断环境的腐蚀特点：存在大量氯离子和硫酸根离子有利去钝化，氧的充分供应和硫酸盐还原菌的存在有利于去极化，对保护钢铁都是不利的。土质疏松，透气性好，硫酸盐还原菌不易存在；土质致密，透气性差，有机质含量高，长期渍水，有硫化物存在，则可能存在硫酸盐还原菌腐蚀。杂填土中含煤屑、煤灰、硫化物时，可能对钢铁产生强腐蚀。中碱性土，特别是含 Ca^{2+} 和 HCO^{3-} 的中碱性土，有利于钢铁的耐腐蚀，酸性土则相反。钢铁管道通过含气率差异，湿度差异的不同土质时，应注意不同的氧化还原电位可能导致宏观电池腐蚀。

4.2　关于现场调查

既然水和土作为混凝土或钢结构的腐蚀环境，情况复杂，因素很多，评价时就应首先调查场地条件，以便有一个初步判断，在此基础上再取样试验，做出最终评价。场地调查的主要内容有：

（1）气候是影响腐蚀的重要因素，干旱和高寒气候极为不利。调查时应了解场地属于湿润区还是干旱区，干旱区的降水量、蒸发量和干燥度指数，高寒区的海拔高程、冻结深度、日最大温差、冻融循环次数等。

（2）调查土质时，应特别注意是否为酸性土，盐渍土，土中是否含有机物、硫化物、煤灰以及石膏、芒硝等盐类，研究盐类成分、含量及其与腐蚀性的关系。

（3）在调查地下水时，应注意地层透水性，地下水类型、补给来源、水位及其波动范围、毛细水上升高度，研究地下水活动与腐蚀介质运移关系。

（4）在调查环境污染时，应注意堆煤场、废石场、尾矿场、工业废水等对场地水和土腐蚀性的影响。

（5）调查和分析当地混凝土和钢结构的腐蚀情况和防腐蚀经验。

4.3 关于综合分析

综合分析有两层意思：一是当存在多种腐蚀介质时，根据规范如何抓住主要矛盾，提出可供设计使用的腐蚀强度等级；二是在场地调查和腐蚀指标测试的基础上，结合当地工程经验，进行综合评价。第一层意思已在3.1节中说明，下面谈谈第二层意思。

规范是以科学理论为基础的实践经验的概括，是专家群体集体智慧的结晶，并考虑了国家经济的发展水平，是经政府主管部门审批的法定文件，其重要性和权威性是毋庸置疑的。但腐蚀因素和途径多样，腐蚀环境千变万化，制订规范时，用极为有限的文字、表格、条款来概括如此复杂的问题是非常困难的。试查各国标准，美国的、德国的、俄国的，有相当大的差别；我国各行业的标准，甚至都是国家标准，也有明显的不同；即使同一本标准，修订前后变化有时也很大。其原因：一是科技的进步和经验的积累还不够，各国、各行业、各本规范对标准的要求和掌握的资料有所不同；二是概括为简明的条文时取舍上也有差别，规范难以全面概括甚至产生某些疏漏也在所难免。规范以定量测试成果为评价依据，这当然是对的。但这里也存在少量样品的代表性问题，采样和测试操作的误差问题，未必每一数据都正确无误。因此，应在执行规范的同时，注意现场调查，注意当地经验，注意定性和定量评价的结合，注意多种方法的相互印证，对规范未能概括的特殊问题，应专门研究。

5 摒弃盲目，回归理性

规范应当遵守，但作为岩土工程师，单纯依靠查几张表格评价水和土的腐蚀性是不够的。应深入了解腐蚀机理，了解水土环境复杂多变，了解规范存在一定的局限性。应注意场地的调查研究，注意当地经验的调查研究，注意数据和资料的积累。工程师的思维和行为应当是科学的、理性的，任何判断、分析和评价，都既要遵守规范，又要了解其中的科学原理。正如律师不仅要熟悉法律条文，而且还要理解其中的法理。既知其然，而且知其所以然。让我们摒弃盲目，回归理性。

第 40 章　抗浮设防水位之争

抗浮设防水位，各地差异很大，北京是个特例。本章在阐述北京抗浮设防水位背景、争议的基础上，谈了笔者的看法：一是北京降水量极不均匀，应考虑连续多年丰水、连续多年干旱；二是北京地下水已严重超采，严重亏空，需要恢复；三是节水政策和南水北调有助于少采地下水，但不能改变严重缺水的基本特点；四是有了京津冀一体化规划，官厅水库不会无计划无控制地放水；五是北京已有严格、科学、现代化的水资源调控能力，地下水位可控；六是水位上升不是突然发生，可防患于未然；七是水位上升的影响随具体工程而异，要求的严格程度也各不相同。最后，建议全市统一评估设防水位的研究。

抗浮设防问题引起设计者重视，是在 20 世纪 90 年代，大概是两方面的原因：一是带多层地下室的高层建筑大量兴建，地面以下建成后暂时搁置，雨季来临地下水位上升，地下室在浮力作用下开裂；二是汽车进入寻常百姓家，纷纷修建地下车库，在地下水位较高或预计水位可能升高的地区需要抗浮设防。对于丰水季节水位较高的地区，按高水位设防即可；对现在水位较低，今后有可能上升的地区，就有个设防水位如何取值的问题。这个问题各地有各地的具体条件，差别很大，北京的问题虽然是个特例，但比较复杂，也许对其他地方有所启发。

1 背景

北京多年平均年降水量约 640mm，季节变化很大，80% 集中在汛期。年变化悬殊，见图 40-1。北京是世界上严重缺水城市之一，年人均水资源量不足 $300m^3$，仅为全国人均的 1/8，世界人均的 1/30。北京城区位于永定河冲洪积扇上，自西向东颗粒逐渐变细，西部为巨厚的强透水层，东部为强透水与弱透水交互，见图 40-2。

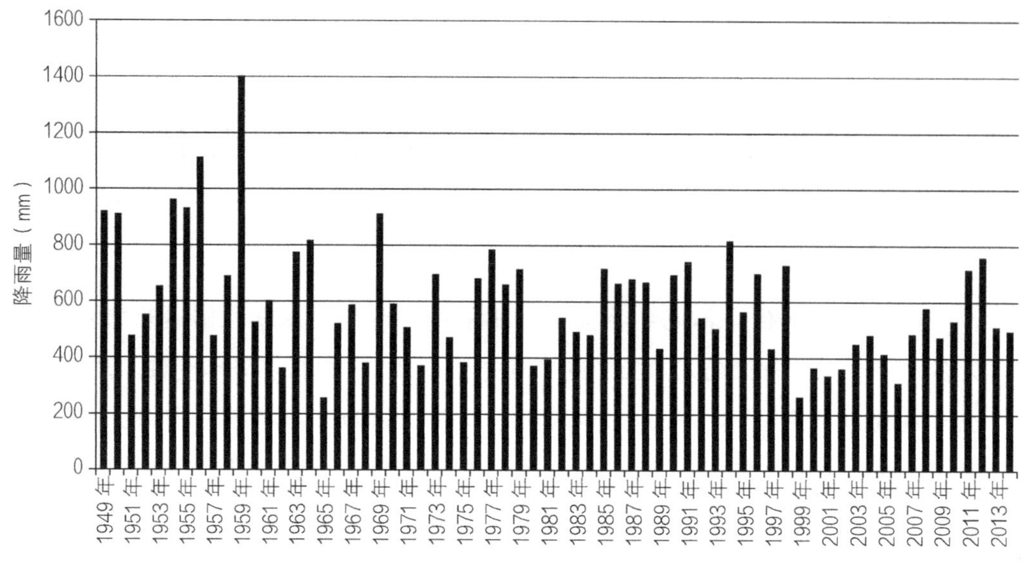

图 40-1 北京平原降水直方图

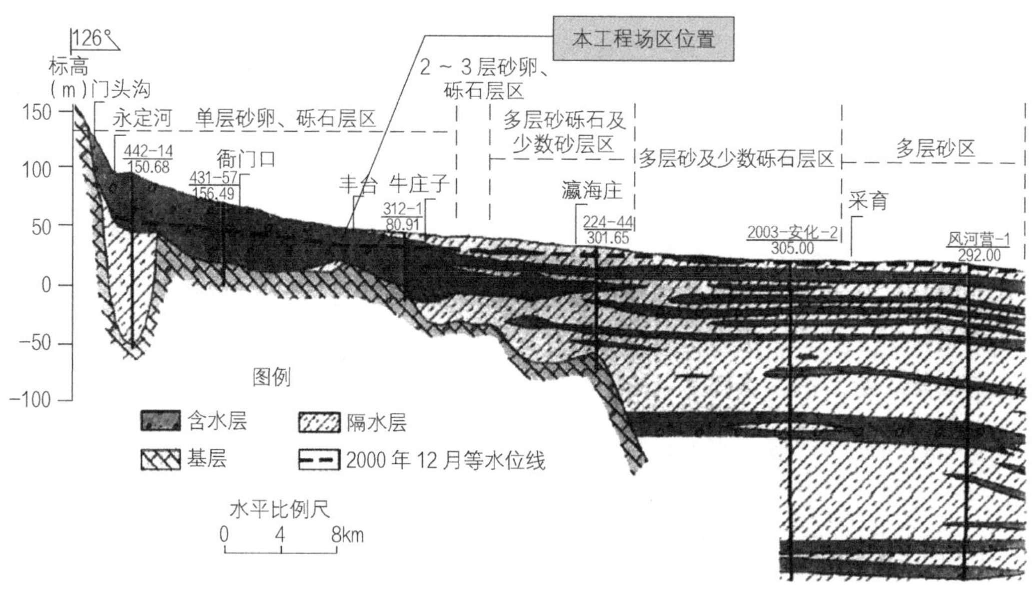

图 40-2 永定河冲洪积扇水文地质剖面图

北京地区虽然降水量不多而且不均衡，但由于有利的地形地质条件，直到20世纪50年代，地下水位还一直较高。城区水位约在地面以下1～2m，钻探时承压水常可自流，东直门外还有自流井，生态环境相当不差。20世纪60年代开始，由于城市扩大，人口激增，大量开采地下水，严重超采，水位逐渐下降，城区水位普遍降到离地面20m左右。专家估计北京地区可采地下水不超过23亿m^3/a，20世纪50年代时开采量仅4亿m^3/a左右，后来实际开采最高达26～28亿m^3/a，超采

3 ~ 5 亿 m^3/a。地下水开采情况见图 40-3。

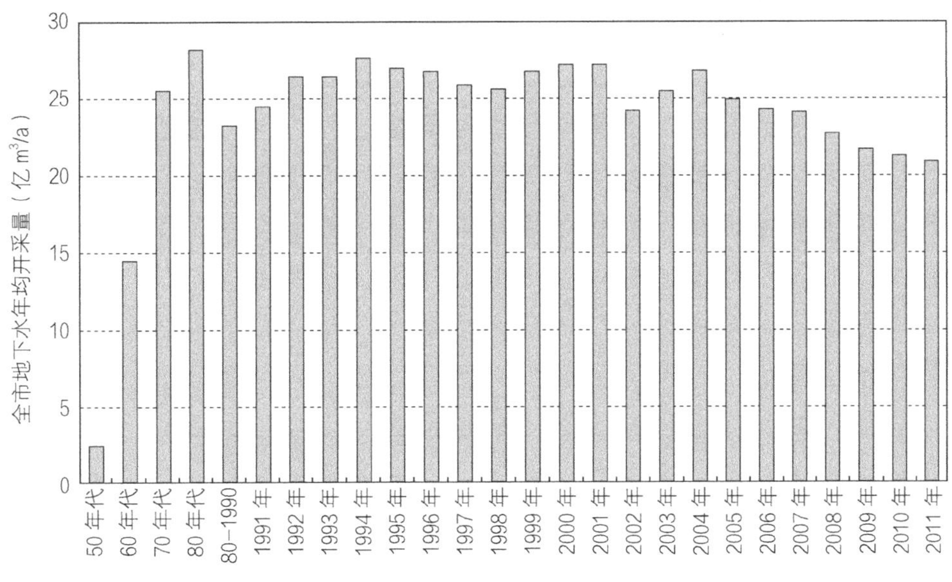

图 40-3　地下水开采量历年变化图

地下水位变化的情况大致如下：20 世纪 50 年代时，北京城区地下水位深度一般为 1 ~ 2m，1962 年起东北部形成降落漏斗；1970 ~ 1979 年随采量增加，漏斗范围扩大；1980 ~ 1985 年因连年干旱，超采严重，观测孔的水位降到历年最低；1985 年加强管理，并调用水源八厂、九厂的水，开采地下水受到控制，水位趋于平稳和上升；1988 ~ 1992 年开采量继续减少，水位升幅较快；1992 年后又超采，水位又出现下降；1999 ~ 2004 年连续干旱，水位又出现最低值。见图 40-4。

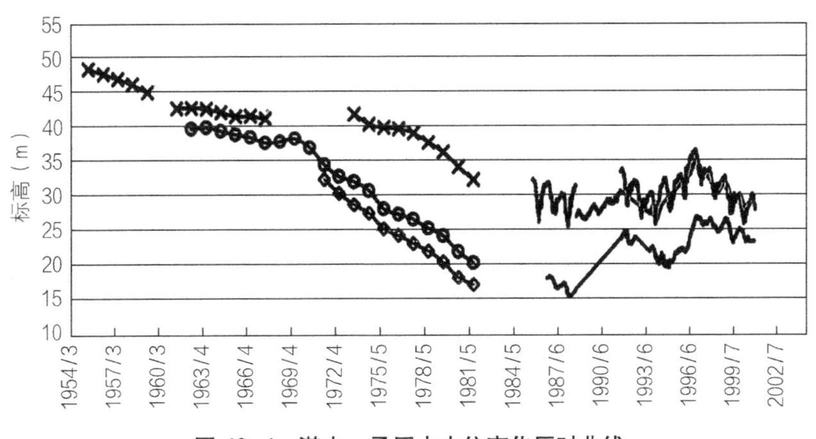

图 40-4　潜水、承压水水位变化历时曲线

官厅水库建于 20 世纪 50 年代，因历史上永定河经常泛滥成灾，对北京威胁很大，故主要考虑防洪。设计总库容为 41.6 亿 m^3，对应标高为 492m，其中防洪库容 32 亿 m^3，实际控制水位线为 479m，库容 9 亿 m^3。因考虑 479m 线以上有农田和农民居住，又属河北省，故超过此限后要放水，现在实际仅剩约 2.2 亿 m^3，今后遇连年丰水还会放水。官厅放水不是库容问题，而是淹地，与河北的关系问题。1995 年 10 月，官厅水库放水，至 1997 年 11 月，先后 5 次，共 1164 亿 m^3（见图 40-5）。下游水位自西而东有不同程度升高，升幅与放水强度有关，时间滞后与距离有关，对北京西南部影响最大，升幅达 5 ~ 10m（见图 40-6）。

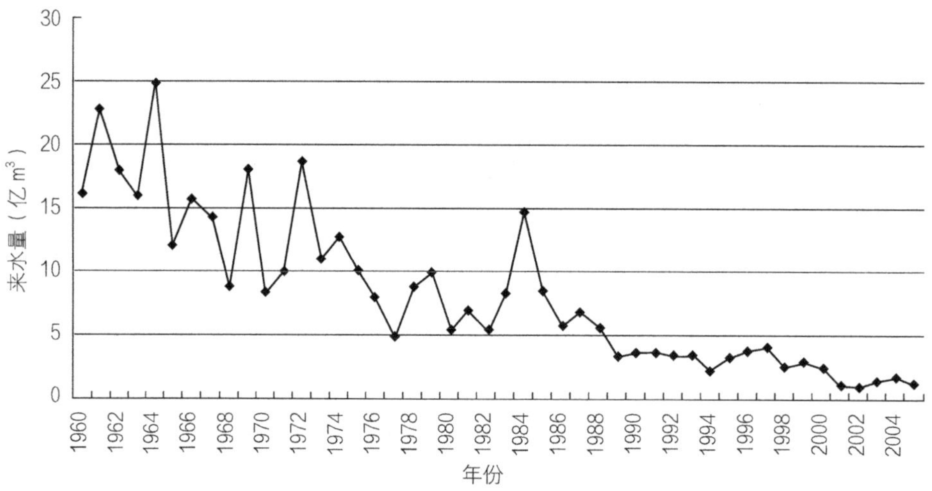

图 40-5　官厅水库来水历年变化图

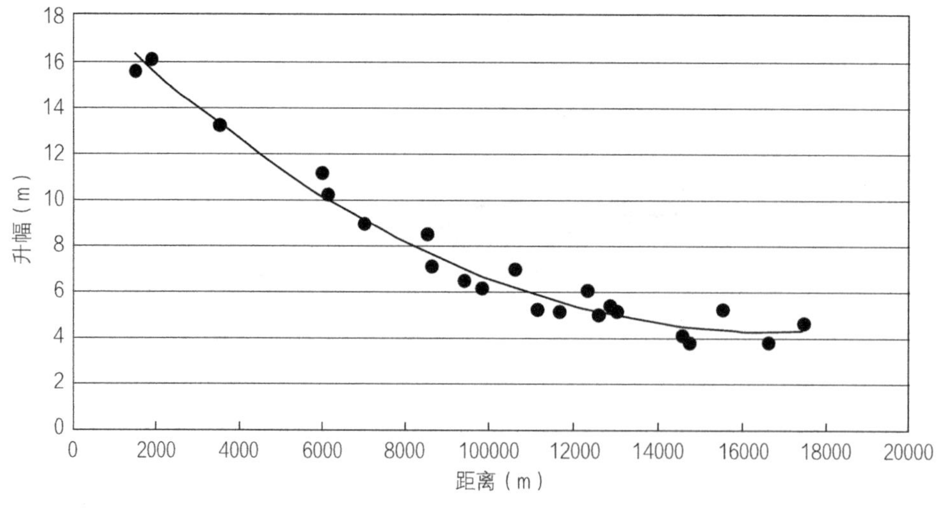

图 40-6　官厅水库放水永定河附近观测孔水位变化图

南水北调中线已经启动，送至北京的管径为 5.5m，有大中小三种流量，根据北京市水务局专家提供的数据，南水北调进京的毛水量为 12 亿 m^3/a，可用水量为 10 亿 m^3/a，但并非年年如此，可以调节。由于密云水库储水过少，地下水严重超采，这部分水将首先用来弥补水资源的连年亏损，补足密云水库的最低蓄水量，涵养地下水，使地下水位上升到合理水平，恢复部分地面水体，以改善生态环境，使北京成为宜居城市。

2 争议

在勘察设计单位对抗浮设防普遍关注的情况下，20 世纪 90 年代，北京市勘察设计研究院张在明院士率领的团队，利用该院长期积累的浅层地下水多年观测资料，进行抗浮设防水位的研究，提出了一套论证方法。认为由于连年干旱、严重超采地下水、无控制的基坑降排水等造成的低水位是不正常的，以后必将得到一定程度的恢复。具体工程场地的抗浮设防水位主要从以下几方面论证：一是南水北调，增大北京的水资源量；二是限采地下水，使水位得以回升；三是官厅水库放水，使地下水位从西向东显著上升；四是北京地区年降水量变动很大，必须考虑未来连续多年丰水的可能。这套思路和方法，很快被北京其他勘察单位接受，并进行相关场地的抗浮设防水位论证。

但在论证具体工程场地的抗浮设防水位时，常常出现分歧，甚至发生激烈争论。例如丰台某工程场地，2015 年 12 月实测水位为 18.5m，历年最高水位为 43.0m，近 3 ~ 5 年最高水位为 21.0m，场地论证设防水位为 35.5m。附近几个工程论证的抗浮设防水位分别为 42.0m、39.0m、38.0m、36.0m，差别达 6.5m，有的专家认为还有潜力，还可以降低。虽然论证时考虑的因素相似，都是节水政策的实施、连续丰水年的可能、南水北调、限采地下水、官厅水库放水、邻近地表水影响等，但这些因素发生的可能性有多少，造成地下水位上升的幅度有多少，却各有各的估计。在设定条件差异很大的情况下，定量计算并无太大意义。常有这样的情况，某工程已经做了抗浮设防水位论证，给出了一个值，业主或设计单位觉得太高，不满意，请另一家再咨询，这家将设防水位降低 1 ~ 2m、3 ~ 4m，满足了业主或设计单位的要求。专家会议评审实际上是“专家会商”，因为评审会上专家不可能具体核实计算，只能根据附近工程以往论证的结果和本次咨询报告考虑的因素进行评判，几位专家共同商议，或者认可咨询报告，或者稍加调整。

21 世纪初，北京市的一些专家在抗浮设防水位的认识上，差异很大，有些专家认为，今后几十年地下水位肯定会有较大幅度的上升，设计时必须防患于未然。并以东京、横滨等城市为佐证，这些城市也曾因超采地下水致水位下降，后来水位得到恢复。有些专家则认为，地下水位只可能小幅回升，一位设计大师甚至直截了当地说："现在二十几米深的水位，工程使用年限内升到只有几米深度，根本不可能"！一些勘察专家认为，抗浮设防水位涉及问题复杂，不是单纯的科学技术问题，与风险投资等有关，不是勘察单位一家所能确定的；一些设计专家则认为，设计必须有依据，勘察单位不给抗浮设防水位，谁给？真是公说公有理，婆说婆有理，很难决断。不过经过这些年的磨合，抗浮设防水位的估计和认定，似乎已经逐渐趋于接近。还有一个问题，专家之间也有截然相反的意见：1981年，国家科委有个项目《北京西郊地下水库研究》，圈定北起海淀、南至南苑、西到西山、东到复兴门为地下水库范围，面积283km^2，可将南水北调的来水注入这个地下水库。有的单位在论证抗浮设防水位时以此为设定条件之一。有些专家则持坚决的否定态度，认为千里迢迢高价买来的长江水，不直接用，却注入不断漏失的地下水库，实在有悖常理。

3 思考

（1）关于南水北调和西郊地下水库

高价调来的长江水，将直接进入水厂，与本地水勾兑后发送到用户，不可能大量注入地下水库，抽出再用。"北京西郊地下水库"当时的确论证过，现在看来是不成立的，论证抗浮设防水位时设定外调水注入"地下水库"是不适当的。南水北调和限采地下水，不是互相独立的两个问题，而是互相关联的因素，调进外来水，就意味着少采地下水。节水政策确已初见成效，生产用水、灌溉用水已经大量减少，生活用水、基坑排水逐渐得到控制，再生水正在开发利用，其结果都会导致少采地下水。调水、节水、采用地面水，都与少采地下水直接关联。北京的地下水连年超采，亏损得太严重了，有专家估计，总亏损量达60亿m^3，需逐渐恢复。现在可暂按开采量为23亿m^3/a考虑，以后可降至20亿m^3/a左右。按目前情况估计，再减少的可能性似乎不大了。

（2）关于官厅水库放水

20世纪90年代官厅水库放水，对北京地区地下水位上升影响不小，在抗浮设防水位中有举足轻重的影响。但官厅水库放水并非由于库容不足，而是为了避免淹地，影响农民利益。在华北地区总体缺水的情况下，只有连年丰水的特殊情况下才可能发生。2015年开始，京津冀的经济和社会发展已经逐步走向一体化，当然应该包括水资源的利用和水害的防治。因此，预计今后不会发生20世纪90年代那样的放水，要放水也必然是有计划、有控制地进行，不致造成下游水患。

（3）关于北京严重缺水的特点

北京严重缺水是抗浮设防水位论证时首先要注意的特点，年需水量达40亿m^3/a，地面水资源很少，地下水开采量最大时接近28亿m^3/a，超采5亿m^3/a。调来3亿m^3/a长江水只能缓解严重缺水，减少地下水的严重超采，弥补地下水亏损，使之涵养恢复，使水位上升到合理的水平。并恢复部分地表水体，恢复生态环境，使北京成为宜居城市。千万不要以为南水北调可以根本改变北京缺水的特点。

（4）关于全市水资源的统一调控

北京市水务局的专家认为：本市正在完善水资源输配和现代化水资源管理系统，实行最严格、最有效的水资源管理，坚持地表水和地下水、本地水与外来水资源联合调度和统筹配置的原则，充分发挥水库和含水层的调蓄功能，完全有能力根据生活、生产和环境用水，统一调控，保证水资源供需动态平衡。如水位上升过多，有充足的抽水能力，加强地下水的开采，避免水位过高的危害。

（5）关于抗浮设防水位论证的总体考虑

以下几个特点是北京地区抗浮设防水位论证时必须注意的：一是北京大气降水量偏少，降水季节集中，常有连续多年丰水和连续多年干旱的情况；二是北京是严重缺水城市，地下水严重超采，严重亏空，生态环境恶化，需要缓解，需要一定程度的恢复；三是节水政策严格、持续贯彻，跨流域调水已经实施，3亿m^3/a外来水将减少地下水超采，升高地下水位，涵养地下水，但不会根本改变北京的缺水特点，更不会过量限采，用高价水换来灾害；四是有了京津冀一体化规划，官厅水库放水不会无计划无控制地进行，不会在北京毫无准备的情况下突然发生；五是北京已经具备严格的、科学的、现代化的调控能力，水位过高时有足够能力多采地下水，地下水成本远低于外调水；六是水位上升与地震、洪水不同，有个时效过程，不是突发事件，可以预防和控制，防患于未然，后果也没有地震、洪水严重。七是水位上升对工程的影响随工程而异，要求的严格程度也各不相同，北京已多年处于低水位，众多建筑和市政工程的设计已与这种状况相适应。一旦水位大幅度升高，受害的不仅是本项目，而是北京的众多工程，在危害到来之前，必将动员起来，疏排地下水，防止大面积危害的发生。

（6）关于全市统一评估抗浮设防水位的研究

目前由勘察单位提供抗浮设防水位确实存在困难，设防水位不是一个单纯的勘察问题，而是需综合考虑水资源的数量、供水需求、地下水开采、跨流域调水、水库放水等多种因素，且这些因素大部分是人为意志，不是自然规律，不是单纯的自然科学问题，而与该工程的投资决策有关，与社会经济发展水平、生态环境、国家发展政策等因素有关，需要与投资单位、设计单位共同决策。况且，勘察场地范围很小，而抗浮设防水位论证涉及的是区域性大范围的全局性问题，不是一个局部的工程问题，勘察单位难以胜任。

现在采取各工程分散评估的办法，同一地点不同单位、不同工程出入很大，有的明显不合理。况且，真正有能力评估抗浮设防水位的仅是少数单位，没有能力的单位一定要他给出抗浮设防水位，只能“照猫画虎”，常常连猫也没有画像，以致误导设计。因此，建议几个力量较强的勘察单位联合研究，制定全市统一的抗浮设防水位基准值或基准区间，各工程再根据具体条件调整。

北京抗浮设防水位主要取决于人为因素，似乎无法进行严格意义上的科学评估。我们是否可以换一个思路，变被动为主动。不是由勘察单位评估未来水位，而是在主管部门领导下，以水务部门为主，有关单位联合研究，综合考虑供水需求与水资源条件、工程安全与生态建设、经济条件与调控能力，定出合理的水位或水位区间，作为水务部门的调控目标，譬如说深度10m左右（各地段有所不同）。北京目前具备全市水资源统一调配的能力，应当是能够做得到的。

第41章　让人不能安睡的基坑

本章分三部分：第1部分回顾了初期基坑工程设计和实施的问题。第2部分介绍了1996年特邀有关专家参加的黄山会议，开得务实、深入、自由，活泼。交流了各地经验，涉及问题有基坑事故原因、设计基本原则、土水压力计算、稳定和位移分析、土钉墙、地下水等。虽已过去20年，仍很有价值。第3部分为技术渐趋成熟，事故仍需警惕。介绍了冗余度设计、支护结构与主体结构结合、非线性卸荷损伤模型、TRD工法和SMW工法、咬合桩、压力型锚杆和适用软土的锚杆。简要介绍了珠海拱北祖国大厦、北京万亨大厦、广州海珠城广场、杭州地铁湘湖站等几起重大基坑事故。

1 初涉基坑

20世纪50～70年代，我国基本上没有基坑工程问题，70年代修建的北京地铁1号线和2号线都是大开挖，施工单位在抽降地下水位的前提下，根据直观经验，进行简单支挡，没有任何设计计算。到了80年代，随着高层建筑和地下室的兴建，基坑工程才被提到议事日程。我第一次遇到基坑问题是80年代初，原建工部设计院总工程师陶逸锺得悉北京西单商场拟在老商场邻近建新商场，相距不到5m，有地下室，开挖深度不到10m的基坑（具体数字记不清了），坑壁支护和保护老商场的安全成了问题，找到了我。陶逸锺老先生是当时全国著名的结构工程师，早年毕业于上海交通大学，与我院的老前辈我早年的领导冯增寿是同班同学。我当时也有兴趣，带着周红和宴泽玉和他一起讨论。周红刚从重庆建工学院结构专业毕业，宴泽玉刚从施工单位调来，有多年施工经验。那时我们已经知道国际上有锚杆，可以用于基坑支护，但那时土层锚杆在我国还没有开发出来（有岩石锚杆），不能用到实际工程。陶总的方案是逆筑法，谈了几次，提出了比较具体的技术方案，终因没有经验，不敢冒险，与施工总包单位的配合也很复杂，未能承接这个任务。

之后一二年，北京好几个单位掌握了土层锚杆技术，我所在单位是从铁道部科学研究院学来的。由于基坑位于地下水位以上，锚杆成孔采用洛阳铲。对洛阳铲我应该最熟悉了，1954 年洛阳拖拉机工程探古墓时打了上万个铲探孔，我还亲自操作过，怎么没有想到用洛阳铲成孔。但直到 20 世纪 80 年代中期，对基坑工程的经验还是十分缺乏，没有规范，没有手册，只知道主动土压力、被动土压力计算，等值梁法护坡桩计算，求力学平衡等。至于计算与实际会有什么不同，基本不清楚。1985 年前后我院承担的北京东方艺术大厦工程，使我尝到了基坑工程让人睡不好觉的滋味。这个工程的承接过程我不清楚，好像也是压价竞争拿到的。较深的坑壁用了一道锚杆，较浅的坑壁做了悬臂桩。项目负责人王琬瑜，技术负责人是两位刚毕业的大学生。一天中午，工地上紧急报告，坑的南侧地面出现一道裂缝，到工地一看，是悬臂桩的坑壁位移过大造成的。当即部分回填，夜里做了一排锚杆，再开挖到底。又过了几天，报告东侧坑壁外地面出现了裂缝。由于东侧紧邻东方歌舞团院子（当时院长为著名歌唱家王昆），裂缝就是东方歌舞团的院子里，幸而相邻的一座 4 层大楼无恙。东方歌舞团与东方艺术大厦本来有矛盾，见到院子里一条大裂缝，一位不知姓氏和职务的干部针对建设单位大发雷霆。我们也很紧张，万一大楼出了问题怎么办？急忙又加了一排锚杆。再过了些天，雨季来临，发现基坑的东南角和东北角有水渗出，桩间土逐渐塌落（原未做任何措施），又紧急加固。为了确保东方歌舞团院子和大楼的安全，又在东侧护坡桩外做了一排渗井。此后，验槽、做垫层、做基础和地下室，一切顺利。这个基坑工程，虽屡屡出事，总算有惊无险。

肥槽回填后，又发生了一次与基坑支护无关的事故。一天下午，正在工棚内做收尾工作的刘根生，突然听到一声巨响，急忙出去观看，原来是地下室的外墙倒塌了。我也急忙来到工地，进入地下室，见到一段长二十多米的钢筋混凝土外墙完全倒塌，粗大的钢筋和破碎的混凝土一片狼藉，地下室内到处是水。原来这里有两道内隔墙支撑外墙，但后浇带混凝土尚未浇筑，本应做临时支撑，施工人员未予注意。肥槽回填时没有按要求夯实，雨季肥槽浸水，水压力将 1200mm 厚的钢筋混凝土地下室外墙撕裂推倒，地下水的压力太厉害了。

那些年，张在明也常对我说“基坑让人睡不好觉，一下雨就担心基坑会不会出问题。”我开玩笑说：“搞工程风险最大的是基坑，一针见血，立竿见影，当时就要你好看；风险最小的是抗震，只要不违反规范，地震房子塌了也没你的事，况且，谁也不知道地震猴年马月才能发生。”

到了 20 世纪 90 年代初，基坑的设计施工虽然还不成熟，但已经积累了一些经验。我所在的单位已经研制成功了专用于锚杆跟管式成孔的钻机，可以在地下水位以下软弱复杂地层中施工，采用钢绞线锚杆。1992 年承担了海口富通大厦基坑的设计和施工。那时正好赶上海南“大开发”，意欲将海南打造成中国南方的金融中心和物流中心，开设继上海、深圳之后的第三证券交易市场，一时热闹非凡。海口市到处都是酒店、餐馆，台湾地区、香港地区投资者及其他地方的华人纷纷前来投资。拟建富通大厦设计地上 54 层，地下 3 层，号称海南在建第一高楼，由上海华东设计院负责总体设计。我院在海口成立了海南分院，黄振录任院长；基坑工程设计负责人为袁长生、毛尚之；锚杆试验和施工负责人是陈德拔、杨化民；蓝晓林、管发龙、朱登伦等一批青年科技人员也在现场参与该工程，力量相当充实。该工程基坑深 12m，地质条件大体情况是，地表为含有少量孤石的杂填土，坑底以上主要为淤泥、黏土与细砂互层，坑底以下以粗砂为主，含黏性土夹层，地下水位深度约 1 ~ 2m。西侧有刚建成的南洋大厦，南侧有民房，东侧为另一房地产公司开发的工程，计划在富通大厦之后建设。

常言道“艺高胆大”，我看无艺胆更大。不知山中有老虎，当然敢于虎山行。初到海南进行调研时，都说海南没有基坑事故，对我们又是护坡桩，又是锚杆的考虑，大多不以为然。一些新工程坑壁只做了简单处理，打几根工字钢挡一挡就开挖，结果造成基坑事故比比皆是。坑壁坍塌，不仅本工程无法继续，还严重殃及邻近的民房、道路。有个十来米深的基坑，还是内地一家较大设计院设计，用悬臂桩挡土，结果一排 1.2m 直径悬臂桩齐根折断倒下。富通大厦邻近的一个基坑，开挖后土和水从桩间流入坑内，坑内被水淹没，护坡桩则孤零零地立在那里。

富通大厦基坑工程设计采用护坡桩和锚杆，坑深 12m，桩长 20m，3 道锚杆。原打算管井降低地下水位，后因担心降水引起地面沉降，影响南洋大厦和民房的安全，改用搅拌桩止水帷幕，坑内设置疏干井，疏干坑内地下水，且可防止坑底突涌。由于不降水增加了水压力，锚杆由原来考虑 2 道改为 3 道。桩长 20m 不变(因已施工)，基坑面以下以粗砂为主，估计问题不大。护坡桩施工由我院承担，搅拌桩请的外单位。工地有个相当强的监理班子，虽然对岩土工程是外行，从未见过锚杆，但很认真，也很好相处，有问题一起商量。护坡桩施工比较顺利，质量很可靠。搅拌桩帷幕施工问题较多，主要是表层有孤石，影响作业，垂直度和搭接尺寸虽有要求，但很难检查实际结果到底如何，我估计深部肯定有开口。1992 年 7 月开始，相继进行工程桩、基坑支护结构施工，至 1993 年春基本完工。旋即着手试开挖，先在一侧挖了一个小面积的坑，深度至第一道锚杆位置，做锚杆抗拔试验。锚杆质量如何，监理最不放心，我们自己也没有把握。试验时已经半夜，我赶过去察看，半路遇到一位监理，高兴地对我说“纹丝不动，纹丝不动”。进了现场，试验还在进行，只听到监理人员和试验人员谈笑风生，其乐融融，我一下就放心了。锚杆的抗拔承载力超过了预期。但后来的土方开挖不太顺利，虽有疏干井，挖出的土还是带水，外运时污染道路罚款。土方还没挖多少，形势突变，海南房地产泡沫开始显现，业主很敏感，立即停止投资，施工人员和监理人员旋即撤出，富通大厦工程夭折。多年后我去工地看过，原来做锚杆试验的小坑成了养鱼池，有人还在那钓鱼呢。

为这个工程花了我不少精力，工地有问题总把我找去，去了多少次记不清了。设计方案由我审定；隔水帷幕的施工单位我去邀请；与监理协调重要问题由我出面。我也从中积累了不少经验。如果不是夭折，估计问题还不少，夭折虽然可惜，但也省了我不少烦心事。

2 务实、深入、自由、活泼的黄山讨论

到了20世纪90年代中期，各地已经积累了相当多的基坑工程经验，武汉率先编制了《基坑支护设计指南》，冶金建筑研究院等单位正在着手编制《建筑基坑工程技术规范》（于1998年发布），但由于建设规模的迅速扩大，基坑事故不仅没有减少，反而越来越多，我觉得已经到了交流各地经验，进行系统总结的时候了。根据我的建议，1996年10月15日～21日，以中国建筑学会工程勘察委员会的名义，在黄山举行了基坑开挖支护问题研讨会。

这是一次特邀一些专家参加的小型讨论会，会议没有主题报告，不要求提交论文，各抒己见，自由讨论。意见一致的问题可以达成共识，意见不一致的问题，则“和而不同”。会议全程由我主持，我的任务主要是引导，使讨论围绕某一中心问题展开，有不同意见时，辩论适可而止。会议开得很务实、很深入，也很自由、很活泼、很和谐，开得很成功，此后我再也没有经历过一次类似这种形式的会议。会后由我和周红整理了一个书面文件，刊登在《深基坑技术信息与动态》1997年第3期上，因这个刊物发行量有限，影响了会议成果的共享。

应邀参加会议的专家有：王吉望、王步云、刘建航、刘祖德、朱小林、李受祉、张在明、张旷成、唐业清、顾晓鲁、秦四清、黄运飞等12人，主动前来参加讨论的还有许年金、闵连太、高仲杰、夏永承、管发龙、杨成斌、马国峰、孙克等，还有学组负责人尤大鑫、秘书长乔桂芳、学术秘书（兼记录）周红等。他们来自北京、武汉、天津、深圳、上海、太原、成都，有地区代表性；他们中有

院士、教授、大师，也有不满 30 岁的青年专家；有基坑行业规范、地方规范（指南）的主要编写人，也有在基坑工程第一线的基层科技人员。我还事先注意到，邀请不同工程经验和不同学术观点的代表人物参会。这次会议既非单纯的理论探讨，亦非一般的经验交流，而是针对基坑工程中共同关心的问题，结合实践中成功的经验和失败的教训，深入探讨基坑设计的理论和方法，探讨改进对策，是一次十分务实的讨论。连同黄山游览一天，总共花了整整一周时间，比较从容不迫，使深入讨论有了时间保证。会议讨论记录整理后，摘要刊载在《工程勘察》1997 年第 3 期。

会议主要围绕下面几个问题讨论：（1）基坑工程的特点和事故原因；（2）基坑工程设计的基本原则；（3）土压力计算；（4）稳定和位移分析（5）土钉墙设计；（6）地下水问题。

在讨论到基坑事故的技术原因时，当时一些工程事故情况至今还值得注意，如：

（1）采用悬臂桩忽略变形控制，或设计有内支撑，但施工时未及时加上，导致变形过大，引起周围建筑物开裂；

（2）隔水帷幕未封闭或虽封闭但帷幕失效，锚杆深入承压含水层而未采取妥善措施，导致坑壁或沿锚孔漏水、泄土，引发邻近建筑物开裂破坏，道路变形；

（3）坑底封闭不严，导致流土、管涌、承压水突涌，造成严重事故；

（4）深厚淤泥中土方开挖失控，致使工程桩严重倾斜偏位，桩基失效；

（5）支护设计忽略整体稳定分析，导致边坡滑移，工程桩受挤压偏位；

（6）软岩、老黏土或非饱和土受水浸润，强度大幅度降低，土压力增大，支护桩承载力不足而失稳。

唐业清教授对全国 103 项基坑事故进行了细致的调查分析，统计出事故发生的原因：因支护设计不当引发的事故占 45%；因施工不当引发的事故占 33%；因地下水处理不当引起的事故占 22%。

会议结合当时正在编制的几本规范和指南，针对基坑支护设计中的一些基本原则展开了深入讨论。关于极限状态和安全度表达，多数专家认为规范中应明确极限状态，以便指导设计人员在大的方面有明确的概念，但具体如何划分和表述，意见并不完全相同。专家们普遍认为，目前岩土工程可靠度尚处于探索阶段，要做到像结构工程那样按概率极限状态设计，采用可靠度分析，还不具备条件。基坑设计的安全系数很难确定，抗滑移、抗隆起、抗“踢脚”、抗管涌，安全度的考虑可能有所不同。无论用哪种方法表达安全度，实质都是经验的，不可能建立在可靠度分析的基础上。但必须注意做好与结构设计规范的衔接，避免发生混乱。

对于抗力和作用都是岩土，与结构设计无关的问题，宜采用总安全系数；内支撑结构的强度、变形和稳定计算，按结构规范进行。

讨论中专家们十分注意经验的重要性。例如，软土开挖的时空效应十分重要，及时支撑可事半功倍，不及时支撑可造成灾难。对软土强度随时间变化的流变性质，虽然已有一些研究成果，但理论上尚不成熟，试验方法尚不完善，应用于工程还刚刚开始，更需要工程经验的积累。会上，刘建航院士对时空效应作了专题发言。再如北京等地的非饱和土，有的工程垂直开挖可保持 6 ~ 7m，用常规试验方法测定的强度指标，计算结果与实际相比往往偏低，钢筋混凝土桩的钢筋应力实测值很小，说明有很大潜力。而一旦遇水，强度迅速降低，甚至发生倒塌事故。目前应用非饱和理论进行土压力的计算还不成熟，工程设计依靠经验是必然的了。再如有些硬黏土、黏土岩和页岩，天然条件下具有很高的强度，但开挖暴露后，即崩解、软化、强度降低，或因蒸发失水，微裂缝张开崩解，坑壁一层一层的剥落坍塌，暴露时间越长，崩塌越严重。对于这类岩土，目前也只能依靠经验，加快施工进度，加强施工措施，定量计算无用武之地。卵石的抗剪强度很高，但准确计算也有困难。首先是强度指标无法测定而只能估计；其次，卵石颗粒互相咬合，密实的卵石可以直立，似乎有“黏聚力”。成都地区一个 17.5m 深的基坑，采用直径 1200mm 悬臂桩支护，桩间距 2.5m，桩长 21.0m，嵌固段不足 4.0m。开挖过程中测得钢筋混凝土桩的钢筋拉应力不足设计值的 1/6。

计算不准确的原因是多方面的，有计算参数的不可靠，有土力学理论的不完善，有的问题至今对它的认识还很不够。有时用同样的公式同样的参数计算，有的地区很保守，有的地区还担心不安全。因此，专家们认为，基坑工程的设计者，应有比较深厚的岩土力学理论基础，对参数的选定，公式的适用条件，不同土的特殊性质、地下水的作用，岩土和支护结构相互作用等有深刻的了解；而且要有丰富的实际经验，善于处理各种复杂问题。缺乏这样素质的人不应承担基坑工程的设计。制定规范时，也应体现这个精神，强调经验的重要性，避免使用者生搬硬套，把复杂问题简单化。

基坑工程是土体与围护结构相互作用的动态变化的复杂系统，单靠数学力学方法难以对系统的变化做出准确的预测，施工中往往会出现一些难以预料的变化，监测成为极其重要的措施。出现险情预兆时，可做出预警，及时采取措施。安全储备过大时，可及时修改设计，削减围护措施。通过反分析，可修改计算模型，调整计算参数，总结经验，提高设计与施工水平。讨论中对监测的项目、内容、要求等提出了许多具体建议。

会议讨论最多，意见分歧最大的是土水压力的计算。包括如何理解黏性土的孔隙水压力、静水压力和超静水压力，透水性很小的黏性土能不能传递静水压力，水对土的 c、φ 值影响，土水压力应分算还是可以合算，测定土的抗剪强度指标用三轴试验还是直剪试验，试验方法用固结不排水剪（CU）还是不排水剪（UU）等。

多数专家认为，从土的有效应力原理出发，水土分算合理，但操作难度较大，实际工程中黏性土几乎均未采用有效应力法进行水土分算。水土合算在理论上不够完整，但实施比较容易，加上一定的经验修正，"有经验时可用水土合算"的提法较为合理。会上多数专家主张三轴试验，但也有专家认为，三轴试验推行起来有一定困难，直剪试验受力状态复杂，不能控制排水，无法测定土的有效强度，但操作简单，在我国有较多经验，可作为替代方法。试验条件与现场条件总是有距离的，建议通过现场监测反演，积累经验进行修正。专家们还认为，当坑壁两侧有稳定渗流时，计算水压力应考虑渗流的影响。会上土水压力计算方法和试验方法的不同意见，会后还是继续存在，学术刊物上有过很多这方面的文章，各本地方标准和行业标准也有差别，可能一时统一不了，还会继续争论。

会议认为，稳定是对基坑工程的基本要求，讨论了用静力平衡法确定桩墙插入深度、用极限荷载验算坑底隆起、坑底承压水造成突涌或渗透破坏的验算、用圆弧滑动法对基坑整体稳定性验算等问题。会议认为，当基坑邻近不存在需要保护的工程和公用设施时，一般不控制位移，但仍需有个容许的临界值，以便通过监测，控制施工，保证稳定。当邻近有必须保护的工程和公用设施时，则根据其位置、深度、重要性、基础和结构形式，对地基变形的敏感性划分等级，根据等级确定位移控制值。有专家建议，特级控制在 $< 0.1\%H$（H 为坑壁高），一级控制在 $< 0.2\%H$，二级控制在 $0.5\%H$；也有专家认为这个要求偏高，可放宽一些，因情况复杂，尚难确定统一标准。还有专家指出，支护结构容许水平位移问题，不仅限于考虑对环境的影响，还要考虑截水结构防裂的因素。会议推荐了位移计算方法，但普遍认为，位移分析还缺乏经验，既要在方法上进一步探索，又要注意积累监测资料，通过计算与实测对比进行总结和提高。土抗力"m 法"比较简单易行，m 值可用横向受荷桩的试验方法测定，武汉地区提出了一个经验值表，其他地区也可提出类似的经验值表，随着经验的积累，不断修改完善。

黄山会议时，基坑围护采用土钉墙技术正处在迅速发展时期，专家们一致认为，土钉墙是由坡体与土钉组成的具有自承能力的组合加筋体，是以新奥法为理论基础发展起来的，由于造价低、工期短、施工简单，优点很突出，在土质条件较好的地区具有广阔的应用前景。会议用了较多时间讨论了土钉墙的力学机制、设计方法、施工技术和应用中应注意的问题，王步云、黄运飞介绍了具体应用经验。会议强调了土钉与锚杆虽然在施工方法上有相似之处，但其构造、机理、设计方法和使用条件，均有本质不同，必须明确区别开来。

会议中专家们一致认为，基坑工程设计和施工必须充分认识地下水的作用，认真进行地下水的控制和治理，刘祖德教授就地下水问题作了专题发言。地下水治理的第一个难题是正确估计土的渗透系数，尤其在杂填土和花夹层，很难取得正确的渗透系数。武汉地区承压水含水层随深度增加渗透系数增大，导致基坑开挖后流网的特殊形状：一是坑底流线几乎是垂直向上流动；二是水力坡降上大下小，近基坑处的水力坡降大到不可思议的地步。如用隔水底板，则需要很厚；如采用垂直隔水帷幕，则要做到基本不透水的风化岩内，方能显著隔渗。地下水治理的困难使武汉的专家们存在不同的意见，有人主张全封（全部截水封闭），有人主张半封半降（截水封闭＋抽排地下水），但是绝不能敞开抽。会议还注意到，截水帷幕的隔渗效果固然重要，但支护结构的变形往往是截水帷幕损坏的罪魁祸首。专家们还注意到，渗透破坏常可以酿成灾难性后果，一旦出现先兆，必须立即回填，防止扩大。此外，在一定条件下还有地下水疏不干的问题，当含水层底板高于开挖面，则由于存在渗出面等问题，用通常的井点或深井不能达到疏干地下水的目的。井里的水一抽就干，不抽又有，而坑壁照常有水渗出。

会议对正在编制的基坑工程规范、基坑工程的科学研究和技术开发、信息交流和组建信息数据库、人才培训和科技普及等问题提出了相应建议。

3 技术渐趋成熟，事故仍须警惕

黄山会议后，基坑工程向大面积、大深度方向发展，如上海虹桥综合交通枢纽工程，包括航空、城际铁路、高速铁路、轨道交通、长途客运、市内公交等多种换乘方式于一体，基坑开挖面积达50万m^2。天津117大厦基坑最大开挖深度约35m，上海地铁4号线修复工程基坑深度达41m。同时，基坑经常在密集的建筑群中施工，场地狭窄，邻近常有必须保护的永久性建筑和市政设施，对基坑稳定和位移控制的要求很严，20世纪80～90年代，基坑工程面临的环境条件比较宽松，主要控制稳定问题，21世纪初开始，基坑工程逐渐进入了变形控制设计的时代。尤其是在软土、高水位及其他复杂地质条件下开挖，很易发生事故，难度越来越大。同时，政府主管部门和业主也逐渐认识到基坑开挖的重要性，一旦出事，不仅造成经济损失，延误工期，甚至危及人员生命。在政府主管部门的主导下，制订了专门的行业标准和地方标准，国家、行业和地方的地基基础设计规范中也都专有基坑工程一章，专家们编写了多本基坑工程的手册和专著，还常召开基坑工程的专题交流会和讨论会。从设计理论到技术方法都有了长足进步，逐渐趋于成熟。基坑设计的低级错误渐渐减少，20世纪80年代有些地方不做设计，盲目蛮干的情况已经基本绝迹。黄山会议后，基坑支护设计施工的创新和发展，从以下几方面可见一斑。

（1）冗余度设计

冗余度是结构抵抗连续倒塌的能力，即结构在发生初始局部破坏时，改变原有的传力路径，从而达到新的稳定平衡状态。充分的结构冗余允许结构跨越初始局部破坏而不向外扩展，从而避免连续性破坏或倒塌的发生。经验表明，单纯因土体强度不足引起基坑失稳的实例并不多，多数基坑事故是由于挡土结构或支撑体系局部破坏或局部变形过大，而演变为连续破坏和整体倒塌。因此，重要基坑应引入冗余度设计概念，造价增加不多，却提高了基坑的稳定性和安全性。

（2）支护结构与主体结构结合

支护结构与主体结构相结合，是采用主体地下结构的部分构件（如地下室外墙、水平梁板、中间支承柱和桩）或全部构件作为基坑开挖阶段的支护结构，不设置或仅设置部分临时支护结构的一种设计施工方法。

支护结构与主体结构相结合，从构件结合角度，包括地下室外墙与围护墙体相结合、结构水平梁板构件与水平支撑体系相结合、结构竖向构件与支护结构竖向支承系统相结合三种类型。按结合的程度可分为三大类：一是周边地下连续墙两墙合一，坑内临时支撑系统，采用顺作法施工；二是周边临时围护体，坑内水平梁板体系替代支撑，逆作法施工；三是支护结构与主体结构全面结合，采用逆作法施工。与传统基坑工程方法相比，支护结构与主体结构相结合，利于保护环境、节约资源、缩短建设周期，符合国家节能减排的发展战略。

（3）非线性卸荷损伤模型的应用

赵锡宏教授认为，软土具有结构性，受荷过程中微观结构发生不可逆的变化，导致宏观力学性能劣化，强度和刚度降低，即损伤。基坑开挖处于卸荷状态，不应采用加荷状态的土体本构关系。采用卸荷损伤模型进行分析，才符合实际情况。由于严格的周围环境限制，土体的应力和应变只能控制在较小范围内，而土体的损伤在很小的应力应变水平下即已开始。基于这个思想，赵教授等建立了卸荷的非线性弹性模型，耦合损伤，构造相应的损伤势函数，建立损伤演化方程，将非线性弹性卸荷损伤模型引入基坑工程。编制了相应有限元程序，对上海外环隧道浦西暗埋段的大型超深基坑工程进行计算，并从基坑变形、围护墙上的土压力、损伤变量的发展演化等方面，对有限元计算结果进行分析，验证了非线性弹性卸荷损伤模型应用于基坑工程中的可行性和适用性（赵锡宏，大型超深基坑工程实践与理论，人民交通出版社，2005）

（4）TRD 工法和 SMW 工法

TRD 工法（Trench-Cutting & Re-mixing Deep Wall Method）或称锯式切割水泥土连续墙，20 世纪 90 年代初由日本开发，能在各类土层中连续成墙。该法是利用链锯式刀具箱竖直插入地层，借助刀具的上下运动和主机沿成墙方向的水平移动，切割出沟槽，同时注入固化液与原土搅拌混合，形成一定厚度的水泥土地下连续墙。主要特点是成墙连续、表面平整、厚度一致、墙体均匀性好。可用于各类建筑工程、地下工程、护岸工程、大坝、堤防和基坑工程的防渗处理。SMW 工法连续墙（Soil Mixing Wall）1976 年由日本开发，是用多轴深层搅拌机在现场向一定深度进行钻掘，同时在钻头处喷出水泥固化剂与原土反复混合搅拌，在水泥土硬结前插入 H 型钢或钢板，硬结后形成一定强度和刚度、连续完整、无接缝的地下连续墙，这两种工法在我国也得到了开发应用。

（5）咬合桩

咬合桩采用全套管成孔工艺，在桩与桩之间形成相互咬合的一种基坑支护结构。为便于切割，桩的排列方式为素混凝土桩（A 桩）与钢筋混凝土桩（B 桩）间隔布置，先施工 A 桩，后施工 B 桩。A 桩采用超缓凝混凝土，必须在 A 桩混凝土初凝之前完成 B 桩施工。B 桩施工时采用全套管钻机切割掉相邻 A 桩咬合部分的混凝土，形成钢筋混凝土桩墙。咬合桩已在地铁、道路下穿线、建筑物深基坑工程中广泛推广，特别在淤泥、饱和砂土和地下水富集地段，效果很好。咬合桩与地下连续墙功能基本相同，但配筋率低、施工灵活、无须泥浆护壁、施工搭接缝的防渗性能更加可靠，抗渗效果更强。图 41-1 为咬合桩示意图。

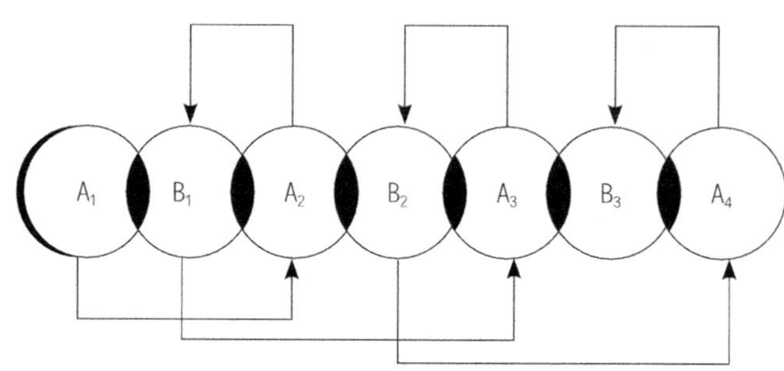

图 41-1　咬合桩示意图

（6）压力型锚杆和适用于软土的锚杆

按注浆体所处的应力状态分为拉力型锚杆和压力型锚杆，传统的拉力型锚杆工作时浆体处于受拉状态，易产生张性裂缝，承载性能和抗腐性能均较差。压力型锚杆的杆体采用全长自由的无粘结锚筋，底端承载体与锚筋可靠连接，使锚杆受力时，拉力直接由无粘结锚筋传至底端承载体，通过承载体对注浆体施加压力，注浆体与岩土体间产生剪切抗力，以此提供锚杆的承载力。由于注浆体处于受压状态，不易开裂，其承载性能和变形性能较拉力型锚杆大为改善，也解决了永久性锚杆的防腐蚀问题。

为了解决锚杆用于软土基坑和可回收的问题，开发了一种旋喷搅拌大直径锚杆。该技术采用搅拌机在软土中形成直径达500～1000mm的水泥土锚固体，在锚固体内加筋，并对锚杆预先施加应力，从而形成一种大直径预应力锚杆，对软土基坑产生了较好效果。此外，还开发了可回收锚杆，实现了锚杆的再利用，减少了地下垃圾的产生。

虽然技术渐趋成熟，但事故时有发生，黄山会议后影响较大的事故有：

（1）珠海拱北祖国大厦广场

事故发生在1998年5月6日。基坑深度为16.5m，采用无嵌固混凝土直墙逆作围护，钢结构内支撑。这起特大基坑坍塌事故，造成5人在撤离时轻伤，3栋民房、37间商铺、1间员工食堂陷入坑内。事故原因一是施工严重超挖，二是在软土地区采用无嵌固直墙围护，由于土的承载力不足，致坑底隆起，坑壁后仰，整体滑动，设计方案有重大失误。

（2）北京万亨大厦

事故发生在2002年4月24日晚。该基坑深度为17.7m，采用复合土钉墙支护。东南侧挖到14m左右时，水土从侧壁土钉墙底部涌出，坑底隆起，填土反压无效，护壁开裂、位移，塌落，接着整体倒塌，使居民楼基础露出，局部悬空，成为危房。事故原因比较复杂，17.7m深的基坑，离居民楼如此近，采用复合土钉墙方案显然不妥；复合上钉墙的稳定计算存在问题；这段坑壁两次施工，土受到了扰动；凸出的阳角两面临空极易失稳等。但我觉得直接导致事故的元凶可能还是地下水。

（3）广州海珠城广场

事故发生在2005年7月21日中午。事故发生时，听到锚索夹具破坏的连续声响，在紧急撤离人员时，坑壁倒塌，造成6人被埋，3人被救出，3人遇难，5人受伤。该基坑采用挖孔桩＋钢管内支撑和喷锚支护，原设计开挖深度为17.0m，后因地下4层改为地下5层，基坑实际开挖深度达20.3m，比挖孔桩桩底深0.3m，严重超挖，且挖孔桩底基岩面倾斜，桩底抗滑力严重不足。

（4）杭州地铁一号线湘湖站

事故发生在2008年11月15日。基坑两侧突然下陷，地下连续墙断裂，大幅内移，坑底升高，湖水涌入。造成21人死亡，1人重伤，3人轻伤，经济损失巨大，是基坑工程最严重的一次事故。8人被判刑，11人受到处分。事故原因一是严重超挖；二是监理缺失。事后多位专家从勘察设计角度进行分析，认为土性和参数的测试和选用、地下连续墙的入土深度、稳定分析的计算、内支撑的整体稳定性等方面都存在一定问题，拙作《岩土工程典型案例述评》有专题介绍。

基坑是临时性工程，业主一般不愿投入较多资金，但一旦出现事故，往往非常突然，处理十分困难，经济损失和社会影响严重，甚至造成人员伤亡。土压力是基坑工程设计的关键，但现在采用的库仑－朗肯土压力理论非常古老，与基坑实际情况不完全一致。基坑工程又与诸多因素相关，涉及地质条件、岩土性质、周边环境、工程要求、气候变化、地下水动态、施工程序和方法等许多复杂问题。特别是我国目前，都是“快字当头”，有时甚至不讲科学，将工期卡死，使设计和施工单位压力很大。目前我国岩土工程师的总体素质还不高，有时甚至会犯原则性、概念性的错误。因此，虽然有了规范、手册，有了多种新技术，但仍须战战兢兢、如临深渊、如履薄冰，对基坑事故保持高度警惕。

第42章　核电工程，安全为本

本章包括3部分：第1部分介绍核电厂址勘察严格的评审要求和核电厂的关键岩土工程问题，包括断层、地基、边坡、水文地质和不良地质作用。第2部分介绍《核电厂岩土工程勘察规范》编制时，岩石地基问题的新思路。第3部分是核电岩土工程的新挑战，包括软岩地基、海域深厚淤泥和第四系地基上的核岛基础。

1　层层把关，万无一失

我以前参与核电岩土工程不多，由于戴联筠同志的推荐，从2004年左右开始，参与了很多核电厂勘察的评审，差不多占了我工程活动一半以上的时间。究竟参与了多少厂址勘察的评审，已经难以准确统计。沿海厂址从南到北分别在海南、广西、广东、福建、浙江、江苏、山东、河北、辽宁等省；内陆厂址从东到西分布在安徽、江西、湖南、湖北、河南、重庆、四川、云南等省（市）。沿海、内陆各有几十个项目，为了保证厂址选在合适的场地上，每个项目又有多个备选厂址。此外，还有远在国外的巴基斯坦的卡拉奇核电厂，还参与了广东低、中放射性废物处置场、甘肃北山高放废物处置场、核设施退役及放射性废物治理研究、核燃料循环科技中心场址的评审。虽然进行了那么多厂址的勘察，但真正投入建设的仅是少数，内陆项目基本没有上马。21世纪初，核电投资单位和地方政府的积极性都非常高，2011年3月11日，日本东北大地震发生核泄漏事故后，我国积极发展核电的方针虽然没有变，但内陆核电厂暂停，步伐稳健多了。

我国已经建成的核电机组都是外国进口，秦山、大亚湾、岭澳、田湾，分别来自法国和俄罗斯，后以美国AP1000为主，接着开发自主知识产权“华龙一号”百万千瓦级压水堆机组，以其先进性和安全性“走出去”。核电厂包括核岛、常规岛、附属建筑物和水工构筑物4大部分，分为与核安全有关和与核安全无关两大类。其中核岛是核电厂的核心，安全要求最高，包括反应堆厂房、辅助厂房、附属厂房、

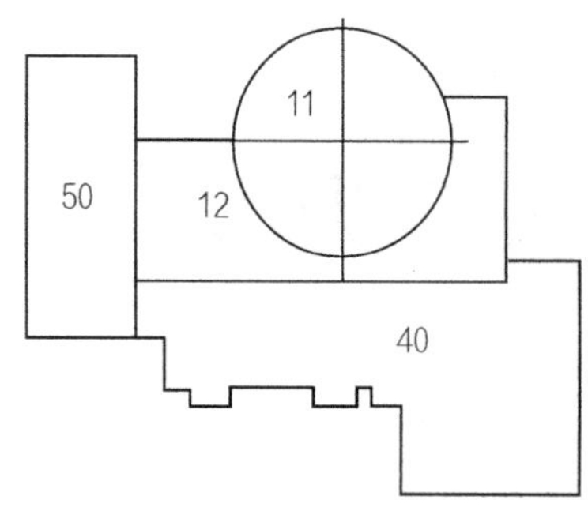

图 42-1 核岛平面示意图

11—反应堆厂房；12—辅助厂房；
40—附属厂房；50—放射性废物厂房

放射性废物厂房，图 42-1 为核岛平面示意图。常规岛是汽轮发电机组，与火力发电厂类似。附属建筑物包括冷却塔、变电所、办公和生活用房等，与一般工业建筑类似。水工构筑物包括取水和排水相关的渠道、管道、隧洞、堤岸、泵房等，由于位于水陆交界处，自然条件复杂，且与核安全有关，破坏后果很严重，也不能掉以轻心。

核电厂的岩土工程勘察一般分为初步可行性研究阶段、可行性研究阶段、设计阶段（初步设计和施工图设计）和建造阶段 4 个阶段，其中可行性研究阶段做得较细，大体相当于一般工程的初步勘察。由于核电对安全的特殊要求，需组织同行专家对勘察工作进行专项评审，每个阶段均需进行“两纲”（勘察大纲和质量保证大纲）评审、野外验收、报告书评审 3 项工作，专家组组长一般由戴联筠同志担任。由于拟选和备选厂址多，所以评审工作相当频繁，真是层层把关，确保万无一失。野外验收是评审工作的重要一环，主要工作包括查看现场地质条件、查看岩芯，听取勘察人员汇报，与勘察人员讨论相关问题等。特别是查看岩芯，使我们对地质条件有了一定的感性认识，判断问题更有把握。而且，野外验收保证了勘察成果的真实性，不致出现社会上经常发生的弄虚作假问题。2015 年以后，我因年事已高，不参加现场验收了。

核电厂的勘察工作非常辛苦，一是厂址远离人口密集的市镇，生活条件很差；二是多在山区、滩涂和海岛，没有现成的道路，需新修道路运入勘探设备；三是地形崎岖，起伏很大，行走和修路都很困难；四是已有的勘察资料很少，需从头做起；五是水工构筑物部分在水域、海域，需水上或海上钻探；六是要求高，审查严，时间紧，不管北方的隆冬严寒还是南方的阴雨连绵，都要坚持野外作业。

核电厂勘察的关键岩土工程问题有以下 5 方面。

（1）断层问题

能动断层是颠覆厂址的重要地质因素，所以，无论政府、业主和设计单位，对断层都有一种恐惧感。虽然能动断层和地震动参数问题另有专项评估，但仍是岩土工程勘察的重点。工程使用年限内可能发生岩层浅表错动的断层称为能动断层，比全新活动断裂的时间跨度长，为 10 万年。厂址内即使只有非能动断层，也要详细查明，深入评价。由于断层对核电厂址选择来说畏忌极深，故只要主厂区有断层，初可研阶段勘察时就尽量弃用，以免日后麻烦。从江苏田湾核电厂“特殊地质体”的勘察和论证，就不难看出核电厂对断层问题的极端重视（详见拙作《岩土工程典型案例述评》)。

田湾核电厂前期勘察均未发现异常，地基为坚固而稳定的前寒武纪浅粒岩，岩体完整，剪切波速和抗压强度比花岗岩还高。设计阶段勘察时发现在地面以下80m左右局部有破碎带，引起警觉，进行补充勘察。及至施工开挖，破碎带完全暴露，宽约8m左右，时断时续，明显就是断层，虽规模很小，但引起核安全管理部门的极大注意。补充勘察做得很细，打了足够数量和足够深度的钻孔（部分为斜孔），测了剪切波速、抗压强度等指标，做了断层岩的岩矿鉴定和年代测定，结论为非能动断层。由于核电厂对断层太敏感，故称为“特殊地质体”。我是不赞成的，这不符合实事求是的科学精神，“特殊地质体”的概念太泛了，后续的勘察报告称“挤压破碎带”比较贴谱。我参加了现场查看，基坑中断层暴露得十分清楚，破碎带的两侧是坚硬完整的浅粒岩，断层与浅粒岩接触带是砂砾状的破碎带和很薄的断层泥，中部比较坚硬完整，与浅粒岩相近，确是受构造挤压产生的小型分支断裂。作为核岛的地基，静态承载力和变形都没有问题，但地震作用下的动态反应需要评估。业主委托核工程第二设计院和水利水电科学研究院分别用两套软件进行分析，结论认为，虽与完整岩体有明显不同，但应变很小，与完整岩体相比，峰值加速度和反应谱差别都不大。2006年11月，由核安全局主持召开审查会，阵容强大，院士就有6位，一致认为，破碎带剪切波速较高，反应谱不是整体抬高，问题不严重。为稳妥起见，同意素混凝土置换方案。2008年10月又在现场举行专家咨询会，我的主要意见：一是补充勘察工作做得很到位，地质条件清楚，数据可信；二是“特殊地质体”规模小，断距小，不连续，不是典型断层，肯定不是能动断层；三是开挖时可根据现场实际情况适当处理。

（2）地基问题

主要是核岛地基问题。初期缺乏经验，为了保证万无一失，秦山、大亚湾、岭澳、田湾等核电厂的核岛地基，都是坚硬而完整的结晶岩类，坚固、均匀、稳定，无论承载力、变形、地震动力反应都肯定满足要求。但核电厂的地质数据不能靠推断，都必须实测。即使岩体很稳定、很均匀，但钻孔数量一个也不能少，必须打到指定深度。压缩波速、剪切波速，静态的岩石强度和模量，动态的各项指标，一项也不能缺，都必须评价地基承载力、地基均匀性、地基变形。近几年来，虽然还是尽量选用坚硬、完整的岩石地基，但有些厂址已经不能如愿以偿，遇到了泥岩、第三系半成岩、甚至第四系土等软弱地基问题，对核电岩土工程提出了新挑战。

（3）边坡问题

包括天然边坡和人工边坡，有的与核安全无关，有的与核安全有关，有的是岩质边坡，有的是土质边坡。核电建设往往深挖高填，挖方深度和填方高度 70～80m 甚至百米以上是常有的事，高低不等的边坡绵延数千米。边坡稳定的分析评估，对核电厂的安全性和经济性至关重要。

（4）水文地质问题

核岛的水文地质条件要求尽量简单，透水性越低越好，故总是将厂址选在透水性很低的岩石地基上，以防一旦发生核泄漏，核素随地下水运移，酿成核污染灾害。同时，还要对厂址附近约 5km 范围进行水文地质测绘或调查，评价一旦发生核泄漏，放射性污染物扩散的方向和运移的速度，评价是否符合核安全要求，这一点对内陆厂址尤为重要。

（5）不良地质作用问题

不良地质作用包括岩溶、崩塌、滑坡、泥石流、地面沉降、地面塌陷等，一般在初步可行性研究阶段，至少在核岛及主厂区尽量予以排除，到了勘察设计后期，一般不再出现不良地质作用问题。我所接触的核电厂址中，只有河北沧州海兴核电厂有地面沉降问题。

2《核电厂岩土工程勘察规范》的编制

经过二十多年的实践，核电厂勘察已经积累了相当多的经验。与其他工程相比，核电厂有其特殊性，编一本《核电厂岩土工程勘察规范》很有必要。2010 年开始，以中国核电集团（核二院）和电力规划设计院为主编单位，王旭宏、戴联筠为主编，陆续完成了征求意见稿、送审稿、报批稿，于 2014 年批准发布，成为我国第一部核电厂岩土工程勘察的国家标准。我参与了岩土工程评价方面章节的编写，并起草了相应的 3 个专题报告：即专题报告之 12《岩土单元的划分》；专题报告之 13《岩土按剪切波速分级》；专题报告 14《岩石地基承载力》。这 3 个专题中，“岩土按剪切波速分级”和“岩石地基承载力”问题，本书第 28 章已有说明，这里不再重复，仅就岩土单元划分问题做一简单介绍。

正确划分岩土单元至关重要。岩土工程中的岩土单元类似于结构工程中的构件，岩土单元的位置、尺寸相当于构件的位置和尺寸，岩土单元的工程特性指标相当于构件的材料性能指标。构件的位置、尺寸和材料性能是结构工程师进行构件截面验算的依据。勘察报告的主要功能之一是为设计提供依据，如果岩土单元的位置和几何尺寸不明确或不正确，岩土单元的工程特性指标不明确或不正确，设计工程师就无法进行计算或验算。有了明确的岩土单元位置、几何尺寸和工程特性指标，就有了明确的设计计算剖面，设计者才能据此进行设计计算。

但有些勘察报告的岩土单元划分存在混乱现象，一是同一场地多次勘察，岩土单元的代号和名称前后不一致，甚至同一份报告前后也有矛盾；二是同一岩土单元，工程特性指标不属于一个统计母体，甚至将不同岩性的岩土混在一起统计；三是有的勘察报告对岩石名称划分过细，譬如虽然矿物成分或侵入时代有所不同，但都是花岗岩，工程特性基本一致；四是存在复合岩土单元时，问题更多。黏土中夹砂土、砂岩中夹泥岩，将两种不同的岩土指标混在一起统计，设计者无法据以设计计算。《专题报告》提出了岩土单元划分应遵循的基本原则，强调了岩土工程勘察是为工程服务的，同一岩土单元的工程特性指标应当是相近的，属于同一统计母体，不属于同一统计母体的岩土原则上不能划为一个岩土单元。强调每一场地的岩土单元均应采用统一代号，包括不同的勘察阶段和不同的建筑物和构筑物，不得重号，否则极易造成混乱。每一场地岩土单元的代号和岩土名称，都必须一一对应，代号和名称一经确定，不得随意更改，必须更改时应在勘察报告中专门说明。

复合岩土单元是由两种或两种以上不同岩性的岩土体组合而成的复合体，在自然界很常见，如砂岩与页岩互层，砂土与黏性土互层。由于每层土的厚度很小，不能单独分出，只能合并为一个岩土单元。复合岩土体中的砂岩与页岩，砂土与黏性土，具有完全不同的工程特性，应分别统计其工程特性指标，但又复合在一起，故需进行综合分析，综合评价。由于复合形式各有不同，在工程中起的作用各有不同（地基、边坡、围岩等），综合分析的方法也不同，需具体情况具体分析。

3 核电岩土工程的新挑战

大约在 2010 年以前，核电厂址基本上都选在地质条件简单而良好的场地，虽然工作做得很细，很认真，除了田湾“特殊地质体”比较麻烦外，没有遇到什么疑难问题。随着核电建设铺开，不良地质条件逐渐多起来了，核电岩土工程遇到了新挑战。

3.1 软岩地基问题

防城港核电厂一期工程，地基为侏罗系泥岩、泥质粉砂岩和砂岩互层，以泥岩为主，施工过程中进行了基础沉降监测，最大沉降量超过 30mm，见图 42-2。

最大沉降量超过 30mm 出乎意料，虽然并未大于限值，但引起业主和设计单位的警觉。为预防二期工程出现问题，委托长江科学院于 2014 年 8 月至 2015 年

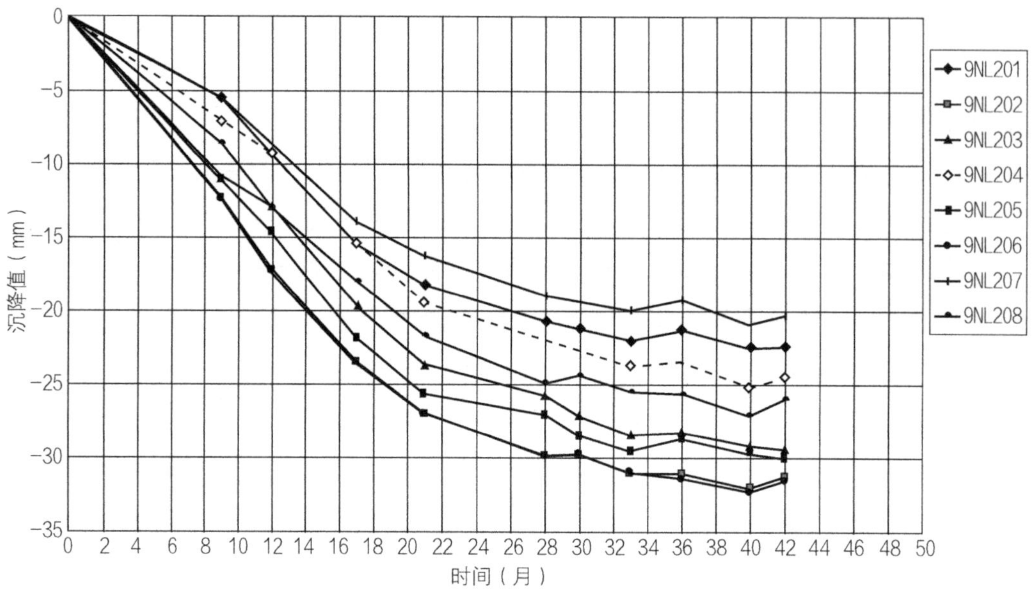

图 42-2 防城港核电厂一期核岛沉降－时间关系

4 月对二期工程进行了地质概化和参数取值研究。研究内容的测试项目包括：含水率、膨胀率、耐崩解、吸水率、声波测试、岩石单轴抗压强度、岩石单轴压缩变形、岩体变形试验、岩体载荷试验、岩体直剪试验等，进行了岩体流变模型和流变参数研究，进行了地基沉降预测。分别对砂岩、泥质粉质岩、泥岩，中等风化和微风化，未松弛岩体和松弛岩体进行了试验研究。岩体卸荷松弛效应是指岩体在爆破开挖过程中，靠近开挖面的岩体受爆破振动、应力卸除等因素，裂缝张开、扩展，数量增多，结构发生变化，导致力学性状劣化的现象，在水利水电工程中已形成共识。试验研究结果，各类岩体的变形模量、抗剪强度、地基承载力的建议值见表 42-1 ~ 表 42-3。

各类岩体变形模量建议值　表 42-1

岩性及风化程度	未松弛岩体变形模量（GPa）	松弛岩体变形模量（GPa）
中风化砂岩	2.5 ~ 3.5	1.0 ~ 1.5
中风化泥质粉砂岩	1.0 ~ 2.0	0.5 ~ 1.0
中风化泥页岩	0.2 ~ 0.4	0.1 ~ 0.2
微风化砂岩	6.0 ~ 8.0	3.0 ~ 4.0
微风化泥质粉砂岩	3.0 ~ 4.0	1.5 ~ 2.0
微风化泥页岩	0.6 ~ 0.8	0.3 ~ 0.4

各类岩体抗剪强度建议值 表 42-2

岩性及风化程度	未松弛岩体			松弛岩体		
	内摩擦角 φ'（°）	摩擦系数 μ	黏聚力 c'（MPa）	内摩擦角 φ'（°）	摩擦系数 μ	黏聚力 c'（MPa）
中风化砂岩	31.0 ~ 38.7	0.60 ~ 0.80	0.30 ~ 0.70	21.8 ~ 31.0	0.40 ~ 0.60	0.15 ~ 0.30
中风化泥质粉砂岩	21.8 ~ 31.0	0.40 ~ 0.60	0.15 ~ 0.30	16.7 ~ 21.8	0.30 ~ 0.40	0.05 ~ 0.15
中风化泥页岩	16.7 ~ 21.8	0.30 ~ 0.40	0.05 ~ 0.15	11.3 ~ 16.7	0.20 ~ 0.30	0.03 ~ 0.05
微风化砂岩	42.0 ~ 50.2	0.90 ~ 1.20	0.80 ~ 1.50	31.0 ~ 42.0	0.60 ~ 0.90	0.30 ~ 0.80
微风化泥质粉砂岩	31.0 ~ 42.0	0.60 ~ 0.90	0.30 ~ 0.80	21.8 ~ 31.0	0.40 ~ 0.60	0.15 ~ 0.30
微风化泥页岩	21.8 ~ 31.0	0.40 ~ 0.60	0.15 ~ 0.30	16.7 ~ 21.8	0.30 ~ 0.40	0.05 ~ 0.15

各类岩体地基承载力建议值 表 42-3

岩性及风化程度	未松弛岩体承载力比例极限（MPa）	松弛岩体承载力比例极限（MPa）
中风化砂岩	2.0 ~ 3.0	1.5 ~ 2.0
中风化泥质粉砂岩	1.5 ~ 2.0	1.0 ~ 1.5
中风化泥页岩	1.0 ~ 1.5	0.5 ~ 1.0
微风化砂岩	3.0 ~ 4.0	2.0 ~ 3.0
微风化泥质粉砂岩	2.0 ~ 3.0	1.5 ~ 2.0
微风化泥页岩	1.5 ~ 2.0	1.0 ~ 1.5

由于防城港核电厂一期沉降的时间延续较长，故进行了流变试验研究。衰减蠕变采用广义 Kelvin 模型描述，包括 3 参数和 5 参数两种模型。模型中 E_H 为弹簧模量，E_1 和 E_2 为弹性模量，η_1 和 η_2 为黏滞系数（三参数模型只有 E_H、E_1 和 η_1）。试验研究结果，各类岩体的流变参数见表 42-4。

各类岩体的流变参数 表 42-4

风化程度	岩性	未松弛岩体					松弛岩体				
		E_H（GPa）	E_1（GPa）	η_1（GPa·h）	E_0（GPa）	E_∞（GPa）	E_H（GPa）	E_1（GPa）	η_1（GPa·h）	E_0（GPa）	E_∞（GPa）
中风化	泥页岩	0.2	1	10	0.27	0.23	0.1	0.5	5	0.13	0.12
	泥质粉砂岩	1	2	20	1.33	0.96	0.5	1	10	0.67	0.48
	砂岩	2	4	40	2.66	1.92	1	2	20	1.33	0.96
微风化	泥页岩	0.5	2	20	0.67	0.56	0.3	1	10	0.40	0.32
	泥质粉砂岩	3	4	40	3.99	2.54	1.5	2	20	2.00	1.27
	砂岩	6	8	80	7.98	5.07	3	4	80	3.99	2.54

表中 E_0 和 E_∞ 分别为瞬时变形模量和长期变形模量。用瞬时变形模量算得的沉降为即时沉降；用长期变形模量算得的沉降为最终沉降。

在地质概化模型和参数取值研究的基础上，进行了防城港核电厂二期核岛的沉降预测，预测采用莫尔－库仑理想弹塑性体模型，用显式有限差分法建立三维数值模型计算。计算结果，荷载最大区块基本方案的最大沉降量为12.4mm，下限方案为14.4mm。因二期工程以砂岩为主，一期工程以泥岩为主，故二期工程的沉降量小于一期工程。

为了研究新近系、古近系半成岩的力学性质和地基承载力，核电集团第二设计院在安徽吉阳进行了大规模试验研究。试验场地为第三系半胶结砂岩，试验研究方法以载荷试验为主，共做了18个试验。为比较压板面积对试验结果的影响，分别做了压板面积为 $0.07m^2$、$0.25m^2$、$0.5m^2$、$2.0m^2$ 的浅层载荷试验；为比较不同埋置深度对试验结果的影响，分别做了深度为3m、5m、7m的深层载荷试验。配合载荷试验，进行了科研钻探、不同深度的旁压试验、大型现场剪切试验、标准贯入试验、动力触探、波速测试、室内物理力学试验、动力试验、蠕变试验，进行了地基承载力、地基变形、地震反应、岩体力学机理的研究，成果非常丰富。

载荷试验表明，所有压力与沉降关系曲线均呈缓变形，没有明显的比例界限，只有一个做到破坏荷载，其他均未做到破坏。研究者以相对沉降量确定地基承载力特征值（f_a），s/b=0.01时，f_a 为690kPa；s/b=0.015时，f_a 为890kPa。试验结果表明，地基承载力特征值与承压板面积关系不大，但随着深度的增加，承载力明显提高。如地基承载力特征值取 s/b=0.01，则深度修正系数为4.5；如地基承载力特征值取 s/b=0.015，则深度修正系数为4.8，见图42-3。进一步说明《核电厂岩土工程勘察规范》规定的深度修正系数是安全的。

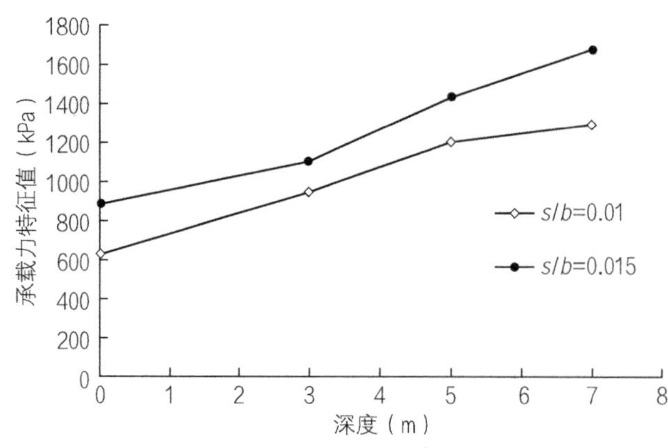

图42-3 地基承载力特征值与深度关系

3.2 海域深厚淤泥的勘察和处理

位于水陆交界处的水工构筑物是对岩土工程的又一挑战，以福建霞浦核电厂为例，首先面临的是海上钻探和海上原位测试问题。我国海上勘察起步晚，水平低，业主又舍不得投入，勘察单位感到力不从心。据了解，港珠澳桥隧工程勘察用的是载重 1200t 的钻探船，由香港辉固公司承担海上静力触探。霞浦这里海水深约 6 ~ 12m，风大浪高，开始用载重 200t 的钻探船，钻探和十字板试验极为困难，数据可靠性很差。后来用 400t 钻探船，效果如何，我不清楚。直到 2016 年霞浦 600MW 示范堆设计阶段勘察时，才用 800t 钻探船，终于取得了较好的效果。虽然知道软土宜采用静力触探，但没有海上静力触探的设备和经验，也是直到 2016 年霞浦 600MW 示范堆设计阶段勘察时，才由四航院进行海床式静力触探。发展海上勘察，提高软土取样和原位测试的质量，已是摆在我们面前的迫切任务。

霞浦海域淤泥和淤泥质土最厚超过 50m，600MW 示范堆海域上层淤泥厚度平均为 20m，天然含水量平均为 62.4%，1 ~ 10m 深度范围的原状土十字板强度为 21.5 ~ 38.9kPa，扰动土十字板强度为 5.8 ~ 12.5kPa，直接快剪试验黏聚力为 6.6kPa，内摩擦角为 2.8°；下层淤泥质土天然含水量平均为 42.4%，直接快剪试验黏聚力为 12.8kPa，内摩擦角为 4.7°。可行性研究阶段考虑的方案是，采用抛石爆破挤淤，将上层淤泥挤出，保留下层淤泥质土不予处理。这个方案将来会有巨大的工后沉降，且延续时间很长，运行过程中需不断采取工程措施，会带来很多问题。直至本书定稿时，尚不清楚最终如何决策。

3.3 第四系地基土上的核岛基础

更大的挑战是河北省沧州海兴核电厂，该厂厂址地层有 4 大层：第一大层为第四系全新统海陆交互相沉积，平均厚度约 44m，以粉质黏土为主，夹淤泥质土、粉土和粉砂；第二大层为第四系上更新统玄武岩和沉火山角砾岩，厚度为 18.5 ~ 168.3m，平均约 70m；第三大层为中更新统和下更新统沉积，以坚硬—硬塑的粉质黏土为主，厚度平均约 140m；第四大层为新近系黏土岩，未揭穿。海兴核电厂拟建 6 台百万千瓦级 AP1000 压水堆机组，反应堆厂房基底压力为 700kPa，辅助厂房基底压力为 460kPa。面临的主要岩土工程问题有：

（1）核岛地基基础问题；

（2）地面沉降问题；

（3）粉土液化和淤泥质土欠压密问题；

（4）为提高场坪标高需普遍填方 3m，产生的沉降问题；

（5）盐渍土对建筑材料的腐蚀问题。

存在这么多问题，从岩土工程角度看，这里实在不适合修建核电厂。如果一定要建，麻烦的确不少。这里仅简要介绍地基基础问题。

核岛基础埋深约12m，基础下的淤泥质黏土剪切波速仅161m/s，地基承载力特征值仅90kPa，不能作为天然地基，拟采用桩基。核岛采用桩基，国内是首例，国际上也罕见，难度很大，是该工程岩土工程问题的最大挑战。初步方案桩径为1.5m，桩长为36m，嵌入基岩2m，桩间距4m，共约120根。在核岛区做了桩基竖向和水平向承载力的载荷试验，共7根试桩，6根桩径为1.5m，一根为1.2m，实际嵌岩深度为1.2～2.0m不等，有效桩长32m左右，全部进行了后压浆处理。试桩结果存在两个问题，一是桩底沉渣控制不好，达5～24cm，未能提供桩端极限阻力；二是基桩水平承载力远低于设计要求。设计要求单桩水平承载力特征值为3000kN，试验结果，当桩端水平位移为8mm时，原状土为637kN；桩间土振冲处理后为1023kN，差得很远。

其中，竖向承载力问题还比较容易解决，水平承载力是个大难题。2017年，设计单位委托中国建筑科学研究院地基所咨询，地基所准备用半年时间研究，本书定稿时尚未提交咨询报告。拟考虑两个方案：一是桩基方案，二是整体换填方案。在工作大纲和质量保证大纲评审会上，我同意两个方案同时考虑，择优选用，但更寄希望于整体换填方案。桩基虽然经验多，但用于核岛却是第一次。许多问题难以说清楚，譬如作用在桩顶的水平力主要为地震作用，而水平承载力特征值为3000kN，位移以8mm为标准，都是对静力而言，并非对地震动力作用，实际上两者相差甚远。单桩试验没有竖向压力，实际工程桩有竖向压力，两者有很大差别。由于遮挡效应，实际工程桩的受力和位移并非均匀分配，周边的桩和中央的桩是不同的。因此，桩基与相对单一的置换地基比，问题要复杂得多，存在相当大的不确定性，风险较大。用预拌流态固化土整体置换天然土，地基基础在地震作用下的动力反应比桩基简单多了，而且施工质量可控，施工速度较快，地基均匀性好，又容易检验。如果成本和工期可以接受，对于安全性要求特别高的核岛，应优先考虑。

第43章　对岩土工程强国的企盼

本章是对第5篇“工程之善”的总结。认为我国已经成为岩土工程大国，但还称不上岩土工程强国。强调必须从国内走向世界，从数量转向质量，从“粗放”转向“集约”，工程师的素质和能力与发达国家并驾齐驱，国际竞争中能与发达国家比高低，才能称得上岩土工程强国。

21世纪以来，我国土木工程的规模和难度都是举世无双，已经成为岩土工程的泱泱大国。城市中的超高层建筑鳞次栉比，其中不少建在抗震设防烈度高、地基软弱的场地上。已经建成的有高632m的上海环球金融中心，高660m的深圳平安金融中心；拟建的还有高度超过800m、1000m的摩天大楼，我国已经主导全球超高层建筑的开发市场。以上海环球金融中心为例，该工程高632m，地下5层，开挖深度31.4m。周边高楼林立，环境敏感。据上海勘察院顾国荣大师介绍，岩土工程钻探深度达278m（至基岩）、单孔波速测试深度250m，标准贯入试验深度150m，静力触探试验深度90m。在上海软土地基上建造这样高的摩天大楼，仅用有效桩长50m的桩基础即满足了要求，实测沉降在预估的12cm以内。前已提及的高660m的深圳平安金融中心塔楼，采用巨型挖孔桩，置于中等风化的花岗岩上，单桩承载力达100万kN，基坑深33.5m，离地铁车站最近距离仅18m，基坑开挖及挖孔桩降水对周边环境极为敏感，工程规模和难度可想而知。

在铁路、公路和桥隧工程方面，截至2017年底，中国高速铁路运营总里程达2.5万km，高速公路13.6万km，均居世界第一。全国已有30个城市有轨道交通，总长3585km，有39个城市在建轨道交通，总长4780km。位于全球第三极的青藏铁路，安全通过了复杂敏感的多年冻土区，又保护了生态环境。港珠澳桥隧工程创多项世界之最：世界最长的6线行车沉管隧道，世界最长的跨海桥隧组合公路，抗震8度，抗台风16级，设计使用寿命120年，第一期工程于2017年竣工。荷兰隧道工程咨询公司、荷兰奈梅亨6522DK的李英、汉斯·德维特（Hans DE Wit）有一篇比较全面的总结，有兴趣的读者可以参阅（港珠澳大桥沉管隧道技术难点和创新，南方能源建设，第4卷第2期，2017.6）。文章认为，港珠澳大桥沉管隧道是世界最具挑战性的工程之一，地质条件差、变化大，由此造成地基处理和岛隧接口是重要难点和风险。文章认为有五大创新，其中之一就是地基处理和加固。据杨光华博士在第12届土力学与岩土工程大会上介绍，岩土工程方面难度最大的是人工岛和沉管式隧道。两个人工岛上有地面建筑，下有隧道工程，要求很严，采用了钢护筒围堰内填筑，钢护筒直径22m，挖除厚16m的淤泥，抛填碎石，吹砂，超载预压，以提高地基承载力，减少沉降，确保地面建筑和地下隧道的安全和正常使用。沉管式隧道基底最深处位于水面下45m，地质条件复杂。为严格控制纵向沉降差异，进行了国内规模最大的海上静力触探，确定变形参数，并采用大规模堆载试验检测，复核设计计算。

我国作为岩土工程大国是当之无愧的，项目多，规模大，难度也不小。但就全国而言，发展很不平衡。一方面，一些世界级的大工程圆满完成了，还有不少创新，走上了国际前列；另一方面，多数工程做得相当粗糙，包括勘察设计和工程实施。一方面，少数精英无论理论功底、工程经验，还是处理疑难问题能力，与国际同行不相上下；另一方面，多数岩土工程师的知识和经验还相当肤浅和局限，一切依赖规范，总体水平不高。就像一个国家，经济总量上去了，尖端武器上去了，但贫富差距很大，生产效率很低，文盲很多，能称得上强国吗？所以，我们不能自满，要向岩土工程强国挺进，从“走出去”和“练内功”两方面下功夫。

先说“走出去”。从这64年的历史来看，我所在的单位第一次走出国门是1954年，建造中国驻朝鲜大使馆。接着是援蒙（古）、援越（南）、援柬（埔寨）、援尼（泊尔），60年代援助非洲多国。铁道部和交通部承担了援助也门的公路、援助非洲的坦赞铁路，都是属于经济援助性质。20世纪80年代以后，开始了商务性质的海外工程项目，遍及东南亚、南亚、中亚、中东、俄罗斯、非洲、拉丁美洲，近年又进入了欧美发达国家，项目数量也比以前不断增多。随着“一带一路”的建设和亚投行的运作，我国对外投资已经驶入了快速道。新形势使我国的岩土工程进入了国内、国际两个市场的新阶段，要求我们既有国际视野，更有民族自信。

一旦走出去，马上就会感觉到，海外工程，别有洞天。首先是遇到各种各样国内没有见到过的特殊岩土，如非洲的黑棉土，其膨胀势，我国无论什么地方的膨胀土都无法相比。中方主导建设的一座安哥拉医院，建成后不久，即发现多幢建筑严重开裂，原因是红色粉细砂浸水湿陷。马尔代夫机场的珊瑚砂和礁灰岩，虽然我国南海也有，但只有少数岩土工程师涉及，经验很少。

其次就是标准和规范。目前我国的海外工程主要采用总承包的形式，采用我国自己的技术标准，勘察、设计、施工、监测之间的配合也比较顺畅。其实，中国的岩土工程规范用于海外不一定合理。譬如液化判别，中国规范的判别方法源于国内历次地震的调查数据，外推到海外很牵强。国内基本上都是石英砂，用于珊瑚砂液化的判别，问题就更大了。各国有各国的规范，多数国家没有抗震设防烈度的具体规定，有的国家甚至什么资料也没有，一片空白。世界各国采用的技术标准各不相同，较为广泛使用的有英国标准、欧洲标准、美国标准等，从岩土分类到土工试验，从设计原则到设计细节，从计算参数到计算方法，与我国标准差别很大。譬如说，外国岩土工程师对我们每个工程都要按规范布置勘察工作量，打那么多钻孔，取那么多土样，做那么多试验，觉得无法理解，不能接受。因此，我们不仅要熟悉本国的规范和标准，还要熟悉国际上常用的各种规范和标准，才能应对各种情况，才便于和外国岩土工程师交流。

走出去，肯定是机遇与风险并存。国际市场跌宕起伏，所在国的政治环境变幻莫测。各国的政治经济制度和文化传统差别非常大，很难在短时间内熟悉和适应。要成为岩土工程强国需与发达国家比较，我国的市场经济还不成熟，对国际市场的商业运作不熟悉，需认真学习和适应。发达国家做的主要是档次高的岩土工程咨询（包括监理），并不是档次较低的勘察、设计、施工。有人对我说，我们在海外做钻探、取样、试验，而监理工程师却是印度人、埃及人。也就是说，60多年来我们虽然承担了不少海外项目，但多数位于低端，并未真正融入国际，还不是真正意义上的走向世界。只有在海外做咨询，特别是有国际影响的大项目咨询，进入高端，与发达国家比高低，才能真正算得上走向世界。

走出去，才能经风雨，见世面，才不致坐井观天，更不会夜郎自大。走出走，才能见到世界上种种不同的岩土和地质构造，才能在了解不同政治经济背景，领略不同文化风尚的基础上，根据不同的社会环境进行工程建设。走出去，才能知道世界各国的技术标准和商业运作规则，才能直接学习外国的新思维、新技术、新经验，不断汲取营养，充实自己，吐故纳新。走出去，才能与外国岩土界深入交流，深度融合，传播中国岩土工程的法规、标准、理念、技术，逐步以中国的优势主导世界。

再说“练内功”。所谓“练内功”，包括个人和行业两个层面。个人层面是指岩土工程师的个人素质。由于我国岩土工程师对规范的过分依赖，“有规范照规范做，没有规范不能做”，造成理论浅薄，经验狭窄，不敢担当责任。因而总体水平不如发达国家的岩土工程师，亟待全面提高。此外，还需要熟悉国际上常用的规范和标准，熟悉各国的政治经济制度和法律法规，善于适应各国不同的民俗风情，才能熟练地在国际上驰骋。岩土工程师的素质既包括理论功底、实践经验和处置疑难问题的能力，还包括价值取向、责任感、敬业精神等自我评价准则。

行业层面指的是市场经济制度的逐步完善，在严格的法治环境下，形成靠技术先进、工作高效、良性竞争的市场机制。加紧完善岩土工程体制，彻底改革勘察与设计分离的“两段式”，发展咨询业。还要深化标准化体系改革，技术法规和技术标准（或全文强制性标准与推荐性标准）相结合，强化岩土工程师的市场主体地位，使岩土工程师不再过分依赖规范，为岩土工程师独立担当创造条件。在此基础上，逐步达到与国际市场融合。

创新是强国之本。我们不要有了一些成绩就沾沾自喜，大而不强的重要标志就是创新不足。只有创新才能进步，才能领先，才能不被超越。一个国家，一个民族的兴旺靠创新，一个行业，一个企业的兴旺也是靠创新，美国之所以能独领风骚百年，靠的就是科技创新。不仅要不遗余力地引进、消化、吸收、改进，更要自主创新；不仅要小改革、小发明，更要原始创新；不仅要精英创新，更要万众创新。创新是自强的根本策略，一定要走创新强国之路。

总之，我国的岩土工程，已经走过了幼年和少年时代，成长为一个高高大大的大人了，但智慧和力量还不够。只能说是岩土工程大国，称不上岩土工程强国。大国，体量大而已。只有从数量转向质量，从粗放转向集约，岩土工程师的素质和能力可与发达国家并驾齐驱，国际竞争中能与发达国家比高低，出一批国际著名的专业公司、大学者、大工程师，不断创新，领跑国际，那时才能说，我国已经从岩土工程大国走上了岩土工程强国。

本篇的篇名是“工程之善”，古人说：“工欲善其事，必先利其器”。我觉得岩土工程要做好，器具、仪器、机械、软件等固然重要，但更重要的是工程师的知识、智慧和能力。“工欲善其事，必先育其人”。上善若水，厚德载物。岩土工程师要亲近岩土，把自己的智慧渗入岩土，滋润岩土；要练好内功，有了功底厚、善决断、敢担当、能创新的工程师，安全、经济、完美的工程才能建造起来。

篇首
箴言

不以规矩，
不能成方圆。
——《孟子》

第 6 篇
规范之尊
—— 从《规结 7-54》到深化标准化改革

核心提示

处理岩土工程问题要避免陷入两个误区：一是迷信计算，还没有弄清楚公式的假设条件及其与实际工程的差异，还没有弄清楚选用的参数有多大的可靠性，就代入计算；二是迷信规范，不去深入理解规范总结的科学原理和基本经验，盲目套用。迷信就是盲目，与实事求是的科学精神是完全对立的。

规范要遵守，不要依赖；要理解，不要盲目；要权威，不要绝对化。

过分依赖规范的后果，一是项目负责人缺乏处理工程问题的主动性和积极性，难出优秀成果；二是影响新理论、新技术、新方法的创新和应用，影响岩土工程师素质的提高，难出优秀人才。

制订强制性国家标准时，应当考虑岩土工程的特点，对技术措施和技术方法不宜规定得太细、太具体，以便项目负责人可以因地制宜，因工程制宜。

勘察方面的强制性标准应列入保证资料真实性和数据可靠性的技术措施和管理措施；设计方面的强制性标准除了保证安全外，应加强耐久性和环境保护方面的内容，以促进可持续发展。

第 44 章　规结 7-54 和苏联地基规范

本章介绍了苏联 1948 年、1955 年和 1962 年发布的 НиТУ 6-48（即规结 7-54）、НиТУ 127-55 和 СНиП Ⅱ-Б.1-62 三本规范的主要内容和特点，以便读者了解规范演进的历史脉络，虽然具体指标已经没有多少参考价值。总结了苏联规范对我国的影响：一是重视土的分类，用土的物理性质确定地基承载力；二是用界限荷载计算地基承载力，不用极限荷载；三是地基承载力的深宽修正；四是按变形控制设计；五是不用理论方法计算基础沉降与时间关系，用经验估计。

1 第一本地基设计规范——规结 7-54

建国初期，我国没有本国自己的规范，用苏联规范。第一本是《天然地基设计规范》（НиТУ 6-48），大约在 1954 年初翻译后在我国开始应用。我在南京大学学习时，土力学老师徐志英做了简要介绍。1954 年 12 月，我已参加工作，当时的建筑工程部将翻译本改称《天然地基设计暂行规范》（规结 7-54），内部发行。虽然名义上是中国的暂行规范，但实际上与 НиТУ 6-48 完全一样。由于时间久远，术语、符号变化较大，为方便读者理解，采用现在通用的术语叙述。

原文共 7 章 41 条，主要内容如下：

第一章为总则。本规范适用于设计永久性工业与民用建筑的天然地基，但下列条件不适用，这些条件包括：长年冰冻地基、特别重要建筑物和水工结构物、动力荷载地基。并规定，应以勘察资料为设计依据，地基应稳定，不会发生滑动、塌陷。

第二章为地基岩土名称。分为岩石类、半岩石类、碎石类、砂类和黏土类。岩土分类问题将在本书第 47 章另行介绍。

第三章为地下水。设计时应考虑地下水位的变化、地下水对土的冲刷、地下水的腐蚀性、发生事故时腐蚀性水渗入地下的可能性，并应采取有效防护措施。

第四章为基础埋置深度。应考虑地层、地下水位、冻结深度、荷载大小和性质、建筑结构及生产特点、地下室及相邻建筑关系，并规定埋深不得小于 0.5m。对冻结深度及其与基础埋深关系作了较为具体的规定。

第五章为地基容许承压力（即现在的容许承载力，以下称容许承载力），本章篇幅最长。规定“基础的计算压力不应超过地基土的容许承载力”，并列表规定了各类岩土的容许承载力，见表 44-1 和表 44-2。砂类土根据湿度和密实度，黏土类土根据孔隙比和稠度，可查到相应的容许承载力。表中的容许承载力条件为基础宽度等于 0.6 ~ 1.0m，基础埋深等于 2.0m。并规定基础宽度大于 1.0m、基础埋深大于 2.0m 时应进行深宽修正。深度修正系数碎石土和砂土取 2.5，黏质砂土和砂质黏土取 2.0，黏土取 1.5，湿陷性土取 1.0。基础埋深小于 2.0m 时折减（按基础埋深为 0m 时容许承载力为埋深 2.0m 时容许承载力的一半插值）。该规范没有用抗剪强度指标计算地基承载力的规定。

规定下列岩土应根据特殊情况个别解决：一是易风化岩石；二是不抗水的半岩石类；三是松砂；四是流塑黏土；五是黏质砂土孔隙比大于 0.7，砂质黏土孔隙比大于 1.0，黏土孔隙比大于 1.1；六是含大量有机质的砂土和黏土类土；七是填土和废土。

此外，对有偏心荷载的基础、挡土墙基础、高耸构筑物基础、建筑物加高、加载等情况的设计作了原则规定。

地基土的容许承载力　　表 44-1

土类	土的定名	湿度	密实度	容许承载力（kPa）			备注
				只考虑主要荷载	主要荷载和附加荷载	考虑特殊荷载	荷载分类按规结 1-54
砂类土	砾砂 粗砂	任何	密实	450	550	650	用砾砂、粗砂、中砂分层加水回填夯实，容许承载力按同类砂中密考虑； 基坑开挖明排降水时，施工图设计必须采取措施，防止细砂、粉砂、黏质砂土软化或密实度降低
			中密	350	400	500	
	中砂	任何	密实	350	400	500	
			中密	250	300	400	
	细砂	稍湿	密实	300	350	450	
			中密	200	250	300	
		很湿及饱和	密实	250	300	350	
			中密	150	180	200	
	粉砂	稍湿	密实	250	300	400	
			中密	200	250	350	
		很湿	密实	200	250	350	
			中密	150	200	250	
		饱和	密实	150	180	200	
			中密	100	120	150	

说明：原表还有岩石类、半岩石类和碎石类土的容许承载力，从略，未录入。

地基土容许承载力　　表 44-2

土类	土的定名	孔隙比	稠度	容许承载力（kPa）			备注
				只考虑主要荷载	主要荷载和附加荷载	考虑特殊荷载	荷载分类按规结 1-54
第四纪非大孔土黏土类土	黏质砂土	0.5	B=0	300	350	400	孔隙比和稠度的中间值，容许承载力可插值； 具有结构黏聚力的砂质黏土和黏土，容许承载力可根据含水量相同有结构和无结构的无侧限强度试验按比例提高； $B<0$ 的坚硬黏质砂土，容许承载力可按 B=0 取值；砂质黏土和黏土可按 B=0 提高 20%
			B=1	250	300	330	
		0.7	B=0	250	300	330	
			B=1	150	180	200	
	砂质黏土	0.5	B=0	300	350	400	
			B=1	250	300	330	
		0.7	B=0	250	300	330	
			B=1	180	200	220	
		1.0	B=0	200	250	300	
			B=1	100	120	130	
	黏土	0.5	B=0	500	600	700	
			B=1	300	350	400	
		0.8	B=0	300	350	400	
			B=1	200	250	280	
		1.1	B=0	250	300	330	
			B=1	100	120	130	

说明：表 44-1 和表 44-2 原文为一张表，录入本书时分为两张；黏质砂土和砂质黏土后来改译为亚砂土和亚黏土；录入时备注栏稍有文字上的修改。

第六章为建筑物沉降。内容不多，仅规定了哪些情况需进行沉降计算；地基中的应力分布；沉降计算的深度为附加应力与土的自重压力之比等于 0.2；碎石土、砂土和坚硬黏性土建筑物竣工时沉降结束，可塑的黏性土建筑物竣工时沉降完成了一半，其余在使用期完成。对沉降计算方法、沉降计算参数均未规定。对建筑物沉降和差异沉降限值、沉降观测，只规定了原则，没有具体数值和要求。

第七章为大孔土（现称黄土）。首先用相对下沉系数（现称湿陷系数）界定有稳固结构的大孔土（现称非湿陷性黄土）和下沉性大孔土（现称湿陷性黄土），相对下沉系数采用 0.3MPa 压力下浸水饱和测定，大于 0.02 为下沉性大孔土（湿陷性土），小于和等于 0.02 为稳固结构的大孔土（非湿陷性土）。然后计算总湿陷量 I（假定下沉量），从基础最小埋置深度一直算至非湿陷性土顶面或地下水位以上 1.0m，按总湿陷量 I（假定下沉量）划分为 4 个等级：

Ⅰ级：I，< 15cm；

Ⅱ级：15cm ≤ I < 50cm；

Ⅲ级：50cm ≤ I < 100cm；

Ⅳ级：I ≥ 100cm。

Ⅰ级：整平场地时保证场地不积水，不渗入地下，地面有湿陷性土时应进行夯实或压实处理；Ⅱ级：除按Ⅰ级处理外，规定场地排水、防水和管道设计要求，防水渗入土中；Ⅲ级：除按Ⅱ级处理外，规定建筑结构措施，包括设置沉降缝、限制层数等；Ⅳ级：除按Ⅲ级处理外，3 ~ 5 层建筑物应设置多层圈梁，除非采用整体式筏板基础。对潮湿生产车间，应采用土桩或其他深层加固处理地基。

当时我国正在实施第一个五年计划，重点在工业建筑，苏联也以工业建筑为主，故该规范较侧重于工业建筑的地基设计。当时没有高层建筑，民用建筑很少超过 6 层，多为砖混结构，因此该规范适应了当时建设的需要。既然是天然地基设计规范，当然没有基础、桩基、地基处理（当时称人工地基）等内容。规范条文简明，重点突出。尤其是地基容许承载力，规定得很具体，极易操作，使我国后来几代勘察设计人员习惯于使用地基承载力表。“容许承压力”最初译为“地基耐压力”，简称“地耐力”，至今还有少数老先生称“地耐力”。对于常用结构，满足了容许承载力也就满足了变形要求。

随着建设规模的发展，技术的进步，这本规范的确显得很陈旧、很落后了。但仍可见到现在的规范还留下了不少这本规范的痕迹，如岩土分类、承载力的确定、深宽修正等。具体指标虽然不同，但框架基本相似。湿陷性土的一些术语和指标虽然变动较大，随着经验的积累，增加了湿陷起始压力、自重湿陷和非自重湿陷等，处理措施的内容也大大丰富，但基本原则和基本精神尚存。

这是我国工程界第一次接触到地基承载力表，印象是非常简单易行。有经验的工程师，在野外根据土的名称和稠度状态就能大体估计地基承载力。那时的工程大部分是低层建筑和单层厂房，基本上在平原地区，觉得很管用。主要疑点是苏联的经验在中国的适用性究竟如何？包括对以后的 НиТУ127-55 和 CH_NПⅡ~ Б.1 ~ 62 都有这样的疑虑。但既然没有自己的规范、自己的经验，只能先用吧。

2 苏联 НиТУ 127-55

苏联于 1955 年发布了《房屋与工业结构物天然地基设计标准与技术规范》НиТУ127-55，对 НиТУ 6-48 进行了修订。我国国家建设委员会于 1956 年 12 月建议推广使用，但不作为我国的正式设计规范，要结合我国具体情况执行，不适合我国情况的由各单位自行研究处理。下面对这本规范做些简要介绍。

2.1 主要修订内容

与 НиТУ6-48（规结 7-54）比较，最大的变化是强调变形控制设计，并做了具体规定。全文共 5 章 76 条和 3 个附录，其中第 1 ~ 4 章章名与 НиТУ6-48 相同，第 5 章为地基计算，占 46 条，仅变形计算就有 37 条，可见分量之重！变形计算的主要内容有：

（1）地基计算包括变形计算和稳定性计算，前者对所有建筑，后者对受水平荷载的建筑和斜坡上的建筑。

（2）竖向变形分为沉降（осадка，原译为下沉）和沉陷（просадка），前者指土的结构不发生根本性变化；后者指土的结构发生根本性变化，如黄土湿陷、松砂振陷、土从地基中挤出。我理解：前者为压密产生的连续性、收敛性变形；后者为非压密产生的不连续变形，具有突发性或不收敛性。

（3）将地基变形分为绝对沉降、平均沉降、纵倾和横倾、相对弯曲。所谓纵倾是指两支座的差异沉降与两支座距离之比；所谓横倾是指沉降差与基础宽度之比。

（4）规定了地基变形的限值（表 44-3、表 44-4）。

（5）将原来的“地基承载力”改为“地基计算强度”，体现了按变形设计的精神，并规定基础宽度小于 3m 时可查表，大于 3m 时用抗剪强度指标计算（下详）。

（6）规定了地基中应力分布的计算方法和地基变形计算方法，必要时应考虑地基基础和上部结构的共同作用。

2.2 地基变形限值

当地基压缩性变化很小时，地基变形限值按表 44-3 采用；当地基压缩性变化较大时，地基变形限值按表 44-4 采用，压缩性变化很小或较大有具体规定。

地基变形限值（cm） 表 44-3

序号	结构和基础类型	限值	变形性质
1	单独和条形基础上的砖石结构，当墙的长度与高度之比大于等于 2.5 时	8	平均沉降
	单独和条形基础上的砖石结构，当墙的长度与高度之比小于等于 2.5 时	10	平均沉降
2	设有钢筋混凝土圈梁或钢筋砖圈梁时	15	平均沉降
3	全部采用框架结构时	10	平均沉降
4	高炉、烟囱、筒仓、水塔等整体钢筋混凝土	30	平均沉降
5	基础		
	单层工业厂房，柱距为 6m 时	8	绝对沉降
	单层工业厂房，柱距为 12m 时	12	绝对沉降

地基变形限值 表 44-4

序号	结构名称	砂土和坚硬黏土类土	可塑黏土类土
1	有吊车轨道的工业建筑倾斜	0.003	0.003
2	钢和钢筋混凝土框架结构 柱基沉降差	$0.002l$	$0.002l$
	砖石充填边柱 柱基沉降差	$0.0007l$	$0.0010l$
	基础沉降不产生附加应力的结构	$0.005l$	$0.005l$
	（l 为基础中心距）		
3	无筋砖石墙的相对挠曲		
	多层住宅和民用建筑 $L/H \leq 3$ 时		
	多层住宅和民用建筑 $L/H \geq 5$ 时	0.0003	0.0004
	军备工业厂房	0.0005	0.0007
	荷载为不利组合时，高度刚性建筑物（烟囱、水塔、筒仓）	0.0010	0.0010
4	整体性基础倾斜	0.004	0.004

2.3 关于地基计算强度

НиТУ 127-55 将地基容许承载力改为地基计算强度，并对冲填土、结构性土作了专门规定。规定严重风化岩石、非抗水半岩石、松砂、流动性黏性土、孔隙比超过表中数值的黏性土，地基计算强度根据勘察报告单独确定。

按黏性土、砂土、碎石土分列三张用土的物理性指标确定地基计算强度的表，并在НиТУ 6-48的基础上作了修改，规定了深宽修正的方法，这里就不详细阐述了。仅介绍岩石的地基计算强度和用土的抗剪强度指标计算地基计算强度的规定。

（1）岩石地基计算强度 R 按下式确定：

$$R = kR^{H}$$

式中 R^{H}——岩石饱和极限抗压强度；

k——折减系数，取 0.17。

（2）对短边大于 3m 的矩形基础和直径大于 3m 的圆形基础，受中心荷载时，按下式确定：

$$P_{1/4} = \frac{\pi\gamma_0}{\cot\varphi^{H} - \dfrac{\pi}{2} + \varphi^{H}}\left(0.25a + h + \frac{c^{H}}{\gamma_0 \tan\varphi^{H}}\right) + \gamma_0 h = (Aa + Bh)\gamma_0 + Dc^{H}$$

对短边大于 3m 的矩形基础和直径大于 3m 的圆形基础，受偏心荷载时，按下式确定：

$$P_{1/3} = \frac{\pi\gamma_0}{\cot\varphi^{H} - \dfrac{\pi}{2} + \varphi^{H}}\left(0.33a + h + \frac{c^{H}}{\gamma_0 \tan\varphi^{H}}\right) + \gamma_0 h = (A_1 a + Bh)\gamma_0 + Dc^{H}$$

式中 $P_{1/4}$——基础受中心荷载时地基土上的平均压力，此时基础边缘的塑性变形区不超过基础宽度的 1/4；

$P_{1/3}$——基础受偏心荷载时地基土上的平均压力，此时基础边缘的塑性变形区不超过基础宽度的 1/3；

φ^{H}——基础底面下持力层土的标准内摩擦角；

c_H——基础底面下持力层土的标准黏聚力；

γ_a——基础埋置标高以上土的密度；

a——矩形基础短边宽度；

H——从天然地面起算的基础埋深；

A、D、B、A_1——无因次计算参数，为方便计算，原文将数值列在表中，本书从略。

2.4　地基变形计算

НиТУ 127-55 详细阐述了地基土中自重应力和附加应力的计算方法，包括用角点法计算任意点的应力。规定了计算深度为附加应力与自重应力之比等于 0.2，还规定了相邻基础影响的计算方法、由偏心荷载和相邻基础影响而产生的基础倾斜的计算方法。

单独基础的沉降按下式计算：

$$\Delta=\sum_{i=1}^{n} P_i h_i \frac{\beta_i}{E_i}$$

式中　P_i——第 i 层土顶面和底面由基础压力产生的附加应力的平均值；

h_i——第 i 层土的厚度；

E_i——第 i 层土的变形模量；

B_i——第 i 层土与泊松比有关的无因次系数，砂土取 0.76，黏质砂土取 0.72，砂质黏土取 0.57，黏土取 0.43；

对于通常采用的结构，且地层稳定，5m 以内土的压缩性不增大的情况，以及岩石地基，可认为变形已经满足，不需计算沉降。

由上述介绍可知，НиТУ 127-55 与现在我国通用的变形计算相比，主要有以下几点异同：

（1）均采用分层总和法；

（2）НиТУ 127-55 采用变形模量，现行规范为压缩模量；

（3）НиТУ 127-55 采用应力比法确定计算深度，现行规范采用变形比法确定计算深度；

（4）现行规范将地基变形分为沉降、沉降差、倾斜、局部倾斜，与 НиТУ 127-55 的原则基本一致，但更合理；

（5）现行规范根据我国积累的经验，对建筑物变形限值做了规定，与 НиТУ 127-55 的原则基本一致，但更合理；

（6）现行规范对是否需做变形计算的规定，与 НиТУ 127-55 的原则基本一致，但更具体、更细致、更合理。

由于 НиТУ 127-55 采用变形模量作为变形计算参数，需要各层土的变形模量，我当年做了大量浅层载荷试验和深层载荷试验，觉得最大的问题是难以保证深层试验成果的质量。当时的深层载荷试验做法是，先用钻机钻一直径约 400mm 的试验孔，达到试验深度后，用特制的括刀将孔底括平，然后下入面积为 $600cm^2$ 的钢制承压板，再接钢管作为传力柱，与地面上的堆载平台连接，边逐级堆载加荷，边观测承压板的沉降，获取荷载与沉降关系数据，确定地基承载力，计算变形模量。如果试验深度在地下水位以上，问题还不大；如果在地下水位以下，括刀很难括平，试土极易受到扰动，人不能下入孔中检查，又无设备可以检验试土是否平整。感到缺乏信心，这大概是后来未能继续采用的主要原因。

现在我国普遍采用室内试验测定土的压缩系数或压缩模量作为地基变形计算的参数，其实并不理想。压缩试验土样尺寸太小，取样、运输、样品制备过程中产生扰动，导致试验结果与实际不符。不得已，用经验修正系数修正。按现行规范，修正系数最大为 1.4，最小为 0.2，足见差异之大！与五六十年前比较，现在的原位测试技术已有很大进步，地下水位以上有新的深层载荷试验，地下水位以下有螺旋板载荷试验，还有预钻式旁压试验和自钻式旁压试验，用什么参数计算地基沉降的问题，值得进一步研究。

3 苏联建筑法规 СНиП Ⅱ－Б.1-62

1962 年，苏联发布了《建筑法规》，其中第二卷第二篇第一章为《房屋及构筑物地基设计标准》СНиП Ⅱ～ Б.1 ～ 62。对这本规范，我国主管部门未做任何表示，对我国的影响也较小。那时与现在不同，由于没有自己国家的规范，具体用哪本苏联规范，由各单位科技人员自行处置，政府主管部门不做硬性规定。СНиП Ⅱ～ Б.1 ～ 62 与 НиТУ 127-55 相比，没有大的原则性变化。主要调整如下：

（1）明确了两种极限状态：第一极限状态为按承载力计算；第二极限状态为按变形计算。按承载力计算包括：地基经常受水平荷载作用（如挡土墙等）；地基为斜坡所限制、岩石类地基。

（2）明确了土的标准指标 A^{H} 和计算指标 R。标准指标为数据的平均值；计算指标小于标准指标，类似于我国现在的标准值，考虑了数据的离散性（均方差 α）。

（3）将地基计算强度改为地基土的标准压力 R^{H}，用土的抗剪强度指标 c、φ 结合基础宽度和埋置深度计算。

（4）初步计算时，可采用土的物理性指标查表得到的抗剪强度指标 c、φ 和变形模量 E（表 44-5）；最终计算用实测指标。

用土的物理性指标查力学性指标 表 44-5

土的种类名称		土的指标	土的指标当孔隙比 e 为											
			0.41 ~ 0.50		0.51 ~ 0.60		0.61 ~ 0.70		0.71 ~ 0.80		0.81 ~ 0.95		0.96 ~ 1.10	
			标准的	计算的	标准的	计算的	标准的	计算的	标准的	计算的	标准的	计算的	标准的	计算的
砂类土	砾砂和粗砂	C	0.02	—	0.01	—	—	—	—	—	—	—	—	—
		φ	43	41	40	38	38	36	—	—	—	—	—	—
		E	460	—	400	—	330	—	—	—	—	—	—	—
	中砂	C	0.03	—	0.02	—	0.01	—	—	—	—	—	—	—
		φ	40	38	38	36	35	33	—	—	—	—	—	—
		E	460	—	400	—	330	—	—	—	—	—	—	—
	细砂	C	0.06	0.01	0.04	—	0.02	—	—	—	—	—	—	—
		φ	38	36	36	34	32	30	—	—	—	—	—	—
		E	370	—	280	—	240	—	—	—	—	—	—	—
	粉砂	C	0.08	0.02	0.06	0.01	0.04	—	—	—	—	—	—	—
		φ	36	34	34	32	30	28	—	—	—	—	—	—
		E	140	—	120	—	100	—	—	—	—	—	—	—
黏土类土当土的塑限 W_p 为（%）	9.5 ~ 12.4	C	0.12	0.03	0.08	0.01	0.06	—	—	—	—	—	—	—
		φ	25	23	24	22	23	21	—	—	—	—	—	—
		E	230	—	160	—	130	—	—	—	—	—	—	—
	12.5 ~ 15.4	C	0.42	0.14	0.21	0.07	0.14	0.04	0.07	0.02	—	—	—	—
		φ	24	22	23	21	22	20	21	19	—	—	—	—
		E	350	—	210	—	150	—	120	—	—	—	—	—
	15.5 ~ 18.4	C	—	—	0.50	0.19	0.25	0.11	0.19	0.08	0.11	0.04	0.08	0.02
		φ	—	—	22	20	21	19	20	18	19	17	18	16
		E	—	—	300	—	190	—	130	—	100	—	80	—
	18.5 ~ 22.4	C	—	—	—	—	0.68	0.28	0.34	0.19	0.28	0.10	0.19	0.06
		φ	—	—	—	—	20	18	19	17	18	16	18	15
		E	—	—	—	—	300	—	180	—	130	—	90	—
	22.5 ~ 26.4	C	—	—	—	—	—	—	0.82	0.36	0.41	0.25	0.36	0.12
		φ	—	—	—	—	—	—	18	16	17	15	16	14
		E	—	—	—	—	—	—	260	—	160	—	110	—
	26.5 ~ 30.4	C	—	—	—	—	—	—	—	—	0.94	0.40	0.47	0.22
		φ	—	—	—	—	—	—	—	—	16	14	15	13
		E	—	—	—	—	—	—	—	—	220	—	140	—

（5）地基变形分类、建筑物的地基变形限值、土中自重应力和附加应力分布、

变形计算深度、角点法、下卧层验算、变形计算公式、变形计算时采用土的参数、相邻基础影响、偏心荷载产生的基础倾斜等规定基本不变，或稍有变更。

（6）对砂土和坚硬黏性土，可认为竣工时沉降已经完成；对可塑黏性土，竣工时沉降完成了一半，其余在使用期间完成。附加条件为：施工时地基受到的压力每个月不超过 100kPa。必要时，可分别计算施工期和使用期的沉降（未给出具体方法）。

（7）给出了可不进行沉降计算的条件，具体条件略。

（8）给出了修订后的地基标准压力表（即容许承载力表）（表 44-6），并规定了使用限制条件：一是地基由厚度均匀的地层组成，倾斜不超过 0.1；二是在基础宽度一倍半加 1m 的深度范围内，土的压缩性不增大；三是用表中的数值可以计算基础的尺寸。

地基标准压力表　　表 44-6

土的名称		地基标准压力（kPa）	
碎石类土			
孔隙被砂填满的碎石卵石		600	
由结晶岩组成的角砾或圆砾		500	
由沉积岩组成的角砾或圆砾		300	
砂类土		密实	中密
粗砂（与含水量无关）		450	350
中砂（与含水量无关）		350	250
细砂　稍湿		300	200
细砂　很湿或饱和		250	150
粉砂　稍湿		250	200
粉砂　很湿		200	150
粉砂　饱和		150	100
黏土类土	孔隙比	B=0	B=1
亚砂土	0.5	300	250
亚砂土	0.7	250	200
亚黏土	0.5	300	250
亚黏土	0.7	250	180
亚黏土	1.0	200	100
黏土	0.5	600	400
黏土	0.6	500	300
黏土	0.8	300	200
黏土	1.1	250	100

4 苏联规范的影响

采用苏联规范虽然已经过去了 40 多年，但对我国的影响至今还在，有正面，也有负面，非常深刻。从技术角度分析，苏联规范的影响可以归纳为下列几方面：

（1）重视土的分类，用土的物理性质确定地基承载力

从传入中国第一本规范 НиТУ 6-48 开始，苏联地基规范都有根据土的物理性质确定地基承载力的表。СНиП Ⅱ～ Б.1 ～ 62 还增加了根据土的物理性质确定土的力学性质指标的表。据我知道，苏联最早的地基规范是 1938 年发布的，那本规范就有地基承载力表。我在苏联时见过主编那本规范的老先生，虽然已经到了 1958 年，他还用他自己编的规范查地基承载力。由于承载力与土的名称和土的物理性指标挂钩，所以中国的岩土工程师特别重视土分类和土的物理性指标。这与欧美国家岩土工程师的理念有所不同，他们注重土的力学性指标，用土的力学指标进行设计计算。土分类只作为一种基础分类，以便交流，重视程度远不如中国岩土工程师。

（2）用界限荷载计算地基承载力，不用极限荷载

从 НиТУ 127-55 开始，苏联规范就采用界限荷载计算地基承载力，后来中国的地基规范也采用类似的计算公式。我们知道，计算地基承载力有两类方法，一类是建立在刚塑性理论上的极限荷载法，欧美国家用得较多；另一类是界限荷载法，假定荷载较小时地基处于弹性状态，到达临塑荷载时基础边缘开始出现塑性区，随着荷载的增加逐渐扩展，以塑性区开展到某一范围作为临界荷载，不计算极限承载力。该法为中国岩土工程师熟悉，被广泛采用，似与苏联规范的影响有关。

（3）地基承载力的深宽修正

苏联规范规定，当基础埋置深度和宽度大于基本值时，地基承载力可以提高，进行深宽修正。这是一种经验方法，也符合土力学原理。我国规范以载荷试验成果为基础，经深宽修正得到地基承载力，与苏联规范的技术思路是一致的。经数十年的实践，认为载荷试验 + 深宽修正是确定地基承载力最可靠的方法。

（4）按变形控制设计

地基基础设计按变形控制的原则，首次见于规范是苏联 НиТУ 127-55。这条原则当然是正确的。规范也规定，当结构比较简单、荷载较小、土质较好时，可以不进行沉降计算。60 多年来，工程规模不断扩大，结构形式越来越复杂，地基

基础按变形控制设计显得越来越重要。但是，虽然计算理论和计算方法取得了长足进步，计算效果至今还是觉得不够理想，原因似乎主要在计算参数。

（5）不用理论方法计算基础沉降与时间关系，用经验估计

太沙基的一维固结理论虽然早已被土力学和岩土工程界认同，并有一套实用的计算方法，但苏联规范不用该法计算，用经验方法估计。我国规范和工程实践也是如此。不是理论不正确，不是方法有问题，而是由于两方面原因：一是固结系数不易准确测定，影响计算的准确性；二是地基土分层情况复杂，排水距离难以确定，难以建立计算模型。不得已，只得采用经验估计。

1974 年，我国第一部自己编制的地基基础设计规范发布，即《工业与民用建筑地基基础设计规范》TJ 7-74（试行），翻过了使用苏联规范的历史一页。该规范编制时虽有苏联规范参考，但强调了必须从我国的经济技术条件和我国的实际地质条件出发，全面总结了我国自己的经验，为我国地基基础勘察设计者量体裁剪。规范编制组花费了大量时间和精力，在搜集载荷试验资料和深入研究、对比的基础上，制订了承载力表（详见第 48 章）；突出了山区地基和软弱地基，并各列一章；专设基础设计一章。后来虽然多次修订，但基本精神和基本框架一直保持到今天。

第 45 章　从工程地质勘察规范到岩土工程勘察规范

本章记述了从工程地质勘察规范到岩土工程勘察规范的发展过程。先后记述了中华人民共和国成立初期应用苏联的工程地质勘察规范，20 世纪 60 年代开始自己编制，至 1977 年完成《工业与民用建筑工程地质勘察规范》，介绍了主要内容。随着专业体制改革的推进，1994 年完成了我国第一部《岩土工程勘察规范》，记述了编制工作的曲折过程，介绍了规范的主要内容。简要记述了 2001 版修订和 2009 年局部修订。编写本章目的是为了让读者了解历史发展过程，具体数据没有太大意义。

1 工程地质勘察规范

中华人民共和国成立初期我国用的都是苏联规范，勘察也是如此。我最早在 1955 年见到的是苏联重工业部的一本勘察规范（翻译稿，油印本），但印象已经不深。不久，苏联专家奥尔洛夫应聘来到我院，带来一本苏联建设部的工程地质勘察规范，我院林在贯、陈雨孙等虽然自学俄文，但克服困难，突击翻译。接着召开建工系统全国勘察会议，林在贯在会上就该规范的主要内容和如何执行做了报告，从此即按该规范的规定，在苏联专家指导下执行。至今时隔 60 年，可惜规范的版本已经找不到了。只记得内容很详细，规定了如何布置勘察工作，怎样做钻探记录，怎样取原状土样，怎样量测地下水位，做哪些测试，勘察报告的内容等。有杜兰杰动力触探的规定，大体相当于现在我国的重型动力触探，差别只是杜兰杰触探的锤重为 60kg，重型动力触探的锤重为 63.5kg。

直到 1977 年，我国才发布《工业与民用建筑工程地质勘察规范》TJ 21–77（试行）。这是我国第一部国家勘察规范，1965 年启动编写，因“文革”中断，1973 年重新启动，1976 年完成，1977 年 8 月 20 日由国家基本建设委员会批准发布。主编单位本来是建筑工程部综合勘察院，重新启动时建筑工程部已经并入国家基本建设委员会，综合勘察院已经撤销，先下放到山西，后转到河北，名称为“华北勘察院”，隶属于河北省建设委员会。故主编单位是河北省革命委员会基本建设委员会；批准单位为国家基本建设委员会。

主持该规范编制的是王锺琦先生。那时，名义上华北勘察院院址在河北邢台，实际在北京办公，河北省建委也不太管我们。因为没有办公场所，在当时的西郊建研院（现中国建筑设计研究院）借了两间办公室，规范编制组和《工程勘察》编辑部就在那里办公。那几年，李明清作为领导，差不多一半时间关注这本规范；王锺琦作为主持人，投入大部分时间；樊颂华和苏贻冰作为具体工作人员，全部时间投入；我也经常参加讨论，并参与最终文稿的校审。那时，《中华人民共和国标准化法》尚未制订，没有现在的国家标准、行业标准、地方标准、企业标准4级，没有强制性标准、推荐性标准2类，所有工程建设标准都是强制性国家标准，由国家建委批准发布。那时，谁是编制组成员不很明确，也不在规范文本上署名。虽然没有明确的征求意见稿、送审稿、报批稿，但编制组到全国各地去调研，去征求意见，开了不知道多少次会议，校审定稿后报批。那时国家建委管理的规范不多，故规范间的协调做得细。要求规范编写时不得重复已有的规范，更不能出现矛盾。由于标准贯入试验的规格，试验成果与地基容许承载力的关系，已在《地基规范》中规定，故该规范不再重列。

该规范分以下7章：

第一章 总则。

第二章 岩石和土的分类和鉴定，包括以下2节：

第一节 岩石与土的分类；第二节 岩石和土的鉴定。

第三章 工程地质勘察的基本要求，包括以下5节：

第一节 一般规定；第二节 选择场址勘察；第三节 初步勘察；第四节 详细勘察；第五节 勘察成果。

第四章 测绘、勘探及测试，包括以下4节：

第一节 工程地质测绘与调查；第二节 勘探（分钻探、触探、地球物理勘探3亚节）；第三节 测试（分室内试验、载荷试验、十字板剪切试验、大型直剪试验4亚节）；第四节 长期观测（分地下水动态观测、建筑物沉降观测、滑坡位移观测3亚节）。

第五章 特殊工程地质条件勘察，包括以下4节：

第一节 岩溶；第二节 斜坡稳定性（分边坡和滑坡2亚节）；第三节 泥石流；

第四节 场地与地基的地震效应。

第六章 特殊性土地基勘察，包括以下 3 节：

第一节 软土；第二节 红黏土；第三节 人工填土。

第七章 专门工程勘察，包括以下 3 节：

第一节 桩基工程；第二节 动力机器基础工程；第三节 取水工程。

另有 8 个附录。

由规范名称可知，适用范围限于“工业与民用建筑”，主要内容是“测绘、勘探和测试”，为设计提供资料。特殊工程地质条件只有岩溶、斜坡、泥石流、地震效应 4 节；特殊土只有软土、红黏土、人工填土 3 节；专门工程只有桩基、动力机器基础、取水工程 3 节。全文 64 千字。

这是工程勘察方面我国自己制订的第一本规范，而且只有这一版，修订时就不称工程地质勘察规范，改为岩土工程勘察规范。由于之前用的是苏联规范，保留着苏联规范的痕迹应当可以理解。由于绝大多数读者看不到这本规范了，下面记述几点值得关注的细节：

（1）黏性土按塑性指数（I_P）分为黏土（$I_P>17$）、亚黏土（$10<I_P\leq 17$）、轻亚黏土（$3<I_P\leq 10$）3 类；而苏联规范分为黏土（$I_P>17$）、亚黏土（$7<I_P\leq 17$）、亚砂土（$3<I_P\leq 7$）3 类；我国现行规范称黏土、粉质黏土、粉土。

（2）指标统计现在有平均值、标准值；该规范规定，初步勘察时提供“一般值”，详细勘察时提供“计算值”，并规定了一般值和计算值的给定方法。标准值有概率意义，一般值和计算值没有概率意义。

（3）规范要求勘察报告提出对场地的稳定性、适宜性、地基的均匀性、地基容许承载力、地下水影响、土的最大冻结深度、地震基本烈度以及工程建设可能引起的工程地质问题等的结论和建议。

（4）未规定土样等级和取土器规格，修改为《岩土工程勘察规范》GB 50021-94 时才有这方面的规定。

（5）静力触探和动力触探既可作为勘探手段，也可作为原位测试手段。该规范作为勘探手段列入，并规定了探头的规格，动力触探分轻型、中型、重型（1）、重型（2）4 种。《岩土工程勘察规范》从 94 版到现在，均将触探作为原位测试手段列入，圆锥动力触探分为轻型、重型、超重型 3 种，取消了中型，重型（1）改称标准贯入试验。

（6）对于标准贯入试验［该规范称重型动力触探（1）］，规定了被击部件的总质量即探杆和贯入器系统的总质量不宜大于落锤的质量，原因显然与碰撞理论有关，问题的分析见本书第19章“各有长短的原位测试”。

（7）规定了用传递系数法进行滑坡稳定性验算。

（8）测求动力机器基础抗压刚度系数和阻尼比时，对一般动力机器基础，用压模（或模型基础）做自由振动试验；对重要动力机器基础，用模型基础做强迫振动试验。

（9）在附录四中列出了触探指标与地基容许承载和土的变形指标的关系，见表45-1～表45-5。

比贯入阻力与软土、一般黏性土地基容许承载力和变形指标关系　　表45-1

p_s（MPa）	[R]（kPa）	E_s（MPa）	E_0（MPa）
0.3	50～60	2.3	2.3
0.6	80～90	3.5	3.5
0.9	110～120	4.6	6.2
1.2	130～160	5.7	9.2
1.5	160～180	6.8	12.1
1.8	180～210	8.0	15.0
2.1	210～240	9.1	18.0
2.4	240～260	10.2	20.9
2.7	260～290	11.3	23.9
3.0	290～310	12.4	26.8

静力触探比贯入阻力与中砂、粗砂地基容许承载力关系　　表45-2

p_s（MPa）	[R]（kPa）	p_s（MPa）	[R]（kPa）
1.0	40～70	7.0	290～310
2.0	100～120	8.0	330～340
3.0	140～160	9.0	350～370
4.0	180～200	10.0	380～400
5.0	220～240	11.0	410～430
6.0	260～280	12.0	440～460

静力触探比贯入阻力与粉砂、细砂地基容许承载力关系　　表45-3

p_s（MPa）	[R]（kPa）	p_s（MPa）	[R]（kPa）
5.0	150～160	11.0	270～280
6.0	170～180	12.0	290～300
7.0	190～200	13.0	310～320
8.0	210～220	14.0	330～340
9.0	230～240	15.0	350～360
10.0	250～260	16.0	370～380

重型动力触探锤击数与中砂、粗砂、砾砂地基容许承载力关系 表 45-4

$N_{63.5}$	3	4	5	6	8	10
[R]（kPa）	120	160	200	240	320	400

重型动力触探锤击数与碎石土地基容许承载力关系 表 45-5

$N_{63.5}$	3	4	5	6	8	10	12
[R]（kPa）	140	170	200	240	320	400	480

表 45-1 ~表 45-5 原文为老计量单位，录入时改为法定计量单位；表中的[R]、E_s、E_0 分别为地基容许承载力、压缩模量和变形模量；重型动力触探原文为重型动力触探（2），即现行规范的圆锥重型动力触探；表 45-1 适用范围为黏土、亚黏土（粉质黏土）、I_P 大于 7 的轻亚黏土（即粉土，粉土比贯入阻力与地基承载力关系，后来河南省建筑设计院李振明等作了专门研究）；表 45-4 适用于冲积、洪积的砂，中砂、粗砂的不均系数不大于 6，砾砂不大于 20；表 45-5 适用于冲积、洪积的碎石土，d_{60} 不大于 30mm，不均系数不大于 120，以稍密一中密为主。

2 岩土工程勘察规范

1986 年，《工业与民用建筑工程地质勘察规范》TJ 21—77（试行）开始修订，主持修订的王锺琦先生建议改名为《岩土工程勘察规范》GB 50021—94，1994 年批准发布，成为我国第一部岩土工程勘察国家标准。该规范共 13 章：第一章总则，第二章勘察分级和岩土分类；第三章各类岩土工程勘察基本要求；第四章场地稳定性；第五章特殊性岩土；第六章地下水；第七章工程地质测绘与调查；第八章勘探与取样；第九章原位测试；第十章室内试验；第十一章现场检验与监测；第十二章岩土工程分析评价与成果报告；第十三章场地水、土腐蚀性调查、测试与评价。另有 17 个附录。包括正文、附录和条文说明，全文 391 千字。

该规范涵盖了除水利工程、铁道工程、公路工程、核电工程以外的各项岩土工程勘察，加强了岩土工程分析评价。工程领域包括了房屋建筑与构筑物、地下洞室、岸边工程、管道与架空线路工程、尾矿坝与贮灰坝、边坡工程、基坑开挖与支护工程、桩、墩与沉井、岩土加固与改良、既有建筑物的加载与保护；特殊地质条件方面包括岩溶、滑坡、崩塌、泥石流、采空区、地面沉降、强震区、断裂、地震液化；特殊性岩土包括湿陷性土、红黏土、软土、混合土、填土、多年冻土、膨胀岩土、盐渍岩土、风化岩与残积土、污染土；原位测试包括 10 种方法。与修订前相比，不仅大大拓展了范围，而且有明显的质的提高。

《岩土工程勘察规范》GB 50021—94 发布至今已 20 多年，后来两次修订，第一次是 2001 版，第二次是 2009 版局部修订，目前正在全面修订，但总体上仍保持 94 版的框架和原则。执行情况良好，无论主管部门，相关标准，还是广大基层勘察单位，对这本规范都很认可，客观上起到了相关勘察行业规范和地方规范的母规范作用，对巩固和发展我国的岩土工程专业体制发挥的作用是显然的。《规范》内容精炼而丰富，有多项概念性创新，如全新活动断裂、深层载荷试验、物理环境对腐蚀性的影响等。断裂活动性问题曾长期困扰着工程界，众说纷纭，莫衷一是，规范编制组根据正负电子对撞机工程八宝山断裂的勘察研究，提出了全新活动断裂新概念，得到了业界一致赞同，后来还被《建筑抗震设计规范》吸收采纳。《规范》主编单位曾为大直径扩底桩进行过端阻力试验，根据这些经验，提出了深层载荷试验的方法，为测定深部岩土的地基承载力和变形模量提供了有效手段。勘察规范原来就有地下水对混凝土腐蚀性的判定标准，但仅以化学成分为判据，而实际上，物理环境有极为重要的影响。《规范》根据王铠的意见，在气候条件分类的基础上，根据化学成分判定土和水的腐蚀性，将水土对混凝土腐蚀性判定的理念提升了一大步。

但是，当时这项工作进行得并不顺利。工作过程大致是：1986 年 6 月在苏州举行第一次编制组会议，同年 12 月在南宁举行第二次编制组会议，1988 年在上海邀请各方专家征求意见，1989 年 5 月完成送审稿，1990 年 8 月建设部标准司主持在承德举行审查会，1992 年 6 月在北戴河举行编制组全体会议，报批稿定稿上报，1994 年 9 月建设部批准发布。从启动到发布前后达 8 年。其中从启动到审查会 4 年，从审查会到批准发布又是 4 年。前 3 年由王锺琦直接主持，后 5 年由我代理。

规范编制进展不顺利的原因，主要是有些专家有不同意见，认为规范送审稿的涵盖面太宽，涉及岩土工程设计太深。有的专家向编制组提出，有的专家直接向主管部门反映。编制组前几次会议主管部门未派人参加，承德审查会时问题展开，争论得相当激烈。规范主编王总当时在香港，我预料到会上会有不同意见，曾推迟会议，待王总可以到会时再开。但到了当年 8 月，已不能再推，只得开会听取意见。送审稿虽然在会上得到通过，但留下了一条很大的尾巴。

王总在规划规范框架时，气势确实很大：一是要涵盖各行业的岩土工程，包括建筑、工业、铁道、公路、航运、水利、水电等；二是重点加强分析评价，深入设计领域，包括某些设计准则和参数标准值、设计值的确定。在编制组会议上他说，名义上是岩土工程勘察规范，实际上要编成一本岩土工程技术规范，要通过编制这本规范，对我国的规范体制进行彻底的改革。我体会他是想以这本规范为突破口，使岩土工程专业体制在我国确立起来，以规范带动体制改革。王总未能出席审查会，后来也再未过问这本《规范》的事。我根据会上专家的意见，会后又广泛征求各方面的意见，做了大量协调工作，进行了较大幅度的调整和修改。主要修改有两部分：一是将公路、铁路、水利、水电、核电排除在外，因为这些工程的地域跨度很大，涉及的工程地质和岩土工程问题与房屋建筑有很大不同，一本规范包含不了这么多内容。当时核电工程的经验很少，还没有条件制订规范，直到修订为 2001 年版时才增加了核电厂的内容。二是岩土工程分析评价的深度也适可而止，在勘察与设计分离的专业体制下，勘察工作做不到外国咨询公司的深度，要求勘察报告介入设计太深不切实际。编制组成员表示赞同，各方专家也都满意，最终得到了主管部门的认可和批准。

2001 版主要修订内容为：

（1）基本保持 1994 版的基本框架、适用范围（增加核电厂勘察）和主要内容，做了局部调整，压缩了篇幅；

（2）根据主管部门要求，将部分条款列入强制性条文；

（3）岩石分类修改为按坚硬程度、完整程度和岩体基本质量等级分类；

（4）对房屋建筑、桩基工程、地下洞室、岸边工程、基坑工程、地基处理、废弃物处理工程等的勘察要求进行修改完善；

（5）原规范的“场地稳定性”一章，改为“不良地质作用与地质灾害”；

（6）加强了地下水勘察要求；

（7）原位测试增加了“深层平板载荷试验”和“扁铲侧胀试验”。

2009 年局部修订时，修改了 13 条。修改较大的是“污染土”和“水和土对建筑材料的腐蚀性”。

第 46 章　中外标准体系的比较研究

本世纪初笔者曾做过一些中外标准体系的比较研究。虽然各国标准体系已经几次改版，但框架和原则没有大的变化，故将主要研究成果列为本章。本章介绍了我国工程建设的标准体系，美国、英国、俄罗斯、国标标准化组织和欧洲的标准体系，讨论了各国标准体系的特点。认为标准体系应符合国情，外国的模式可以参考；岩土工程存在两类技术工作，一类可以标准化，另一类难以标准化；今后我国岩土工程的技术工作将多层次约束。

1　我国的工程建设标准体系

1.1　标准的分级和分类

按 1988 年 12 月人大常委会通过的《中华人民共和国标准化法》，我国技术标准分为国家、行业、地方、企业 4 级，强制性、推荐性 2 类。国家标准（GB）级别最高，工程建设的国家标准由住房和城乡建设部（原建设部）批准，住建部标准定额司具体管理，住建部与国家质量监督检验检疫总局联合发布，在全国范围内执行。行业标准只适用于本行业，全国有 58 个行业，由各行业的主管部门批准发布，在本行业范围内执行。地方标准一般由省、直辖市、自治区的建委或建设厅管理、批准和发布，突出本地方的特点，在各地方执行。企业标准由本企业编制，在本企业范围内执行，内容可以是已有标准的细化，也可制订已有标准不包括的新标准，但不得违反强制性标准。此外，还有“中国工程建设标准化协会标准”，是一种团体标准，推荐性标准，但在《标准化法》中没有地位。

“四级”中的行业标准存在一些问题：一是行业标准的前身一般为部标准，现在多数产业部已经撤销，改由总公司、行业协会管理，但毕竟不是政府部门。随着改革的深入，职能还会变化，今后合并或分立也难免，管理标准的职能不稳定。二是行业标准与国家标准之间的界限不清，有的标准似乎应当是行业标准，却立为国家标准；有的似乎应当是国家标准，却列为行业标准。三是对岩土工程而言，同一专业问题各行业的标准都有规定，互相重复、交叉、矛盾，这是计划经济时代部门分割留下来的后遗症，与市场经济不适应。

“两类”是指强制性标准和推荐性标准，这与当时“计划经济与市场经济相结合”的社会经济背景有密切关系。执行《标准化法》以来，实际上仍以强制性标准为主，不仅数量上占大多数，而且重要的标准几乎都是强制性标准，造成国家监管困难，工程师们活动的空间狭小，与国际上通行的体制不一致。由上可知，《标准化法》已经到了该修订的时候了。由于国家法律修订一时不能实现，只得在原有法律的框架下改革，2000 年发布了《强制性条文》，作为临时替代技术法规的文件，2016 年开始深化标准化改革，用全文强制性规范替代技术法规。这方面问题将在本书第 51 章中讨论。

1.2 标准体系的层次

专业标准体系分为三个层次：基础标准、通用标准和专用标准。基础标准是本专业范围内其他标准的基础，并普遍使用，如术语、符号、计量单位、图形、模数、基本分类、基本原则等。通用标准是覆盖面较大的共性标准，可作为制订专业标准的依据，如通用的质量要求，通用的勘察、设计、施工要求，通用的试验要求和方法等。专用标准是某一具体标准化对象，覆盖面一般不大，如某项试验方法，某项质量验收标准等。对于岩土工程，基本术语标准、土分类标准等属于基础标准；岩土工程勘察规范、地基基础设计规范、基坑工程设计规范、土工试验方法标准等属于通用标准。工程地质钻探操作规程、静力触探技术规程、载荷试验技术规程等属于专用标准。

此外，标准体系中还有一个“综合标准”，涉及质量、安全、卫生、环保和公共利益等方面的目标要求，以及为达到目标要求必需的技术要求和管理要求，对各层次的技术标准均有指导作用。“综合标准”实际上是向技术法规过渡做准备，《强制性条文》就是。

1.3 城乡规划、城镇建设和房屋建筑的标准体系

工程建设标准体系包括城乡规划、城镇建设、房屋建筑、工业建筑、水利工程、电力工程、信息工程、水运工程、公路工程、铁道工程、石油和化工建设工程、矿山工程、人防工程、广播电影电视工程、民航机场工程等部分，分属有关部门管理。其中，2003 年 1 月 2 日开始实施的《城乡规划、城镇建设和房屋建筑标准体系》，由住建部管理，分为 17 个专业：

（1）城乡规划；

（2）城乡工程勘察测量；

（3）城镇公共交通；

（4）城镇道路桥梁；

（5）城镇给排水；

（6）城镇燃气；

（7）城镇供热；

（8）城镇市容环境卫生；

（9）风景园林；

（10）城市与工程防火；

（11）建筑设计；

（12）建筑地基基础；

（13）建筑结构；

（14）建筑施工质量安全；

（15）建筑维护加固与房地产；

（16）建筑室内环境；

（17）信息技术应用。

1.4 岩土工程标准体系

我国岩土工程的标准体系并未形成，《城乡规划、城镇建设和房屋建筑标准体系》中，将“城市工程勘察测量”作为该体系中的一个专业。但实际上，勘察测量不是一个专业。其中城市与工程测量属于测绘与地理信息系统专业；城乡工程地质与水文地质勘察、工程地球物理勘察属于勘探技术与工程专业；岩土工程勘察、测试、检验、监测属于土木工程（岩土）专业；而岩土工程的设计和施工却不在这个专业内。这是由历史习惯造成，与苏联勘察设计模式影响有关。城市工程勘察测量在通用和专用标准层次中，分为以下5个系列：

（1）城乡工程测量；

（2）城乡水文地质勘察；

（3）城乡岩土工程勘察；

（4）岩土测试与检测；

（5）城乡工程物理勘探。

此外，在“建筑施工质量安全”专业中，还有“地基基础施工技术规范”、“建筑工程基桩检测规范”、“地基与基础检测标准”等，岩土工程技术标准被分别列在勘察、设计和施工三个专业中。

除了住建部已经制订了比较完整的标准体系外，水利、铁路的标准体系也较完整，其他部门（行业）一般不完整或尚未形成系列。据卞昭庆大师的调查研究（卞昭庆，我国岩土工程标准规范现状，工程勘察，2004.1），我国 21 世纪初岩土工程标准有 7 大体系：

（1）建筑工程

在 7 大体系中，建筑工程的岩土工程标准数量最多，包括国家标准、行业标准、协会标准和地方标准，共 130 多本，其中地方标准 60 册，占 40%。适用范围包括工业建筑、民用建筑、市政工程。量大面广、应用广泛，权威性也较强。其中 18 本为国家标准，多为强制性标准，有指导其他标准的母规范性质，《强制性条文》多数源于该体系的规范。由于内容齐全（勘察、设计、施工、检测等），权威性强，常被其他行业标准引用。

（2）电力工程（火电）

共 28 本，其中国标 2 本，适用范围包括发电厂、变电所、贮灰场、送电线路等，自成体系。有各种勘察方法、资料整理等，还有管理方面的标准（设备、材料、安全等）。

（3）冶金有色工程

共 45 本，其中国标 3 本，适用范围包括冶金和有色金属工业的矿山、选矿、冶炼、轧钢以及尾矿、露天矿边坡等，勘察、测试、抗震、桩基、地基处理等等，均有相应标准。

（4）水利水电工程

共 40 本，其中国标 8 本。水利水电工程规模大，岩土工程问题多，水平推力和渗透问题突出，涉及坝基、高边坡、压力隧洞等课题，技术标准有较高的水平。如合成土工纤维、岩体分级、岩芯钻探、岩石和岩体的试验、天然建筑材料、水泥灌浆、地下洞室锚喷等，在全国很有影响。

（5）铁道工程

共 33 本，其中国标 1 本，铁道是线形工程，以土石方、桥梁、隧道为主，沿线地质条件往往变化较大，常涉及不良地质，地质灾害，特殊岩土等，技术标准有自己的特色。

（6）公路工程

共 18 本，公路的特点与铁路相似，近年来发展较快，勘察、设计、施工等标准已基本配套。

（7）水运工程

共 11 本，虽然数量较少，但也基本配套，适用于岸边的港口工程。

在我国，技术标准是个总称，根据各本标准的具体内容有不同的名称，按《标准化基本术语》，有标准（standard）、规程（specification）、规范（code）、导则（guide）、规定（rule）等。但实际上，对这些术语的界定并不很严格。

卞昭庆大师的文章发表以后的这十多年来，又编了许多标准。除了这 7 大系统以外，地矿、核电、民航等部门也编了不少标准，形成了各自的体系。互相重复交叉，比 21 世纪初更加突出。

2 外国岩土工程标准体系

2.1 美国标准

美国是联邦制国家，各州有自己的法律，在工程建设领域，中央在法制方面的约束力很小。美国又是高度市场化国家，技术标准均由权威的民间组织制订和发布。在岩土工程方面，对美国乃至全球影响最大的是美国材料试验协会制订和发布的 ASTM。ASTM 的标准数量巨大，数以万计，中国也有他的服务机构。

ASTM 标准的编号方法可举例说明。例如“ASTM D423-66（2000）土的液限标准试验方法”，其中 D 表示分类代号，423 表示标准编号，66（2000）表示制订和修订年份，接下来是标准名称。分类代号 A 表示黑色金属，B 表示有色金属，C 表示水泥、陶瓷、砖石、混凝土，D 表示其他材料，E 表示杂类，F 表示特殊用途材料，G 表示材料的腐蚀、变质和降级。岩土工程标准全部在 D 类。实际上，ASTM 已大大超出了材料试验的范围，诸如土的分类，岩土术语，钻探、取样等均有相应的标准。ASTM 分得很细，每个具体项目、每个具体方法都列一个标准。每年发布一次，有的更新很快，有的多年不变。

室内土工试验标准：颗粒分析和土参数测定土样的干制备方法（D 421）、土的颗粒分析方法（D 422）、土的液限试验方法（D 423）、土的塑限试验方法（D 424）、土的缩限试验方法（D 427）、土粒比重试验方法（D 851）、小于 200 号筛土的含量试验方法（D 1140）、土的含水量与密度关系（4.54kg 锤，457mm 落距，D 1557）、细粒土含水量与贯入阻力关系试验方法（D 1558）、室内承载比（CBR）试验方法（D 1883）、无黏性土相对密实度试验方法（D 2010）、黏性土无侧限强度试验方法（D 2166），颗粒分析与土参数测定土样湿制备方法（D 2217）、采用标准力（600kN/m^2）土的室内压缩试验方法（D 698）、采用修正力（2700kN/m^2）土的室内压缩试验方法（D 1557）、试验室测定土和岩石含水量的标准方法（D 2216）、泥炭纤维含量的室内测定方法（D 1997）、土的一维固结试验方法（D 2435）、不排水不测孔压三轴压缩强度试验方法（D 2664）、黏性土不固结不排水三轴压缩试验方法（D 2850）、固结排水条件下的直剪试验方法（D 3080）、控制应变土的一维固结试验方法（D 4186）、土的液限、塑限、塑性指数的标准试验方法（D 4318）、微波炉测定土的含水量方法（D 4643）、黏性土固结不排水三轴压缩试验方法（D 4767）、直接加热法测定土的含水量（D 4950）、岩石点荷载强度指数测定方法（D 5731）等。

钻探和现场试验的标准：螺旋钻探和取样方法（D 1452）、砂锥法现场测定土的密度和单位重（D 1556）、标准贯入试验和对开式取土器（D 1586）、薄壁管取样方法（D 1587）、金刚石岩芯钻探方法（D 2113）、场地勘察时岩芯钻探和取样方法（D 2113）、橡胶球法原位测定土的密度（D 2167）、跨孔法波速测试（D 4428）、土的鉴别和描述（目力）实用标准（D 2488）、黏性土现场十字板试验方法（D 2573）、预钻孔土的旁压试验（D 4719）、土的机械锥贯入试验方法（D 3441）、泥炭土取样工艺标准（D 2944）等。

其他岩土工程方面的标准：工程设计和施工的场地特征指南（D 420）、土和岩石及其中流体的术语标准（D 653）、桩的轴向压力试验方法（D 1112）、独立基础的静载试验方法（D 1191）、扩展基础承载力的载荷试验方法（D 1194）、土的工程分类（土的统一分类）（D 2487）、公路施工土和混合料的分类（D 3282）等。

除了美国材料试验协会外，美国联邦农业部、美国各州公路工作者协会、美国联邦航空局、美国陆军部工程兵部队等都有标准。有些岩土工程问题我国作为规范或标准，而美国和其他一些国家则列在手册中，如加拿大的《岩土工程手册》。甚至完全是专家个人的意见，并未制订任何标准，也可能被工程界广为采用。

2.2 英国标准

英国的技术法规和技术标准体系相当完整、科学而严密，立法明确，层次合理，国际影响较大，尤其是英联邦国家，我国香港也采用英国技术法规和技术标准。英国国家对技术法规和技术标准控制较严，与美国的自由化有所不同。英国法律、法规和标准体系分 4 个层次：

（1）法律（Act）：如《建筑法》、《住宅法》等，需经议会两院通过，强制执行，是最高层次。

（2）法规（Regulation）：如《英国建筑法规》，由政府起草，国会备案，国务大臣批准发布，强制执行。主要规定必须达到的功能，如结构安全、防火、通风、卫生等，对地基的变形和稳定有原则性的要求。

（3）技术准则（Guidance）：是法规的延伸，如何具体执行法规，由政府组织专家起草，政府发布，一般应执行，但如有先进方法，可确保建筑功能，也可不执行。

英国建筑技术准则共有 13 册。

（4）标准（Standard）：是实施技术准则更具体的规定，英国标准（BS）由英国标准化学会组织制订、批准和发布，自愿采用或合同规定采用。如被技术准则引用，则被引用部分具有技术准则同样的法律地位。英国建筑方面的标准约有 1500 册。

由上可知，从高层次到低层次，内容逐渐具体，国家的控制逐渐放松，执行的自由度逐渐增大，强制性和非强制性划分很明确。高层次的法律、法规很稳定，很少修改；低层次的标准则修订频繁，以保持其先进性。除 BS 外，英国的一些大型学会、团体，也制订专业性技术标准，有的为推荐性，有的要求会员遵守。

下面简要介绍两本英国标准：

一是《土木工程土的试验方法》BS 1377 包括下列部分：

（1）一般要求和试样制备；

（2）分类试验；

（3）化学和电化学试验；

（4）击实 - 相关性试验；

（5）压缩性、渗透性和耐久性试验；

（6）可测孔压的固结和渗透试验；

（7）剪力试验（总应力法）；

（8）剪力试验（有效应力法）；

（9）原位测试。

分类试验包括含水量、液限、塑限、收缩、土的密度、土粒密度、颗粒级配等；击实 - 相关性试验包括干密度和含水量关系、粒状土的最小和最大干密度、加州承载比试验（CBR）；原位测试包括现场密度试验、原位贯入试验、原位竖向变形和强度试验等。其中原位贯入试验包括静力触探（CPT），动力触探（DPT）、标准贯入试验（SPT）。竖向变形和强度试验包括平板载荷试验、浅基坑内小荷载基础观测沉降的维持载荷试验、原位加州比试验、软黏性土的十字板剪切试验。

由上可知，英国的试验标准既不像美国 ASTM 那样一个方法一个标准，也不像中国的综合性标准，而是介于两者之间，适当归类，每个标准包括了几种方法。

二是《场地勘察规范》（BS 5930：1981）包括下列内容：

第一部分：总则

（1）范围；（2）参考文献

第二部分：一般考虑

（3）场地勘察的主要任务；（4）一般程序；（5）初期用途和场地情况；（6）航测；

第三部分：场地勘察

（7）前言；（8）场地勘察的类型；（9）场地勘察的地质制图；（10）地面调查的范围；（11）选择地面调查方法的一般考虑；（12）选择地面调查方法的场地条件因素；（13）地表侵蚀和地表水；（14）水上调查；（15）人工地面调查；（16）施工复查；

第四部分：开挖、钻探、取样、探测和孔内试验

（17）前言；（18）开挖和钻探；（19）取样；（20）地下水；（21）孔内试验；（22）取样和孔内试验的频数；（23）探测和贯入试验；

第五部分：现场试验

（24）前言；（25）抽水试验；（26）抽水试验的分析；（27）现场密度试验；（28）原位应力试验；（29）原位承载力试验；（30）原位强度试验；（31）大型现场三轴试验；（32）反分析；（33）地球物理探测；

第六部分：室内试验

（34）一般原则；（35）样品的储藏和检查设施；（36）肉眼鉴定；（37）土的试验；（38）岩石试验；

第七部分：报告和解释

（39）现场报告；（40）报告；

第八部分：土和岩石的描述

（41）土的描述；（42）岩石的描述；（43）土的命名和分类的试验室确定和快速确定；（44）岩石的工程分类和鉴定；（45）工程地质图的图例。

由上可知，在场地勘察方面，英国标准是一本完整的综合性规范。与我国的《岩土工程勘察规范》比较，有许多相同之处，也有许多不同。两本都是综合性规范，都基本概括了场地勘察的各种技术工作，具体技术方法也大多相同或相似。不同之处除体例外，《岩土工程勘察规范》以大量篇幅规定了各种类型工程的勘察要求，规定了不良地质作用和地质灾害的勘察要求，规定了各种特殊性岩土的勘察要求，而英国规范基本不做规定。英国规范中的航测、地面调查、孔内试验、钻探取样、原位测试等，都有值得我们借鉴的地方。

2.3 俄罗斯标准

苏联解体后，俄罗斯在技术标准体系方面，基本沿用苏联的模式，并有亚美尼亚、哈萨克斯坦、吉尔吉斯、塔吉克斯坦、乌兹别克斯坦参与，成为几个国家的共同标准。其中，建筑业标准主要有两大体系：СНиП（Строителъный Нормы и Правила Рассиской Федерации）和ГОСТ（Государственный Обще-союзный Стандарт），中文意思是“俄罗斯联邦建筑标准和规范”、“全联盟国家

标准”，由俄罗斯建设部通过决议，作为国家标准。还规定，未经建设部允许，不得被全部或部分复制印刷和传播。

СНиП 是综合性、通用性强的规范，例如建筑工程地质勘察（СНиП 11-02-95）、普通建筑物和构筑物（СНиП2.02.01-83）、建筑物内部给排水（СНиП 2.04.02-84）、公路（СНиП 2.05.02-85）、地震区建筑（СНиП Ⅱ-7-81）、铁路和公路隧道（СНиП Ⅱ-44-78）、电气安装（СНиП 3.05.06-85）、桥涵（СниП 2.05.03-84）、土坝（СниП 2.05.05-84）、桩基础（СниП 2.02.03-85）、地基和基础（СниП 3.02.61-83）等。

ГОСТ 是针对某一专门技术制订的标准，相当于我国的专用标准。例如：土的物理性质试验室测定方法（ГОСТ 5180-84）、土的颗粒组成分析方法（ГОСТ 12536-79）、试验成果统计方法（ГОСТ 20522-96）、岩石单轴抗压强度测定方法（ГОСТ 21153.2-84）、同位素测定土的密度和含水量（ГОСТ 23061-90）、土的湿陷性试验室测定方法（ГОСТ 23161-78）、试验室测定土的渗透系数（ГОСТ 25584-90）、土的分类（ГОСТ 25100-95）等。

2.4　欧洲标准和国际标准（ISO）

在世界经济一体化过程中，人们自然想到建立跨国标准或国际标准。于是产生了欧洲标准和国际标准化组织（ISO）。但工作进行过程中发现，工程建设标准与产品标准不同，尤其是岩土工程标准化，遇到困难很大。不仅有政治经济条件的差别，还有自然条件的差异和工程经验的差异。欧洲规范第 7 卷是地基基础规范，虽然经历了几个版本，有过激烈争论，发布了标准，但实际上，欧洲各国仍用本国标准，欧洲规范的权威性并不高。国际标准化组织的岩土工程部分，经历了几个版本，由于美国、俄罗斯等一些有重要影响的国家没有参加，大大削弱了它的权威性。

国际标准化组织（ISO）组织严密，办事程序严格，积极成员国有投票权，我国是积极成员国。ISO 下面设置岩土工程技术委员会（ISO/TC 182），成立于 1982 年，并开始编写和讨论。ISO/TC 182 秘书处设在荷兰，当时有 15 个积极成员国和 29 个观察员。下设三个分委员会，SC1 编制岩土分类标准，秘书处在德国工业标准研究所；SC2 编制岩土室内外试验标准，秘书处在印度建筑中心研究所；SC3 编制基础、土工构筑物和挡土结构标准，秘书处在荷兰 Delft 土工研究所。三个委员会分别活动，经多年努力，编写和讨论了多本版本，可见困难之大。我在 20 世纪后期还比较关心 ISO 工作的进展，21 世纪初开始就不关注了。截至 2004 年收到的版本有：

2003 年 7 月 17 日发出了《岩土工程勘察和测试 - 土的分类和鉴别，第 2 部分，分类方法》ISO/TC182/SCI 14688-2。在土的分类和鉴别框架下，ISO/TC182/

SCI 14688 应该有 3 个部分，只收到第 2 部分，第 1 部分 14688-1 鉴别与描述、第 3 部分 14688-3 土的分类与描述的网上交流，均未收到。

2003 年 7 月 17 日发出了《岩土工程勘察和测试 - 岩石鉴定和分类,第 1 部分，鉴定和描述》ISO/TC182/SCI 14689-1。但第 2 部分 ISO/TC182/SCI 14689-2 岩石鉴定和描述的电子数据转换未收到，也未见岩石分类。

2004 年还发出了《岩土工程勘察和测试 - 土的室内试验》ISO/TS 17892，共 12 册，编号为 17892-1 ~ 17892-12，内容依次为：含水量测定、细粒土密度测定、比重计法颗粒密度测定、颗粒级配测定、固结试验，落锥试验、细粒土无侧限强度试验、不固结不排水三轴压缩试验、固结不排水三轴压缩试验、直接剪切试验、常水头和降水头渗透试验、阿太保界限测定。由上可知，土的室内试验标准尚不齐全，尚未收到土的原位测试，岩石试验，基础、土工构筑物和挡土结构等标准的版本。

欧洲地基基础规范（EUROCODE 7）1986 年撰写的第二版本，由欧洲 11 国的全国岩土工程学会向欧洲共同体委员会提交，由建设部综合勘察研究设计院翻译成中文（1988 年）。1995 年 12 月，中国建筑科学研究院又结合修订规范，翻译了欧洲规范 1995 年的新版本。两个版本均分 10 章，按 1995 年版本，各章的名称为：（1）引言；（2）设计原理；（3）岩土工程类别；（4）岩土工程资料；（5）填土、降水和地基处理；（6）扩展式基础；（7）桩基础；（8）支护结构；（9）堤和边坡；（10）施工监理、监测和建筑物维护。岩土工程勘察在（4）岩土工程资料中。

3 讨论

3.1 标准体系与各国国情

从以上简介可以看出，国际上几个主要国家的标准体系存在很大差别。美国标准体系比较分散，岩土工程师可选的空间很大，这和美国的自由化程度很高、市场经济高度发达的背景有关。英国分法律、法规、技术准则、标准 4 个层次，从高层次到低层次，内容逐渐具体，国家的控制逐渐放松，执行的自由度逐渐增大，强制性和非强制性划分明确。英国法规包括管理方面的内容，标准由非政府部门主持制定，市场化运作，数量很大。俄罗斯标准体系明确，非常稳定，但计划经济色彩较重。由此可见，标准化体系绝不是一个单纯的科技问题，而是与各国的国情有关，包括国家的政治经济制度、社会文化和习惯、科技发展水平、标准化的历史过程等等。技术标准的国际化是各国工程界追求的目标，但难度很大，一时还看不到明显效果。我国虽然已经形成了自己的标准化体系，但重复交叉很多，强制与非强制混合，问题不少，亟待改革。改革的具体路线也应根据我国的国情，从实际出发。外国的模式可以参考和借鉴，但不能简单照搬。

3.2 两类技术工作

可以从医药标准的启示谈起。大家都知道，所有药品（指西药）都是有严格标准的。这不仅仅是因为人命关天，非常重要，而且是因为完全可以制订出统一的标准。相比之下，医疗虽然也是人命关天，非常重要，却没有标准。虽然一些常见病、多发病，已经积累了大量医疗经验，有大致类似的处方，但从未听说过有医治感冒的标准，医治癌症的标准。其中原因大概就是医疗涉及的因素太多，治疗可能有多种方案，只能根据医生的判断，开出处方，而不能制订统一的标准。由于没有统一标准，同一个人同一种病，不同的医生可能做出不同的判断，开出不同的处方，名医和庸医的差别也就显示了出来。但是，恐怕没有一个人赞成，为了照顾水平低的医生开不好处方，而制订统一的治疗标准或规范。但编写一些手册之类的指导性书籍还是可以的。

岩土工程的各种技术工作，也可以分为两类：第一类是按一定的技术规则，大量重复。这类可以制订标准或规范，或者说是可以标准化，也应该标准化。如常用的术语、符号、图形、计量单位、基本分类、钻探、取样、室内试验、原位测试、某种计算方法、施工方法、质量检测方法、工程监测方法等。以取样为例：取岩芯盒样、取扰动试样、薄壁取土器取样、厚壁取土器取样、三层单动取土器取样、三层双动取土器取样、取水试样等等，都可以制订出明确的、统一的标准，操作者只要按标准执行就是了。再如建筑物沉降观测，观测点和基准点如何设置，用什么仪器，采用怎样的观测程序，达到什么精度，提出怎样的监测成果，都可以标准化，操作者只要按标准执行就是了。不同的要求、不同的方法，可以制订不同的标准。对第一类技术工作，执行者要有相应的技术水平和熟练的操作能力，但只需严格按照标准操作和判断，并不承担多大的决策风险。

由于岩土工程专业的固有特点，充满着各种各样的不确定性，有些技术工作难以制订统一的标准，需由岩土工程师根据具体情况综合分析，因地制宜，因工程制宜，酌情处理，这就是岩土工程的第二类技术工作。例如勘探点如何布置，做哪些测试项目，对勘察成果如何评价，选取什么计算参数和计算方法，采用什么设计方案，做哪些检验和监测，以及地质灾害的评估、工程事故的诊断和处理等。由于条件千差万别，不同条件有不同的处理方法，统一规定可能顾此失彼，因而或大或小存在一定的技术风险。

本来难以统一要求的岩土工程问题，如果硬要做出统一的规定，就会违反科学规律，不符合科学发展观。我国国土辽阔，地质条件复杂，问题尤为突出。如果将复杂问题简单化，就可能造成某些工程不安全，某些工程大量浪费，甚至闹出笑话来。勘察是件探索性很强的技术工作，设计具有很强的创新性，如果规范规定得过细、过死，就会束缚工程师的手脚，限制工程师智慧和能力的发挥，影响新技术的采用和岩土工程的技术进步。且会使工程师对规范过度依赖，不去深入研究其中的问题，不去做艰苦的分析论证和严谨的综合判断，只知照搬规范，既省事，又不承担风险。久而久之，问题不去思考，经验不去总结，责任不用承担，甚至将过去学过的基本概念也渐渐荒废，水平每况愈下，成为只会照搬规范，从事简单劳动，知其然而不知其所以然的低能群体。

但是，这只是目标，只是理想，实施并不容易。这个问题将在第 50 章、第 51 章中继续讨论。

3.3 多层次约束

2016 年，住房和城乡建设部根据国务院常务会议深化标准化改革的精神，启动了深化改革的实施，现在的岩土工程标准化体系正面临重新洗牌，将会做很大的调整。据现在知道的情况，改革目标分为两大块，第一块由政府主导，侧重于保基本。包括两部分：一是强制性国家标准，全文强制，功能相当于技术法规；二是推荐性国家标准、推荐性行业标准和推荐性地方标准，所有推荐性标准均不设强制性条款。第二块是市场为主，侧重于提高竞争力。包括团体标准和企业标准。

根据这个大框架，我理解今后的标准化体系实际上有 4 个层次：第一层次是法律，如《标准化法》，一切标准化工作均在法律框架内进行；第二层次是全文强制性国家标准，具有技术法规的功能，必须严格遵守，一定要编好；第三层次是推荐性国家标准、行业标准和地方标准，由于是政府主管部门组织专家编制，故有很高的权威，现行部分国家、行业和地方标准改编后可以列入；第四层次是团体标准和企业标准，要鼓励，要放开，以促进创新和技术进步。内容包括各种勘探方法、测试方法、施工工法、检测方法、监测方法，以及各种工艺、设备、产品，各种专利技术，只要不与强制性国家标准抵触，均可列入。层次越高，数量越少，修订批准的程序越严格；层次越低，标准的数量越多，内容越具体，更新速度越快，执行的自由度越大。不能标准化的技术工作原则上应由承担工程的工程师自行处置，承担责任。随着市场经济的完善和法治到位，逐步“松绑”。全文强制性标准可以理解为刚性约束；采用合同约束的标准可以理解为弹性约定；由工程承担者自行处置，自负责任的部分，可以理解为柔性约束。

第 47 章　两种土分类标准并存及其缘由

本章介绍了土分类的多种标准：外国的美国标准、国际标准化组织（ISO）标准、苏联和俄罗斯标准、三角坐标分类法；国内的《岩土工程勘察规范》土分类法、《土的工程分类标准》、三角坐标分类法。分析了我国现在两种土分类标准并存的原因。讨论了粗粒土两种分类的主要问题和细粒土用塑性图分类存在的问题。认为土分类作为基础性标准，应尽量保持稳定，以利经验积累。

土的工程分类标准是一种基础性技术标准，对岩土工程的各种通用标准和专用标准都有直接影响。目前我国执行的土分类标准主要有两种：一种以国标《岩土工程勘察规范》GB 50021 为主；另一种以国标《土的工程分类方法》GB/T 50145 为主。由于两种国家标准并存，在一定程度上造成混乱。虽然普遍希望有个妥善的解决办法，编写一本各方面都能接受的统一的分类标准，但由于问题积累的时间已久，情况复杂，专家之间的意见又很不一致，成为岩土工程技术标准中的一个难点。本章讨论了两种分类标准产生的国际背景、历史缘由和个人的一些思考。

1 国外土分类标准概况

1.1 美国标准

美国的《统一土分类法》最初由卡萨格兰德（Casagrande）创立，后列入美国的 ASTM D-2487，在美国乃至全球影响较大。该分类法首先将土分为“粗粒土”和“细粒土”（以停留在 200 号筛上的颗粒质量是否超过 50% 为界）。对粗颗粒，又以停留在 4 号筛上的颗粒是否超过 50% 为界，分为“砾石”和“砂”；对砾石和砂又按是否含细粒土分为“纯的”和“含细粒的”；对纯砂和纯砾石又按级配曲线的不均系数和曲率系数分为“级配良好”和“级配不良”。对细粒土，则采用塑性图分类，首先分为“有机土”和“无机土”；对无机土又按塑性图上的位置分为“粉土”和“黏土”；粉土和黏土又分为“低塑性土”和“高塑性土”。由上可知，该分类法始终采用“一分为二”的模式,每一种土都有一个代号或双代号。该分类法比较严密,有统一的原则,逻辑性较强,被欧美各国和日本、印度等国采用,或稍加改造后成为本国标准。ASTM D-2487 的主要内容见表 47-1 和图 47-1。

ASTM 的粗粒土分类　　表 47-1

<table>
<tr><th colspan="4" rowspan="2">土的分类及符号</th><th colspan="4">分类标准</th></tr>
<tr><th>4 号筛余量</th><th>过 200 号筛量</th><th colspan="2">级配或细粒部分情况</th></tr>
<tr><td rowspan="4">砾石</td><td rowspan="2">纯砾石</td><td>级配好的砾石</td><td>GW</td><td rowspan="4">> 50%</td><td rowspan="2">< 5%</td><td colspan="2">$C_u > 4$, $C_c = 1 \sim 3$</td></tr>
<tr><td>级配不好的砾石</td><td>GP</td><td colspan="2">不满足上述两条标准</td></tr>
<tr><td rowspan="2">带细粒的砾石</td><td>粉质砾石</td><td>GM</td><td rowspan="2">12 ~ 50%</td><td>A 线以下,或 $I_p < 4$</td><td rowspan="2">A 线以上,I_p= 4 ~ 7 用双重标准</td></tr>
<tr><td>黏质砾石</td><td>GC</td><td>A 线以上,或 $I_p > 7$</td></tr>
<tr><td rowspan="4">砂</td><td rowspan="2">纯砂</td><td>级配好的砂</td><td>SW</td><td rowspan="4">< 50%</td><td rowspan="2">< 5%</td><td colspan="2">$C_u > 4$, $C_c = 1 \sim 3$</td></tr>
<tr><td>级配不好的砂</td><td>SP</td><td colspan="2">不满足上述两条标准</td></tr>
<tr><td rowspan="2">带细粒的砂</td><td>粉质砂</td><td>SM</td><td rowspan="2">12 ~ 50%</td><td>A 线以下,或 $I_p < 4$</td><td rowspan="2">A 线以上,I_p= 4 ~ 7 用双重标准</td></tr>
<tr><td>黏质砂</td><td>SC</td><td>A 线以上,或 $I_p > 7$</td></tr>
</table>

塑性图将细粒土分为 4 大块,A 线以上为黏土,A 线以下为粉土,B 线线左边为低塑性,B 线右边为高塑性。分别称低塑性黏土 CL、高塑性黏土 CH、低塑性粉土 ML、高塑性粉土 MH。另有两条短线,塑性指数 4 与 7 之间为双代号 CL-ML。此外,还有以泥炭为主的高有机土,代号为 Pt。

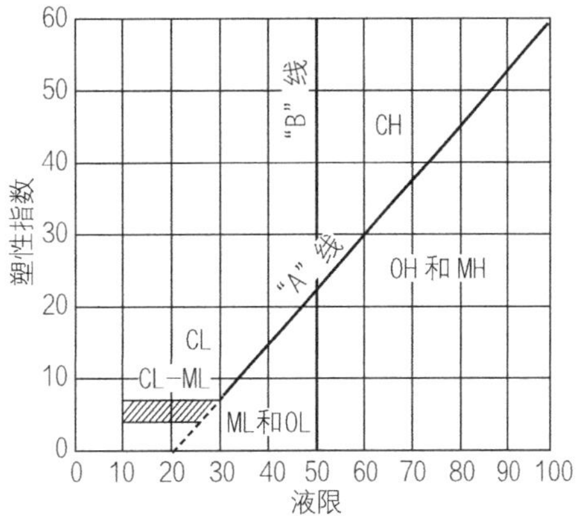

图 47-1　塑性图

注:A 线的方程为 $I_p=0.73(w_L-20)$

美国除了《统一土分类法》以外,还有美国联邦农业部的《三角坐标分类法》(见第 1.4 节),美国土壤勘测局的《土壤分类》,美国各州公路工程协会(AASHO)土作为公路路基的分类法(按粒径、液限、塑性指数分为 A1 ~ A7 七个大类),联邦航空局(FAA)的分类法(已很少用)。对有机土以及土的成因类型也有分类方法。由此可见,美国存在多种土分类标准,并非《统一土分类法》一统天下。

1.2　国际标准化组织(ISO)标准

由国际标准化组织编制的《土的分类和鉴定》(ISO/TC 182/SC1、ISO/FDIS 14688-2),已经出过几个版本,历次版本有所不同,现将 1996 年和 2003 年两个版本做一简单介绍。

对粗粒土的分类，两个版本均根据级配曲线的不均系数和曲率系数划分，但 1996 年版分为“良好级配”“不良级配”、“间断级配”三种；而 2003 年版则分为“多级配”、“中等级配”、“均匀级配”、“间断级配”四种。1996 年版细粒土的分类用塑性图，但与美国“统一土分类法”按液限分为两档不同，ISO 按液限分为 5 个档次，低塑性、中塑性、高塑性、很高塑性、极高塑性。划分粉土和黏土的 A 线方程也是 I_p=0.73（w_L−20）。但 2003 年版取消了塑性图，按液限和塑性指数列表分为无塑性、低塑性、中塑性和高塑性，未见粉土和黏土的分类标准。砂土和砾石的密实度，两个版本相似，按相对密实度 D_r（该标准符号为 I_p）及根据标准贯入、静力触探、旁压试验划分。细粒土按稠度状态和不排水强度的分类，两个版相似，稍有不同。值得注意的是，土分类不仅用室内试验指标，还用原位测试指标，两个版本都有三角坐标分类法，且完全相同。

国际标准化组织（ISO）的编制者主要为德国、荷兰、法国等欧洲国家的专家，分类体系和原则与美国《统一土分类法》有所差别。但由于美国、俄罗斯等有影响的大国没有参加，影响力有限。国际标准化组织虽然经历了几十年的工作，多次修改版本，但意见至今还不一致，可见要制定一本国际统一的土分类标准是非常困难的。

1.3　苏联和俄罗斯标准（ГОСТ）

苏联的标准和规范对我国的影响很深，土分类标准也是如此。1954 年，我国翻译了苏联的《天然地基设计规范》НИТУ-6-48，改编为中国的《天然地基设计暂行规范》规结 -7-54，将地基土分为岩石类、半岩石类、大块碎石类、砂类和黏土类。砂类和黏土类的分界为塑性指数等于 1，详细分类见表 47-2 和表 47-3。

经过了 50 多年，《俄罗斯岩土分类标准》ГОСТ 25100—95（以下简称《ГОСТ》土分类），内容已经全面得多，丰富得多，不仅可用于地基土分类，而且也可用于作为介质和作为材料的土分类。但 50 多年前规定的上述标准却至今未变。

大块碎石类及砂类名称表　　表 47-2

种类	名称	粒径
大块碎石类	碎石	粒径大于 10mm 的颗粒超过 50%
	角砾	粒径大于 2mm 的颗粒超过 50%
砂类	砾砂	粒径大于 2mm 的颗粒超过 25%
	粗砂	粒径大于 0.5mm 的颗粒超过 50%
	中砂	粒径大于 0.25mm 的颗粒超过 50%
	细砂	粒径大于 0.1mm 的颗粒超过 75%
	粉砂	粒径大于 0.1mm 的颗粒少于 75%

注：大块碎石类圆形的分别称卵石和圆砾

黏土类名称表 表 47-3

种类	名称	塑性指数
黏土类	黏质砂土	大于 1，小于等于 7
	砂质黏土	大于 7，小于等于 17
	黏土	大于 17

注：以上为《规结 7-54》的译名，后将黏质砂土改译为亚砂土，砂质黏土改译为亚黏土。

现在的《ГОСТ 土分类》不仅是全俄国家标准，而且亚美尼亚、哈萨克斯坦、吉尔吉斯、塔吉克斯坦、乌兹别克斯坦也投票通过参加，称为“国际标准”。该标准包括应用范围、引用标准、定义、一般规定和分类 5 章，另有术语定义、岩土亚种两个附录。该标准把岩土（俄文中的 Грунт 包括岩石和土）按类、组、亚组、型、种、亚种 6 级分类。首先将岩土分为“天然坚硬岩石类”、“天然分散土类”、“天然冻结岩土类”和“人工岩土类”4 大类。其中，天然分散土类又分为“黏结土”和“非黏结土”两组；黏结土又分为“矿物土”、“有机－矿物土”、“有机土”等型；“有机－矿物土”又分为“淤泥”、“腐殖土”、“泥炭”等种；非黏性土又分为“砂”和“粗碎屑土”两种。最详细而具体的是亚种，列入附录。

该分类标准有以下特点：一是分类体系与美国的 ASTM 迥然不同；二是包括了岩土作为地基，作为介质和作为材料；三是将“冻结岩土”作为 4 个大类之一，地位重要，这显然与俄罗斯的气候特点有关；四是有一个很长的附录划分亚种（一系列的表）。在“天然分散土类”中有：根据粒度划分砂和粗碎屑土的亚种（漂石、卵石、砾石、砾砂、粗砂、中砂、细砂、粉砂）；根据级配的不均系数划分砂和粗碎屑土；根据塑性指数划分泥质土（亚砂土、亚黏土、黏土）；根据泥质土中含砂、含砾的多少划分亚种；根据稠度分为坚硬、半坚硬、硬塑、软塑、流塑、流动；根据膨胀系数分为不膨胀、弱膨胀、中等膨胀、强膨胀；根据湿陷系数分为湿陷和非湿陷；根据饱和度分为稍湿、中等饱和和饱和；根据孔隙比分为密实、中密、松散；根据压实性分为弱压实、中等压实和强压实等等；粗碎屑土又根据磨耗系数，有机土又根据泥炭化程度和分解程度划分亚种。值得注意的是，砂类土的划分，黏性土的划分，50 年没有改变。

1.4 三角坐标分类法

土的三角坐标分类法完全根据土的粒度成分分类，美国、国际标准化组织（ISO）都有，见图 47-2 和图 47-3。该分类法是首先将土粒分为漂粒、卵粒、砾粒、砂粒、粉粒、黏粒，将粒组含量百分数作为三角形的三个坐标，根据土在三角坐标上中的位置确定它的分类名称。

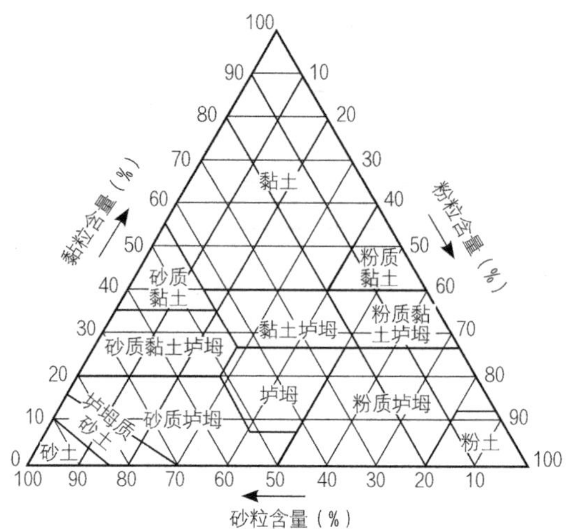

图 47-2 美国联邦农业部的《三角坐标分类法》

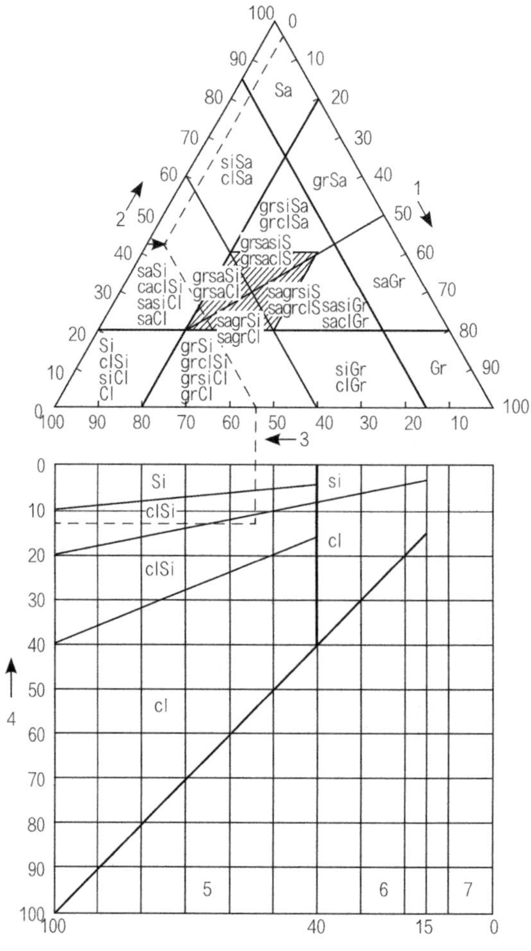

图 47-3 ISO/DIN 的三角坐标分类法

1—砾石（2 ~ 63mm）含量；2—砂（0.063 ~ 2mm）含量；3—细粒（< 0.063mm）含量；4—粗粒土和细粒土中黏粒所占百分比；5—细粒土；6—混合土（粉土质或黏土质砂或砾石）；7—粗粒土

2 国内土分类标准及其国际背景

2.1 《岩土工程勘察规范》的土分类标准

国标《岩土工程勘察规范》GB 50021 土分类的要点见表 47-4。《建筑地基基础设计规范》GB 50007 与《岩土工程勘察规范》基本一致。

《岩土工程勘察规范》的土分类　　表 47-4

种类	土名	分类标准
碎石土	漂石或块石	粒径大于 200mm 的颗粒超过 50%
	碎石成卵石	粒径大于 20mm 的颗粒超过 50%
	角砾或圆砾	粒径大于 2mm 的颗粒超过 50%
砂	砾砂	粒径大于 2mm 的颗粒超过 25%
	粗砂	粒径大于 0.5mm 的颗粒超过 50%
	中砂	粒径大于 0.25mm 的颗粒超过 50%
	细砂	粒径大于 0.075mm 的颗粒超过 85%
	粉砂	粒径大于 0.075mm 的颗粒超过 50%
粉土	粉土	粒径大于 0.075mm 的颗粒不超过 50%，且塑性指数等于或小于 10
黏性土	粉质黏土	塑性指数大于 10 且等于或小于 17
	黏土	塑性指数大于 17

此外，对“老黏性土”“新近沉积土”“有机质土”，土的成因划分、特殊土、综合定名、碎石土和砂土的密实度分类，粉土的湿度和密实度分类、黏性土的状态分类，都做了规定。

《岩土工程勘察规范》土分类标准的制定，是以我国的实践经验为基础，但显然受到苏联土分类方法的影响。表 47-5 为《岩土工程勘察规范》土分类标准与《ГОСТ》土分类标准的异同。

下面再对《岩土工程勘察规范》与《ГОСТ 土分类》的异同做些说明：

（1）《ГОСТ 土分类》标准包括了各种岩石和土的统一分类，《岩土工程勘察规范》则将岩石和土分开分类，这里只比较土的分类。

（2）碎石土和砂土的分类相同，均按某粒径的筛余量超过 50%，依此分为漂石、卵石、砾石、砾砂、粗砂、中砂、细砂、粉砂。粒径界限大多相同，差别仅为《ГОСТ 土分类》是 0.1mm，《岩土工程勘察规范》是 0.075mm，与 ASTM 的 200 号筛一致。

《岩土工程勘察规范》土分类与《ГОСТ》土分类之异同 表47-5

相同	相异
碎石土和砂土，均按某粒径的筛余量超过50%。粒径界限基本相同	砂土最小粒径《ГОСТ》为0.1mm，《岩土工程勘察规范》为0.075mm
碎石土分为漂石、卵石、砾石（俄规范有漂石，苏联无漂石）	《ГОСТ》砂土直接与黏性土相接，《岩土工程勘察规范》砂土和黏性土之间有“粉土”
砂土分为砾砂、粗砂、中砂、细砂、粉砂	《ГОСТ》砂土与黏性土分界为塑性指数等于1，《岩土工程勘察规范》以粒径0.075mm为分界
黏性土按塑性指数分类，粉质黏土和黏土的分界为塑性指数17	《ГОСТ》以塑性指数7和17为界分为亚砂土、亚黏土和黏土；《岩土工程勘察规范》分为粉质黏土和黏土，粉质黏土下限为10

此外，《ГОСТ土分类》另有按不均系数分为“均匀”和“不均匀”。

（3）砂土和黏性土之间，《岩土工程勘察规范》有“粉土”，粉土与砂土之间分界为大于0.075mm颗粒的质量是否超过50%，界限明确，消除了《ГОСТ土分类》的不足。粉土与黏性土的界限为塑性指数等于10，这是我国20世纪70年代总结的经验。而《ГОСТ土分类》砂土直接与黏性土相接，界限为塑性指数等于1。由于塑性指数等于1实际上不存在，故两者的分界是不清楚的。

（4）关于黏性土的分类，《ГОСТ土分类》和《岩土工程勘察规范》分类标准均按塑性指数，《ГОСТ土分类》以7和17为界，分为亚砂土、亚黏土和黏土；而《岩土工程勘察规范》仅以17为界，分为粉质黏土和黏土，粉质黏土以10为界与粉土相接。

制订《岩土工程勘察规范》时，分类的出发点主要着眼于地基土的强度和变形性质，也考虑了桩的可沉性、地震时的可液化性等，而对于土作为材料的颗粒级配问题基本未予考虑。对粗粒土，因未考虑含细粒土的影响，应用于残坡积土时显示出它的不足。由于方法简单，应用最广，已被岩土工程界普遍认可和熟悉。

2.2 《土的工程分类标准》

国标《土的分类标准》GBJ 145（90版）编制时，主要目的是为了适应对外开放的形势，使我国的土分类标准与欧美发达国家普遍采用的土分类一致。该《标准》将土划分为巨粒土类、粗粒上类、细粒土类三大类。巨粒的含量少于总质量15%的土，可扣除巨粒，按粗粒土或细粒土的相应规定分类定名。粗粒组的质量多于总质量50%的土称为粗粒土；粗粒土中砾粒组的质量多于总质量50%的土称为砾类土；砾粒组质量少于或等于总质量50%的土称为砂类土。巨粒土类和粗粒土类的分类见表47-6，细粒土分类按塑性图。

《土的工程分类标准》巨粒土类和粗粒土类的分类 表 47-6

土类	粒组含量		土代号	土名称
巨粒土	巨粒含量> 75%	漂石粒> 50%	B	漂石（块石）
		漂石粒≤ 50%	Cb	卵石（碎石）
混合巨粒土	50% <巨粒含量< 75%	漂石粒> 50%	BSI	混合土漂石（块石）
		漂石粒≤ 50%	CbSI	混合土卵石（碎石）
巨粒混合土	15% <巨粒含量< 50%	漂石>卵石	SIB	漂石（块石）混合土
		漂石≤卵石	SICb	卵石（碎石）混合土
砾	细粒含量< 5%	级配：$C_u \geq 5$，C_c=1 ~ 3	GW	级配良好砾
		级配不能同时满足上述要求	GP	级配不良砾
含细粒土砾	5% <细粒含量≤ 15%		GF	含细粒土砾
细粒土质砾	15% <细粒含量≤ 50%	细粒中粉粒不大于 50%	GC	粘土质砾
		细粒中粉粒大于 50%	GM	粉土质砾
砂	细粒含量< 5%	级配：$C_u \geq 5$，C_c=1 ~ 3	SW	级配良好砂
		级配不能同时满足上述要求	SP	级配不良砂
含细粒土砂	5% <细粒含量≤ 15%		SF	含细粒土砂
细粒土质砂	5% <细粒含量≤ 50%	细粒中粉粒不大于 50%	SC	粘土质砂
		细粒中粉粒大于 50%	SM	粉土质砂

“砾类土”和“砂类土”均按级配分为“级配良好”和“级配不良”，对不同的细粒含量给予不同的名称。对细粒土,则按塑性图上的位置分为“粉土”、“黏土”、“低液限”、“高液限”。形式上与美国《土的统一分类法》或 ASTM 相似，但仍有不少差别：

（1）粒组分类：《土的分类标准》有巨砾粒组，ASTM 没有；《土的工程分类标准》有粒径为 60mm 的界限；ASTM 没有；砾粒与砂粒的分界 ASTM 为 4.75mm，《土的工程分类标准》为 2mm。

（2）巨粒土：《土的工程分类标准》有“巨粒土”一大类，与“粗粒土”并列，ASTM 没有；《土的工程分类标准》规定，除巨粒土外，其他土类凡巨粒含量小于 15% 时，级配计算时都要扣除巨粒，而 ASTM 无此规定。有专家认为，这种规定国际上没有先例，也是不合理的。

（3）砾和砂的划分：《土的工程分类标准》以砾粒组（2 ~ 6mm）含量是否超过 50% 划分，是“粒组含量”，而 ASTM 是 4 号筛（4.75mm）的筛余量超过 50%，是累计含量。ASTM 的筛余量或过筛量的概念，与《土的工程分类标准》两个粒组含量对比的概念，在物理意义上是不同的。

（4）ASTM 将粗粒土划分为 8 个亚类，《土的工程分类标准》分为 16 个亚类。

2.3 三角坐标分类法

我国水利部1962年规程有两张三角坐标图（图47-4和图47-5），图47-4适用于砾粒不超过10%的土，分为砂土、壤土、黏土以及一些过渡型土（砂质壤土、重砂质壤土等）。土中含有砾，但不超过10%时，土名前加“含少量砾的”。图

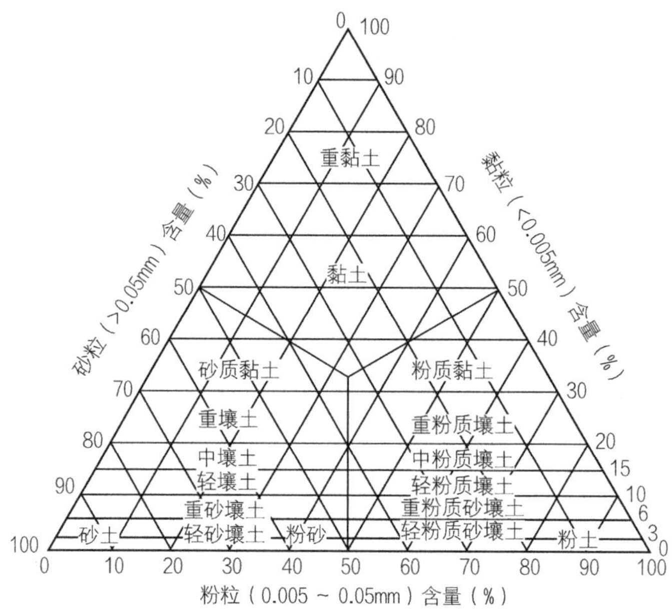

图47-4 土的三角坐标分类

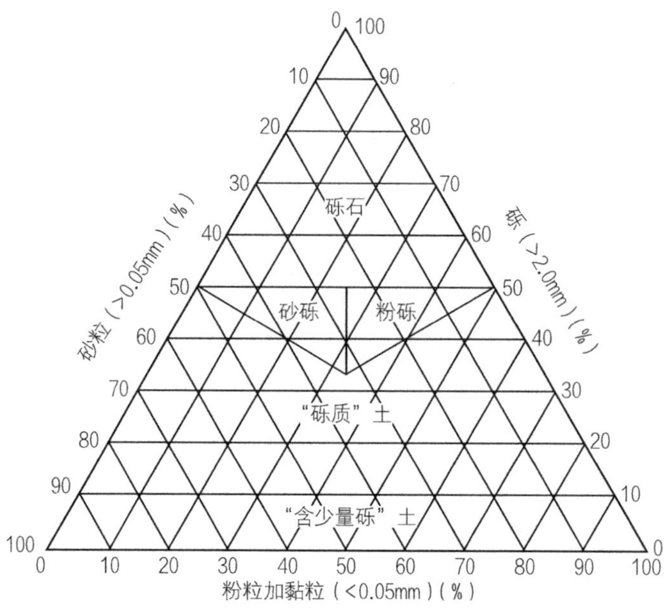

图47-5 砾质土三角坐标分类

47-5 适用于砾粒超过 10% 的土，分为砾石、砂砾、粉砾、砾质土等等。从图中查得“砾质土”时，应将粒径小于 2mm 的作为整体，分别求出砂粒、粉粒、黏粒所占的百分比，再按图 47-4 分类，并在土名前加“砾质”二字。这种分类法在《土的分类标准》发布后，在我国现行规范中已不再出现。

由于粒组划分的差别和土名划分标准的不同，美国、国际标准化组织（ISO）和我国的三角坐标分类法的差别是显著的。由于三角坐标分类法在我国已经停止使用，故以下不再具体讨论。但有些专家认为，土作为材料，三角坐标分类法有其优势，不该废止。

3 两种分类标准并存的原因

（1）国际背景的影响

我国现在通行的土分类标准，最初都是从外国引进，结合我国实践经验适当改造而成。现在应用最广的《岩土工程勘察规范》的土分类方法源于苏联，经多次修改后形成。《土的工程分类标准》制定时，为了与国际接轨，将卡萨格兰德的统一土分类法改造，成为我国自己的标准。三角坐标分类法外国也早已存在，中华人民共和国成立之初引入我国，现已基本不用。可以说，国际背景的影响是我国两种分类标准并存的历史原因。

（2）行业的分割

由于计划经济的影响，我国建筑、水利、铁路、交通等行业分别管理，行业特色十分明显。各有一套规范标准，自编自用，行业之间的往来交流很少。各行业的工程技术人员只熟悉本行业的标准规范，对其他行业并不关心。现在实行社会主义市场经济，统一市场要求打破过去的行业界限，矛盾就暴露了。我国已经参加 WTO，融入全球经济，怎样既要与国际接轨，又保护几十年来积累的经验，便于工程应用，成了一个复杂的难题。

（3）工程要求的多样性

岩土工程中的“土”，可以作为一种承载体（地基），工程师们最关心的是土的强度和变形性能，关心的是原状土。土也可以作为传播弹性波的介质，作为地下水流动的介质，工程师关心的是它的弹性性质、渗透性，包括原状土、人工压实土。土作为填筑材料，构筑堤坝、路堤，作为透水材料和隔水材料时，关心的是土的颗粒级配、压实性质等，不注意它的原状土强度和变形性质。不同的工程目的，土承担的角色不同，土分类的出发点也就不同。

4 关于粗粒土分类的讨论

《岩土工程勘察规范》与《土的工程分类标准》关于粗粒土分类的差别在于：前者按土的粗细分类，分为砾砂、粗砂、中砂、细砂、粉砂；后者按颗粒级配的良和不良分类。前者注意粗颗粒起的骨架作用，颗粒越粗，内摩擦角越高，土的力学性能越好；反之，颗粒越细，内摩擦角越低，土的力学能越差。后者注意级配的良和不良，则更着眼于土作为材料的特性。

这样，我们很容易得到一个结论：土作为建筑物的地基，关心的是原状土的强度和变形性质，《岩土工程勘察规范》的分类标准比较合理。这几十年来，已根据不同粗细的砂积累了内摩擦角的经验，积累了地基承载力的经验，有关规范也在该分类标准的基础上做出了相应规定。如果改用级配良好的砂，级配不良的砂，怎么用于工程？同样，如果将砂砾用于填筑材料或混凝土骨料，则级配良和不良是很重要的因素，《岩土工程勘察规范》的分类有其不足。这方面，俄罗斯规范值得注意，他们将土作为地基的分类和土作为材料的分类是分开的。

5 关于细粒土分类的讨论

《岩土工程勘察规范》细粒土用单指标（塑性指数）分类，《土的工程分类标准》用双指标（塑性指数和液限）分类，即用塑性图分类，下面重点讨论塑性图的问题。

塑性图起源于卡萨格兰德（Casagrande）的《统一土分类法》，后被许多国家采用，是国际上相当流行的土分类标准。20 世纪 80 年代初，李生林教授最先建议将塑性图列入我国标准，以便与国际接轨，并为此进行了专门研究。接着，作为国家标准《岩土工程勘察规范》的主编单位——建设部综合勘察研究设计院，会同有关单位和专家，立项进行了三年多的研究，搜集数据 4 万余组，提出了专项研究报告。

研究发现，用 A 线划分粉土和黏土，与我国实际情况有较大出入。首先是我国绝大多数的土位于 A 线以上，A 线以下的很少。其次，黄土的粉粒含量占优势，是典型的粉土，而塑性图上在 A 线以上，属黏土；红黏土是黏土，却在 A 线以下，属粉土。当时认为可能是液限试验我国用锥式法，欧美用碟式法，由于试验方法的不同而导致 A 线方程的差别。因而做了很多两种液限试验方法关系的研究，并调整了 A 线方程，使之适应我国的情况，但没有得到满意的结果。深入的研究得到一种印象，用塑性指数和液限双指标对细粒土分类，与用塑性指数单指标相比，既增加了复杂性，又不提高精度。因此，国标《岩土工程勘察规范》GB 50021—94 未将塑性图方法列入。但与此同时，国标《土的分类标准》GBJ 145—90 采用了塑性图，形成了我国两种土分类方法标准并存的局面。

是否将塑性图列入我国标准的问题，20 世纪 80 年代已有许多专家做了大量研究，成果丰富，除建设部综合勘察研究设计院外，还有李生林教授，唐大雄教授，王正宏教授等，有过多次激烈的争论。有专家认为，《土的工程分类标准》形式上与 ASTM 相似，却有实质的不同，既没有与国际接轨，在国内也缺乏实践基础。为了急于与国际接轨，匆忙提出了与《土的工程分类标准》配套的液塑限联合测定法，使液塑限测试标准更加混乱。本人认为，细粒土用塑性图分类是国际主流，我们应当熟悉它，研究它，但不能匆忙。我至今不清楚，当年卡萨格兰德用 A 线划分黏土和粉土，有什么科学依据和工程意义。塑性指数高低标志着细粒土可塑性的高低，与土的强度、压缩、渗透等力学性质紧密相关，这是容易理解的；但是，A 线上下的土性到底有什么本质的区别？就很难理解。我真诚希望有关学者，通过理论或数据分析，说明 A 线上下土性的本质差别。有的专家认为，双指标总比单指标全面些，可将塑性指数相同而液限不同的土区分出来。但问题是，区分出来对工程到底有多大意义？如果双指标分类与单指标分类比较，没有明显的优点，又何必舍简取繁呢？“科学崇尚简洁”。值得注意的是，国际标准化组织（ISO）2003 年前的版本，细粒土用塑性图分类，2003 版取消了。可能也意识到塑性图存在的问题。

实际操作时，总是先在野外鉴别描述，对土做初步的分类定名，然后将试样带回试验室做分类试验，综合野外鉴别和室内分类指标确定土的最终分类名称。对于传统的单指标分类法，岩土工程师和经过训练的记录员，野外鉴别土名是不困难的。细粒土分为粉土、粉质黏土和黏土，区别就在于可塑性，根据手触、目测和经验，可以鉴定得基本正确。如果用双指标分类法，野外如何鉴别粉土还是黏土？到目前为止，我还没有见到在野外如何识别 A 线上下黏土和粉土的方法。由于不清楚 A 线上下土的特征到底有什么区别，很难提出野外目力鉴别方法。

6 关于土分类标准的一些思考

（1）土分类与勘察技术、岩土工程分析、岩土工程施工方法不同，后者属于科学技术，应鼓励不断创新，土分类是基础性标准，应尽量稳定，以利经验的积累。

美国的《统一土分类法》至今快一百年了，从未改变；苏联（俄罗斯）的土分类标准差不多 80 年了，内容虽比过去增多，但分类的标准一直未变。我国这 64 年来几经变化，且形成多个版本。今后应大力“收敛”，不宜继续“发散”。作为基础性标准，虽然可以评价其优点、缺点，但主要是习惯和通用，并无明显的先进和落后。

（2）根据我国实际情况，企图制订一本各行业通用的、详细而完整的土分类标准，难度很大，更不能因修改标准而影响几十年积累经验的应用。如果一定要制订统一的土分类标准，也只能先统一大框架，在大框架下逐渐形成亚类和专门分类。独联体国家《ГОСТ 土分类》值得借鉴。

（3）关于和国际接轨问题，应具体分析。土分类作为岩土工程的基础标准，与国际分类标准一致，当然便于交流，便于国际技术和经济的融合。但实际上，目前国际上并无统一的土分类标准，国际标准化组织（ISO）由于几个重要国家没有加入，它制订的标准并未被国际普遍采用。主要大国美国、俄罗斯、英联邦、欧盟各用自己的分类标准。在美国，也不是《统一土分类法》一统天下；在英国，液限试验同时通行两个方法，他们本国也不统一。国际统一土分类还要走很长的路。目前我国首先应做好自身的工作，同时要熟悉国际主流标准。应用外国标准时宜直接采用，不必去“改造”它，以免外国人不懂，中国人不用。

第 48 章　地基承载力表的来龙去脉

本章原为《工程勘察》2004 年第 3 期的一篇论文，录入本书时做了较大修改。地基承载力表起源于建国初期的苏联规范，编写我国第一部地基基础设计规范时制订了我国自己的承载力表，2002 年从国家规范中删除，经历了近 50 年。本章阐述了地基承载力表的历史沿革，讨论了承载力表的问题，提出了今后工作的建议。虽然地基承载力表已从国家规范中删除，但却是岩土工程的一段重要历史，花费了老一辈专家们巨大的精力，也是一笔宝贵的财富。本章列入了我国第一代承载力表，目的不是为了应用，而是为了这段历史的记忆。

我国勘察设计人员曾长期习惯于从规范中查表确定地基承载力，经历了近 50 年。这是一种十分简便的方法，起源于苏联。起初用苏联规范的承载力表，约 20 年；接着用我国自己制订的承载力表，将近 30 年。2002 年《建筑地基基础设计规范》修订，取消了地基承载力表，标志着依靠国家规范查表确定地基承载力方法的终结。本章介绍了地基承载力表的来龙去脉，讨论了承载力表的问题，提出了今后工作的建议。

1　苏联规范的地基承载力表

建国初期，我国没有本国自己的规范，用苏联规范。先后经历了苏联 1948 年的《天然地基设计规范》H_NT_y 6-48、1955 年的《房屋与工业结构物天然地基设计标准与技术规范》HиTУ 127-55、1962 年的《建筑法规》第二卷第二篇第一章《房屋及构筑物地基设计标准》CHNП Ⅱ～ Б.1 ～ 62。三个版本虽然有所变化，但都有地基承载力表。具体规定已在本书第 44 章《规结 7-54》和苏联规范中做了详细介绍。那时主要印象是非常简单易行，知道这些都是经验值，主要疑点是苏联的经验在中国的适用性究竟如何？但既然没有我国自己的经验，只能先用吧。

20 世纪 70 年代之前用苏联的规范，那时我国技术力量非常薄弱，没有建设经验，苏联规范对年轻共和国初期建设的积极作用应当肯定，但消极影响也是深远的。苏联地基规范有两个重要特点：一是十分重视土分类和土的物理性指标；二是用国家规范的形式规定了地基承载力和一些计算方法。这两点都既有积极的一面，也消极的一面。消极的一面是造成勘察设计人员长期忽视土的力学性指标的测试和应用，长期习惯于采用法定的地基承载力表，不去理解地基承载力的深层次问题，把复杂问题简单化。

2 《工业与民用建筑地基基础设计规范》TJ 7—74 的地基承载力表

1974 年，我国第一部地基基础设计规范发布，即《工业与民用建筑地基基础设计规范》（试行）TJ 7—74。该规范的内容和编排，在吸收苏联规范经验的基础上，增加了基础设计。在具体技术标准方面，全面总结了中国的经验，建立了中国自己的承载力表，规定了深宽修正系数，列入了用土的抗剪强度指标计算地基承载力的公式。

为了建立地基承载力表，以中国建筑科学院地基基础研究所为主，动员了全国许多勘察设计单位，进行了大量试验研究工作。这是一件十分烦琐、复杂的大工程，在以后二十多年的勘察设计中发挥了巨大作用。《74 规范》共有地基容许承载力表 12 张，即：

（1）根据类别和风化程度确定岩石承载力（表 48-1）；

（2）根据密实度确定碎石土承载力（表 48-2）；

（3）根据密实度确定砂土承载力（表 48-3）；

（4）根据含水比确定老黏性土承载力（表 48-4）；

（5）根据物理性指标（孔隙比、液性指数）确定一般黏性土承载力（表 48-5）；

（6）根据含水量确定沿海淤泥和淤泥质土承载力（表 48-6）；

（7）根据含水比确定红黏土承载力（表 48-7）；

（8）根据压缩模量确定黏性素填土承载力（表 48-8）；

（9）根据标准贯入锤击数确定砂土承载力（表 48-9）；

（10）根据标准贯入锤击数确定老黏性土和一般黏性土承载力（表 48-10）；

（11）根据轻便触探锤击数确定一般黏性土承载力（表 48-11）；

（12）根据轻便触探锤击数确定黏性素填土承载力（表 48-12）。

岩石容许承载力（kPa）　表 48-1

岩石类别	强风化	中等风化	微风化
硬质岩石	500 ~ 1000	1500 ~ 2500	4000
软质岩石	200 ~ 500	700 ~ 1200	1500 ~ 2500

注：微风化硬质岩石容许承载力超过 4000 kPa 时应专门研究。

本书注：原文计量单位为 t/m^2（下同）。

碎石土容许承载力（kPa）　表 48-2

土的名称	稍密	中密	密实
卵石	300 ~ 400	500 ~ 800	800 ~ 1000
碎石	200 ~ 300	400 ~ 700	700 ~ 900
圆砾	200 ~ 300	300 ~ 500	500 ~ 700
角砾	150 ~ 200	200 ~ 400	400 ~ 600

注：本表适用于碎石土孔隙中充满砂或坚硬、硬塑的黏性土；颗粒为中等风化和强风化岩时容许承载力应适当降低；半胶结时容许承载力应适当提高。

砂土容许承载力（kPa）　表 48-3

土的名称		稍密	中密	密实
砾砂、粗砂、中砂，与湿度无关		160 ~ 220	240 ~ 340	400
细砂、粉砂	稍湿	120 ~ 160	160 ~ 220	300
细砂、粉砂	很湿		120 ~ 160	200

老黏性土容许承载力（kPa）　表 48-4

含水比	0.4	0.5	0.6	0.7	0.8
容许承载力	700	580	500	430	380

注：含水比为天然含水量与液限的比值。

一般黏性土容许承载力（kPa）　表 48-5

塑性指数	≤ 10			> 10					
液性指数	0	0.5	1.0	0	0.25	0.50	0.75	1.00	1.20
e=0.5	350	310	280	450	410	370	(340)		
e=0.6	300	260	230	380	340	310	280	(250)	
e=0.7	250	210	190	310	280	250	230	200	160
e=0.8	200	170	150	260	230	210	190	160	130
e=0.9	160	140	120	220	200	180	160	130	100
e=1.0		120	100	190	170	150	130	110	
e=1.1					150	130	100		

注：带括号者仅供内插。

沿海淤泥和淤泥质土容许承载力（kPa） 表48-6

含水量（%）	36	40	45	50	55	65	75
容许承载力	100	90	80	70	60	50	40

注：内陆淤泥和淤泥质土可参照使用。

红黏土容许承载力（kPa） 表48-7

含水比	0.50	0.55	0.60	0.65	0.70	0.75	0.80	0.85	0.90	0.95	1.00
容许承载力	350	300	260	230	210	190	170	150	130	120	110

黏性素填土容许承载力（kPa） 表48-8

压缩模量（MPa）	7.0	5.0	4.0	3.0	2.0
容许承载力	150	130	110	80	60

砂土容许承载力（kPa） 表48-9

标准贯入锤击数	10 ~ 15	15 ~ 30	30 ~ 50
容许承载力	140 ~ 180	180 ~ 310	310 ~ 500

老黏性土和一般黏性土容许承载力（kPa） 表48-10

标贯锤击数	3		5	7	9	11	13	15	17	19	21	23
容许承载力	120		160	200	240	280	320	360	420	500	550	600

一般黏性土容许承载力（kPa） 表48-11

轻型触探锤击数	15	20	25	30
容许承载力	100	140	180	220

黏性素填土容许承载力（kPa） 表48-12

轻型触探锤击数	10	20	30	40
容许承载力	80	110	130	150

建表时共搜集到载荷试验资料1715份，筛选后采用了数据完整可靠的534份，作为建表的依据，并在相应的地点和层位取样试验。资料来自城市，主要是京津和长江中下游。土类方面，黏性土占一大半，共1121份，选用了324份。无论地区和土类，分布都不均匀，数量和代表性也是有限的。对数据较多且有明显规律的土类，采用数理统计方法。对数据较少、规律不明显的土类，采用按物理性指标分档取平均值的方法。无论用何种方法，都结合经验做了调整，并与外国规范做了比较，对安全度进行了分析评估。对黏性土、淤泥等的承载力还进行了变形估算。

其中，根据物理性指标确定一般黏性土承载力的表，因《74 规范》时还没有粉土这个名称，故以塑性指数等于 10 为分界分别建表。塑性指数大于 10 的有 135 份资料，塑性指数小于等于 10 有 34 份资料。用标准贯入试验锤击数确定黏性土地基承载力的表，有载荷试验资料 90 份（其中湖北占 42 份，北京 19 份）。由于沉积年代不同，土的结构性有很大差别，故老黏性土、新近沉积黏性土和一般黏性土分别建表。其中，新近沉积黏性土有载荷试验资料 46 份，统计分析结果，塑性指数大于 10 时，承载力比一般黏性土低 28%，塑性指数小于等于 10 时低 17%。西南地区的红黏土，物性指标与地基承载力的关系显然不同于其他黏性土，规范编制组对贵州、云南和广西的红黏土进行了专门研究，单独提出了承载力表。

沿海淤泥和淤泥质土，《74 规范》建表时，有载荷试验资料 56 份，选用 42 份。筛选后，只用天然含水量单一指标。还用 2400 余份土样的压缩系数与天然含水量进行回归分析，并对 24 幢建筑物进行沉降分析和实测，平均沉降约 12cm。

砂土资料少，不同地区的差别又大，难以进行回归分析。那时在我国，标准贯入试验尚未普遍应用，故结合国内外用标贯锤击数进行密实度分类，建立的地基承载力表比较粗略，偏于保守。

早在《74 规范》之前，1965 年建工部综合勘察院在研制电测静力触探时，做了大量载荷试验与静力触探比贯入阻力的对比试验，建立了用比贯入阻力确定地基承载力的表，此后又有许多单位进行对比试验，补充完善，将根据静力触探比贯入阻力和根据动力触探锤击数确定地基承载力的表，列入了《工业与民用建筑工程地质勘察规范》TJ 21-77（试行），详见本书第 45 章。

3 《地基规范》承载力表的修订和删除

1989 年，《建筑地基基础设计规范》GBJ 7-89 修订发布，该规范修订时，对承载力表有两种意见：一种意见认为，国家规范中不宜列入承载力表，理由是承载力表不能概括全国情况，且造成勘察设计人员盲目依赖规范；另一种意见认为，承载力表基本反映实际，调整后仍应列入规范。最后确定将承载力表从正文移至附录，并在使用上予以限制，不能用于一级建筑。第 5.1.2 条的注，还规定“与当地经验有明显差异时，应根据工程经验、理论公式计算综合确定”。《条文说明》还指出，“鉴于我国幅员辽阔，同类土性质随地区差异较大，仅通过搜集几十份或百余份载荷试验资料来包络全国是不现实的。因此，各地在使用这类表时，应取慎重态度。最好在本地区进行若干试验验证，取得经验后再行使用。且这类表仅限于一般建筑，对于重要的一级建筑物应进行载荷试验。”

列入《89规范》附录的共11个表，与《74规范》比较，增加了粉土承载力表，删去了老黏性土承载力表和新近沉积土承载力表。原因是《74规范》建表时，老黏性土主要来自武昌的数据，新近沉积土主要来自北京的数据，代表性有限。不少地方反映，表中数据与当地经验不符，偏大偏小都有。且老黏性土与一般黏性土，新近沉积黏性土与一般黏性土也难界定。但勘察设计时仍应注意沉积年代和沉积环境对地基承载力的影响。其他承载力表中的数值基本沿用《74规范》，只作了局部调整，未补充新的研究工作。那时已经意识到承载力表的局限性，对使用做了限制。但限于当时条件，仍将承载力表列入规范。

1994年，《岩土工程勘察规范》GB 50021-94修订发布。在是否列入地基承载力表的问题上有过激烈的争论，最后确定原则上不列承载力表。《建筑地基基础设计规范》修订为2002年版时，也决定删除地基承载力表，从此，结束了我国国家规范规定地基承载力表28年的历史，如果从应用苏联规范 H_NT_y 6-48算起将近50年。

当时从国家规范中取消承载力表的决定，无疑是正确的。我国国土辽阔，土质条件差别很大，建立适用于全国范围的承载力表显然不足取。况且，对于大型工程、体形和地基条件复杂的工程，确定地基承载力是个相当复杂的问题。岩土工程师应当有良好的理论素养，熟悉力学、地质学和工程知识，对地基承载力有深刻的理解，又有丰富的工程经验，决非只会查查表、代代公式就能解决问题。而事实上，承载力表被滥用的情况已经相当普遍，如果继续发展下去，既不利于因地制宜和技术进步，也限制了工程师的活动空间，更不利于工程师素质的培养。况且，地基承载力如何取值是工程师的责任，规范不能代替工程师负责。

4 对地基承载力的理解

地基基础设计（指天然地基上的浅基础）的首要任务是确定基础尺寸，计算基础的底面压力。计算时要保证地基稳定，有足够的安全储备，同时地基的变形要满足建筑物正常使用的要求。

地基承载力是地基承担荷载的能力。在荷载作用下，地基产生变形，荷载较小时，地基处于弹性平衡状态，当然是安全的。随着荷载的增加，变形增大，并在小范围内产生剪切破坏，称“塑性区”。塑性区较小时，地基尚能稳定，仍具有安全的承载能力。随着荷载继续增加，塑性区不断扩展，变形增加，最后塑性区连成一片，地基承载力达到极限，失去稳定。因此，变形与强度两个问题是耦合在一起的。但在解决工程问题时，通常将变形问题单独考虑，单独分析，而将地基承载力视为地基土抗剪强度的宏观表现。因此，地基承载力的建议值，虽然目前一般由勘察报告提出，但不同于岩土特性指标，本质是地基基础设计的一部分。

我国目前确定地基承载力的方法有三类：一是用土的抗剪强度指标计算；二是根据载荷试验成果确定；三是根据与载荷试验相关分析的经验数据查表确定。根据土的抗剪强度指标确定地基承载力的方法又分两大类：一类是计算地基的极限承载力，除以某一安全系数，即所谓"刚塑性理论"；另一类是采用临界荷载，根据塑性区开展的深度确定地基承载力，即所谓"弹性－理想塑性理论"。极限承载力计算最早由普朗特尔（Prandtl，1920）导出，后有赖斯纳（Ressiner，1924）、太沙基（K.Terzaghi，1943）、梅耶霍夫（G.G.Meyerhoff，1951）、汉森（J.B.Hansen，1961）、魏锡克（A.S.Vesic，1963）等多次补充。该法优点是安全度明确，是欧美国家确定地基承载力的主流。"弹塑性法"的临界荷载，我国起先从苏联引进，取塑性区的最大开展深度，对中心荷载为基础宽度的 1/4，对偏心荷载为基础宽度的 1/3，分别记 $p_{1/4}$ 及 $p_{1/3}$。《建筑地基基础规范》考虑到计算结果与载荷试验成果有一定偏差，对承载力系数作了调整，适用于偏心距小于 0.033 的条形基础，并对基础宽度做了限制。

从道理上讲，似乎只要知道了地基土的强度指标、基础的埋深和尺寸，地基承载力就可以计算了。但实际上，这种计算并不一定可靠。公式推导时，都有假定条件，如假定地基土为刚塑性或弹性－理想塑性、不考虑土的变形、均匀地基等。现在许多建筑物基础埋深大，宽度大，又涉及多层地基土，无论塑性区开展的规律或地基破坏模式，都可能与公式假定有一定出入。用这些公式计算地基承载力，土的抗剪强度指标是最灵感的参数。如何测定，如何取值，是计算结果是否正确的关键。此外，该法考虑的只是地基强度，而实际上多数情况由变形控制，还要进行变形验算，保证地基变形不超过限值。

载荷试验是一种原位测试，也可以理解为在现场原位进行的模型试验，与实际基础对地基的作用相似，很直观。用载荷试验确定地基承载力是一种经验方法，不是理论方法，绕开了取样、试验、计算和土力学的一些理论问题，一般认为比较可靠和可信，但必须进行深宽修正。不过，对于大面积的筏形基础、箱形基础，试验尺寸与实际基础尺寸相差悬殊，应力分布、破坏模式差别很大，如何确定地基承载力是个值得研究的问题。由于载荷试验的数据远少于取土试验及其他原位测试，故试验是否有代表性十分重要。载荷试验对操作要求也较高，如操作不慎，可能严重影响成果质量。

总之，确定地基承载力不存在哪种方法唯一可靠，需要勘察设计人员根据地质条件、测试数据、基础和上部结构的特点，结合工程经验综合判断。

5 对地基承载力表的评价

建立我国自己承载力表的工作始于20世纪60年代，因“文革”停了几年，至《74地基规范》和《77勘察规范》发布时基本完成。应该说，当年做的工作是大量的，扎实的，反映了我国的实际情况，有群众基础，是一代人的功绩。所有工作均以载荷试验资料为基础，不仅做了认真细致的回归分析，建立了经验关系，而且与抗剪强度指标计算进行了比较，与苏联规范进行了比较，与建筑物沉降观测和变形分析进行了比较，以求尽量与工程经验相符合。以后规范的修订只做了局部调整，再也没有做过如此系统深入的研究，也不能设想再做如此大规模的群众性研究。对承载力表应用情况的反映也是满意的，虽然有些地方反映偏于保守，但似乎没有听到用了承载力表导致工程事故的实例。因此，虽然国家规范取消了承载力表，但这些成果仍是一笔重要而宝贵的财富，仍可根据情况加以利用。

“查表法”确定地基承载力的确十分简便，一定条件下也是可用的，但其局限性也是明显的：

（1）土的物理性指标和静力触探比贯入阻力、动力触探、标准贯入试验锤击数，与地基承载力之间不存在任何理论关系或函数关系，只有经验关系，统计关系。虽然对统计参数进行了筛选，对相关性进行了检验，但总有一些子样偏离回归曲线。况且子样的数量是有限的，我国疆土辽阔，各地土质条件差别很大，适用于全国的承载力表是很难编好的。

（2）地基承载力本来是相当复杂的设计问题，规范有了承载力表，客观上把复杂问题简单化了。似乎用不着土力学知识，不需要多少工程经验，会查表和简单计算就可确定地基承载力，而且是国家规范的规定，毋庸置疑。况且，过去地基设计主要对象是体形简单的多层建筑，简便的承载力表尚能适应；现在地基设计的对象大多是高层建筑，体形复杂或要求特殊的建筑，承载力表就更难适应了。

（3）将承载力表列入规范，客观上造成只要按规范操作就不必承担风险。但对于地基承载力，无论理论公式还是规范的承载力表，都不一定可靠，要依靠岩土工程师综合判断。判断是否正确，与岩土工程师的理论水平和工程经验有关，带有一定的风险性。在市场经济国家，这种风险责任由主持该工程的工程师负责。

我国已是社会主义市场经济国家，法治国家，注册岩土工程师已经启动，由规范承担确定地基承载力的责任已经不适应了。

（4）建立全国范围的地基承载力表虽然不可取，但是，在相当于“市”一级范围内，地质条件比较清楚，气候条件一致，土的种类有限，采用回归分析方法建立地方性的承载力表，应当是可行的。地基承载力本来是粗略的，无论采用什么方法都不可能十分精确，只要子样较多，数据可靠，分析方法合理，有一定的工程验证，由回归分析方法建立的承载力表还是很可靠的。但这种承载力表也不能盲目滥用，对其应用范围应有所限制。

第49章　岩土工程设计安全度

受住房和城乡建设部执业资格注册中心教育处的委托，笔者会同毛尚之、李镜培编写了《岩土工程安全度》(中国计划出版社，2009)，作为注册土木工程师（岩土）继续教育的必修教材，本章录入了该书部分内容的要点。阐述了事物的不确定性和岩土工程的不确定性；容许应力法、总安全系数法和概率极限状态法；岩土工程可靠性研究发展过程和问题；《地基规范》修订为1989年版时与上部结构配合的一段历史；结合岩土工程特点，对可靠度问题进行了讨论。现在岩土工程规范虽然不用可靠度，但为了与上部结构设计配合，对可靠度应当有所了解。

设计必须保证工程的适用性、安全性、耐久性、经济性和可持续发展的要求，其中安全性更是首当其冲。现在，结构设计已经普遍采用概率极限状态，用分项系数表达，岩土工程设计由于固有的复杂性和研究积累不足，至今仍主要采用容许应力法和单一安全系数法，于是产生了不同"游戏规则"在同一工程中互相交叉的问题。例如基础设计，计算基础面积用容许应力法，确定基础配筋用概率极限状态法，两者的荷载取值、抗力取值和安全度考虑各不相同。再如钢筋混凝土挡土墙设计，挡土墙的结构设计用概率极限状态法，抗滑和抗倾覆稳定性验算用单一安全系数法，地基承载力用容许应力法，荷载取值、抗力取值和安全度考虑也各不相同。有时，同一问题各本规范采用了各不相同的处理方法，使执行者觉得眼花缭乱，稍一不慎，就犯原则性错误。本章在阐述基本概念的基础上，对岩土工程设计安全度问题做些简要说明。

1　事物的不确定性，岩土工程的不确定性

1.1　事物的不确定性

事物的不确定性可以分为三类：

（1）事物的随机性

由于事件发生的条件不充分，使条件与事件之间不能出现必然的因果联系，从而使事件的出现表现出不确定性，这就是事件的随机性。典型例子是抛硬币，事先不能肯定是正是反，是随机的；但事后出现正或反则是明确的，不含糊的。描述随机性问题的数学方法是概率论、数理统计和随机过程。

（2）事物的模糊性

事物本身的概念就是模糊的，一个集合包括哪些事物是模糊的，不明确的，主要表现为客观事物差异中间过渡的模糊性。如正常和不正常，适用和不适用，耐久和不耐久，地基的均匀与不均匀，岩石的风化程度等，没有明确的界限。模糊性是比随机性更为深刻的不确定性，描述模糊性问题的数学方法是模糊数学。

（3）知识的不完善性

按知识掌握的完善程度，可分为白色、黑色和灰色三种系统。白色是完全掌握的知识系统，黑色是毫无知识的系统，灰色是部分掌握部分未掌握的系统。随着科技进步，黑色系统可转为灰色系统，灰色系统可转为白色系统。

工程知识的不完善性有两种：一种是客观信息的不完善性，是由于客观条件的限制造成的，如由于勘察测试数量和精度限制，使设计信息不完善。另一种是主观知识的不完善，对客观事物的认识不清晰，不确切，如未来地震强度的预测，液化的预测等。地基承载力的确定和地基变形计算也是不完善的，也在灰色系统之列。对知识不完善性的描述，目前还没有成熟的数学方法。只能引入经验参数，或由有经验的专家对不确定性进行评估。

1.2 岩土工程的不确定性

岩土工程最突出的特点是其不确定性。包括岩土体结构和岩土材料性能的不确定性，裂隙水和孔隙水压力的多变性，信息的随机性、模糊性和不完善性，信息处理和计算方法的不确切性和不精确性等。科学技术崇尚定量和精确，但岩土工程设计只能采取定性判断和定量计算兼顾、理论和经验并重的方针。

（1）岩土体结构的不确定性

岩土工程作为土木工程的一个分支，以传统力学为基础发展起来。但很快发现，单纯的力学计算不能解决实际工程问题。主要原因就在于岩土工程对自然条件的依赖性、岩土体结构和岩土材料性能参数的不确定性。试与结构专业比较，结构工程师的建筑结构设计、桥梁结构设计等，结构体系和构件尺寸都是工程师自己设计的；结构工程师面临的混凝土、型钢等人工材料，都是工程师自己选定的，都是可控的。而地质结构和岩土材料，都是自然形成，不能由工程师选定和控制，只能通过勘察查明，而又不能完全查明。对于结构工程，结构体系和结构构件非常明确，计算条件也很明确，因而建立在力学基础上的计算是可信的。而岩土体则分不清“体系”和“构件”，界面模糊而不规律，地质条件复杂时又很难确切掌握岩土的空间分布，存在计算条件的模糊性和信息的不完善性。岩土工程没有明确的构件截面和结点，不能像结构工程那样进行截面计算，分析截面可靠度。岩土的变形和破坏有时取决于某一段岩土体强度的平均水平，有时取决于某一薄弱区段。虽然岩土工程计算方法取得了长足进步，发挥了重要作用，但由于计算假定、计算模式、计算参数与实际之间存在很多差别，计算结果与工程实际之间总存在或多或少的差距，需要岩土工程师综合判断。“不求计算精确，只求判断正确”，强调概念设计，已是岩土工程界的共识。

现以岩体为例进一步说明其结构的不确定性。

自然界的岩石，不仅强度和模量多种多样，差别很大，而且总是或稀或密，或宽或窄，或长或短地存在着各种裂隙，这是岩石区别于混凝土的主要特点。这些裂隙有的粗糙，有的光滑；有的平直，有的弯曲；有的充填，有的不充填；有的产状规则，有的规律性很差。裂隙的成因多种多样，有岩浆凝固收缩形成的原生节理，有沉积间断形成的层理，有构造应力形成的构造节理，有表生作用形成的卸荷节理和风化裂隙，还有变质作用形成的片理、劈理等，在岩石中构成极为多样非常复杂的裂隙系统。人们有时将岩石和裂隙视为一个整体称之为“岩体”，将裂隙概化为“结构面”。显然，结构面是岩体中最薄弱的环节。就力学性质而言，岩石材料的力学参数、结构面的力学参数和岩体的力学参数是完全不同的概念。搞清结构面的产状、参数和分布，是岩土工程勘察设计的重点，也是难点。

（2）岩土参数的不确定性

混凝土和钢材的材质不仅可控，而且相对均匀，变异性较小，且其性能指标不因所在位置不同而变化。岩土则不同，不仅指标的变异性大，而且即使是同一种土，同一种岩石，其性能指标也随位置的不同而变化。

同一类型岩土体测试数据的离散性有两方面的原因，一是由于取样、运输、样品制备，试验操作等环节的扰动、取值、计算等产生的误差，使测试数据呈随机分布，这方面产生的不确定性与混凝土、钢材等测试数据的随机性质基本相同，只是变异性更大。二是岩土测试数据还和样品的位置有关，这是人造工程材料不具备的特性。自然界的岩土，即使是同一层，其性质也是有差别的，既有规律性的水平相变和竖向相变，也有无规律的指标离散。因此，个别样品测试的指标一般缺乏代表性，必须有一定数量的测试指标，经统计分析，才能得到代表值。结构设计注重构件截面计算，而岩土工程分析没有截面计算，被分析的岩土体的尺寸与试验样品的尺寸比较，要大许多倍，因而考虑的是岩土体参数值的综合水平，所以岩土指标标准值的计算方法与混凝土、钢材等是不同的。构件截面可靠度的分析已基本成熟，并已列入规范；而岩土工程的可靠度分析尚处在研究阶段，由于问题复杂，积累不足，尚难在工程中普遍应用。

岩土工程的测试可以分为室内试验、原位测试和原型监测三大类，还有各种模型试验，极为多样，各有各的特点和用途。同一种参数，因测试方法不同而得出不同的成果数据。选用合理的测试方法成为岩土工程计算能否达到预期效果的重要环节。例如土的模量有压缩模量、变形模量、旁压模量、反演模量等。土的抗剪强度室内试验有直剪和三轴剪；直剪又有快剪、固结快剪和慢剪；三轴剪又有不固结不排水剪、固结不排水剪、固结排水剪和固结不排水剪测孔隙水压力；原位测试有十字板剪切试验和野外大型剪切试验。由于试验条件不同，试验结果各异。用哪种试验方法合理，由岩土工程师根据具体条件确定。这种测试方法的多样性，也是岩土工程区别于结构工程的一个重要方面。岩土工程计算时应注意计算模式、计算参数和安全度的配套，而其中计算参数的正确选定最为重要。

（3）裂隙水和孔隙水压力的多变性

结构设计有时也会遇到水压力问题，但远比岩土工程中的裂隙水或孔隙水压力简单。岩体中的地下水沿着岩体中的裂隙和洞穴流动，随着裂隙和洞穴的形态和分布的不同，有脉状裂隙水、网状裂隙水、层状裂隙水、岩溶水等不同的地下水类型。不同地段岩体的富水性、透水性和水压力差别非常大。摸清裂隙岩溶水的规律有时非常困难。

无论岩石中的裂隙岩溶水还是土中的孔隙水，其水位或压力水头都是变化的。有季节变化，有多年变化，还有因工程建设、开采地下水、水资源调配等人为原因产生的变化。这些变化往往很难准确预测，特别是人类活动造成的变化更难。地下水的压力既有静水压力，又有超静水压力；有正的孔隙水压力，又有负的孔隙水压力；渗透力可能造成严重的渗透破坏。

饱和土是固、液两相，非饱和土，是固、液、气三相，于是产生了有效应力原理。有效应力原理是土力学区别于一般材料力学的主要标志，在土工计算中产生了总应力法和有效应力法两种方法。孔隙水压力的增长和消散，在土工分析中是一个十分突出的问题：不同的加荷速率，地基承载力不同；是否及时支撑，对软土基坑稳定有不同的表现；渗透系数和地层组合的差别，导致基础沉降速率的差别等。饱和土中的超静水压力可产生挤土效应，使桩被挤断、挤歪和上浮；地震时的超静水压力导致砂土和粉土液化。非饱和土的孔隙气压力形成基质吸力，基质吸力随着土中含水量的增加而降低，因而是不稳定的。膨胀土和黄土随湿度的增加而强度显著降低，非饱和土基坑雨季容易发生事故，花岗岩残积土边坡暴雨容易发生浅层滑坡，都和基质吸力降低有关。总之，把握好孔隙压力是岩土工程分析的关键。

（4）地质作用和地质演化的复杂性

当前的地质结构和岩土材料都是长期地质作用的产物，经历了漫长而复杂的地质演化过程。对于工程建设的时间尺度，有些地质作用和演化过程，如大地升降、褶皱运动、岩浆侵入、变质作用等，已是地质历史，工程设计可以不予考虑。但有些地质作用是必须考虑的，如地震活动引起的液化、震陷、塌陷、边坡失稳、永久性地面变形和诱发各种地质灾害；河水、湖水、海水运动产生的冲刷、侵蚀、搬运和淤积，对水利工程和航道工程的影响；地下水的地质作用造成岩溶发育，形成潜蚀，土洞，塌陷，使工程失稳；风化作用一般是比较缓慢的，但有的岩石在一定条件下风化作用发展很快，危害工程的安全；滑坡和泥石流等是不良地质作用导致的地质灾害，都有发生、发展、消亡、复活等复杂的地质演化过程。地质作用、地质演化和地质过程，虽然也可以进行数学模拟，用数学表达式来描述，但离解决实际工程问题还远，实际工程问题一般还是根据观察、测试、地质演化规律作出判断，工程师的经验起着决定性的作用。

由上可知，岩土工程的不确定性，不仅有随机性，还有模糊性、主观信息不完善性和客观信息不完善性，难以用数学方法表达，可能是岩土工程可靠度至今不成熟的主要原因。

2 安全度表达的方法

荷载（作用）和抗力是任何工程普遍存在的一对矛盾，为了确保工程安全，抗力对于荷载必须有一定的裕度，就是安全度。岩土工程安全度有以下几种表达方法。

（1）容许应力法

容许应力法是在正常使用条件下，比较荷载作用和岩土抗力，要求强度有一定储备，变形满足正常使用要求。荷载和抗力的取值都是定值，建立在经验的基础上。

地基容许承载力就是容许应力法。例如根据经验给定地基容许承载力为200kPa，就意味着地基能够承受200kPa的荷载，强度有一定储备，变形满足正常使用要求（除非规定要进行变形验算），安全度已经隐含在其中。但是，到底地基的极限承载力是多少，隐含的安全度有多大，是不清楚的。容许应力法虽然比较粗糙，但在信息不充分、更多依赖经验的情况下，也是有效而实用的方法。

（2）总安全系数法

总安全系数法也称单一安全系数法，是将设计变量视为非随机变量，用总安全系数表达，即在强度上根据经验打一折扣，作为安全储备。

$$K=\frac{R}{S}\geqslant[K]$$

式中，R、S、K 和〔K〕分别为抗力、作用、安全系数和目标安全系数，由于抗力和作用是定值，所以总安全系数也是定值，都是经验的，因此这种安全度表达方法属于定值法。

例如在计算土坡稳定时，将土体荷载和土的抗剪强度代入计算公式，即可算出安全系数。这种方法不考虑计算参数的随机性，当存在多种荷载和多种抗力时，也不考虑多种荷载和多种抗力贡献大小的不同，因此是一种比较简便的方法，在岩土工程设计计算中被大量采用。

（3）概率极限状态法

整个工程或工程的一部分，超过某一特定状态就不能满足设计规定的功能要求，这一特定状态称为该功能的极限状态，各种极限状态都有明确的标志或限值。极限状态法是将岩土及有关结构置于极限状态进行分析，找到达到某种极限状态（承载能力、变形等）时岩土的抗力。

无论作用还是抗力，客观上都是随机变量，将设计变量视为随机变量，对作用、抗力、安全度进行概率分析，按失效概率量度设计的可靠性，将安全储备建立在概率分析的基础上，这样的设计方法称为概率法。

国际上通常将概率法划分为三个水准；即水准Ⅰ、水准Ⅱ和水准Ⅲ。目前普遍采用的是水准Ⅱ即近似概率法，以可靠指标 β 为安全度量度指标。可靠性（reliability）可定义为“在规定的时间内，在规定的条件下，完成预定功能的能力”。可靠性是比较宽泛的术语，可靠度（degree of reliability）是对可靠性的定量描述，可定义为“在规定的时间内，在规定的条件下，完成预定功能的概率”。

3　岩土工程可靠性研究的发展和问题

3.1　可靠性分析发展的简要回顾

20 世纪 20 年代，国际上已经开始了可靠性基础理论的研究，战后得到了快速发展。初期主要用于军事和工业生产，土木结构也是较早应用的领域。经几十年的努力，一次二阶矩法等目前常用的结构可靠度分析方法相继问世。1967年美国卡纳尔（C.A.Carnell）提出了与失效概率联系的可靠指标作为衡量结构安全度的定量指标，1971年加拿大林德（N.C.Lind）将可靠指标表达为分项系数形式。1986年，国际标准化组织（ISO）发布了《结构可靠度总原则》ISO 2394—1986，1998年又发布了新版本。各国相继将概率极限状态设计原则纳入结构设计规范，有的还用于岩土工程。

我国20世纪60年代，大连理工学院提出用一次二阶矩法分析结构的安全系数。90年代，结合国家攀登计划、国家自然科学基金，对结构可靠度基本理论、结构模糊可靠度、结构体系可靠度、结构可靠度分析的Monte Carlo法、随机有限元与结构动力可靠度、结构抗震可靠度、基于可靠度的优化设计、结构荷载效应组合、结构施工期和结构老化期可靠度、结构维修加固和耐久性方面进行了研究，取得了达到当时国际水平的成果，对我国可靠度设计方法的应用起到了很大的推动作用。

在结构可靠性设计方面，我国标准化工作推进较快。20世纪70年代，建筑部门组织结构可靠度设计方法的研究，1984年发布了《建筑结构设计统一标准》GBJ 68-84，后又发布了《工程结构可靠度设计统一标准》GB 50153-92，作为国家标准的第一层次；建筑、港工、水利水电、铁路、公路等的可靠度设计标准作为国家标准的第二层次。除建筑已经发布外，《水利水电工程结构可靠度设计统一标准》GB 50199-94、《港口工程结构可靠度设计统一标准》GB 50158-92、《铁路工程结构可靠度设计统一标准》GB 50216-94、《公路工程结构可靠度设计统一标准》GB/T 50283-1999相继问世，有的已经修订或正在修订。有关结构设计规范大多遵循《统一标准》的规定进行了修订，概率极限状态已经成为结构设计普遍采用的准则。

3.2 可靠性分析应用于岩土工程的研究

国际上早在1956年，卡萨格兰德提出了土工和基础工程中计算风险的问题，20世纪60年代，梅耶霍夫（G.G.Meyerhof）、文玛克（E.H.Vanmarcke）、吴天行（T.H.Wu）、邓汉忠（W.H.Tang）等发表了一系列论著，奠定了土工可靠度方法的基础。1977年东京召开的第9次国际土力学与基础工程大会上，设立了“土力学的概率设计专题”开展了热烈讨论。但当时尚未使用“可靠度”这个术语，只用了“概率”、“统计”、“风险”等词。1981年斯德哥尔摩举行的第10次国际土力学与基础工程会议又进一步深入讨论，以后各届均有不少岩土工程可靠度研究的论文。日本学者松尾稔的《地基工程学——可靠性设计的理论和实践》（1984）可能是最早一部可靠性应用于岩土工程的专著。国际标准化组织岩土工程技术委员会（ISO/TC

182）主持编制的国际标准（草案）中规定采用极限状态设计原则和分项系数方法，并对岩土工程提出了可靠指标的建议。1994 年完成的《Eurocode 7：岩土工程》是迄今为止最完整最有影响的采用概率极限状态原则，分项系数表达的设计规范。

我国岩土工程可靠度研究晚于西方发达国家，1981 年美国俄亥俄州州立大学教授吴天行来华讲学，首次将岩土概率方法介绍到中国。此后，包承纲教授去美国师从吴天行学习土工概率分析，他是我国第一位从事岩土力学概率分析方法的访问学者。 1983 年“概率论和统计学在岩土工程中的应用”专题学术座谈会在同济大学召开，1989 年建设部下达了以长江科学院和同济大学为主，进行“岩土工程可靠度可行性研究”联合攻关，将随机场理论引入岩土可靠度研究，从应用基础研究转向实用研究。此后，包承纲、高大钊、张征、杨林德、徐帆等，在土性概率分布和指标统计方法、建立地基空间随机场模型、研究自相关距离、用 Kringing 法或经验的 Bayes 法推求最优估计值、用随机 - 模糊统计法估计岩石抗剪强度的取值、区域性岩土性质统计特征等方面，在多层地基、软土地基、不均匀地基的概率分析、桩基承载力参数估计的随机场模型、地基基础极限状态的设计原则和地基基础可靠度设计、土坡和挡土墙的概率和可靠度设计等方面，发表了不少有价值的研究成果。下面简单介绍岩土参数统计分析方面的情况。

由勘察测试取得的岩土特性数据离散性较大，离散原因也很复杂。以土为例，离散原因有以下几方面：一是土本身的原因，表现在同一土层不同位置上的土性差异，在一定距离内存在统计学上的自相关性；二是试验过程中人为造成的偶然误差，一般呈正态分布，这种误差易于用数学方法解决；三是由于土样扰动、测试方法、测试条件、现场情况等的差异引起，有时还有为剔除不合理数据的人为因素；四是由于试验样本过小引起，可采用区间估计方法给出一定的置信水平。

传统的数理统计分析，假设参数空间分布是均匀的。但是，在地质演化过程中岩土形成了空间变异性，不能用经典统计方法解决，需用随机场理论进行研究。其中，“相关距离”是随机场理论应用于岩土工程的一个非常重要的参数。小于相关距离时，土性具有相关性；大于相关距离时，土性基本不相关。

岩体有层理、节理等结构面，结构面的形态、产状、规模、密度和张开性等几何参数直接影响岩体强度、变形和渗流特性，故需根据岩体露头所测的数据进行岩体结构面参数的随机统计分析。统计时可借助计算机和蒙特卡洛方法，进行网络模拟。对岩石的强度参数，则进行了模糊——随机统计分析的研究。

用数理统计方法整理岩土特性数据已在我国勘察工作中普遍推行，国标《岩土工程勘察规范》GB 50021-2001 对岩土特性指标数据的统计和取值作了具体规定。

3.3 可靠度用于岩土工程设计规范的问题

可靠度用于岩土工程设计的问题，1981年斯德哥尔摩举行的第10次国际土力学与基础工程会议上就有激烈的争论，工程师们认为用可靠度分析土工问题不切实际，可靠度专家们认为工程师不懂、不理解概率设计方法。国际上采用可靠度设计的岩土工程规范，最有影响的是欧洲规范。经过13年的工作，欧洲专家小组于1994年完成了《Eurocode 7：岩土工程》的最终稿。该规范列入了荷载分项系数和材料性能分项系数，分项系数通过概率统计分析确定，与失效概率（目标可靠指标）联系。这本规范是迄今为止世界上最系统的以概率论为基础、以分项系数表达的岩土工程设计规范。但据了解，实施情况并不很理想。欧洲多数国家仍采用各国传统的设计方法，仍采用简单的单一安全系数法或综合安全系数法。专家们对该规范的评论也不一致，有些专家认为应予肯定，并继续完善，但也有专家持不同意见，如门福雷德·斯托克尔（Manfred Stocker）博士认为，EC7采用分项系数不符合惯性思维，经几个国家若干设计实例比较，结果相差很大，而且难以解释，存在基本概念和逻辑上的错误。

4 《地基规范》的“插曲”和回归

制订《工业与民用地基基础设计规范》TJ 7-74时，上部结构设计均采用定值法，《TJ 7-74》用的是地基容许承载力。修订为《GBJ 7-89》时，《建筑结构设计统一标准》（GBJ 68-84，以下简称《统一标准》）已经发布，规定采用概率极限状态设计，用分项系数表达。为了与上部结构设计原则一致，主管部门要求《地基规范》也应采用可靠度，于是产生了《地基规范》GBJ 7-89“套用”可靠度设计的“插曲”，将地基承载力容许值改为标准值、设计值。修改为《GB 50007-2002》时发现不妥，又将地基承载力标准值、设计值改为特征值，实际上又回归到容许承载力。《GBJ 7-89》对荷载效应作了以下调整：

（1）按地基承载力确定基础面积及埋深时，传至基础底面的荷载应按基本组合，土体自重分项系数为1.0，按实际的重力密度计算；

（2）计算地基变形时，传至基础底面的荷载应按长期效应组合，不应计入风荷载和地震荷载；

（3）计算挡土墙的土压力、地基稳定和滑坡推力时，荷载应按基本组合，但其分项系数为1.0。

对地基承载力作如下调整：

（1）规定了土的抗剪强度指标标准值的计算方法和岩石单轴抗压强度标准值的计算方法；

（2）规定了根据载荷试验确定地基承载力标准值的方法；

（3）规定了用土的物理性质指标的平均值查地基承载力的表，并用回归修正系数求地基承载力标准值；

（4）规定了经过深宽修正，计算地基承载力的设计值；

（5）规定了用土的抗剪强度指标标准值计算地基承载力的设计值。

通过以上调整，形式上与《统一标准》的规定基本一致，但实质上地基承载力标准值和设计值都还是属于容许应力法范畴，没有概率意义，与可靠度毫无关系，反而造成术语概念的混乱。按《统一标准》的精神，抗力的标准值应是概率分布的某一分位数；但《GBJ 7-89》的地基承载力标准值却是容许值。按《统一标准》，抗力的设计值是标准值除以大于 1.0 的分项系数，设计值小于标准值；但《GBJ 7-89》的设计值是标准值的深宽修正，设计值大于标准值。

这就是《建筑地基基础设计规范》GBJ 7-89 套用可靠度设计的一段"插曲"。修编为《建筑地基基础设计规范》GB 50007-2002 时，主编黄熙龄决心不再套用上部结构可靠度设计的原则，回归到原来的容许应力法，作了如下调整（第 3.0.4 条）：

地基基础设计时，所采用的荷载效应最不利组合与相应的抗力限值应按下列规定：

（1）按地基承载力确定基础底面积及埋深或按单桩承载力确定桩数时，传至基础或承台底面上的荷载效应应按正常使用极限状态下荷载效应的标准组合。相应的抗力应采用地基承载力特征值或单桩承载力特征值。

（2）计算地基变形时，传至基础底面上的荷载效应应按正常使用极限状态下荷载效应的准永久组合，不应计入风荷载和地震作用。相应限值应为地基变形允许值。

（3）计算挡土墙土压力、地基或斜坡稳定及滑坡推力时，荷载效应应按承载能力极限状态下荷载效应的基本组合，但其分项系数均为 1.0。

（4）在确定基础或桩台高度、支挡结构截面、计算基础或支挡结构内力、确定配筋和验算材料强度时，上部结构传来的荷载效应组合和相应的基底反力，应按承载能力极限状态下荷载效应的基本组合，采用相应的分项系数。

当需要验算基础裂缝宽度时，应按正常使用极限状态荷载效应标准组合。

（5）基础设计安全等级、结构设计使用年限、结构重要性系数应按有关规范的规定采用。但结构重要性系数 γ_0 不应小于 1.0。

对地基承载力作如下调整：

（1）取消了地基承载力标准值和设计值，改用地基承载力特征值；

（2）调整了土的抗剪强度指标标准值的确定方法；

（3）载荷试验确定地基承载力特征值的方法，与《GBJ 7-89》载荷试验确定地基承载力标准值的方法基本相同，稍有调整；

（4）取消了用土的物理性质查地基承载力的表；

（5）深宽修正公式与《GBJ 7-89》基本相同，稍有调整；

（6）用土的抗剪强度指标计算地基承载力特征值的方法与《GBJ 7-89》方法基本相同，但土的抗剪强度指标取值方法有所改变。

《地基规范》修订为《GB 50007-2011》时基本维持《GB 50007-2002》的原则，稍有改动。

下面简要归纳一下《地基规范》设计准则三个版本的变化：《TJ 7-74》用的是容许承载力，对应的荷载按当时的荷载规范，都是定值法。修订为《GBJ 7-89》时，为了适应《统一标准》的要求，地基承载力用了“标准值”，“设计值”等术语，传至基础底面的压力用荷载的基本组合，但地基承载力“标准值”和“设计值”并非《统一标准》中“标准值”和“设计值”的含义，实质上还是容许值。《GB 50007-2002》不再套用《统一标准》的术语，改用“地基承载力特征值”，特征值的本质是容许值，传至基础底面的压力改为荷载标准组合。所以，地基承载力的术语虽然经过了从容许值到标准值、设计值，再到特征值的变化，但实质都没有概率极限状态意义，本质上都是容许应力法。

5 安全度问题的讨论

安全度的三种表达方法中，理论上毫无疑问，概率极限状态法即可靠度法将作用、抗力和安全度视为随机变量，因而最精细、最科学、最理性。单一安全系数法将随机变量的作用和抗力视为定值，用经验确定一个总安全系数，显得比较粗糙。至于容许应力法，连极限状态和安全系数都不知道，完全在于经验，安全度非常模糊，在科学高度发达的今天，显得极不相称。但是，至少在目前，岩土工程师还不敢有太多奢望。原因在于岩土工程与结构工程之间存在很大差别，使两个专业在可靠度研究的积累方面不在同一水平上。岩土作为地质体，其变异性远大于人工材料，而且还有空间变异性。结构构件和结构体系很明确，岩土结构界限模糊，边界不清，强度和变形分析不是截面验算，也分不清构件可靠度和体系可靠度。岩土工程不能将地层结构查得十分清楚，试样总有扰动，有些岩土根本取不上样来，地下水的季节性变化、多年变化、工程建设过程中和建成后的变化，很难预测，存在大量的客观信息不完善性。岩土工程的计算方法并不确切，常需经验修正，有些纯粹是经验关系，理论性强的概率极限状态设计难有用武之地。岩土工程除了随机性外，还存在大量的模糊性问题。测试指标取舍、土层划分、地质图制作，存在或多或少的主观随意性。由于计算结果未必可靠，人们更注重于原位试验和原型监测，通过工程监测修正以确保工程安全。由于以上原因，岩土工程师们的兴趣往往更偏重于理论与经验相结合的概念设计，而淡漠可靠度的应用。刘建航院士提出的“理论导向，经验判断，实测定量”十二个字，切中要害，生动地反映了岩土工程设计的特点，也是岩土工程设计经验简洁而准确的概括。

对于岩土工程设计规范是否采用可靠度的问题，专家之间曾有不同意见：部分专家认为，《统一标准》实施以后，急需解决岩土工程设计中如何贯彻概率极限状态设计和采用分项系数表达式的问题，首先要解决地基极限承载力和对土的参数进行概率统计，再进一步解决可靠指标 β 等问题。部分专家认为：岩土和结构差距较大，应从实际出发，用地基容许承载力即可。虽然理论上概率极限状态法即可靠度法最精细、最科学、最理性，是设计理念的重大进步，但在精度很差或者连精度的大致范围都不清楚的情况下进行可靠性分析，是没有意义的。

土木工程往往是结构工程与岩土工程的组合，结构与岩土相互作用，前者应用可靠度设计，后者仍沿用传统的定值方法，处理好二者关系是必须妥善解决的问题。目前，各本规范对这个问题的处理各不相同，术语、设计原则、作用和抗力的取值等问题存在较大差别，造成设计工作很大不便，甚至出现错误。顾宝和、毛尚之、李镜培合作编写的全国注册土木工程师（岩土）继续教育必修教材《岩土工程设计安全度》（中国计划出版社，2009），可正本清源，帮助岩土工程师理解工程安全度问题的实质，理解规范不同规定的原因，提高使用规范的自觉性。

第 50 章　谈谈我的岩土工程“规范观”

本章原为《工程勘察》2015 年 10 月的一篇论文，录入本书时稍有修改。本章在阐明规范权威性必须尊重和遵守的同时，指出规范也有局限性。应用者应深入理解规范总结的科学原理和基本经验，不要盲目套用，陷入迷信。制订规范者应立足国内，放眼国际，加强专题研究和工程经验总结。全文用大量例子说明笔者的观点。最后，将我的“规范观”归纳为“要理解，不要盲目；要遵守，不要依赖；要有权威，但不要绝对化、神圣化”。

我在拙作《岩土工程典型案例述评》中提到：处理岩土工程问题要避免陷入两个误区：一是迷信计算，还没有弄清楚公式的假设条件及其与工程实际的差异，还没有弄清楚选用的参数有多大的可靠性，就代入计算；二是迷信规范，不去深入理解规范总结的科学原理和基本经验，盲目套用。这两个“迷信”都是盲目性，与实事求是的科学精神是完全对立的。规范是同行专家集体智慧的结晶，由主管部门批准发布，当然要遵守，强制性条文还要严格遵守。但实际情况千差万别，规范是绝对包不住的。对规范不能过分依赖，规范只能规定带有普遍性的问题，成熟一条订一条，大量问题还需由岩土工程师自己酌情处置，仅仅满足规范绝不是一个优秀工程。下面，就规范应用者应如何执行规范，规范编制工作应如何改进，谈谈我的“规范观”。

1　规范的权威性

规范的权威性容易理解，众所周知。简单地说，体现在以下几方面：一是规范由同行专家组成的编制组编写，又有同行专家审查，是专家们集体智慧的结晶；二是规范编制过程中，需在全行业范围内征求意见，执行中不断听取反馈意见，因而也是全行业群众智慧的结晶；三是规范由政府主管部门批准发布，一定程度上体现国家意志，代表政府主管部门的意见，其中的强制性条文必须严格执行；四是一部好的规范体现了该领域当前的基本经验，不仅行业内的工程师要执行，对科学研究、新技术开发和专业教学也有重要参考价值。

2 规范的局限性

2.1 规范只规定带有普遍性的问题，不能涵盖岩土工程的所有方面

岩土工程的个性非常强，个性即特殊性。严格说来，每个工程都有自己的个性。岩土工程师应当充分认识岩土工程的特殊性，“对症下药”，而不是“一药治百病”。规范只能规定共性问题、普遍性问题，不能面面俱到。工程可能遇到的新问题、特殊性问题多得很，只能由工程师酌情处理。岩土工程师要处理好共性与个性的关系，共性是共同的科学规律，应深知其内在机制；个性是每个工程、每块场地均有自己的特点，应根据具体情况确定重点，提出有针对性的处理方案。举例说明如下：

（1）规范将特殊岩土、不良地质作用和地质灾害从一般岩土和一般地质条件中划分出来，对勘察设计应当遵守的准则做出专门规定，这是我国规范的特点和优点。但应注意两点：一是世界上的特殊岩土和特殊地质条件非常多，决非仅仅限于规范所列出的几种（详见本书第 27 章）。对于缺乏经验的特殊问题，只能从头做起，做专门性研究，将勘察、设计和研究结合起来。二是即使规范已经列入的特殊岩土和特殊地质条件，也往往“语焉不详”。譬如硫酸钠盐渍土的盐胀性，规范写得比较原则，具体到某个工程，必须根据该场地盐渍土的具体情况和工程的具体要求，深入研究，提出有针对性的措施。就像医生治病，即使对同一种疾病，不同的病人还有不同的治疗方案。

（2）大挖大填整平场地的工程现在越来越多，按《建筑抗震设计规范》，勘察时需判定场地类别，需判别液化土层、液化指数和液化等级。但是，按《规范》现在的场地条件判别，可能没有什么意义，因为有的液化土层可能将被挖除，而新填筑的粉土和砂土则有可能液化，按理更需按整平后的条件判别。此外，大挖大填后地基承载力和地基变形问题的评价，与一般场地也大不相同，水文地质条件可能发生很大改变，可能对地基基础设计和工程环境产生很大影响。这些问题很难由规范做具体规定，只能依靠工程师的业务素质和应对能力。

2.2 经验不足和有争议的问题不能列入规范

成熟一条订一条，经验不足和有争议的问题不能列入规范，是规范编制和修订的基本原则。但是，规范虽然没有规定，工程还是要做，并希望通过工程积累

经验，成熟后订入规范。因此，规范本应不影响新概念、新技术、新方法的发展和应用。如果“规范没有规定不能做”，那么工程还建不建？成熟经验从哪里来？举例说明如下：

（1）黄土液化问题虽已有了一些研究成果，也有古液化滑移的证据，但因缺乏近代地震液化的实据，至今未能列入规范。再如岩石地基承载力是否可做深度修正和宽度修正，虽然理论上随着基础埋深的增加，地基承载力肯定会提高，并有一些现场载荷试验资料佐证，有些行业规范和地方规范已有体现，但国家规范至今尚未列入。

（2）曾有专家批评《岩土工程勘察规范》落后了，未能将孔压静力触探列入。其实该规范的94版已有反映，只是一直未能具体化，原因就是探头和应用经验的积累不足。孔压静探要列入规范，首先探头要标准化，包括传感器在探头上的部位，否则测到的数据肯定差异很大，重现性很差。用孔压探头测到的孔压消长曲线可以求得固结系数，但是否就是建筑物沉降过程中的固结系数？后者是在原状土体加载固结过程中产生，前者则由于探头挤压，土已扰动的孔压曲线，二者差别很大，如何考虑？挤压扰动还可能产生负孔压，该如何处理？至于利用孔压曲线判别土的液化势，更是尚处于探索阶段。只有等到孔压探头标准化，工程应用方面有了一定经验，对孔压静力触探做出具体规定才能水到渠成。规范每隔几年修订一次，也说明规范总是不断总结实践经验，总是处于不断完善的过程中，规范永远落后于实践。

2.3 规范某些条文可能是“妥协”“折中”的结果

制订或修订规范时，编制组内部有不同意见是正常现象，审查人员以及广大规范使用者有各种各样意见更是多如牛毛。因此，规范最终稿中有些条款可能是“妥协”或“折中”的结果，不够理想。举例说明如下：

（1）《岩土工程勘察规范》中关于钻探和触探关系的问题，意见分歧不小。有些地方应用触探的经验很多，软土地区习惯于静力触探，砂卵石地区习惯于动力触探，强调应提高触探的地位。有些专家则强调钻探取样是基础，没有一定的钻探取样数据绝对不行。我认为，触探与钻探取样之间存在明显的互补性，各有优缺点，二者配合使用能取得良好的效果。但具体到某项工程，以钻探为主还是以触探为主，则视具体情况而定，包括工程特点和要求，场地地质条件，当地经验的积累程度等，《规范》难以做出划一的规定。

（2）标准贯入试验 N 值的修正问题，已在本书第19章做了详细阐述。N 值的杆长修正初见于74版《建筑地基基础设计规范》，89版继续沿用。规定当杆长为3～21m时，N 值应乘以小于1.0的修正系数，杆长超过21m，则不再适用。该规定是以牛顿碰撞理论为基础求得，并非实测。但后来发现，该修正方法其他国家均不存在，国际上多数国家不做杆长修正，只做上覆压力和地下水修正。对于杆长影响，碰撞理论已经老旧，弹性波理论比较符合实际。由于上述杆长修正方法的理论基础和实测依据均不够充分，故从《岩土工程勘察规范》中删去。接着，《建筑地基基础设计规范》也删去了该修正方法。

《岩土工程勘察规范》删去该修正方法后，在采用何种方法替代的问题上，编制组意见并不一致，有的主张用国际流行的上覆压力修正和地下水修正，有的不赞成。最后确定，勘察报告首先应提供不作修正的实测 N 值，应用时再考虑修正或不修正，用何种方法修正。由于只作了原则交代，后来出现了不同做法：北京和上海的地方规范采用了有效上覆压力和地下水修正，有些规范在原来杆长修正的基础上外延。但是，这种修正方法已从两本国家规范中删除，“皮之不存，毛将焉附？”

2.4　考虑到当前岩土工程界的实况，某些条款可能是不得不列入

由于岩土工程充满着各种各样的不确定性，有些本应由岩土工程师根据具体情况综合判断，酌情处理。例如勘探点如何布置，做哪些测试项目，对场地和地基条件如何评价，怎样选取计算参数和计算模式，采用什么设计方案，做哪些检验和监测，以及地质灾害如何评估等，由于岩土工程条件千差万别，统一规定难免顾此失彼。对这一类问题，标准和规范应强化还是弱化、粗一些还是细一些，还存在不同的认识。不少专家认为，规范写得过细过死，不符合岩土工程复杂多变的特点，不利于工程师聪明才智的发挥，不利于技术创新和行业整体素质的提高，应尽快改变这种局面；有些勘察设计人员、施工图审查人员、主管部门管理人员，则希望规范写得越细越好，越具体越好，以便于操作，便于检查。从目前全国岩土工程的实际情况来看，为了保证绝大多数工程的安全，有些本应由项目负责人处理的问题，仍在规范中做了规定。但一般用“宜”“可”等宽松的限制词，以便执行者灵活掌握。执行者也不必死抠具体方法和数字，主要着眼于是否符合实际。勘察规范是这样，设计规范也有类似的问题。

3　要自觉遵守规范，不要盲目套用规范

3.1　规范的作用

发达的市场经济国家强制执行的是技术法规，技术标准由市场自由选用，技术问题的处置由项目负责人担当。中国的标准和规范与外国不同，作用非常大。工程师只要按规范操作，不违反规范就不会犯错误；如果离开规范，就要冒很大风

险。施工图审查单位按规范审查，一切以规范为准绳。一旦发生工程事故，也是查有没有违反规范。如有违反，不管事故的真正原因如何，勘察设计单位的责任就被肯定；如不违反规范，不管勘察设计工作有无不妥，都没有责任。如因规范没有覆盖或规定不妥，则主管部门要求补充和修改规范。与工程有关的民事纠纷，公众也以有关规范为依据说事。规范的作用这样大，似乎是我国特有，可能与特殊国情有关，目前正进行深化标准化改革，今后情况可能会有所变化。

3.2 切忌盲目套用规范

规范要遵守，但切忌盲目，盲目就是迷信，生搬硬套可能犯概念性的错误。产生盲目的原因主要是基本功缺乏，对规范条文错误理解、对规范的局限性认识不足、对计算条件和参数把握不准等，均可导致盲目。举例说明如下：

（1）某基坑周边有隔水帷幕封闭，基坑内设 17 口降水井抽水。工程主持人用《建筑基坑支护技术规程》JGJ 120 的“大井法”计算基坑涌水量，取基坑的等效半径为影响半径（33m），取 17 口降水井截面积之和（0.99m）作为基坑中心单井的等代半径，算出涌水量为 90m^3/d。实测涌水量为 97m^3/d，还分析了误差的原因。计算者显然不理解公式中影响半径和大井等代半径的意义，望文生义，误将封闭边界理解为影响半径；误将降水井截面积之和作为大井等代半径。况且，封闭基坑中抽水涌水量与降深关系，与建立在稳定流理论基础上的裘布衣公式，完全不是一个概念。

（2）某住宅区高层建筑地上 15 ~ 18 层，低层建筑 5 ~ 6 层，框架结构，筏板基础，均有 3 层地下室。因整平场地挖方，基础底面标高低于自然地坪 18m。地基土为粉土与碎石土互层，粉土每层厚 1 ~ 2m，标准贯入锤击数平均为 17 击，碎石土每层厚 2 ~ 3m，地层基本稳定，未见地下水。由于基底标高有的地方为粉土，有的地方为碎石土，勘察设计者根据规范判定为“不均匀地基”，拟换填处理。如此考虑显然不妥，规范确有地基均匀性的规定，但着眼于差异沉降。从土的分类看，本工程粉土与碎石土差异确实明显，但地基土相当好，低层建筑是超补偿基础，还是刚度较大的筏板（其实不必），根本不存在差异沉降问题，有什么必要考虑换填？我见过类似的工程不少，有些工程持力层部分为微风化岩石，部分为中等风化岩石，但基底压力并不大，承载力和变形均无问题，勘察报告判定为不均匀地基，造成设计被动。

（3）现在有些施工图审查单位只知道死抠规范文字，过多注意细枝末节，不注重关键问题的把握，外行审查内行，起不到质量把关的作用，使审图走向“异化”。某地审图单位向送审勘察单位提出，“为什么砂土不取原状土做试验？”还提出了罚款意见。砂土取样困难，室内试验成果不可靠，主要采用原位测试，是岩土工程界的基本经验。这种违背岩土工程基本经验，违反起码常识的做法，真令人哭笑不得！

3.3 理性认识规范

规范本来是为内行人编的。与官员和公众不同，作为内行的工程师，不仅要懂得规范条文的字面意义，还要知道条文字面背后的原理，了解规定所依据的基本经验。理性认识规范必须练好内功，有了深厚的理论功底和丰富的工程经验，对规范自然会有正确而深刻的理解。举例说明如下：

（1）如何判别地震液化？如何计算液化指数？如何确定液化等级？规范均有明确规定，很容易计算和判别。但作为工程师，还需理解液化的内在机制，即液化与孔隙水压力增长、消散的关系，液化的外在表现如喷水冒砂、侧向扩展、边坡滑移、工程破坏等，并了解判别式的来历。如果不了解液化的原理、表现和判别式的来历，就有可能做出不正确的判断。这个问题本书第 55 章将详细阐述。

（2）对于波速测试，岩十工程师仅仅知道按规范布置波速测试工作，根据测试成果计算等效剪切波速，显然是不够的。至少应该熟悉压缩波、剪切波和面波的形成机制和基本特性，了解波动的基本原理及其与工程的关系，波速测试各种方法的工作过程和优缺点，从而对测试成果的可靠性进行正确的评估。

（3）对于水和土对建筑材料的腐蚀性，岩土工程师仅仅知道按规范布置测试工作，根据测试成果按规范判定腐蚀等级，也是不够的。至少应该知道腐蚀介质对混凝土和钢材腐蚀的化学和电化学过程，物理环境对腐蚀的影响，不同介质腐蚀机制的差别，抗腐蚀的基本措施等。否则，很可能做出不正确的判断。譬如在黄土地区根据取样试验结果，对混凝土有中等或强腐蚀性，即应仔细分析是怎样产生的，是测试有问题还是局部有污染物？因为正常情况下黄土不会有酸性腐蚀，一般也不具结晶膨胀腐蚀，含水量又低，出现这样的结果反常。而南方红树林地区有酸性腐蚀，内陆盆地有结晶膨胀性强腐蚀，则是正常现象。

如果对规范的某些规定不理解，可向规范编制组询问，编制组有责任解答。规范某些规定与地方经验不一致怎么办？由于全国性规范很难适应各地的具体条件，一般以地方经验为准。但所谓地方经验是指符合科学原理的、相对成熟的经验。现在有些“地方经验”实际上是地方的传统做法，习惯做法，不一定有科学依据，甚至是落后的技术，应引进外地先进技术，在本地消化吸收。

3.4 现在的规范是双刃剑

规范具有权威性，应当自觉遵守，但不能将其绝对化、神圣化，陷入盲目和迷信。所谓自觉遵守，就是要在理解规范条文科学原理的基础上遵守。现在的规范其实是一把双刃剑，一方面，规范是成熟经验的结晶，按规范执行可以保证绝大多数工程的安全、经济和合理；另一方面，过细的规定又使工程师有了过多的依赖，既不用耗费太多的精力和时间，又不担当风险，渐渐不思进取，降低了自己的素质。古有“邯郸学步”，结果是，邯郸人的行步没有学会，却把本来的行步忘了。我们现在学习规范，使用规范，更切勿盲目，务必将规范的规定与岩土工程的基本原理和基本经验结合起来思考。从工程师个人层面上说，只知道照规范生搬硬套，与工程师的称号极不相称；从行业管理层面上说，深化标准化改革已经急不可待了。

4 规范编制中的问题和改进意见

4.1 强制性和推荐性问题

过分依赖规范严重抑制技术创新和工程师能力的发挥，出不了高水平的成果和高水平人才，一定要下力气解决。解决的办法就是深化标准化改革，将政府管制的强制性规定和市场选用的推荐性规定分开。2016 年，住房和城乡建设部根据国务院常务会议决定的精神，起动了深化标准化工作的改革。确定改革的目标是只有全文强制性国家标准具有法定的强制性，其他的国家标准、行业标准和地方标准均为推荐性标准，由市场自由选用，并推进团体标准、企业标准的编制，以增加标准供给，提高竞争力。详细情况在本书第 51 章阐述。我相信，通过深化标准化改革，一定能逐步消除我国标准化方面的弊端，逐步出现岩土工程师在强制性国家标准的红线内，比技术、比效率，各显神通，敢于担当，开展有序竞争，促进技术创新，促进工程优化的新局面。岩土工程师也将从规范的“奴隶”转变为规范的“主人”。

有位专家给我讲了一个值得深思的案例：江苏某工程邀请香港辉固公司做 CPTU 静力触探，并要求提交场地液化判别的咨询报告。咨询报告认为，场地可能严重液化，应进行地基处理，消除液化。但根据我国规范判别，场地只有零星地段轻微液化，使业主和设计单位非常尴尬。辉固是国际知名的岩土工程咨询公司，提出的报告应当很权威，况且花了很大一笔费用，但国家规范应当更权威。液化判别是个大难题，不确定因素非常多，只能判断一个大体趋势。即使大体趋势，不同专家、不同方法也有很大差别，还基本上无法验证。我觉得，类似的问题今后列入推荐性国家标准比较适宜。对一般工程，岩土工程师就采用规范的方法；对特殊工程，如果觉得规范方法不适宜，也可选用其他方法。既体现了该法的权威性，又有较大的灵活性。这里还反映了一个问题，我国对判断液化之类的问题有国家规范，体现了"大一统"，做技术决策比较简捷，但缺乏多种选择的空间；欧美国家对判别液化之类的问题没有规范，由岩土工程师自行判断，体现了"自由化"。"大一统"如果统得过死，不利于因地制宜、因工程制宜和科技发展，固然不好；"自由化"如果过分放纵，造成隐患和浪费，甚至连基本质量都不能保证，产生大的混乱，那就更不好了。深化标准化改革如何取长补短，体现中国国情和中国特色，值得深思。

4.2　加强专题研究和工程经验的总结，提高规范编制质量

一部好规范，总有高水平的专题研究和工程经验的总结，杜绝概念性错误，"突击编写"绝对不会编出高水平的规范。举例说明如下：

（1）《建筑抗震设计规范》中的液化判别方法，制定前中国地震局工程力学研究所等单位，进行了大规模的、长时间的深入研究。开始时主导思想是引进美国西得（Seed）的简化方法，用扰动砂样在动三轴仪上的试验成果代入公式计算，判断未来地震时是否液化。经过几年的努力，发现此路不通，被迫放弃，改用"概念加经验"的方法。所谓"概念"就是以影响液化的几个主要因素作为液化判别式的参数，如地震设防烈度、设计地震分组（近震和远震）、土的密实度、土的埋藏深度和地下水位，土的密实度用标准贯入试验锤击数表征。所谓"经验"，就是分别在震后液化的场地和非液化的场地上进行标准贯入试验，根据现场调查和测试成果进行统计分析，数据量成千上万，经多次调整修改后得到现行规范的判别式。由此可见，判别式来之多么不易！蕴含了多少科技人员和规范编制人员的辛劳！同时也容易理解，液化判别只是粗略的预估，不能寄以精确的期望。详细情况在第 55 章阐述。

（2）《建筑地基基础设计规范》中的承载力表，虽然后来为了适应情况变化，从 2002 版开始被删除，但研究的规模和深度仍值得永远记忆。

建国初期采用苏联规范，有地基承载力表。制订我国第一本《地基基础设计规范》（1974 年版）时，以中国建筑科学研究院地基基础研究所为主，动员了全国许多勘察设计单位，为建立我国的地基承载力表进行了大规模研究。共搜集到载荷试验资料 1715 份，筛选后采用了数据完整可靠的资料 534 份，到相应的地点和层位取样试验。根据载荷试验和物理性试验结果，用多种方法进行统计分析，结合经验做了调整，并与外国规范做了比较，对安全度进行了分析评估，列入《地基规范》。同时，原建工部综合勘察院等单位进行了大量载荷试验与静力触探比贯入阻力的对比试验，建立了用比贯入阻力确定地基承载力的表，列入了当时的《勘

察规范》。这些承载力表不仅当时起了很大作用，直到现在仍有重要参考价值。详见第 48 章。

（3）工程场地如有断裂通过，预测工程使用期限内断裂会不会活动，会不会因浅表岩层错动而破坏工程，难度极大，曾长期困扰着工程界。虽争论不休，莫衷一是，但谁也不敢做出负责任的决策。直到 1994 年第一版《岩土工程勘察规范》发布时才有了明确的判定准绳，但此前进行了大量深入的研究。其中起关键性作用的是 1984 年建设部综合勘察研究院，结合位于北京八宝山断裂的正负电子对撞机工程进行的研究。此前地质界对八宝山断裂已有活动断裂的定论，但研究团队力排众议，用大量确凿的证据说明原有证据的瑕疵，做出了在工程使用期间不会发生浅表岩层错动的结论。不仅为工程的兴建赢得了时间，节省了投资，更为全新活动断裂新概念提供了工程范例，打下了理论基础。全新活动断裂新概念既坚持以地质历史观为分析判断的依据，又注意到地质年代尺度与工程年代尺度的巨大差别，判断活动与否是对工程而言，得到了业内专家的普遍赞同，并列入《岩土工程勘察规范》。不久又被《建筑抗震设计规范》采用，结束了在断裂活动性面前束手无策的被动局面。

如何精心编制规范，主管部门有系统、严格而明确的规定。我觉得应特别注意不应违反基本概念和基本经验，否则必将陷入被动。我国规范现今作用如此之大，更要十分严谨。

4.3　立足国内和放眼国际

应避免两个偏向：一是“闭关自守”，对外国标准规范不闻不问；二是盲目搬用外国标准的规定，甚至抛弃我国长期积累的经验。中国规范既然主要为国内所用，当然应当首先立足国内，同时也要本着开放精神，注意与国际接轨，注意吸收外国的先进经验，消化吸收使之中国化。举例说明如下。

（1）土的工程分类问题，已在本书第 47 章详细阐述。现行《岩土工程勘察规范》规定的方法，的确深深打上了苏联规范的烙印，改革开放后规范组曾组织对欧美国家流行的土分类方法进行研究。结果认为不适用，未予采用。但仍有专家在欧美国家土分类方法的基础上，修改后编制了《土的工程分类标准》。深入研究可知，塑性图 A 线上下土的性质并无显著差别，用 A 线划分粉土、黏土并不实用。我曾问过几位西方岩土工程师，他们也说不出塑性图有什么优点，只因长期应用习惯而已。《岩土工程勘察规范》的土分类，不仅已为工程界熟悉，而且其对应的力学性质、工程措施方面已经积累了大量经验。如用塑性图分类，粉土与黏土、高液限与低液限怎样与工程评价和工程措施挂钩？因此，对于术语、符号、基本分类等基础性标准，应尽量保持长期稳定。这里更多是习惯和经验，没有太多的落后与先进。

(2)关于单桥静力触探，有人认为，单桥静力触探与国际不接轨，不便国际交流，应予废弃。我认为对单桥探头不宜持否定态度，主要有两方面的原因：第一，我国自行研制的单桥探头有其独特优点，空心柱式传感器轴向对称受拉，精度高而稳定，防水性能好，经久耐用，制造简易，价格低廉。第二，静力触探的应用依赖于对比数据和工程经验的积累，我国单桥静力触探已经用了 50 年，积累的数据和经验在全世界无可比拟，这是一笔极为宝贵的巨大财富，决不能轻易抛弃。单桥探头、双桥探头、带孔压的探头和其他探头，并行不悖，由技术人员根据工程需要和地方经验选用。

随着岩土工程走向海外，处理中外标准之间的关系将逐渐成为常态。新形势要求我们，不仅要熟悉本国规范，也要熟悉有关国家的规范，以便根据具体情况适当处置。中国规范走向国际，逐渐成为国际权威，是岩土工程强国的重要标志。

4.4 平等的、公开的讨论

规范的权威是无可置疑的，必须尊重和遵守，但将规范绝对化、神圣化也是不适当的，有害的。规范权威的维护，不是靠行政权力，而是靠自身的正确性和合理性，错误的条款总是站不住脚的。应当承认，各本规范的编制水平有高有低，错误和不当也并非个别。对规范内容有不同意见很正常，很自然，可以也应该开展平等的公开的讨论，既有助于规范的完善，也有利于工程界对规范的理解和业务素质的提高。

综上所述，我的“规范观”可以归纳为：“要遵守，不要依赖；要理解，不要盲目；要权威，不要绝对化”。依赖、盲目、绝对化、神圣化是一种迷信，不是科学。

第51章　对深化标准化改革的期待

2015年国务院决定深化标准化改革，2016年住房和城乡建设部启动实施，这是我国标准化工作史上的一件大事。本章叙述了深化标准化改革前我国标准化存在的问题，对本次深化标准化改革的理解，阐述了笔者心目中的岩土工程标准化体系。

1　急待改革的我国标准化体制

国际上市场经济国家，为了规范市场，保障公众利益和国家利益，都有一套技术控制体系，经多年发展，已趋向于基本一致，即WTO/TBT协议规定的技术法规与技术标准相结合的模式（Technical regulation & Technical standard）。技术法规是制定技术标准的法定依据，强制执行；技术标准是技术法规的技术基础，由市场自由选用，由合同约束，两者构成相互联系、相互协调配套的有机整体。技术法规一般包括管理和技术两方面的内容，具有较高的稳定性，修订和批准的程序也比较严格。技术标准一般由政府授权的组织制定和发布，内容涉及技术要求、实施途径和方法，随技术发展而及时修订，有很大的灵活性。技术标准必须符合技术法规的要求，其中部分条款可被技术法规引用而成为强制性条款。

标准化体制绝不是一个单纯的科技问题，而与各国的国情密切相关，包括政治经济制度、社会文化传统、科技发展水平、标准化历史过程等。美国、英国、德国、俄罗斯等国际上的几个主要国家，标准化体制的差别相当大。我国也必须从实际出发，根据国情走自己的路。

中华人民共和国成立初期，我国没有自己的标准和规范，一切学习苏联，以苏联的规范为规范。20世纪70年代开始制订我国自己的标准和规范，但并未形成体系，更没有法律依据。直到1988年12月《中华人民共和国标准化法》发布，我国标准化工作才有了法律依据，并逐步形成标准化体系。

《标准化法》发布以前，我国的技术标准不分强制性、推荐性。但受苏联影响，在科技人员的心目中，规范都必须遵守。不过那时还比较注意深入学习理解，结合工程实际情况执行，政府监管的力度也不大。《标准化法》发布后，明确了我国的技术标准分为4级2类，4级即国家标准、行业标准、地方标准和企业标准；2类即强制性标准和推荐性标准。但是，这30年来制订和修订的技术标准中，大部分为强制性标准。但所谓"强制性标准"，其实并不是每一条每一款都必须严格执行，而是有不同的严格程度。"必须"和"严禁"表示很严格；"应"和"不应"表示严格；"宜"和"不宜"表示稍有选择余地。所谓"强制性标准"实际上并非全文强制，而是强制性和非强制性混合的规范。

20世纪90年代，我国启动申请参加世界贸易组织（WTO）的谈判。由于国际上市场经济国家通行技术法规和技术标准相结合的体制，前者强制执行，后者由市场自主选用，为了参加WTO，与市场经济国家对接，从强制性标准中摘录出《强制性条文》，于2000年首次发布，作为技术法规的临时性替代文件，必须严格执行。几乎与此同时，建设部启动了施工图设计文件审查，加强了监管力度，将《强制性条文》作为贯彻《建设工程质量管理条例》的重大举措。

但是，《强制性条文》只能作为临时性措施，其缺陷是明显的。《强制性条文》是从强制性标准中摘录出来的部分条款，是不系统、不连贯的"语录式"文件，既难以全面覆盖，又可能交叉重复。由于从各本规范中摘录，执行者不易领会原规范的总体精神，容易发生断章取义的弊端。目前我国工程建设技术标准的问题确实不少，除了《强制性条文》问题外，强制性标准的数量太多，标准之间交叉、重复、矛盾很多，修订周期长，难以做到及时更新和动态维护，已经不能适应社会主义市场经济发展的要求。我们都急切期待技术法规早日出台，早日结束《强制性条文》的过渡。但由于《标准化法》是法律文件，需全国人民代表大会常委会审议，一时难以修订，以致等了整整15年。现在终于等到了，2015年2月11日国务院常务会议决定，在现有法律框架下深化标准化改革，克服现行标准化体系的不足，加速推进与国际市场经济标准化模式的衔接。

2 对深化标准化改革政策的理解

2015年2月11日国务院举行常务会议，同年3月11日，国务院印发《深化标准化工作改革方案》（国发〔2015〕13号），决定深化标准化改革，完善标准化管理，着力改变目前标准管理"软"、标准体系"乱"和标准水平"低"的问题。有关工程建设的技术标准，仍由住房和城乡建设部管理。

深化标准化改革工作将在《标准化法》的法律框架内进行，仍旧是国家、行业、地方、企业 4 级，强制性和推荐性 2 类，但体系内容将做大幅度调整。目标模式是分两大块，第一块以政府为主，侧重于保基本。包括两部分：一是强制性国家标准，全文强制，功能相当于国际上的技术法规；二是推荐性国家标准、推荐性行业标准和推荐性地方标准，所有推荐性标准均不设强制性条款。第二块是市场为主，侧重于提高竞争力，包括团体标准和企业标准。今后将放管结合，政府管制与市场竞争结合。政府要严把底线，管得少，管得严。将强制性国家标准严格限定在人身健康和生命财产安全、国家安全、生态环境安全，以及满足社会经济管理基本技术要求方面。要增加标准的有效供给，满足市场需要。要激发市场主体活力，鼓励团体、企业自主制定标准。要放开国际视野，与国际标准、国际商业规则对接。

为此，深化标准化改革将实施下列任务：一是全面清理现行国家、行业和地方标准，整合强制性标准，统一编制全文强制的国家标准；二是逐步缩减政府主导的推荐性标准，推荐性国家标准主要为基础性、通用性标准，与强制性国家标准配套，对行业标准和地方标准起引领作用，地方标准要有地方特色；三是鼓励学会、协会、商会、产业技术联盟等团体，制定发布满足市场和创新需要的团体标准；四是鼓励企业制定产品和服务的企业标准，以更高的标准提高竞争力；五是加强对国际通用标准的研究，与国外标准化工作的交流和合作，推动“一带一路”采用中国标准，让中国标准走向世界。

从以上深化改革的目标可知，现行标准化体系将面临重新洗牌，现行的各级强制性标准将大量减少，只留下少量全文强制的国家标准，《强制性条文》将适时退出历史舞台，团体标准和企业标准将逐渐增多，成为数量最多的标准。新的标准化体系层次非常明确，强制性国家标准处于最高层次，数量很少，刚性约束，不得违反；政府主导的推荐性标准处于第二层次，虽然法律规定不强制执行，但权威性很高，通过合同约束或由行业主管部门规定；团体标准处于第三层次，数量很多，更新很快，利于创新，与政府主导的推荐性标准结合，通过合同约束，是一种弹性约束；企业标准有利于良性竞争，提高市场活力，促进技术进步，是一种自我约束。层次越高，标准数量越少，权威性越高；层次越低，标准数量越多，灵活性越强。

上述各项任务中，我觉得当前最关键的是编好全文强制性国家标准。

强制性国家标准相当于国际上的技术法规，所以一定要编好。要既符合我国国情，又可与国际市场经济国家对接。根据主管部门规划，强制性国家标准有两类：一类是按工程项目设置的强制性标准，内容包括全生命周期的目标、性能（功能）

要求以及为达到性能要求的技术规定，如《住宅建筑规范》；另一类是按专业设置的强制性标准，内容包括本专业的目标、性能（功能）要求及为达到性能要求的技术规定，如《建筑与市政地基基础技术规范》。

下面谈谈我对强制性国家标准的一些看法：

我国长期受计划经济影响，以强制性规范为主，规范规定得又很具体，政府管得也相当严格，因而工程技术人员长期习惯于依赖规范。规范有了规定必须按规范做，规范没有规定不敢做，已经成为常态。当前我国工程项目很多，建设速度很快，岩土工程师的水平不高，市场又相当混乱，政府主管部门以规范为准绳，加强工程质量和安全的管理，确实是十分有效的途径。但过分依赖规范的副作用也很明显：一是项目负责人缺乏处理工程问题的主动性和积极性，难出优秀成果；二是影响新理论、新工艺、新技术的应用，影响岩土工程师素质的提高，难出优秀人才。岩土材料品种繁多、组合多样、性质复杂，在与工程的相互作用中，又与其所处的地位和担当的角色有关，想为如此复杂而多样的问题制订一套具体划一而又恰当的规则，往往顾此失彼，难以做到。最好通过市场公平竞争，选择既安全可靠又经济合理的技术方案。用责任保证质量，以竞争促进创新。强制性规范应限于涉及国家利益、公众利益、长远利益的底线。但也有不同看法，有人认为，在我国岩土工程水平普遍不高的情况下，成功地建设了那么多的工程项目，规范功不可没。如果按照欧美国家的做法，由岩土工程师自行处置，可能会出更多事故，造成更多浪费。这话当然有道理。但今天，“只争朝夕”的高速发展时期已经过去，岩土工程应该从“粗放经营”转向“精耕细作”，通过深化标准化改革，促进科技创新，促进岩土工程走上高端。当然，实现这个目标需要一个过程，需要逐步推进。目前，我国市场还相当混乱，难以开展有序、公平、凭质量、凭效率的良性竞争。企业追求利益，但主体责任并未真正到位，岩土工程师还负不起工程的经济责任和法律责任；作为知识经济载体的技术咨询业未能发展，又没有相应的保险制度。在这样的社会背景下，需要政府主管部门严加管理，还不能“松绑”。权力和责任要协调，负责任才能赋予权力。因此，初期强制性国家标准的内容可以宽一些，以利确保工程质量。随着市场的成熟，法治的完善，逐步收窄，让岩土工程师负更大的责任，有更大的发挥空间。

现在，改革方向已经明确，关键是做好编制层面的工作，任务艰巨，可能需要一个较长的时间，需要各方的共同参与和努力。截至 2016 年底，强制性标准《建筑与市政地基基础技术规范》正在编制，并开始征求意见；强制性标准《工程勘察技术规范》于 2016 年 7 月 29 日启动研编。我们作为基层工作者，应密切关注标准化改革的进程，积极参与，提出意见，为编好强制性标准尽心尽力。

3 我心目中的岩土工程标准化体系

（1）既然强制性国家标准具有技术法规的功能，那就应该既有技术方面的规定，又有一定的管理方面内容。强制性国家标准本应限定在保障人身健康和生命财产安全、国家安全、生态环境安全等涉及国家利益、公众利益、长远利益方面的问题，但由于上面提到的国情，我国强制性国家标准的内容可能比外国的技术法规要宽一些，但也要注意岩土工程的特点，不宜规定得太细、太具体，以便项目负责人有选择的余地。外国技术法规一般比较稳定，很少修订；我国的强制性标准恐怕不能一步到位，初期限制可紧一些，随着法制的完善和市场的成熟，逐步放宽限制，逐步增加项目负责人发挥的空间。

（2）根据我国目前的具体情况，勘察方面的强制性标准应加强资料真实性和数据可靠性方面的规定，列入保证资料真实性和数据可靠性的技术措施和管理措施。设计方面的强制性标准除了保证安全外，应加强耐久性和环境保护方面的内容，以促进可持续发展。

（3）现有的一些基础性标准，如岩土工程术语标准、岩土分类标准、符号标准等，现有的一些通用性标准，如岩土工程勘察规范，地基基础设计规范、桩基础技术规范、基坑工程技术规范等，可改编后列为国家、行业、地方的推荐性标准。我国现在岩土方面的规范规定过死，固然不利于因地制宜、因工程制宜，不利于出优秀成果和科技发展，但欧美国家过多将权力放给项目工程师负责，并不符合我国国情，可能造成隐患和浪费，甚至出现混乱。推荐性的国家、行业和地方标准，由政府主导，组织专家编制，权威性很高，指导性很强，岩土工程师也乐于使用，否则一时可能无所适从。同时又有较大灵活性，不强制执行，条件不适宜时可选用其他方法。对保证工程质量，提高效益非常有利。

（4）现有的一些专用标准，如各种勘探测试方法标准、各种地基处理方法标准、各种桩基施工方法标准、各种检测和监测方法标准等，今后可列为团体标准。勘探、测试、检测、监测、施工方法等，内容极为丰富，标准项目很多，创新空间巨大，要放开。团体标准自由灵活，更新速度快，适应技术进步和技术发展的要求。只要不与强制性标准抵触，均可制订。企业制订比国家、行业、地方标准更严的企业标准，制订自主创新的企业标准，有助于推动科技创新和良性竞争，应大力鼓励。

（5）现在我国岩土工程技术标准交叉重复很严重，各部门都有自己的一套标准体系，有些标准的水平也不高。深化标准化改革后，由于都不是强制性标准，只能通过市场自主选用，岩土工程师有较大的选择余地，因而可以通过竞争，逐步淘汰重复的质量不高的标准，有利于这个问题的解决。

（6）由于历史原因，我国岩土工程的技术标准，不仅体制、体系和体例上与国际主流不同，标准的具体技术内容也有相当大的差异。我们应当有国际视野，积极开展对外国标准和标准体系的研究，积极采用国际主流标准，为我所用。同时又要立足国内，总结自己的经验，有中国特色。技术壁垒是指用先进的技术、先进的标准来保护本国产业，绝不是保护落后，更不能回到闭关自守。我国工程规模大，地质条件复杂，经验丰富，完全可以用先进的技术标准保护本国产业，进而走向世界。虽然目前中国标准在国际上没有什么影响力，今后一定会不断扩大，引领世界潮流。

孟子说：“不以规矩，不能成方圆”。没有标准，岩土工程是做不规矩的，尊重规范是无可置疑的。但只有圆规和曲尺，没有工程师的构思和雕琢，是塑造不出优秀作品的。

附记：第十二届全国人民代表大会常委会于 2017 年 11 月 4 日通过了《中华人民共和国标准化法》（修订草案），决定 2018 年 1 月 1 日开始实施。

篇首
箴言

天地与我并存，
万物与我为一。
——《庄子·齐物论》

第 7 篇
灾害与环境之治
—— 最危险最复杂的岩土工程

核心提示

大地震的教训：一是加强平时戒备，提高防灾意识；二是不能过高期望地震预测预报；三是必须十分重视场地地震效应；四是掌握好“低刚度和高强度”“强柱弱梁”“墙在板在”“结构鲁棒性”等抗震关键词；五是海啸凶猛无比，核电绝对不能有丝毫闪失。

有了规范方法，地震液化判别问题似乎变得很简单，很容易了。但无论何种判别方法，都只是大致的判断，可信程度都不高，液化判别仍旧是世界性难题。在考虑液化处理问题时，应根据工程特点区别对待。

突发性地质灾害的防治，是最危险、最复杂的岩土工程。

生活垃圾填埋场具有工程、人造地质体、生化反应堆三重属性。作为工程，需进行渗透、变形和稳定计算，需精心设计，精心施工；作为人造地质体，是固、液、气三相体，有含水层、隔水层多层结构，可发生各种地质作用；作为生化反应堆，输入的是垃圾和水，输出的是渗沥液和气体。

环境岩土工程就是以保护环境、改善环境为目标的岩土工程，比传统岩土工程更不严密、更不完善、更不成熟，也更能考验岩土工程师的智慧和能力。

随着工业化和城市化的进程，自然生态的改变是必然的。但如能趋利避害，合理控制、尊重自然，善待自然，则虽然改变了山川形势，改变了自然循环和平衡，但完全可以达到新的更良好的循环和平衡，做到人地和谐。

人类与自然是命运共同体，一定要与自然友好相处。

第 52 章 几次大地震及其惨痛教训

本章记述了 1952 ~ 2016 年 64 年期间国内外的几次大地震及其惨痛教训。有我国的 1966 年邢台地震、1975 年海城地震、1976 年唐山地震、1999 年台湾集集地震和 2008 年汶川地震，外国的有 1960 年智利地震、1964 年美国阿拉斯加地震、1964 年日本新潟地震、2004 年印度尼西亚地震和 2011 年日本宫城地震。论述了 5 点教训：一是加强平时戒备，提高防灾意识；二是不能过高期望对地震的预测预报；三是必须十分重视场地地震效应；四是掌握抗震设防“低刚度和高强度”“强柱弱梁”“墙在板在”“结构鲁棒性”等关键词；五是海啸凶猛无比，核电绝对不能有丝毫闪失。

1 国内 64 年来的几次大地震（以时间先后为序）

（1）1966 年邢台地震

从 1966 年 3 月 8 日至 29 日的 21 天里，河北省邢台地区连续发生 5 次里氏 6 级以上地震。其中最大的一次是 3 月 22 日 16 时 19 分，宁晋县东南的 7.2 级地震，震源深度 9km，震中烈度 10 度，有感范围北至内蒙古多伦，东至山东烟台，南至江苏南京，西至陕西铜川，范围很大。地震袭击了邢台、石家庄、衡水、邯郸、保定、沧州 6 个地区，80 个县市，造成 8064 人罹难，38451 人受伤。倒塌的房屋主要是简陋的农舍，还破坏了一些矿山、工厂和铁路、公路桥梁。这是新中国成立后第一次大地震，周恩来总理三赴现场视察，指导救灾。但无论政府和群众，当时抗震防灾意识都很缺乏。地震发生时很多人完全不知道什么叫地震，也不知道房倒伤人，应外出躲避。震后又很惊慌，谣言和误传很多，对生产和生活造成了很大影响。

（2）1970 年通海地震

1970 年 1 月 5 日 凌晨 1 时 0 分 34 秒，云南通海发生里氏 7.7 级地震，震中 10 度，震源深度约 10km，烈度分布与曲江断裂位置密切相关，罹难 15621 人，受伤超过 32431 人。地震后，沿曲江断裂产生巨大的基岩错动和地裂缝带，全长近

60km，具右旋水平错动性质，跨沟越岭，最大水平错距为2.2m。沿曲江河谷出现大小崩塌数十处，阻塞河道，毁坏道路。曲江河谷普遍发生液化，喷水冒砂。极震区出现多起滑坡，个别地区有下陷或隆起。通海地震是20世纪中国重大自然灾害之一，也是新中国成立以来死亡人数超过万人的三次大地震之一，仅次于唐山大地震和汶川大地震。由于发生在“文革”期间，直到2000年1月5日才首次正式披露这场地震的死伤人数和财产损失，尘封了30年才得以解密。

（3）1975年海城地震

1975年2月4日19时36分6秒，辽宁省海城县发生里氏7.3级地震。震中烈度9度强，罹难1328人，重伤4292人。海城地震的有感范围很大，北至黑龙江省的嫩江和牡丹江，南至江苏省宿迁，西达内蒙古五原镇和陕西省的西安市，东至朝鲜，半径达1000km。辽宁省是当时最发达的重工业基地，人口稠密，震中区房屋和构筑物大多倾倒和损毁，铁路局部弯曲，桥梁破坏，地面出现裂缝、盘锦一带发生了大面积液化，出现喷砂冒水。这次地震最重要的特点是震前成功地做了预测预报，加固了水库坝体，运出了易爆物品，从而显著减小了灾情，减少了人员伤亡。当时对成功的地震预报给予极高评价，估计拯救了10万余人的生命，避免了数十亿元的经济损失，开创了地震预报的先河。

（4）1976年唐山地震

1976年7月28日3时42分54.2秒，河北省唐山市发生里氏7.8级大地震（后修改为7.9级），震中烈度11度，震源深度11km（又说23km）。同日18时43分，又在距唐山40余公里的滦县发生 7.1级地震，震中烈度9度。唐山地震发生在人口稠密、经济发达的工业城市，造成的损失极为惨重，全市交通、通信、供水、供电完全中断。与唐山毗邻的大城市天津也遭到8度至9度的震害。有感范围波及14个省、市、自治区，破坏半径约 250km。由于震前地震区划基本烈度为6度，所有工程均未设防，故震害特别严重。罹难24.2万人，重伤16万人，一座重工业城市毁于一旦，为20世纪全世界人员伤亡最大的地震。详见第53章。

（5）1999年台湾集集地震

1999年9月21日凌晨1点47分12.6秒，台湾南投县集集镇发生里氏7.6级地震。震源深度8km，全岛感到强烈摇晃，持续时间达102秒。根据日月潭气象站的纪录，最大水平加速度达 $9.89m/s^2$，罹难2321人，受伤8000余人。此后又有多次强震，是一次地震群，台湾当局将9月21日定为防灾日。

9.21大地震因车笼埔断层的错动，造成长达105km的地表断裂带（另说长80km），晚上新统锦水页岩低角度逆冲于全新统冲积层之上，产生宽约50km的抬升区域，使地表上升 3 ~ 9m。地震造成南投、台中、云林、彭化、嘉义、台北等地房屋倒塌、铁轨扭曲、输电铁塔倾倒、坝体断裂、库水流失、日月潭光华岛受损，人员伤亡和财产损失非常严重。

（6）2008 年汶川地震

汶川地震发生于北京时间 2008 年 5 月 12 日 14 时 28 分 04 秒，震中位于四川省阿坝藏族羌族自治州汶川县映秀镇与漩口镇交界处，里氏 8.0 级。严重破坏地区超过 10 万 km^2。波及大半个中国及亚洲多个国家和地区，北至辽宁，东至上海，南至香港、澳门、泰国、越南，西至巴基斯坦均有震感。汶川地震在山区，强震时山崩地裂，崩塌、滑坡、泥石流、堰塞湖等次生地质灾害极为普遍而严重。截至 2008 年 9 月 18 日 12 时，共造成 69227 人罹难，374643 人受伤，17923 人失踪。是中华人民共和国成立以来破坏力最大的地震，也是唐山大地震后伤亡最严重的一次地震。详见第 54 章。

2 外国 64 年来的几次大地震（以时间先后为序）

（1）1960 年智利地震

1960 年 5 月 21 日下午 3 时，智利发生里氏 9.5 级地震，这是有记录以来世界上最大的一次地震。又是群发地震，从 5 月 21 日到 6 月 22 日，在南北 1400km 的狭长地带，发生 8 级以上地震 3 起，7 级以上地震 10 起。地震不但使 6 座火山再次喷发，而且又形成了 3 座新火山。特大地震引发特大海啸，平均波高 10m、最高达 25m 的巨浪猛烈冲击智利沿岸，摧毁港口、码头、船舶、公路、仓库、住房。并以 600 ~ 700km 的时速横贯太平洋，14 小时后到达夏威夷时，波高仍有 9m；22 小时后到达 17000km 外的日本列岛，波高 8.1m，把日本的大渔轮掀到了城镇的大街上。这次地震，智利有 1 万多人死亡或失踪，100 多万人的家园被摧毁，全国 20% 的工业企业遭到破坏，直接经济损失 5.5 亿美元。

（2）美国阿拉斯加地震

20 世纪 50 ~ 60 年代，阿拉斯加发生了三次大地震，即 1957 年 3 月 9 日里氏 9.1 级地震，1964 年 3 月 27 日里氏 9.2 级地震和 1965 年 2 月 4 日里氏 8.7 级地震。下面仅记述 1964 年的那次地震。

1964 年 3 月 27 日，当地时间 17 时 36 分 13 秒，阿拉斯加南部的威廉王子海峡发生里氏 9.2 级地震。地震由太平洋板块沿阿留申海沟向阿拉斯加俯冲形成，震源深度为 25 ~ 40km，有感半径达 1500km，距震中 160km 以内的铁路、公路、城镇、村庄遭受严重破坏。死亡178人，是北半球有史以来最大的地震。由于当地人口密度小，人员伤亡和经济损失相对较轻。岩层断裂总长度达800km，阿拉斯加海岸隆起达10m，甚至夏威夷也发生永久性变形。由于18m深处有薄层砂土液化，发生了4次大滑坡，最大一次滑体长2400m，从20m高的悬崖上滑出约150m，端部直抵大海，至少有70栋房屋毁于这次滑坡。地震引发大海啸，每隔11.5小时袭击一次海岸。最大一次在半夜，又值涨潮，波高超过30m，波浪到达湾顶时倒卷，浪高达50m。海啸波及夏威夷、日本、美洲太平洋沿岸，直至南极。

（3）1964年日本新潟地震

日本新潟为地震多发区，其中比较严重的有：1933年里氏6.1级地震、1964年里氏7.5级地震、2004年里氏6.8级地震、2007年里氏6.8级地震，均造成不同程度的灾害。其中最大的一次是1964年6月16日里氏7.5级地震，最重要的特点是地震液化。建筑物因液化地基失效，引起沉陷、倾斜和流滑，而倒塌很少，宏观烈度只相当于8度，保存了不少生命。全市22%的钢筋混凝土建筑因地基失效破坏，沉降大于1.5m的超过20栋，最大沉降达到3.8m，倾斜最大达到68°，但上部结构并未受到严重破坏，有些灾民从倾倒房屋的窗口里爬出来，但建筑物已无法修复。

（4）2004年印度尼西亚地震

2004年12月26日 雅加达时间7点58分55秒，发生了印度尼西亚大地震，也称南亚大地震。震中位于印尼苏门答腊以北的海底，最终修正震级为里氏9.0级，也有科学家认为实际是9.3级。大地震引发大海啸，浪高达十多米，波及印尼、泰国、马来西亚、新加坡、斯里兰卡、印度、缅甸、孟加拉、马尔代夫，穿越印度洋经阿曼、毛里求斯直至非洲东岸的肯尼亚、索马里、塞舌尔等国。地震和海啸中死亡人数难以统计，约30万人罹难。

（5）2011年日本宫城地震

2011年3月11日，当地时间14时46分，日本东北部海域发生里氏9.0级地震，持续约4分钟，震源深度海下20km，并引发海啸，致11004人遇难，17339人失踪。海啸重创日本东北太平洋沿岸，造成日本福岛第一核电站发生核泄漏事故。福岛核电站是当时世界上最大的核电站，由福岛一站、福岛二站组成，共10台机组。地震和海啸使反应堆丧失冷却功能，第一核电站的1～4号机组发生了不同程度的氢爆或火灾，安全壳严重受损，放射性物质随空气和冷却水大量外泄。估计释放出放射性物质63万兆贝克，远超国际核能事件分级表（INES）中最严重的7级标准。福岛一号核电站6个机组已经全部永久关闭，但2017年初，2号机组检测到高剂量核素，引发周边国家严重关注。2号机组安全壳内还发现高3～4cm

的黑色堆积物，这是首次发现疑似堆芯熔化核燃料残渣痕迹，对查明反应堆事故有重要意义。

3 大地震的惨痛教训

大地震带来巨大的生命和财产的损失，也得到了惨痛的经验和教训。可以回想一下，几乎每一条抗震的基本经验，都是几次大地震成千上万遇难者的生命换来的，一定要倍加珍惜。

教训之一：加强平时戒备，提高防灾意识

中国是多地震国家，为了生命和财产的安全，除了做好地震区划和工程抗震以外，从城市到农村，加强平时戒备，提高防灾意识最为重要。无论政府还是百姓，都要把防震抗灾常态化。平时不怠不懈，灾时才能不慌不乱。我们现还习惯于应急型抗灾的方式，地震来了，冲上去，奋战，壮烈，高潮迭起，英雄辈出。今后更应当常态化治理，寻根溯源，标本兼治，未雨绸缪，数十年如一日，平淡无奇地长期坚持。现在这方面做得似乎还不够，试问一问周边的朋友们，一旦发生地震，你如何反应？能应答得好的恐怕不多。现代生活与过去完全不同，地震时如何反应也要与时俱进。有了手机，有了汽车，没有准备照样乱作一团。

有准备和无准备完全不同，有知识和无知识大不一样。无知是伤害最重要的元凶。1966 年邢台地震时，绝大多数农民不知道什么是地震，不知道地震时会屋塌伤人。后来知道了，一有动静，惊慌失措，还极易听信讹传和谣言。即使城里人也大多不懂得避灾防灾的基本知识，小震时从楼上跳下，摔伤摔死者时有所闻。现在城镇住宅都按抗震设计，地震时一般是安全的，更不必惊慌，以免碰伤、摔倒。重要的是内外装修，不应地震时易倒易掉伤人。

除了唐山地震外，我国历次大地震伤亡众多的都在农村。农舍没有任何抗震措施，农民地震知识相对缺乏，居住分散，交通不便，今后应将抗震防灾重点转向农村，转向小城镇，转向山区。可结合城镇化和扶贫开发，采取一些强制性措施。选址时避开崩塌、滑坡、泥石流易发地段，建筑结构达到抗震要求，建立城乡一体化的预警应急系统。

教训之二：不能过高期望地震预测预报

1966 年邢台地震时，周恩来总理三赴震区视察，指导救灾，并指示中国一定要有自己的地震预报系统。地震预报包括长期、中期、短期和临震预报，长期预报就是地震区划，主要根据大地构造和历史地震编制。中期、短期和临震预报，是在地震区划的基础上，基于这样的认识：大地震发生前，必有一个几十年或几百年的孕震期，不断积累能量，到大地震时集中释放。孕震期间地球物理场必有变化，通过地球物理场的量测，即地震先兆预测预报地震。邢台地震后不到 4 年，1970 年 1 月云南通海发生里氏 7.7 级的大地震。震中 10 度强。事先有些物候先兆，中央进一步号召地震预报攻关。从此以后，动员了大量人力物力，启动了举国性专家与群众结合的地震预测预报研究。

地震先兆大致有下列几方面：一是震前地壳变形，地形发生异常；二是地电、地磁、波速异常；三是震情异常，所谓“小震闹，大震到”；四是地下水位异常；五是动物异常反应，动物感觉灵敏，发生地球物理异常时会出现逃离、迁徙、躁动等反应。通过测量、观察、分析这些先兆，进行大地震的短期或临震预报。1975 年海城地震，中国首次成功预报了一次 7 级以上的大地震，并在震前采取了防措施，从而极大地减少了居民伤亡和财产损失。这次地震的前震活动比较典型，是预报成功的重要原因之一。这次成功极大地激发了地震预报的热情，促进更大规模的地震预测预报研究，但紧接着的唐山地震，在没有先兆的情况下发生了大震（虽然有人认为有先兆），汶川大地震的震前也没有发现地震先兆。可见不是所有地震都有先兆，有的有，有的没有。

我在唐山地震调查时，听到过一些地震预报业余人士的诉说，观察到那些先兆，向有关部门做了报告，埋怨政府不听他们的预测，未予发布。唐山地震后的一些日子，大家都很关心余震的预报，但预报均不理想。短期和临震预报需要预报未来地震的具体时间、地点和震级大小，震前的所谓先兆与地震并无明确的因果关系，是个世界性的大难道。地震的震源机制非常复杂，即使同一条发震断裂，发震机制各次也有很大差别。海城地震“小震闹，大震到”：唐山地震和汶川地震没有小震，照样发生大震。有的地方小震闹得利害，大震始终不来。地壳形变、地电地磁异常、波速异常、地下水位异常、动物异常反应，可能由于多种原因，并非一定是地震。1920 年古浪－海原地震前，地下水喷出地面，是地震先兆；后来又有地下水喷出，比古浪－海原地震前还高，可是没有发生地震。如果报了地震而不发生地震，造成人心慌乱，社会不稳定，搅乱正常生活和工作，损失也不小。

可见，通过地球物理异常和物候先兆预报地震，虽有成功实例，但总体上看只不过是美好的“乌托邦”，不能寄予过高期望。20 世纪 50 ～ 70 年代时，我国综合国力很弱，农村建筑还是土坯墙承重，油毡泥土做屋面，没有力量建造抗震建筑，大搞群众性地震预报有其历史局限。到了现今这个时代，国力已是今非昔比，完全有能力做好工程抗震。短期和临震预报作为科学研究有必要，作为实际应用，显然还不成熟。

教训之三：必须十分重视场地地震效应

就总体而言，地震破坏震中最强，随震中距的增加震害逐渐减轻。但并非都是如此，场地的地形地质条件的震害效应必须十分重视，应尽量避害趋利。主要表现在下列几方面：一是地形平坦、地基坚硬的场地，可能震害畸轻，成为高烈度区的“安全岛”；二是发震断裂所在地段，可能产生地表断裂，显著加重震害，岩层地表断裂则任何工程措施均不能抵御；三是发生在高山峡谷的大地震，极易产生崩塌、滑坡、泥石流、堰塞湖等次生地质灾害，直接加重灾害，且严重影响救援；四是突出的山尖和山脊，地震波有放大效应，加重震害；五是软弱地基不仅增大特征周期，加速度也会增大，震害明显加重，特别是长周期的高层建筑和高耸构筑物；六是岸边或斜坡地带，可能产生侧向扩展或边坡失稳，液化时可能产生长距离流滑，带来建筑物和市政工程的巨大破坏；七是平坦场地上的砂土和粉土液化，使地基失效，产生大幅度不均匀沉陷，但对短周期的小型建筑可能产生减震效应。

教训之四：掌握好低刚度和高强度、强柱弱梁、墙在板在、结构鲁棒性等抗震关键词

我国的抗震概念设计，都是从地震灾害中总结得到的经验。1966年邢台地震的经验是：基础深一点，墙体厚一点，屋顶轻一点。1976年唐山地震的经验是：圈梁加构造柱。1988年澜沧－耿马地震的经验是：小震不坏，中震可修，大震不倒。这些基本的抗震概念，均已体现在有关规范中。我不是结构工程师，仅就下面几个抗震关键词谈谈自己的看法。

（1）低刚度和高强度

抵抗变形要低刚度，抵抗破坏要高强度。脆性破坏具有突发性，延性破坏则有预兆。因此，低刚度，延性、高强度有利于抗震。中国古建筑采用木结构，木材质量轻，易加工，易变形，变形易恢复，刚度低，柔性好。斗拱起到消能减震作用，犹如弹簧。榫既能承受较大荷载，又能产生较大变形，吸收能量，降低地震响应，很能说明低刚度和高强度的问题。

（2）强柱弱梁

强柱弱梁是框架结构抗震设计的基本概念。所谓强柱弱梁，是指结构受弯矩产生的塑性铰，不在柱端而在梁端的一种设计要求，用以提高结构的变形能力，防止结构连续倒塌。具体地说，就是设计时将柱的弯矩适当放大，而梁不放大，使柱的能力强于梁，当梁和柱一起受力时梁先屈服。

梁的破坏属于构件破坏，局部性破坏；柱的破坏则危及整个结构体系的安全，可能产生连续性倒塌，整体性倒塌，后果严重。强柱弱梁就是为了保证柱比梁相对更安全，这是一种能力设计方法的新思路。

（3）墙在板在

以砖墙承重，预制钢筋混凝土板作为楼板的多层建筑，是我国住宅建筑普遍采用的结构形式。抗震性能较差，唐山地震时很多人死于这种结构，百姓把预制板称之为“要命板”。但震害调查发现，设置圈梁和构造柱的结构并无倒塌。原因就在于圈梁和构造柱对砖墙起到了约束作用，加强了墙体，墙在板在，墙垮板落，墙之不存，板将焉附？

（4）结构鲁棒性

鲁棒性（Robust）原意是健壮、稳定、整体牢固，包括稳定性鲁棒和性能鲁棒。结构鲁棒性是指结构整体性好，整体受力，避免连续倒塌、整体倒塌的一种设计思想。鲁棒性要求结构各构件联结可靠，工作协调，构成稳定的结构整体，设置多道防线，不致因某一构件失效而造成结构性破坏。要求即使局部破坏也不会导致大面积倒塌。所以，结构鲁棒性设计必须从整体着眼，而不是专注于构件截面计算。中国古建筑的鲁棒性很好，有基台，柱、梁、顶共同构成结构的整体，榫结构的联结非常牢固，受力时又有一定变形，可吸收地震能量，增加阻尼。

教训之五：海啸凶猛无比，核电绝对不能有丝毫闪失

海底或海边发生地震时，海底地形急剧升降，引起海水剧烈扰动，形成巨浪，从而发生海啸。海啸掀起的狂涛骇浪，高度可达十至几十米，传播几千千米而能量损失很小。海啸到达岸边时，“水墙”冲上陆地，破坏力非常巨大。通常6.5级以上的地震，震源深度小于20～50km时，才发生海啸，灾难性海啸震级则需7.8级以上。地震海啸有隆起型、下降型两种。下降型海啸地震时海底地壳大范围急剧下陷，海水向下陷的空间涌去，在其上方出现海水大规模积聚，涌进的海水在海底遇到阻力后，即翻回海面产生压缩波，形成长波大浪，并向四周传播和扩散。下降型海啸初始表现为海岸异常的退潮现象，如1960年智利地震海啸。隆起型海啸地震时海底地壳大范围急剧上升，海水也随着一起抬升，并在隆起区域上方出现大规模的海水积聚，在重力作用下，海水必须保持一个等势面以达到平衡，于是海水从波源区向四周扩散，形成汹涌巨浪。隆起型海啸初始表现为海岸异常的涨潮现象，如1983年5月26日日本海7.7级地震。由于我国外海有列岛阻挡，故几次太平洋海啸对我国影响都很小。

2011年日本宫城大地震引发的大海啸，使福岛第一核电站发生了核泄漏灾难，后果至今尚未消除。对核电事业的发展也产生了世界性的影响，有的国家终止了核电，有的国家从严审查。我国积极发展核电的政策虽然没有改变，但更加慎重，以确保万无一失。同时暂停了内陆核电的建设，至今（2016年末）尚未启动。除了采用更安全更可靠的反应堆机组外，岩土工程方面进一步加强了地震、能动断层、地基、边坡稳定、水文地质条件等关键性问题的论证，精心勘察，精心设计、层层把关。核电无小事，绝对不敢丝毫怠慢，绝对不能有丝毫闪失。

第 53 章　不设防的城市，唐山地震纪实

本章记述唐山地震的所见所闻。分为三节：第一节记述了主震和两次强余震时的情况、地震期间的避难生活、勘察院唐山工作人员的撤离、钱家营场地的三次勘察和同济大学师生的唐山实习。第二节记述了赴唐山震区第一次考察，记述了灾情、幸存者、烈度异常和安全岛、地面裂缝、地形影响、侧向扩展和岸边流滑、液化和喷水冒砂的表现。第三节记述了赴唐山震区的第二次考察，记述了唐山极震区的地面断裂、天津的粉土液化、毛条厂的重复液化、望海楼的软土震陷和宁河震害的周期效应。

1　唐山地震的前前后后

1976 年 7 月 28 日的前夕，天气特别闷热。当时我家住在北京东直门外香河园甲 5 号的平房里，两个孩子刚放暑假，在表姐张秀芳家住。后半夜，被突然的摇动惊醒，同时听到不断的犬吠声，我立即意识到发生了地震。急忙推醒绣姿，一齐跑出户外，邻居们也相继逃出。甲 5 号是 1975 年建的平房，前后两间，砖承重墙，中间一道 24 砖墙上，前后搭两块混凝土预制板作为屋面，抗震性能很差，震后未发现破坏。当时印象，地震似乎不十分强烈。

天亮后，我乘头班电车去西直门张秀芳家接两个孩子，发现城里有些建筑破坏，觉得比原来的印象要重，但谁也不知道震中在什么地方。下午 5 点多钟，我们正在门外小桌旁吃饭，刚坐下，突然发生强烈余震。因为在夹道里，离房子很近，我们立即跑到空旷的地方。晚上自然不敢回房间住，幸好隔壁是我们的临时办公室，用木板搭的活动房。我们全家和甲 5 号的邻居们都拿了些简单行李，住了进去。夜里下了大暴雨，雨势很猛，大多数北京人撑着雨伞，在马路上坐了一夜。我们或躺在办公桌上，或躺在板凳上，虽然好多家挤在一起，但在北京算是很舒服的了。第二天才知道，震中在唐山，损失惨重。以后常有强余震预报，不敢回家，在木板房里住了近一个月。后来，家家都在房间里搭起了抗震设施。牡丹江岳母家运

来了钢管、角钢等材料，在床上架起了抗震棚，用了一、二年才拆除。张秀芳家也是平房，因为长期睡在床底下的地面上，得了严重关节炎。

我家的邻居，也是我的同事和好友鲍士敏正出差在唐山。地震发生后他夫人王琬瑜问我，"你估计震中在哪里？"我当然答不上来，但我们都担心会不会是唐山。第二天知道果然是唐山，把我们急坏了。唐山地震时，我院有二十几人在唐山陡河电厂做勘察和钻井工作。鲍士敏回来后告诉我们：地震前一天他住在开滦煤矿招待所，是 7 层楼房，地震后只剩悬崖残壁。幸亏地震当天他到了工地，住的是工棚平房。地震发生时他大喊一声"地震"！第一个冲了出去，脚上受了一点轻伤。当时冲出 3 人，房屋全部倒塌。3 人立即奋力徒手施救，挖出一人，增加一人施救，二十几人全部挖出脱险。重伤者当时用工地上的卡车送回（司机本人也受了伤），其他同志由北京派车接回。平房倒塌及时施救十分重要，因倒塌时灰尘很大，即使当时没有伤亡，不及时施救也会闷死。鲍士敏还说，7 月 29 日下午强余震时，他正坐在一个空旷的场地上等待本单位来车救援。突然大地剧烈摇晃，眼前陡河电厂 180m 高的混凝土烟囱倾斜旋转起来，大约转了一圈，上端三分之一节栽了下来。可惜当时没有照相机，若能拍下来，这张照片该有多珍贵！

1976 年 5、6 月间，我在唐山钱家营煤矿负责勘察工作。同济大学师生三十余人在那里实习，由赵震寰（后任同济大学副校长）带队，还有朱小林、费涵昌、杨桂林等老师，他们后来都是我熟识的好友。6 月 23 日结束野外实习，仅过了一个多月发生地震，我们都觉得很幸运。同济大学的师生们在清华大学做实习的室内作业，刚刚完成，在地震当天乘火车匆匆回了上海。朱小林、杨桂林两位老师和杨桂林的女儿，因故暂留北京，震后火车不通，他们和我们一起，在木板房里过了好几天的抗震生活。

8 月上旬，我接到通知，参加国家建委和河北省建委联合组织的唐山地震考察组，考察情况将在第 2 节详细记述。我在唐山考察期间，接到了绣姿带来的口信，父亲在上海去世。因工作和当时政治原因，未能回家与父亲最后告别。唐山地震考察回京不久，绣姿又去唐山，参加唐山震后重建的勘察工作。11 月 15 日，发生了一次强烈余震（震中在宁河，6.9 级）。晚上 10 点多，两个孩子已经睡了，我正在看书，突然感到地震，急忙把孩子们叫起。他们都已脱了衣服，那时天气已冷，我用棉被包着小儿子抱出户外，大女儿来不及穿衣服，冻得直抖。邻居们也都惊慌地跑了出来，因为天冷，没有地方避震，过了一会只得又回家居住。

开滦煤矿拟开发钱家营矿区，委托我院进行该项目地面工程的勘察工作，我于 1976 年初参与了现场踏勘和搜集资料，5 月随勘察队伍和同济大学师生到达现场，开展野外工作。我院在钱家营共做了三次勘察，这是第一次。该场地浅部砂层较厚，当时国家地震局划定场地基本烈度为6度。我觉得太低了，和同事们商议，他们也有同样看法，于是决定结合勘察对液化进行专门研究。那时我们没有依赖规范的习惯，对国家地震局的地震区划也不买账，决定用多种方法进行研究，包括西得剪应力比较的简化法。那时有动三轴仪的单位很少，除了哈尔滨的工程力学研究所外，上海勘察院有日本进口的液压伺服式动三轴仪，低频性能很好。上海勘察院原是我院的华东分院，人员很熟，于是决定取样去上海试验。为此我多次去上海，与试验人员共同商讨试验方案的设计，这是后话。此外，事先我还向水利水电科学研究院的汪闻韶先生请教，他介绍了水利水电部门用过的“爆破法”评价和处理液化（此法源自外国）。我们在钱家营工地做了试验，将炸药装入钻孔内一定深度，钻孔上部填实，然后起爆。我在现场观察，只听到爆炸时一声闷响，一片地面隆起，旋即下沉。测量标高后发现，地面形成了一个碟状沉陷。我根据试验成果写了一个报告，可惜这个报告找不到了。以后有了液化判别的规范方法和液化处理的多种方法，“爆破法”再也无人问津。现在回想，似乎还有进一步研究的价值。

钱家营第二次勘察是在地震后约两个多月，是我建议做的，目的是研究地震后场地砂土的密实度有什么变化。由于震后砂土密实度发生了很大变化，为钱家营矿设计一年后又进行了第三次勘察。勘察发现，第二次与第一次相比，喷水冒砂深度以下的砂土密实度增加，但浅部砂土的密实度明显降低；第三次与第二次相比，浅部砂土密实度提高，但未恢复到震前第一次的水平。说明深部砂土增密是由于地震的振动引起，浅部砂土的变松是由于喷水冒砂过程中渗流液化造成。之后逐渐增密是孔隙水压力消散和结构强度的恢复，但时隔一年尚未恢复到震前水平，是由于砂土虽然孔压消散很快，但结构强度恢复需要较长的时间。我们过去也知道孔隙水压力原理，孔压的增长和消散规律，但不知道喷水冒砂会使砂土密实度显著变松，也不知道砂土结构强度恢复需要那么长时间。这些规律后来我写了论文发表在《工程勘察》杂志上。加拿大华裔土力学家罗锦添教授（后到香港大学）看了我的文章很赞赏，说过去尚未见过类似报道，希望能在英文杂志上发表。

2 第一次地震考察

我第一次参加的唐山地震考察，是国家建委和河北省建委联合组织的唐山地震考察组。考察组成员主要为各设计院的结构工程师，共三十余人，组长为河北省建委王主任，副组长为国家建委抗震办主任叶耀先研究员（后任中国建筑技术研究院院长）。我先乘火车到石家庄集合，住了一夜，第二天8月9日早晨，集体乘汽车赴唐山丰润。那时交通条件差，路上整整花了一天，到达已是晚上9点多钟，自己搭了从石家庄带来的帐篷住下。这里离唐山市区虽近，但震害较轻，卫生条件好，有干净的食物和饮水。我们每天乘大轿车出去考察，晚上回帐篷休息。我本来有风湿性关节炎，曾多次发作，因帐篷潮湿，回北京后腰腿痛复发，很重，病倒在床上，休息了一个多月才能勉强走动，一年多还跛着腿。直到1980年搬到团结湖住了楼房，腰腿痛病才不再复发。

唐山地震夺去了24万人的生命（重伤16万人），损失财产数百亿，考察时所到之处触目惊心。有的地方一片瓦砾，有的楼房只剩下残墙断壁，空气里充满恶臭，飞机不断地喷洒消毒药水，震后没有发生瘟疫。供电、供水等生命线工程全部破坏，饮水、食品极度困难，但渡过来了。机场瘫痪，上万伤员停在机场无法运出救助，增加了不少死亡人数。唐山市委和市政府领导的住处是重灾区，基本上全部牺牲，当地无人领导救灾，但秩序井然。据说震后一两天有来抢劫的，民兵开枪打死了几个，以后再也没有人敢。为处理尸体，运来了大量白色塑料袋，由解放军装好，一卡车一卡车地运到公路边，倒在两边的沟里，盖上土，临时处理，第二年又挖出重新深埋。也有很幸运的幸存者：我所在单位一位工友，准备乘火车回京。觉得候车室里闷热，席地坐在候车室门口，地震发生时，觉得后面有股很大推力，他向前一冲，回头一看，候车室已经完全倒塌。钱家营勘察时我们的业主代表，开滦煤矿基建处的何侠豪，家住11度重灾区的三层楼上，地震时房屋立即倒塌，他迅速跑到立柜旁，大立柜保护了他，他夫人正好躲在楼板架空的一个空档里。他俩旋即从窗户跳下，挖出在附近平房里睡的儿子。一家三口在极震区平安无恙。我的两位大学同学史纯泉和王素华夫妇，在河北矿业学院任教。河北矿业学院是重灾区，损失极为严重，他家住在一层，上面两层倒掉，一层基本完整，不仅全家无人伤亡，连家具也没有损失。

我们先后考察了唐山市区、唐山矿区、丰南县城、东矿区、栢各庄、任各庄、宣庄、稻地、黄各庄、李各庄、乐亭、滦河大桥等地，时间为8月9日至9月10日，历时一个多月。下面记述这次考察的一些主要印象：

唐山地震发生于1976年7月28日3点42分53.8秒，里氏7.8级，后修改为7.9级，震源深度12～16km，震中烈度11度。当天第一次强余震发生在迁安，7.1级；11月15日强余震发生在宁河，6.9级。由于地震区划图上唐山为6度，是个“不设防的城市”，故灾害特别严重。其实岂止唐山，北京基本上也没有设防。现在二环路内是北京的老城区，居民住房的墙，用碎砖胶泥砌成，唐山地震时倒了不少，

图 53-1　地震造成地面大变形，京山铁路轨道扭曲（顾宝和）

幸有木柱支撑，墙倒屋不塌。多层砖混结构很普遍，没有圈梁和构造柱，抗震性能很差，后来都进行了加固。

由于震级高，故地面出现大变形，图 53-1 为京山铁路轨道严重扭曲。

图 53-2 和图 53-3 为桥梁的钢筋混凝土桥面地震时被甩向一边，叠在一起。地震时这样大的初速度实在难以设想，有专家认为是由于驻波效应，与能量叠加有关。

图 53-2　桥梁被甩向一边，叠在一起（顾宝和）

图 53-3　桥梁被甩向一边，叠在一起（顾宝和）

图 53-4 为轻工机械厂车间，严重倒塌，只剩下残柱断壁。

图 53-5 为开滦煤矿总医院，严重倒塌。

图 53-6 为古冶机务段砖混结构宿舍，外墙向外闪出倒塌，内部残存。类似破坏在唐山很多，据说还有连床带人被甩到地上，床上的人安全无恙。

图 53-4　轻工机械厂车间，严重倒塌（顾宝和）

图 53-5　开滦煤矿总医院，严重倒塌（顾宝和）

图 53-6　古冶机务段三层宿舍，外墙倒塌（顾宝和）

图 53-7 为唐山矿新风井，地震时底层破坏失去，上部严重倾斜，但整体完整。地震时有人在第 3 层睡着值班，水平力将他从房间的一边滚到另一边，接着觉得像乘电梯似的下坠，从第 2 层窗口爬出。这是因为地震时第 1 层混凝土碎裂，钢筋支着筒体慢慢坠落。

图 53-8 为由于震中区竖向振动显著，化肥厂烟囱被拉断、错开。

由于场地条件不同，有时相距不远震害差别很大。如唐山陶瓷厂位于10度区内，为砖石承重结构，抗震性能并不好，但地处大城山附近，岩石地基，震后建筑物基本完好，仅墙体有轻微裂缝，稍加修缮即可使用，相当于 6 度震害。而一二百米外就是 11 度区，一片瓦砾。陶瓷厂成为唐山地震有名的“安全岛”，见图 53-9。

图 53-7　唐山矿新风井（顾宝和）

图 53-8　化肥厂烟囱被拉断，错动（顾宝和）

图 53-9　唐山陶瓷厂，10 度区内基本完好（顾宝和）

唐山震后产生大量地裂缝，与地形有关的地裂缝主要在河流、公路、水沟、陡坎侧旁，延伸方向与地形、地物方向一致，明显与侧旁存在临空面有关。有些地裂缝与砂土液化有关，流滑和侧向扩展的地裂缝方向与临空面一致，喷水冒砂的地裂缝方向较不规律，常与故河道、废河道方向一致。地面变形与地形地貌关系很大，特别是河流两侧，滑坡、流滑和侧向扩展处处可见。由于土体向河心移动，使河岸呈阶梯状，阶梯之间是滑坡陡坎和滑坡裂缝（图 53-10）。图 53-11 是胜利桥的破坏情况，由图可以看出，破坏是由于两岸土体向河心移动，桥身受挤压造成。两端挤压使桥身缩短，桥墩倾斜，桥面坠落两跨。此外，稻地桥、反修桥等也有类似情况。

唐山市区的凤凰山顶上，有个两层钢筋混凝土亭子，震后虽然没有倒塌，但二层所有柱子的顶端和底部均遭破坏，钢筋外露，与缓坡基岩上的亭子比较，震害偏重。因此，孤立山丘上地震动有增强效应，即使是岩石地基，建筑物的震害也有加重趋势。

图 53-10　胜利桥，岸边滑坡，台阶状裂缝（顾宝和）

图 53-11　胜利桥两端受到挤压，桥面坠落（顾宝和）

这次考察我特别注意对砂土液化的调查。震前由我院做过勘察的钱家营场地，震后当地村民称，地震时场地上出现无数喷泉，一人多高，场地全部淹没，最深处过膝，几天后渐渐退去，第二次勘察时地下水位仍高出震前约半米。我们对喷出的砂堆进行了统计和观察，在 63 公顷面积内共有砂堆约 400 个，大小不等，三五成群，随机分布，圆形砂堆直径约 2 ~ 4m，估计全场喷砂量约 600 ~ 700m^3。为了查明喷砂口的形态，我们挖掘了 20 多个砂堆，发现喷砂口形态多样。有些在张性地裂缝内喷出，平面上呈条带状，喷口宽度约一至数厘米；有的平面上呈圆形，直径从数厘米至二三十厘米。喷砂孔不一定是等直径的管状，而是时粗时细，时而弯曲。平面呈条带状的，深处类似“岩脉”。有的并未喷出地面，“半途而废”。砂堆有层状结构，砂堆下部的砂来源于地层上部，砂堆上部的砂来源于地层的下部。也就是说，先喷出浅部地层的砂，再喷出深部地层的砂。那时我们都把砂堆称为“砂火山”，实在太像了。火山有裂隙式和中心式两类，裂隙式比较缓和，中心式比较猛烈；砂火山也有裂隙式和中心式两类，裂隙式一般位于覆盖层薄的地段，压力较小，中心式多发生在覆盖层厚的地段，压力较大。火山喷发有间歇性，即继承性；砂火山也是薄弱部位，强余震时在已有砂火山口重新喷出。图 53-12 为液化产生的一个喷水冒砂口。

图 53-12　地震液化喷水冒砂口（顾宝和）

据宣庄、栢各庄、宋家坨村民反映，地震发生后，先喷水，后冒砂，遍地有 20 ~ 30cm 深的水在流动（图 53-13）。接着房基沉陷，有的水缸、家具、粮食袋也陷入地下。普遍反映水井最先冒水，不少水井持续自流一昼夜以上，接着冒出带砂的浑水，最后不但不冒水，连抽也抽不出水来。液化后地面高低不平，并形成大量地裂缝，图

53-14 为后舍庄附近液化后，桥头沉陷使铁轨架空。栢各庄化肥厂合成车间墙基沉陷 60 ~ 70cm，室内地坪相对隆起，高差半米左右，该厂办公楼一角沉陷 0.6m，墙身裂缝宽达 30cm（图 53-15）。有的房屋液化后还造成室内地坪开裂（图 53-16）。

图 53-13　宋家坨砂土液化，水位上升（顾宝和）

图 53-14　后舍庄铁路路基沉陷，铁轨架空（顾宝和）

图 53-15　栢各庄化肥厂办公楼，一角沉陷 0.6m，墙面开裂，整体完整（顾宝和）

图 53-16　液化造成室内地坪开裂，栢各庄（顾宝和）

值得注意的是，液化虽然造成地面严重变形，基础大量沉陷，建筑物损坏严重，但在高烈度区，房屋倒塌比非液化区轻得多。如地处 10 度区的宣庄，地震液化后街道两侧房屋普遍沉陷一米以上，倾斜严重，但并未倒塌（图 53-17）。宣庄附近的宋家坨更轻些，全村 800 多人，死亡 18 人。李各庄中学的一个教室，液化沉陷了约一米，还有明显水平位移，附近有大量宽 20 ~ 40cm 的地裂缝，但房屋并未倒塌，只是墙面产生一些裂缝（图 53-18）。而与宣庄相邻的稻地，没有液化，但震害重

图 53-17　宣庄砂土液化，房屋开裂倾斜（顾宝和）

图 53-18　李各庄中学，砂土液化，地面开裂，建筑物基本完好（顾宝和）

得多，村内的丰南五七大学500多间房屋，包括质量很好的一座旧军阀的住宅在内，全部倒塌。因此，居民中流传一种说法："湿震不重干震重"。其中的原因，在第55章中讨论。

大约到了当年8月底，各勘察设计单位、高等院校、科研单位都纷纷来唐山考察，见到了许多同行朋友和熟人，印象最深的是清华大学的陈梁生教授。他是全国知名的土力学家，我上学时就知道他。但那时"文革"还在进行，清华是重灾区。我们在帐篷里谈了一个来小时，我谈了地震液化和土动力学方面的一些问题，陈教授反复地说，"我现在什么都不知道了，什么都不懂了"。后来听李广信教授说，从唐山回北京不久，陈教授脑子出了问题，得了老年痴呆症。

我们每天都是集体乘大轿车从驻地出发，到各考察地点，傍晚在指定的几个地点等候，大轿车来接。有天傍晚我没能赶到，没有交通工具无法回到驻地，无奈之下在灾民收容所里住了一夜。唐山地震后一个月左右，大量灾民无家可归，饮食只能靠救助，在收容所里可以吃到免费的压缩饼干，我那晚吃的也是压缩饼干。压缩饼干本是当年的军用物资，唐山地震后调来救灾。我本来以为一定很硬，咬不动。实际很疏松，口味也不差，含脂多，热量高。因为我当了一夜"灾民"，回到驻地后队友们拿我取笑，"怎么没有把你装进塑料袋里？"

3 第二次地震考察

1977年2月27日至3月7日，根据王锺琦先生提议，由我院专派一辆吉普车去唐山、天津地震区考察。参加者有我院的王锺琦、赵树栋、黄振录和本人，还有中国建筑科学研究院地基所的秦宝玖，着重考察唐山地震的场地和地基的地震效应。我在唐山已经考察过一次，这次考察更加深了印象，天津则是首次。下面主要记述唐山极震区地面断裂、天津毛条厂液化、望海楼软土震陷和宁河震害的周期效应。

图53-19 地面错动，直线排列的树木错开1.25m（顾宝和）

唐山地震后，在唐山市路南区吉祥路一带出现了一条雁行状排列的地面断裂，走向北东40°～50°。断裂将吉祥路切断，水平错动1.25m，垂直落差0.6m。断裂东盘下降并向南错动，西盘上升并向北推移。断裂使一行树木错开，附近地面变形显著，见图53-19。

分布在断裂附近的机车车辆厂、齿轮厂、内燃机厂的厂房和设备严重破坏，2～3层职工宿舍和单层民房基本全部倒塌，为宏观震中区和11度区。齿轮厂的热处理车间和铸工车间为钢筋混凝土柱和钢屋面结构，地震造成柱子齐根切断，整个厂房向北倾倒。

由于地面断裂的方向与发震断裂一致，与烈度分布的长轴方向一致，破坏又最为严重，所以很多人认为这条地面断裂就是发震断裂到地面的延伸。我们在现场进行挖掘，发现断裂迹象越深越小，逐渐尖灭，与深部基岩没有直接联系。考察后又下入唐山矿的矿井调查（我未去），到相应部位寻找基岩断裂，也没有找到。因此，可以认为，发震断裂在十几公里深处的基岩中，地面的土中断裂是地震动的地面反应，不应简单地猜想二者直接贯通。

唐山地震时，天津属于波及区，总体震害比唐山轻得多，但液化的严重性一点也不次于唐山。形成一个印象，地震惯性力造成的破坏与震中距有关，离震中越远，震害越轻。液化的严重程度与震中距关系不太密切，而主要取决于场地土的特性和地下水位。唐山地震天津震害的特点，突出体现了液化的“大震不重，小震不轻”。

天津的地震液化，以粉土当时称轻亚黏土最为突出。原来有些土动力学家只知道砂土液化，不大相信粉土也会液化。天津的事实证明，粉土的抗液化性能不仅很低，而且喷水冒砂的时间很长。我们到天津毛条厂考察时，唐山地震的主震已经过了半年多，但局部还有轻微的冒水现象。其原因是粉土渗透系数比砂土小得多，孔隙水压力消散也慢得多。不同的颗粒级配，液化性能是不同的，粉细砂和黏粒含量低的粉土最易液化，颗粒越均匀越容易液化，渗透系数越小液化时间越长，震害也更严重。

1976年11月15日宁河6.9级强余震，传至钱家营为5度，并无任何破坏，但一些原有的喷水冒砂孔又发生了喷水冒砂，范各庄矿也发生了类似情况。1977年6月10日丰南余震，5.5级，传至天津毛条厂约4度，该厂麻袋组车间原有喷冒孔又发生了喷冒。天津毛条厂那些年的几次地震，包括1966年的邢台地震、1967年的河间地震、1975年的海城地震、1976年的唐山地震、1977年的宁河余震、1977年的丰南余震，该厂都发生喷水冒砂。同一场地发生过液化和喷水冒砂，下次地震又重复发生。重复液化是一种普遍规律，预测液化应予注意。其原因：一是液化喷水冒砂使砂土变松，砂土孔隙水压力消散虽然比较快，但结构强度难以恢复，故容易再次液化；二是喷水冒砂形成的喷砂孔是个“天窗”，没有黏性土覆盖层保护，液化时孔隙水极易在这个薄弱部位排出，再次喷水冒砂。

在唐山地震以前，软土震陷仅在坑、塘等地段局部发现，并未引起注意。唐山地震后，天津的塘沽、新港、大港等软土分布区大面积出现震陷，以望海楼最为典型。望海楼是个住宅小区，4 层砖混结构，筏板基础，天然地基。地基土的天然含水量为 50% ~ 60%，压缩模量为 1.4 ~ 4.0MPa，厚度大于 10m。震后很短时间内建筑物沉陷达 14 ~ 25cm，超过震前静载作用下正常沉降的一半。但上部结构并无损坏，倾斜也不明显，基础周边也未发现任何隆起，震害不显著。

软土在短时间内产生这样大的沉陷，显然不是排水固结，而是不排水剪切。软土震陷的机制、影响因素、震陷量的估计等，国内外虽有一些学者研究，取得了一些成果，但很不系统，很不完善。对软土震陷的原因，我的粗浅想法是，软土在地震扰动下产生触变，强度突然降低，在动静荷载联合作用下土中剪应力增加，发生塑性变形。由于地震的动力作用时间短，故大幅度的沉陷震后即行终止，但不排除在静载作用下继续产生少量沉降。大约在 1977 年，我在望海楼附近做过一次动力载荷试验，在承压板上利用偏心轮旋转施加动力荷载，观测静力荷载恒定，动力荷载分级增加的情况下承压板沉降。发现动力荷载较小时沉降极小，几乎可以忽略，到达某一临界荷载时沉降骤然增大。这项研究因故没有完成，试验结果没有发表，转移做其他工作，现在连资料也找不到了，但证实了当动力超过一定值后，软土确实可以发生震陷。

1976 年 11 月 15 日唐山地震强余震发生在天津宁河，6.9 级，震害有些"怪异"。小型建筑破坏很轻，所有水塔全部彻底倒塌，原因就在于地震的周期效应。宁河地处滨海软土带，地基土的卓越周期长，因而长周期的水塔因共振倒塌，短周期的小型建筑保存了下来。由图 53-20 可见，倒塌的水塔旁有一座小型建筑，完好无损，连最易震毁的房顶突起的小阁楼也保存完好，二者形成鲜明对照。

图 53-20 宁河软土地基上不同自振周期的地震效应（顾宝和）

4 结语

1976 年的唐山地震已经过去 40 多年了，但当时的情景仍历历在目，使我体会到，在感性认识基础上建立的理性认识最为深刻。我还觉得，有些基本经验虽然没有列入规范，但已被公认，也相当重要，如非液化土覆盖层对液化的抑制效应、重复液化规律、液化的减震效应等，在进行场地与地基地震评价和设计时应予注意。还需要说明的是，40 年前的建筑很简陋，多为单层厂房、单层平房、2 ~ 3 层或 3 ~ 4 层砖混结构，农村更是用泥砌的土坯、用卵石砌筑承重墙，油毡、泥土做屋面，抗震性能极差，与现在的建筑不能同日而语。但是我想，这些陈年旧账也许还有些参考价值。

第 54 章　山崩地裂的汶川大地震

汶川地震发生时，我已经 74 岁，未能参加地震震害考察。本章综合了当时的新闻报道及其他有关资料写成。内容包括汶川地震概况、建筑物震害情况、地面基岩断裂、崩塌、滑坡、泥石流、堰塞湖。认为汶川地震震害主要特点是山区地震，引发次生地质灾害。最后记述了北川地震遗址考察。总结了汶川地震的启示和教训。

1　汶川地震概况

汶川地震发生于 2008 年 5 月 12 日 14 时 28 分，里氏 8.0 级，震源深度 14km，属于浅源地震。由龙门山断裂逆冲右旋走滑断层所致，断裂带长度主震为 185km，余震为 300km。震中烈度为 11 度。什邡实测地震加速度竖向为 632.9cm/s^2；水平向东西为 548.9cm/s^2；水平向南北为 585.7cm/s^2，竖向大于水平。北川、映秀 11 度，最大地震加速度超过 1g，物体可被抛起来。图 54-1 为烈度分布。

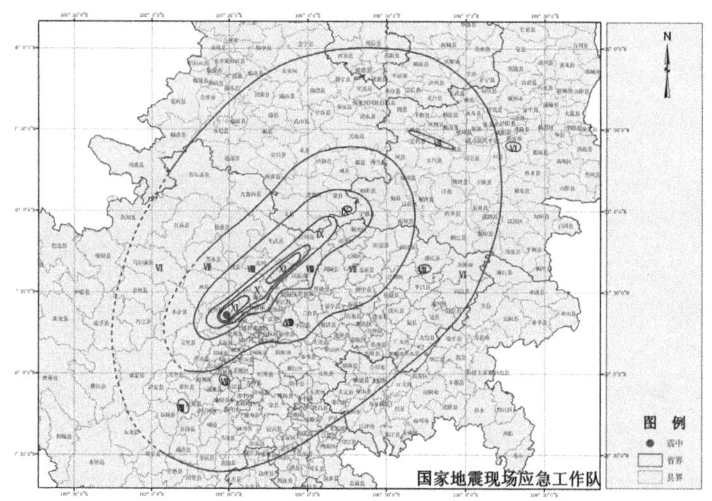

图 54-1　汶川地震烈度分布

图 54-2　羌碉

地震产生的地形改变：震中监测点水平位移 238cm，沉降 70cm，隆起 30cm。西侧块体向东偏南位移 20 ~ 70cm；东侧块体向西偏北位移 20 ~ 238cm。珠峰地区向西偏南移动，水平和垂直方向位移均为 2 ~ 3cm。截至 2008 年 6 月 13 日，遇难 69163 人，失踪 17445 人，受伤 374 142 人，破坏面积约 13 万 km^2，直接经济损失 8451 亿元。震区为羌族的家乡，羌被称为云朵中的民族，特色建筑羌碉为高山半山腰的泥石建筑，顺山依坡，高低错落，气象非凡，见图 54-2。汶川地震严重摧残了羌建筑文化。

汶川地震震害的主要特点是，位于山区，居民区和交通线被限制在狭窄的沟谷地带，崩塌、滑坡、泥石流、堰塞湖等地质灾害造成的后果特别严重。据统计：地质灾害分布 3 省 84 县市，面积 48 万 km^2，毁坏了重灾区的所有公路，1/3 的死亡和失踪人员与地质灾害相关，四川省 31 个灾难性滑坡造成死亡 4996 人，仅王家岩滑坡死亡 1600 人。这一带为羌族文化区，本是山清水秀的旅游胜地，药材丰富，有成都的后花园之称。震后自然条件完全改变，植被严重破坏，羌文化和生态环境受到重创。汶川原有地质灾害 160 处，震后达 3590 处，威胁建成区 80% 面积，对外交通断绝，成为孤岛。原有耕地 10 万亩，震后损失 4.2 万亩，严重损坏 4.8 万亩，只剩 1 万亩，生存条件困难。震后植被破坏，裸岩裸土，成为沙尘源，沙尘暴可能持续数年甚至更长。总之，震害特点是地质灾害严重、人口损失大、文化和生态破坏大、但经济损失相对较轻。

从下面几张照片可以看到汶川地震灾难的严重程度：图 54-3 为极震区北川县城；图 54-4 为极震区映秀镇中心；图 54-5 建筑物严重毁坏；图 54-6 为 2008 年 5 月 31 日鸟瞰北川县城；图 54-7、图 54-8 为北川灾民回家取物。

图 54-3　极震区，北川县城

图 54-4　极震区，映秀镇中心（苏强）

图 54-5 严重毁坏的建筑（高孟潭）

图 54-6 鸟瞰北川县城

图 54-7 北川灾民回家取物

图 54-8 北川灾民回家取物

由于地质灾害严重，部分城镇只得异地重建。

高孟潭认为，汶川地震破坏的特点是：四川“山崩地裂”；甘肃“地动山摇”；陕西“高楼剧烈晃动”。四川汶川一带由于地形狭窄，导致崩塌巨石滚落，滑坡、泥石流掩埋，造成大量人员伤亡。而在远离震中的西安，地震加速度为 50 ~ 60cm/s^2，地震波长周期占优势，使高楼产生共振，大幅度摇摆，振幅达 0.5m，窗子玻璃破碎，室内装饰损坏，设置不妥的抗震缝造成结构撞击。居民心理产生恐慌，高层房地产市场受到影响。

2 建筑物震害

从下面几张照片可以看出，同样都在高烈度区，建筑物在地震时的表现差别非常大，有的完全损毁（图 54-9 ~ 图 54-11），有的基本完好（图 54-12 ~ 图 54-14）。只要按抗震规范设计，精心施工，即使在强震的极震区，实际地震烈度比抗震设防烈度高 2 度甚至更多，也可“大震不倒”。图 54-15 为木结构的古建筑，抗震性能良好，经受了强震考验。

从汶川地震建筑物的震害可以看到，砖混结构设置圈梁和构造柱十分必要，应加强砌体纵横墙的联结，尽量避免纵墙承重。预制板的问题在于承重墙，墙在板在，墙垮板落。应慎用单跨框架结构，学校多单跨框架，外挑走廊，一柱破坏，框架倒塌。要强柱弱梁，柱子在地震时受横向力大，故截面不能太小，截面小，多配筋也无补益。

图 54-9　北川砖混结构毁坏（吕红山）

图 54-10　都江堰市震毁的中国银行住宅（吕红山）

图 54-11　映秀制药厂，完全毁坏（吕红山）

图 54-12　绵竹金花镇建筑，按抗震设计，玻璃不裂（吕红山）

图 54-13　北川砖混结构民房，基本完好（吕红山）

图 54-14　汶川幼儿园，基本完好（吕红山）

图 54-15 汶川三官庙，基本完好（吕红山）

3 地表断裂

汶川地震发震的龙门山断裂带规模巨大，总长达 500km，宽 40 ~ 50km，走向北东，为逆冲推覆断层。两侧地壳厚度差别很大，陡然变化。该断裂带由三条大体平行的断层构成，即汶川—茂县断层、北川—映秀断层和安县—灌县断层。又说龙门山断裂带由 4 条断层构成，总宽度 30 ~ 40km，即后山断层、中央断层、前山断层和山前隐伏断层。汶川地震为逆冲右旋走滑运动，4 条断层均有不同程度表现，以中央断层的活动最强。见图 54-16 ~ 图 54-18。

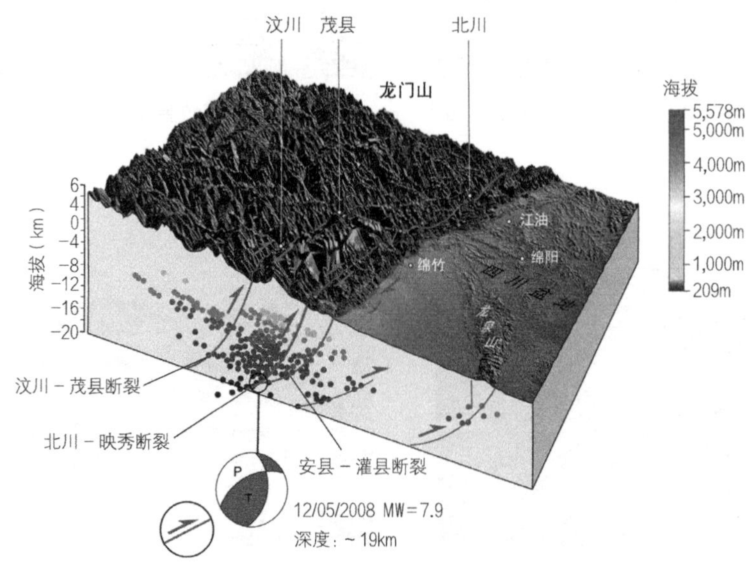

图 54-16 龙门山断裂带示意图（许志琴等）

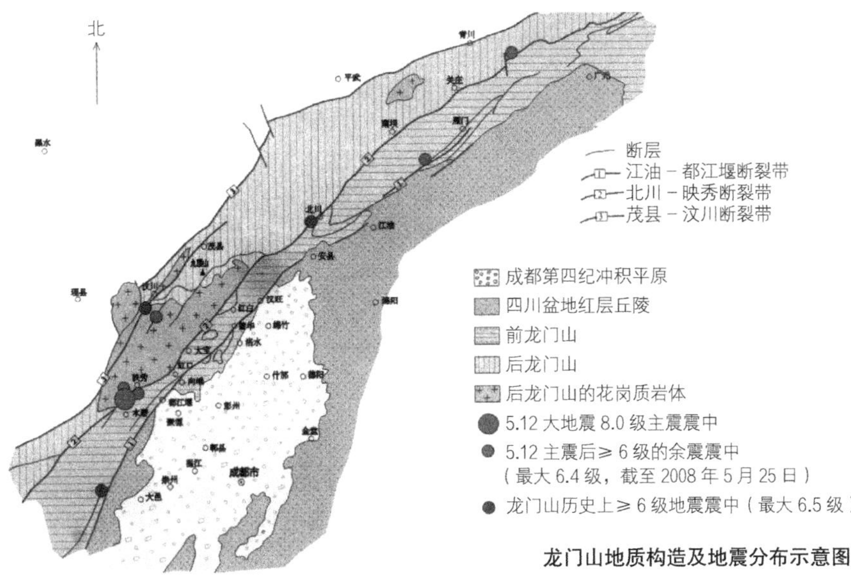

图 54-17 龙门山断裂带平面图（苏强）

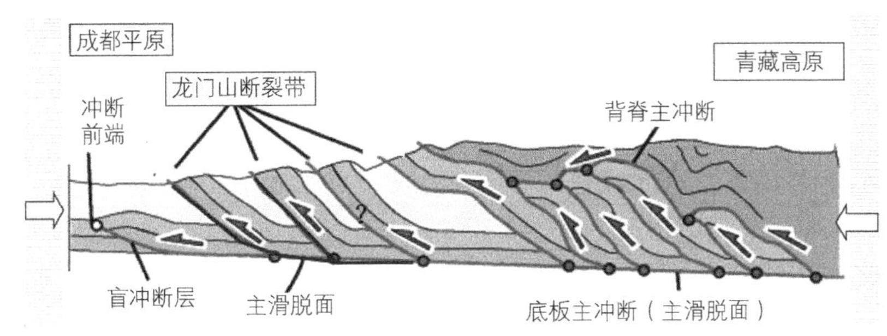

图 54-18 龙门山断裂带剖面图

汶川地震断裂发生后，西部抬高约 4m，四川盆地降低约 0.6m。从映秀至北川，地表破裂长度近 200km；从都江堰到江油的前山断裂，地表破裂长度 60km。既有水平，也有竖向错动，最大分别为 5.0m 和 4.8m，一般 2m 左右。如图 54-19 所示。图 54-20 和图 54-21 为地表断裂照片。

地表断裂一般在大地震时才有发生，如 1920 年 8.5 级的海原地震，水平错动 2m，产生一系列落差 1m 的陡坎；1970 年 7.7 级的通海地震，最大

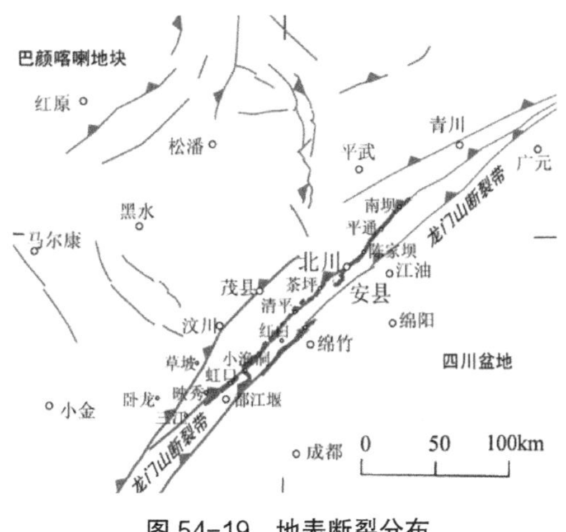

图 54-19 地表断裂分布

图 54-20　地表断裂错断公路

图 54-21　北川地面断裂

水平错动 2.2m；1976 年 7.9 级的唐山地震，吉祥路错开，水平错距 1.25m，垂直落差 0.6m。1999 年的台湾集集地震，使地表上升 3 ~ 9m，平均 6m。我国古代记载的地表断裂还有 1303 年的洪洞－赵城地震、1668 年的莒县－郯城地震、1679 年的三河－平谷地震、1733 年的云南东川地震、1739 年的宁夏银川地震等。需要注意的是，地表基岩断裂与地表土层断裂，机制不同，工程影响也不同。

4 崩塌、滑坡、泥石流

汶川地震引发的崩塌、滑坡、泥石流灾害非常严重，有 1/3 死亡和失踪人员与地质灾害相关，四川省 31 个灾难性滑坡致死 4996 人。图 54-22 和图 54-23 为地震崩塌，图 54-24 和图 54-25 为地震滑坡，图 54-26 和图 54-27 为泥石流堆积。

图 54-22　崩塌时滚落的巨石

图 54-23　崩塌时滚石砸车

图 54-24 汶川地震滑坡

图 54-25 汶川地震滑坡

图 54-26 泥石流沟口堆积（苏强）

图 54-27 彭州九峰山泥石流

震区地处高山峡谷，多雨，人类活动日益增强，地质灾害本来就比较多。震后山体变得疏松，严重变形，遇雨即滑，长期不稳。汶川原有地质灾害 160 处，震后 3590 处，每次余震都有山体崩塌，暴雨季节还要活跃，估计会有一二十年活跃期。崩塌、滑坡、泥石流的危害在于：一是摧毁居民点，直接加重震害；二是损毁耕地，断绝农民生计；三是阻断交通，成为孤岛，严重影响救灾；四是破坏生态，长期不能恢复。

一般滑坡的演化，滑动前有个“孕育期”，滑面逐渐贯通，再发生突发性滑动，是渐进式的破坏模式。汶川地震极震区的滑坡演化则是另一种模式：初始斜坡高陡，还有挤压带，卸荷带、裂隙发育，岩体相当脆弱。地震发生时，在加速度超过 1.0g 的水平力作用下产生抛掷，然后在重力作用下，迅速下坠，撞击下部岩体，产生碎屑流效应，在气垫效应作用下高速流滑，又产生铲刮效应。图 54-28 为初始斜坡；图 54-29 为地震抛掷；图 54-30 为撞击阶段；图 54-31 为崩解粉碎后高速流滑。所以，汶川地震发生的岩石滑坡，基本上都是浅层滑坡、高速滑坡、形成碎屑状滑体的滑坡。

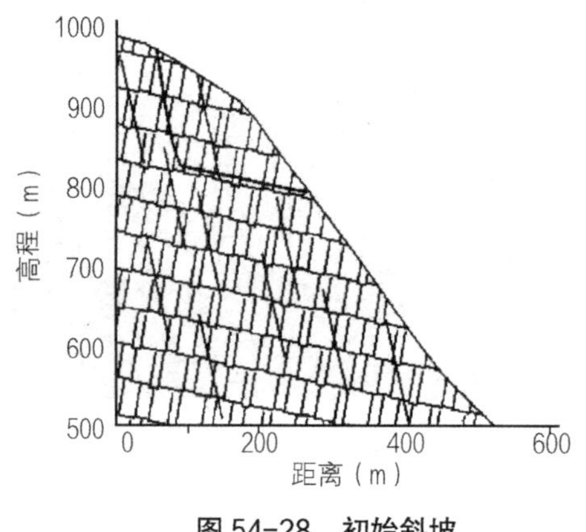

图 54-28 初始斜坡

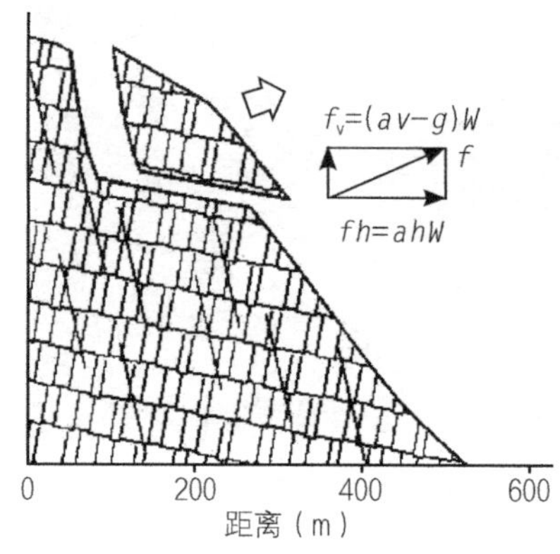

图 54-29 地震抛掷

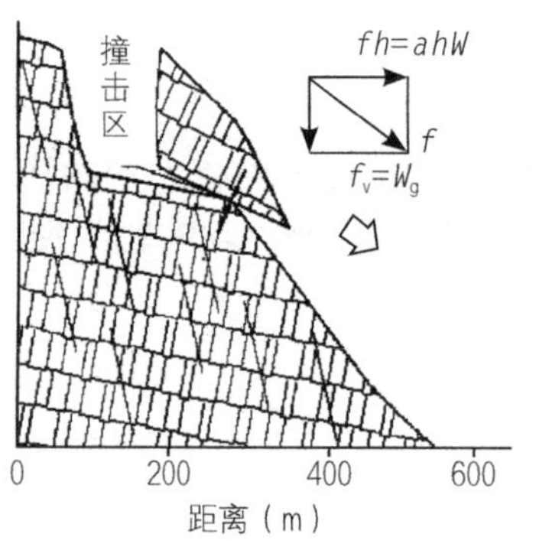

图 54-30 撞击阶段

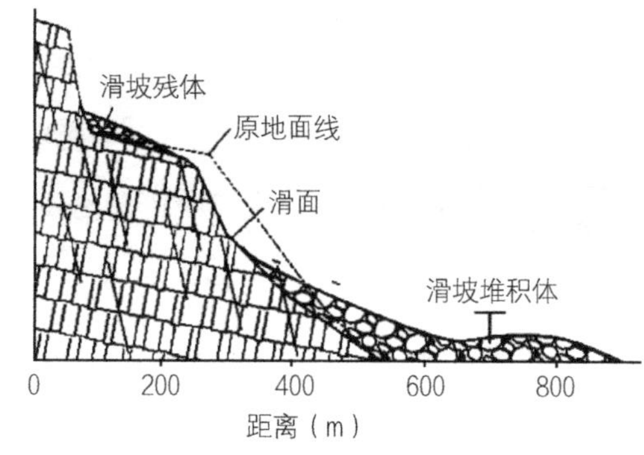

图 54-31 崩解粉碎后高速流滑

5 堰塞湖

汶川地震区处于高山峡谷，崩滑体极易堵塞河道，形成堰塞湖（图 54-32）。青川东河口村高位大型滑坡，前后缘高差达 50m，体积 150 万 m^3，高速下滑，冲入红石河，向对岸爬高 70m，形成长 800m，纵向 1000m 的堆积坝，堰塞湖容量达 50 万 m^3。红光乡石板村前后缘高差 150m，体积 1000 万 m^3，形成堰塞湖的容量达 1000 万 m^3。下面记述震后第一大隐患唐家山堰塞湖的情况。

唐家山堰塞湖堰塞体长 800m，宽 600m，最高 120m，总体积 2000 万 m^3，总库容量 3.2 亿 m^3，涉及下游江油市、绵阳市。如不加导引，发生垮坝，落差 90m 的洪水和泥石流将奔腾而下，全溃决受难人口 130 万，1/3 溃决受难人口近 20 万。为安全起见，实际迁移了 24 万。为了治理堰塞湖，采用机械开挖泄流渠，辅以爆破清理。泄流渠长 470m，宽 50m，深 10m。初始流量不足 10m^3/s，坝前水位

741.3m，蓄水量 2.1 亿 m^3；完成时坝前水位 713.79m，下降 29.26m，蓄水量 0.849 亿 m^3，坝前最高水位 743.10m，泄洪最大流量 6680 m^3/s，形成宽 150m 的河道。图 54-33 为唐家山泄流渠入口；图 54-34 为唐家山堰塞湖泄流；图 54-35 为泄流洪水通过北川县城；图 54-36 为泄流洪水通过绵阳东方红大桥。

图 54-32　某小型堰塞湖

图 54-33　唐家山泄流渠入口

图 54-34　唐家山堰塞湖泄流

图 54-35　泄流洪水通过北川县城

图 54-36　泄流洪水通过绵阳东方红大桥

6　北川地震遗址考察

2009 年 8 月 9 日，《建筑地基基础设计规范》修订组成员成都会议后，赴北川地震遗址考察。我们从成都出发，经绵阳、安县至北川，沿途虽然已经基本恢复，但震害遗迹还处处可见。灾后修复和重建工作进展很快，新建房屋多为 3 ~ 4

图 54-37 北川地震遗址大门

层，羌族风格，很优美。我们到了北川县城新址，这里地形开阔，地质条件很好，对口支援的山东省建筑队伍正在加紧施工。北川旧城被辟为地震遗址，遗址大门庄严肃穆（图 54-37），遗址管理得很好。一些容易倒塌的建筑有的已经适当加固，有的正在加固。考察后我们觉得，保护地震遗址难度极大。余震使危房继续破坏和倒塌，仅仅经过了一年，铁索桥已经残存无几。许多房屋只剩下残墙断壁，摇摇欲坠，很难加固。有些房屋虽未倒塌，但严重损坏，不修将继续损坏，恢复则失去震后原貌。还有自然风化，经常发生的滚石、崩塌、滑坡、洪水和泥石流，更是严重威胁。虽然可以做些经常性的修理性维护，建造一些工程拦截洪水和泥石流，但震后原始面貌总要不断改变，最终将被湮灭。

北川旧城的地震破坏，地质灾害最为明显。城内最繁华的地段被地震滑坡吞没，人员和财产损失最大。考察时滑坡体尚存，但掩埋情况已无法辨认。山边崩塌、滚石随处可见，有的房屋直接被巨石撞毁。图 54-38 为地震滚下的巨石，图 54-39 为县城侧边的山体滑坡。2009 年的大暴雨发生泥石流，许多地方被埋 2 ~ 3m，甚至更厚。震后残存房屋被埋半层、一层不等，考察时一路蹬着泥石流堆积物行进。

图 54-38 地震时滚下巨石

图 54-39 山体滑坡

北川和映秀是震害最重的城镇，破坏的严重程度触目惊心（图 54-40 和图 54-41）。我们重点考察了极震区建筑物的破坏特点，房屋底层首先破坏，然后倒塌的实例很多。“一托五”、“一托六”的房屋底层破坏后，有的完全倒塌，有的严重倾斜，甚至达 45°。底层破坏可能由于水平剪切，也可能由竖向地震波造成。空心预制板的建筑，有圈梁和构造柱的基本完好；否则严重破坏或彻底倒塌。不少房屋内隔墙可能已坏，但外表还相当完好，总体印象比唐山地震轻。原因可能一是地基较为坚硬，二是唐山是个完全不设防的城市。最深刻的印象就是，只要按抗震规范要求设计，精心施工，即使实际发生的地震烈度达到Ⅸ度，也不致倒塌伤人，“大事化小，小事化了”，北川大酒店就是最好的实例（图 54-42）。考察中我们全体人员向 5.12 汶川特大地震遇难同胞默哀（图 54-43），向他们表示深切悼念（图 54-44）。

图 54-40 彻底倒塌的建筑物

图 54-41 严重破坏的建筑

图 54-42 北川大酒店，基本完好

图 54-43 悼念死难者

图 54-44 悼念遇难者

7 汶川地震的启示与教训

（1）强震山区城市乡镇的选址和建设，必须加强规划，严防次生地质灾害。要坚持以人为本、尊重科学、尊重自然。像汶川、北川这样的强震山区，地震和地质灾害强度大，频率高，环境险恶，生态脆弱，必须充分考虑资源和环境的承载能力。可分为下列4类地段：第1类是安全地段，地震时不会发生次生地质灾害，场地地基条件良好，工程造价较低，应优先选择；第2类为基本安全地段，地震时不会发生次生地质灾害，但场地地基条件较差，需采取地基处理或结构措施，工程造价较高；第3类为危险地段，地震时可能发生次生地质灾害，但规模较小，应尽量避让，不能避让时应采取措施保证安全；第4类为高危险地段，地震时极易发生次生地质灾害，后果严重，且难以治理，或位于发震断裂和高烈度区，应予避让。

（2）应当加强地震区划，唐山地震震前区划为6度，实际震中达11度；汶川地震震前区划，广元为6度，绵阳、德阳，北川、汶川为7度，实际震中达11度，区划图和实际发生的地震差别都相当大。

（3）重要城市的地震设防已经比较完善，但小城镇和农村仍很薄弱。唐山地震以后的40年里，地震损失主要在小城镇和农村，应大力加强，将重点转向农村民居。应加强指导，加强抗震教育，提高平时的防灾意识，防患于未然。

（4）按抗震规范正规设计，并精心施工，即使大震的极震区，也完全可以做到“大震不倒”。建筑要规则、重量要减轻、重心要降低，要提高结构延性、强柱弱梁、刚柔相济，要加强结构整体性，设置多道抗震防线。对于砖混结构，应加强墙体，墙在板在，墙垮板落，碰人是板，凶手是墙，墙之不存，板将焉附？

第55章　地震液化的表与里、难与易、害与利

本章讨论了地震液化三方面的“双重性”：液化发生的内在机制和外在表现（表与里）；液化判别的复杂性和简单化（难与易）；液化造成的地基失效和减震效应（害与利）。阐述了液化的有效应力原理、液化的多种表现、判别液化的西得简化法、判别液化的“概念＋经验”、液化产生的喷水冒砂、侧向扩展、流滑、减震等。

1　地震液化的内在机制和外在表现

按有效应力原理，饱和土的抗剪强度为：

$$\tau_f = c' + \sigma' \tan\varphi' = c' + (\sigma - u)\tan\varphi'$$

式中，c'为土的有效黏聚力；φ'为土的有效内摩擦角；σ'、σ分别为有效法向力和总法向力；u为孔隙水压力。当孔隙水压力升高至$u=\sigma$或$\sigma-u=0$时，砂土的抗剪强度为0，发生液化。因此，广义的液化包括饱和土的动力液化、静力液化和渗流液化。地震液化是一种动力液化，是地震作用使饱和砂土或粉土趋于紧密，孔隙水压力迅速上升，土的抗剪强度丧失而发生的液化。静力液化是在静力作用下，松砂剪缩使孔压升高而发生的液化。渗流液化是在自下而上的渗流作用下，水力梯度超过临界梯度后，使土处于悬浮状态而丧失强度，即渗透破坏中的流土现象。所有液化本质上都基于有效应力原理，发生和发展过程都取决于孔隙水压力增长和消散的规律。

松砂和密砂在循环荷载下的表现完全不同，松砂孔压不断上升，孔压超过初始液化后剪应变迅速增加而达到破坏，孔压和剪应变都是不收敛的；密砂的孔压和剪应变虽然上升，但一直保持稳定变化，荷载相当高时强度仍不破坏，见图55-1。

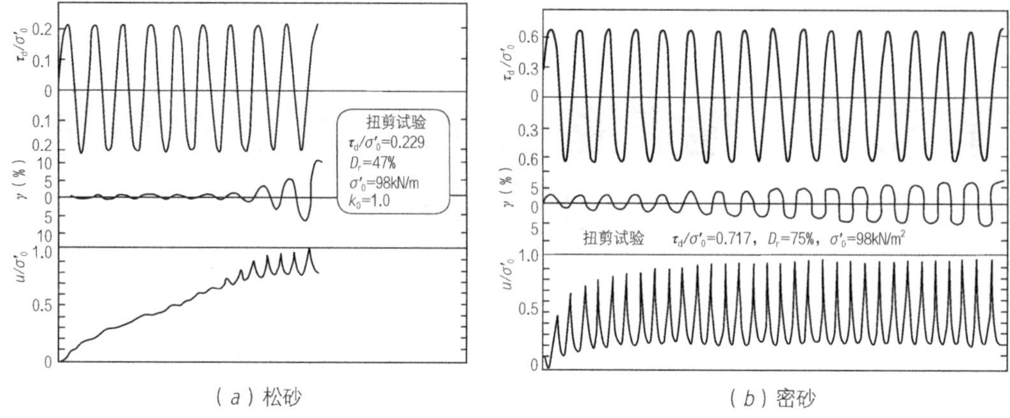

（a）松砂　　　　（b）密砂

图 55-1　饱和松砂和密砂的扭转试验（Ishihara）

地震液化有下列多种外在表现：

（1）地基失效：由于液化使地基土的抗剪强度趋于 0，地基承载力丧失，地基破坏，造成建筑物大幅度沉陷和倾斜，甚至倾倒。

（2）喷水冒砂：由地震产生的孔隙水压力一时不能消散，迅速上升，携带着砂土、粉土冲出地面，产生喷水冒砂现象。喷水冒砂造成地下水土流失，使地面严重变形，产生大幅度不均匀的沉陷和一个个砂堆。震害调查表明，凡有喷水冒砂的地方，地基失效都很严重；凡没有喷水冒砂的地方，地基失效不明显，故常将喷水冒砂作为地震液化的宏观标志。喷水冒砂除了加重地基失效外，还可淹没农田，破坏水利设施。

（3）边坡和岸坡流滑：由于土体液化后丧失抗剪强度，边坡和岸坡极易失稳，即使液化层很薄（不足 1m），斜坡很平缓（3° ~ 5°），也可能产生流滑。

（4）侧向扩展：由于边坡或岸坡一侧存在临空面，土体在地震水平力的作用下，沿液化面向临空面侧向扩展，拉伸地基，使地面开裂，破坏建造在地基上的工程。

（5）降低桩的摩擦力：桩侧土地震液化后，强度丧失，使桩的侧阻力大幅度减小，降低桩的承载能力。

因此，地震液化的本质都是孔隙水压力的骤然增高，有效强度丧失，这是地震液化内在机制的同一性；而伴随发生的喷水冒砂、地面沉陷、侧向扩展、斜坡失稳、地基失效等多种现象，是地震液化外在表现的多样性。

2　地震液化判别的复杂性和简单化

预测场地未来地震时是否会液化，是个极为复杂和困难的问题。国内外虽有大量研究成果，但判别的可靠性如何？无法估计。土样的液化可以采用动三轴仪、动单剪仪、动扭转仪施加动力荷载进行试验研究，但土样能否代表场地土是个大问题（后面详细分析）。场地是由多种土类组合构成的，还有地形的影响，地震发生时孔隙水压力增长和消散过程很难预估。此外，建筑物使用期间将发生什么样的地震？峰值加速度多少？震中距多少？震动持时多少？频率特性如何？预报的准确性非常低。中华人民共和国成立以来两次最大的地震，唐山大地震和汶川大地震，实际烈度和区划图上的烈度差别非常大。因此，预测未来地震液化，只能是一种大概趋势的判断。同一场地用不同国家的规范、不同专家的方法判别，出入很大，是完全可以理解的。

国内外众多专家提出了预测地震液化的方法，唐山地震前后比较流行的有西得的剪应力比较法、相对密度法、剪应变法、汪闻韶的剪切波速法、谷本喜一的统计法等。对我国影响最大的是西得（Seed-Idriss）1971 年提出的剪应力比较法的简化法。后又不断修改充实，要点如下：

西得将地震作用于土体的不等幅剪应力时程简化为等效的、一定循环次数 N 和一定幅值的循环荷载，地震时土中剪应力 τ_{av} 为：

$$\tau_{av}=0.65\frac{\gamma h}{g}a_{max}\gamma_{d}$$

式中：γ 为土的重度；h 为研究点至地面的深度；a_{max} 为地震时地面水平峰值加速度，g 为重力加速度；γ_d 为考虑土体为非刚体的折减系数，与深度有关，地表为 1.0，地下 20m 为 0.64，地表与地下 20m 之间用线性插值。循环次数 N 与地震动持时有关，而持时主要决定于震级，西得等给出了确定 N 的建议值。土的抗液化强度 τ_R 根据动三轴试验计算求得，比较剪应力 τ_{av} 和土的抗液化强度 τ_R 即可得到是否液化的结论。很明显，这些假定与实际情况是有相当大出入的。

我国 20 世纪 50 年代已有学者（如水利水电科学研究院汪闻韶先生）研究地震液化问题，但大规模的深入研究在 20 世纪 60 ~ 70 年代，因多次发生地震液化，对工程产生严重危害，判别场地是否可能液化成了亟待解决而难以解决的问题。唐山地震大面积液化进一步激发了学术界和工程界的研究热情。建筑、水利、铁道、交通、冶金、机械等产业部门的下属单位、高等院校和科研单位，或单独或联合投入研究，形成了研究液化的高潮。许多专家付出了多年艰辛的劳动，如刘颖、谢君裴、石兆吉、刘慧珊等。他们开始研究时的思路，是用扰动砂样制成密度与原状土“相等”的试样，在动三轴仪上进行液化试验，将试验结果代入西得简化法公式计算，判断是否液化。这种做法第一个问题是试验的可重复性很差，据我的好友石兆吉研究员说，“动三轴试验我做得不少，越做越没有信心，同一个砂样，同一台仪器，同一种操作程序，我一个人做，结果却不一样”。其次是砂样的密度与原状土所谓“相等”，是野外做标准贯入试验，根据锤击数 N 值估计一个密度，估计的密度与实际的密度有多少差别，谁也说不清。第三是天然砂土有结构性，砂样完全失去原状结构，而且不同的制备方法，试验结果又有很大差别。第四是全国的动三轴仪由多个厂家生产，有液压式，有电磁式，有外国进口，性能各不相同。第五是动应力模拟，都用简谐波，有正弦波、有三角波、有方波，西得简化法也是等幅的简谐波，而实际地震波是幅值不同，多种频率混合的杂波。况且，当时全国动三轴仪总数不过二十几台（一位美国学者访华时觉得不理解，为什么要这么多），动三轴试验那么复杂，试验周期那么长，对试验人员的技术要求那么高，怎能满足全国那么多工程的需要？至于用到现场判别，西得简化法的设定条件与实际条件的差异，非液化覆盖层和夹层的影响，问题更多，就不一一列举了。

因此，动三轴试验作为研究手段，不错；解决工程问题，不现实。不得已，只得改用“概念 + 经验”方法。“概念 + 经验”是我的说法，研究者和列入规范的规范编制组并没有这种说法。所谓“概念”，是指抓住影响液化的几个主要因素，即地震设防烈度；地震分组；限于砂土和粉土，将其他土排除在外；土的密实度；上覆有效压力；地下水位。土的密实度用标准贯入试验锤击数 N 值或静力触探比贯入阻力 p_s 表征，不用动三轴试验；上覆有效压力用所在位置的深度表征。所谓“经验”，是在已经发生地震的场地上，根据震害调查，分别在液化地段和非液化地段进行标准贯入试验，液化还是非液化以喷水冒砂为标志。然后将试验成果用两组判别分析方法（液化组和非液化组）进行统计，得到判别液化的标准。《建筑抗震设计规范》编制组汇总了全国十几个部委、院校、研究单位的成果，经多次调整修改后得到现行规范的判别方法。其他各本规范虽然公式有所差别，但原始数据基本一样。

需要补充一段关于粉土液化的“插曲”：那时将塑性指数小于 10 的低塑性土称轻亚黏土，地震现场发现轻亚黏土也会发生严重液化。有些学者不太相信，他们认为只有砂土才能液化，轻亚黏土怎么能液化？取样做动三轴试验，证实不仅确实可以液化，而且抗液化性能相当低。由于抗震规范已经发布，只得临时编了一本《轻亚黏土地震液化判别规范》。后来《建筑抗震设计规范》修订时将粉土液化判别方法并入了该规范。

《规范》的液化判别方法是一项重大科技成果，为了探索既科学又简便的判别方法，花费了很多专家和科技人员的心血。他们还要到发生液化的现场，选择典型的液化场地和非液化场地，做标准贯入试验或静力触探试验，1967 年的河间地震、1970 年的通海地震、1975 年的海城地震、1976 年的唐山地震等，都留下了他们的足迹。还做了大量计算分析，与国内外其他判别方法比较，并不断调整和改进，得到了普遍认可。这个方法理论上虽不完善，但简便、实用，可靠性优于基于动三轴试验的西得简化法。西得本人也很赞赏中国规范的液化判别法，他和其他美国专家后来也提出了基于标准贯入试验的液化判别，经多次修改后列入 ASTM。该法用的是按上覆压力为 100kPa 修正后的标准贯入试验锤击数，计算式和参数与我国规范均不相同。

基于概念 + 经验规范方法的局限性当然是明显的：影响液化的因素很多，随机性和不确定性很强，只能大致判断，规范方法同样如此。例如：地震设防烈度、地震分组、地震历时，都是很不确定的因素，但统计分析和判别时都取定值。土的颗粒级配是重要因素，规范判别只粗分为砂土、粉土，粉土考虑了黏粒含量，将粗砂、中砂、细砂、粉砂一律对待，其实粉细砂的抗液化性能远低于中粗砂，均匀砂和不均匀砂的抗液化性能也大不一样。两组判别分析时，液化组与非液化组互相交叉，两组均有不成功的子样。参与统计子样的代表性也很有限，将局部地区经验推广到全国，可靠性不会太高。还有，液化前后的标准贯入锤击数是有差别的，试验研究时用的是液化后的数据，但判别需要的应当是液化前的数据。

我常说，对于工程师，理性认识要深刻，解决问题要简捷，液化判别也是如此。应用规范时要深刻理解液化原理，知道判别液化方法的局限性，才能自觉应用，避免盲目。还需特别注意的是，《建筑抗震设计规范》用液化指数判别液化的严重程度，其实只适用于平坦场地，以喷水冒砂作为是否液化的标志，不适用于以流滑和侧向扩展为主要标志的斜坡和岸边。在斜坡和岸边，即使液化层很薄，液化指数不高，也可能发生严重后果。

有了规范方法，复杂的液化判别问题似乎变得很简单，很容易了。但无论何种判别方法，包括规范方法，都是大致的判断，可信程度都不高，液化判别仍旧是世界性难题，在考虑液化处理问题时，应根据工程特点区别对待。

3　地震液化的地基失效和减震效应

大量宏观震害调查的事实表明，地震液化对工程的危害主要表现为地基失效，而由惯性力造成的震害反而有所减轻，即所谓“湿震不重干震重”。科学研究也证明，地震液化效应具有双重性：一方面，地基作为建筑结构的支承体，液化使地基失效或产生过大沉陷而加重震害，这是液化的负效应；另一方面，地基是传播地震波的介质，地震波通过地基传到上部结构，由于液化而产生隔震作用，减轻震害，这是液化的正效应。建造在液化地基上的建筑物，其反应如何，取决于两种效应的综合结果。一般说来，对短周期的小型建筑和造价低的普通工程，液化较为有利；对长周期的高层、高耸建筑和造价高的重大工程，液化不利。同一次地震，高烈度区液化震害相对较轻，低烈度区液化震害相对较重。

3.1 喷水冒砂、液化沉陷与地基失效

喷水冒砂是平坦场地液化最突出的表现。喷水冒砂时，现场出现一个个砂堆，地面严重变形。地形和微地貌可以改变喷冒的位置，低洼的沟坑有利于喷冒的发生，高台和填土覆盖增大砂土和粉土的上覆压力，对液化和喷水冒砂有明显的抑制作用。我曾在唐山钱家营做过震前震后三次系统的试验研究，发现震后冒砂深度以下的砂土变密，冒砂层的砂土变松，变松的砂土再固结和结构强度的恢复有一个较长的时间过程。地震使砂土增密很容易理解，浅部砂土变松是由于孔隙水压力消散产生自下向上的渗流造成。喷水冒砂的历时和强度恢复的时间取决于土的渗透性，虽然砂土渗透系数较大，孔隙水压力消散较快，但结构强度的恢复仍需较长时间，粉土固结和强度恢复的时间更长。刘惠珊的研究发现，喷冒使砂土极不均匀，土的原有结构完全破坏，喷冒孔周边标准贯入试验有时测不到锤击数。液化还会产生短时间的“水夹层”，水夹层完全没有强度。（刘惠珊、张在明，地震区的场地与地基基础，中国建筑工业出版社，2004）

液化引起建筑物的沉陷由以下三部分组成：

（1）土的固结产生的体积变形；

（2）由侧胀和剪切引起的变形；

（3）喷水冒砂，水土流失产生的变形。

土的固结产生的体积变形，是地震时受动剪应力作用，砂土变密，孔隙水排出的固结变形。砂土越松，地震加速度越高，砂层越厚，相应的沉陷越大，但应变量一般不超过2%，且比较容易计算。有报道应变量达10%，沉陷2～3m，显然包括了剪切破坏和喷水冒砂产生的变形。刘惠珊的砂箱试验说明，液化后再固结的体应变可多次发生，但应变值逐次减小。由侧胀和剪切引起的土的变形显然与基础压力、基础形状、基础宽度有关，较宽的基础有利于稳定，但沉陷量难以计算。喷水冒砂水土流失产生的沉陷量最大，随机分布，极不均匀，更是无法计算。因此，可以计算的仅仅是占比很小的固结体积变形，而占比大、极不均匀、造成工程破坏的变形则不能计算。我所观察到的因液化导致地基破坏的实例中，没有一个不

与喷水冒砂有关。有些学者热衷于液化沉陷计算，我是不赞成的。

有建筑物的情况下，液化势分布与自由场情况是不同的。液化难易程度的次序是，基础外侧最先液化，自由场次之，基础下最晚。据陈克景、刘惠珊的研究，达到极限平衡状态时，基础下土的孔压比最大值一般在 0.5 以下，基础外侧为 0.8 ~ 1.0，自由场不大于 0.8。因此，建筑物地基的破坏，是基础两侧的土首先软化，土中附加应力重分布，完全集中在基础下的土上，基础下的土自身软化，又失去两侧土的约束，再加上喷水冒砂的掏空，导致失稳和大量沉陷。因此，可液化的土不应直接作为基础的持力层，宽度大的基础，筏板基础对抗液化较为有利。

液化层的厚薄，是基础的持力层还是下卧层，地基沉陷情况大不相同。日本新潟液化层厚达 8 ~ 12m，无非液化覆盖层，地基失效严重，最大沉陷量达 3.8m。天津市区有些场地液化层厚度不超过 6m，埋深超过 4m，不作为持力层，液化沉陷量较小。

图 55-2 为唐山地震时液化造成 2 层砖混结构一角的大幅沉陷，墙面严重开裂，但未倒塌。图 55-3 为日本阪神 - 淡路地震某钢筋混凝土结构发生整体倾斜。

图 55-2　唐山地震液化造成不均匀沉陷（顾宝和）

图 55-3　日本阪神 - 淡路地震液化造成建筑物倾（叶耀先、冈田宪夫）

3.2　侧向扩展和斜坡流滑

在斜坡和岸边地带，场地和地基失稳主要表现为侧向扩展或流滑，甚至发生长距离流滑，后果比喷水冒砂更加严重，并在地面出现许多与边坡或岸边平行的张裂缝，见图 55-4。

所谓流滑，是指坡度虽然很小，可能只有 3° ~ 5°，由于液化后土的黏滞系数比水大不了多少，有时还有水夹层，从而产生流滑。1976 年唐山地震时有很多案例；

1995年日本阪神－淡路地震液化，流滑严重毁坏了港口、堤岸；1964年美国阿拉斯加地震时，长2400m的土体滑移150m，直至海中，70幢房屋和道路、电力、通信、燃气、水管严重破坏，后果十分严重。

所谓侧向扩展，是指临近河岸或海岸，由于液化后土的强度接近于0，液化层上的土体在地震水平力的作用下向临空面扩展，伴随着产生地面拉伸裂缝和台阶状错动。海城地震和唐山地震时，沿辽河、太子河、滦河、海河、海滨均有发生。图55-5为1976年唐山地震时，因侧向扩展河岸向河中心移动，挤压桥身，致桥面垮落。天津毛条厂邻近故河道，唐山地震时粉土液化，发生侧向扩展，地面出现系列顺河方向地裂缝，最远的离河一百余米，裂缝穿过厂房、办公楼、食堂，房屋倒塌。我曾在现场考察测量，发现本来等距的柱根，地面拉伸后变为不等距，离河越近，柱距越大。

图55-4 唐山地震某处岸边液化张裂缝（顾宝和）

图55-5 唐山地震因侧向扩展致胜利桥挤断（顾宝和）

侧向扩展和流滑还有一个重要特点，就是液化层即使很薄，甚至不足1m，按液化指数为轻微液化，但也会发生严重后果。《建筑抗震设计规范》按液化指数确定液化程度的规定，其实只适用于喷水冒砂，不适用于斜坡和岸边。对于岸边建筑物、港工构筑物、取水构筑物，岩土工程师应特别警惕。但这方面的研究成果不多，计算分析难度很大，是值得注意的薄弱环节。

3.3 减震效应

据液化场地的震害调查，低烈度区往往由于地基液化失效而震害偏重；高烈度区往往由于隔震效应而震害偏轻。即所谓“小震不轻，大震不重”。但无论低烈度区还是高烈度区，惯性振动均较轻，减少了房屋倒塌，而地基失效又滞后发生，减少了人员伤亡。

例如1976年唐山地震时，两个相邻的村庄，稻地村为无喷水冒砂的非液化区，房屋几乎全部倒塌，人员伤亡严重；而液化区的宣庄村，房屋倒塌率为 50% 左右，不少房屋虽沉陷 1m 多，严重倾斜，但“斜而不倒”，人员伤亡轻得多。北京西集距震中 120km，严重液化。农舍最大下沉量达 1m，墙体严重开裂，定为 8 度震害，为低烈度区的高烈度异常。1970 年通海地震时，两个场地同在 10 度区，一个几乎倒平，另一个由于液化砂层上有 3.6m 厚的坚硬覆盖层，震害轻得多，震害指数仅 0.44，液化砂层的减震效应十分明显。

国外也有同样的典型实例。1964 年日本新潟地震为里氏 7.5 级，因液化全市 22% 的钢筋混凝土房屋破坏，破坏形式主要是地基失效引起的沉陷、倾斜、滑移，沉陷大于 1.5m 的超过 20 栋。最大沉陷达 3.8m，最大倾斜 68°。而房屋倒塌很少，宏观烈度只相当于 8 度，保存了不少人员的生命。

石兆吉等为研究液化减震效应，进行了砂箱试验。模型 1 上层为厚 40cm 的黏性土，下层为厚 50cm 的砂；模型 2 全为黏性土。以几种不同幅值的加速度输入唐山地震迁安波记录。试验结果为：当输入波幅值较小时，两个模型表层的反应相似；输入幅值增加，砂层中的孔压比大于 0.6 后，差别就显示出来。在时程曲线上，18s 以后（孔压比大于 0.7），模型 1 的加速度只有 0.45g，而模型 2 达 0.78g，说明砂层液化起到了隔震作用。石兆吉等还进行了有效应力地震反应分析，分析结果同样说明：在地面运动时程曲线上，孔压比小于 0.6 时，含砂剖面和全黏土剖面完全一致，孔压比超过 0.6 后，波形和幅值均有很大变化，砂层液化使幅值降低和长周期成分占优势，反映出液化层的隔震和滤波效应。反应谱和富氏谱均表明，砂层液化后滤去高频波，削弱高频，放大长周期成分，具体的频率段减小或放大的程度，随波型和土的特性而异。故对于短周期建筑减震明显；而长周期的高柔建筑地震反应会放大，有不利影响（刘惠珊、张在明，地震区的场地与地基基础，中国建筑工业出版社，2004）。

由以上分析可知，地震液化具有双重效应：一方面造成地基失效，大幅沉陷，建筑物遭受严重破坏；另一方面对短周期的小型建筑有隔震和减震效应，减小短周期建筑物的加速度，减轻惯性力造成的震害。因此，重要的特别是长周期的建筑物应进行地基处理或采用桩基；深部可液化地层上的小型短周期建筑，宜尽量利用上部非液化地层作为地基。建筑物基础周边宜覆土，抑制液化，不宜挖沟、设井，造成喷水冒砂的有利条件。

第 56 章　地质灾害及其复杂性和危险性

本章原为 2004 年海峡两岸地工技术 / 岩土工程交流研讨会的专题报告，标题为《我国大陆的地质灾害》，录入本章时做了修改和补充。论述了我国地质灾害的类型、发生原因、典型案例、对工程的影响和防治原则，对岩溶、岩溶塌陷、危岩崩塌、滑坡、泥石流、地面沉降、地裂缝等做了简要阐述。强调了地质灾害的复杂性和危险性，地质灾害的隐蔽性、突发性、模式的多样性、个体的差异性。岩土工程师在地质灾害面前，务必战战兢兢，慎之又慎。

1 概述

地质灾害是指由不良地质作用（包括自然地质作用和人为地质作用）引发的，危及人身、财产、工程、环境等安全的事件，包括突发型地质灾害和缓变型地质灾害。我国地质条件复杂，地质灾害种类多，规模大，发生率高，严重影响生命、财产和生存环境，严重威胁工程安全。无论楼宇、道桥、水利、矿山、农林、国防等各项工程，都可能涉及地质灾害问题。同时，防治地质灾害对保护环境也有重要意义。我国人口众多，城镇密集，工矿遍地，生态脆弱，每年地质灾害造成的损失巨大，形势相当严峻。

我国的地质灾害有以下类型：

（1）地震：包括天然地震和水库诱发地震；

（2）斜坡失稳：包括崩塌、滑坡和泥石流；

（3）地面变形：包括地面沉降、地面塌陷和地裂缝；

（4）土地退化：包括水土流失、沙漠化、盐碱化等；

（5）海洋和海岸动力灾害：包括海面上升、海水入侵、海岸侵蚀、海港淤积等；

（6）河湖和水库的淤积、塌岸、渗漏等；

（7）矿山和地下工程灾害：包括坑道突水、煤层自燃、瓦斯突出和爆炸、岩爆等；

（8）水土污染造成的环境异常。

本章仅涉及与工程建设密切相关的岩溶和岩溶塌陷、斜坡失稳及地面变形方面的灾害；地震灾害已在第 52 ～ 55 章中阐述；人工地质体的地质灾害在第 57 章中阐述。

中国大陆地质灾害多发的原因是：

（1）地处环太平洋构造带和喜马拉雅构造带交汇部位，太平洋板块俯冲，印度板块碰撞，青藏高原急剧上升，是地质灾害多发的大地构造原因。

（2）雨量分布极不均匀。南方潮湿多雨，北方干旱，暴雨集中，构成东部和西部、南方和北方地质灾害各具特点的气候原因。

（3）人口多、历史久、历史上战乱频仍，近几十年经济高速发展，自然环境不堪负担，是地质灾害发育的人为原因。

由于自然条件和社会经济发展水平的不同，我国大陆的西部和东部有不同的特点。总体上西部山高坡陡，地震和崩塌、滑坡、泥石流发育，经济欠发达，地质灾害的危害以突发型为主，人员伤亡为主；东部经济发达，地下水超采，引发地面沉降，缓变型灾害较为突出，地质灾害以经济损失为主。

2 岩溶和岩溶塌陷

岩溶原名喀斯特，我国 20 世纪 70 年代之前一直称喀斯特，70 年代开始由于众所周知的原因才改称岩溶。现在，公众媒体已称喀斯特，但作为规范术语一直没有改过来。岩溶在我国分布很广，在人们印象中，岩溶主要分布在广西、贵州、广东、湖南、云南等南方各省，而现在，辽宁、河北、江西、安徽、湖北、山东等省，岩溶塌陷也常有报道，成为工程建设中经常遇到的问题。

岩溶问题的复杂性是显而易见的，要彻底查清其空间分布，简直是不可能。溶洞形状奇特，大小不一，分布规律极差，即使身入其境也很难描述，何况隐蔽在地下！钻探或物探只能查明其大概的规模和分布。岩溶水和裂隙水的赋存条件和运动规律变化很大，非常复杂，难以弄清。岩土工程师觉得，钻探岩芯是实实在在的实物，应该可以确信。是的，操作规范的钻探得到的成果可以相信，但钻孔之外的情况如何？钻孔资料可以代表一定范围的地质条件是有前提的，这个前提就是地层分布是有规律的。溶洞的分布和形态能有规律吗？钻探时掉钻 2m，可能是一个大溶洞，也可能是一条宽裂缝。钻探时岩芯十分完整，可能是完整基岩，也可能紧邻就是一个大溶洞。所以，在岩溶发育地区，钻孔只代表钻孔本身的地层记录，不能根据钻孔的信息推测孔间的地质条件。岩溶地区岩土工程之难，就难在信息的不确定性、模糊性和不完善性，甚至完全不确切，以致不能对症下药，治理方案缺乏针对性。

我在《岩土工程典型案例述评》一书中介绍了一个长昆高铁怀化南站的案例，采用钻探、地震波 CT 和管波三结合的方法，查明桩基周边岩溶的形态和分布，读者可以参考。

对于溶洞，最先想到的是在荷载作用下洞顶会不会垮塌？有多大安全系数？于是想到按梁板计算，哪怕粗一些也好。现在看来，实在是乌托邦，想得美，做不到。当初用解析法，计算需要跨度、截面、强度等参数，溶洞顶板厚度变化多端，强度极不均匀，裂缝错综复杂，跨度说不清楚，还有一定的拱效应，算出来的结果很不靠谱，随意性很大。后来有了数值法，觉得有了希望，只需把单元划小一些，复杂的问题也能解决，但还是不行。如果复杂的顶板尺寸、强度参数可以准确给定，复杂一些当然不在话下，但这些参数给不出来。这么复杂的岩体裂缝，方位和尺寸怎么测量？或宽或窄或断或续的裂缝，强度参数怎么确定？没有基本的初始数据，再强大的计算功能也无用武之地！因此，计算能达到什么精度，在于信息能提供到什么程度，岩土工程科技发展的瓶颈在于信息，这就是明显的例证。

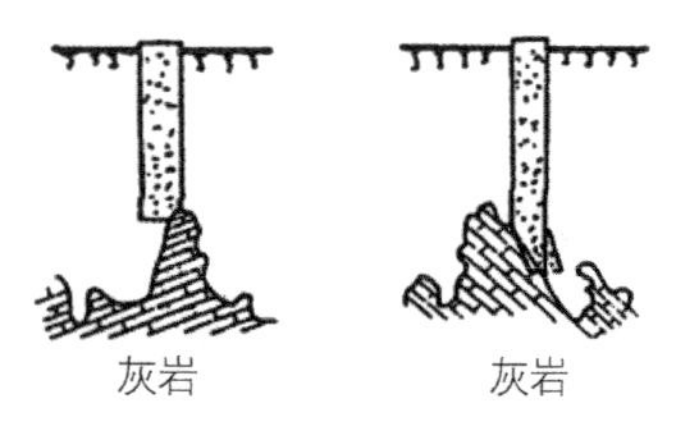

图 56-1 桩端不稳示意图（李青来）

岩溶地区的工程常用桩基，但基岩表面高低不平，极易失稳，应特别警惕。如图 56-1（*a*）所示，桩端一半为岩石，一半为土，未能置入完整的基岩面；图中 56-1（*b*），桩端位于斜面，桩体不稳。对于基岩面较浅，地下水可以控制的工程，比较可靠的办法可能是挖孔桩，主要优点是可以完全暴露岩溶发育的形态，然后根据实际情况处理，已有不少成功的工程案例。

岩溶场地修建工程，其实溶洞顶板压垮塌陷的报道很少，而土洞和地面塌陷破坏房屋建筑和市政工程的事故较多，更应重视。岩溶土洞塌陷具有隐蔽性、突发性、形成机制复杂、影响因素多样、勘察和治理难度大等特点，是一种较为严重的地质灾害。

岩溶区的地面塌陷都要经过土洞的孕育、扩展，直到顶板失稳陷落的地质演化过程，见图 56-2。岩溶塌陷的形成有两个必要条件：一是土层下一定深度内岩溶水平通道发育，土粒可以被带走；二是上部土层中的孔隙水自上而下向岩溶通道竖向流动。在渗透压力和重力的作用下，使基岩面附近洞隙上方的土体塌落，土粒被水带入岩溶通道，形成空洞，即土洞。长期的地下水运动使土洞不断扩大，发展至地面而形成塌陷。因此认为，岩溶塌陷是由潜蚀作用引发的。进一步研究发现，真空吸蚀是岩溶塌陷十分重要的机制。当岩溶水位快速下降时，溶洞中产生真空负压，加强土体中孔隙水（气）的向下流动对土粒的推动，特别在洞隙开口附近的水流集中点，水力梯度和流速很大，加剧土体的塌落和流失。开采地下水和矿坑疏干抽水时，水位急速下降，造成大面积塌陷，就是真空吸蚀作用的明显例证。此外，承压水水头下降使土体浮托力丧失、水库蓄水抬高水位、地面荷载效应、化学溶解减小土的黏聚力、爆破产生水击等，也会产生或加剧岩溶塌陷的形成。基岩埋深、土的成层条件、土的粒度和水理性质等都是重要因素。

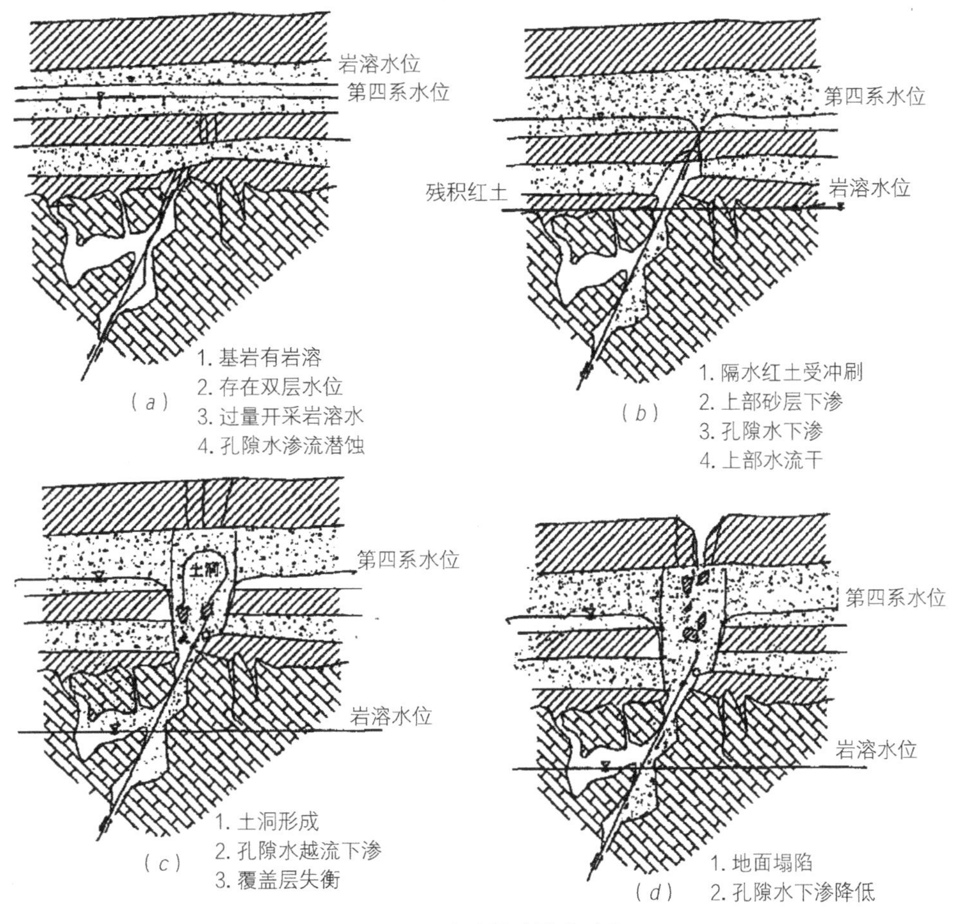

图 56-2 岩溶塌陷演化过程

土洞塌陷后土质极为疏松，极不均匀，必须加固。但仅仅加固地基是不够的，必须标本兼治。根治岩溶塌陷必须封堵和切断水土流失的通道，消除岩溶塌陷形成的水动力条件。土洞与溶洞不同，溶洞是长期地质作用的产物，在工程使用期限内一般不会发展；土洞是岩溶塌陷过程中的中间产物，极不稳定，发展迅速，必须根治。简单地填埋，不切断水土流失的通道，不能从根本上解决问题，若干年后还会复发。

3 斜坡失稳

在各种地质灾害中斜坡失稳占的分量最大，最为工程界关注，研究成果和工程案例也是多得不可胜数。下面是几个触目惊心的例子：1933年8月25日，四川迭溪因地震发生巨型高速滑坡，使千年古城迭溪从100m高的台地滑入岷江，形成堰塞湖，溃决后又造成大水灾。1981年4月8日，甘肃舟曲县泄流坡大滑坡，体积4000万m^3，阻断白龙江，抬高水位22m，蓄水2100m^3万，回水7km，淹没部分县城。1983年3月7日甘肃东乡县洒勒山滑坡，滑坡体南北宽1600m，东西长1700m，体积4000万m^3，死亡237人。1985年6月12日，湖北秭归新滩滑坡，体积3000万m^3，历时35分钟，坠入长江260万m^3，涌浪高54m，在对岸爬高96m，10人死亡，阻碍航行。1991年9月23日云南昭通头寨沟滑坡，体积1800万m^3，216人死亡。1994年4月30日，重庆武隆鸡冠岭采煤引起岩崩，体积530万m^3，其中30万m^3坠入乌江，形成长110m宽100m的碎石坝，阻断乌江航行数月，4人死亡，12人失踪。2001年5月1日，重庆武隆崩塌，摧毁9层大楼，死亡79人。2003年7月秭归千将坪滑坡，体积3000万m^3，堵死青干河，形成堰塞湖，死亡24人。图56-3为南昆铁路八渡车站滑坡全貌；图56-4为秭归千将坪滑坡形成的堰塞湖，图56-5为重庆武隆滑坡，9层居民楼被摧毁。

斜坡失稳虽然都是源于力的失衡，都有一个演化和发展过程，但影响因素和表现形式极为多样，几乎每个斜坡失稳都有自己的个性，分类方法多种多样。下面举几种常见模式，也是挂一漏万。

图56-3　南昆铁路八渡车站滑坡全貌（孙德永）

图 56-4 秭归干将屽滑坡，形成堰塞湖（殷跃平）

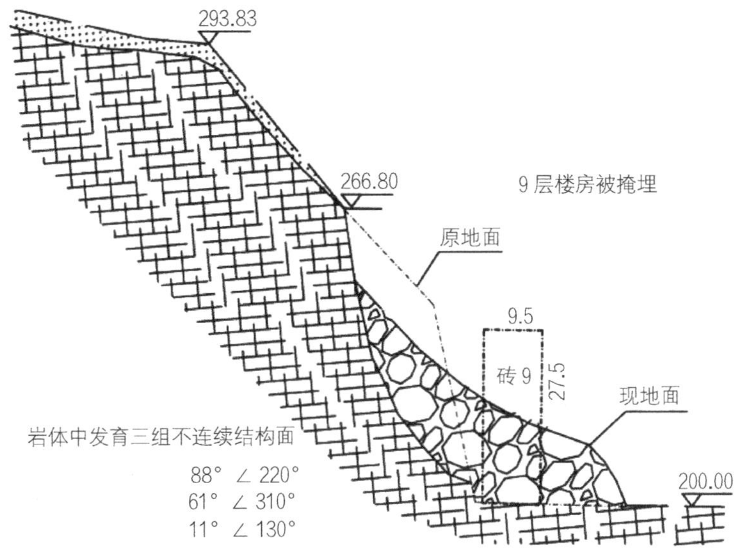

图 56-5 重庆武隆滑坡，摧毁 9 层居民楼

（1）均质土的圆弧滑坡

坡体内无明显的软弱面，抗剪强度指标基本一致，可视为均质各向同性，故滑动面近似圆弧形。由于坡脚剪应力集中，又常是地下水汇集处，土的强度较低，剪应力超过抗剪强度时，首先在此破坏而出现塑性区。之后坡体剪应力重分布，塑性区向坡体内部沿潜在滑面扩展，在坡顶形成拉力区和张拉裂缝，直至整个滑动面贯通，并在坡脚形成帚状剪出口，开始整体滑动。这类滑坡一般滑动速度较小，滑距较短，也易于达到新的平衡。但其后部未滑动的坡体可能因侧向支撑力的减小而跟着发生破坏，形成向后发展的新滑坡，具牵引性质。在所有边坡失稳中，均质土坡的圆弧滑坡最为简单，似乎最接近瑞典条分法和毕肖普法的计算模式。但由上可知，计算模式和实际条件还是存在一定的差别。

（2）降雨型浅层滑坡

我国南方多雨，夏季多暴雨，岩石山坡表面有一层残坡积土，降雨后雨水渗入，形成浅层滑坡。降雨尤其是连续强降雨，是这类滑坡的主要因素。雨水渗入降低土的强度，增大土的重力，孔隙水渗流产生渗透力，促进滑坡的形成。滑动体为山坡上的残坡积土，滑坡规模与坡高和坡面大小有直接关系，香港的“泥水倾泻”属于这类滑坡。

（3）膨胀土浅层滑坡

膨胀土富含亲水矿物，强度随含水量增大而大幅衰减；膨胀土有裂隙性，既有反复挤压形成的密集镜面状剪切裂隙，还有干缩形成的上宽下窄、大小不一的收缩拉裂缝。含水量减少收缩，按理强度应该提高，但因产生裂隙而降低强度，裂隙又成为渗水通道。由于膨胀土含水量的变化和裂隙的分布主要在表层，故形成浅层滑坡。参数难测，传统土力学理论用不上，分析评价难度较大，更多依赖经验。

（4）黄土滑坡

我国华北和西北的黄土，底部常为新近系泥岩，不透水，地下水在黄土底部积聚，故一般在地下水溢出处首先发生剪切，形成深层滑坡。灌溉也是很重要的因素，原生黄土含水量低，有一定的结构强度，易形成高陡边坡，灌溉使含水量增大，体重增加，结构强度丧失，诱发滑坡。黄土滑坡中还有一种高速远程式滑坡，多发生在黄土塬和高阶地上，坡高较大，下面的低阶地为宽广、饱水的砂砾层。滑动首先在黄土底面与泥岩接触带发生，巨大的滑坡体强烈撞击低阶地的含水层，使砂土液化，形成大规模的高速远程滑坡，以甘肃洒勒山滑坡最为典型。

（5）危岩崩塌

高陡临空斜坡，由于自然或工程原因在岩体中产生开裂，可能向临空面倾倒的岩体称为“危岩”或称“危岩体”，见图56-6和图56-7；危岩失稳倾倒称为“崩塌”，崩塌体在坡下形成碎石堆。根据临空面方向与岩层倾向的关系，可以分为反

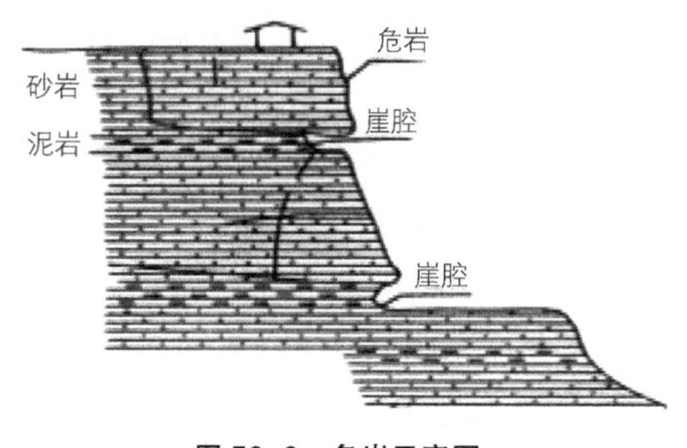

图56-6 危岩示意图

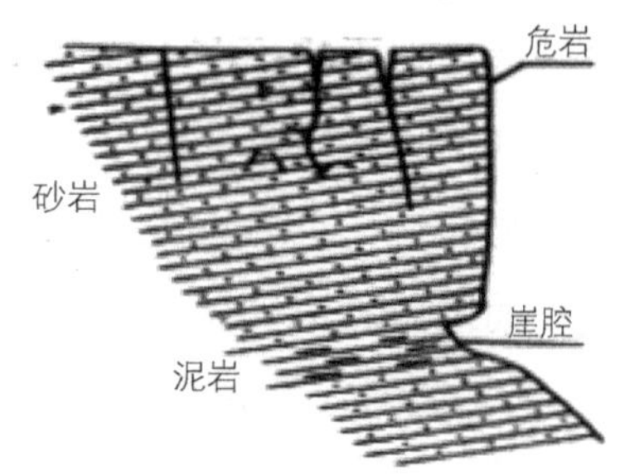

图56-7 危岩示意图

倾、顺倾、斜倾等类型。小规模的崩塌一般称滚石，对下方工程和人员的威胁也不小。大规模的崩塌还可转化为滑坡、碎屑流等，影响范围很大。由于采空等工程活动产生的危岩和崩塌，可能达到很大规模，如不治理，可能发生大规模的溃决，后果非常严重。采空就是“挖墙脚”，大面积掏空巨厚岩体的根基，产生所谓“悬板效应”。长江三峡链子崖危岩体是最有名的例子，危岩体为二叠纪厚层灰岩，下伏含煤石炭纪地层，采动造或岩体多条严重张裂缝，后来进行了专项治理，见图 56-8。

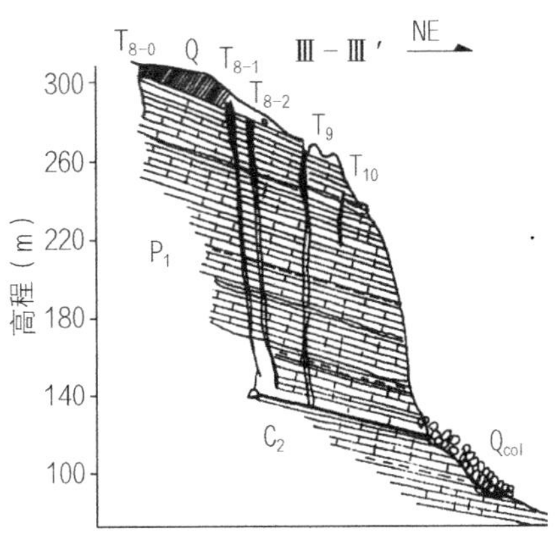

图 56-8 链子岩危岩体示意图

图中 $T_{8-0}T_{8-1}T_{8-2}T_9T_{10}$ 为裂缝编号

（6）顺层滑坡

沿已有软弱结构面发生的滑坡称顺层滑坡。包括第四纪沉积下的基岩顶面、沉积层面、软弱夹层、不整合面、假整合面、变质岩片理面、软弱片岩面、岩浆岩不同侵入时期的分界面、软弱岩脉、蚀变带，以及各种构造破裂面和断层带等。顺层滑坡可能沿平直面滑动，也可能在剖面上呈折线形。发生的原因可能是坡脚侵蚀或开挖卸荷，地表水下渗或地下水作用等。图 56-9 为顺层滑坡示意图，1 为已存在的软弱层；2 为软弱层中形成的塑性区；3 为牵引段；4 为主滑段；5 为抗滑段；6 为抗滑段形成的新滑面。顺层滑坡特点是：上部牵引段以下沉为主，有多条张拉裂缝；中部主滑段以沿主滑面平移为主，很少裂缝；抗滑段受挤压以隆起和外移为主，多鼓胀和放射状裂缝。图 56-10 为人工切坡形或的顺层滑坡。

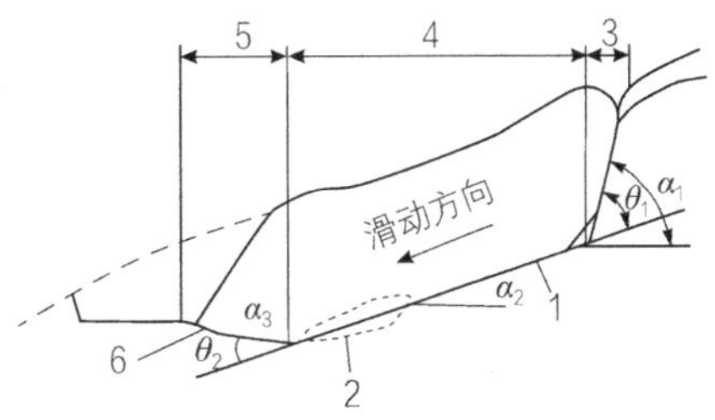

图 56-9 折线形滑面顺层滑坡机理示意图（王恭先等）

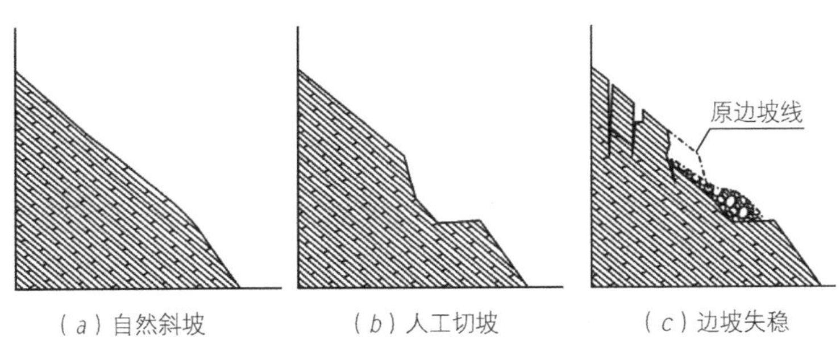

（*a*）自然斜坡　（*b*）人工切坡　（*c*）边坡失稳

图 56-10 人工切坡形成的顺层滑坡

类似的还有沿连续曲面滑动的顺层滑坡，常发生在向斜的一翼，滑动面为上陡、中缓、下平。由于上部岩层倾角陡，有顺层滑动的趋势，靠下部倾角平缓部分的抗滑力维持平衡，一旦抗滑部分被冲蚀、开挖或因某种原因软化，就会形成大规模滑动。上部基本上是软弱岩层的顺层滑动，但倾角较陡，而在坡脚附近切断岩层滑动，可称顺层－切层滑坡。

（7）切层滑坡

切层滑坡主滑面切过岩层，大多发生在软弱破碎的岩层中，有以下三种情况：一是大断层的破碎带，岩体十分破碎，无优势的软弱面，在侧向卸荷时发生弧形旋转滑动；二是岩层内倾，无顺层滑动条件，但坡体内存在倾向临空面的构造破碎带，坡脚卸荷时产生切层滑坡；三是陡倾岩层先倾倒而后转变为滑坡。

（8）软岩塑性挤出滑坡

此类滑坡的盖层巨厚，而且比较坚硬完整，斜坡高陡，而下伏岩层则比较破碎、软弱。软岩在巨大压力下，接近临空面的坡脚处剪应力很高，产生塑性挤出，向下移动，导致盖层岩体受拉，产生一组倾向临空的陡立拉裂面。随着滑移的发展，逐块沿拉裂面下错，下伏软岩在压剪作用下又形成新的破碎带。如果此时还有地震、暴雨、工程活动，就可连同上覆巨厚的盖层产生急剧的大体积滑动，见图 56-11。

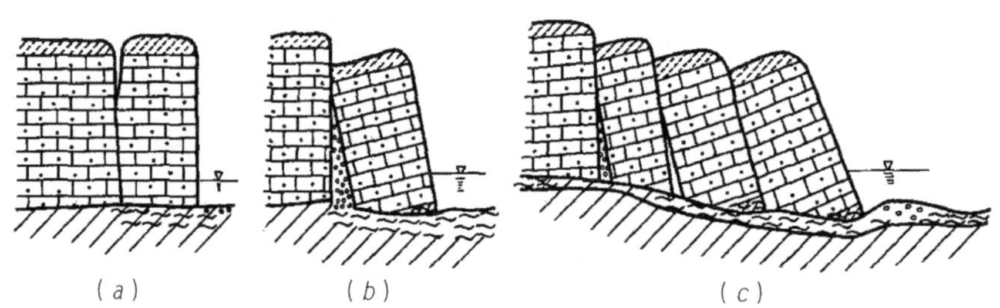

图 56-11 软岩塑性挤出滑坡发育过程示意图（王恭先等）

有些斜坡高陡，坡体重心很高，具有较大的势能，中部岩层强度较高，能积蓄相当大的应变能，而下部特别在临空面附近比较软弱，一旦滑坡发生，初始速度很快，如果前方地形开阔，可能滑出很远的距离。

（9）碎屑流

碎屑流是崩滑体高速运动产生的一种现象，包括碎屑化和流态化两个过程。所谓碎屑化是指本来坚硬完整的岩体，迅速解体为碎屑。解体有不同的形式：滑动式解体是在高速运动中发生，如黄土高速滑坡；撞击式解体是在滑体前进过程中遇到障碍，猛烈撞击而解体。流态化是滑体在运动过程中由滑动转化为流动。

（10）海底斜坡失稳

水下海底，存在基本没有固结的软泥，强度极低，可以在坡度仅 1o 左右的海区发生大面积滑坡，甚至引发海啸。我国似乎未见报道。

（11）集崩塌、液化、碎屑流为一体的巨型高速滑坡

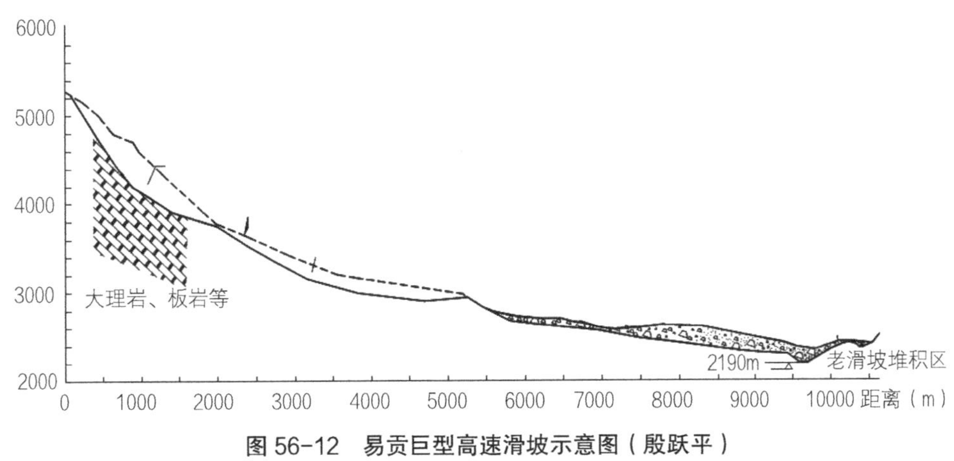

图 56-12 易贡巨型高速滑坡示意图（殷跃平）

以 2000 年 4 月 9 日发生在西藏易贡的巨型高速滑坡为例，冰雪融化和降雨导致裂隙充水，造成 3000 万 m^3 体积岩体的巨大崩塌，最大落差达 2580m。高势能立即转化为强大的动能，以其强大的冲击力使沟内的饱和碎屑堆积物瞬时液化，转为高速流动性巨型滑坡，数分钟内水平运动 7km，竖向位移 640m，堆积体达 3 亿 m^3，阻断易贡藏布江，形成高 60 ~ 110m 的“大坝”，坝前湖水位上涨 55.36m，拦蓄水量 30 亿 m^3。溃坝后使雅鲁藏布江下泄最大流量达 1.2 万 m^3/s，下游河道水位最大涨幅达 42m，并在下游 120km 主河道两侧触发了 35 处崩塌、滑坡和泥石流。易贡滑坡的流态化机制独特，规模巨大，现已建立国家地质公园。见图 56-12 和图 56-13。

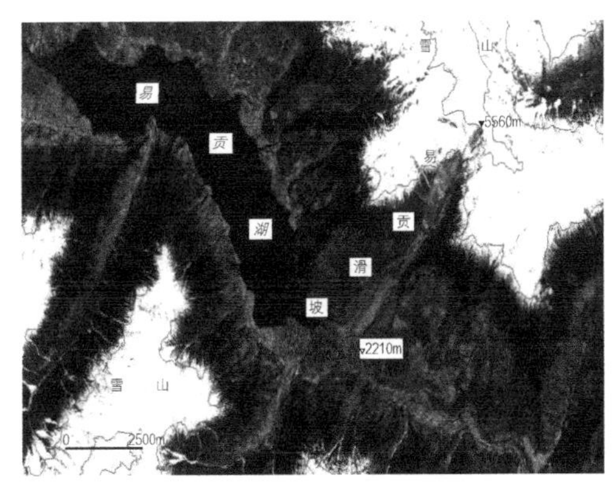

图 56-13 易贡巨型高速滑坡及滑坡堰塞湖（殷跃平）

（12）泥石流

据不完全统计，全国泥石流总数达 6 万条以上，其中有明显危害的约 8500 条。一般沿断裂构造带密集分布；沿地震活动带成群分布；沿深切割中高山分布。最危

险的发育区有：怒江、金沙江、澜沧江、岷江、雅砻江、黄河中游等地，北京郊区也发生过泥石流。泥石流坡面一般为 25° ~ 33°，沟谷比降多为 100‰ ~ 400‰，集水面积一般为 0.5 ~ 50km^2。泥石流含有大量泥砂石块，发生突然，来势凶猛，大冲淤，堵河阻水，破坏力极强，损失很大。西藏波密古乡沟 1953 年暴发的冰川泥石流，洪峰流量达 2.86m^3/s。1981 年 2 月 27 ~ 28 日，辽宁瓦房店和普兰店交界处的老帽山泥石流，造成 664 人死亡，5058 人受伤，16 万人受灾。

泥石流活动具有突发性，如云南永胜金官乡泥石流，一夜之间将 300 万 m^3 的泥沙石块从山沟推到山麓，造成巨大石海沙滩。1986 年 9 月，云南南涧县 9 条沟谷暴发泥石流，县城街道淤积 1m 厚。泥石流活动有群发性，如 1979 年怒江 5 个县 40 条泥石流暴发。西气东输工程青海省南山北麓布哈布谷地南侧冰水台上，线路长仅 30km，平行排列 8 条大型泥石流。长度数公里，宽 50 ~ 100m，深 10 ~ 15m。南山峰顶海拔 4581m，终年积雪，相对高差 500 ~ 1000m，势能大，挟带力强，冰冻风化岩和冰水沉积提供了丰富的碎屑物质，形成水石型泥石流，线路只得避绕。

我国的泥石流，东部多降雨型；西部则冰雪消融型、冰湖溃决型、降雨型均有发生。人为因素也是形成泥石流的重要原因，如不合理的森林采伐，山坡失去保护；串坡集材，加深沟床侵蚀；毁林开荒，刀耕火种，陡坡垦殖；矿山开采弃渣；修筑公路、铁路等。图 56-14 为泥石流出口处的碎屑堆积。

研究滑坡、泥石流，既要运用力学平衡原理，更要注意其地质演化过程。各种滑坡的地质演化过程各有特点，但大型滑坡发生前，都有一个“孕育期”，有个滑面贯通的过程。一般首先前缘因剪应力集中而形成蠕滑面，在后缘产生拉裂缝，前后两端逐渐加宽并向深部发展，逐渐靠近而使中部的“锁定段”变短，应力集中，最后剪断，滑面贯通，导致整体失稳而快速下滑。中小型滑坡因这个过程很短而似乎“一次贯通”。在进行力学平衡分析时，这种渐进式的破坏模式是必须十分注意的。泥石流的形成区就是一个“孕育区”，由于地形、地质和气候条件的差别，孕育时间也各不相同，从一年多次到数年、数十年不等。

图 56-14　泥石流出口处的碎屑堆积

上面几种模式足以说明，斜坡失稳过程是多么曲折，个性是多么多样，诱因是多么不同，问题是多么复杂！斜坡失稳的内在机制都是力的失衡，用力学方法模拟计算，符合科学精神，但难度很大。不同模式、不同时段、不同区块、不同的运动方式，力学机制都有很大差别。虽然计算方法在不断进步，但总不能完全模拟实际，还有计算参数不确定性的大问题，计算只是一种手段，一种工具而已。只有通过现场调查，查清地质条件和诱发因素，掌握滑动机制、破坏模式和发育阶段，才能建立斜坡稳定的基本概念，才能建立模型，进行定量分析，做出综合判断。

崩塌和滑坡工程治理，应在做好勘察设计的基础上进行，小规模的危岩可采用清除的措施。滑坡综合治理常采用削坡、上游卸载、下游反压、抗滑桩或挡土墙支挡、注浆加固岩土，并做好地表和地下排水，种草、植树绿化。土工合成材料有反滤、排水、隔离、加筋、防渗、防护等功能，轻便、耐久而经济，已大量应用。城市和工程应避开泥石流的径流区和堆积区。泥石流的治理，一般采用生物防治与工程防治结合，标本兼治。生物措施如营造水源涵养林、水土保持林、护堤林、护滩林；退耕还林、改善耕作、改坡田为梯田；固定牧场、限制放牧等。工程治理分别在形成区、流通区、堆积区进行，包括治水、治土、排导等措施。治水方面如利用蓄水、引水、截水等工程，控制地表径流，削弱水动力，使水土分离。治土方面如利用拦挡、支护工程，拦蓄泥石流固体物质，稳定沟岸。排导工程如排洪道、渡槽等，用以排导泥石流，控制其危害。

4 地面沉降和地裂缝

地面沉降和地裂缝是缓变型地质灾害，相对来说，其复杂性和危险性比岩溶塌陷和斜坡失稳要小。地面沉降主要分布在长江下游的上海、苏锡常地区，浙江的宁波、杭嘉湖地区，华北平原的沧州、天津，内地的太原、西安、北京等城市。这几片情况有所不同，但共同原因是松软土厚，超采地下水严重。

上海地面沉降始于1920年，1964年时已发展到严重程度。至1991年，市区平均沉降累计1.83m，最大沉降达2.67m，沉降量大于500mm的面积207km^2，累计损失体积约1.6亿m^3。1965年以后开始采取回灌措施，调整抽水地层。效果明显，沉降速率显著降低。地面沉降造成的危害首先是影响防洪、防潮能力。上海地区原地面标高一般为4～5m，现大部分降至3.5m以下。黄浦江高潮位在3.8m以上，江堤从无到有，一次一次加高。外滩江堤第五次加高到6.90m，可抗御千年一遇高潮。其次是地面积水，影响市民生活，影响道路、管道等市政工程正常运行。还影响水运能力，苏州河在市区有21座桥，净高一般减少了1m，最多减少1.60m。还造成建筑物损坏，隧道接缝漏水，井管倾斜，泵管断裂，水准点高程变化等问题。

上海地面沉降与开采地下水降落漏斗有明显对应关系。1965年以前，主要开采第二、第三含水层（占86.5%），地面沉降主要在第一、二、三压缩层。1965年后主要开采第四、第五含水层，在一、二含水层内回灌，形成反漏斗，情况好转。

华北平原的地面沉降面积更大，情况更严重。已经形成12个区域性地下水降落漏斗。沧州市地面沉降1970～1979年为6mm/a。1980～1990年达85mm/a，1997年达128mm/a，中心沉降量现已达到2236mm。目前，河北平原沉降量超过500mm的面积达6430km^2，沉降量超过1000mm的面积达755km^2。天津已形成市区、塘沽、汉沽三个沉降漏斗，截至1998年最大累计沉降市区达2.81m，塘沽达3.09m，汉沽达2.74m。塘沽区低于海平面的面积达5.0km^2，市区最低处低于海平面0.6m，汉沽区约有24km^{2}接近海平面。地面沉降造成的危害与上海类似：河道淤塞，泄洪抗洪能力下降，地下管道倒坡或破裂。此外，还加重了风暴潮的危害，1985年潮位达5.5m，而塘沽地面标高当时已不到1m，造成直接经济损失3亿元。由于河堤标高普遍下降1～2m，加上河道淤塞，海河泄洪能力原设计为1200m^3/s，21世纪初降至500m^3/s。1986年后严格控制地下水开采，情况明显好转。

华北平原降水量少，水源贫乏，随着工农业发展，上游修建水库，层层拦水蓄水，下游河湖渐渐干涸，再超采地下水，使水位下降十分严重。21世纪初开始，大力提倡节水，限制或禁止开采地下水，南水北调东线和中线工程相继开通，并采取其他综合性措施，保护水源，涵养水源，地面沉降得到了控制。

西安、太原、北京等内地城市，地面沉降量虽然不小但危害性比沿海城市轻得多。

地裂缝是一种现象，多种成因，对工程的影响也各不相同。如滑坡裂缝、塌陷裂缝、液化裂缝、膨胀土干缩裂缝，伴随强震产生的构造裂缝、重力裂缝等，这里谈的是超采地下水引起的大面积区域性地裂缝。这种地裂缝在我国大陆有多处报道，但研究得最深入的是西安地裂缝。并在总结研究成果和工程经验的基础上，于1988年编制了陕西省标准《西安地裂缝场地勘察与工程设计规程》，2006年进行了修订（DBJ 61-6-2006），对地裂缝的勘察工作、工程的总平面布置、建筑工程的设计措施，以及公路、铁路、市政工程的设计措施等做了具体规定。

西安地裂缝发育于西安市区，20世纪80年代时发现7条，后又陆续发现，增至14条。大体呈北东走向，相互基本平行，两侧有一定错落，作为标志层的黄土古土壤被错断。地裂缝对西安的建筑工程和市政设施影响很大，裂缝所经之处，道路、管线均被错断，房屋发生严重开裂。西安地裂缝的成因曾有过激烈争论，现已取得一致。西安地处渭河地堑，由临潼－长安活动断裂控制，新生代以来一直在下降，沉积了巨厚的松软土。地裂缝沿构造带展布，是地裂缝发育的地质基础。20 世纪 70 年代才加速发展，与大量开采地下水、造成地面沉降有直接关系。图 56-15 为西安某地裂缝剖面示意图。

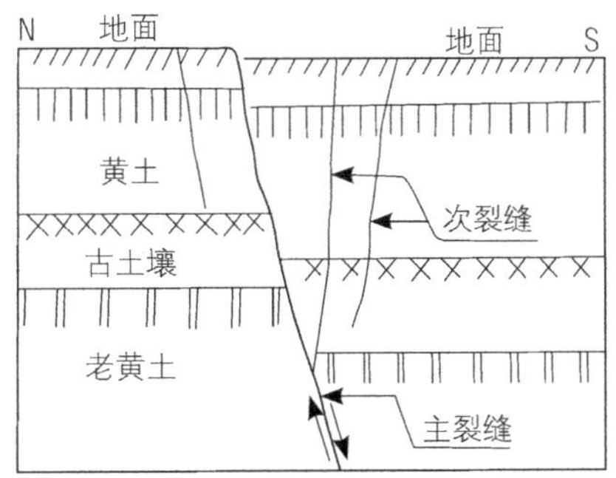

图 56-15 西安某地裂缝剖面示意图

下面讲一个北京未来科技城某项目地裂缝问题对我们的启示：

黄庄 - 高丽营断裂是北京地区的一条重要断裂（图 56-16），是京西隆起和北京拗陷的分界，总体走向北东，全长达 132km，始于燕山运动末期，经古近纪、新近纪、第四纪的更新世、全新世直到现在，一直在活动。在未来科技城地段为隐伏断裂，第四系厚度达数百米。21 世纪初发现沿断裂带有地裂缝发育，所经之处，道路错断，民房开裂。北京市水文地质工程地质大队、长安大学工程设计研究院等单位于 2010 年进行了专门调查和研究，确认分布在未来科技城的地裂缝为复合型地裂缝。黄庄 - 高丽营断裂是地裂缝的地质基础和控制因素，开采地下水致地面沉降是地裂缝的激化条件和诱发因素。长安大学工程设计研究院估计未来 50 年差异沉降为 500mm，未来 100 年差异沉降为 800mm（考虑南水北调因素）。北京水文地质工程地质大队估计未来 50 年差异沉降为 668mm，建议三类建筑避让距离上盘约 60m，下盘约 21m。某房地产开发项目位于地裂缝附近，属于三类建筑，高 30m 的楼盘离地裂缝最近的距离为 71m，其他建筑离地裂缝的距离更远些。本来似乎没有什么问题，但审图单位未能理解发震断裂的避让距离和地裂缝避让距离的不同，以为需要按《建筑抗震设计规范》的规定避让，邀请了专家进行论证。

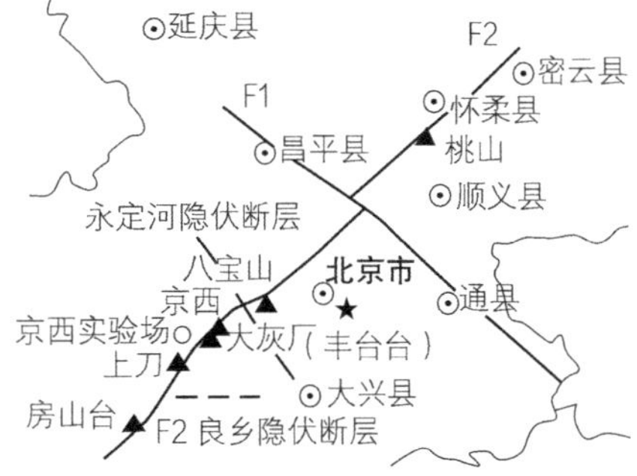

图 56-16 黄庄 - 高丽营断裂位置图

发震断裂避让与地裂缝避让是两个不同的概念，前者是基岩断裂，突然错断，任何工程措施无法抵御，只能避让。而且，断裂的具体位置很难准确预测，避让距离应考虑这个因素。但是，当基岩断裂与工程基础之间存在一定厚度柔性的土层时，能起到缓冲作用，使基岩错动对工程的影响得到缓解和消除。土层多厚较为合理，理论上与未来发震时断裂的错距有关，因错距难以预估，故《规范》根据设防烈度规定了一个定值，8 度地震为 60m，9 度地震为 90m。西安地裂缝和北京未来科技城的地裂缝，是深部断裂长期缓慢活动和超采地下水激化造成的，是土层断裂而不是基岩断裂，是缓慢蠕动而不是突然错动。而且，地裂缝的位置很明确，有些隐伏地裂缝也可以查明，所以避让距离的考虑和发震断裂是完全不同的。

地裂缝及其附近影响带对工程的影响，类似地基的差异变形问题，工程不宜跨越地裂缝，不宜在主影响带布置重要工程。加强基础刚度和上部结构的整体性，可在一定条件下克服差异变形对工程的危害。此外，有人认为，现在除了西安地裂缝有规程外，没有其他规范，就用西安地裂缝规程吧。这样考虑也过于简单化，也是一种过分依赖规范思想的表现。西安规程是地方标准，是针对特定的西安地裂缝制定的，其他地方可以参考，但不宜照搬。因为虽然北京未来科技城地裂缝的性质与西安地裂缝相同，但基岩的埋藏深度、断层活动的速率、上覆土层的性质、超采地下水的强度与时间等，都是不同的，应该根据北京未来科技城的具体条件，参考西安地裂缝的经验，进行分析和评估。

5 地质灾害的复杂性和危险性

岩土工程师面临的各种工程中，恐怕数地质灾害（突发型）最复杂、最危险、最令人望而生畏了。突发性地质灾害的危险性主要表现在它的隐蔽性、突然性、后果的严重性。长期积累，一朝暴发。泥石流，每隔几年、十几年、几十年暴发一次。发生突然，来势凶猛，破坏力极强。岩溶地区的土洞，平时发展很慢，一旦大量抽水，地下水位急速下降，立即发生地面塌陷。有的滑坡已经基本稳定，因暴雨、渗水、冲刷、切坡、采矿等可使其复活。我国人口众多。城镇密集，生态脆弱，地质灾害一旦发生，后果往往十分严重。人工地质体的地质灾害也很凶猛，2015 年 12 月 20 日深圳红坳渣土场大滑坡，造成 73 人死亡，4 人下落不明；2008 年 9 月 8 日襄汾尾矿溃坝，造成 277 人死亡，4 人下落不明。

地质灾害的复杂性表现在涵盖领域宽、个性差异大、动态变化多、条件复杂，难以查明和预测等方面。内力地质作用引发的地质灾害有火山和地震；外力地质作用引发的地质灾害（含人为因素）有崩塌、滑坡、泥石流、岩溶和岩溶塌陷、采空塌陷、地裂缝、移动沙丘、地面沉降等，涵盖领域十分宽泛。同一灾种的个体差异非常大，边坡失稳的规模，小至个别滚石，大至体积数千立方米，滑距数千米的大滑坡。为了便于研究，做了各种各样的分类，但同一类型的个性还是千差万别，面貌个个不同。地质灾害都有一个演化过程，因而是动态的，不是静止的。岩溶塌陷有岩溶塌陷的演化过程；斜坡失稳有斜坡失稳的演化过程；泥石流有泥石流的演化过程；采空塌陷有采空塌陷的演化过程等。每个具体地质灾害的演化过程又各不相同，工程技术人员在治理地质灾害之前，必须搞清其发育阶段，预估今后的发展趋势，但都有相当难度。发生地质灾害的地方，其地质和水文地质条件通常比一般工程场地复杂得多，难以查明。如滑坡面的位置和参数、溶洞的形态和分布、采空的松动带及其密实度等，都是关键部位或关键问题，但很难取得确切信息。气候条件、地形条件、水文条件、人为干预程度等，对地质灾害的发生和发展都有重大影响。综合考虑这么多的复杂因素，进行正确的判断和决策，绝非易事。

工程师习惯于通过计算，预测工程效果，将风险控制在可以接受的范围内。但对于地质灾害的治理，却很难做到，心中无“数”（安全系数）。有些地质灾害是由于力的失衡，用力学方法去模拟计算，似乎符合科学思想，但难度很大。以斜坡失稳为例，无论用何种方法计算，都要做简化假定，假定与实际相近、计算参数可靠，定量计算才有意义。建立在极限平衡基础上的条分法，传递系数法，均从静力平衡出发，假定滑体和土条（块段）都是刚体，没有变形，沿某一滑面整体滑动，整个滑体和每个土条（块段）都不会剪断，拉断，压密或拉松。但实际上，大多滑坡并非一次性整体滑动，而是渐进式破坏。由于斜坡结构不均，现场经常见到滑体内存在拉裂缝、剪裂缝、挤压隆起、多重滑动面、台阶状错落等等。滑坡演化过程中，坡面形状、岩土结构、水文地质条件、岩土强度指标等都在不断变化，绝大多数滑坡不像公式假定那样简单。这些年来力学计算有了长足进步，但模拟复杂的地质灾害不容易。即使有了合理的模型，查明这些条件和取得这些参数更是难事。我年轻的时候，同事间开玩笑说，滑坡计算是“安慰算”。20 世纪 50 ~ 60 年代国际乒乓球锦标赛有一种安慰赛，把第一轮淘汰下来的运动员组织起来比赛，也有冠军、亚军等名次。但只是安慰安慰而已，没有太大意思。

岩土工程贵在综合判断，地质灾害的复杂性带来了信息的不确切性，可能产生误判，误判造成更严重的危险性。岩土工程师在地质灾害面前，务必战战兢兢，慎之又慎。

6 把地质灾害“管制”起来

地质灾害的治理，我国已经积累了丰富的经验，有多种多样的成熟技术，新技术新方法也不断涌现，可因地制宜，因工程制宜，单独或组合采用，已有大量文献介绍，这里不展开了。这里想特别推荐香港政府主管部门管制地质灾害的经验。

我国香港年降雨量达 2300mm，最大暴雨达 150mm/h，又是多山城市，很多高楼依山而建。山坡主要由花岗岩组成，节理发育，易形成松软的风化壳，雨季时水分渗入土层，斜坡失稳，形成浅层滑坡，香港称之为“山泥倾泻”（Landslide）。1972 年 6 月 18 日暴雨，发生两起重大山体滑坡事故，致 138 人丧生。之后数年，又发生多起悲剧。

为了防止山泥倾泻威胁生命财产的安全，香港政府将斜坡安全作为重要施政方针，在公务局领导下，土木工程署于 1977 年成立了土力工程处，统一规划和管理斜坡的勘察、设计、建造、监测和维修，对斜坡进行严格的全方位、全过程管制，社会有关方面积极参与。土力工程处全面负责斜坡安全：包括建立斜坡记录册和审批标准；搜集山坡地质资料；制订《斜坡岩土工程手册》和《斜坡维修指南》；审查和监督新项目的设计和施工；监管不符合标准旧斜坡的加固；监管所有斜坡的维修；与香港天文台共同打造斜坡失稳预警系统；还把斜坡安全教育列入学校地理课程，向市民宣讲斜坡安全知识。已经登录斜坡 5.4 万条，每条都有独立编号。包括位置图、地形图、地质图、勘测记录、动态纪录、维修责任人等 30 多个信息层，一千多万项数据。对公众开放的斜坡安全网页，是学者、工程师、业主及其代理人查询的重要途径。政府十分重视对公众的安全教育，作为社区服务的重要组成。通过社区服务将信息传达到私人斜坡的业主或业主代理人，并提供咨询服务和应急服务，必要时下达“危险斜坡修葺令”。

精湛的技术和严格的管理取得了明显成效。2017 年初，香港政府发展局局长林郑月娥表示，土力工程处推行近 40 年的“防止山泥倾泻计划”，已将人工斜坡的山泥倾泻风险水平大幅降低了 75%。政府将继续努力，把风险减至最低，并致力绿化斜坡，以满足公众对安全和美好环境的期望。无论是斜坡处理的工程技术和风险评估，还是对斜坡的管理水平，香港地区都是世界领先。中国内地、中国台湾地区、马来西亚、德国、日本、英国、韩国、巴西、加拿大等几十个国家和地区，先后派出代表团到香港参观学习。

地质灾害就是“恐怖分子”，一定要严格管制起来，不许再兴风作浪，还可进一步将地质灾害改造成为科研和科普基地、生态文明示范工程、标志性旅游景点和文化娱乐场所，将灾害变为人民福祉。2005 年 12 月，建设部印发《滑坡崩塌地质灾害易发区城镇工程建设安全管理指南》，要求各地有关部门结合实际贯彻执行。《指南》包括概论、城镇规划与土地利用的岩土工程控制、已有斜坡的调查评估与安全管理、新建斜坡工程的管理、斜坡的安全维护、斜坡的应急抢险 6 部分，另有 3 个附录。执行情况如何，我不太了解。

第 57 章 人工地质体及其灾害

本章讨论了围海造陆和人工岛、削山填沟和高填方、固体废物填埋场等的岩土工程问题，这些工程都会形成相当巨大的人工地质体，产生地质作用，甚至发生地质灾害。故建设时必须精心设计，精心施工，做好监测，防患于未然。并举例说明造成的地质灾害。

围海造陆、人工岛、高填方、尾矿库、贮灰库、垃圾填埋场等，既是一项项巨大的工程，应精心设计，精心施工，又是一个个不小的地质体，会产生地质作用，甚至发生地质灾害，建造不当，后患无穷。有些人工地质体还是污染源，有很强的毒性，一旦发生事故，后果极为严重。

1 围海造陆和人工岛

大规模的围海造陆，国际上始于荷兰。我第一次见到围海造陆是 1989 年末在香港，设计周全、施工精心、监测到位，给我留下了深刻印象。不久，深圳开始大规模围海造陆，后又普及到沿海不少地方。深圳的围海造陆基本上沿袭了香港的做法，从规划、设计、施工、监测到验收，都很规范，效果也好。

由于海滨或厚或薄存在淤泥和淤泥质土，做好软土处理是围海造陆成败的关键。20 世纪 90 年代时，个别沿海城市根本不做设计，不进行任何施工控制，运来山皮土、开山石任意倾倒回填。完工后表面上一马平川，地下则混乱不堪。由于回填时的挤淤作用，使本来相对均匀的淤泥层变得厚薄极不均匀，开山石和淤泥层之间形成极为杂乱的淤泥块石混合层。淤泥中含块石，块石中含淤泥，在这样复杂的地基上建造工程，勘探、设计、打桩难度都非常大，给后人留下了极大隐患。

正规做法一般为：先用抛石挤淤的方法修筑围堰（以后作为海堤和道路），将造陆海域划分为若干地块，然后分别在各地块上回填和进行软基处理。控制抛石挤淤质量的关键是“着底”，即是否真正做到挤出了围堰下的软土（根据经验，容许存在有限厚度的淤泥 - 块石混合层）。围堰设计应满足填土推力作用下稳定的要求，海堤还要考虑海浪的冲击和侵蚀，按海堤要求设计。抛石挤淤的具体方法，根据淤泥的性质、厚度以及工程要求确定，有一般抛石挤淤、超载抛石挤淤、爆破抛石挤淤等，缺乏块石时还可用砂被围堰。大面积场坪软基处理一般采用预压排水固结，有堆载预压排水固结、真空预压排水固结、联合排水固结等，过渡带和特殊地带还可辅以强夯法、搅拌桩复合地基、砂石桩复合地基、强夯置换复合地基、管桩复合地基等。因地制宜，根据具体条件区别对待。

有些围海造陆虽然设计和施工做得很认真，但监测结果表明，实际与计算仍有明显的出入，出现一些意料之外的问题，如实际固结度与计算固结度不一致、工后沉降超过预先估算等。这是岩土工程专业特点决定的，很难完全避免。但必须严防失控，出现难以弥补的复杂问题。某工程围海造陆后，拟建大型给排水工程，因工期紧迫，未能采用正规的做法，没有围堰，不用预压排水固结，直接采用抛石挤淤，但只挤去上层淤泥，留下超过 10m 厚的淤泥质土不处理。我很有疑虑，今后一定会有长期的大幅度的工后沉降，投入运营后肯定是麻烦不断。况且，大面积推进的抛石挤淤，极易产生淤泥包，很难控制，可能使地基变得极不均匀。

人工岛的建设各地差别较大，填料必须就地取材，对于远离大陆的珊瑚岛礁，可直接采用珊瑚砂填海。据有关工程经验，吹填的珊瑚砂与天然沉积的珊瑚砂密实度相近，与吹填的时间关系也不大，造陆效果较好。港珠澳桥隧工程的东西两个人工岛，上有地面建筑，下有隧道工程，要求很高，花的代价也较大。建造的方法是用大直径钢护筒连续墙作为围堰，在围堰内填筑（图 57-1），钢护筒直径 22m，高 40 ~ 50m。填筑前先清除淤泥至标高 -22.0m，再抛填碎石至标高 -18.5m，然后吹砂超载预压。故形成的地基较好，有利地面建筑和隧道沉降的控制。

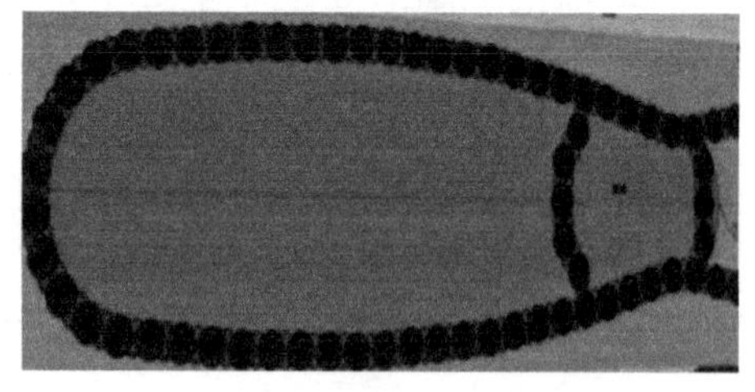

图 57-1　人工岛围堰示意图（杨光华）

2　削山填沟和高填方

从 20 世纪 60 ~ 70 年代起，我们都知道山区建设切忌大挖大填。大挖大填极易发生意料不到的后果，造成工程被动。《岩土工程典型案例述评》中有个准格尔选煤厂的案例，将坡地整平成 6 个平台，填平了两条冲沟，还算不上大填大挖。但大约 3 年之后，即因地下水位上升，边坡出现失稳，地基承载力和变形不能满足要求，只得补充勘察设计，补做引导排泄地下水的工程，增加了投资，延误了工期。但是，我国是多山国家，人多地少，要生存，要发展，有的地方只能削山填沟，别无出路。进入 21 世纪后，我国修建了许多机场，有些不得不削山填沟，开辟出一块建设场地。据民航设计院李强博士提供的资料，填方高度超过 100m 的有吕梁机场、九寨沟－黄龙机场、六盘水机场、承德机场、重庆机场等，重庆机场的填方高度达 164m。这些机场，有的位于流水沟谷区，有的位于黄土沟壑区，有的是岩溶地貌，有的是冰川地貌。填料更是五花八门，黄土、粉土混漂石、红黏土、碎屑岩碎块、石灰岩碎石、凝灰岩风化物等，情况各异。有些沿海核电工程的土石方量达数千万立方米，一边是大规模的削平山头，一边是大面积的填海。大挖大填实在是出于不得已。但实践证明，只要尊重科学，尊重自然，精心规划和设计，精心施工和监测，是完全可以做好的，延安新区建设就是一个典型的案例。

延安新区削山填沟，上山建城的具体情况，已在拙作《岩土工程典型案例述评》中作了详细介绍。需要补充的是，至 2016 年末，已经完成了一期的土方工程、建筑与市政工程，市委、市府已经迁入新区办公。延安的突破，对我国类似城市的发展和建设有着重要的示范意义。填方区沉降已经趋于稳定，其中填方厚度较小的区域已经符合房屋建筑沉降稳定标准，地下水未出现任何异常。最为可喜的是生态环境显著改善，陕北地区最大的生态环境问题是水土流失和地质灾害，工程实施前，林草占比仅 30%，水土流失严重，洪涝、滑塌等自然灾害多发。新区建设坚持生态优先、绿色发展理念，妥善做好边坡防护、场地防洪、地质灾害治理和植被恢复，水土流失和地质灾害基本消除，水土涵养能力明显增强，生态环境显著改善。延安已被列为首批全国生态文明先行示范区，第二批低碳城市试点，2016 年被授予国家森林城市称号。他们的经验非常丰富，不拟一 一点赞，只说两点。

第一、他们的科学精神。不仅在项目决策前进行了多次科学论证，而且在实施过程中以工程为依托，立项深入研究。由陕西省科技厅组织，机械工业勘察设计研究院等单位承担的“十二五”国家科技支撑计划重点项目《黄土丘陵沟壑区（延安新区）工程建设关键技术研究与示范》，包括 5 方面的内容：

（1）黄土高填方现场监测技术研究；

（2）黄土高填方沉降分析与变形预测研究；

（3）黄土高填方水文地质变化及其对策研究；

（4）黄土高填方填筑技术与边坡治理研究；

（5）延安新区工程建设技术集成与示范。

这里有两个问题难度最大：一是高填方的工后沉降，对建筑物的安全关系重大，难以预测，难以控制；二是地下水的疏导，不仅关乎建筑、市政、边坡的安全，还涉及生态环境，更是难以预测，难以控制。此外，在短时间内实施大规模的填方工程，如何控制好质量也是重大考验。

第二、坚持不懈的长期监测。城市的寿命以百年计、千年计，高填方造地建设的新城能否经得起时间的考验，决非二三年的成果所能断言。沉降的监测、水位的监测、出水量的监测、土含水量的监测等，要长期坚特。还可根据新情况、新要求，开展新的监测项目。长期监测才能及时发现问题，及时启动应急预案，防患于未然。

岩土工程当然要有科学预见，但预见不可能十分精确和具体，因而监测是岩土工程师手里最重要的“法宝”，最后的一张“王牌”。监测既是保障工程安全的“预警机”，又是积累经验、积累科学数据的“实验室”，岩土工程一些宝贵的经验和数据，几乎都是通过长期监测得到的，延安新区的现场就是一个大实验室。延安新区作为全国同类城市建设的示范工程，必须坚持持久地监测，持久地研究，以丰富的令人折服的数据做出科学结论。

3 固体废物填埋场

我国固体废物的处理问题正日益突出，尤其是城市垃圾，已经成为十分普遍而又十分严重的环境问题，也是政府和社会最关注的问题之一。尾矿、灰渣等工业废物的处理，我国已有数十年的经验，建设了不同规模的尾矿库、贮灰库。我国人多地少，为减少用地，增加坝高和库容是必然趋势，因而加重了岩土工程的难度。这方面已有较多论著，不多写了。生活垃圾填埋场的环境岩土工程问题，在第 58 章讨论，这里重点讨论作为人工地质体的地质灾害、稳定和变形问题。

洪水、崩塌、滑坡、泥石流、岩溶、地震等地质灾害，对废物填埋场的威胁很大。洪水和泥石流可以冲垮堤坝，淹没库区，破坏设施，甚至毁掉整个工程。因此，勘察时必须搜集有关地形、地貌、气象、水文和地质资料，获取流域面积、历年降水量和径流量、多年一遇暴雨量和洪峰流量等资料，调查是否存在泥石流暴发的条件，确保工程安全。岩溶、土洞、塌陷等，不仅影响工程稳定，而且一旦发生地下渗漏，使污染物长距离运移，严重危害环境。强烈地震造成工程和堆积体的动力反应，还可引发震陷、液化、滑坡、崩塌、泥石流等次生灾害，威胁工程安全。此外，工程选址时尚应考虑其他一些重要条件，如居民区、河流、湖泊、湿地、水源地及其补给区，与高速公路、铁路、机场、公园的距离，应保护的文物、景观、有科学价值的地质遗址、濒危珍稀生物、矿产资源等。

为了进行填埋体的稳定和变形分析，需有强度和变形指标。固体废物不是自然地质作用生成的岩土，其中尾矿、赤泥、灰渣等工业废物，主要成分为无机物，类似于砂、粉土或黏性土，可以用土力学的原理和方法进行试验和研究。尾矿与天然砂类似，地震可能液化，需进行液化分析和预测。赤泥类似于黏性土，具有高含水量、高孔隙比、可液化性和强腐蚀性，脱水后又能固化。生活垃圾的成分和性状极为复杂，含有大量有机物和人工合成材料，与天然土的成分和性质差别很大，且中国与外国、东部与西部、南方与北方都有不同，随经济发展和生活条件而变化。有时也取样进行一些物理力学试验，但难度较大，有些力学参数可通过成分类似的堆积体实测，用反分析方法估值。

固体废弃物填埋场的稳定问题，包括总体稳定，坝体、坝基、坝肩和库区边坡的稳定，以及废弃物堆积体自身的稳定。坝体、坝基、坝肩和库区边坡的稳定分析方法，与一般水利工程类似。垃圾堆积体的稳定较为特殊，分析时要注意原始地形的坡度、抗剪强度指标的取值、水位的确定和不同工况的分析。

垃圾填埋场的失稳与水关系很大，渗沥液，中间覆土，以及雨水、地表水的侵入，均可影响水位变化，需特别注意。我国垃圾填埋场大多存在渗沥液水位过高的问题，尤其是在南方多雨地区，“填埋体有多高，水位就有多高”的现象很普遍。渗沥液水位壅高直接影响堆积体的稳定性，且阻碍填埋气有效收集。中间覆土会产生局部滞水。当堆积体深部导水系数显著小于下卧导排层导水系数时，还会出现主水位与导排层内水头脱离的现象（图57-2）。高渗沥液水位可能导致填埋气导排不畅，不断累积，气压上升，使渗沥液水位以下堆积体处于高水气压力状态，当发生强降雨、渗沥液回灌、地震时，极易引起水气压力进一步上升，诱发填埋体滑坡。所以，控制水位对确保填埋场稳定至关重要。

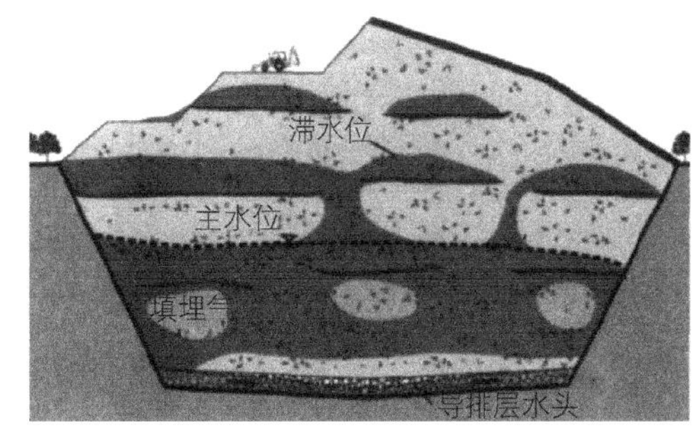

图57-2 填埋场渗滤液水位存在形式（陈云敏）

填埋场地基差异沉降超过限值时，会造成底部防渗衬层和封盖层的破坏。堆积体的显著沉降可能导致水气收集管道及封顶系统中防渗层破裂失效，并影响封场后土地的重新利用。目前我国填埋场扩建工程正在兴起，老堆积体显著的沉降和不均匀沉降必然会影响扩建堆积体系统的工作性能。

固体废物填埋场的变形，包括地基土的变形和废物堆积体的变形，垃圾堆积体的变形包括压实变形和生化变形。垃圾中所含的有机物，经过生化降解，使大部分固态物质变成液体和气体，导致堆积体的沉降。不同的填埋工艺，堆积体沉降的速率差别很大，好氧填埋很快可以达到稳定，而厌氧填埋则需很长时间才能稳定。差异沉降的产生原因，一是由于分块填埋，与分块的块段、高度等填埋程序有关；二是堆积体的中部沉降较大，端部沉降较小；三是不同成分和不同压实程度的垃圾，因压缩性不同而产生差异沉降。垃圾填埋体的变形计算尚不成熟，可采用反分析求得参数，再正演计算沉降。

传统垃圾填埋场的沉降可持续 20 ~ 30 年，总压缩量可达 25% ~ 50%，有机质降解引起的压缩量可达 18% ~ 24%（陈云敏等，环境岩土工程研究综述，土木工程学报，2012.4.）。由于我国城市垃圾的有机物含量较高，使得主压缩量和次压缩量都较国外大。因此，加速降解对于加速沉降、增加库容有重要意义。我国土地紧缺，与发达国家比，土地单位面积填埋量偏低，采用加速垃圾降解、高能机械压实措施显得更为重要。

4 人工地质体的地质灾害

举几个例子来说明。

（1）上海倒楼事故

上海倒楼事故指的是 2009 年 6 月 27 日 5 时 30 分，上海市闵行区莲花河畔景苑小区在建楼盘工地发生的楼体倾倒事件，致 1 名工人死亡。事故调查组认定为重大责任事故，6 名责任人被依法判刑 3 ~ 5 年。

事故现场看到，13 层大楼整体朝南倒下，底部数十根混凝土管桩折断后整齐地裸露在外（图 57-3）。据目击者称，倾倒时间不到半分钟，一位工人因跑错方向不幸遇难。

图 57-3 倾倒的大楼

事故主要原因是，紧贴该楼北侧，短期内堆渣土过高，最高处达 10m 左右，紧邻该楼南侧的地下车库基坑正在开挖，深度为 4.6m，大楼两侧的压力差超过了地基承载能力，导致房屋倾倒（图 57-4）。

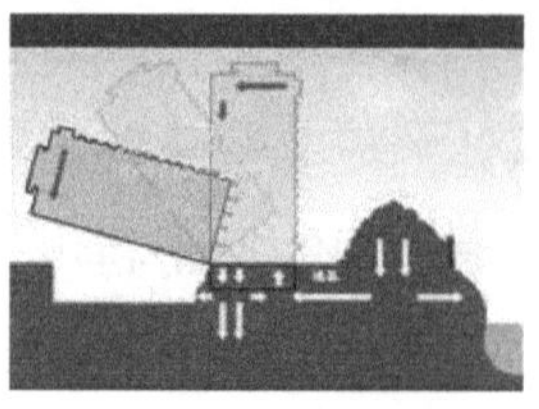

图 57-4 倒楼示意图

调查专家组长江欢成院士表示，“倾倒事故简单地说就是无知导致无畏，是缺乏科学态度、蛮干。我从业

46 年来，这种事情还从未听说过，从未见过，这是第一次，也希望是最后一次”。

（2）垃圾填埋场坍塌

垃圾填埋场是很大的人工地质体，灾害相当多。有洪水冲毁，有坍塌滑坡，有火灾爆炸，有污染物泄漏。以垃圾堆积体坍塌报道最多，如 1994 年 4 月，贵阳市仙人脚垃圾填埋场坍塌事故，造成 1 名过路行人遇难。1994 年 12 月，重庆江北景观山垃圾场坍塌事故，造成 5 人死亡，4 人受伤。1970 年 9 月，南斯拉夫萨拉热窝垃圾填埋场坍塌事故，1977 年 12 月又发生同类事故，两次事故垃圾流失量分别达 2 万 m^3 和 20 万 m^3，造成两座桥梁、5 栋房屋和两条小河被垃圾淹没。2000 年 7 月 12 日菲律宾马尼拉附近帕亚塔斯垃圾填埋场，由于降雨，雨水大量入侵，发生垃圾堆积体坍塌，导致数百座棚屋被埋，死亡 124 人。2005 年 2 月 23 日，印度尼西亚万隆附近芝马墟垃圾填埋场，因之前大雨，使 10m 高 22.6 公顷面积的垃圾山坍塌，造成至少 61 人死亡，90 人失踪。2017 年 3 月 11 日晚间，埃塞俄比亚首都亚的斯亚贝巴南部环城路附近，一座占地 30 多公顷的大型垃圾山发生坍塌事故，造成 113 人丧生，至少 80 人失踪。由此可见，垃圾堆积体的坍塌，绝大多数是简单堆放，没有正规设计，运营过程中不按规范操作和管理不到位造成的。我国垃圾填埋场污染物泄漏事故的报道很少。其实，真正很少的是达标的垃圾填埋场。大多管理不到位，封闭不严密，排放不达标，只是未作为事故报道而已。况且，仍有许多城市被垃圾山包围，水土被严重污染。保护环境、治理环境任重而道远。

（3）山西襄汾新塔矿业尾矿库溃坝事故

2008 年 9 月 8 日 7 时 58 分，山西省襄汾县新塔矿业尾矿库发生特别重大溃坝事故，泄容达 26.8 万 m^3，波及下游 500m 左右的矿区办公楼、集贸市场和部分民宅，造成 277 人死亡、4 人失踪、33 人受伤，直接经济损失 9619.2 万元，是一起重大责任事故。

该尾矿库建于 20 世纪 50 ~ 60 年代，坝高约 20m，库容量 18 万 m^3，坐落一条山沟的上游，与下游地面落差近 100m。1992 年封闭，先后采取碎石填平、黄土覆盖 90、植树绿化、库区上方建设排洪渠等措施闭库。通过拍卖，新塔矿业公司购得铁矿产权后，经常从矿下抽水，将抽出来的水排到选矿场，又不断流入尾矿库，使库水位不断升高。因此，在没有降雨的情况下，由于水压作用发生溃坝。导致库内尾矿和泥沙向下游倾泻，最深处达 20m，部分农村房屋被冲毁，淹没了有 24 个固定摊位的集贸市场，一座 3 层办公楼被泥流完全冲毁，向下游推行了十多米，造成重大人员伤亡和财产损失。事故后，省长孟学农辞职，副省长张建民免职，该矿董事长、矿长及多名官员被判刑。

（4）深圳红坳渣土场滑坡

2015年12月20日，位于广东省深圳市光明新区的红坳渣土受纳场发生滑坡事故，造成73人死亡，4人下落不明，17人受伤，33栋建筑物（厂房24栋、宿舍楼3栋，私宅6栋）被损毁、掩埋，90家企业生产受到影响，涉及员工4630人，造成直接经济损失8.81亿元。国务院调查组认定，这是一起特别重大生产安全责任事故，司法机关对53人采取刑事强制措施。

红坳渣土受纳场原先是个山里的采石场，整个场地地势南高北低，东北侧开口，其他三面环山，最大高差达100余米。停止采石后，多次转包后作为渣土受纳场。未经勘察设计即接纳渣土，运营中无视安全风险，管理混乱。深圳市有关部门违规许可，监管缺失。事故直接原因是：坑内原有大量积水，周边还有溪水、泉水不断流入，加上连续降雨抬高水位，又未建设有效的排水系统，受纳场内积水不能导出排泄，致使堆填的渣土含水量增高，形成底部软弱的易滑带。在超高堆填体的压力作用下，渣土失稳滑出，体积庞大的高势能滑体形成巨大的冲击力，快速滑入建筑物密集的市区，造成重大人员伤亡和财产损失，见图57-5～图57-8。从图可以看出，该事故与泥石流类似，来势凶猛，大冲淤。上部渣土受纳场是个盆地，是泥流的物源区，即“形成区”；中部一段的断面窄，纵坡陡，是“流通区”；下部受灾的一大片场地是“堆积区”。

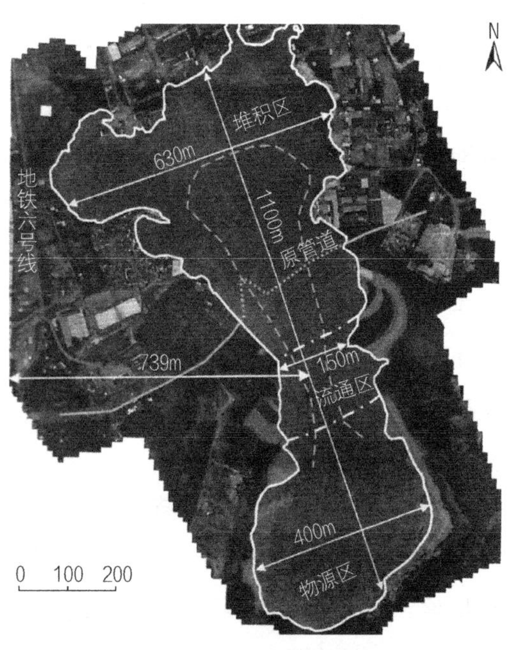

图57-5 深圳红坳渣土场滑坡的物源区、流通区和堆积区（郭明田）

保留黄色线条及尺寸

图57-6 深圳光明新区渣土场滑坡（毛思倩）

以上事件说明，除了法制和行政管理方面存在的问题外，从技术角度看，工业、矿山废物和建筑、生活垃圾等的大量堆放，已经形成了一个个地质体。地质体不是一堆静止的土石，而是会与周边地质体一起，产生地质作用，在一定条件下可能酿成重大地质灾害。据估

图 57-7　深圳光明新区渣土场滑坡（毛思倩）

图 57-8　深圳光明新区渣土场滑坡（毛思倩）

计，全球每年采动岩土达 500 亿吨，已经超过河流每年的搬运物质 165 亿吨和大洋中每年的沉积物 300 亿吨，人为超越自然，成为改变地球面貌、影响地质环境、引发地质灾害的主要动力。我国目前和今后一段时期，还处于大规模国土开发和基础工程建设阶段，大挖、大填、蓄水、抽水、跨流域调水、急剧改变自然环境的土木工程仍在继续。与发达国家相比，我国目前技术水平相对落后，环境保护意识比较薄弱，人口数量和密度很高，地质灾害的研究和防治任重而道远。土木工程师不仅要着眼于工程本身的功能和安全，还应加强环境意识，贯彻可持续发展的方针，保护我们赖以生存的地球。

第 58 章　固体废物与污染土的环境治理

本章在简要阐述固体废物和水土污染对环境影响的严峻形势、固体废物类型的基础上，阐述了工业固体废物、生活垃圾、污水处理厂的污泥、河湖港口清淤的淤泥、污染土的环境治理，以及放射性废物的处置等问题。

1 严峻的形势

随着工业化和城镇化的发展，我国固体废物产量十分巨大，据 2010 年报道，我国城市垃圾排放总量当年为 1.8 亿 t，累积总量达 60 亿 t，并以每年 8% ~ 10% 的速度递增。无害化处理率不到 5%，大多在郊区荒地或征用农田堆放，大中城市至少有 2/3 被垃圾包围。工业固体废物问题也很突出，采矿弃渣、煤矸石、尾矿、炉渣，化工废渣等，种类繁多，数量巨大。其严重后果：一是侵占土地，使我国本已紧缺的土地资源雪上加霜；二是污染水源，因淋滤液入渗需要一个过程，故一旦发现，已难治理，严重影响居民健康；三是改变土性，不利植物生长，严重影响生态；四是可能造成爆炸、火灾等恶性事故。废弃或搬迁后的化工厂、制药厂、电镀厂、洗染厂、油库、化工产品库、养殖场等场地，如未开展有效的评估和治理，可能对后续使用者造成严重危害。由于积极发展核电，核电厂产出的废燃料正逐年增长，估计到 2020 年的积存量将达万吨以上，压力很大，必须积极应对。由于不同版本数据有所不同，上述数据不一定确切，但形势严峻是无疑的。

这些年来，我国水土环境污染事故频发，造成重大的经济损失和严重的社会影响。如 2008 年山西省襄汾尾矿坝溃决事故，造成大量人员伤亡，已在第 57 章提及；2009 年广东某固体废物填埋场污染物流失，直达香港后海湾；2011 年浙江省德清县某电池公司铅污染，造成附近儿童血铅检测超标；2008 年武汉长江明珠小区，未经深入环评就在化工厂旧址开发建设，造成 2400 余户居民面临重金属和有机污染物的威胁等。

环境污染和事故频发引起了政府主管部门和国家领导的高度重视，也大大强化了公众的环境意识。中央提出了“生态文明”的号召，治理污染、保护环境已经成为关乎民生和可持续发展的大事。国家的总政策是废物的减量化，资源化，无害化，固体废物的最终处理是填埋，从“要求”角度看，属于环境保护问题；从“实施”角度看，则主要是岩土工程问题。国际上岩土工程的工作重点，早已从传统的水利、道路、桥隧、房建等领域转移到环境岩土工程方面，我国随着经济实力的提高和对环境问题的重视，重点从传统岩土工程转向环境岩土工程也是必然趋势。开展水土环境污染的调查和评估，建设无害化处置设施，控制和修复被污染的岩土，已经成为我国岩土工程界的重要任务，也面临着前所未有的机遇和挑战。

本章主要讨论环境岩土工程问题，关于填埋场的地质灾害、稳定、变形等问题，已在第 57 章阐述。传统的岩土工程关注的主要问题是强度和变形，环境岩土工程更关注渗透、化学、生物和微生物的作用，要在传统岩土工程的基础上继续拓展。

2 固体废物的类型

固体废物有不同的分类方法，《中华人民共和国固体废物污染环境防治法》将固体废物分为三大类管理：

（1）工业固体废物：包括矿山的废石、煤矸石等，选矿厂的尾矿砂和尾矿泥，冶炼厂的炉渣、钢渣、有色金属渣等，化工厂和石化厂的碱渣、电石渣、木质素、纤维素、废塑料、废橡胶、油脂、油泥等，火力发电厂的粉煤灰，建筑垃圾等。这些废弃物的特点是种类繁多，虽然成分多数为无机物，但环境污染问题相当严重，宜尽量资源化利用，暂时不能利用的必须无害化处理。

（2）生活垃圾：未经分选的生活垃圾，成分极为复杂，含有大量有机物。有厨余、灰渣、金属、玻璃、塑料、纸张、织物、草木、砖石等各种杂物，且随地理位置、城镇功能、生活水平等的不同，变异甚大。由于微生物繁殖，生化作用，产生大量气体和渗沥液，严重污染环境，必须无害化处理。

（3）危险性废物：包括有毒制品及其残物、有毒药物、医院垃圾，以及其他爆炸性、腐蚀性、放射性、浸出毒性的固体废物等。由国务院主管部门会同有关部门制订名录，分类处理，严禁混杂。对安全性有严格要求，对污染防治有特别规定。

此外，农牧业方面还有秸秆、果蔬、枝叶、农药、腐败的畜、禽、鱼，畜的排泄物等。污水处理厂产出的污泥、江湖港口清淤产出的淤泥（底泥），虽然含水量很高，但不属于废水或污水，也可归为固体废物。核电厂产出的放射性废物，由于情况特殊，故单独管理。面对种类和性质如此复杂、对人身和生态如此危险、不断产生的数量如此庞大的固体废物及其对环境的影响，环境岩土工程的任务是多么艰巨！

3 工业固体废物的环境治理

工业固体废物中矿山废石，一般就地处理，占用大量土地，需要复垦；煤矸石和建筑垃圾，经适当处理后可作为回填材料或建筑材料；粉煤灰已大量用于建筑材料和地基处理。今后将进一步综合利用，尽量减少废弃物总量。下面重点讨论尾矿砂和尾矿泥的问题。

尾矿是选矿过程中有用组分含量最低的部分，也就是说，当前技术经济条件下不宜选用，成为废弃物，但随着技术进步，将来可能有进一步回收利用的价值。因此，尾矿不是完全无用，应尽量综合利用，减少排放，这是保护环境最积极的措施。一是主体矿物可能还有可观的含量，可进一步选取；二是可能含有高价值的伴生矿物，我国共生矿较多，这方面的潜力较大；三是尾矿中脉石的价值也不能低估。目前我国尾矿综合利用率偏低，资源意识和环境意识不强，高附加值产品少，矿区生态恢复重建不够理想。应将尾矿利用与环境治理结合起来，将危害环境的废物变为利国利民的财富。

尾矿的负面影响首先在于对环境的污染。原矿一般具有多种超标污染物，选矿过程使用化学药剂，又加重污染。堆放过程中氧化、水解、风化等，可使原来的非污染物转化为污染物。地面水和地下水溶解有害成分，随水迁移，造成大范围污染。同时，还大量占用土地，加快水土流失，破坏植物生长，产生泥沙淤积，抬高河床，破坏生态环境。尾矿砂和尾矿泥易流动，易造成滑坡、液化、塌陷、泥石流，形成安全隐患，尤其大型高坝尾矿库，威胁很大。

尾矿砂和尾矿泥的常规贮存方法为，构筑尾矿坝，用管道将尾矿泥砂输送至坝内堆存，形成尾矿库。尾矿泥如赤泥、磷酸盐矿泥等，大部分粒径小于75μm，含水量高，呈泥浆状，强度很低，极易失稳，宜先行浓缩脱水，降低含水量后再进一步处理。可利用斜坡铺晒，可掺入石膏、粉煤灰等固化剂，提高其力学强度，固化改性后再用于坝体构筑或安全堆存。

4 生活垃圾的环境治理

生活垃圾处理以填埋为主，近年来经济发达、人口稠密地区，已大量采用焚烧法。填埋法原有自然衰减型和封闭型两大类，发达国家在20世纪50年代以前，基本上采用自然衰减型。即废弃物渗沥液进入土和地下水后，由于土的吸附、生物吸收、离子交换、稀释、过滤和沉淀，经非饱和土和地下水的两次衰减而自然净化。只要非饱和土有一定厚度，与水源有一定距离，就不致污染地下水，因而不设防渗封隔层和管道系统。但观测和研究表明，这种填埋方式仍会污染地下水，我国实际上更是乱堆乱填，垃圾山包围城市，造成严重污染。现在，法规要求生活垃圾必须采用封闭型卫生填埋。山谷型垃圾填埋场一般由以下部分组成：

（1）堤坝：一般为土石坝，以便在坝内填埋废弃物；

（2）填埋场：即库区，用以填埋垃圾，必要时设置截洪沟，防止洪水入库；

（3）封闭系统：底部设防渗衬层，顶部设封盖层，用以阻断渗沥液和气体对环境的污染，是卫生填埋场的关键设施；

（4）水和气的集排系统：包括渗沥液集排系统，雨水集排系统、地下水集排系统和集排气系统，采用井、管道、砂、土工布等构筑，将渗沥液导入污水池；

（5）污水池、污水处理厂，办公用房等；

（6）监测系统。

生活垃圾填埋场具有工程、人造地质体、生化反应堆三重属性。作为工程，需进行渗透、变形和稳定计算，需精心设计，精心施工；作为人造地质体，是固、液、气三相体，有含水层、隔水层多层结构，可发生各种地质作用；作为生化反应堆，输入的是垃圾和水，输出的是渗沥液和气体，有好氧和厌氧两种工艺，并严格封闭，与环境隔绝。

垃圾填埋场设计和运作应注意的问题有：地震、洪水和各种地质灾害；填埋体和场地失稳；填埋体和地基沉降；渗沥液渗漏，污染水土环境；填埋气扩散，污染空气，甚至引发火灾和爆炸等。有关地质灾害、稳定和变形问题，已在第57章阐述，本章仅讨论与环境有关的问题。

填埋场严格的管理和监控是真正做到无害化的关键。同时，还要注意垃圾处理的减量化，增加单位土地面积的填埋量，减少渗沥液产量和填埋气排放量，高效收集和利用填埋气。我国现在填埋气的收集率仅为25%～40%，远低于发达国家60%～80%的水平。

我国垃圾填埋场的一个重要特点是渗沥液产量较大，导致运行费用高、易引发导排系统淤堵、水位壅高等问题。因此，应采取有效措施使渗沥液减量化。填埋场渗沥液的来源，包括垃圾自身所含的水分和进入填埋场的雨雪水及其他外来水。我国生活垃圾以厨余为主，初始含水率平均约为60%，高出国外平均水平达一倍。因此，垃圾填埋场应雨污分流，并建设截洪沟等地表水导排设施，尽量减少地表径流、地下渗流等进入填埋库区。

渗沥液及其携带的污染物，在高水头作用下极易击穿填埋场的防污屏障，造成地下水土污染，持续时间很长，修复难度极大。因此，合理设计填埋场屏障至关重要。欧美国家填埋场的渗沥液水头较低，我国填埋场水头较高，应相应提高标准。浙江大学岩土工程研究所建议，屏障的服役寿命应大于渗沥液主要污染物的稳定化时间（20 ~ 30 年）与填埋场运行时间（10 ~ 20 年）之和，通常应大于50 年。设计时应采用“排堵结合”的方法，降低渗沥液水头，将作用在衬垫上的水头控制在较低水平（陈云敏等，环境岩土工程研究综述，土木工程学报，2012.4）。

填埋场区及其附近的水文地质条件极为重要，如果填埋场底部和周边存在连续稳定的不透水层，则极为有利。污染物的运移可用水质模型分析，但垃圾填埋场污染物运移的水质模型比地下水资源的水质模型要复杂得多，不仅因为渗沥液成分极为复杂，而且还要考虑在非饱和土中运移的问题。污染物运移一般应用弥散理论，弥散理论是研究多孔介质中溶混物质运移机理，描述溶混流体间彼此驱替现象的理论。大意是，当两种浓度不同的流体在多孔介质中接触时，高浓度流体的组分必然向低浓度流体运移，在界面上形成过渡的混溶带，并不断扩大，最后趋于均质化，这就是弥散现象。弥散是一种非稳定的、不可逆的、随时间而变化的过程。沿流向的弥散称纵向弥散，垂直流向的弥散称横向弥散。影响弥散的因素很复杂，主要有：水的流动、流体浓度梯度引起的分子扩散、流体密度和黏滞性对水流性状的影响、流体与介质的相互作用（吸附、沉淀、降解、离子交换等）、化学和生物反应、多孔介质中流速的不均匀性、不流动水的存在等，但主要是对流弥散和分子扩散。分子扩散是由于浓度梯度产生的物理化学现象。对流弥散即机械弥散，是力学作用的结果。

含水层中污染物的运移，可在弥散理论的基础上建立水质模型。污染物在非饱和土中的运移，由于水分蒸发、溶质沉淀、植物吸收、介质吸附、离子交换等，在一定条件下和一定程度上可自然净化。但问题要比含水层中的运移复杂得多，国内外有些学者从事这方面的研究，发展了随机理论、分维理论等，但用在工程上尚不成熟。

5 污泥和清淤底泥的环境治理

废泥可分为无机泥和有机泥两大类。清淤产生的底泥一般以黏土矿物为主，属无机泥；污水厂的污泥微生物残体占一半以上，属有机泥。两大类的物理性质、化学性质以及对环境的影响程度，均有很大的差异。

污泥是生活污水处理厂的副产品，含有大量水分(含水率达 95% 以上)和大量有机质(50% ~ 70%)，且或多或少含有重金属、细菌、寄生虫卵、病原微生物等有毒有害物质，无害化处理和处置已成为环境保护的一个大问题。污泥处置前一般先进行稳定化和脱水减量化处理。由图 58-1 可见，脱水可大大减少容积，是降低处置费用的关键。

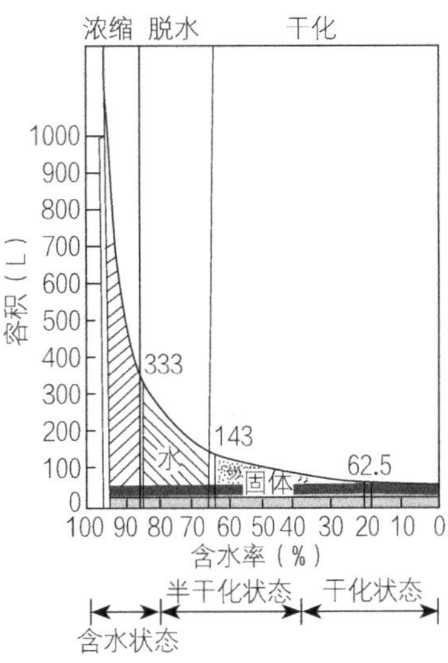

图 58-1　污泥含水率与污泥容积关系（陈云敏）

污泥处理有固化法、好氧堆肥、厌氧消解、热干化、板框压滤、热水解、焚烧、热解汽化等多种方法，各有适用条件和优缺点，并不断有新工艺、新方法开发，可酌情选用。

湖泊、河道、港口、航道等需疏浚和清淤，清出底泥数量很大，大量占用土地，污染环境。底泥用泥浆泵送到岸上堆场，经过 3 ~ 6 个月的沉淀后，含水量约 120% ~ 150%，然后再进行原位处理、脱水处理或固化处理。原位处理类似于软弱地基处理，插设排水板后，用真空或堆载预压排水固结，往往结合填海造地进行。脱水处理一般用旋流分离、离心分离、压滤脱水等工艺。压滤脱水可以达到较好的效果（含水量 80% 以下），旋流法和离心法很难将含水量降到 100% 以下。固化处理是在底泥中掺入水泥、石灰等固化材料，将其中的自由水转化为结晶水，提高底泥的强度。固化法具有强度可控、施工简便而迅速、处理量大等优点，并可降低底泥中污染物的活性，但没有减量化效果。

6　污染土的环境治理

这些年来旧城市改造，迁走了一批重污染企业，这些企业遗留下的污染土成为重要的环境岩土工程问题。污染物侵入可导致土的物理、力学、化学性质发生变化。工程意义上的污染土主要着眼于物理力学性质的改变和对建筑材料的腐蚀性；环境意义上的污染土则着眼于对健康和生态的损害。这种损害具有隐蔽性、滞后性、积累性和不可逆性，产生长期不良影响，治理难度相当大。

污染土中污染物的种类繁多，重金属有汞、镉、铅、砷、铬、镍、铜、锌等；有机物有苯类、酚类、氰化物、石油、有机农药、合成洗涤剂等；还有放射性核素、病原微生物等。这些污染物在土和地下水中迁移和扩散非常复杂，如图 58-2

所示。为了治理污染土，首先需进行调查和勘察，目前主要采用钻孔取样分析的方法，此外，刘松玉等利用电阻率法检测土中重金属含量，这是一种原位测试方法，含有重金属的污染土电阻率显著降低。

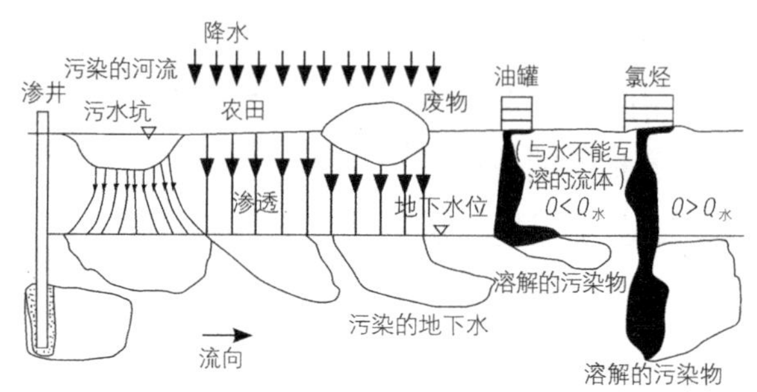

图 58-2 污染物在地下水土环境中迁移示意图（陈云敏）

工业污染土的控制与修复方法很多，新方法还在不断涌现，成为岩土工程的热点之一。常用方法有开挖置换法、原位固化法、围封法、气相抽提法、曝气法等，电动修复技术、生物修复技术、化学清洗技术、热处理技术等正逐渐推广。置换法简单易行，适用于表层污染土，置换出的污染土需做后续无害化处理。该法比较彻底，但费用较高。原位固化法是采用搅拌等方法将固化剂或稳定剂与污染土拌合，通过物理、化学作用，将土中的污染物固定下来，阻止其运移和扩散，并可提高地基强度。固化剂一般采用水泥、矿渣、火山灰、粉煤灰等。这些年来，不断出现新型高效固化剂，处理工艺也有很多改进。围封法主要针对深层污染土，在污染场地四周设置防渗帷幕，将污染土封堵起来。按材料有水泥类、膨润土类和活性反应墙三类。活性反应墙是一种由活性反应材料组成的墙，当污染的地下水通过时，可以降解、吸附、沉淀等方式阻滞水中的有机质、金属、放射性物质和其他污染物。常用的活性材料有粉煤灰、膨润土、沸石、方解石、磷灰石等。气相提抽法是采用真空泵或其他设备，在土体内产生负压，通过空气流将土中挥发性和半挥发性污染物抽至地面，再进行处理。该法优点是易于实施，缺点是对难挥发的污染物效果欠佳。北京市勘察设计研究院有限公司曾利用该法对北京焦化厂污染场地治理进行了试验研究。曝气法用于治理饱和土和地下水中挥发性的有机物，是利用垂直或水平井，用压缩机将空气压入地下，空气在向上运动过程中，将污染物带到非饱和带，再结合气相抽提治理。该技术的局限性在于：修复过程加速地下水流动，可能造成污染扩大；某种地质条件下可能造成污染物侧向迁移，造成污染扩大；压入空气不均匀时，可能导致部分污染区无法修复。

7 放射性废物的处置

为实现对全球温室效应控制的承诺，我国正在确保安全的前提下积极发展核电事业。核电厂产出的核废料正逐年增长，压力很大，必须积极应对。

为便于管理，需对放射性废物分类，分类标准主要考虑两个因素，一是放射性核素的浓度，二是放射性核素的寿命，即半衰期。国际原子能机构放射性废物分类已有几个版本，我国国家标准《放射性废物分类》GB 9133 也有明确规定。除豁免废物（EW）外，分为低放射性废物（低放，LLW）、中放射性废物（中放，ILW）和高放射性废物（高放，HLW），低放与中放废物可合并为低中放废物（LILW），低中放废物又可分为短寿命低中放废物（LILW-SL）和长寿命低中放废物（LILW-LL）。国际原子能机构建议的放射性废物分类和处置方式见图 58-3。

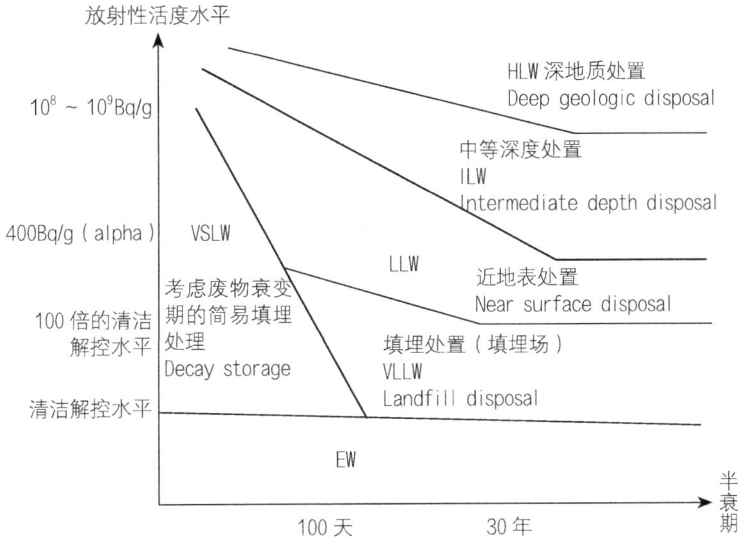

图 58-3 国际原子能机构建议的放射性废物分类和处置方式

放射性废物中 99% 为低中放，1% 为高放。高放废物由于放射性强、毒性大、半衰期长，潜在威胁极大，故均需采用深地质处置，以便与人类环境严格隔绝，其稳定性和安全性的时限超过一万年。低中放废物主要为短寿命废物，也包括部分不超限的长寿命废物，其危害性低于高放废物，但仍需严格处置和管理，处置库的使用年限一般为 300 ~ 500 年。

低中放废物一般采用近地表处置或浅埋地质处置，处置场是一个具有明确边界的严格控制的场区，有防护覆盖层、天然屏障和工程屏障，深度一般不超过 30 ~ 50m。处置设施为多重屏障的永久性系统，一般包括若干处置单元、防护覆盖层、回填材料、防排水系统等。处置单元为废物包装容器与地质体之间的构筑物，由顶板、侧墙、内隔墙、底板、排水廊道等组成。图 58-4 为美国德克萨斯州 Andrew 低中放废物处置设施的示意图。

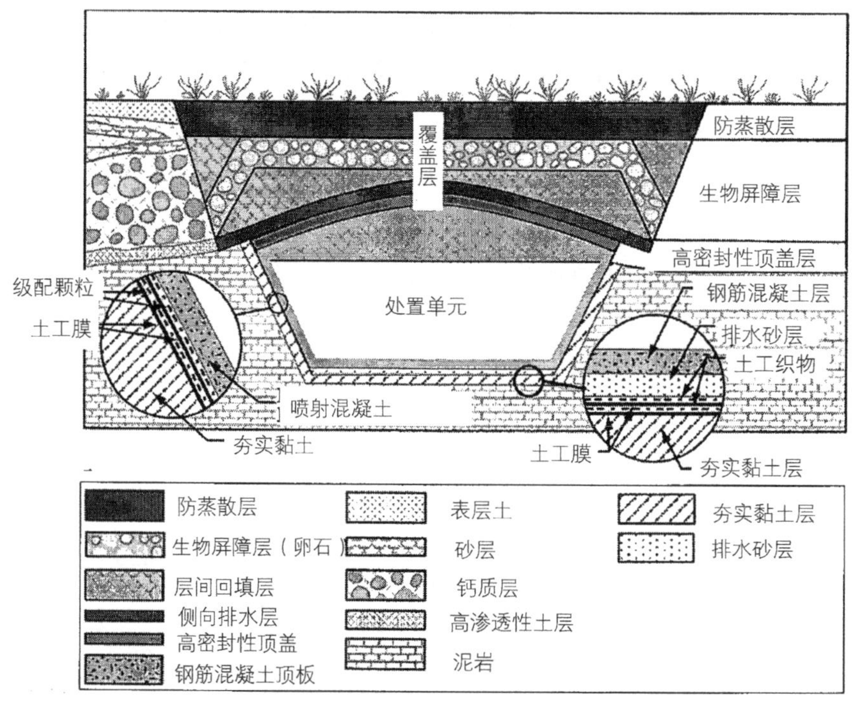

图 58-4　美国德克萨斯州 Andrew 低中放射性废物处置设施的示意图（易树平）

从岩土工程角度考虑，放射性废物处置场必须具备下列条件：

（1）场地稳定，位于地震低烈度区，无能动断层及其他不良地质作用；

（2）地质构造简单，岩性比较单一；

（3）地层透水性弱，万一核素泄漏，不易向外扩散；

（4）需要设置工程屏障时易于实施。

放射性废物在岩土介质中的运移，涉及对流、弥散和多种物理化学反应（吸附、沉淀等），问题复杂，难以量化。特别是大尺度、长周期的核素运移模拟，尚未取得真正突破，亟待探索中提高。

第 59 章　城市工程与地质环境

本章为中国地质学会工程地质委员会 2000 年在广州举行的城市地质环境与工程会议上的主题报告，刊于《工程地质学报》2006 增刊号。因部分内容本书有关章节已有阐述，故录入时删节较多。本章以城市化和新型城市的特征为先导，围绕城市中工程与地质环境，讨论了建设新型城市的地质灾害问题，水资源与水环境问题，地下工程施工的环境岩土工程问题。在讨论这些问题的基础上，提出了政府主导和全面监控、专业的综合和创新、发展信息技术和智能控制技术等建议。

改革开放以来，我国经济建设和社会发展的成就举世瞩目，同时也遇到了人口、资源和环境的压力。随着城市化的推进，问题日益突出。人类在城市中建造工程，创造财富，营造家园，必然要利用资源，而我国的土地和水资源十分紧缺，如利用不当，会破坏环境，危及工程、生产和生活的安全。因此，在指导思想上，必须坚持科学发展观，坚持以人为本，保护环境，建设安全、宜居、可持续发展的新型城市。

1　城市化和新型城市的特征

1.1　工业化与城市化

人类的历史文明从建立城市开始。在农耕社会，虽然绝大多数人口居住在农村，但城市已处于社会的中心和领导地位。18 世纪西欧开始工业化，人口向城市集中，实现传统意义上的城市化。在工业发达国家，城市建成面积与陆地总面积的比极小，但人口平均占 75%，聚集的财富占总量的 70% ~ 80%，政治、经济、文化，教育均集中在城市，城市成了社会的主体。

城市化大大提高了人类生产活动和社会活动的效率，促进了社会进步。随着城市化进程，人类逐渐撤离生态脆弱，灾害频发地区，向安全、环境和发展条件较好的地区迁移。平坦的地形，丰富的水源，便利的交通和辐射功能是较好的选择，成为工业化和城市化的主要场所。但同时又加重了这些地区的负担，产生了一系列负面影响。城市的过分膨胀导致能源、水源等的过量消耗，排放大量废物导致大气、水源和岩土污染，环境质量降低，使人类失去进一步发展的基本条件。因此，1987年联合国环境署通过了《关于可持续发展的声明》，1992年联合国在里约热内卢发表了《环境与发展宣言》和《21世纪议程》两个纲领性文件，得到了包括中国在内的大多数国家承诺。新型城市化即可持续发展的城市化思想就是在此基础上产生和发展的。所谓可持续发展，就是既要满足当代人的需求，又不能损害未来人类的发展，贯彻这个方针已是全中国全世界人民的共同职责。

1.2 中国的城市化进程

中国的工业化和城市化远晚于西方发达国家。1952年城镇人口仅占10.0%。随着"一五计划"的工业化建设，1959年增至19.7%，由于"三年困难""文革"等原因，1977年降至17.7%。20世纪80年代开始，由于改革开放和工业化步伐的加快，城镇人口占比从17.7%增至36.2%，2006年达43.9%，2011年首次超过50%，达51.3%。2016年全国城市数为657个，发达地区已经或将要出现一批城市群。据联合国估计，至2050年我国城镇人口占比为72.9%。

我国目前面临的形势是，一方面工业化尚待继续完成，农村人口继续向城市集中，城市的数量和规模还要继续扩大；而另一方面，保护环境，保护生态，建设和谐社会和可持续发展的任务已经摆在面前。我国现代化、城市化的路线可借鉴发达国家进程的规律，但不能走他们的老路，避免付出太多的代价，要结合我国国情，开辟新型城市化的道路。

1.3 城市的特点

城市是全球开发程度最高的地方。从地质、环境和工程的角度看，人口高度密集，工程高度集中，环境深刻改变，是城市的三大特点。尤其在我国，人多地少，这三个特点尤为突出。为克服土地不足，不断向空中和地下立体发展，地上楼群高低错落，地下通道管网密布。世界上已经建成和正在建设高度超过600m的超高层建筑，4座中有3座在中国（迪拜塔，828m；深圳平安金融中心，660m；上海环球金融中心，632m；广州塔，600m）。地下开挖十几米是常事，最深达30～40m，多层地下室，地下车库、地下商店，地下交通线，越江跨海隧道等不断涌现。城市建设对环境的改变显而易见，昔日的山清水秀，田园风光，现在是高楼林立，车水马龙。整平场地，填塞河道，围海造陆，人造景观，地下千疮百孔，还强烈抽汲地下水，使自然生态面目全非！

城市是地球的“集中荷载区”。在狭小的土地上，居住大量的人口，建筑密集的工程，消耗大量的资源，产生大量的财富，同时也产生大量的废物。效率非常之高，负担也非常之重，环境改变非常之大，与“宜居”、以人为本、可持续发展产生了尖锐矛盾。新型城市化就是从过度“集中荷载”转向“合理荷载”，使荷载和承载能力达到平衡。新型城市必须尽量减少资源消耗，特别是地下水资源的消耗，减少废物的总量和对环境的影响。

1.4 新型城市的特征

传统城市和乡村是二元结构，差异分明，互相对立；新型城市要求与乡村和谐平衡，协调发展。新型城市化的内容既有新城市的建设，更多的是旧城市的扩展和改造。与传统城市比较，新型城市应具备下列特征：

（1）安全型和高品位

我国传统城市往往功能单一，缺乏可持久发展的能力；设计标准偏低，工程耐久性差，防灾抗灾能力不足；城市面貌千篇一律，城镇原有特色在建设中遭到破坏，历史名城也不能幸免。新型城市将克服单一功能，即使依赖资源的工矿城市，也要顾及未来的可持续发展；将适当提高设计标准，提高工程质量和耐久性；将大力提高抗灾防灾能力，包括预防和抵抗各种地质灾害的能力；将具有高雅的文化品质，各具特色，有持久的魅力。

（2）节约型

我国人多地少，资源短缺，发展循环经济，建设节约型城市是必然的选择，特别是要大力节约土地，节约淡水，节约能源。为了贯彻节约型城市的方针，正大力推进垃圾、污水的综合利用和资源化工作，以缓解土地和水资源不足的矛盾，改善人居环境。为了节约土地，地下工程和高层建筑还会发展。节水是当前的紧迫任务，只有竭尽全力节约生活用水、工业用水和农业用水，大力提倡重复用水、污水废水再生，才能保证必要的生态水。根据我国具体条件，实行水资源严格的统一调配是必然的选择。除了建筑节能，工业节能外，国家大力提倡发展可再生能源和清洁能源，开发地下深层热能和浅层热能，充分合理利用水能。

（3）环境友好型

新型城市将是清洁、优美、生态平衡、人与自然和谐相处的宜居城市。城市建设必然要改变环境，必然要影响生态，这是不可避免的，但要尽量减少对自然的干扰。当工程建设必须触动自然生态时，应按照生态规律尽量使其继续保持良性循环。城市产生大量废物，要使废物减量化，资源化，无害化。由于总有一部分废物要卫生填埋，且日积月累，因而是一个不断加重的负担。

（4）数字化、信息化、智能化

未来将是数字化、信息化、智能化的社会，城市的数字化、信息化、智能化已经初见成效。城市的地质数据，环境数据和工程数据，都将纳入数字化城市系统。利用电脑和网络，使信息快速传递、大容量存储、充分利用、充分共享。全国各城市已经积累并将继续积累大量钻探和试验数据，工程和环境监测数据，且可利用遥感技术、全球定位系统、地理信息系统，将数据组织起来，不断补充更新，不断提高和完善，形成与工程、环境结合的城市地质信息化，将是未来城市地质工作者的重要任务。

2 建设新型城市的地质灾害问题

2.1 对城市地质灾害实施有效的科学管理

无论生产、工程还是居住，安全总是第一。有了“安居”，才能“乐业”，才谈得上“宜居”。我国地质条件复杂，地质灾害种类多，规模大，发生率高，严重威胁工程和居民的生命、财产安全，影响居住环境。据统计，我国大陆约700个县（市）长期受突发性地质灾害的困扰，缺乏安全感，形势相当严峻。

对城市威胁较大的地质灾害，一是地震，我国百万人口以上的城市，70%位于7度或7度以上的烈度区（峰值加速度0.1g或0.1g以上）。历史上发生过许多强烈地震，令人“谈震色变”。二是岩土体移动，包括崩塌、滑坡、泥石流等，我国是多山国家，又处在季风气候区，新构造运动强烈，崩塌和滑坡遍布全国各地，泥石流总数达6万条以上，发生突然，来势凶猛，大冲淤，破坏力极强。三是地面变形，由于许多城市过量抽汲地下水，造成地面沉降、地表塌陷和地裂缝。四是水土污染，乱堆固体废物，污水、废水未经处理直接排放，造成严重环境污染。此外，还有滨海城市的海面上升，海水入侵，海岸侵蚀，海港淤积，河湖水库附近城市的塌岸、淤积、渗漏，围海造陆，采砂等造成的环境改变，矿业城市的采空塌陷等。为了城市的安全，除了加强对城市地质灾害的勘察、研究和治理外，在政府的统一领导下实施有效的科学管理是当务之急。

2.2 加强场地地基地震效应的研究

对城市威胁最大的地质灾害首推地震。1976年7月28日的唐山地震夺去了这座“不设防城市”24万人的生命。最重要的原因是两个：一是地震区划失误；二是建筑抗震性能极差。此后30年来，政府和社会加强了这两方面的工作，地震区划几度更新，建筑抗震设计水平有了很大提高，并正确贯彻了“小震不坏，中震可修，大震不倒”的政策，当发生建筑物使用期超越概率仅为 2% ~ 3% 的罕遇地震时，仍能“墙倒屋不塌”，体现了以人为本的思想。

历次大地震的经验表明，场地与地基条件对震害有着极其重要的影响，但近年来这方面研究的进展并不明显。譬如，打从《抗震规范》有了液化判别方法后，液化问题似乎已经解决，其实还是一个世界级的大难题，很多问题等待着我们去研究。首先是液化势的判别，规范的判别式是通过有限的调查数据，用数理统计方法得到的，这种基于经验统计的方法绝不是一种精确的计算。其次，对液化机理的研究，偏重于利用土样在室内进行实验，而对液化的宏观机理研究不足，土的埋藏条件其实很重要。再次是液化对工程的影响，场地和地基液化后，由于急剧软化，失去刚度，对不同工程的影响差别很大。基础下、基础侧旁与自由场是不同的，基础形式不同、基础尺寸不同，对液化的反应也不一样。侧向扩展和液化流滑后果相当严重，但这方面的研究成果却不多。相对于地震液化，对软土震陷知之更少，无论震陷机理、震陷预测、震陷防治，认识上都很模糊，亟待研究。此外，不可恢复的地面变形和基岩错动也必须重视，1999 年台湾集集地震和 2008 年汶川地震均有表现，造成严重震害。如何评价活动断裂的危险性和预测地面大变形，是个难度很大的问题。20 世纪 70 ~ 80 年代时曾有许多研究，许多争论，有些成果列入了规范。但是，规范总结的只是阶段性成果，并非盖棺论定。地面大变形和地面断裂的发生机制、如何预测、对工程的影响和应采取的措施等问题，目前都不清楚。应当承认，地震和抗震领域许多问题还是处在“必然王国”，离“自由王国”还很遥远。地震区划、场地地基的地震效应、抗震设计中有很多问题、很多难题，正等待着我们去探索，等待着我们去攻关。

2.3 城市化带来的地质灾害

城市建设引发地质灾害的实例很多，2001 年重庆武隆滑坡就是由于城市建设切坡引发的，推倒一座 9 层住宅，79 人遇难。唐山过去很少发生岩溶塌陷，由于城市发展，过量开采地下水，发生地面塌陷，造成唐山体育场训练馆严重破坏，主席台成为危险建筑。桂林自 20 世纪 60 年代以来，发生塌陷 244 处，严重影响居民、道路、工厂的安全，1994 年白果树大面积塌陷，民房破坏，江堤裂开，江面发生涌浪。城市建设过程中，整平场地、挖方，填方、抽水、贮水，都会影响地质环境，甚至酿成灾害。近年来，有些城市建人造山、人造湖等人工景观，也必须慎重，严格论证，从严控制，精心设计，精心施工和监测，避免破坏环境和地质灾害的发生。

我国从 20 世纪 50 年代开始，为工业化建了很多工业基地。这些工业城市产业单一，对自然资源的依赖程度很高，可持续发展的能力很差，不少已沦为资源枯竭型城市，环境和生态被破坏得很严重。当时在指导思想上就有对资源的过分掠夺，对基础设施的投入不足，对环境舍不得付出代价，严重违背以人为本的思想，成为居住和生态最差的城市。要将这些城市改造成环境优美、人地和谐的新型城市，任重而道远。

采矿引起的地质灾害和环境问题相当严重，如采空塌陷和露天矿边坡失稳；采矿、选矿、剥岩、排土，改变原有地形地貌，破坏景观，造成水土流失，引发泥石流；弃碴、尾矿、废水处理不善，恶化环境；疏干地下水，污染水质，造成水源枯竭、水环境恶化、生态退化。因此，必须加强矿业城市这些问题的专门研究，将这些环境恶劣城市改造成为优美宜居的新型城市。

3 水资源与水环境问题

3.1 水资源与水环境的严重形势

城市化过程中的水资源和水环境问题，是城市地质环境十分突出的问题。我国人均水资源量2220m^3，仅为世界平均水平的四分之一。全国有多少城市缺水或严重缺水，报道不一。有专家认为，全国669座城市中，缺水城市有400座，严重缺水城市有110座，包括干旱型缺水和水质型缺水。北方很多城市超采地下水，河北省整体超采，北京、天津、呼和浩特、沈阳、哈尔滨、济南、太原、郑州等均超采或严重超采。全国有100多个降落漏斗，总面积约15万km^2。北京是世界上严重缺水的城市之一，年人均水资源量仅为全国的1/4，世界的1/30。20世纪50年代，地下水开采量仅4亿m^3，60年代增至约15亿m^3，70年代25.5亿m^3，80年代前期达28亿m^3，至2000年，北京总供水量约40亿m^3，其中地下水占28亿m^3。降落漏斗的变化与地下水开采量几乎完全同步，城区水位低于20世纪50年代水位约20m。直到2014年12月，南水北调中线长江水进京，才有所缓解。基坑和地下工程的降水排水，虽然是临时性的，但多数与雨水、污水一样处理，浪费很大，使本已紧缺的水资源雪上加霜。有些城市已采取行政措施限制，必须采用降排水时，需专门论证，并回灌、综合利用，保护水资源。

有人说，湿地是城市的“肺”，那么我说，含水层是城市的“肝”。肝有存储营养和消毒的功能，含水层有存储水资源和过滤净化水的功能。地下水严重超采的后果，一是供水不足，发生水资源危机；二是造成地面沉降，或引发地裂缝、岩溶塌陷；三是生态水大部或全部丧失，湿地萎缩，泉水、地面水消失，生态退化；

四是地下水矿化度提高，水质劣化。有些城市管理不善，大量浪费和污染，使本已十分珍贵的水资源被任意糟蹋。水资源的短缺和水环境的恶化已成为许多城市制约发展的重要因素。

因抽汲地下水造成的地面沉降，长江下游有上海，苏锡常，浙江有宁波、嘉兴，华北有天津、沧州，内地有太原、西安、阜阳等城市，北京也有明显的地面沉降。地面沉降造成地面积水，影响生产、生活和交通；造成下水道坡度改变，影响雨水、污水、废水排放；造成建筑物倾斜，桩产生负摩擦；造成桥梁净空减小，影响船只通航；还造成行洪能力下降，湿地萎缩消失，生态恶化。

抽汲地下水引发地裂缝以西安最为典型，多条地裂缝横贯城市中心，所经之处，无论什么工程，包括房屋建筑，混凝土道路，钢质或混凝土管道均遭破坏，目前尚无抵抗地裂缝的工程措施，只能避让。此外，有报道，河北平原有地裂缝484条，分布在7个市，70个县。

城市中超采地下水，废水、污水和固体废物污染地下水，其最终后果使人们失去赖以生存和发展最重要的条件——淡水，使环境劣化、荒漠化，失去自然的优美和活力。昔日的山清水秀、小桥流水、家家泉水，户户杨柳不再。

3.2 统一调度，合理控制

对于缺水城市，为了建设新型生态型城市，解决超采地下水首当其冲，需依靠政府运用行政手段和经济杠杆统筹调控。首先是大力节水，重复用水；其次是统一调度，合理利用水资源。为了控制地下水漏斗和地面沉降的发展，苏锡常地区由江苏省人大常委会立法，实施区域供水工程，禁采地下水的任务五年全面完成，4831口井全部封填，使地下水位全面回升，地面沉降显著趋缓。

北京市水务局正在组织现代化的水资源管理系统，实施最严格最有效的统一调控、统一管理。坚持地表水与地下水、本地水与外调水联合调度，统筹配置，充分发挥水库和含水层的调蓄作用，保证水资源的供求动态平衡。长江水进京后，可以补足密云水库和地下水超采的亏空，涵养地下水，使水位控制在合理深度。同时恢复部分地面水体，扩大湿地，以改善生态环境，使北京成为宜居城市。

保护地下水不是把地下水封存起来，不许动用，而是要合理开发，促进良性循环。国际上早有采用地表入渗、回灌等办法，将地表水、雨水、经处理达标的污水、引导储存在含水层中，增加对地下水的补给，再开采地下水作为供水水源。也就是充分发挥城市“肝”的储蓄水、过滤净化水的功能。这些工程在美国、欧洲（荷兰、比利时、英国、法国）、中东（以色列、沙特、科威特、约旦）已大量开展。2013年后，我国开始“海绵城市”行动，下雨时吸水、渗水、蓄水、净水，需要时将蓄存的水释放出来利用，效果已日益显现。

3.3 城市水文地质新问题

城市化对地质环境的影响集中表现在地下水的运动和水质的改变上。地下水原来从上游向下游流动，向下游排泄。当超采地下水时，改变为向漏斗中心流动，开采地下水成了主要排泄形式，使地下水流动方向发生改变，甚至变成“内陆流域”。由于地表水地下水的互为补排关系，超采使地表水萎缩、消失，甚至完全改变原来的自然水系。当地下水位大幅度降低时，部分饱和带变成非饱和带，水平运动让位于垂直运动，在北京还出现了“层间潜水”这种自然界少见的地下水类型。为了解决城市水资源短缺，采取上下游用水统一调控，跨流域调水，进一步改变自然的流域体系。像天然物种变成人工驯化的物种一样，城市地下水在一定程度上被人们“驯化”而失去其部分自然品质。

城市地下水的可采量多少，其实很难界定。因为我们不能将流过这个城市的水资源全部耗尽，总要留一部分生态水，包括必要的地面水体（河、湖、泉、湿地），合理的地下水位和补给下游的水量。采水量少则生态水充足；采水量多则生态水短缺，开采量达到极限时地表水体基本消失，漏斗扩展至边界，分水岭发生移动。确定合理的开采量不是单纯的科技问题，而是涉及需求、资源和环境的综合性的社会经济问题。

超采地下水的城市，如因节水、调水而使地下水位回升，总体上说对改善生态环境是有利的，但也有负面影响。如可能产生土地盐碱化，不利植物生长；可能造成黄土湿陷，土的承载能力降低，工程产生附加沉降；升高后的水位超过了原先的工程设防水位或抗浮水位，可产生地下室、地下交通通道、地下车库等浸水甚至结构破坏。岩土工程应与生态环境专业、工程设计专业的人士结合，进行深入的科学论证，避免负面影响的发生。

我国的水文地质工作者，20世纪50年代、60年代是找水、勘探水源、利用地下水；80年代到现在是管理地下水、保护地下水。今后应从水资源与水环境的全局出发，将水资源和水环境有机结合，融为一体，合理调控水源，科学安排地下水和地表水，为建设新型城市的目标服务。

3.4 地下水与工程

地下水是岩土工程设计施工应当考虑的最重要的因素之一，地基承载力、边坡稳定、基坑和地下开挖、地下室防水和抗浮等，地下水有举足轻重的影响。地下水对工程的作用包括静水压力、渗透力、化学腐蚀、影响土的力学性质等。对工程上的地下水问题，虽然专家们进行了广泛深入的研究，但时至今日还有许多难题没有解决。例如，裂隙岩石和黏土中的静水压力，土体稳定分析时孔隙水压力的估计，非饱和土渗透、强度和变形理论的工程应用，土和地下水对建筑材料的腐蚀，对建筑物使用期内地下水动态的预测等，希望工程师和科学工作者继续努力，不断取得新突破。

4　固体废弃物与水土污染问题

因第 57 章和第 58 章已有阐述，故删除了本节内容。

5　地下工程施工的环境岩土工程问题

5.1　城市建设施工对环境的挑战

除了洪水、地震、崩塌、滑坡、泥石流、大面积地面沉降以及地壳升降、温室效应等“大环境”问题外，基坑开挖、打桩、强夯、地下开挖等工程施工引起“小环境”问题在城市中也十分重要。

地下空间是城市发展的新型国土资源，欧美日本都有大规模高质量开发的范例，日本甚至提出开发 50 ~ 100m 深层地下空间的构思。我国在地下空间开发方面与发达国家比尚有较大差距，布局乱，深度浅，对工程活动与地质环境相互作用的研究水平和解决问题的能力，总体水平尚低。地下工程不像地面工程易于拆除，市区内拆除和填平地下空间比开挖和建设地下空间要难得多。且一旦建成，其下方的空间即难以开发利用，故首先要做好规划。21 世纪初我国进入大规模城市地下空间开发时期，一些城市正依托轨道交通带动地下空间开发，高层建筑的多层地下室、地下铁道车站和区间、越江水底隧道、地下过街通道、地下车库、地下贮库、人防地下建筑、地下变电站、地下沉井泵房等。我国除少数城市基岩较浅外，多数位于富水的软土地区，地下开挖必然引起土体的扰动、变形、位移，造成地层损失，产生地面沉降、地裂缝。大规模的排水、降水、隔水，改变水文地质条件，促进土的固结沉降。由于在市区施工，不仅影响工程自身的安全和正常使用，而且危及周边已有工程的安全，特别是需保护的纪念性建筑、经济价值和社会影响重大的公共建筑、与居民利益息息相关的民宅，以及燃气、光缆、电缆、自来水管道等城市生命线工程，一旦受损，损失严重。有时同一工程项目，后续工程对先期工程可能造成损伤。上海市每年这种损伤达数十起，有的事故相当严重，造成经济损失、工期延误和不良社会影响。这些年来，工程建设的设计理论和处理方法取得了显著进步，但工程施工引发的环境岩土工程，由于问题复杂，成为迫切需要解决的新问题。

5.2　工程施工引发环境岩土工程问题的具体表现

工程施工对岩土体的扰动和位移，主要表现有：打入桩和静压桩施工的挤土效应，造成已有桩的断裂、位移、倾斜、上浮；深大基坑的开挖卸载效应，造成周边岩土的变形和位移，威胁邻近建筑、已建地铁车站和区间、管道、电缆、光缆、防汛堤等市政工程的安全；盾构掘进和浅层大直径顶管施工对土的挤压或扰动，特别是遇极软土、沼气，小半径弯道纠偏时导致土体扰动，造成上方地面隆起或下沉；冻结法施工扰动土体，融化后地面沉降，等等。

工程施工及地下工程对地下水的影响，主要表现有：基坑开挖和地下开挖引发渗透破坏，发生涌水、突水、流土、管涌事故；地下水位上升，使地下工程防水或抗浮失效；基坑降水、地下工程排水对城市水资源的消耗，多项工程大面积排水形成降落漏斗，造成地面沉降；排水井、降水井以及砂桩、振冲碎石桩等穿越隔水层，造成多层含水层的贯通，改变地下水渗流条件，引发不同含水层之间的污染物运移；地铁，地下连续墙等地下工程，阻断地下水径流，导致地下水渗流场的改变，等等。

工程施工相互影响的主要表现有：后建地下车库开挖对紧邻先建楼宇的影响；后建地铁车站对先建地铁老站（平接或下穿）的影响；地铁穿过楼群，在建筑物基础下（包括桩基）施工，紧贴高架路、立交桥，交叉密集的地下管网地段施工，导致建筑物二次沉降；已有楼宇后期沉降或次固结沉降，也可导致邻近地下工程倾斜，危及地铁安全；山区城市穿山隧道与土方工程，无论哪个施工在前，哪个施工在后，都可能产生相互影响；先建工程开挖回填，地基处理，使土质改变，设置锚杆等地下增强体，均可对后建工程产生影响。

5.3　施工环境岩土工程问题的复杂性

岩土是多相、非均质、非连续、非线性、非各向同性的多孔介质或裂隙体，其力学参数难以准确测定，地质构造、地应力和水文地质条件又复杂多变，因此，更需要通过现场监测描述工程活动和岩土介质的相互作用。但实际上，一方面信息量非常之大，包括地质信息和岩土信息、工程和施工信息、检验和监测信息等；而另一方面，信息又很不完整，数据的可靠性也很有限。数据普遍存在高度的随机性、离散性、模糊性、时变性和互动性，有些数据根本就没有物理意义。模型的不确定性十分突出，模型的结构和参数都可能在很大范围内变化。对于如此复杂的大系统，传统分析方法显得无能为力，迫切需要引用先进的分析方法。

5.4 智能控制在城市环境岩土工程中的应用

前些年，孙钧院士领导的一支科技队伍，结合上海的实践经验，对城市环境土工问题进行了深入研究，取得了丰硕成果，突出的创新是智能控制方法的应用（孙钧等，城市环境土工学，上海科学技术出版社，2005）。上海是我国第一大城市，又是软土地区，地下地上工程规模很大，上海的经验和孙钧等的研究成果，对我国城市环境岩土工程起到了巨大的推动作用。

智能控制是从传统控制论、现代控制论向自动控制论的发展，以知识科学，非数学的广义模型表示的混合控制过程，从认知角度推理，以启发引导求解，可以为复杂性，不完全性，模糊性、随机性等不确定性、不确知性以及不存在已知算法的非数学过程提供有力的推理工具。问题求解过程有两种情况，一种情况可用数学关系表达，可用解析法或数值法计算；另一种情况不能用现有数学关系表达，如专家的知识、经验、灵感等。对第二类问题需建立知识模型进行逻辑推理。智能控制方法的指导思想就是将这两类问题、两种方法结合起来，相互补充，综合决策，体现了演绎推理和归纳推理、数学方法和非数学方法的高度结合。

智能控制方法涉及信息系统、智能决策系统、仿真系统、专家系统等方面。信息系统包括信息的获取、传输、识别、学习、分析等，其中识别、学习和分析是整个体系的神经中枢，包括正分析、反分析、判断、预测、预报等。智能决策系统包括对计算结果的综合分析、优化、判断、发现问题、提出解决方案等。灰色系统、人工神经网络、模糊数学、遗传算法、时间序列分析、混沌与分形、地理信息系统等都可能有用武之地。仿真系统将可视化技术与三维动画图形显示结合，使之更生动、更直观、更逼真地反映三维动画场景，更好地模拟工程和环境的整体过程。专家系统有一系列数据库，具有识别、判断、分析、学习等功能。岩土工程的实践性和经验性很强，数据又不完整，不稳定，确定性解法有其局限性，专家系统包含了大量的工程经验和专家知识，运用工程类比、模糊判断等方法，使专家的知识和经验可操作化。由于任务目标的非单一性，即控制的任务不是定值，也不是跟随期望的运动轨迹，要求对施工过程中出现的问题自动诊断，遇紧急情况自动处理，故相当复杂，目前尚处于边研究、边应用、继续发展和不断完善的阶段。

6 几点认识

6.1 政府主导，全面监控

城市建设，地质环境与工程问题关系到公众利益、长远利益，关系到国计民生；又涉及土地、资源、环境、规划、建筑、市政、信息、科研等许多产业和部门，没有政府主导，统一监控，将是一片散沙，办不成事业。政府主导的职责是：制订规划，制定法规和标准，监督实施，协调各产业、各专业的关系，对土地和地下空间、地表水和地下水等资源的利用统一调节和监控，对涉及安全和环境的问题实行严格的管制，寻找资源和环境的最佳平衡，为建设安全、宜居、可持续发展的新兴城市服务。

政府主导不是政府包办。相反，具体实施要按社会主义市场经济规则由企业承担，动员全社会参与，开展全社会的产业大协作，引导相关产业在建设新型城市中发展。高等院校和科研部门则侧重于综合性、专题性科研和实用新技术开发，提出前瞻性科学论据，为政府科学决策和企业技术进步提供科技支撑。

6.2 专业的综合和创新

城市中的工程、地质与环境，是互相作用、互相依存、互相制约的统一体，是多目标、多要素、多专业的综合。目标是工程安全、环境优美和可持续发展。诸要素中，地质是载体，水资源、废物等是物流，自然力和人类活动是动力，而各种要素之间的联系则是信息技术和智能控制。

城市地质环境与工程问题综合性非常强，需要规划、建设、水务、环境等部门，工程地质、水文地质、灾害地质、地球物理、岩土工程、环境卫生、信息技术、监测技术等专业，从学术、工程、管理等不同角度出发，分工协作，共同应对挑战。也是各部门、各专业实现大合作的机遇。城市地质环境与工程领域聚集了许多专业，专业之间必然要碰撞。相关专业在碰撞中融合，在融合中创新，多专业的碰撞和创新将成为新科学技术的生长点。

6.3 发展信息技术和智能控制技术

按照新型城市的要求，岩土工程和工程地质今后应注重分析地质、环境、工程三者之间的相互作用，突出人类活动对环境的影响。我国许多城市积累了海量的工程数据和地质数据，今后还会有更多数据，应充分利用现代信息技术，将这些数据整合和组织起来，构成数字城市的重要组成部分。并采用智能控制技术，保证工程的安全和正常使用，保护环境和生态文明。这是一篇大文章，值得岩土工程新生代的朋友们大书特书。城市有不同的规模和性质，如国际城市、文化城市、旅游城市、工矿城市、港口城市、商业城市等；有不同的自然条件，如海滨城市，河滨、湖滨城市，山区城市，内陆城市等，不同规模和不同性质的城市要求各不相同，应按不同的要求进行。

第60章　重点转向环境岩土工程

本章讨论了环境岩土工程的内涵和外延、大环境中人与自然的关系、重点转向环境岩土工程三个问题。所谓环境岩土工程，就是以保护环境、改善环境为目标的岩土工程。工业化、城镇化改变自然是必然的，但必须趋利避害、合理控制、尊重自然、善待自然，做到"人地和谐"。灾害和环境问题最危险、最复杂，也最能考验岩土工程师的智慧和能力。今后在走向海外的同时，重点可能转向环境岩土工程。

1　环境岩土工程的内涵和外延

环境岩土工程（Environmental Geotechnology）一词，最早是1986年4月由美国宾州里海大学方晓阳教授提出，将其定位于"跨学科的边缘科学，覆盖大气圈、生物圈、水圈、岩石圈、微生物圈等多种环境下土和岩石及其相互作用的问题"。从实践角度考虑，可理解为："环境岩土工程就是以保护环境、改善环境为目标的岩土工程。保护环境、改善环境是目标，是目的；岩土工程是手段，是技术方法"。

地壳表层既是大气循环、水循环、地壳运动、岩土变迁、生物繁衍的场所，又是人类生活的基础和活动的舞台，必然互相依存，互相制约，构成人和环境的命运共同体。其中环境岩土工程关心的岩、土、水，是环境的重要组成，与大气和生物也有不可分割的关系。环境是个极其复杂的大系统，影响人类的安全、健康和生活质量，改善环境是人类文明的不懈追求。但在工业化、城镇化过程中，掠夺式的开发伤害了自然，无控制的排放污染了环境，使我们不得不转变观念，尊重自然，保护环境，治理被我们造成的伤害，与自然友好相处。

生态是动态平衡、不断进化的大系统，人类只是生态系统中的一分子，要尊重生态规律，不能肆无忌惮，为所欲为。复杂的生态系统有很强的自我修复、自我补偿能力，局部污染，经土中渗透、过滤、扩散、阻滞、沉淀、蒸发，以及离子交换、物理化学吸附、植物根系吸收等作用，降解、稀释而净化。但是，如果伤害和污染超过了生态平衡所能承受的极限，不仅不能修复，还会不断积累、恶化，使生态退化，甚至毁灭。生态和环境的变化是个不易察觉的缓慢过程，伤害了环境，最后伤害的还是人类自己。

国际上的环境岩土工程，1980 ~ 2000 年重点放在城市垃圾填埋场的理论和技术；2000 年以来，重点是污染土和污染地下水的治理和修复，使环境岩土工程的内涵进一步丰富和扩展。本人觉得，结合我国情况，环境岩土工程的具体内容可以从下列三方面考虑：

（1）地质灾害的防治

地质灾害包括地震、崩塌、滑坡、泥石流、岩溶塌陷、采空塌陷、地面沉降、地裂缝等，有的主要由于自然地质作用，有的主要由于人类活动，更多是由于自然地质作用与人类活动的叠加造成。地质灾害对工程、对生命财产的威胁很大。我国是地质灾害多发国家，防治地质灾害的岩土工程任务繁重。主要目标是工程安全，百姓安居。有些专家将地质灾害防治作为环境岩土工程的重要内容；有些专家则将地质灾害专列，不含在环境岩土工程中。

（2）环境污染的防治

污染物质包括工业废物、生活垃圾、危险废物及其他有毒、有害废物。问题的源头都来自人类自身的活动，并直接危害人类自身的健康和生态文明。环境污染的防治包括废物的综合利用和最终处置、矿山复垦、污染岩土和地下水的修复等。随着工业化的发展，生活水平的提高，环境意识的增强，环境污染防治方面的岩土工程任务日益突出。目标是青山绿水，卫生宜居。国内外都将这方面作为环境岩土工程的主要内容。

（3）工程活动不良影响的防治

基坑开挖、强夯、打桩、盾构施工等，使周边环境产生振动、沉降、隆起、水平位移、地下水位变化等，即通常所说的“小环境”问题。这些问题传统岩土工程本来就应考虑和解决，一般不作为环境岩土工程问题对待，但由于影响的是周边工程，问题又相当复杂，故有时作为环境问题研究。

2　大环境中人与自然的关系

经济和社会发展应当考虑资源和环境的承受能力，要平衡发展，不要畸形，畸形是一种病态。尤其是城市，空间狭小，居住密集的人群，建造密集的工程，竭尽地利用土地资源和水资源，产出大量的废物。在城市，人类的意志和影响远远超过了自然力，深刻改变了自然环境。随着全面进入小康，农村也得到了迅速发展，不再是过去的自然经济，有些地方的污染和破坏比城市还要严重。居住在城市中的人们，既获得了很高的工作效率和舒适的城市化生活，还希望有个安居、宜居、美好的环境，按新型城市的目标建设和改造城市。在建设新农村过程中，如何保持青山绿水，保持良好的生态，同样成为突出的问题。

过去曾有过“人定胜天”,“征服自然”,“按我们的意志重新安排山河”的说法。后来知道不对了,对自然过分掠夺,伤害了自然,必然要受到自然的报复和惩罚。“将欲取之，必先予之”，为环境付出代价是值得的。保护自然，保护环境，已是现代文明的共识。但是，社会发展到今天，已经不可能回到田园牧歌的时代，只能向工业化、城镇化、信息化、现代化方向发展。我们已经兴建了许多工程，以后还要建更多工程，完全返璞归真是不可能的。有人认为生态只能保护，反对生态建设的提法，我觉得有失偏颇，并不切合实际。不触动自然固然好，对自然应当有敬畏感，但也不能绝对化，在自然面前绝不是不能作为。许多地方穷山恶水，灾难频仍,难道不应当改变吗？对生态改变较大的工程总有正面、负面两方面的影响，应反复论证。如果趋利避害，合理控制、尊重自然，善待自然，虽然改变了山川形势，改变了自然循环和平衡，但完全可以达到新的更好的循环和平衡，做到人地和谐。虽然田园变成了城市，但还能见到河湖泉水、树林草地。虽然地下水的补排路线改变了，自然流域改变了，但还能保持平衡和良好的水质。我们既然从城市化中得到了许多好处，总要付出一些代价，失去一些值得怀念的东西。

和自然友好共处，最重要的是尊重自然规律，顺应自然就是顺应自然规律，按自然规律办事。自然规律就是科学原理，我们只能认识它，不能改变它，更不能改造它。山河可以改变，自然规律是不能改变的。传说中大禹治水，就是利用水往低处流这个自然规律，开渠疏导，引水入海，取得成功。在这之前的鲧治水，用堵的办法，和水对抗，违反了科学规律，招致失败。堵塞不如疏导，避免对抗，成了人们共识。当然，具体怎么做，还得科学规划，如 20 世纪 50 年代初治淮，总体方针是，上游修水库蓄水，中游修堤防导水，下游修渠道排水，根治了淮河水患，就是尊重自然规律，科学规划的典范。

3 重点转向环境岩土工程

经过 64 年，特别是近 30 年的大开发、大建设，我国已经成为基础设施相当完善的大国，成为世界工厂，到处塔吊林立，全国成了一个大工地。不仅增强了综合国力，还锻炼造就了一支强大的工程队伍。但是，几十年的大开发带来了太多的负面影响：拥挤、嘈杂、污染、湿地消失、地下水枯竭、物种灭绝。这样的发展模式当然不能持续，一定要转型，现在正在转型。从大开发转向常态化；从大建设转向安居、宜居；从掠夺资源转向保护资源、保护环境、保护生态；从单纯追求物质转向更注重追求精神、道德，转向高端文明。今后岩土工程一部分力量可能走向海外，参与全球化的工程建设；一部分可能重点转向环境岩土工程。这既是形势发展的需要，更是时代进步的必然。

重点转向环境岩土工程，首先要关注工程建设对地质环境的影响，将工程建设和环境建设结合起来，将建设对环境的影响降到最低。开矿山、修道路、打隧洞、架桥梁、建水库、盖高楼，搞工业化、城镇化，目的是为了发展经济，造福人类，但都在一定程度上干扰了地球原有的动态平衡。大挖、大填，加载、卸载，蓄水、调水、抽水、排水，不断打破力的平衡、水的平衡、地质作用的平衡、生态的平衡，改变地质体，营造新的地质体。控制得不好，会导致岩土移动、植被破坏、水土污染、生态退化，给人类带来新的灾难。在工业文明跨入环境文明的今天，必须注意顺应自然、保护自然，为后人“乘凉”“种树”。岩土工程师一定要抱着既对工程负责，又对环境负责的精神，担当起保护地质环境的责任。

重点转向环境岩土工程，应当防范与治理并举。以往的大建设已经使环境千疮百孔，既有外伤，又有内伤，今后既要防范，也要治理。要防范和治理威胁人类生存的地质灾害，引导地质作用向有利于人类的方向发展，将祖国营造成青山绿水、安全宜居的家园。新建工程要将严防伤害环境、污染环境放在突出位置，要复垦废弃的矿山和厂址，修复污染的水体和土壤，将废液、废渣、污泥、垃圾综合利用，减量化、资源化、无害化，把有毒有害物质、放射性物质牢牢锁闭起来，永远不会伤害人类。使山川各抱地势，巍峨壮丽，废物安稳宁静，各得其所。

重点转向环境，岩土工程的理论和实践都将发生深刻的变化，迫使我们再学习。传统岩土工程的理论基础主要是力学，防治地质灾害则面临更深刻的地质学问题。岩土污染的扩散和修复，涉及弥散、吸附、溶解、沉淀、降解、聚合、离子交换，涉及广泛的生态领域，更需物理学、化学、生物学、微生物学的知识。石窟、摩崖石刻、生土建筑、石雕、泥塑等土石文物保护的环境岩土工程，主要是抗风化。风化本来是地质学的老问题，但过去从未研究过风化过程随时间发展的定量描述方法，阻断水和其他因素对岩土的风化也十分棘手。环境岩土工程的调查、勘探、试验、评估、预测、治理、监测等的内容和方法，与传统岩土工程有很大不同。

岩土工程界既要有思想准备，更要有技术准备。需求是创新之母，随着环境岩土工程的崛起，必将催生一大批新技术、新产业。

现在政治经济界有两个流行词，“黑天鹅”和“灰犀牛”。黑天鹅代表小概率而影响巨大的事件，岩土工程最大的黑天鹅无疑就是大地震和各种地质灾害了。灰犀牛是庞然大物，厚积薄发，平时行动迟缓，人们往往视而不见，一旦暴发，能量巨大无比，代表大概率而影响巨大的潜在危机，岩土工程的灰犀牛就是环境问题。灾害和环境岩土工程最危险、最复杂，需要学习许多新知识，采用许多新技术，比传统岩土工程更不严密、更不完善、更不成熟，也更能考验岩土工程师的智慧和能力。新生代的朋友们，努力吧！

天地与我并存，万物与我为一（《庄子》），人类与自然是命运共同体。为了百姓的福祉，为了人类的进步，为了与自然友好相处，让我们将重点向环境岩土工程转移。

本篇篇名取“灾害与环境之治”，这个“治”不仅是狭义的治理，更有广义安定、太平的意思，“天下大治”的治。地震灾害要防治、地质灾害要防治、环境污染要防治、工程建设对环境的不良影响要防治，而最高境界是尊重自然、善待自然，天地与我并存，万物与我为一（《庄子》），人类与自然是命运共同体。为了百姓的福祉，为了人类的进步，为了与自然友好相处，让我们将重点向环境岩土工程转移。

附　录

中国岩土工程大事记（1952 ~ 2016）
（建筑工程为主）

1952年5月，中央设计公司成立，不久改称中央设计院（现中国建筑设计院有限公司），隶属于中央人民政府财政经济委员会。

1952年暑期，全国高校院系大调整，南京大学、北京地质学院、东北地质学院建立水文地质工程地质专业。

1952年8月，建筑工程部成立，中央设计院划归建筑工程部，改名为建筑工程部北京工业建筑设计院。

1952年12月，建筑工程部北京工业建筑设计院内成立勘测组，不久改称勘察室。

1952年，国家制订第一个五年计划（1953 ~ 1957），决定建设鞍山、武汉、包头3个钢铁基地，以及有色、煤炭、电力、机械、军工、化工、建材、水利等行业156个重点项目。

1952年，山西榆次经纬纺织厂发生黄土湿陷事故。

1953年，茅以升创议，成立中国土木工程学会北京分会土工组。

1953年2月，重工业部沈阳工程地质高级训练班开学，第一期8个月，第二期6个月。

1954年10月，在北京工业建筑设计院勘测室的基础上，成立建筑工程部勘察公司，即现在的建设综合勘察研究设计院有限公司。

1954年12月，康藏公路通车。

1954年12月，《天然地基设计规范》（规结7-54）发布。

1957年8月，陈梁生，陈仲颐著《土力学与基础工程》出版 。

1957年10月，长江第一座桥梁武汉长江大桥通车。

1957年，在中国土木工程学会北京分会土工组的基础上，成立中国土力学及基础工程学术委员会，主任茅以升。

1959年9月，北京人民大会堂等国庆10周年工程项目落成。

1962年12月，第一届全国土力学及基础工程学术会议在天津举行。

1965 年，第一台电测静力触探研制成功，并向全国推广。

1966 年 3 月 8 ~ 22 日，河北邢台地震，7.2 级，震中 10 度，死亡 8064 人。

1970 年 1 月 5 日，云南通海地震，7.7 级，震中 10 度，死亡 15621 人 。

1971 年 1 月 15 日，我国首条地铁北京 1 号线复兴门至公主坟段投入运营，以后逐次延长，1981 年 9 月 15 日正式开放。

1973 年，《工程勘察》前身《勘察技术资料》开始编制，内部发行，1978 年改为《勘察技术》，公开发行，1980 年改为《工程勘察》至今。

1974 年，《工业与民用建筑地基基础设计规范》JGJ 7-74 发布。

1975 年 7 月，《工程地质手册》(第一版)出版。

1975 年 2 月 4 日，辽宁省海城地震，7.3 级，震中 9 度强，死亡 1328 人。

1976 年 7 月 28 日，唐山地震，7.9 级，震中 11 度，死亡 24 万 2 千人。

1977 年 8 月，《工业与民用建筑工程地质勘察规范》TJ 21-77 发布。

1978 年 6 月 10 ~ 19 日，第一届工程勘察情报会议在杭州举行，全国工程勘察情报网成立。

1979 年 10 月，中国建筑学会工程勘察专业委员会在成都成立。

1979 年 11 月，地质学会工程地质专业委员会在苏州成立，第一届主任委员谷德镇。

1979 年 12 月，建工总局派团赴加拿大考察，带回岩土工程专业体制。

1979 年 12 月，《岩土工程学报》出版。

1980 年 4 ~ 6 月，建工总局举办岩土工程研究班，提出《关于改革现行工程地质勘察体制为岩土工程体制的建议》，7 月以国家建工总局名义发到全国。

1980 年 5 月，《工业与民用建筑灌注桩基础设计与施工规范》JGJ 4-80 发布。

1983 年 4 月，H·F·温特科恩，方晓阳主编《基础工程手册》中译本出版。

1983 年，我国第一个一柱一桩的大型工程中央彩色电视中心施工。

1983 年 3 月 7 日，甘肃东乡县洒勒山滑坡，体积 4000 万 m^3，死亡 237 人。

1985 年 6 月，中国岩石力学与工程学会第一届理事会成立，理事长陈宗基。

1985 年 6 月 12 日，湖北秭归新滩滑坡，体积 3000 万 m^3，坠入长江 260 万 m^3，涌浪高 54m，对岸爬高 96m，10 人死亡，阻碍航行。

1986 年 8 月，北京深基础工程国际会议在香山举行，16 个国家，304 名正式代表，其中外国代表 118 人。

1986 年，国家计委印发《关于工程勘察单位进一步推行岩土工程的几点意见》，在全国范围内推行岩土工程体制。

1988 年，第一届全国岩土工程实录会议在北京举行。

1988 年 8 月，《地基处理手册》(第一版) 出版。

1988 年 10 月 31 日，我国第一条高速公路——沪嘉高速公路通车。

1988 年 11 月 6 日，澜沧 - 耿马地震，7.6 级，震中 9 度，死亡 748 人，重伤 3759 人。

1990 年，深圳市福田大面积地基处理和南油围海造陆工程启动。

1991 年 9 月 23 日，云南昭通头寨沟滑坡，体积 1800 万 m^3，216 人死亡。

1992 年 3 月，《建筑地基处理技术规范》JG 79-91 发布。

1992 年 7 月，第一届海峡两岸岩土工程 / 地工技术交流研讨会在北京举行 (以后定期举行)。

1993 年，《工程地质学报》创刊。

1994 年，《建筑桩基技术规范》JGJ 94-94 发布。

1994 年 4 月 30 日，重庆武隆鸡冠岭采煤引起岩崩，体积 530 万 m^3，其中 30 万 m^3 坠入乌江，碎石坝阻断乌江航行数月，4 人死亡，12 人失踪。

1994 年 8 月，《岩土工程勘察规范》GB 50021-94 发布。

1994 年，《岩土工程手册》出版。

1995 年 12 月，武汉某 18 层大楼因桩基失稳爆炸拆除。

1997 年，三峡大坝合龙，1998 年 5 月通航，2003 年 10 月发电，2009 年建成。

1998 年，建设部启动岩土工程师注册考试的前期工作，6 月，成立全国注册岩土工程师考题设计与评分专家组。

1998 年，上海金茂大厦建成，地上结构 88 层，地下 3 层，高 420.5m。

1999 年 9 月 21 日，台湾省南投县集集地震，7.6 级，死亡 2321 人。

2000 年 1 月 30 日，国务院《建设工程质量管理条例》发布，并开始实施，同年《工程建设标准强制性条文》(2000 版) 发布。

2000 年 4 月 9 日，西藏易贡巨型高速滑坡，先是体积 3000 万 m^3 的崩塌，最大落差 2580m，接着高速水平运动 7km，3 亿 m^3 堆积体阻断易贡藏布河，堰塞湖水位最大上涨 55.36m，拦蓄水量 30 亿 m^3，溃坝后下游水位最大涨幅 42m。

2000 年 10 月，张咸恭，王思敬，张倬元等著《中国工程地质学》出版。

2001 年 5 月 1 日，重庆武隆崩塌，摧毁 9 层大楼，死亡 79 人。

2002 年 4 月 8 日，人事部、建设部印发《注册土木工程师 (岩土) 执业资格制度暂行规定》《注册土木工程师 (岩土) 执业资格考试实施办法》。

2002 年 9 月，举行首届全国注册土木工程师 (岩土) 执业资格考试。

2003 年 7 月 1 日，上海轨道交通 4 号线越江隧道水和泥沙涌入旁通道事故，地面大面积沉陷，大楼倾斜，防汛墙开裂，黄浦江水倒灌。

2003 年 10 月，第一届全国岩土与工程大会在北京举行（以后定期举行）。

2004 年 12 月，台北国际金融中心（101 大厦）完工启用。

2006 年 7 月 1 日，青藏铁路通车。

2008 年 1 月 28 目，北京国家体育中心（鸟巢）落成。

2008 年 5 月 12 日，汶川地震，8.0 级，死亡 6 万 9 千余人，失踪 1 万 8 千余人。

2008 年 8 月，上海环球中心大厦竣工，101 层，高 492m。

2008 年 9 月 8 日，山西襄汾尾矿库溃坝事故，256 人死亡。

2009 年 6 月 5 日，重庆市武隆鸡尾山崩塌，74 人死亡。

2009 年 6 月 10 日，住建部印发《注册土木工程师（岩土）执业及管理工作暂行规定》的通知，规定自 2009 年 9 月 1 日起，统一实施注册土木工程师（岩土）执业制度。

2009 年 6 月 27 日，上海闵行区莲花南路倒楼事故，死亡一人。

2009 年 12 月 15 日，港珠澳大桥开工，2016 年 9 月 27 日桥梁工程全线贯通。

2010 年 8 舟 7 日，甘肃省舟曲泥石流，1765 人死亡。

2010 年 11 月 25 日，杭州地铁湘湖站事故，死亡 21 人，重伤 1 人。

2014 年 12 月，上海中心大厦竣工，地上 118 层，地下 5 层，结构高 580m，总高 632m。

2014 年 12 月，南水北调中线长江水进北京。

2015 年 1 月，国务院常务会议决定深化标准化工作改革，同年 8 月 24 日，住建部标准定额司发出《关于深化工程建设标准化工作改革的意见（征求意见稿）》。

2015 年 6 月，顾宝和编著《岩土工程典型案例述评》出版。

2015 年 12 月 20 日，深圳市光明新区纳土场渣土滑坡事故，失联 75 人。

2015 年，延安新区第一期削山填沟造地工程基本完成，2016 年市委、市府迁入。

2016 年 7 月 29 日，全文强制性国家标准《工程勘察规范》研编启动。

2016 年 8 月 10 日，我国第一颗高分辨率雷达卫星成功发射。

后 记

2015 年 6 月，拙作《岩土工程典型案例述评》出版时，不少朋友鼓励我再写一本书。但我觉得，已经八十几岁了，该终结自己的事业了，未敢应允。后因孙宏伟先生邀我写《岩土工程体制改革的发展历程》，才又想到，我作为一个过来人，似乎有责任将过去的事忠实地告诉新生代的朋友们，因而萌发了写这本书的念头。试写了几段，前写后忘，觉得不行。长篇需要系统完整，前后呼应，风格一致，力不从心了。只得采用“离散化”写法，将全书分为 7 篇，即 7 个大板块，每篇再分为若干独立的章，也就是若干独立的小板块。这些板块，不拘一格，体例和风格不一定统一。可长可短；可叙事，可议论，可边叙边议；有的介绍现今的新技术，有的穿插点过往的小故事；有的写某一领域的发展历程，有的写某一问题的思考；有的写对当年人物和工作的思念，有的写对未来的期望。今天，书稿终于写完了，回头看看，煮了一锅大杂烩！且不说思想和技术陈旧，缺乏新意，文体也支离破碎，没有系统。有的似乎比较严肃，有的很自由散漫。科技文章一般用第三人称或无人称句，本书为了拉近和读者的距离，用了许多第一人称。科技文章涉及专业人士一般不加称谓，本书有的有，有的没有，似乎很难统一。但事已至此，拿不出手也得拿。下里巴人不在乎唱得好，在乎和者众。但又有几个人听一个老头絮叨呢？到底和者众不众？我也管不着了。

内容如此杂乱，又没有主题，起个书名也很犯难，想了几个都不满意。感谢出版社王梅主任，建议用“求索岩土之路”。觉得这个书名很贴切，当然不是我一个人求索，而是和同伴们一起，跟着先辈们求索，是一代人、几代人的求索。

本书中的很多资料，是我多年前的积累，有些文献已经难以详细查考，有些数据已经难以严格校对。我已经风烛残年，希望尽快完成，以免半途而废，故难免仓促。且逻辑不严，思路错乱，文字低俗，只能当一本闲书看看，不要太较真了。尤其是最近一年，正是本书统校之时，视力、脑力显著衰退，连文句都理不顺了。书中一再提倡工匠精神，本应力求完善，但自己却做得如此粗糙。感谢《工程勘察》编辑李端文女士，为本书文稿做了全面的初步审校，否则，这本文稿就交不出去了。书稿既然如此不堪，为什么还要拿出来出版呢？那是因为我的岩土工程生涯，六十几年的跨度，经历了从无到有，从小到大，风风雨雨，是是非非，一定程度上代表了一代人的所见、所闻、所思，似乎不该忘却，不该湮没，为未来岩土考古专家留块化石吧。

2017 年 7 月以后的半年，正是老伴绣姿手术后的恢复期，我大部分时间陪伴着她。绣姿与我相濡以沫，近 60 年如一日，支持我的事业，承担了绝大部分的家务和子女教育。本书出版后，将以残年的全部时间陪伴她，但再多的关心也不能报答她的一二。

我从岩土工程专业“毕业”了，这本小书就算我的毕业论文吧，献给岩土工程新生代的朋友们。